建筑材料标准汇编

水　泥

（第 5 版）

下

全国水泥标准化技术委员会
建筑材料工业技术监督研究中心　编
中　国　标　准　出　版　社

中国标准出版社
北　京

图书在版编目(CIP)数据

建筑材料标准汇编. 水泥. 下/全国水泥标准化技术委员会,建筑材料工业技术监督研究中心,中国标准出版社编. —5 版. —北京:中国标准出版社,2012
ISBN 978-7-5066-6812-5

Ⅰ.①建… Ⅱ.①全…②中… Ⅲ.①建筑材料-标准-汇编-中国②水泥-标准-汇编-中国 Ⅳ.①TU504

中国版本图书馆 CIP 数据核字(2012)第 136978 号

中国标准出版社出版发行
北京市朝阳区和平里西街甲 2 号(100013)
北京市西城区三里河北街 16 号(100045)

网址:www.spc.net.cn
总编室:(010)64275323 发行中心:(010)51780235
读者服务部:(010)68523946
中国标准出版社秦皇岛印刷厂印刷
各地新华书店经销

*

开本 880×1230 1/16 印张 39 字数 1 136 千字
2012 年 12 月第五版 2012 年 12 月第五次印刷

*

定价 190.00 元

编委会名单

前　言

水泥是一种重要的建材产品，主要的工程建设材料。近年来，随着我国国民经济的迅速发展，基础建设不断扩大，国家对工程质量的要求也越来越高。为了适应行业技术进步的要求和满足广大水泥生产企业、质量监督检验部门、行业管理部门贯彻执行标准的需要，我们曾于2007年编制了《建筑材料标准汇编　水泥》(第4版)，受到广大读者欢迎。

五年来，我国陆续制、修订了一批水泥行业相关的国家标准和行业标准，为了使大家更好地贯彻新标准，全国水泥标准化技术委员会、建筑材料工业技术监督研究中心与中国标准出版社对2007年出版的《建筑材料标准汇编　水泥》(第4版)进行了修订、增补。本次修订与前一版相比主要有如下变化：

——增补了2007年12月以后新制定和新修订的水泥国家标准和行业标准。

修订后的汇编收录2012年9月30日以前发布的水泥行业相关国家标准55项、行业标准62项，分为上、下两册。上册包括：基础标准、产品标准、试验仪器设备标准三部分；下册包括：试验方法标准。

本汇编收集的国家标准、行业标准的属性(推荐性或强制性)已在目录上标明，标准年号用四位数字表示。鉴于部分国家标准是在标准清理整顿前出版的，现尚未修订，故正文部分仍保留原样，读者在使用这些标准时，其属性以本汇编目录上标明的为准(标准正文"引用标准"中的标准的属性)请读者注意查对。

本汇编目录中，凡标准名称后用括号注明原国家标准号"(原GB ××××—××)"的行业标准，均由国家标准转化而来，这些标准因未另出版行业标准文本(即仅给出行业标准号，正文内容完全不变)，故本汇编中正文部分仍为原国家标准。与此类似的专业标准、部标准转化为行业标准的情况也照此处理。

本汇编读者对象为建材、建设行业主管部门以及水泥的生产企业、科研院所、大专院校、建设施工单位、物流管理部门及工程监理、质量技术监督机构等单位的技术管理人员。

编　者

2012年10月

目　录

（下册）

四、试验方法标准

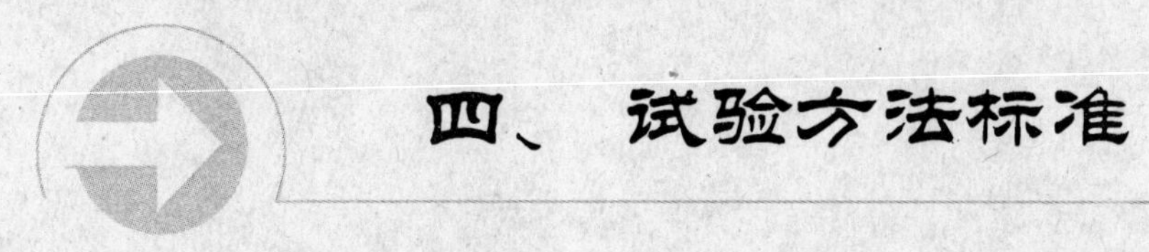

四、试验方法标准

ICS 91.100.10
Q 11

中华人民共和国国家标准

GB/T 176—2008
代替 GB/T 176—1996,GB/T 19140—2003

水泥化学分析方法

Methods for chemical analysis of cement

2008-06-30 发布 2009-04-01 实施

中华人民共和国国家质量监督检验检疫总局
中国国家标准化管理委员会 发布

前 言

本标准与 EN 196-2:2005《水泥试验方法——水泥化学分析方法》欧洲标准(英文版)的一致性程度为非等效。

本标准代替 GB/T 176—1996《水泥化学分析方法》和 GB/T 19140—2003《水泥 X 射线荧光分析通则》。

本标准与 GB/T 176—1996、GB/T 19140—2003 相比主要变化如下:

——配制甘油-无水乙醇溶液的体积比浓度改为 1+2,且不需在 160 ℃~170 ℃温度下加热除去水分(GB/T 176—1996 版 4.50;本版 5.69)。

——配制氧化钾、氧化钠标准溶液改为氧化钾、氧化钠混合溶液(GB/T 176—1996 版 4.56;本版 5.77)。

——配制一氧化锰(MnO)标准溶液所用基准试剂由硫酸锰($MnSO_4 \cdot H_2O$)和四氧化三锰(Mn_3O_4)改为无水硫酸锰($MnSO_4$)(GB/T 176—1996 版 4.53;本版 5.78)。

——配制碳酸钙标准溶液,"滴加盐酸(1+1)至碳酸钙全部溶解,加热煮沸数分钟"改为"慢慢加入 5 mL~10 mL 盐酸(1+1),搅拌至碳酸钙全部溶解,加热煮沸并微沸 1 min~2 min"(GB/T 176—1996 版 4.61;本版 5.85)。

——烧失量的测定,灼烧温度由"950 ℃~1 000 ℃"改为"(950±25)℃"(GB/T 176—1996 版 7.1、7.2;本版 8.1、8.2)。

——不溶物的测定,"加水稀释至 50 mL"改为"用近沸的热水稀释至 50 mL";"加入 100 mL 氢氧化钠溶液"改为"加入 100 mL 近沸的氢氧化钠溶液";灼烧不溶物的温度由"950 ℃~1 000 ℃"改为"(950±25)℃"(GB/T 176—1996 版 8.2;本版 9.2)。

——三氧化硫的测定(基准法),"将溶液加热微沸 5 min"改为"加热煮沸并保持微沸(5±0.5) min";"移至温热处静置 4 h 或过夜"改为"在常温下静置 12 h~24 h 或温热处静置至少 4 h(仲裁分析应在常温下静置 12 h~24 h)";灼烧硫酸钡沉淀的温度由"800 ℃"改为"800 ℃~950 ℃"(GB/T 176—1996 版 14.2;本版 10.2)。

——二氧化硅的测定(基准法),"在沸水浴上蒸发至干"改为"在蒸汽水浴上蒸发至干后继续蒸发 10 min~15 min。蒸发期间用平头玻璃棒仔细搅拌并压碎大颗粒";取消"在沉淀上加 3 滴硫酸(1+4)"(GB/T 176—1996 版 9.2.1.1;本版 11.2.1)。

——三氧化二铁的测定(基准法),由只采用氯化铵重量法的溶液改为氯化铵重量法的溶液或氢氧化钠熔样的溶液(GB/T 176—1996 版 10.2;本版 12.2)。

——氧化镁的测定(基准法),氢氧化钠熔融-原子吸收光谱法由代用法改为基准法;取消了硼酸锂熔融-原子吸收光谱法(GB/T 176—1996 版 22.2、13.2.2;本版 15.2)。

——增加了氯离子的测定——硫氰酸铵容量法(基准法)(本版第 18 章)。

——硫化物的测定,称样量由 0.5 g 改为 1 g(GB/T 176—1996 版 18.2;本版 19.2)。

——增加了五氧化二磷的测定——磷钼酸铵分光光度法(本版第 21 章)。

——增加了二氧化碳的测定——碱石棉吸收重量法(本版第 22 章)。

——增加了三氧化二铁的测定——邻菲罗啉分光光度法(代用法)(本版第 24 章)。

——增加了氧化钙的测定——高锰酸钾滴定法(代用法)(本版第 28 章)。

——增加了三氧化硫的测定——库仑滴定法(代用法)(本版第 33 章)。

——增加了氯离子的测定——磷酸蒸馏-汞盐滴定法(代用法)(本版第 35 章)。

——游离氧化钙的测定——甘油酒精法(代用法),“在放有石棉网的电炉上加热煮沸”改为“置于游离氧化钙测定仪(6.18)上,以适当的速度搅拌溶液,同时升温并加热煮沸”(GB/T 176—1996版28.2;本版38.2)。

——游离氧化钙的测定——乙二醇法(代用法),“在65℃~70℃水浴上加热30 min”改为“置于游离氧化钙测定仪(6.18)上,以适当的速度搅拌溶液,同时升温并加热煮沸,当冷凝下的乙醇开始连续滴下时,继续在搅拌下加热微沸4 min”(GB/T 176—1996版28.1;本版39.2)。

——增加了X射线荧光分析方法用仪器设备(本版6.24、6.25、6.26、6.27、6.28、6.29)。

——仪器的工作条件选择,改为“对于新购仪器,或对仪器进行维修、更换部件后,应按JC/T 1085对仪器进行校验”(GB/T 19140—2003版6.1;本版40.2.1)。

——增加了X射线荧光分析玻璃熔片的制备中试样的称量(GB/T 19140—2003版第8章;本版40.4.1.1)。

——增加了校准方程的建立和确认(本版40.5)。

——允许差改为重复性限和再现性限(GB/T 176—1996版7.4、8.4、9.4、10.4、11.4、12.4、13.4、14.4、15.4、16.4、17.4、18.4、19.4、20.4、21.4、22.1.3、22.2.4、23.4、24.4、25.4、26.4、27.4、28.3,GB/T 19140—2003版第10章;本版3.3、3.4、第41章)。

本标准由中国建筑材料联合会提出。

本标准由全国水泥标准化技术委员会(SAC/TC 184)归口。

本标准负责起草单位:中国建筑材料科学研究总院中国建筑材料检验认证中心。

本标准参加起草单位:深圳市华唯计量技术开发有限公司、北京市琉璃河水泥有限公司。

本标准主要起草人:王瑞海、倪竹君、刘玉兵、崔健、闫伟志、黄小楼、刘文长、赵向东、游良俭、温玉刚、辛志军、郑朝华、王冠杰、张玉昌、张静。

本标准所代替标准的历次版本发布情况为:

——GB/T 176—1956、GB/T 176—1962、GB/T 176—1976、GB/T 176—1987、GB/T 176—1996;

——GB/T 19140—2003。

水泥化学分析方法

1 范围

本标准规定了水泥化学分析方法及 X 射线荧光分析方法。水泥化学分析方法分为基准法和代用法。在有争议时，以水泥化学分析方法的基准法为准。

本标准适用于通用硅酸盐水泥和制备上述水泥的熟料、生料及指定采用本标准的其他水泥和材料。

2 规范性引用文件

下列文件中的条款通过本标准的引用而成为本标准的条款。凡是注日期的引用文件，其随后所有的修改单(不包括勘误的内容)或修订版均不适用于本标准，然而，鼓励根据本标准达成协议的各方研究是否可使用这些文件的最新版本。凡是不注日期的引用文件，其最新版本适用于本标准。

GB/T 6682 分析实验室用水规格和试验方法(GB/T 6682—2008，ISO 3696:1987，MOD)

GB/T 12573 水泥取样方法

GB/T 15000 (所有部分)标准样品工作导则

GBW 03201 硅酸盐水泥成分分析标准物质

GBW 03204 水泥熟料成分分析标准物质

GBW 03205 普通硅酸盐水泥成分分析标准物质

GSB 08-1355 水泥熟料成分分析标准样品

GSB 08-1356 普通硅酸盐水泥成分分析标准样品

GSB 08-1357 硅酸盐水泥成分分析标准样品

JC/T 1085 水泥用 X 射线荧光分析仪

JJG 1006 一级标准物质

3 术语和定义

GB/T 15000(所有部分) 确立的以及下列术语和定义适用于本标准。

3.1

重复性条件 repeatability conditions

在同一实验室，由同一操作员使用相同的设备，按相同的测试方法，在短时间内对同一被测对象相互独立进行的测试条件。

3.2

再现性条件 reproducibility conditions

在不同的实验室，由不同的操作员使用不同设备，按相同的测试方法，对同一被测对象相互独立进行的测试条件。

3.3

重复性限 repeatability limit

一个数值，在重复性条件(3.1)下，两个测试结果的绝对差小于或等于此数的概率为 95%。

3.4

再现性限 reproducibility limit

一个数值，在再现性条件(3.2)下，两个测试结果的绝对差小于或等于此数的概率为 95%。

3.5

校准样品　calibration materials

用于校准分析仪器，使分析仪器检测到的物理量与相应化学成分质量分数相关联的一批样品。

3.6

X 射线荧光分析用系列国家标准样品　certified reference materials for X-ray fluorescence analysis

可用于校准 X 射线荧光分析仪等分析仪器与化学成分相关联的成套国家标准样品。

3.7

玻璃熔片　beads

将试样用熔剂熔解，然后倒入特制的模具，按特定的冷却条件冷却所得到的分析表面平滑、无明显裂纹等缺陷的试样片。

3.8

防浸润剂　anti-wetting agents

用于防止玻璃熔片冷却时熔片发生破裂并易于脱模的物质。

3.9

粉末压片　pellets

将试样制成特定细度的粉末，在特定的条件下加压成型所得到的具有一定强度且分析表面平滑、无明显裂纹等缺陷的试样片。

3.10

粘合剂　binding agent

使样品易于高压成型而不含被测元素且对被测元素无特殊吸收或增强效应的物质。

4　试验的基本要求

4.1　试验次数与要求

每一项测定的试验次数规定为两次，用两次试验结果的平均值表示测定结果。

例行生产控制分析时，每一项测定的试验次数可以为一次。

在进行化学分析时，除另有说明外，应同时进行烧失量的测定；其他各项测定应同时进行空白试验，并对所测定结果加以校正。

4.2　质量、体积、滴定度和结果的表示

用“克(g)”表示质量，精确至 0.000 1 g。滴定管体积用“毫升(mL)”表示，精确至 0.05 mL。滴定度单位用“毫克每毫升(mg/mL)”表示。

硝酸汞标准滴定溶液对氯离子的滴定度经修约后保留有效数字三位，其他标准滴定溶液的滴定度和体积比经修约后保留有效数字四位。

除另有说明外，各项分析结果均以质量分数计。氯离子分析结果以%表示至小数点后三位，其他各项分析结果以%表示至小数点后二位。

4.3　空白试验

使用相同量的试剂，不加入试样，按照相同的测定步骤进行试验，对得到的测定结果进行校正。

4.4　灼烧

将滤纸和沉淀放入预先已灼烧并恒量的坩埚中，为避免产生火焰，在氧化性气氛中缓慢干燥、灰化，灰化至无黑色炭颗粒后，放入高温炉(6.7)中，在规定的温度下灼烧。在干燥器(6.5)中冷却至室温，称量。

4.5　恒量

经第一次灼烧、冷却、称量后，通过连续对每次 15 min 的灼烧，然后冷却、称量的方法来检查恒定质量，当连续两次称量之差小于 0.000 5 g 时，即达到恒量。

4.6 检查氯离子(Cl^-)(硝酸银检验)

按规定洗涤沉淀数次后,用数滴水淋洗漏斗的下端,用数毫升水洗涤滤纸和沉淀,将滤液收集在试管中,加几滴硝酸银溶液(5.35),观察试管中溶液是否浑浊。如果浑浊,继续洗涤并检验,直至用硝酸银检验不再浑浊为止。

4.7 检验方法的验证

本标准所列检验方法应依照国家标准样品/标准物质(如 GSB 08-1355、GSB 08-1356、GSB 08-1357、GBW 03201、GBW 03204 、GBW 03205)进行对比检验,以验证方法的准确性。

5 试剂和材料

除另有说明外,所用试剂应不低于分析纯。所用水应符合 GB/T 6682 中规定的三级水要求。

本标准所列市售浓液体试剂的密度指 20 ℃的密度(ρ),单位为克每立方厘米(g/cm^3)。

在化学分析中,所用酸或氨水,凡未注浓度者均指市售的浓酸或浓氨水。

用体积比表示试剂稀释程度,例如:盐酸(1+2)表示 1 份体积的浓盐酸与 2 份体积的水相混合。

5.1 盐酸(HCl)

1.18 g/cm^3~1.19 g/cm^3,质量分数 36%~38%。

5.2 氢氟酸(HF)

1.15 g/cm^3~1.18 g/cm^3,质量分数 40%。

5.3 硝酸(HNO_3)

1.39 g/cm^3~1.41 g/cm^3,质量分数 65%~68%。

5.4 硫酸(H_2SO_4)

1.84 g/cm^3,质量分数 95%~98%。

5.5 高氯酸($HClO_4$)

1.60 g/cm^3,质量分数 70%~72%。

5.6 冰乙酸(CH_3COOH)

1.05 g/cm^3,质量分数 99.8%。

5.7 磷酸(H_3PO_4)

1.68 g/cm^3,质量分数 85%。

5.8 甲酸($HCOOH$)

1.22 g/cm^3,质量分数 88%。

5.9 过氧化氢(H_2O_2)

1.11 g/cm^3,质量分数 30%。

5.10 氨水($NH_3 \cdot H_2O$)

0.90 g/cm^3~0.91 g/cm^3,质量分数 25%~28%。

5.11 三乙醇胺[$N(CH_2CH_2OH)_3$]

1.12 g/cm^3,质量分数 99%。

5.12 乙醇或无水乙醇(C_2H_5OH)

乙醇的体积分数 95%,无水乙醇的体积分数不低于 99.5%。

5.13 丙三醇[$C_3H_5(OH)_3$]

体积分数不低于 99%。

5.14 乙二醇($HOCH_2CH_2OH$)

体积分数 99%。

5.15 溴水(Br_2)

质量分数≥3%。

5.16 盐酸(1+1);(1+2);(1+3);(1+5);(1+10);(3+97)。

5.17 硝酸(1+2);(1+9);(1+100)。

5.18 硫酸(1+1);(1+2);(1+4);(1+9);(5+95)。

5.19 磷酸(1+1)。

5.20 乙酸(1+1)。

5.21 甲酸(1+1)。

5.22 氨水(1+1);(1+2)。

5.23 乙醇(1+4)。

5.24 三乙醇胺(1+2)。

5.25 氢氧化钠(NaOH)。

5.26 无水碳酸钠(Na_2CO_3)

将无水碳酸钠用玛瑙研钵研细至粉末状,贮存于密封瓶中。

5.27 氯化铵(NH_4Cl)。

5.28 焦硫酸钾($K_2S_2O_7$)

将市售的焦硫酸钾在瓷蒸发皿中加热熔化,加热至无泡沫发生,冷却并压碎熔融物,贮存于密封瓶中。

5.29 碳酸钠-硼砂混合熔剂(2+1)

将2份质量的无水碳酸钠[Na_2CO_3]与1份质量的无水硼砂($Na_2B_4O_7$)混匀研细,贮存于密封瓶中。

5.30 高碘酸钾(KIO_4)。

5.31 氢氧化钠溶液(10 g/L)

将10 g氢氧化钠(NaOH)溶于水中,加水稀释至1 L,贮存于塑料瓶中。

5.32 氢氧化钠溶液(200 g/L)

将20 g氢氧化钠(NaOH)溶于水中,加水稀释至100 mL,贮存于塑料瓶中。

5.33 氢氧化钾溶液(200 g/L)

将200 g氢氧化钾(KOH)溶于水中,加水稀释至1 L,贮存于塑料瓶中。

5.34 氯化钡溶液(100 g/L)

将100 g氯化钡($BaCl_2 \cdot 2H_2O$)溶于水中,加水稀释至1 L。

5.35 硝酸银溶液(5 g/L)

将0.5 g硝酸银($AgNO_3$)溶于水中,加入1 mL硝酸,加水稀释至100 mL,贮存于棕色瓶中。

5.36 硝酸铵溶液(20 g/L)

将2 g硝酸铵(NH_4NO_3)溶于水中,加水稀释至100 mL。

5.37 钼酸铵溶液(50 g/L)

将5 g钼酸铵[$(NH_4)_6Mo_7O_{24} \cdot 4H_2O$]溶于热水中,冷却后加水稀释至100 mL,贮存于塑料瓶中,必要时过滤后使用。此溶液在一周内使用。

5.38 钼酸铵溶液(15 g/L)

将3 g钼酸铵[$(NH_4)_6Mo_7O_{24} \cdot 4H_2O$]溶于100 mL热水中,加入60 mL硫酸(1+1),混匀。冷却后加水稀释至200 mL,贮存于塑料瓶中,必要时过滤后使用。此溶液在一周内使用。

5.39 抗坏血酸溶液(50 g/L)

将5 g抗坏血酸(V.C)溶于100 mL水中,必要时过滤后使用。用时现配。

5.40 抗坏血酸溶液(5 g/L)

将0.5 g抗坏血酸(V.C)溶于100 mL水中,必要时过滤后使用。用时现配。

5.41 二安替比林甲烷溶液(30 g/L盐酸溶液)

将 3 g 二安替比林甲烷($C_{23}H_{24}N_4O_2$)溶于 100 mL 盐酸(1+10)中，必要时过滤后使用。

5.42　草酸铵溶液(50 g/L)

将 50 g 草酸铵[$(NH_4)_2C_2O_4 \cdot H_2O$]溶于水中，加水稀释至 1 L，必要时过滤后使用。

5.43　碳酸铵溶液(100 g/L)

将 10 g 碳酸铵[$(NH_4)_2CO_3$]溶解于 100 mL 水中。用时现配。

5.44　pH3.0 的缓冲溶液

将 3.2 g 无水乙酸钠(CH_3COONa)溶于水中，加入 120 mL 冰乙酸，加水稀释至 1 L。

5.45　pH4.3 的缓冲溶液

将 42.3 g 无水乙酸钠(CH_3COONa)溶于水中，加入 80 mL 冰乙酸，加水稀释至 1 L。

5.46　pH10 的缓冲溶液

将 67.5 g 氯化铵(NH_4Cl)溶于水中，加入 570 mL 氨水，加水稀释至 1 L。

5.47　酒石酸钾钠溶液(100 g/L)

将 10 g 酒石酸钾钠($C_4H_4KNaO_6 \cdot 4H_2O$)溶于水中，加水稀释至 100 mL。

5.48　氯化锶溶液(锶 50 g/L)

将 152.2 g 氯化锶($SrCl_2 \cdot 6H_2O$)溶解于水中，加水稀释至 1 L，必要时过滤后使用。

5.49　氯化钾(KCl)

颗粒粗大时，研细后使用。

5.50　氯化钾溶液(50 g/L)

将 50 g 氯化钾(KCl)溶于水中，加水稀释至 1 L。

5.51　氯化钾-乙醇溶液(50 g/L)

将 5 g 氯化钾(KCl)溶于 50 mL 水后，加入 50 mL 乙醇(5.12)，混匀。

5.52　氟化钾溶液(150 g/L)

将 150 g 氟化钾($KF \cdot 2H_2O$)置于塑料杯中，加水溶解后，加水稀释至 1 L，贮存于塑料瓶中。

5.53　氟化钾溶液(20 g/L)

将 20 g 氟化钾($KF \cdot 2H_2O$)溶于水中，加水稀释至 1 L，贮存于塑料瓶中。

5.54　邻菲罗啉溶液(10 g/L 乙酸溶液)

将 1 g 邻菲罗啉($C_{12}H_8N_2 \cdot 2H_2O$)溶于 100 mL 乙酸(1+1)中，用时现配。

5.55　乙酸铵溶液(100 g/L)

将 10 g 乙酸铵(CH_3COONH_4)溶于 100 mL 水中。

5.56　盐酸羟胺($NH_2OH \cdot HCl$)。

5.57　氯化亚锡($SnCl_2 \cdot 2H_2O$)。

5.58　氯化亚锡-磷酸溶液

将 1 000 mL 磷酸放在烧杯中，在通风橱中于电炉上加热脱水，至溶液体积缩减至 850 mL～950 mL 时，停止加热。待溶液温度降至 100 ℃以下时，加入 100 g 氯化亚锡(5.57)，继续加热至溶液透明，且无大气泡冒出时为止(此溶液的使用期一般不超过两周)。

5.59　氨性硫酸锌溶液(100 g/L)

将 100 g 硫酸锌($ZnSO_4 \cdot 7H_2O$)溶于水中，加入 700 mL 氨水，加水稀释至 1 L。静置 24 h 后使用，必要时过滤。

5.60　明胶溶液(5g/L)

将 0.5 g 明胶(动物胶)溶于 100 mL 70 ℃～80 ℃的水中。用时现配。

5.61　H 型 732 苯乙烯强酸性阳离子交换树脂(1×12)

将 250 g 钠型 732 苯乙烯强酸性阳离子交换树脂(1×12)用 250 mL 乙醇(5.12)浸泡 12 h 以上，然后倾出乙醇，再用水浸泡 6 h～8 h。将树脂装入离子交换柱中，用 1 500 mL 盐酸(1+3)以 5 mL/min

的流速淋洗。然后再用蒸馏水逆洗交换柱中的树脂，直至流出液中无氯离子为止(4.6)。将树脂倒出，用布氏漏斗抽气抽滤，然后贮存于广口瓶中备用(树脂久放后，使用时应用水倾洗数次)。

用过的树脂浸泡在稀盐酸中，当积至一定数量后，除去其中夹带的不溶残渣，然后再用上述方法进行再生。

5.62 铬酸钡溶液(10 g/L)

称取 10 g 铬酸钡($BaCrO_4$)置于 1 000 mL 烧杯中，加 700 mL 水，搅拌下缓慢加入 50 mL 盐酸(1+1)，加热溶解，冷却至室温后，移入 1 000 mL 容量瓶中，用水稀释至标线，摇匀。

5.63 五氧化二钒(V_2O_5)。

5.64 电解液

将 6 g 碘化钾(KI)和 6 g 溴化钾(KBr)溶于 300 mL 水中，加入 10 mL 冰乙酸。

5.65 硝酸溶液(0.5 mol/L)

取 3 mL 硝酸，加水稀释至 100 mL。

5.66 氢氧化钠溶液(0.5 mol/L)

将 2 g 氢氧化钠(NaOH)溶于 100 mL 水中。

5.67 pH6.0 的总离子强度配位缓冲溶液

将 294.1 g 柠檬酸钠($C_6H_5Na_3O_7 \cdot 2H_2O$)溶于水中，用盐酸(1+1)和氢氧化钠溶液(5.32)调整溶液的 pH 至 6.0，加水稀释至 1 L。

5.68 氢氧化钠-无水乙醇溶液(0.1 mol/L)

将 0.4 g 氢氧化钠(NaOH)溶于 100 mL 无水乙醇(5.12)中。

5.69 甘油-无水乙醇溶液(1+2)

将 500 mL 丙三醇(5.13)与 1 000 mL 无水乙醇(5.12)混合，加入 0.1 g 酚酞，混匀。用氢氧化钠-无水乙醇溶液(5.68)中和至微红色。贮存于干燥密封的瓶中，防止吸潮。

5.70 乙二醇-无水乙醇溶液(2+1)

将 1 000 mL 乙二醇(5.14)与 500 mL 无水乙醇(5.12)混合，加入 0.2 g 酚酞，混匀。用氢氧化钠-无水乙醇溶液(5.68)中和至微红色。贮存于干燥密封的瓶中，防止吸潮。

5.71 硝酸锶[$Sr(NO_3)_2$]

5.72 硝酸银标准溶液[$c(AgNO_3)=0.05$ mol/L]

称取 8.494 0 g 已于(150±5)℃烘过 2 h 的硝酸银($AgNO_3$)，精确至 0.000 1 g，加水溶解后，移入 1 000 mL 容量瓶中，加水稀释至标线，摇匀。贮存于棕色瓶中，避光保存。

5.73 硫氰酸铵标准滴定溶液[$c(NH_4SCN)=0.05$ mol/L]

称取 3.8 g 硫氰酸铵(NH_4SCN)溶于水，稀释至 1 L。

5.74 二氧化硅(SiO_2)标准溶液

5.74.1 二氧化硅标准溶液的配制

称取 0.200 0 g 已于 1 000 ℃～1 100 ℃灼烧过 60 min 的二氧化硅(SiO_2，光谱纯)，精确至 0.000 1 g，置于铂坩埚中，加入 2 g 无水碳酸钠(5.26)，搅拌均匀，在 950 ℃～1 000 ℃高温下熔融 15 min。冷却后，将熔融物浸出于盛有约 100 mL 沸水的塑料烧杯中，待全部溶解，冷却至室温后，移入 1 000 mL 容量瓶中。用水稀释至标线，摇匀，贮存于塑料瓶中。此标准溶液每毫升含 0.2 mg 二氧化硅。

吸取 50.00 mL 上述标准溶液放入 500 mL 容量瓶中，用水稀释至标线，摇匀，贮存于塑料瓶中。此标准溶液每毫升含 0.02 mg 二氧化硅。

5.74.2 工作曲线的绘制

吸取每毫升含 0.02 mg 二氧化硅的标准溶液 0 mL；2.00 mL；4.00 mL；5.00 mL；6.00 mL；8.00 mL；10.00 mL 分别放入 100 mL 容量瓶中，加水稀释至约 40 mL，依次加入 5 mL 盐酸(1+10)，

8 mL 乙醇(5.12),6 mL 钼酸铵溶液(5.37),摇匀。放置 30 min 后,加入 20 mL 盐酸(1+1),5 mL 抗坏血酸溶液(5.40),用水稀释至标线,摇匀。放置 60 min 后,用分光光度计(6.12),10 mm 比色皿,以水作参比,于波长 660 nm 处测定溶液的吸光度。用测得的吸光度作为相对应的二氧化硅含量的函数,绘制工作曲线。

5.75 氧化镁(MgO)标准溶液

5.75.1 氧化镁标准溶液的配制

称取 1.000 0 g 已于(950±25)℃灼烧过 60 min 的氧化镁(MgO,基准试剂或光谱纯),精确至 0.000 1 g,置于 250 mL 烧杯中,加入 50 mL 水,再缓缓加入 20 mL 盐酸(1+1),低温加热至完全溶解,冷却至室温后,移入 1 000 mL 容量瓶中,用水稀释至标线,摇匀。此标准溶液每毫升含 1 mg 氧化镁。

吸取 25.00 mL 上述标准溶液放入 500 mL 容量瓶中,用水稀释至标线,摇匀。此标准溶液每毫升含 0.05 mg 氧化镁。

5.75.2 工作曲线的绘制

吸取每毫升含 0.05 mg 氧化镁的标准溶液 0 mL;2.00 mL;4.00 mL;6.00 mL;8.00 mL;10.00 mL;12.00 mL 分别放入 500 mL 容量瓶中,加入 30 mL 盐酸及 10 mL 氯化锶溶液(5.48),用水稀释至标线,摇匀。将原子吸收光谱仪(6.14)调节至最佳工作状态,在空气-乙炔火焰中,用镁元素空心阴极灯,于波长 285.2 nm 处,以水校零测定溶液的吸光度。用测得的吸光度作为相对应的氧化镁含量的函数,绘制工作曲线。

5.76 二氧化钛(TiO_2)标准溶液

5.76.1 二氧化钛标准溶液的配制

称取 0.100 0 g 已于(950±25)℃灼烧过 60 min 的二氧化钛(TiO_2,光谱纯),精确至 0.000 1 g,置于铂坩埚中,加入 2 g 焦硫酸钾(5.28),在 500 ℃~600 ℃下熔融至透明。冷却后,熔块用硫酸(1+9)浸出,加热至 50 ℃~60 ℃使熔块完全溶解,冷却至室温后,移入 1 000 mL 容量瓶中,用硫酸(1+9)稀释至标线,摇匀。此标准溶液每毫升含 0.1 mg 二氧化钛。

吸取 100.00 mL 上述标准溶液放入 500 mL 容量瓶中,用硫酸(1+9)稀释至标线,摇匀。此标准溶液每毫升含 0.02 mg 二氧化钛。

5.76.2 工作曲线的绘制

吸取每毫升含 0.02 mg 二氧化钛的标准溶液 0 mL;2.00 mL;4.00 mL;6.00 mL;8.00 mL;10.00 mL;12.00 mL;15.00 mL 分别放入 100 mL 容量瓶中,依次加入 10 mL 盐酸(1+2)、10 mL 抗坏血酸溶液(5.40)、5 mL 乙醇(5.12)、20 mL 二安替比林甲烷溶液(5.41),用水稀释至标线,摇匀。放置 40 min 后,使用分光光度计(6.12),10 mm 比色皿,以水作参比,于波长 420 nm 处测定溶液的吸光度。用测得的吸光度作为相对应的二氧化钛含量的函数,绘制工作曲线。

5.77 氧化钾(K_2O)、氧化钠(Na_2O)标准溶液

5.77.1 氧化钾、氧化钠标准溶液的配制

称取 1.582 9 g 已于 105℃~110 ℃烘过 2 h 的氯化钾(KCl,基准试剂或光谱纯)及 1.885 9 g 已于 105℃~110 ℃烘过 2 h 的氯化钠(NaCl,基准试剂或光谱纯),精确至 0.000 1 g,置于烧杯中,加水溶解后,移入 1 000 mL 容量瓶中,用水稀释至标线,摇匀。贮存于塑料瓶中。此标准溶液每毫升含 1 mg 氧化钾及 1 mg 氧化钠。

吸取 50.00 mL 上述标准溶液放入 1 000 mL 容量瓶中,用水稀释至标线,摇匀。贮存于塑料瓶中。此标准溶液每毫升含 0.05 mg 氧化钾和 0.05 mg 氧化钠。

5.77.2 工作曲线的绘制

5.77.2.1 用于火焰光度法的工作曲线的绘制

吸取每毫升含 1 mg 氧化钾及 1 mg 氧化钠的标准溶液 0 mL;2.50 mL;5.00 mL;10.00 mL;15.00 mL;20.00 mL 分别放入 500 mL 容量瓶中,用水稀释至标线,摇匀。贮存于塑料瓶中。将火焰光

度计(6.13)调节至最佳工作状态,按仪器使用规程进行测定。用测得的检流计读数作为相对应的氧化钾和氧化钠含量的函数,绘制工作曲线。

5.77.2.2 用于原子吸收光谱法的工作曲线的绘制

吸取每毫升含 0.05 mg 氧化钾及 0.05 mg 氧化钠的标准溶液 0 mL;2.50 mL;5.00 mL;10.00 mL;15.00 mL;20.00 mL;25.00 mL 分别放入 500 mL 容量瓶中,加入 30 mL 盐酸及 10mL 氯化锶溶液(5.48),用水稀释至标线,摇匀,贮存于塑料瓶中。将原子吸收光谱仪(6.14)调节至最佳工作状态,在空气-乙炔火焰中,分别用钾元素空心阴极灯于波长 766.5 nm 处和钠元素空心阴极灯于波长 589.0 nm 处,以水校零测定溶液的吸光度。用测得的吸光度作为相对应的氧化钾和氧化钠含量的函数,绘制工作曲线。

5.78 一氧化锰(MnO)标准溶液

5.78.1 无水硫酸锰($MnSO_4$)

取一定量硫酸锰($MnSO_4$,基准试剂或光谱纯)或含水硫酸锰($MnSO_4 \cdot xH_2O$,基准试剂或光谱纯)置于称量瓶中,在(250±10)℃温度下烘干至恒量,所获得的产物为无水硫酸锰($MnSO_4$)。

5.78.2 一氧化锰标准溶液的配制

称取 0.106 4 g 无水硫酸锰(5.78.1),精确至 0.000 1 g,置于 300 mL 烧杯中,加水溶解后,加入约 1 mL 硫酸(1+1),移入 1 000 mL 容量瓶中,用水稀释至标线,摇匀。此标准溶液每毫升含 0.05 mg 一氧化锰。

5.78.3 工作曲线的绘制

5.78.3.1 用于分光光度法的工作曲线的绘制

吸取每毫升含 0.05 mg 一氧化锰的标准溶液 0 mL;2.00 mL;6.00 mL;10.00 mL;14.00 mL;20.00 mL 分别放入 150 mL 烧杯中,加入 5 mL 磷酸(1+1)及 10 mL 硫酸(1+1),加水稀释至约 50 mL,加入约 1 g 高碘酸钾(5.30),加热微沸 10 min~15 min 至溶液达到最大颜色深度,冷却至室温后,移入 100 mL 容量瓶中,用水稀释至标线,摇匀。使用分光光度计(6.12),10 mm 比色皿,以水作参比,于波长 530 nm 处测定溶液的吸光度。用测得的吸光度作为相对应的一氧化锰含量的函数,绘制工作曲线。

5.78.3.2 用于原子吸收光谱法的工作曲线的绘制

吸取每毫升含 0.05 mg 一氧化锰的标准溶液 0 mL;5.00 mL;10.00 mL;15.00 mL;20.00 mL;25.00 mL;30.00 mL 分别放入 500 mL 容量瓶中,加入 30 mL 盐酸及 10 mL 氯化锶溶液(5.48),用水稀释至标线,摇匀。将原子吸收光谱仪(6.14)调节至最佳工作状态,在空气-乙炔火焰中,用锰元素空心阴极灯,于波长 279.5 nm 处,以水校零测定溶液的吸光度。用测得的吸光度作为相对应的一氧化锰含量的函数,绘制工作曲线。

5.79 五氧化二磷(P_2O_5)标准溶液

5.79.1 五氧化二磷标准溶液的配制

称取 0.191 7 g 已于 105℃~110 ℃烘过 2 h 的磷酸二氢钾(KH_2PO_4,基准试剂),精确至 0.000 1 g,置于 300 mL 烧杯中,加水溶解后,移入 1 000 mL 容量瓶中,用水稀释至标线,摇匀。此标准溶液每毫升含 0.1 mg 五氧化二磷。

吸取 50.00 mL 上述标准溶液放入 500 mL 容量瓶中,用水稀释至标线,摇匀。此标准溶液每毫升含 0.01 mg 五氧化二磷。

5.79.2 工作曲线的绘制

吸取每毫升含 0.01 mg 五氧化二磷的标准溶液 0 mL;2.00 mL;4.00 mL;6.00 mL;8.00 mL;10.00 mL;15.00 mL;20.00 mL;25.00 mL 分别放入 200 mL 烧杯中,加水稀释至 50 mL,加入 10 mL 钼酸铵溶液(5.38)和 2 mL 抗坏血酸溶液(5.39),加热微沸(1.5±0.5)min,冷却至室温后,移入 100 mL 容量瓶中,用盐酸(1+10)洗涤烧杯并用盐酸(1+10)稀释至标线,摇匀。用分光光度计

(6.12),10 mm 比色皿,以水作参比,于波长 730 nm 处测定溶液的吸光度。用测得的吸光度作为相对应的五氧化二磷含量的函数,绘制工作曲线。

5.80 三氧化二铁(Fe_2O_3)标准溶液

5.80.1 三氧化二铁标准溶液的配制

称取 0.100 0 g 已于(950±25)℃灼烧过 60 min 的三氧化二铁(Fe_2O_3,光谱纯),精确至 0.000 1 g,置于 300 mL 烧杯中,依次加入 50 mL 水、30 mL 盐酸(1+1)、2 mL 硝酸,低温加热微沸,待溶解完全,冷却至室温后,移入 1 000 mL 容量瓶中,用水稀释至标线,摇匀。此标准溶液每毫升含 0.1 mg 三氧化二铁。

5.80.2 工作曲线的绘制

5.80.2.1 用于分光光度法的工作曲线的绘制

吸取每毫升含 0.1 mg 三氧化二铁的标准溶液 0 mL;1.00 mL;2.00 mL;3.00 mL;4.00 mL;5.00 mL;6.00 mL 分别放入 100 mL 容量瓶中,加水稀释至约 50 mL,加入 5 mL 抗坏血酸溶液(5.40),放置 5 min 后,加入 5 mL 邻菲罗啉溶液(5.54)、10 mL 乙酸铵溶液(5.55),用水稀释至标线,摇匀。放置 30 min 后,用分光光度计(6.12),10 mm 比色皿,以水作参比,于波长 510 nm 处测定溶液的吸光度。用测得的吸光度作为相对应的三氧化二铁含量的函数,绘制工作曲线。

5.80.2.2 用于原子吸收光谱法的工作曲线的绘制

吸取每毫升含 0.1 mg 三氧化二铁的标准溶液 0 mL;10.00 mL;20.00 mL;30.00 mL;40.00 mL;50.00 mL 分别放入 500 mL 容量瓶中,加入 30 mL 盐酸及 10 mL 氯化锶溶液(5.48),用水稀释至标线,摇匀。将原子吸收光谱仪(6.14)调节至最佳工作状态,在空气-乙炔火焰中,用铁元素空心阴极灯,于波长 248.3 nm 处,以水校零测定溶液的吸光度。用测得的吸光度作为相对应的三氧化二铁含量的函数,绘制工作曲线。

5.81 三氧化硫(SO_3)标准溶液

5.81.1 三氧化硫标准溶液的配制

称取 0.887 0 g 已于 105℃~110 ℃烘过 2h 的硫酸钠(Na_2SO_4,优级纯试剂),精确至 0.000 1 g,置于 300 mL 烧杯中,加水溶解后,移入 1 000 mL 容量瓶中,用水稀释至标线,摇匀。此标准溶液为每毫升相当于 0.5 mg 三氧化硫。

5.81.2 离子强度调节溶液的配制

称取 0.85 g 三氧化二铁(Fe_2O_3)置于 400 mL 烧杯中,加入 200 mL 盐酸(1+1),盖上表面皿,加热微沸使之溶解,将此溶液缓慢注入已盛有 21.42 g 碳酸钙($CaCO_3$)及 100 mL 水的 1 000 mL 烧杯中,待碳酸钙完全溶解后,加入 250 mL 氨水(1+2),再加入盐酸(1+2)至氢氧化铁沉淀刚好溶解,冷却。稀释至约 900 mL,用盐酸(1+1)和氨水(1+1)调节溶液 pH 值在 1.0~1.5 之间(用精密 pH 试纸检验),移入 1 000 mL 容量瓶中,用水稀释至标线,摇匀。此溶液每毫升含有 12 mg 氧化钙,0.85 mg 三氧化二铁。

5.81.3 工作曲线的绘制

吸取每毫升相当于 0.5 mg 三氧化硫的标准溶液 0 mL;5.00 mL;10.00 mL;15.00 mL;20.00 mL;25.00 mL;30.00 mL 分别放入 150 mL 容量瓶中,加入 20 mL 离子强度调节溶液(5.81.2),用水稀释至 100 mL,加入 10 mL 铬酸钡溶液(5.62),每隔 5 min 摇荡溶液一次。30 min 后,加入 5 mL 氨水(1+2),用水稀释至标线,摇匀。用中速滤纸干过滤,将滤液收集于 50 mL 烧杯中,使用分光光度计(6.12),20 mm 比色皿,以水作参比,于波长 420 nm 处测定各滤液的吸光度。用测得的吸光度作为相对应的三氧化硫含量的函数,绘制工作曲线。

5.82 重铬酸钾基准溶液[$c(1/6K_2Cr_2O_7)=0.03$ mol/L]

称取 1.471 0 g 已于 150 ℃~180 ℃烘过 2 h 的重铬酸钾($K_2Cr_2O_7$,基准试剂),精确至 0.000 1 g,加水溶解后,移入 1 000 mL 容量瓶中,用水稀释至标线,摇匀。

5.83　碘酸钾标准滴定溶液[$c(1/6KIO_3)=0.03$ mol/L]

称取 5.4 g 碘酸钾(KIO_3)溶于 200 mL 新煮沸过的冷水中，加入 5 g 氢氧化钠(NaOH)及 150 g 碘化钾(KI)，溶解后再用新煮沸过的冷水稀释至 5 L，摇匀，贮存于棕色瓶中。

5.84　硫代硫酸钠标准滴定溶液[$c(Na_2S_2O_3)=0.03$ mol/L]

5.84.1　硫代硫酸钠标准滴定溶液的配制

将 37.5 g 硫代硫酸钠($Na_2S_2O_3 \cdot 5H_2O$)溶于 200 mL 新煮沸过的冷水中，加入约 0.25 g 无水碳酸钠(5.26)，溶解后再用新煮沸过的冷水稀释至 5 L，摇匀，贮存于棕色瓶中。

提示：由于硫代硫酸钠标准溶液不稳定，建议在每批试验之前，要重新标定。

5.84.2　标准溶液的标定

5.84.2.1　硫代硫酸钠标准滴定溶液的标定

吸取 15.00 mL 重铬酸钾基准溶液(5.82)放入带有磨口塞的 200 mL 锥形瓶中，加入 3 g 碘化钾(KI)及 50 mL 水，搅拌溶解后，加入 10 mL 硫酸(1+2)，盖上磨口塞，于暗处放置 15 min～20 min。用少量水冲洗瓶壁和瓶塞，用硫代硫酸钠标准滴定溶液滴定至淡黄色后，加入约 2 mL 淀粉溶液(5.105)，再继续滴定至蓝色消失。

另用 15 mL 水代替重铬酸钾基准溶液，按上述步骤进行空白试验。

硫代硫酸钠标准滴定溶液的浓度按式(1)计算：

$$c(Na_2S_2O_3)=\frac{0.03\times 15.00}{V_2-V_1} \qquad \cdots\cdots(1)$$

式中：

$c(Na_2S_2O_3)$——硫代硫酸钠标准滴定溶液的浓度，单位为摩尔每升(mol/L)；

0.03——重铬酸钾基准溶液的浓度，单位为摩尔每升(mol/L)；

15.00——加入重铬酸钾基准溶液的体积，单位为毫升(mL)；

V_2——滴定时消耗硫代硫酸钠标准滴定溶液的体积，单位为毫升(mL)；

V_1——空白试验消耗硫代硫酸钠标准滴定溶液的体积，单位为毫升(mL)。

5.84.2.2　碘酸钾标准滴定溶液与硫代硫酸钠标准滴定溶液体积比的标定

从滴定管中缓慢放出 15.00 mL 碘酸钾标准滴定溶液(5.83)于 200 mL 锥形瓶中，加入 25 mL 水及 10 mL 硫酸(1+2)，在摇动下用硫代硫酸钠标准滴定溶液(5.84)滴定至淡黄色后，加入约 2 mL 淀粉溶液(5.105)，再继续滴定至蓝色消失。

碘酸钾标准滴定溶液与硫代硫酸钠标准滴定溶液的体积比按式(2)计算：

$$K_1=\frac{15.00}{V_3} \qquad \cdots\cdots(2)$$

式中：

K_1——碘酸钾标准滴定溶液与硫代硫酸钠标准滴定溶液的体积比；

15.00——加入碘酸钾标准滴定溶液的体积，单位为毫升(mL)；

V_3——滴定时消耗硫代硫酸钠标准滴定溶液的体积，单位为毫升(mL)。

5.84.2.3　碘酸钾标准滴定溶液对三氧化硫及对硫的滴定度的计算

碘酸钾标准滴定溶液对三氧化硫及对硫的滴定度分别按式(3)和式(4)计算：

$$T_{SO_3}=\frac{c(Na_2S_2O_3)\times V_3\times 40.03}{15.00} \qquad \cdots\cdots(3)$$

$$T_S=\frac{c(Na_2S_2O_3)\times V_3\times 16.03}{15.00} \qquad \cdots\cdots(4)$$

式中：

T_{SO_3}——碘酸钾标准滴定溶液对三氧化硫的滴定度，单位为毫克每毫升(mg/mL)；

T_S——碘酸钾标准滴定溶液对硫的滴定度，单位为毫克每毫升(mg/mL)；

$c(Na_2S_2O_3)$——硫代硫酸钠标准滴定溶液的浓度，单位为摩尔每升(mol/L)；

V_3——标定体积比 K_1 时消耗硫代硫酸钠标准滴定溶液的体积，单位为毫升(mL)；

40.03——$(1/2SO_3)$的摩尔质量，单位为克每摩尔(g/mol)；

16.03——(1/2S)的摩尔质量，单位为克每摩尔(g/mol)；

15.00——标定体积比 K_1 时加入碘酸钾标准滴定溶液的体积，单位为毫升(mL)。

5.85　碳酸钙标准溶液[$c(CaCO_3)=0.024$ mol/L]

称取 0.6 g(m_1)已于105℃～110 ℃烘过 2 h 的碳酸钙($CaCO_3$，基准试剂)，精确至 0.000 1 g，置于 400 mL 烧杯中，加入约 100 mL 水，盖上表面皿，沿杯口慢慢加入 5 mL～10 mL 盐酸(1+1)，搅拌至碳酸钙全部溶解，加热煮沸并微沸 1 min～2 min。冷却至室温后，移入 250 mL 容量瓶中，用水稀释至标线，摇匀。

5.86　EDTA 标准滴定溶液[$c(EDTA)=0.015$ mol/L]

5.86.1　EDTA 标准滴定溶液的配制

称取 5.6 g EDTA(乙二胺四乙酸二钠，$C_{10}H_{14}N_2O_8Na_2 \cdot 2H_2O$)置于烧杯中，加入约 200 mL 水，加热溶解，过滤，加水稀释至 1 L，摇匀。

5.86.2　EDTA 标准滴定溶液浓度的标定

吸取 25.00 mL 碳酸钙标准溶液(5.85)放入 300 mL 烧杯中，加水稀释至约 200 mL 水，加入适量的 CMP 混合指示剂(5.97)，在搅拌下加入氢氧化钾溶液(5.33)至出现绿色荧光后再过量 2 mL～3 mL，用 EDTA 标准滴定溶液滴定至绿色荧光消失并呈现红色。

EDTA 标准滴定溶液的浓度按式(5)计算：

$$c(EDTA) = \frac{m_1 \times 25 \times 1\,000}{250 \times V_4 \times 100.09} = \frac{m_1}{V_4 \times 1.000\,9} \quad \cdots\cdots(5)$$

式中：

$c(EDTA)$——EDTA 标准滴定溶液的浓度，单位为摩尔每升(mol/L)；

m_1——按 5.85 配制碳酸钙标准溶液的碳酸钙的质量，单位为克(g)；

V_4——滴定时消耗 EDTA 标准滴定溶液的体积，单位为毫升(mL)；

100.09——$CaCO_3$ 的摩尔质量，单位为克每摩尔(g/mol)。

5.86.3　EDTA 标准滴定溶液对各氧化物的滴定度的计算

EDTA 标准滴定溶液对三氧化二铁、三氧化二铝、氧化钙、氧化镁的滴定度分别按式(6)、(7)、(8)、(9)计算：

$$T_{Fe_2O_3} = c(EDTA) \times 79.84 \quad \cdots\cdots(6)$$

$$T_{Al_2O_3} = c(EDTA) \times 50.98 \quad \cdots\cdots(7)$$

$$T_{CaO} = c(EDTA) \times 56.08 \quad \cdots\cdots(8)$$

$$T_{MgO} = c(EDTA) \times 40.31 \quad \cdots\cdots(9)$$

式中：

$T_{Fe_2O_3}$——EDTA 标准滴定溶液对三氧化二铁的滴定度，单位为毫克每毫升(mg/mL)；

$T_{Al_2O_3}$——EDTA 标准滴定溶液对三氧化二铝的滴定度，单位为毫克每毫升(mg/mL)；

T_{CaO}——EDTA 标准滴定溶液对氧化钙的滴定度，单位为毫克每毫升(mg/mL)；

T_{MgO}——EDTA 标准滴定溶液对氧化镁的滴定度，单位为毫克每毫升(mg/mL)；

$c(EDTA)$——EDTA 标准滴定溶液的浓度，单位为摩尔每升(mol/L)；

79.84——$(1/2Fe_2O_3)$的摩尔质量，单位为克每摩尔(g/mol)；

50.98——$(1/2Al_2O_3)$的摩尔质量，单位为克每摩尔(g/mol)；

56.08——CaO 的摩尔质量，单位为克每摩尔(g/mol)；

40.31——MgO 的摩尔质量，单位为克每摩尔(g/mol)。

5.87 硫酸铜标准滴定溶液[$c(CuSO_4)=0.015mol/L$]

5.87.1 硫酸铜标准滴定溶液的配制

称取3.7 g硫酸铜($CuSO_4 \cdot 5H_2O$)溶于水中,加入4～5滴硫酸(1+1),加水稀释至1 L,摇匀。

5.87.2 EDTA标准滴定溶液与硫酸铜标准滴定溶液体积比的标定

从滴定管中缓慢放出10.00 mL～15.00 mLEDTA标准滴定溶液(5.86)于300 mL烧杯中,加水稀释至约150 mL,加入15 mL pH4.3的缓冲溶液(5.45),加热至沸,取下稍冷,加入4～5滴PAN指示剂溶液(5.101),用硫酸铜标准滴定溶液滴定至亮紫色。

EDTA标准滴定溶液与硫酸铜标准滴定溶液的体积比按式(10)计算:

$$K_2=\frac{V_5}{V_6} \qquad \cdots\cdots(10)$$

式中:

K_2——EDTA标准滴定溶液与硫酸铜标准滴定溶液的体积比;

V_5——加入EDTA标准滴定溶液的体积,单位为毫升(mL);

V_6——滴定时消耗硫酸铜标准滴定溶液的体积,单位为毫升(mL)。

5.88 高锰酸钾标准滴定溶液[$c(1/5KMnO_4)=0.18\ mol/L$]

5.88.1 高锰酸钾标准滴定溶液的配制

称取5.7 g高锰酸钾($KMnO_4$)置于400 mL烧杯中,溶于约250 mL水,加热微沸数分钟,冷至室温,用玻璃砂芯漏斗(6.19)或垫有一层玻璃棉的漏斗将溶液过滤于1 000 mL棕色瓶中,然后用新煮沸过的冷水稀释至1 L,摇匀,于阴暗处放置一周后标定。

提示:由于高锰酸钾标准滴定溶液不稳定,建议至少两个月重新标定一次。

5.88.2 高锰酸钾标准滴定溶液浓度的标定

称取0.5 g(m_2)已于105℃～110 ℃烘过2 h的草酸钠($Na_2C_2O_4$,基准试剂),精确至0.000 1 g,置于400 mL烧杯中,加入约150 mL水,20 mL硫酸(1+1),加热至70 ℃～80 ℃,用高锰酸钾标准滴定溶液滴定至微红色出现,并保持30 s不消失。

高锰酸钾标准滴定溶液的浓度按式(11)计算:

$$c(1/5KMnO_4)=\frac{m_2\times 1\,000}{V_7\times 67.00} \qquad \cdots\cdots(11)$$

式中:

$c(1/5KMnO_4)$——高锰酸钾标准滴定溶液的浓度,单位为摩尔每升(mol/L);

m_2——草酸钠的质量,单位为克(g);

V_7——滴定时消耗高锰酸钾标准滴定溶液的体积,单位为毫升(mL);

67.00——($1/2Na_2C_2O_4$)的摩尔质量,单位为克每摩尔(g/mol)。

5.88.3 高锰酸钾标准滴定溶液对氧化钙的滴定度的计算

高锰酸钾标准滴定溶液对氧化钙的滴定度按式(12)计算:

$$T'_{CaO}=c(1/5KMnO_4)\times 28.04 \qquad \cdots\cdots(12)$$

式中:

T'_{CaO}——高锰酸钾标准滴定溶液对氧化钙的滴定度,单位为毫克每毫升(mg/mL);

$c(1/5KMnO_4)$——高锰酸钾标准滴定溶液的浓度,单位为摩尔每升(mol/L);

28.04——(1/2CaO)的摩尔质量,单位为克每摩尔(g/mol)。

5.89 氢氧化钠标准滴定溶液[$c(NaOH)=0.15\ mol/L$]

5.89.1 氢氧化钠标准滴定溶液[$c(NaOH)=0.15\ mol/L$]的配制

称取30 g氢氧化钠(NaOH)溶于水后,加水稀释至5 L,充分摇匀,贮存于塑料瓶或带胶塞(装有钠石灰干燥管)的硬质玻璃瓶内。

5.89.2 氢氧化钠标准滴定溶液[c(NaOH)=0.15 mol/L]浓度的标定

称取0.8 g(m_3)苯二甲酸氢钾($C_8H_5KO_4$,基准试剂),精确至0.000 1 g,置于300 mL烧杯中,加入约200 mL预先新煮沸过并冷却后用氢氧化钠溶液中和至酚酞呈微红色的冷水,搅拌使其溶解,加入6~7滴酚酞指示剂溶液(5.99),用氢氧化钠标准滴定溶液滴定至微红色。

氢氧化钠标准滴定溶液的浓度按式(13)计算:

$$c(\mathrm{NaOH}) = \frac{m_3 \times 1\,000}{V_8 \times 204.2} \qquad \cdots\cdots(13)$$

式中:

c(NaOH)——氢氧化钠标准滴定溶液的浓度,单位为摩尔每升(mol/L);

m_3——苯二甲酸氢钾的质量,单位为克(g);

V_8——滴定时消耗氢氧化钠标准滴定溶液的体积,单位为毫升(mL);

204.2——苯二甲酸氢钾的摩尔质量,单位为克每摩尔(g/mol)。

5.89.3 氢氧化钠标准滴定溶液[c(NaOH)=0.15 mol/L]对二氧化硅的滴定度的计算

氢氧化钠标准滴定溶液对二氧化硅的滴定度按式(14)计算:

$$T_{\mathrm{SiO_2}} = c(\mathrm{NaOH}) \times 15.02 \qquad \cdots\cdots(14)$$

式中:

$T_{\mathrm{SiO_2}}$——氢氧化钠标准滴定溶液对二氧化硅的滴定度,单位为毫克每毫升(mg/mL);

c(NaOH)——氢氧化钠标准滴定溶液的浓度,单位为摩尔每升(mol/L);

15.02——($1/4SiO_2$)的摩尔质量,单位为克每摩尔(g/mol)。

5.90 氢氧化钠标准滴定溶液[c'(NaOH)=0.06 mol/L]

5.90.1 氢氧化钠标准滴定溶液[c'(NaOH)=0.06 mol/L]的配制

称取12 g氢氧化钠(NaOH)溶于水后,加水稀释至5 L,充分摇匀,贮存于塑料瓶或带胶塞(装有钠石灰干燥管)的硬质玻璃瓶内。

5.90.2 氢氧化钠标准滴定溶液[c'(NaOH)=0.06 mol/L]浓度的标定

称取0.3 g(m_4)苯二甲酸氢钾($C_8H_5KO_4$,基准试剂),精确至0.000 1 g,置于300 mL烧杯中,加入约200 mL预先新煮沸过并冷却后用氢氧化钠溶液中和至酚酞呈微红色的冷水,搅拌使其溶解,加入6~7滴酚酞指示剂溶液(5.99),用氢氧化钠标准滴定溶液滴定至微红色。

氢氧化钠标准滴定溶液的浓度按式(15)计算:

$$c'(\mathrm{NaOH}) = \frac{m_4 \times 1\,000}{V_9 \times 204.2} \qquad \cdots\cdots(15)$$

式中:

c'(NaOH)——氢氧化钠标准滴定溶液的浓度,单位为摩尔每升(mol/L);

m_4——苯二甲酸氢钾的质量,单位为克(g);

V_9——滴定时消耗氢氧化钠标准滴定溶液的体积,单位为毫升(mL);

204.2——苯二甲酸氢钾的摩尔质量,单位为克每摩尔(g/mol)。

5.90.3 氢氧化钠标准滴定溶液[c'(NaOH)=0.06 mol/L]对三氧化硫的滴定度的计算

氢氧化钠标准滴定溶液对三氧化硫滴定度按式(16)计算:

$$T'_{\mathrm{SO_3}} = c'(\mathrm{NaOH}) \times 40.03 \qquad \cdots\cdots(16)$$

式中:

$T'_{\mathrm{SO_3}}$——氢氧化钠标准滴定溶液对三氧化硫的滴定度,单位为毫克每毫升(mg/mL);

c'(NaOH)——氢氧化钠标准滴定溶液的浓度,单位为摩尔每升(mol/L);

40.03——($1/2SO_3$)的摩尔质量,单位为克每摩尔(g/mol)。

5.91　氯离子标准溶液

称取 0.329 7 g 已于 105℃～110 ℃烘过 2 h 的氯化钠(NaCl,基准试剂或光谱纯),精确至 0.000 1 g,置于 200 mL 烧杯中,加水溶解后,移入 1 000 mL 容量瓶中,用水稀释至标线,摇匀。此标准溶液每毫升含 0.2 mg 氯离子。

吸取 50.00 mL 上述标准溶液放入 250 mL 容量瓶中,用水稀释至标线,摇匀。此标准溶液每毫升含 0.04 mg 氯离子。

5.92　硝酸汞标准滴定溶液[$c(Hg(NO_3)_2)=0.001$ mol/L]

5.92.1　硝酸汞标准滴定溶液[$c(Hg(NO_3)_2)=0.001$ mol/L]的配制

称取 0.34 g 硝酸汞[$Hg(NO_3)_2\cdot 1/2H_2O$],溶于 10 mL 硝酸(5.65)中,移入 1 000 mL 容量瓶内,用水稀释至标线,摇匀。

5.92.2　硝酸汞标准滴定溶液[$c(Hg(NO_3)_2)=0.001$ mol/L]对氯离子滴定度的标定

准确加入 5.00 mL 0.04 mg/mL 氯离子标准溶液(5.91)于 50 mL 锥形瓶中,加入 20 mL 乙醇(5.12)及 1～2 滴溴酚蓝指示剂溶液(5.103),用氢氧化钠溶液(5.66)调节至溶液呈蓝色,然后用硝酸(5.65)调节至溶液刚好变黄色,再过量 1 滴,加入 10 滴二苯偶氮碳酰肼指示剂溶液(5.106),用硝酸汞标准滴定溶液滴定至紫红色出现。

同时进行空白试验。使用相同量的试剂,不加入氯离子标准溶液,按照相同的测定步骤进行试验。

硝酸汞标准滴定溶液对氯离子的滴定度按式(17)计算:

$$T_{Cl^-}=\frac{0.04\times 5.00}{V_{11}-V_{10}}=\frac{0.2}{V_{11}-V_{10}} \qquad \cdots\cdots(17)$$

式中:

T_{Cl^-}——硝酸汞标准滴定溶液对氯离子的滴定度,单位为毫克每毫升(mg/mL);

0.04——氯离子标准溶液的浓度,单位为毫克每毫升(mg/mL);

5.00——加入氯离子标准溶液的体积,单位为毫升(mL);

V_{11}——标定时消耗硝酸汞标准滴定溶液的体积,单位为毫升(mL);

V_{10}——空白试验消耗硝酸汞标准滴定溶液的体积,单位为毫升(mL)。

5.93　硝酸汞标准滴定溶液[$c'(Hg(NO_3)_2)=0.005$ mol/L]

5.93.1　硝酸汞标准滴定溶液[$c'(Hg(NO_3)_2)=0.005$ mol/L]的配制

称取 1.67 g 硝酸汞[$Hg(NO_3)_2\cdot 1/2H_2O$],溶于 10 mL 硝酸(5.65)中,移入 1 000 mL 容量瓶内,用水稀释至标线,摇匀。

5.93.2　硝酸汞标准滴定溶液[$c'(Hg(NO_3)_2)=0.005$ mol/L]对氯离子滴定度的标定

准确加入 7.00 mL 0.2 mg/mL 氯离子标准溶液(5.91)于 50 mL 锥形瓶中,以下操作按 5.92.2 步骤进行。

硝酸汞标准滴定溶液对氯离子的滴定度按式(18)计算:

$$T'_{Cl^-}=\frac{0.2\times 7.00}{V_{13}-V_{12}}=\frac{1.4}{V_{13}-V_{12}} \qquad \cdots\cdots(18)$$

式中:

T'_{Cl^-}——硝酸汞标准滴定溶液对氯离子的滴定度,单位为毫克每毫升(mg/mL);

0.2——氯离子标准溶液的浓度,单位为毫克每毫升(mg/mL);

7.00——加入氯离子标准溶液的体积,单位为毫升(mL);

V_{13}——标定时消耗硝酸汞标准滴定溶液的体积,单位为毫升(mL);

V_{12}——空白试验消耗硝酸汞标准滴定溶液的体积,单位为毫升(mL)。

5.94 氟离子(F^-)标准溶液

5.94.1 氟离子标准溶液的配制

称取 0.276 3 g 已于 105℃～110 ℃烘过 2 h 的氟化钠(NaF,优级纯),精确至 0.000 1 g,置于塑料烧杯中,加水溶解后,移入 500 mL 容量瓶中,用水稀释至标线,摇匀,贮存于塑料瓶中。此标准溶液每毫升含 0.25 mg 氟离子。

吸取每毫升含 0.25 mg 氟离子的标准溶液 10.00 mL;20.00 mL;40.00 mL;60.00 mL 分别放入 500 mL 容量瓶中,用水稀释至标线,摇匀,贮存于塑料瓶中。此系列标准溶液分别每毫升含 0.005 mg;0.010 mg;0.020 mg;0.030 mg 氟离子。

5.94.2 工作曲线的绘制

移取 5.94.1 中系列标准溶液各 10.00 mL,放入置有一磁力搅拌子的 50 mL 干烧杯中。准确加入 10.00 mL pH6 的总离子强度配位缓冲液(5.67),将烧杯置于磁力搅拌器(6.11)上,在溶液中插入氟离子选择电极和饱和氯化钾甘汞电极,开动磁力搅拌器(6.11)搅拌 2 min,停搅 30 s。用离子计或酸度计(6.15)测量溶液的平衡电位。用单对数坐标纸,以对数坐标为氟离子的浓度,常数坐标为电位值,绘制工作曲线。

5.95 苯甲酸-无水乙醇标准滴定溶液[$c(C_6H_5COOH)=0.1$ mol/L]

5.95.1 苯甲酸-无水乙醇标准滴定溶液的配制

称取 12.2 g 已在干燥器(6.5)中干燥 24 h 后的苯甲酸(C_6H_5COOH)溶于 1 000 mL 无水乙醇(5.12)中,贮存于带胶塞(装有硅胶干燥管)的玻璃瓶内。

5.95.2 苯甲酸-无水乙醇标准滴定溶液对氧化钙滴定度的标定

5.95.2.1 用于甘油酒精法的滴定度的标定

取一定量碳酸钙($CaCO_3$,基准试剂)置于铂(或瓷)坩埚中,在(950±25)℃下灼烧至恒量,从中称取 0.04 g 氧化钙(m_5),精确至 0.000 1g,置于 250 mL 干燥的锥形瓶中,加入 30 mL 甘油-无水乙醇溶液(5.69),加入约 1 g 硝酸锶(5.71),放入一根搅拌子,装上冷凝管,置于游离氧化钙测定仪(6.18)上,以适当的速度搅拌溶液,同时升温并加热煮沸,在搅拌下微沸 10 min 后,取下锥形瓶,立即用苯甲酸-无水乙醇标准滴定溶液滴定至微红色消失。再装上冷凝管,继续在搅拌下煮沸至红色出现,再取下滴定。如此反复操作,直至在加热 10 min 后不出现红色为止。

苯甲酸-无水乙醇标准滴定溶液对氧化钙的滴定度按式(19)计算:

$$T''_{CaO}=\frac{m_5\times 1\,000}{V_{14}} \quad \cdots\cdots(19)$$

式中:

T''_{CaO}——苯甲酸-无水乙醇标准滴定溶液对氧化钙的滴定度,单位为毫克每毫升(mg/mL);

m_5——氧化钙的质量,单位为克(g);

V_{14}——滴定时消耗苯甲酸-无水乙醇标准滴定溶液的总体积,单位为毫升(mL)。

5.95.2.2 用于乙二醇法的滴定度的标定

取一定量碳酸钙($CaCO_3$,基准试剂)置于铂(或瓷)坩埚中,在(950±25)℃下灼烧至恒量,从中称取 0.04 g 氧化钙(m_6),精确至 0.000 1 g,置于 250 mL 干燥的锥形瓶中,加入 30 mL 乙二醇-乙醇溶液(5.70),放入一根搅拌子,装上冷凝管,置于游离氧化钙测定仪(6.18)上,以适当的速度搅拌溶液,同时升温并加热煮沸,当冷凝下的乙醇开始连续滴下时,继续在搅拌下加热微沸 4 min,取下锥形瓶,用预先用无水乙醇润湿过的快速滤纸抽气过滤或预先用无水乙醇洗涤过的玻璃砂芯漏斗(6.19)抽气过滤,用无水乙醇(5.12)洗涤锥形瓶和沉淀 3 次,过滤时等上次洗涤液过滤完后再洗涤下次。滤液及洗液收集于 250 mL 干燥的抽滤瓶中,立即用苯甲酸-无水乙醇标准滴定溶液滴定至微红色消失。

苯甲酸-无水乙醇标准滴定溶液对氧化钙的滴定度按式(20)计算:

$$T'''_{CaO}=\frac{m_6\times 1\,000}{V_{15}} \quad\cdots\cdots(20)$$

式中：

T'''_{CaO}——苯甲酸-无水乙醇标准滴定溶液对氧化钙的滴定度，单位为毫克每毫升(mg/mL)；

m_6——氧化钙的质量，单位为克(g)；

V_{15}——滴定时消耗苯甲酸-无水乙醇标准滴定溶液的体积，单位为毫升(mL)。

5.96　EDTA-铜溶液

按EDTA标准滴定溶液(5.86)与硫酸铜标准滴定溶液的体积比(5.87.2)，准确配制成等物质的量浓度的混合溶液。

5.97　钙黄绿素-甲基百里香酚蓝-酚酞混合指示剂(简称CMP混合指示剂)

称取1.000 g钙黄绿素、1.000 g甲基百里香酚蓝、0.200 g酚酞与50 g已在105℃～110 ℃烘干过的硝酸钾(KNO_3)，混合研细，保存在磨口瓶中。

5.98　酸性铬蓝K-萘酚绿B混合指示剂(简称KB混合指示剂)

称取1.000 g酸性铬蓝K、2.500 g萘酚绿B与50 g已在105℃～110 ℃烘干过的硝酸钾(KNO_3)，混合研细，保存在磨口瓶中。

滴定终点颜色不正确时，可调节酸性铬蓝K与萘酚绿B的配制比例，并通过国家标准样品/标准物质进行对比确认。

5.99　酚酞指示剂溶液(10g/L)

将1 g酚酞溶于100 mL乙醇(5.12)中。

5.100　磺基水杨酸钠指示剂溶液(100 g/L)

将10 g磺基水杨酸钠($C_7H_5O_6SNa\cdot 2H_2O$)溶于水中，加水稀释至100 mL。

5.101　1-(2-吡啶偶氮)-2萘酚指示剂溶液(简称PAN指示剂溶液)(2 g/L)

将0.2 g 1-(2-吡啶偶氮)-2萘酚溶于100 mL乙醇(5.12)中。

5.102　甲基红指示剂溶液(2 g/L)

将0.2g甲基红溶于100 mL乙醇(5.12)中。

5.103　溴酚蓝指示剂溶液(2 g/L)

将0.2 g溴酚蓝溶于100 mL乙醇(1+4)中。

5.104　硫酸铁铵指示剂溶液

将10 mL硝酸(1+2)加入到100 mL冷的硫酸铁(Ⅲ)铵[$NH_4Fe(SO_4)_2\cdot 12H_2O$]饱和水溶液中。

5.105　淀粉溶液(10 g/L)

将1 g淀粉(水溶性)置于烧杯中，加水调成糊状后，加入100 mL沸水，煮沸约1 min，冷却后使用。

5.106　二苯偶氮碳酰肼指示剂溶液(10 g/L)

将1 g二苯偶氮碳酰肼溶于100 mL乙醇(5.12)中。

5.107　对硝基酚指示剂溶液(2 g/L)

将0.2 g对硝基酚溶于100 mL水中。

5.108　硫酸铜溶液(50g/L)

将5 g硫酸铜($CuSO_4\cdot 5H_2O$)溶于100 mL水中。

5.109　硫酸铜($CuSO_4\cdot 5H_2O$)饱和溶液。

5.110　硫化氢吸收剂

将称量过的、粒度在1 mm～2.5 mm的干燥浮石放在一个平盘内，然后用一定体积的硫酸铜饱和溶液(5.109)浸泡，硫酸铜溶液的质量约为浮石质量的一半。把混合物放在(150±5)℃的干燥箱(6.6)内，在玻璃棒经常搅拌下，蒸发混合物至干，烘干5 h以上，将固体混合物冷却后，密封保存。

5.111　碱石棉(二氧化碳吸收剂)

碱石棉,粒度 1 mm～2 mm (10 目～20 目),化学纯,密封保存。

5.112　水分吸收剂

无水高氯酸镁［$Mg(ClO_4)_2$］,制成粒度 0.6 mm～2 mm,密封保存;或者无水氯化钙($CaCl_2$),制成粒度 1 mm～4 mm,密封保存。

5.113　钠石灰

粒度 2 mm～5 mm,医药用或化学纯,密封保存。

5.114　硝酸银溶液(5 g/L)

将 5 g 硝酸银($AgNO_3$)溶于水中,加水稀释至 1 L。

5.115　滤纸浆

将定量滤纸撕成小块,放入烧杯中,加水浸没,在搅拌下加热煮沸 10 min 以上,冷却后放入广口瓶中备用。

6　仪器与设备

6.1　天平

精确至 0.000 1 g。

6.2　铂、银、瓷坩埚

带盖,容量 20 mL～30 mL。

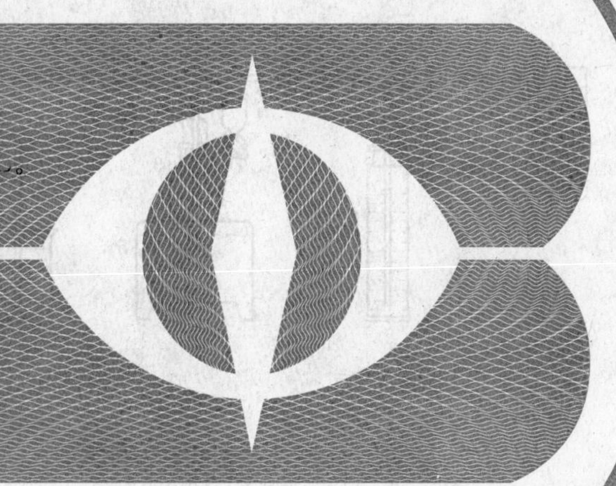

6.3　铂皿

容量 50 mL～100 mL。

6.4　瓷蒸发皿

容量 150 mL～200 mL。

6.5　干燥器

内装变色硅胶。

6.6　干燥箱

可控制温度(105±5)℃、(150±5)℃、(250±10)℃。

6.7　高温炉

隔焰加热炉,在炉膛外围进行电阻加热。应使用温度控制器准确控制炉温,可控制温度(700±25)℃、(800±25)℃、(950±25)℃。

6.8　蒸汽水浴

6.9　滤纸

快速、中速、慢速三种型号的定量滤纸。

6.10　玻璃容量器皿

滴定管、容量瓶、移液管。

6.11　磁力搅拌器

带有塑料壳的搅拌子,具有调速和加热功能。

6.12　分光光度计

可在波长 400 nm～800 nm 范围内测定溶液的吸光度,带有 10 mm、20 mm 比色皿。

6.13　火焰光度计

可稳定地测定钾在波长 768 nm 处和钠在波长 589 nm 处的谱线强度。

6.14　原子吸收光谱仪

带有镁、钾、钠、铁、锰元素空心阴极灯。

6.15　离子计或酸度计

可连接氟离子选择电极和饱和氯化钾甘汞电极。

6.16　库仑积分测硫仪

由管式高温炉、电解池、磁力搅拌器和库仑积分器组成。

6.17　瓷舟

长 70 mm～80 mm，可耐温 1 200 ℃。

6.18　游离氧化钙测定仪

具有加热、搅拌、计时功能，并配有冷凝管。

6.19　玻璃砂芯漏斗

直径 50 mm，型号 G4(平均孔径 4 μm～7 μm)。

6.20　测定硫化物及硫酸盐的仪器装置

测定硫化物及硫酸盐的仪器装置示意图如图 1 所示。

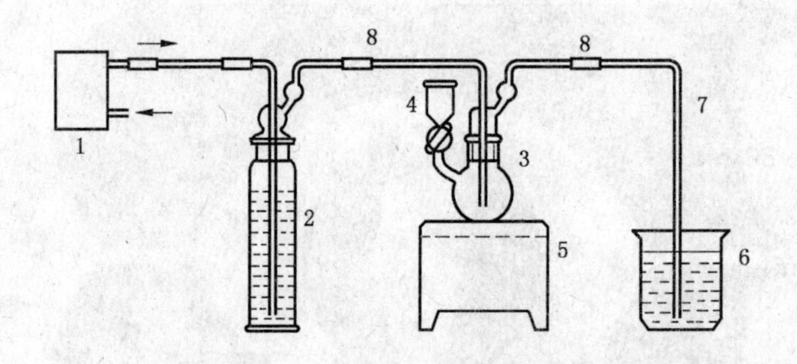

1——吹气泵；
2——洗气瓶，250 mL，内盛 100 mL 硫酸铜溶液(50 g/L)(5.108)；
3——反应瓶，100 mL；
4——加液漏斗，20 mL；
5——电炉，600 W，与 1 kVA～2 kVA 调压变压器相连接；
6——烧杯，400 mL，内盛 300 mL 水及 20 mL 氨性硫酸锌溶液(5.59)；
7——导气管；
8——硅橡胶管。

图 1　测定硫化物及硫酸盐的仪器装置示意图

6.21　二氧化碳测定装置

碱石棉吸收重量法-二氧化碳测定装置示意图如图 2 所示。安装一个适宜的抽气泵和一个玻璃转子流量计，以保证气体通过装置均匀流动。

进入装置的气体先通过含钠石灰(5.113)或碱石棉(5.111)的吸收塔 1 和含碱石棉(5.111)的 U 形管 2，气体中的二氧化碳被除去。反应瓶 4 上部与球形冷凝管 7 相连接。

气体通过球形冷凝管 7 后，进入含硫酸的洗气瓶 8，然后通过含硫化氢吸收剂(5.110)的 U 形管 9 和水分吸收剂(5.112)的 U 形管 10，气体中的硫化氢和水分被除去。接着通过两个可以称量的 U 形管 11 和 12，分别内装 3/4 碱石棉(5.111)和 1/4 水分吸收剂(5.112)。对气体流向而言，碱石棉(5.111)应装在水分吸收剂(5.112)之前。U 形管 11 和 12 后面接一个附加的 U 形管 13，内装钠石灰(5.113)或碱石棉(5.111)，以防止空气中的二氧化碳和水分进入 U 形管 12 中。

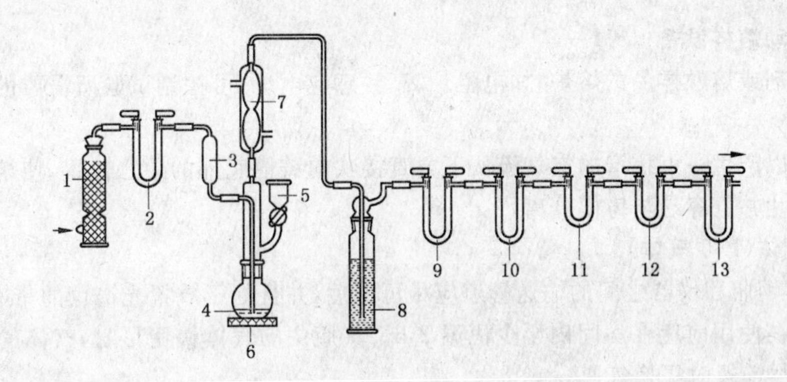

1——吸收塔，内装钠石灰(5.113)或碱石棉(5.111)；
2——U形管，内装碱石棉(5.111)；
3——缓冲瓶；
4——反应瓶，100 mL；
5——分液漏斗；
6——电炉；
7——球形冷凝管；
8——洗气瓶，内装浓硫酸；
9——U形管，内装硫化氢吸收剂(5.110)；
10——U形管，内装水分吸收剂(5.112)；
11、12——U形管，内装碱石棉(5.111)和水分吸收剂(5.112)；
13——U形管，内装钠石灰(5.113)或碱石棉(5.111)。

图2 碱石棉吸收重量法-二氧化碳测定装置示意图

6.22 U形管

可以称量的U形管11和12的尺寸应符合下述规定：

——二支直管之间内侧距离	25 mm～30 mm
——内径	15 mm～20 mm
——管底部和磨口段上部之间距离	100 mm～120 mm
——管壁厚度	1 mm～1.5 mm

6.23 测氯蒸馏装置

测氯蒸馏装置如图3所示。

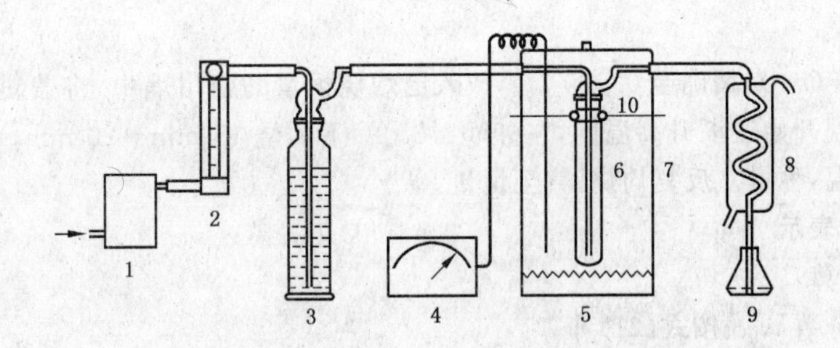

1——吹气泵；
2——转子流量计；
3——洗气瓶，内装硝酸银溶液(5 g/L)(5.114)；
4——温控仪；
5——电炉；
6——石英蒸馏管；
7——炉膛保温罩；
8——蛇形冷凝管；
9——50 mL锥形瓶；
10——固定架。

图3 测氯蒸馏装置示意图

6.24 X射线荧光分析仪

测定试样中二氧化硅、三氧化二铁、三氧化二铝、氧化钙、氧化钾、氧化钠、氯和硫(以三氧化硫计)等成分具有足够灵敏度的X射线荧光分析仪。

6.25 熔器和铸模

熔器和铸模应由铂合金(铂/金或铂/铑)制成。铸模内部底面应保持光洁平整无缺陷。

6.26 熔炉或自动熔样设备

用于灼烧试剂或熔融样品的熔炉，如电阻炉、高频感应电炉，可控制试验所需要的温度。

6.27 冷却装置

冷却装置可以产生一束狭窄的空气流从下方直接吹向铸模底部的中心位置，使熔体快速冷却，以得到均匀的玻璃熔片并且容易与铸模分离。

6.28 氩-甲烷气体(P10 气体)

氩-甲烷气体钢瓶和仪器之间的输送管道应尽可能短，并且处于放置光谱仪的带有温度控制装置的房间里。新气瓶在使用前应在房间内至少恒温 2 h。气瓶中的气体快用尽时，气体的组成会发生变化。应在气体全部用尽前及时更换气瓶。

6.29 粉磨设备、压片机和模具

粉磨设备能将样品粉磨至适宜细度，必要时可加入粘合剂。压片机可把样品稳定压制成坚固的样片，表面平整光滑无缺陷。模具通常为钢制，且具有适宜的强度，能承受压力，不变形，具有适宜的尺寸，用其压制的样片能满足 X 射线光谱仪分析的需要。

7 试样的制备

按 GB/T 12573 方法取样，送往实验室的样品应是具有代表性的均匀性样品。采用四分法或缩分器将试样缩分至约 100 g，经 80 μm 方孔筛筛析，用磁铁吸去筛余物中金属铁，将筛余物经过研磨后使其全部通过孔径为 80 μm 方孔筛，充分混匀，装入试样瓶中，密封保存，供测定用。

提示：尽可能快速地进行试样的制备，以防止吸潮。

8 烧失量的测定——灼烧差减法

8.1 方法提要

试样在(950±25)℃的高温炉中灼烧，驱除二氧化碳和水分，同时将存在的易氧化的元素氧化。通常矿渣硅酸盐水泥应对由硫化物的氧化引起的烧失量的误差进行校正，而其他元素的氧化引起的误差一般可忽略不计。

8.2 分析步骤

称取约 1 g 试样(m_7)，精确至 0.000 1 g，放入已灼烧恒量的瓷坩埚中，将盖斜置于坩埚上，放在高温炉(6.7)内，从低温开始逐渐升高温度，在(950±25)℃下灼烧 15 min～20 min，取出坩埚置于干燥器(6.5)中，冷却至室温，称量。反复灼烧，直至恒量。

8.3 结果的计算与表示

8.3.1 烧失量的计算

烧失量的质量分数 w_{LOI} 按式(21)计算：

$$w_{LOI} = \frac{m_7 - m_8}{m_7} \times 100 \qquad \cdots\cdots(21)$$

式中：

w_{LOI}——烧失量的质量分数，%；

m_7——试料的质量，单位为克(g)；

m_8——灼烧后试料的质量，单位为克(g)。

8.3.2 矿渣硅酸盐水泥和掺入大量矿渣的其他水泥烧失量的校正

称取两份试样，一份用来直接测定其中的三氧化硫含量；另一份则按测定烧失量的条件于(950±25)℃下灼烧 15 min～20 min，然后测定灼烧后的试料中的三氧化硫含量。

根据灼烧前后三氧化硫含量的变化，矿渣硅酸盐水泥在灼烧过程中由于硫化物氧化引起烧失量的误差可按式(22)进行校正：

$$w'_{LOI} = w_{LOI} + 0.8 \times (w_{后} - w_{前}) \quad \cdots\cdots(22)$$

式中：

w'_{LOI}——校正后烧失量的质量分数，%；

w_{LOI}——实际测定的烧失量的质量分数，%；

$w_{前}$——灼烧前试料中三氧化硫的质量分数，%；

$w_{后}$——灼烧后试料中三氧化硫的质量分数，%；

0.8——S^{2-} 氧化为 SO_4^{2-} 时增加的氧与 SO_3 的摩尔质量比，即(4×16)/80=0.8。

9 不溶物的测定——盐酸-氢氧化钠处理

9.1 方法提要

试样先以盐酸溶液处理，尽量避免可溶性二氧化硅的析出，滤出的不溶渣再以氢氧化钠溶液处理，进一步溶解可能已沉淀的痕量二氧化硅，以盐酸中和、过滤后，残渣经灼烧后称量。

9.2 分析步骤

称取约 1 g 试样(m_9)，精确至 0.000 1 g，置于 150 mL 烧杯中，加入 25 mL 水，搅拌使试样完全分散，在不断搅拌下加入 5 mL 盐酸，用平头玻璃棒压碎块状物使其分解完全(必要时可将溶液稍稍加温几分钟)。用近沸的热水稀释至 50 mL，盖上表面皿，将烧杯置于蒸汽水浴中加热 15 min。用中速定量滤纸过滤，用热水充分洗涤 10 次以上。

将残渣和滤纸一并移入原烧杯中，加入 100 mL 近沸的氢氧化钠溶液(5.31)，盖上表面皿，置于蒸汽水浴中加热 15 min。加热期间搅动滤纸及残渣 2～3 次。取下烧杯，加入 1～2 滴甲基红指示剂溶液(5.102)，滴加盐酸(1+1)至溶液呈红色，再过量 8～10 滴。用中速定量滤纸过滤，用热的硝酸铵溶液(5.36)充分洗涤至少 14 次。

将残渣及滤纸一并移入已灼烧恒量的瓷坩埚中，灰化后在(950±25)℃的高温炉(6.7)内灼烧 30 min。取出坩埚，置于干燥器(6.5)中，冷却至室温，称量。反复灼烧，直至恒量。

9.3 结果的计算与表示

不溶物的质量分数 w_{IR} 按式(23)计算：

$$w_{IR} = \frac{m_{10}}{m_9} \times 100 \quad \cdots\cdots(23)$$

式中：

w_{IR}——不溶物的质量分数，%；

m_{10}——灼烧后不溶物的质量，单位为克(g)；

m_9——试料的质量，单位为克(g)。

10 三氧化硫的测定——硫酸钡重量法(基准法)

10.1 方法提要

在酸性溶液中，用氯化钡溶液沉淀硫酸盐，经过滤灼烧后，以硫酸钡形式称量。测定结果以三氧化硫计。

10.2 分析步骤

称取约 0.5 g 试样(m_{11})，精确至 0.000 1 g，置于 200 mL 烧杯中，加入约 40 mL 水，搅拌使试样完全分散，在搅拌下加入 10 mL 盐酸(1+1)，用平头玻璃棒压碎块状物，加热煮沸并保持微沸(5±0.5) min。用中速滤纸过滤，用热水洗涤 10～12 次，滤液及洗液收集于 400 mL 烧杯中。加水稀释至约 250 mL，玻璃棒底部压一小片定量滤纸，盖上表面皿，加热煮沸，在微沸下从杯口缓慢逐滴加入 10 mL 热的氯化钡溶液(5.34)，继续微沸 3 min 以上使沉淀良好地形成，然后在常温下静置 12 h～24 h 或温热处静置至少 4 h(仲裁分析应在常温下静置 12 h～24 h)，此时溶液体积应保持在约 200 mL。用慢速定量滤纸过滤，以温水洗涤，直至检验无氯离子为止(4.6)。

将沉淀及滤纸一并移入已灼烧恒量的瓷坩埚中，灰化完全后，放入800 ℃～950 ℃的高温炉(6.7)内灼烧30 min，取出坩埚，置于干燥器(6.5)中冷却至室温，称量。反复灼烧，直至恒量。

10.3 结果的计算与表示

试样中三氧化硫的质量分数 w_{SO_3} 按式(24)计算：

$$w_{SO_3}=\frac{m_{12}\times 0.343}{m_{11}}\times 100 \qquad \cdots\cdots(24)$$

式中：

w_{SO_3}——三氧化硫的质量分数，%；

m_{12}——灼烧后沉淀的质量，单位为克(g)；

m_{11}——试料的质量，单位为克(g)；

0.343——硫酸钡对三氧化硫的换算系数。

11 二氧化硅的测定——氯化铵重量法(基准法)

11.1 方法提要

试样以无水碳酸钠烧结，盐酸溶解，加入固体氯化铵于蒸汽水浴上加热蒸发，使硅酸凝聚，经过滤灼烧后称量。用氢氟酸处理后，失去的质量即为胶凝性二氧化硅含量，加上从滤液中比色回收的可溶性二氧化硅含量即为总二氧化硅含量。

11.2 分析步骤

11.2.1 胶凝性二氧化硅的测定

称取约0.5 g试样(m_{13})，精确至0.000 1 g，置于铂坩埚中，将盖斜置于坩埚上，在950 ℃～1 000 ℃下灼烧5 min，取出坩埚冷却。用玻璃棒仔细压碎块状物，加入(0.30±0.01) g已磨细的无水碳酸钠(5.26)，仔细混匀。再将坩埚置于950 ℃～1 000 ℃下灼烧10 min，取出坩埚冷却。

将烧结块移入瓷蒸发皿中，加入少量水润湿，用平头玻璃棒压碎块状物，盖上表面皿，从皿口慢慢加入5 mL盐酸及2～3滴硝酸，待反应停止后取下表面皿，用平头玻璃棒压碎块状物使其分解完全，用热盐酸(1+1)清洗坩埚数次，洗液合并于蒸发皿中。将蒸发皿置于蒸汽水浴上，皿上放一玻璃三角架，再盖上表面皿。蒸发至糊状后，加入约1 g氯化铵(5.27)，充分搅匀，在蒸汽水浴上蒸发至干后继续蒸发10 min～15 min。蒸发期间用平头玻璃棒仔细搅拌并压碎大颗粒。

取下蒸发皿，加入10 mL～20 mL热盐酸(3+97)，搅拌使可溶性盐类溶解。用中速定量滤纸过滤，用胶头擦棒擦洗玻璃棒及蒸发皿，用热盐酸(3+97)洗涤沉淀3～4次，然后用热水充分洗涤沉淀，直至检验无氯离子为止(4.6)。滤液及洗液收集于250 mL容量瓶中。

将沉淀连同滤纸一并移入铂坩埚中，将盖斜置于坩埚上，在电炉上干燥、灰化完全后，放入950 ℃～1 000 ℃的高温炉(6.7)内灼烧60 min，取出坩埚置于干燥器(6.5)中，冷却至室温，称量。反复灼烧，直至恒量(m_{14})。

向坩埚中慢慢加入数滴水润湿沉淀，加入3滴硫酸(1+4)和10 mL氢氟酸，放入通风橱内电热板上缓慢加热，蒸发至干，升高温度继续加热至三氧化硫白烟完全驱尽。将坩埚放入950 ℃～1 000 ℃的高温炉(6.7)内灼烧30 min，取出坩埚置于干燥器(6.5)中，冷却至室温，称量。反复灼烧，直至恒量(m_{15})。

11.2.2 经氢氟酸处理后的残渣的分解

向按11.2.1经过氢氟酸处理后得到的残渣中加入0.5 g焦硫酸钾(5.28)，在喷灯上熔融，熔块用热水和数滴盐酸(1+1)溶解，溶液合并入按11.2.1分离二氧化硅后得到的滤液和洗液中。用水稀释至标线，摇匀。此溶液A供测定滤液中残留的可溶性二氧化硅(11.2.3)、三氧化二铁(12.2或24.2)、三氧化二铝(13.2或26.2)、氧化钙(14.2)、氧化镁(29.2)、二氧化钛(16.2)和五氧化二磷(21.2)用。

11.2.3 可溶性二氧化硅的测定——硅钼蓝分光光度法

从11.2.2溶液A中吸取25.00 mL溶液放入100 mL容量瓶中，加水稀释至40 mL，依次加入5 mL盐酸(1+10)、8 mL乙醇(5.12)、6 mL钼酸铵溶液(5.37)，摇匀。放置30 min后，加入20 mL盐酸(1+1)、5 mL抗坏血酸溶液(5.40)，用水稀释至标线，摇匀。放置60 min后，用分光光度计(6.12)，10 mm比色皿，以水作参比，于波长660 nm处测定溶液的吸光度，在工作曲线(5.74.2)上查出二氧化硅的含量(m_{16})。

11.3 结果的计算与表示

11.3.1 胶凝性二氧化硅质量分数的计算

胶凝性二氧化硅的质量分数 $w_{胶凝SiO_2}$ 按式(25)计算：

$$w_{胶凝SiO_2} = \frac{m_{14} - m_{15}}{m_{13}} \times 100 \qquad \cdots\cdots (25)$$

式中：

$w_{胶凝SiO_2}$——胶凝性二氧化硅的质量分数，%；

m_{14}——灼烧后未经氢氟酸处理的沉淀及坩埚的质量，单位为克(g)；

m_{15}——用氢氟酸处理并经灼烧后的残渣及坩埚的质量，单位为克(g)；

m_{13}——11.2.1中试料的质量，单位为克(g)。

11.3.2 可溶性二氧化硅质量分数的计算

可溶性二氧化硅的质量分数 $w_{可溶SiO_2}$ 按式(26)计算：

$$w_{可溶SiO_2} = \frac{m_{16} \times 250}{m_{13} \times 25 \times 1\,000} \times 100 = \frac{m_{16}}{m_{13}} \qquad \cdots\cdots (26)$$

式中：

$w_{可溶SiO_2}$——可溶性二氧化硅的质量分数，%；

m_{16}——按11.2.3测定的100 mL溶液中二氧化硅的含量，单位为毫克(mg)；

m_{13}——11.2.1中试料的质量，单位为克(g)。

11.3.3 总二氧化硅质量分数的计算

总二氧化硅的质量分数 $w_{总SiO_2}$ 按式(27)计算：

$$w_{总SiO_2} = w_{胶凝SiO_2} + w_{可溶SiO_2} \qquad \cdots\cdots (27)$$

式中：

$w_{总SiO_2}$——总二氧化硅的质量分数，%；

$w_{胶凝SiO_2}$——胶凝性二氧化硅的质量分数，%；

$w_{可溶SiO_2}$——可溶性二氧化硅的质量分数，%。

12 三氧化二铁的测定——EDTA直接滴定法(基准法)

12.1 方法提要

在pH1.8～2.0、温度为60 ℃～70 ℃的溶液中，以磺基水杨酸钠为指示剂，用EDTA标准滴定溶液滴定。

12.2 分析步骤

称取约0.5g试样(m_{17})，精确至0.000 1 g，置于银坩埚中，加入6 g～7 g氢氧化钠(5.25)，盖上坩埚盖(留有缝隙)，放入高温炉(6.7)中，从低温升起，在650 ℃～700 ℃的高温下熔融20 min，期间取出摇动1次。取出冷却，将坩埚放入已盛有约100 mL沸水的300 mL烧杯中，盖上表面皿，在电炉上适当加热，待熔块完全浸出后，取出坩埚，用水冲洗坩埚和盖。在搅拌下一次加入25 mL～30 mL盐酸，再加入1 mL硝酸，用热盐酸(1+5)洗净坩埚和盖。将溶液加热煮沸，冷却至室温后，移入250 mL容量瓶中，用水稀释至标线，摇匀。此溶液B供测定二氧化硅(23.2)、三氧化二铁(12.2或24.2)、三氧化二铝

(13.2 或 26.2)、氧化钙(27.2)、氧化镁(29.2)和二氧化钛(16.2)用。

从 11.2.2 溶液 A 或上述溶液 B 中吸取 25.00 mL 溶液放入 300 mL 烧杯中，加水稀释至约 100 mL，用氨水(1+1)和盐酸(1+1)调节溶液 pH 值在 1.8～2.0 之间(用精密 pH 试纸或酸度计检验)。将溶液加热至 70 ℃，加入 10 滴磺基水杨酸钠指示剂溶液(5.100)，用 EDTA 标准滴定溶液(5.86)缓慢地滴定至亮黄色(终点时溶液温度应不低于 60 ℃，如终点前溶液温度降至近 60 ℃时，应再加热至65℃～70 ℃)。保留此溶液供测定三氧化二铝(13.2 或 26.2)用。

12.3 结果的计算与表示

三氧化二铁的质量分数 $w_{Fe_2O_3}$ 按式(28)计算：

$$w_{Fe_2O_3} = \frac{T_{Fe_2O_3} \times V_{16} \times 10}{m_{18} \times 1\,000} \times 100 = \frac{T_{Fe_2O_3} \times V_{16}}{m_{18}} \qquad \cdots\cdots(28)$$

式中：

$w_{Fe_2O_3}$——三氧化二铁的质量分数，%；

$T_{Fe_2O_3}$——EDTA 标准滴定溶液对三氧化二铁的滴定度，单位为毫克每毫升(mg/mL)；

V_{16}——滴定时消耗 EDTA 标准滴定溶液的体积，单位为毫升(mL)；

m_{18}——11.2.1(m_{13})或 12.2(m_{17})中试料的质量，单位为克(g)。

13 三氧化二铝的测定——EDTA 直接滴定法(基准法)

13.1 方法提要

将滴定铁后的溶液的 pH 值调节至 3.0，在煮沸下以 EDTA-铜和 PAN 为指示剂，用 EDTA 标准滴定溶液滴定。

13.2 分析步骤

将 12.2 中测完铁的溶液加水稀释至约 200 mL，加入 1～2 滴溴酚蓝指示剂溶液(5.103)，滴加氨水(1+1)至溶液出现蓝紫色，再滴加盐酸(1+1)至黄色。加入 15 mL pH3.0 的缓冲溶液(5.44)，加热煮沸并保持微沸 1 min，加入 10 滴 EDTA-铜溶液(5.96)及 2～3 滴 PAN 指示剂溶液(5.101)，用 EDTA 标准滴定溶液(5.86)滴定至红色消失。继续煮沸，滴定，直至溶液经煮沸后红色不再出现呈稳定的亮黄色为止。

13.3 结果的计算与表示

三氧化二铝的质量分数 $w_{Al_2O_3}$ 按式(29)计算：

$$w_{Al_2O_3} = \frac{T_{Al_2O_3} \times V_{17} \times 10}{m_{18} \times 1\,000} \times 100 = \frac{T_{Al_2O_3} \times V_{17}}{m_{18}} \qquad \cdots\cdots(29)$$

式中：

$w_{Al_2O_3}$——三氧化二铝的质量分数，%；

$T_{Al_2O_3}$——EDTA 标准滴定溶液对三氧化二铝的滴定度，单位为毫克每毫升(mg/mL)；

V_{17}——滴定时消耗 EDTA 标准滴定溶液的体积，单位为毫升(mL)；

m_{18}——11.2.1(m_{13})或 12.2(m_{17})中试料的质量，单位为克(g)。

14 氧化钙的测定——EDTA 滴定法(基准法)

14.1 方法提要

在 pH13 以上的强碱性溶液中，以三乙醇胺为掩蔽剂，用钙黄绿素-甲基百里香酚蓝-酚酞混合指示剂(简称 CMP 混合指示剂)，用 EDTA 标准滴定溶液滴定。

14.2 分析步骤

从 11.2.2 溶液 A 中吸取 25.00 mL 溶液放入 300 mL 烧杯中，加水稀释至约 200 mL。加入 5 mL 三乙醇胺溶液(1+2)及适量的 CMP 混合指示剂(5.97)，在搅拌下加入氢氧化钾溶液(5.33)至出现绿色荧光后再过量 5 mL～8 mL，此时溶液酸度在 pH13 以上，用 EDTA 标准滴定溶液(5.86)滴定至绿色荧光完全消失并呈现红色。

14.3 结果的计算与表示

氧化钙的质量分数 w_{CaO} 按式(30)计算：

$$w_{CaO}=\frac{T_{CaO}\times V_{18}\times 10}{m_{13}\times 1\,000}\times 100=\frac{T_{CaO}\times V_{18}}{m_{13}} \qquad \cdots\cdots(30)$$

式中：

w_{CaO}——氧化钙的质量分数，%；

T_{CaO}——EDTA 标准滴定溶液对氧化钙的滴定度，单位为毫克每毫升(mg/mL)；

V_{18}——滴定时消耗 EDTA 标准滴定溶液的体积，单位为毫升(mL)；

m_{13}——11.2.1 中试料的质量，单位为克(g)。

15 氧化镁的测定——原子吸收光谱法(基准法)

15.1 方法提要

以氢氟酸-高氯酸分解或氢氧化钠熔融-盐酸分解试样的方法制备溶液，分取一定量的溶液，用锶盐消除硅、铝、钛等对镁的干扰，在空气-乙炔火焰中，于波长 285.2 nm 处测定溶液的吸光度。

15.2 分析步骤

15.2.1 氢氟酸-高氯酸分解试样

称取约 0.1 g 试样(m_{19})，精确至 0.000 1 g，置于铂坩埚(或铂皿)中，加入 0.5 mL～1 mL 水润湿，加入 5 mL～7 mL 氢氟酸和 0.5 mL 高氯酸，放入通风橱内低温电热板上加热，近干时摇动铂坩埚以防溅失。待白色浓烟完全驱尽后，取下冷却。加入 20 mL 盐酸(1+1)，温热至溶液澄清，冷却后，移入 250 mL 容量瓶中，加入 5 mL 氯化锶溶液(5.48)，用水稀释至标线，摇匀。此溶液 C 供原子吸收光谱法测定氧化镁(15.2.3)、三氧化二铁(25.2)、氧化钾和氧化钠(34.2)、一氧化锰(36.2)用。

15.2.2 氢氧化钠熔融-盐酸分解试样

称取约 0.1 g 试样(m_{20})，精确至 0.000 1 g，置于银坩埚中，加入 3 g～4 g 氢氧化钠(5.25)，盖上坩埚盖(留有缝隙)，放入高温炉(6.7)中，在 750 ℃ 的高温下熔融 10 min，取出冷却。将坩埚放入已盛有约 100 mL 沸水的 300 mL 烧杯中，盖上表面皿，待熔块完全浸出后(必要时适当加热)，取出坩埚，用水冲洗坩埚和盖。在搅拌下一次加入 35 mL 盐酸(1+1)，用热盐酸(1+9)洗净坩埚和盖。将溶液加热煮沸，冷却后，移入 250 mL 容量瓶中，用水稀释至标线，摇匀。此溶液 D 供原子吸收光谱法测定氧化镁(15.2.3)。

15.2.3 氧化镁的测定

从 15.2.1 溶液 C 或 15.2.2 溶液 D 中吸取一定量的溶液放入容量瓶中(试样溶液的分取量及容量瓶的容积视氧化镁的含量而定)，加入盐酸(1+1)及氯化锶溶液(5.48)，使测定溶液中盐酸的体积分数为 6%，锶的浓度为 1 mg/mL。用水稀释至标线，摇匀。用原子吸收光谱仪(6.14)，在空气-乙炔火焰中，用镁空心阴极灯，于波长 285.2 nm 处，在与 5.75.2 相同的仪器条件下测定溶液的吸光度，在工作曲线(5.75.2)上查出氧化镁的浓度(c_1)。

15.3 结果的计算与表示

氧化镁的质量分数 w_{MgO} 按式(31)计算：

$$w_{MgO}=\frac{c_1\times V_{19}\times n}{m_{21}\times 1\,000}\times 100=\frac{c_1\times V_{19}\times n\times 0.1}{m_{21}} \qquad \cdots\cdots(31)$$

式中：

w_{MgO}——氧化镁的质量分数，%；

c_1——测定溶液中氧化镁的浓度，单位为毫克每毫升(mg/mL)；

V_{19}——测定溶液的体积，单位为毫升(mL)；

n——全部试样溶液与所分取试样溶液的体积比；

m_{21}——15.2.1(m_{19})或15.2.2(m_{20})中试料的质量，单位为克(g)。

16 二氧化钛的测定——二安替比林甲烷分光光度法

16.1 方法提要

在酸性溶液中钛氧基离子(TiO^{2+})与二安替比林甲烷生成黄色配合物，于波长420 nm处测定溶液的吸光度。用抗坏血酸消除三价铁离子的干扰。

16.2 分析步骤

从11.2.2溶液A或12.2溶液B中，吸取25.00 mL溶液放入100 mL容量瓶中，加入10 mL盐酸(1+2)、10 mL抗坏血酸溶液(5.40)，放置5 min，加入5 mL乙醇(5.12)、20 mL二安替比林甲烷溶液(5.41)。用水稀释至标线，摇匀。放置40 min后，用分光光度计(6.12)，10 mm比色皿，以水作参比，于波长420 nm处测定溶液的吸光度，在工作曲线(5.76.2)上查出二氧化钛的含量(m_{22})。

16.3 结果的计算与表示

二氧化钛的质量分数w_{TiO_2}按式(32)计算：

$$w_{TiO_2} = \frac{m_{22} \times 10}{m_{18} \times 1\,000} \times 100 = \frac{m_{22}}{m_{18}} \quad \cdots\cdots(32)$$

式中：

w_{TiO_2}——二氧化钛的质量分数，%；

m_{22}——100 mL测定溶液中二氧化钛的含量，单位为毫克(mg)；

m_{18}——11.2.1(m_{13})或12.2(m_{17})中试料的质量，单位为克(g)。

17 氧化钾和氧化钠的测定——火焰光度法(基准法)

17.1 方法提要

试样经氢氟酸-硫酸蒸发处理除去硅，用热水浸取残渣，以氨水和碳酸铵分离铁、铝、钙、镁。滤液中的钾、钠用火焰光度计进行测定。

17.2 分析步骤

称取约0.2g试样(m_{23})，精确至0.000 1 g，置于铂皿中，加入少量水润湿，加入5 mL～7 mL氢氟酸和15～20滴硫酸(1+1)，放入通风橱内低温电热板上加热，近干时摇动铂皿，以防溅失，待氢氟酸驱尽后逐渐升高温度，继续将三氧化硫白烟驱尽，取下冷却。加入40 mL～50 mL热水，压碎残渣使其溶解，加入1滴甲基红指示剂溶液(5.102)，用氨水(1+1)中和至黄色，再加入10 mL碳酸铵溶液(5.43)，搅拌，然后放入通风橱内电热板上加热至沸并继续微沸20 min～30 min。用快速滤纸过滤，以热水充分洗涤，滤液及洗液收集于100 mL容量瓶中，冷却至室温。用盐酸(1+1)中和至溶液呈微红色，用水稀释至标线，摇匀。在火焰光度计(6.13)上，按仪器使用规程，在与5.77.2.1相同的仪器条件下进行测定。在工作曲线(5.77.2.1)上分别查出氧化钾和氧化钠的含量(m_{24})和(m_{25})。

17.3 结果的计算与表示

氧化钾和氧化钠的质量分数w_{K_2O}和w_{Na_2O}分别按式(33)和式(34)计算：

$$w_{K_2O} = \frac{m_{24}}{m_{23} \times 1\,000} \times 100 = \frac{m_{24} \times 0.1}{m_{23}} \quad \cdots\cdots(33)$$

$$w_{Na_2O} = \frac{m_{25}}{m_{23} \times 1\,000} \times 100 = \frac{m_{25} \times 0.1}{m_{23}} \quad \cdots\cdots(34)$$

式中：

w_{K_2O}——氧化钾的质量分数，%；

w_{Na_2O}——氧化钠的质量分数,%;

m_{24}——100 mL 测定溶液中氧化钾的含量,单位为毫克(mg);

m_{25}——100 mL 测定溶液中氧化钠的含量,单位为毫克(mg);

m_{23}——试料的质量,单位为克(g)。

18 氯离子的测定——硫氰酸铵容量法(基准法)

18.1 方法提要

本方法测定除氟以外的卤素含量,以氯离子(Cl^-)表示结果。试样用硝酸进行分解。同时消除硫化物的干扰。加入已知量的硝酸银标准溶液使氯离子以氯化银的形式沉淀。煮沸、过滤后,将滤液和洗涤液冷却至25℃以下,以铁(Ⅲ)盐为指示剂,用硫酸氰铵标准滴定溶液滴定过量的硝酸银。

18.2 分析步骤

称取约5 g试样(m_{26}),精确至0.000 1 g,置于400 mL烧杯中,加入50 mL水,搅拌使试样完全分散,在搅拌下加入50 mL硝酸(1+2),加热煮沸,在搅拌下微沸1 min~2 min。准确移取5.00 mL硝酸银标准溶液(5.72)放入溶液中,煮沸1 min~2 min,加入少许滤纸浆(5.115),用预先用硝酸(1+100)洗涤过的慢速滤纸抽气过滤或玻璃砂芯漏斗(6.19)抽气过滤,滤液收集于250 mL锥形瓶中,用硝酸(1+100)洗涤烧杯、玻璃棒和滤纸,直至滤液和洗液总体积达到约200 mL,溶液在弱光线或暗处冷却至25℃以下。

加入5 mL硫酸铁铵指示剂溶液(5.104),用硫氰酸铵标准滴定溶液滴定(5.73)至产生的红棕色在摇动下不消失为止。记录滴定所用硫氰酸铵标准滴定溶液的体积V_{20}。如果V_{20}小于0.5 mL,用减少一半的试样质量重新试验。

不加入试样按上述步骤进行空白试验,记录空白滴定所用硫氰酸铵标准滴定溶液的体积V_{21}。

18.3 结果的计算与表示

氯离子的质量分数w_{Cl^-}按式(35)计算:

$$w_{Cl^-} = \frac{1.773 \times 5.00 \times (V_{21} - V_{20})}{V_{21} \times m_{26} \times 1\,000} \times 100 = 0.886\,5 \times \frac{(V_{21} - V_{20})}{V_{21} \times m_{26}} \quad \cdots\cdots(35)$$

式中:

w_{Cl^-}——氯离子的质量分数,%;

V_{20}——滴定时消耗硫氰酸铵标准滴定溶液的体积,单位为毫升(mL);

V_{21}——空白试验滴定时消耗的硫氰酸铵标准滴定溶液的体积,单位为毫升(mL);

m_{26}——试料的质量,单位为克(g);

1.773——硝酸银标准溶液对氯离子的滴定度,单位为毫克每毫升(mg/mL)。

19 硫化物的测定——碘量法

19.1 方法提要

在还原条件下,试样用盐酸分解,产生的硫化氢收集于氨性硫酸锌溶液中,然后用碘量法测定。

如试样中除硫化物(S^{2-})和硫酸盐外,还有其他状态硫存在时,将对测定造成误差。

19.2 分析步骤

使用6.20规定的仪器装置进行测定。

称取约1g试样(m_{27}),精确至0.000 1 g,置于100 mL的干燥反应瓶中,轻轻摇动使试样均匀地分散于反应瓶底部,加入2 g固体氯化亚锡(5.57),按6.20中仪器装置图连接各部件。

由分液漏斗向反应瓶中加入20 mL盐酸(1+1),迅速关闭活塞,开动空气泵,在保持通气速度每秒钟4~5个气泡的条件下,加热反应瓶,当吸收杯中刚出现氯化铵白色烟雾时(一般约在加热5 min左右),停止加热,再继续通气5 min。

取下吸收杯，关闭空气泵，用水冲洗插入吸收液内的玻璃管，加入 10 mL 明胶溶液(5.60)，准确加入 5.00 mL 碘酸钾标准滴定溶液(5.83)，在搅拌下一次性快速加入 30 mL 硫酸(1+2)，用硫代硫酸钠标准滴定溶液(5.84)滴定至淡黄色，加入约 2 mL 淀粉溶液(5.105)，再继续滴定至蓝色消失。

19.3 结果的计算与表示

硫化物硫的质量分数 w_S 按式(36)计算：

$$w_S = \frac{T_S \times (V_{22} - K_1 \times V_{23})}{m_{27} \times 1\,000} \times 100 = \frac{T_S \times (V_{22} - K_1 \times V_{23}) \times 0.1}{m_{27}} \quad \cdots\cdots\cdots(36)$$

式中：

w_S——硫化物硫的质量分数，%；

T_S——碘酸钾标准滴定溶液对硫的滴定度，单位为毫克每毫升(mg/mL)；

V_{22}——加入碘酸钾标准滴定溶液的体积，单位为毫升(mL)；

V_{23}——滴定时消耗硫代硫酸钠标准滴定溶液的体积，单位为毫升(mL)；

K_1——碘酸钾标准滴定溶液与硫代硫酸钠标准滴定溶液的体积比；

m_{27}——试料的质量，单位为克(g)。

20 一氧化锰的测定——高碘酸钾氧化分光光度法(基准法)

20.1 方法提要

在硫酸介质中，用高碘酸钾将锰氧化成高锰酸根，于波长 530 nm 处测定溶液的吸光度。用磷酸掩蔽三价铁离子的干扰。

20.2 分析步骤

称取约 0.5 g 试样(m_{28})，精确至 0.000 1 g，置于铂坩埚中，加入 3 g 碳酸钠-硼砂混合熔剂(5.29)，混匀，在 950 ℃～1 000 ℃下熔融 10 min，用坩埚钳夹持坩埚旋转，使熔融物均匀地附于坩埚内壁，冷却后，将坩埚放入已盛有 50 mL 硝酸(1+9)及 100 mL 硫酸(5+95)并加热至微沸的 300 mL 烧杯中，并继续保持微沸状态，直至熔融物完全溶解，用水洗净坩埚及盖，用快速滤纸将溶液过滤至 250 mL 容量瓶中，并用热水洗涤数次。将溶液冷却至室温后，用水稀释至标线，摇匀。

吸取 50.00 mL 上述溶液放入 150 mL 烧杯中，依次加入 5 mL 磷酸(1+1)、10 mL 硫酸(1+1)和约 1 g 高碘酸钾(5.30)，加热微沸 10 min～15 min 至溶液达到最大颜色深度，冷却至室温后，移入 100 mL 容量瓶中，用水稀释至标线，摇匀。用分光光度计(6.12)，10 mm 比色皿，以水作参比，于波长 530 nm 处测定溶液的吸光度。在工作曲线(5.78.3.1)上查出一氧化锰的含量(m_{29})。

20.3 结果的计算与表示

一氧化锰的质量分数 w_{MnO} 按式(37)计算：

$$w_{MnO} = \frac{m_{29} \times 5}{m_{28} \times 1\,000} \times 100 = \frac{m_{29} \times 0.5}{m_{28}} \quad \cdots\cdots\cdots(37)$$

式中：

w_{MnO}——一氧化锰的质量分数，%；

m_{29}——100 mL 测定溶液中一氧化锰的含量，单位为毫克(mg)；

m_{28}——试料的质量，单位为克(g)。

21 五氧化二磷的测定——磷钼酸铵分光光度法

21.1 方法提要

在一定的酸性介质中，磷与钼酸铵和抗坏血酸生成蓝色配合物，于波长 730 nm 处测定溶液的吸光度。

21.2 分析步骤

称取约 0.25 g 试样(m_{30})，精确至 0.000 1 g，置于铂坩埚中，加入少量水润湿，慢慢加入 3 mL 盐酸、5 滴硫酸(1+1)和 5 mL 氢氟酸，放入通风橱内低温电热板上加热，近干时摇动坩埚，以防溅失，蒸发至干，再加入 3 mL 氢氟酸，继续放入通风橱内电热板上蒸发至干。

取下冷却，向经氢氟酸处理后得到的残渣中加入 3 g 碳酸钠-硼砂混合溶剂(5.29)，在 950 ℃～1 000 ℃下熔融 10 min，用坩埚钳夹持坩埚旋转，使熔融物均匀地附于坩埚内壁，冷却后，将坩埚放入已盛有 10 mL 硫酸(1+1)及 100 mL 水并加热至微沸的 300 mL 烧杯中，并继续保持微沸状态，直至熔融物完全溶解，用水洗净坩埚及盖，冷却至室温后，移入 250 mL 容量瓶中，用水稀释至标线，摇匀。

吸取 50.00 mL 上述试样溶液或 11.2.2 溶液 A 放入 200 mL 烧杯中(试样溶液的分取量视五氧化二磷的含量而定，如分取试样溶液不足 50 mL，需加水稀释至 50 mL)，加入 1 滴对硝基酚指示剂溶液(5.107)，滴加氢氧化钠溶液(5.32)至黄色，再滴加盐酸(1+1)至无色，加入 10 mL 钼酸铵溶液(5.38)和 2 mL 抗坏血酸(5.39)，加热微沸(1.5±0.5) min，冷却至室温后，移入 100 mL 容量瓶中，用盐酸(1+10)洗涤烧杯并用盐酸(1+10)稀释至标线，摇匀。用分光光度计(6.12)，10 mm 比色皿，以水作参比，于波长 730 nm 处测定溶液的吸光度。在工作曲线(5.79.2)上查出五氧化二磷的含量(m_{31})。

21.3 结果的计算与表示

五氧化二磷的质量分数 $w_{P_2O_5}$ 按式(38)计算：

$$w_{P_2O_5} = \frac{m_{31} \times 5}{m_{32} \times 1\,000} \times 100 = \frac{m_{31} \times 0.5}{m_{32}} \quad \cdots\cdots(38)$$

式中：

$w_{P_2O_5}$——五氧化二磷的质量分数，%；

m_{31}——100 mL 溶液中五氧化二磷的含量，单位为毫克(mg)；

m_{32}——21.2(m_{30})或 11.2.1(m_{13})中试料的质量，单位为克(g)。

22 二氧化碳的测定——碱石棉吸收重量法

22.1 方法提要

用磷酸分解试样，碳酸盐分解释放出的二氧化碳由不含二氧化碳的气流带入一系列的 U 形管，先除去硫化氢和水分，然后被碱石棉吸收，通过称量来确定二氧化碳的含量。

22.2 分析步骤

使用 6.21 规定的仪器装置进行测定。

每次测定前，将一个空的反应瓶连接到 6.21 所示的仪器装置上，连通 U 形管 9、10、11、12、13。启动抽气泵，控制气体流速为 50 mL/min～100 mL/min(每秒 3～5 个气泡)，通气 30 min 以上，以除去系统中的二氧化碳和水分。

关闭抽气泵，关闭 U 形管 10、11、12、13 的磨口塞。取下 U 形管 11 和 12 放在平盘上，在天平室恒温 10 min，然后分别称量。重复此操作，再通气 10 min，取下，恒温，称量，直至每个管子连续二次称量结果之差不超过 0.001 0 g 为止，以最后一次称量值为准。

提示：取用 U 形管时，应小心避免影响质量、打碎或损坏。建议进行操作时带防护手套。

如果 U 形管 11 和 12 的质量变化连续超过 0.001 0 g，更换 U 形管 9 和 10。

称取约 1g 试样(m_{33})，精确至 0.000 1 g，置于 100 mL 的干燥反应瓶中，将反应瓶连接到 6.21 所示的仪器装置上，并将已称量的 U 形管 11 和 12 连接到 6.21 所示的仪器装置上。启动抽气泵，控制气体流速为 50 mL/min～100 mL/min(每秒 3～5 个气泡)。加入 20 mL 磷酸到分液漏斗 5 中，小心旋开分液漏斗活塞，使磷酸滴入反应瓶 4 中，并留少许磷酸在漏斗中起液封作用，关闭活塞。打开反应瓶下面的小电炉，调节电压使电炉丝呈暗红色，慢慢低温加热使反应瓶中的液体至沸，并加热微沸 5 min，关闭电炉，并继续通气 25 min。

提示：切勿剧烈加热，以防反应瓶中的液体产生倒流现象。

关闭抽气泵，关闭 U 形管 10、11、12、13 的磨口塞。取下 U 形管 11 和 12 放在平盘上，在天平室恒温 10 min，然后分别称量。用每根 U 形管增加的质量（m_{34} 和 m_{35}）计算水泥中二氧化碳的含量。

如果第二根 U 形管 12 的质量变化小于 0.000 5 g，计算时忽略。实际上二氧化碳应全部被第一根 U 形管 11 吸收。如果第二根 U 形管 12 的质量变化连续超过 0.001 0 g，应更换第一根 U 形管 11，并重新开始试验。

同时进行空白试验。计算时从测定结果中扣除空白试验值（m_{36}）。

如果试样中碳酸盐含量较高，应按比例适当减少试样称取量。

22.3 结果的计算与表示

二氧化碳的质量分数 w_{CO_2} 按式（39）计算：

$$w_{CO_2} = \frac{m_{34} + m_{35} - m_{36}}{m_{33}} \times 100 \quad \cdots\cdots(39)$$

式中：

w_{CO_2}——水泥中二氧化碳的质量分数，%；

m_{34}——吸收后 U 形管 11 增加的质量，单位为克（g）；

m_{35}——吸收后 U 形管 12 增加的质量，单位为克（g）；

m_{36}——空白试验值，单位为克（g）；

m_{33}——试料的质量，单位为克（g）。

23 二氧化硅的测定——氟硅酸钾容量法（代用法）

23.1 方法提要

在有过量的氟离子、钾离子存在的强酸性溶液中，使硅酸形成氟硅酸钾（K_2SiF_6）沉淀。经过滤、洗涤及中和残余酸后，加入沸水使氟硅酸钾沉淀水解生成等物质的量的氢氟酸。然后以酚酞为指示剂，用氢氧化钠标准滴定溶液进行滴定。

23.2 分析步骤

从 12.2 溶液 B 中吸取 50.00 mL 溶液，放入 300 mL 塑料杯中，然后加入 10 mL～15 mL 硝酸，搅拌，冷却至 30 ℃以下。加入氯化钾（5.49），仔细搅拌、压碎大颗粒氯化钾至饱和并有少量氯化钾析出，然后再加入 2 g 氯化钾（5.49）和 10 mL 氟化钾溶液（5.52），仔细搅拌、压碎大颗粒氯化钾，使其完全饱和，并有少量氯化钾析出（此时搅拌，溶液应该比较浑浊，如氯化钾析出量不够，应再补充加入氯化钾，但氯化钾的析出量不宜过多），在 30 ℃以下放置 15 min～20 min，期间搅拌 1～2 次。用中速滤纸过滤，先过滤溶液，固体氯化钾和沉淀留在杯底，溶液滤完后用氯化钾溶液（5.50）洗涤塑料杯及沉淀 3 次，洗涤过程中使固体氯化钾溶解，洗涤液总量不超过 25 mL。将滤纸连同沉淀取下，置于原塑料杯中，沿杯壁加入 10 mL 30 ℃以下的氯化钾-乙醇溶液（5.51）及 1 mL 酚酞指示剂溶液（5.99），将滤纸展开，用氢氧化钠标准滴定溶液（5.89）中和未洗尽的酸，仔细搅动、挤压滤纸并随之擦洗杯壁直至溶液呈红色（过滤、洗涤、中和残余酸的操作应迅速，以防止氟硅酸钾沉淀的水解）。向杯中加入约 200 mL 沸水（煮沸后用氢氧化钠溶液中和至酚酞呈微红色的沸水），用氢氧化钠标准滴定溶液（5.89）滴定至微红色。

23.3 结果的计算与表示

二氧化硅的质量分数 w_{SiO_2} 按式（40）计算：

$$w_{SiO_2} = \frac{T_{SiO_2} \times V_{24} \times 5}{m_{17} \times 1\,000} \times 100 = \frac{T_{SiO_2} \times V_{24} \times 0.5}{m_{17}} \quad \cdots\cdots(40)$$

式中：

w_{SiO_2}——二氧化硅的质量分数，%；

T_{SiO_2}——氢氧化钠标准滴定溶液对二氧化硅的滴定度，单位为毫克每毫升（mg/mL）；

V_{24}——滴定时消耗氢氧化钠标准滴定溶液的体积，单位为毫升（mL）；

m_{17}——12.2（m_{17}）中试料的质量，单位为克（g）。

24 三氧化二铁的测定——邻菲罗啉分光光度法(代用法)

24.1 方法提要

在酸性溶液中,加入抗坏血酸溶液,使三价铁离子还原为二价铁离子,与邻菲罗啉生成红色配合物,于波长510 nm处测定溶液的吸光度。

24.2 分析步骤

从11.2.2溶液A或12.2溶液B中吸取10.00 mL溶液放入100 mL容量瓶中,用水稀释至标线,摇匀后吸取25.00 mL溶液放入100 mL容量瓶中,加水稀释至约40 mL。加入5 mL抗坏血酸溶液(5.40),放置5 min,然后再加入5 mL邻菲罗啉溶液(5.54)、10 mL乙酸铵溶液(5.55),用水稀释至标线,摇匀。放置30 min后,用分光光度计(6.12)、10 mm比色皿,以水作参比,于波长510 nm处测定溶液的吸光度。在工作曲线(5.80.2)上查出三氧化二铁的含量(m_{37})。

24.3 结果的计算与表示

三氧化二铁的质量分数$w_{Fe_2O_3}$按式(41)计算:

$$w_{Fe_2O_3}=\frac{m_{37}\times 100}{m_{18}\times 1\,000}\times 100=\frac{m_{37}\times 10}{m_{18}} \qquad \cdots\cdots(41)$$

式中:

$w_{Fe_2O_3}$——三氧化二铁的质量分数,%;

m_{37}——100 mL测定溶液中三氧化二铁的含量,单位为毫克(mg);

m_{18}——11.2.1(m_{13})或12.2(m_{17})中试料的质量,单位为克(g)。

25 三氧化二铁的测定——原子吸收光谱法(代用法)

25.1 方法提要

分取一定量的试样溶液,以锶盐消除硅、铝、钛等对铁的干扰,在空气-乙炔火焰中,于波长248.3 nm处测定吸光度。

25.2 分析步骤

从15.2.1溶液C中吸取一定量的溶液放入容量瓶中(试样溶液的分取量及容量瓶的容积视三氧化二铁的含量而定),加入氯化锶溶液(5.48),使测定溶液中锶的浓度为1 mg/mL。用水稀释至标线,摇匀。用原子吸收光谱仪(6.14),在空气-乙炔火焰中,用铁空心阴极灯,于波长248.3 nm处,在与5.80.2.2相同的仪器条件下测定溶液的吸光度,在工作曲线(5.80.2.2)上查出三氧化二铁的浓度(c_2)。

25.3 结果的计算与表示

三氧化二铁的质量分数$w_{Fe_2O_3}$按式(42)计算:

$$w_{Fe_2O_3}=\frac{c_2\times V_{25}\times n}{m_{19}\times 1\,000}\times 100=\frac{c_2\times V_{25}\times n\times 0.1}{m_{19}} \qquad \cdots\cdots(42)$$

式中:

$w_{Fe_2O_3}$——三氧化二铁的质量分数,%;

c_2——测定溶液中三氧化二铁的浓度,单位为毫克每毫升(mg/mL);

V_{25}——测定溶液的体积,单位为毫升(mL);

n——全部试样溶液与所分取试样溶液的体积比;

m_{19}——15.2.1中试料的质量,单位为克(g)。

26 三氧化二铝的测定——硫酸铜返滴定法(代用法)

26.1 方法提要

在滴定铁后的溶液中,加入对铝、钛过量的EDTA标准滴定溶液,控制溶液pH3.8~4.0,以PAN

为指示剂，用硫酸铜标准滴定溶液返滴定过量的 EDTA。

本法只适用于一氧化锰含量在 0.5%以下的试样。

26.2 分析步骤

往 12.2 中测完铁的溶液中加入 EDTA 标准滴定溶液(5.86)至过量 10.00 mL～15.00 mL(对铝、钛合量而言)，加水稀释至 150 mL～200 mL。将溶液加热至 70 ℃～80 ℃后，在搅拌下用氨水(1+1)调节溶液 pH 值在 3.0～3.5 之间(用精密 pH 试纸检验)，加入 15 mL pH4.3 的缓冲溶液(5.45)，加热煮沸并保持微沸 1 min～2 min，取下稍冷，加入 4～5 滴 PAN 指示剂溶液(5.101)，用硫酸铜标准滴定溶液(5.87)滴定至亮紫色。

26.3 结果的计算与表示

三氧化二铝的质量分数 $w_{Al_2O_3}$ 按式(43)计算：

$$w_{Al_2O_3} = \frac{T_{Al_2O_3} \times (V_{26} - K_2 \times V_{27}) \times 10}{m_{18} \times 1\,000} \times 100 - 0.64 \times w_{TiO_2}$$

$$= \frac{T_{Al_2O_3} \times (V_{26} - K_2 \times V_{27})}{m_{18}} - 0.64 \times w_{TiO_2} \qquad \cdots\cdots(43)$$

式中：

$w_{Al_2O_3}$——三氧化二铝的质量分数，%；

$T_{Al_2O_3}$——EDTA 标准滴定溶液对三氧化二铝的滴定度，单位为毫克每毫升(mg/mL)；

V_{26}——加入 EDTA 标准滴定溶液的体积，单位为毫升(mL)；

V_{27}——滴定时消耗硫酸铜标准滴定溶液的体积，单位为毫升(mL)；

K_2——EDTA 标准滴定溶液与硫酸铜标准滴定溶液的体积比；

m_{18}——11.2.1(m_{13})或 12.2(m_{17})中试料的质量，单位为克(g)；

w_{TiO_2}——按 16.2 测得的二氧化钛的质量分数，%；

0.64——二氧化钛对三氧化二铝的换算系数。

27 氧化钙的测定——氢氧化钠熔样-EDTA 滴定法(代用法)

27.1 方法提要

在酸性溶液中加入适量的氟化钾，以抑制硅酸的干扰。然后在 pH13 以上的强碱性溶液中，以三乙醇胺为掩蔽剂，用钙黄绿素-甲基百里香酚蓝-酚酞混合指示剂，用 EDTA 标准滴定溶液滴定。

27.2 分析步骤

从 12.2 溶液 B 中吸取 25.00 mL 溶液放入 300 mL 烧杯中，加入 7 mL 氟化钾溶液(5.53)，搅匀并放置 2 min 以上。然后加水稀释至约 200 mL。加入 5 mL 三乙醇胺溶液(1+2)及适量的 CMP 混合指示剂(5.97)，在搅拌下加入氢氧化钾溶液(5.33)至出现绿色荧光后再过量 5 mL～8 mL，此时溶液酸度在 pH13 以上，用 EDTA 标准滴定溶液(5.86)滴定至绿色荧光完全消失并呈现红色。

27.3 结果的计算与表示

氧化钙的质量分数 w_{CaO} 按式(44)计算：

$$w_{CaO} = \frac{T_{CaO} \times V_{28} \times 10}{m_{17} \times 1\,000} \times 100 = \frac{T_{CaO} \times V_{28}}{m_{17}} \qquad \cdots\cdots(44)$$

式中：

w_{CaO}——氧化钙的质量分数，%；

T_{CaO}——EDTA 标准滴定溶液对氧化钙的滴定度，单位为毫克每毫升(mg/mL)；

V_{28}——滴定时消耗 EDTA 标准滴定溶液的体积，单位为毫升(mL)；

m_{17}——12.2 中试料的质量，单位为克(g)。

28 氧化钙的测定——高锰酸钾滴定法(代用法)

28.1 方法提要

以氨水将铁、铝、钛等沉淀为氢氧化物,过滤除去。然后,将钙以草酸钙形式沉淀,过滤和洗涤后,将草酸钙溶解,用高锰酸钾标准滴定溶液滴定。

28.2 分析步骤

称取约 0.3 g 试样(m_{38}),精确至 0.000 1 g,置于铂坩埚中,将盖斜置于坩埚上,在 950 ℃～1 000 ℃下灼烧 5 min,取出坩埚冷却。用玻璃棒仔细压碎块状物,加入(0.20±0.01) g 已磨细的无水碳酸钠(5.26),仔细混匀。再将坩埚置于 950 ℃～1 000 ℃下灼烧 10 min,取出坩埚冷却。

将烧结块移入 300 mL 烧杯中,加入 30 mL～40 mL 水,盖上表面皿。从杯口慢慢加入 10 mL 盐酸(1+1)及 2～3 滴硝酸,待反应停止后取下表面皿,用热盐酸(1+1)清洗坩埚数次,洗液合并于烧杯中,加热煮沸使熔块全部溶解,加水稀释至 150 mL,煮沸取下,加入 3～4 滴甲基红指示剂溶液(5.102),搅拌下缓慢滴加氨水(1+1)至溶液呈黄色,再过量 2～3 滴,加热微沸 1 min,加入少许滤纸浆(5.115),静置待氢氧化物下沉后,趁热用快速滤纸过滤,并用热硝酸铵溶液(5.36)洗涤烧杯及沉淀 8～10 次,滤液及洗液收集于 500 mL 烧杯中,弃去沉淀。

提示:当样品中锰含量较高时,应用以下方法除去锰。把滤液用盐酸(1+1)调节至甲基红呈红色,加热蒸发至约 150 mL,加入 40 mL 溴水(5.15)和 10 mL 氨水(1+1),再煮沸 5 min 以上。静置待氢氧化物下沉后,用中速滤纸过滤,用热水洗涤 7～8 次,弃去沉淀。滴加盐酸(1+1)使滤液呈酸性,煮沸,使溴完全驱尽,然后按以下步骤进行操作。

加入 10 mL 盐酸(1+1),调整溶液体积至约 200 mL(需要时加热浓缩溶液),加入 30 mL 草酸铵溶液(5.42),煮沸取下,然后加 2～3 滴甲基红指示剂溶液(5.102),在搅拌下缓慢逐滴加入氨水(1+1),至溶液呈黄色,并过量 2～3 滴,静置(60±5) min,在最初的 30 min 期间内,搅拌混合溶液 2～3 次。加入少许滤纸浆(5.115),用慢速滤纸过滤,用热水洗涤沉淀 8～10 次(洗涤烧杯和沉淀用水总量不超过 75 mL)。在洗涤时,洗涤水应该直接绕着滤纸内部以便将沉淀冲下,然后水流缓缓地直接朝着滤纸中心洗涤,目的是为了搅动和彻底地清洗沉淀。

提示:逐滴加入氨水(1+1)时应缓慢进行,否则生成的草酸钙在过滤时可能有透过滤纸的趋向。当同时进行几个测定时,下列方法有助于保证缓慢地中和。边搅拌边向第一个烧杯中加入 2～3 滴氨水(1+1),再向第二个烧杯中加入 2～3 滴氨水(1+1),依此类推。然后返回来再向第一个烧杯中加 2～3 滴,直至每个烧杯中的溶液呈黄色,并过量 2～3 滴。

将沉淀连同滤纸置于原烧杯中,加入 150 mL～200 mL 热水,10 mL 硫酸(1+1),加热至 70 ℃～80 ℃,搅拌使沉淀溶解,将滤纸展开,贴附于烧杯内壁上部,立即用高锰酸钾标准滴定溶液(5.88)滴定至微红色后,再将滤纸浸入溶液中充分搅拌,继续滴定至微红色出现并保持 30 s 不消失。

提示:当测定空白试验或草酸钙的量很少时,开始时高锰酸钾($KMnO_4$)的氧化作用很慢,为了加速反应,在滴定前溶液中加入少许硫酸锰($MnSO_4$)。

28.3 结果的计算与表示

氧化钙的质量分数 w_{CaO} 按式(45)计算:

$$w_{CaO}=\frac{T'_{CaO}\times V_{29}}{m_{38}\times 1\,000}\times 100=\frac{T'_{CaO}\times V_{29}\times 0.1}{m_{38}} \quad\cdots\cdots\cdots\cdots(45)$$

式中:

w_{CaO}——氧化钙的质量分数,%;

T'_{CaO}——高锰酸钾标准滴定溶液对氧化钙的滴定度,单位为毫克每毫升(mg/mL);

V_{29}——滴定时消耗高锰酸钾标准滴定溶液的体积,单位为毫升(mL);

m_{38}——试料的质量,单位为克(g)。

29 氧化镁的测定——EDTA滴定差减法(代用法)

29.1 方法提要

在 pH10 的溶液中,以酒石酸钾钠、三乙醇胺为掩蔽剂,用酸性铬蓝 K-萘酚绿 B 混合指示剂,用 EDTA 标准滴定溶液滴定。

当试样中一氧化锰含量(质量分数)>0.5%时,在盐酸羟胺存在下,测定钙、镁、锰总量,差减法测得氧化镁的含量。

29.2 分析步骤

29.2.1 一氧化锰含量(质量分数)≤0.5%时,氧化镁的测定

从 11.2.2 溶液 A 或 12.2 溶液 B 中吸取 25.00 mL 溶液放入 300 mL 烧杯中,加水稀释至约 200 mL,加入 1 mL 酒石酸钾钠溶液(5.47),搅拌,然后加入 5 mL 三乙醇胺(1+2),搅拌。加入 25 mL pH10 缓冲溶液(5.46)及适量的酸性铬蓝 K-萘酚绿 B 混合指示剂(5.98),用 EDTA 标准滴定溶液(5.86)滴定,近终点时应缓慢滴定至纯蓝色。

氧化镁的质量分数 w_{MgO} 按式(46)计算:

$$w_{MgO}=\frac{T_{MgO}\times(V_{30}-V_{31})\times10}{m_{18}\times1\,000}\times100=\frac{T_{MgO}\times(V_{30}-V_{31})}{m_{18}} \quad \cdots\cdots\cdots\cdots(46)$$

式中:

w_{MgO}——氧化镁的质量分数,%;

T_{MgO}——EDTA 标准滴定溶液对氧化镁的滴定度,单位为毫克每毫升(mg/mL);

V_{30}——滴定钙、镁总量时消耗 EDTA 标准滴定溶液的体积,单位为毫升(mL);

V_{31}——按 14.2 或 27.2 测定氧化钙时消耗 EDTA 标准滴定溶液的体积,单位为毫升(mL);

m_{18}——11.2.1(m_{13})或 12.2(m_{17})中试料的质量,单位为克(g)。

29.2.2 一氧化锰含量(质量分数)>0.5%时,氧化镁的测定

除将三乙醇胺(1+2)的加入量改为 10 mL,并在滴定前加入 0.5 g~1 g 盐酸羟胺(5.56)外,其余分析步骤同 29.2.1。

氧化镁的质量分数 w_{MgO} 按式(47)计算:

$$w_{MgO}=\frac{T_{MgO}\times(V_{32}-V_{31})\times10}{m_{18}\times1\,000}\times100-0.57\times w_{MnO}$$

$$=\frac{T_{MgO}\times(V_{32}-V_{31})}{m_{18}}-0.57\times w_{MnO} \quad \cdots\cdots\cdots\cdots\cdots(47)$$

式中:

w_{MgO}——氧化镁的质量分数,%;

T_{MgO}——EDTA 标准滴定溶液对氧化镁的滴定度,单位为毫克每毫升(mg/mL);

V_{32}——滴定钙、镁、锰总量时消耗 EDTA 标准滴定溶液的体积,单位为毫升(mL);

V_{31}——按 14.2 或 27.2 测定氧化钙时消耗 EDTA 标准滴定溶液的体积,单位为毫升(mL);

m_{18}——11.2.1(m_{13})或 12.2(m_{17})中试料的质量,单位为克(g);

w_{MnO}——按 20.2 或 36.2 测定的一氧化锰的质量分数,%;

0.57——一氧化锰对氧化镁的换算系数。

30 三氧化硫的测定——碘量法(代用法)

30.1 方法提要

试样先经磷酸处理,将硫化物分解除去。再加入氯化亚锡-磷酸溶液并加热,将硫酸盐的硫还原成等物质的量的硫化氢,收集于氨性硫酸锌溶液中,然后用碘量法进行测定。

试样中除硫化物(S^{2-})和硫酸盐外,还有其他状态的硫存在时,将给测定结果造成误差。

30.2 分析步骤

使用6.20规定的仪器装置进行测定。

称取约0.5g试样(m_{39}),精确至0.000 1 g,置于100 mL的干燥反应瓶中,加入10 mL磷酸,置于小电炉上加热至沸,并继续在微沸下加热至无大气泡、液面平静、无白烟出现时为止。取下放冷,向反应瓶中加入10 mL氯化亚锡-磷酸溶液(5.58),按6.20中仪器装置图连接各部件。

开动空气泵,保持通气速度为每秒钟4~5个气泡。于电压200 V下,加热10 min,然后将电压降至160 V,加热5 min后停止加热。取下吸收杯,关闭空气泵。

用水冲洗插入吸收液内的玻璃管,加入10 mL明胶溶液(5.60),加入15.00 mL碘酸钾标准滴定溶液(5.83),在搅拌下一次性快速加入30 mL硫酸(1+2),用硫代硫酸钠标准滴定溶液(5.84)滴定至淡黄色,加入2 mL淀粉溶液(5.105),继续滴定至蓝色消失。

30.3 结果的计算与表示

三氧化硫的质量分数w_{SO_3}按式(48)计算:

$$w_{SO_3}=\frac{T_{SO_3}\times(V_{33}-K_1\times V_{34})}{m_{39}\times 1\,000}\times 100=\frac{T_{SO_3}\times(V_{33}-K_1\times V_{34})\times 0.1}{m_{39}} \quad \cdots\cdots(48)$$

式中:

w_{SO_3}——三氧化硫的质量分数,%;

T_{SO_3}——碘酸钾标准滴定溶液对三氧化硫的滴定度,单位为毫克每毫升(mg/mL);

V_{33}——加入碘酸钾标准滴定溶液的体积,单位为毫升(mL);

V_{34}——滴定时消耗硫代硫酸钠标准滴定溶液的体积,单位为毫升(mL);

K_1——碘酸钾标准滴定溶液与硫代硫酸钠标准滴定溶液的体积比;

m_{39}——试料的质量,单位为克(g)。

31 三氧化硫的测定——离子交换法(代用法)

31.1 方法提要

在水介质中,用氢型阳离子交换树脂对水泥中的硫酸钙进行两次静态交换,生成等物质的量的氢离子,以酚酞为指示剂,用氢氧化钠标准滴定溶液滴定。

本方法只适用于掺加天然石膏并且不含有氟、氯、磷的水泥中三氧化硫的测定。

31.2 分析步骤

称取约0.2g试样(m_{40}),精确至0.000 1 g,置于已放有5g树脂(5.61)、10 mL热水及一根磁力搅拌子的150 mL烧杯中,摇动烧杯使试样分散。然后加入40 mL沸水,立即置于磁力搅拌器(6.11)上,加热搅拌10 min。取下,以快速滤纸过滤,用热水洗涤烧杯和滤纸上的树脂4~5次,滤液及洗液收集于已放有2g树脂(5.61)及一根磁力搅拌子的150 mL烧杯中(此时溶液体积在100 mL左右)。将烧杯再置于磁力搅拌器(6.11)上,搅拌3 min。取下,以快速滤纸将溶液过滤于300 mL烧杯中,用热水洗涤烧杯和滤纸上的树脂5~6次。

向溶液中加入5~6滴酚酞指示剂溶液(5.99),用氢氧化钠标准滴定溶液(5.90)滴定至微红色。

保存滤纸上的树脂,可以回收处理后再利用。

31.3 结果的计算与表示

三氧化硫的质量分数w_{SO_3}按式(49)计算:

$$w_{SO_3}=\frac{T'_{SO_3}\times V_{35}}{m_{40}\times 1\,000}\times 100=\frac{T'_{SO_3}\times V_{35}\times 0.1}{m_{40}} \quad \cdots\cdots(49)$$

式中:

w_{SO_3}——三氧化硫的质量分数,%;

T'_{SO_3}——氢氧化钠标准滴定溶液对三氧化硫的滴定度,单位为毫克每毫升(mg/mL);

V_{35}——滴定时消耗氢氧化钠标准滴定溶液的体积，单位为毫升(mL)；

m_{40}——试料的质量，单位为克(g)。

32 三氧化硫的测定——铬酸钡分光光度法(代用法)

32.1 方法提要

试样经盐酸溶解，在 pH2 的溶液中，加入过量铬酸钡，生成与硫酸根等物质的量的铬酸根。在微碱性条件下，使过量的铬酸钡重新析出。干过滤后在波长 420 nm 处测定游离铬酸根离子的吸光度。

试样中除硫化物(S^{2-})和硫酸盐外，还有其他状态的硫存在时，将给测定结果造成误差。

32.2 分析步骤

称取 0.33 g～0.36 g 试样(m_{41})，精确至 0.000 1 g，置于带有标线的 200 mL 烧杯中。加 4 mL 甲酸(1+1)，分散试样，低温干燥，取下。加 10 mL 盐酸(1+2)及 1～2 滴过氧化氢(5.9)，将试料搅起后加热至小气泡冒尽，冲洗杯壁，再煮沸 2 min，期间冲洗杯壁 2 次。取下，加水至约 90 mL，加 5 mL 氨水(1+2)，并用盐酸(1+1)和氨水(1+1)调节酸度至 pH2.0(用精密 pH 试纸检验)，稀释至 100 mL。加 10 mL 铬酸钡溶液(5.62)，搅匀。流水冷却至室温并放置，时间不少于 10 min，放置期间搅拌 3 次。加入 5 mL 氨水(1+2)，将溶液连同沉淀移入 150 mL 容量瓶中，用水稀释至标线，摇匀。用中速滤纸干过滤。滤液收集于 50 mL 烧杯中，用分光光度计(6.12)，20 mm 比色皿，以水作参比，于波长 420 nm 处测定溶液的吸光度。在工作曲线(5.81.3)上查出三氧化硫的含量(m_{42})。

32.3 结果的计算与表示

三氧化硫的质量分数 w_{SO_3} 按式(50)计算：

$$w_{SO_3} = \frac{m_{42}}{m_{41} \times 1\ 000} \times 100 = \frac{m_{42} \times 0.1}{m_{41}} \quad \cdots\cdots(50)$$

式中：

w_{SO_3}——三氧化硫的质量分数，%；

m_{42}——测定溶液中三氧化硫的含量，单位为毫克(mg)；

m_{41}——试料的质量，单位为克(g)。

33 三氧化硫的测定——库仑滴定法(代用法)

33.1 方法提要

试样经甲酸处理，将硫化物分解除去。在催化剂的作用下，于空气流中燃烧分解，试样中硫生成二氧化硫并被碘化钾溶液吸收，以电解碘化钾溶液所产生的碘进行滴定。

试样中除硫化物(S^{2-})和硫酸盐外，还有其他状态的硫存在时，将给测定结果造成误差。

33.2 分析步骤

使用库仑积分测硫仪(6.16)进行测定，将管式高温炉升温并控制在 1 150 ℃～1 200 ℃。

开动供气泵和抽气泵并将抽气流量调节到约 1 000 mL/min。在抽气下，将约 300 mL 电解液(5.64)加入电解池内，开动磁力搅拌器。

调节电位平衡：在瓷舟中放入少量含一定硫的试样，并盖一薄层五氧化二钒(5.63)，将瓷舟置于一稍大的石英舟上，送进炉内，库仑滴定随即开始。如果试验结束后库仑积分器的显示值为零，应再次调节直至显示值不为零为止。

称取约 0.04 g～0.05 g 试样(m_{43})，精确至 0.000 1 g，将试样均匀地平铺于瓷舟中，慢慢滴加4～5 滴甲酸(1+1)，用拉细的玻璃棒沿舟方向搅拌几次，使试样完全被甲酸润湿，再用 2～3 滴甲酸(1+1)将玻璃棒上沾有的少量试样冲洗于瓷舟中，将瓷舟放在电炉上，控制电炉丝呈暗红色，低温加热并烤干，防止溅失，再升高温度加热 2 min。取下冷却后在试料上复盖一薄层五氧化二钒(5.63)，将瓷舟置于石英舟上，送进炉内，库仑滴定随即开始，试验结束后，库仑积分器显示出三氧化硫(或硫)的毫克数(m_{44})。

33.3 结果的计算与表示

三氧化硫的质量分数 w_{SO_3} 按式(51)计算：

$$w_{SO_3} = \frac{m_{44}}{m_{43} \times 1\,000} \times 100 = \frac{m_{44} \times 0.1}{m_{43}} \quad \cdots\cdots (51)$$

式中：

w_{SO_3}——三氧化硫的质量分数，%；

m_{44}——库仑积分器上三氧化硫的显示值，单位为毫克(mg)；

m_{43}——试料的质量，单位为克(g)。

34 氧化钾和氧化钠的测定——原子吸收光谱法(代用法)

34.1 方法提要

用氢氟酸-高氯酸分解试样，以锶盐消除硅、铝、钛等的干扰，在空气-乙炔火焰中，分别于波长766.5 nm 处和波长 589.0 nm 处测定氧化钾和氧化钠的吸光度。

34.2 分析步骤

从 15.2.1 溶液 C 中吸取一定量的试样溶液放入容量瓶中(试样溶液的分取量及容量瓶的容积视氧化钾和氧化钠的含量而定)，加入盐酸(1+1)及氯化锶溶液(5.48)，使测定溶液中盐酸的体积分数为6%，锶的浓度为 1 mg/mL。用水稀释至标线，摇匀。用原子吸收光谱仪(6.14)，在空气-乙炔火焰中，分别用钾元素空心阴极灯于波长 766.5 nm 处和钠元素空心阴极灯于波长 589.0 nm 处，在与 5.77.2.2相同的仪器条件下测定溶液的吸光度，在工作曲线(5.77.2.2)上查出氧化钾的浓度(c_3)和氧化钠的浓度(c_4)。

34.3 结果的计算与表示

氧化钾和氧化钠的质量分数 w_{K_2O} 和 w_{Na_2O} 分别按式(52)和式(53)计算：

$$w_{K_2O} = \frac{c_3 \times V_{36} \times n}{m_{19} \times 1\,000} \times 100 = \frac{c_3 \times V_{36} \times n \times 0.1}{m_{19}} \quad \cdots\cdots (52)$$

$$w_{Na_2O} = \frac{c_4 \times V_{36} \times n}{m_{19} \times 1\,000} \times 100 = \frac{c_4 \times V_{36} \times n \times 0.1}{m_{19}} \quad \cdots\cdots (53)$$

式中：

w_{K_2O}——氧化钾的质量分数，%；

w_{Na_2O}——氧化钠的质量分数，%；

c_3——测定溶液中氧化钾的浓度，单位为毫克每毫升(mg/mL)；

c_4——测定溶液中氧化钠的浓度，单位为毫克每毫升(mg/mL)；

V_{36}——测定溶液的体积，单位为毫升(mL)；

n——全部试样溶液与所分取试样溶液的体积比；

m_{19}——15.2.1 中试料的质量，单位为克(g)。

35 氯离子的测定——磷酸蒸馏-汞盐滴定法(代用法)

35.1 方法提要

用规定的蒸馏装置在 250 ℃～260 ℃温度条件下，以过氧化氢和磷酸分解试样，以净化空气做载体，蒸馏分离氯离子，用稀硝酸作吸收液。在 pH3.5 左右，以二苯偶氮碳酰肼为指示剂，用硝酸汞标准滴定溶液滴定。

35.2 分析步骤

使用 6.23 规定的测氯蒸馏装置进行测定。

向 50 mL 锥形瓶中加入约 3 mL 水及 5 滴硝酸(5.65)，放在冷凝管下端用以承接蒸馏液，冷凝管下端的硅胶管插于锥形瓶的溶液中。

称取约 0.3 g(m_{45})试样，精确至 0.000 1 g，置于已烘干的石英蒸馏管中，勿使试样粘附于管壁。

向蒸馏管中加入5～6滴过氧化氢溶液(5.9),摇动使试样完全分散后加入5 mL磷酸,套上磨口塞,摇动,待试料分解产生的二氧化碳气体大部分逸出后,将6.23所示的仪器装置中的固定架10套在石英蒸馏管上,并将其置于温度250 ℃～260 ℃的测氯蒸馏装置(6.23)炉膛内,迅速地以硅橡胶管连接好蒸馏管的进出口部分(先连出气管,后连进气管),盖上炉盖。

开动气泵,调节气流速度在100 mL/min～200 mL/min,蒸馏10 min～15 min后关闭气泵,拆下连接管,取出蒸馏管置于试管架内。

用乙醇(5.12)吹洗冷凝管及其下端,洗液收集于锥形瓶内(乙醇用量约为15 mL)。由冷凝管下部取出承接蒸馏液的锥形瓶,向其中加入1～2滴溴酚蓝指示剂溶液(5.103),用氢氧化钠溶液(5.66)调节至溶液呈蓝色,然后用硝酸(5.65)调节至溶液刚好变黄,再过量1滴,加入10滴二苯偶氮碳酰肼指示剂溶液(5.106),用硝酸汞标准滴定溶液(5.92)滴定至紫红色出现。记录滴定所用硝酸汞标准滴定溶液的体积V_{37}。

氯离子含量为0.2%～1%时,蒸馏时间应为15 min～20 min;用硝酸汞标准滴定溶液(5.93)进行滴定。

不加入试样按上述步骤进行空白试验,记录空白滴定所用硝酸汞标准滴定溶液的体积V_{38}。

35.3 结果的计算与表示

氯离子的质量分数w_{Cl^-}按式(54)计算:

$$w_{Cl^-} = \frac{T_{Cl^-} \times (V_{37} - V_{38})}{m_{45} \times 1\,000} \times 100 = \frac{T_{Cl^-} \times (V_{37} - V_{38}) \times 0.1}{m_{45}} \quad \cdots\cdots\cdots\cdots(54)$$

式中:

w_{Cl^-}——氯离子的质量分数,%;

T_{Cl^-}——硝酸汞标准滴定溶液对氯离子的滴定度,单位为毫克每毫升(mg/mL);

V_{37}——滴定时消耗硝酸汞标准滴定溶液的体积,单位为毫升(mL);

V_{38}——空白试验消耗硝酸汞标准滴定溶液的体积,单位为毫升(mL);

m_{45}——试料的质量,单位为克(g)。

36 一氧化锰的测定——原子吸收光谱法(代用法)

36.1 方法提要

用氢氟酸-高氯酸分解试样,以锶盐消除硅、铝、钛等对锰的干扰,在空气-乙炔火焰中,于波长279.5 nm处测定吸光度。

36.2 分析步骤

直接取用15.2.1中溶液C,用原子吸收光谱仪(6.14),在空气-乙炔火焰中,用锰空心阴极灯,于波长279.5 nm处,在与5.78.3.2相同的仪器条件下测定溶液的吸光度,在工作曲线(5.78.3.2)上查出一氧化锰的浓度(c_5)。

36.3 结果的计算与表示

一氧化锰的质量分数w_{MnO}按式(55)计算:

$$w_{MnO} = \frac{c_5 \times V_{39} \times n}{m_{19} \times 1\,000} \times 100 = \frac{c_5 \times V_{39} \times n \times 0.1}{m_{19}} \quad \cdots\cdots\cdots\cdots(55)$$

式中:

w_{MnO}——一氧化锰的质量分数,%;

c_5——测定溶液中一氧化锰的浓度,单位为毫克每毫升(mg/mL);

V_{39}——测定溶液的体积,单位为毫升(mL);

n——全部试样溶液与所分取试样溶液的体积比;

m_{19}——15.2.1中试料的质量,单位为克(g)。

37 氟离子的测定——离子选择电极法

37.1 方法提要

在 pH6.0 的总离子强度配位缓冲溶液的存在下，以氟离子选择电极作指示电极，饱和氯化钾甘汞电极作参比电极，用离子计或酸度计(6.15)测量含氟离子溶液的电极电位。

37.2 分析步骤

称取约 0.2 g 试样(m_{46})，精确至 0.000 1 g，置于 100 mL 干烧杯中，加入 10 mL 水使试样分散，在搅拌下加入 5 mL 盐酸(1+1)，加热煮沸并继续微沸 1 min～2 min。用快速滤纸过滤，用热水洗涤 5～6 次，冷却至室温。加入 2～3 滴溴酚蓝指示剂溶液(5.103)，用盐酸(1+1)和氢氧化钠溶液(5.32)调节溶液酸度，使溶液颜色刚由蓝色变为黄色(应防止氢氧化铝沉淀生成)，然后移入 100 mL 容量瓶中，用水稀释至标线，摇匀。

吸取 10.00 mL 放入 50 mL 干烧杯中，加入 10.00 mL pH6.0 的总离子强度配位缓冲溶液(5.67)，放入一根搅拌子，将烧杯置于磁力搅拌器(6.11)上，在溶液中插入氟离子选择电极和饱和氯化钾甘汞电极，搅拌 2 min 后，停止搅拌 30 s，用离子计或酸度计(6.15)测量溶液的平衡电位，在工作曲线(5.94.2)上查出氟离子的浓度(c_6)。

37.3 结果的计算与表示

氟离子的质量分数 w_{F^-} 按式(56)计算：

$$w_{F^-}=\frac{c_6\times 100}{m_{46}\times 1\,000}\times 100=\frac{c_6\times 10}{m_{46}} \qquad \cdots\cdots(56)$$

式中：

w_{F^-}——氟离子的质量分数，%；

c_6——测定溶液中氟离子的浓度，单位为毫克每毫升(mg/mL)；

100——试样溶液的总体积，单位为毫升(mL)；

m_{46}——试料的质量，单位为克(g)。

38 游离氧化钙的测定——甘油酒精法(代用法)

38.1 方法提要

在加热搅拌下，以硝酸锶为催化剂，使试样中的游离氧化钙与甘油作用生成弱碱性的甘油钙，以酚酞为指示剂，用苯甲酸-无水乙醇标准滴定溶液滴定。

38.2 分析步骤

称取约 0.5 g 试样(m_{47})，精确至 0.000 1 g，置于 250 mL 干燥的锥形瓶中，加入 30 mL 甘油-无水乙醇溶液(5.69)，加入约 1 g 硝酸锶(5.71)，放入一根搅拌子，装上冷凝管，置于游离氧化钙测定仪(6.18)上，以适当的速度搅拌溶液，同时升温并加热煮沸，在搅拌下微沸 10 min 后，取下锥形瓶，立即用苯甲酸-无水乙醇标准滴定溶液(5.95)滴定至微红色消失。再装上冷凝管，继续在搅拌下煮沸至红色出现，再取下滴定。如此反复操作，直至在加热 10 min 后不出现红色为止。

38.3 结果的计算与表示

游离氧化钙的质量分数 w_{fCaO} 按式(57)计算：

$$w_{fCaO}=\frac{T''_{CaO}\times V_{40}}{m_{47}\times 1\,000}\times 100=\frac{T''_{CaO}\times V_{40}\times 0.1}{m_{47}} \qquad \cdots\cdots(57)$$

式中：

w_{fCaO}——游离氧化钙的质量分数，%；

T''_{CaO}——苯甲酸-无水乙醇标准滴定溶液对氧化钙的滴定度，单位为毫克每毫升(mg/mL)；

V_{40}——滴定时消耗苯甲酸-无水乙醇标准滴定溶液的总体积，单位为毫升(mL)；

m_{47}——试料的质量，单位为克(g)。

39 游离氧化钙的测定——乙二醇法(代用法)

39.1 方法提要

在加热搅拌下，使试样中的游离氧化钙与乙二醇作用生成弱碱性的乙二醇钙，以酚酞为指示剂，用苯甲酸-无水乙醇标准滴定溶液滴定。

39.2 分析步骤

称取约 0.5 g 试样(m_{48})，精确至 0.000 1 g，置于 250 mL 干燥的锥形瓶中，加入 30 mL 乙二醇-乙醇溶液(5.70)，放入一根搅拌子，装上冷凝管，置于游离氧化钙测定仪(6.18)上，以适当的速度搅拌溶液，同时升温并加热煮沸，当冷凝下的乙醇开始连续滴下时，继续在搅拌下加热微沸 4 min，取下锥形瓶，用预先用无水乙醇润湿过的快速滤纸抽气过滤或预先用无水乙醇洗涤过的玻璃砂芯漏斗(6.19)抽气过滤，用无水乙醇(5.12)洗涤锥形瓶和沉淀 3 次，过滤时等上次洗涤液过滤完后再洗涤下次。滤液及洗液收集于 250 mL 干燥的抽滤瓶中，立即用苯甲酸-无水乙醇标准滴定溶液(5.95)滴定至微红色消失。

提示：尽可能快速地进行抽气过滤，以防止吸收大气中的二氧化碳。

39.3 结果的计算与表示

游离氧化钙的质量分数 w_{fCaO} 按式(58)计算：

$$w_{fCaO} = \frac{T'''_{CaO} \times V_{41}}{m_{48} \times 1\,000} \times 100 = \frac{T'''_{CaO} \times V_{41} \times 0.1}{m_{48}} \qquad \cdots\cdots(58)$$

式中：

w_{fCaO}——游离氧化钙的质量分数，%；

T'''_{CaO}——苯甲酸-无水乙醇标准滴定溶液对氧化钙的滴定度，单位为毫克每毫升(mg/mL)；

V_{41}——滴定时消耗苯甲酸-无水乙醇标准滴定溶液的体积，单位为毫升(mL)；

m_{48}——试料的质量，单位为克(g)。

40 X射线荧光分析方法

40.1 方法提要

当试样中化学元素受到电子、质子、α 粒子和离子等加速粒子的激发或受到 X 射线管、放射性同位素源等发出的高能辐射的激发时，可放射特征 X 射线，称之为元素的荧光 X 射线。当激发条件确定后，均匀样品中某元素的荧光 X 射线强度与样品中该元素质量分数的关系如式(59)所示：

$$I_i = \frac{Q_i \times C_i}{\mu_s} \qquad \cdots\cdots(59)$$

式中：

I_i——待测元素的荧光 X 射线强度；

Q_i——比例常数；

C_i——待测元素的质量分数；

μ_s——样品的质量吸收系数。

样品的质量吸收系数与试样的化学组成相关。其对待测元素荧光 X 射线强度的影响可采用下述三种方法之一消除：

a) 采用与待测试样化学成分相近的标准样品进行补偿校正；

b) 采用适当的数学公式进行数学校正；

c) 综合采用标准样品和数学公式进行补偿及数学校正。

样品的颗粒度效应和矿物效应等非均匀性影响可采用与待测样品相近的标准样品进行补偿校正，也可采用将样品熔融制成玻璃片的方法予以消除。

40.2 X射线荧光分析仪工作条件的选择

40.2.1 仪器工作条件检验的频数

对于新购仪器，或对仪器进行维修、更换部件后，应按 JC/T 1085 对仪器进行校验。仪器正常运行时，每隔6个月时间，对仪器进行校验。校验合格后，选择仪器的工作条件。

40.2.2 仪器工作条件的选择方法

参考分析仪器的使用说明书，选择适当的仪器工作条件，并对仪器的漂移按时进行校正。

40.3 系列校准样品的配制

系列校准样品应使用与待测试样相同的物料进行配制，对于质量分数小于1%的成分可用纯化学试剂配制。系列校准样品中各成分的质量分数范围应涵盖待测试样中各成分的质量分数。每一系列至少包含7个样品。

系列校准样品的制备应符合 GB/T 15000 或 JJG 1006 的要求，可参照相应的系列国家标准样品研制方法制备。

系列校准样品的定值方法可采用本标准化学分析方法进行，但要用国家标准样品/标准物质进行溯源。用于溯源的国家标准样品/标准物质中的主成分的质量分数应尽可能与待定值的校准样品相近。

用化学分析方法确定校准样品中各成分的质量分数。定值结果的不确定度 u 应小于表2规定的重复性限的1/3。

校准样品中各成分测定结果的不确定度 u 按式(60)计算：

$$u = t_{(n-1)} \frac{s}{\sqrt{n}} \qquad \cdots\cdots (60)$$

式中：

u——测定结果的不确定度；

$t_{(n-1)}$——显著性水平为0.05、自由度为 $f=n-1$ 时的 t 值，即 t 分布的置信系数；

s——定值结果的标准偏差；

n——定值时测定次数。

40.4 试样片的制备

40.4.1 玻璃熔片的制备

40.4.1.1 试样的称量

按选择的稀释比(R)分别称量试样、熔剂和防浸润剂，精确至0.000 1 g。所用试样可用下述两种方法之一进行称量。

a) 称量未灼烧过的试样

用未灼烧过的试样制备玻璃熔片时，应称量试样的质量(m_{49})按式(61)计算：

$$m_{49} = \frac{m_{50}}{1 - \frac{w_{LOI}}{100}} \qquad \cdots\cdots (61)$$

式中：

m_{49}——应称量的未灼烧过的试样质量，单位为克(g)；

m_{50}——制备玻璃熔片所需的试样质量，单位为克(g)；

w_{LOI}——按8.2测定的烧失量的质量分数，%。

b) 称量灼烧过的试样

如果试样中含有碳化物、铁或其他金属，应该用灼烧过的试样制备玻璃熔片，灼烧方法按8.2烧失量分析步骤中的灼烧方法进行。

40.4.1.2 **熔样步骤**

熔样前，需把试样、熔剂和防浸润剂充分混合。如果使用液体防浸润剂，应先将试样和熔剂进行混合，在低温下加热除去水分，然后再通过微量移液管加入液体防浸润剂。在选定的控制温度的电炉内、喷灯上或使用自动制片设备，在规定的时间内（如 10 min）熔融该混合物，其间不时地摇动，直至试样全部熔解，得到均匀的熔融物。

应根据试样和被测元素的类型选择适宜的熔融温度。对于要检测的易挥发性元素，如硫酸盐、硫化物、氯化物或碱金属元素化合物，应降低熔融温度，或使用压片技术，以保证达到所需精度。例如，测定三氧化硫时，试样的熔融温度应控制在 1 100 ℃以下。

40.4.1.3 **玻璃熔片的铸造**

将得到的均匀熔融物倒入铸模中。当熔体由红热状态冷却后，将铸模置于空气流上方的水平位置，使空气流能直接吹至铸模底部中心。当熔片已成固体并自动脱模后，关掉空气流。将熔片贮存于密封的聚乙烯袋中，再放入干燥器中。长期贮存后，用前应用乙醇或丙酮彻底清洗表面。

40.4.2 **用粉末直接压片**

40.4.2.1 **一般要求**

采用粉末压片时，样品应首先进行粉磨，为防止样品粘磨和改善粉末压片质量，可使用不超过 3% 的粘合剂。

40.4.2.2 **操作步骤**

称取适量的试样（应能够填满模具）及粘合剂，精确至 0.000 1 g，倒入磨盘内混匀后盖上磨盘盖，放入振动磨，按设定好的时间自动粉磨。粉磨完成后，用毛刷把料刷出到一张纸上，小心转移到压片机的钢环内，并用直尺拨平，以使压片表面的密度均匀。按照已设定好的压力、保压时间完成压片。压片厚度应大于 2.5 mm。取出压片，注意观察压片表面是否光洁、无杂物、不开裂。用洗耳球将分析面吹干净，用干布把压片的边缘擦干净。放入荧光分析仪进行检测。把磨盘清洗干净晾干，用毛刷以及吸耳球把压片机上、下压头吹扫干净备用。

40.5 **校准方程的建立和确认**

40.5.1 **校准样品灼烧基浓度**

采用玻璃熔片制作校准曲线时，浓度坐标用校准样品的灼烧基浓度。校准样品的灼烧基浓度按式（62）计算：

$$w_{(灼烧基)} = w_{(收到基)} \times \frac{100}{100 - w_{LOI}} \quad \cdots\cdots\cdots (62)$$

式中：

$w_{(灼烧基)}$——校准样品的灼烧基中某元素的浓度，%；

$w_{(收到基)}$——校准样品的收到基中某元素的浓度，%；

w_{LOI}——校准样品中烧失量的质量分数，%。

40.5.2 **校准方程的建立**

在一个合理的计数时间内（例如 40 s 或 200 s），测量系列校准样品熔片或压片中的每种被测元素的谱线强度。利用回归分析，建立每种被测元素的校准曲线。例如根据最小二乘法，在测量得到的 X 射线强度与相应的每种被测元素的浓度之间建立回归校准方程。必要时，对谱线重叠和元素之间的影响进行校正。另外，同时测量强度漂移校准熔片的标准强度。按照 40.5.4 所述，确认校准方程的有效性。

40.5.3 **元素间影响的校正**

如果存在明显影响校准准确度的元素间效应，例如钾对钙的影响，有必要进行校正。对于每种影响元素的校正，至少制备一个附加的校准熔片或压片。

40.5.4 **校准方程的确认**

用未参与校准曲线建立的另一标准样品进行测定。对于所有的被测元素，浓度的测定值与标准样品/标准物质的证书值之差应小于重复性限(表 2)的 0.71 倍时,确认校准曲线有效,否则无效,应重新制作。

40.6 测定步骤

按照下述步骤进行试样的分析:

a) 按照 40.3 所述制备分析用熔片或压片;

b) 按照 40.5.2 所述,对仪器进行校准;

c) 在相同测定条件下,测量分析熔片或压片的 X 射线强度。测量的 X 射线强度应当在校准方程的范围内;

d) 根据 40.5.2 获得的校准方程,计算被测元素的浓度。

40.7 结果的计算与表示

40.7.1 直接粉末压片法的测定结果

由 40.6d)得到的结果以质量分数表示。

40.7.2 熔融法的测定结果

由 40.6d)得到的结果为灼烧基结果,根据未灼烧试样(收到基)中烧失量 w_{LOI} 的结果,按式(63)将灼烧基结果换算成收到基结果:

$$w_{(收到基)} = w_{(灼烧基)} \times \frac{100 - w_{LOI}}{100} \quad \cdots\cdots(63)$$

式中:

$w_{(收到基)}$——试样收到基的测定结果,%;

$w_{(灼烧基)}$——试样灼烧基的测定结果,%;

w_{LOI}——未灼烧试样中烧失量的质量分数,%。

41 水泥化学分析方法及 X 射线荧光分析方法测定结果的重复性限和再现性限

本标准所列重复性限和再现性限为绝对偏差,以质量分数(%)表示。

在重复性条件下(3.1),采用本标准所列方法分析同一试样时,两次分析结果之差应在所列的重复性限(表 1 或表 2)内。如超出重复性限,应在短时间内进行第三次测定,测定结果与前两次或任一次分析结果之差值符合重复性限的规定时,则取其平均值,否则,应查找原因,重新按上述规定进行分析。

在再现性条件下(3.2),采用本标准所列方法对同一试样各自进行分析时,所得分析结果的平均值之差应在所列的再现性限(表 1 或表 2)内。

化学分析方法测定结果的重复性限和再现性限见表 1。

X 射线荧光分析方法测定结果的重复性限和再现性限见表 2。

表 1 化学分析方法测定结果的重复性限和再现性限

成 分	测 定 方 法	含量范围/%	重复性限/%	再现性限/%
烧失量	灼烧差减法		0.15	0.25
不溶物	盐酸-氢氧化钠处理	≤3	0.10	0.10
		>3	0.15	0.20
三氧化硫(基准法)	硫酸钡重量法		0.15	0.20
二氧化硅(基准法)	氯化铵重量法		0.15	0.20
三氧化二铁(基准法)	EDTA 直接滴定法		0.15	0.20
三氧化二铝(基准法)	EDTA 直接滴定法		0.20	0.30
氧化钙(基准法)	EDTA 滴定法		0.25	0.40
氧化镁(基准法)	原子吸收光谱法		0.15	0.25

表 1（续）

成　　分	测 定 方 法	含量范围/%	重复性限/%	再现性限/%
二氧化钛	二安替比林甲烷分光光度法		0.05	0.10
氧化钾(基准法)	火焰光度法		0.10	0.15
氧化钠(基准法)	火焰光度法		0.05	0.10
氯离子(基准法)	硫氰酸铵容量法	≤0.10 >0.10	0.003 0.010	0.005 0.015
硫化物	碘量法		0.03	0.05
一氧化锰(基准法)	高碘酸钾氧化分光光度法		0.05	0.10
五氧化二磷	磷钼酸铵分光光度法		0.05	0.10
二氧化碳	碱石棉吸收重量法	≤5 >5	0.20 0.30	0.35 0.45
二氧化硅(代用法)	氟硅酸钾容量法		0.20	0.30
三氧化二铁(代用法)	邻菲罗啉分光光度法		0.15	0.20
三氧化二铁(代用法)	原子吸收光谱法		0.15	0.20
氧化钙(代用法)	氢氧化钠熔样-EDTA 滴定法		0.25	0.40
氧化钙(代用法)	高锰酸钾滴定法		0.25	0.40
氧化镁(代用法)	EDTA 滴定差减法	≤2 >2	0.15 0.20	0.25 0.30
三氧化硫(代用法)	碘量法		0.15	0.20
三氧化硫(代用法)	离子交换法		0.15	0.20
三氧化硫(代用法)	铬酸钡分光光度法		0.15	0.20
三氧化硫(代用法)	库仑滴定法		0.15	0.20
氧化钾(代用法)	原子吸收光谱法		0.10	0.15
氧化钠(代用法)	原子吸收光谱法		0.05	0.10
氯离子(代用法)	磷酸蒸馏-汞盐滴定法	≤0.10 >0.10	0.003 0.010	0.005 0.015
一氧化锰(代用法)	原子吸收光谱法		0.05	0.10
氟离子	离子选择电极法		0.05	0.10
游离氧化钙(代用法)	甘油酒精法	≤2 >2	0.10 0.20	0.20 0.30
游离氧化钙(代用法)	乙二醇法	≤2 >2	0.10 0.20	0.20 0.30

表 2　X 射线荧光分析方法测定结果的重复性限和再现性限

化学成分	SiO_2	Al_2O_3	Fe_2O_3	TiO_2	CaO	MgO	SO_3	K_2O	Na_2O
重复性限/%	0.20	0.20	0.15	0.05	0.25	0.15	0.15	0.10	0.05
再现性限/%	0.25	0.30	0.20	0.10	0.40	0.25	0.20	0.15	0.10

ICS 91.100.10
Q 11

中华人民共和国国家标准

GB/T 205—2008
代替 GB/T 205—2000

铝酸盐水泥化学分析方法

Methods for chemical analysis of aluminate cement

2008-01-21 发布　　2008-07-01 实施

中华人民共和国国家质量监督检验检疫总局
中国国家标准化管理委员会　发布

前言

本标准代替 GB/T 205—2000《铝酸盐水泥化学分析方法》。

本标准与 GB/T 205—2000 相比主要变化如下：

——增加了艾士卡法测定铝酸盐水泥中的全硫测定(本版第 15 章)。

本标准由中国建筑材料联合会提出。

本标准由全国水泥标准化技术委员会(SAC/TC 184)归口。

本标准起草单位：中国建筑材料科学研究总院、中国建筑材料检验认证中心。

本标准起草人：赵鹰立、刘玉兵、游良俭。

本标准所代替标准的历次版本发布情况为：

——GB/T 205—1963、GB/T 205—1981、GB/T 205—2000。

铝酸盐水泥化学分析方法

1 范围

本标准规定了铝酸盐水泥的化学分析方法。

标准中只对铝酸盐水泥的烧失量的测定、不溶物的测定、全硫的测定、氧化钾和氧化钠的测定、氟离子的测定规定了基准法。而对二氧化硅的测定、三氧化二铁的测定、二氧化钛的测定、三氧化二铝的测定、氧化钙的测定、氧化镁的测定规定了基准法和代用法。

本标准适用于铝酸盐水泥和适合采用本方法的其他铝酸盐类水泥以及指定采用本标准的其他材料。

2 规范性引用文件

下列文件中的条款通过本标准的引用而成为本标准的条款。凡是注日期的引用文件,其随后所有的修改单(不包括勘误的内容)或修订版均不适用于本标准,然而,鼓励根据本标准达成协议的各方研究是否可使用这些文件的最新版本。凡是不注日期的引用文件,其最新版本适用于本标准。

GB/T 6682　分析实验室用水规格和试验方法(GB/T 6682—1992,neq ISO 3696:1987)

GB 12573　水泥取样方法

3 试验的基本要求

3.1 试验的次数与要求

每项测定的次数规定为两次。用两次试验平均值表示测定结果。

在进行化学分析时,除另外有说明外,必须同时做烧失量的测定;其他各项测定应同时进行空白试验,并对所测结果加以校正。

3.2 质量、体积、体积比、滴定度和结果的表示

用克(g)表示质量,精确至0.000 1 g。滴定管体积用毫升(mL)表示,读至0.05 mL。滴定度单位用毫克每毫升(mg/mL)表示;滴定度和体积比经修约后保留有效数字四位。各项分析结果均以质量分数计,数值以%表示至小数点后二位。

3.3 允许差

本标准所列允许差为绝对偏差。

同一实验室由同一分析人员(或两个分析人员),采用本标准方法分析同一试样时,两次分析结果应符合本标准允许差规定。如超出允许误差范围,应在短时间内进行第三次测定(或第三者的测定),测定结果与前两次或任一次分析结果之差符合标准允许差的有关规定时,则取其平均值,否则应查找原因,重新按上述规定进行分析。

不同实验室采用本标准方法对同一试样各自进行分析时,其分析结果的允许差应符合本标准中的相关规定。

3.4 灼烧

将滤纸和沉淀放入预先已灼烧并恒量的坩埚中,烘干。在氧化性气氛中慢慢灰化,不使火焰产生,灰化至无黑色炭颗粒后,放入马弗炉中,在规定的温度下灼烧。在干燥器中冷却至室温,称量。

3.5 恒量

经第一次灼烧、冷却、称量后,通过连续对每次30 min的灼烧,然后冷却、称量的方法来检查恒定质量,当连续两次称量之差小于0.000 5 g时,即达到恒量。

3.6 检查氯离子(硝酸银检验)

按规定洗涤沉淀数次后,用数滴水淋洗漏斗的下端,用数毫升水洗涤滤纸和沉淀,将滤液收集在试管中,加几滴硝酸银溶液(4.18),观察试管中溶液是否浑浊。如果浑浊,继续洗涤并检查,直至用硝酸银检验不再浑浊为止。

4 试剂和材料

4.1 总则

分析过程中,所用水应符合 GB/T 6682 中规定的三级水要求。所用试剂应为分析纯和优级纯。用于标定与配制标准溶液的试剂,除另有说明为基准试剂或光谱纯。

在本标准中,所用氨水或酸,凡未注浓度者均指市售的浓酸或浓氨水。用体积比表示试剂稀释程度,例如(1+2)表示:1 份体积的浓盐酸与 2 份体积的水混合。

除另有说明外,本标准使用的市售浓液体试剂的密度指 20℃ 的密度(ρ),单位为克每立方厘米(g/cm^3)。

4.2 盐酸(HCl)

密度 1.18 g/cm^3～1.19 g/cm^3,质量分数 36%～38%。

4.3 氢氟酸(HF)

密度 1.13 g/cm^3,质量分数 40%。

4.4 硝酸(HNO_3)

密度 1.39 g/cm^3～1.41 g/cm^3,质量分数 65%～68%。

4.5 冰乙酸(CH_3COOH)

密度 1.049 g/cm^3,质量分数 99.8%。

4.6 过氧化氢(H_2O_2)

密度 1.11 g/cm^3,质量分数 30%。

4.7 氨水($NH_3 \cdot H_2O$)

密度 0.90 g/cm^3～0.91 g/cm^3 质量分数 25%～28%。

4.8 乙醇(C_2H_5OH)

体积分数 95%或无水乙醇。

4.9 硫酸

密度 0.849 g/cm^3,质量分数 95%～98%。

4.10 盐酸(1+1);(1+2);(1+3);(1+11)。

4.11 硝酸(1+1);(1+6);(1+9);(1+49)。

4.12 硫酸(1+1);(1+9)。

4.13 氨水(1+1)。

4.14 乙酸(1+1)。

4.15 氢氧化钾溶液(200 g/L)

将 200 g 氢氧化钾(KOH)溶于水中,加水稀释至 1 L。贮存于塑料瓶中。

4.16 氢氧化钠溶液(150 g/L)

将 150 g 氢氧化钠(NaOH)溶于水,加水稀释至 1 L。贮存于塑料瓶中。

4.17 无水碳酸钠(Na_2CO_3)

将无水碳酸钠用玛瑙研钵研细至粉末状保存。

4.18 硝酸银溶液(5 g/L)

将 5 g 硝酸银($AgNO_3$)溶于水中,加 10 mL 硝酸(HNO_3)用水稀释至 1 L。

4.19 钼酸铵溶液(50 g/L)

将 5 g 钼酸铵[$(NH_4)_6Mo_7O_{24}\cdot 4H_2O$]溶于水，加水稀释至 100 mL，过滤后贮存于塑料瓶中。此溶液可保存约一周。

4.20 抗坏血酸溶液(10 g/L)

将 1 g 抗坏血酸(V·C)溶于 100 mL 水中，过滤后使用。用时现配。

4.21 抗坏血酸溶液(5 g/L)

将 0.5 g 抗坏血酸(V·C)溶于 100 mL 水中，过滤后使用。用时现配。

4.22 焦硫酸钾($K_2S_2O_7$)

将市售焦硫酸钾在瓷蒸发皿中加热熔化，待气泡停止发生后，冷却，砸碎，贮存于磨口瓶中。

4.23 氯化钡溶液(100 g/L)

将 100 g 二水氯化钡($BaCl_2\cdot 2H_2O$)溶于水中，加水稀释至 1 L。

4.24 艾士卡试剂

以 2 份质量的轻质氧化镁(MgO)与 1 份质量的无水碳酸钠(Na_2CO_3)混匀并研细至粒度小于 0.2 mm后，保存在密闭容器中。每配制一批艾士卡试剂，应进行空白试验(除不加试样外，全部操作按 15.2 进行)，空白计为 m_{13}。

4.25 二安替比林甲烷溶液(30 g/L 盐酸溶液)

将 15 g 二安替比林甲烷($C_{23}H_{24}N_4O_2$)溶于 500 mL 盐酸(1+11)中，过滤后使用。

4.26 邻菲罗啉溶液(10 g/L)

将 1 g 邻菲罗啉($C_{12}H_8N_2\cdot 2H_2O$)溶于 100 mL 乙酸(1+1)中，用时现配。

4.27 乙酸铵溶液(100 g/L)

将 10 g 乙酸铵溶于 100 mL 水中。

4.28 碳酸钾-硼砂混合溶剂

将 1 份质量的无水碳酸钾(K_2CO_3)与 1 份质量的无水硼砂($Na_2B_4O_7$)用玛瑙研钵混匀研细，贮存于磨口瓶中。

4.29 碳酸铵溶液(100 g/L)

将 10 g 碳酸铵[$(NH_4)_2CO_3$]溶解于 100 m 水中。用时现配。

4.30 pH 值为 4.3 的缓冲溶液

将 42.3 g 无水乙酸钠(CH_3COONa)溶于水中，加 80 mL 冰乙酸(CH_3COOH)用水稀释至 1 L，摇匀。

4.31 pH 值为 5.5 的缓冲溶液

将 172 g 无水乙酸钠(CH_3COONa)溶于水中，加 20 mL 冰乙酸(CH_3COOH)，用水稀释至 1 L，摇匀。

4.32 pH 值为 6.0 总离子强度配位缓冲溶液

将 294.1 g 柠檬酸钠($C_6H_5Na_3O_7\cdot 2H_2O$)溶于水中，用盐酸(1+1)和氢氧化钠(4.16)调整溶液 pH 至 6.0，然后加水稀释至 1 L。

4.33 pH 值为 10 的缓冲溶液

将 67.5 g 的氯化铵(NH_4Cl)溶于水中，加 570 mL 氨水，加水稀释至 1 L。

4.34 氟化钾溶液(150 g/L)

称取 150 g 氟化钾($KF\cdot 2H_2O$)于塑料杯中，加水溶解后，用水稀释至 1 L，贮存于塑料瓶中。

4.35 氟化钾溶液(20 g/L)

称取 20 g 氟化钾($KF\cdot 2H_2O$)于塑料杯中，加水溶解后，用水稀释至 1 L，贮存于塑料瓶中。

4.36 氯化钾溶液(50 g/L)

将 50 g 氯化钾(KCl)溶于水，用水稀释至 1 L。

4.37 氯化钾-乙醇溶液(50 g/L)

将 5 g 氯化钾(KCl)溶于 50 mL 水中,加入 50 mL95%(体积分数)乙醇(CH_3CH_2OH),混匀。

4.38　三乙醇胺[$N(CH_2CH_2OH)_3$](1+2)。

4.39　酒石酸钾钠溶液(100 g/L)

将 100 g 酒石酸钾钠($C_4H_4KNaO_6 \cdot 4H_2O$)溶于水中,稀释至 1 L。

4.40　二氧化硅(SiO_2)标准溶液

4.40.1　标准溶液的配制

称取 0.200 0 g 经 1 000℃～1 100℃灼烧过 30 min 以上的二氧化硅(SiO_2),精确至 0.000 1 g,置于铂坩埚中,加入 2 g 无水碳酸钠(4.17),搅拌均匀,在 1 000℃～1 100℃高温下熔融 15 min。冷却,用水将熔块浸出于盛有热水的 300 mL 塑料杯中,待全部溶解后冷却至室温,移入 1 000mL 容量瓶中,用水稀释至标线,摇匀,移入塑料瓶中保存。此标准溶液每毫升含有 0.2 mg 二氧化硅。

吸取 10.00 mL 上述标准溶液于 100 mL 容量瓶中,用水稀释至标线,摇匀。移入塑料瓶中保存。此标准溶液每毫升含有 0.02 mg 二氧化钛。

4.40.2　工作曲线的绘制

吸取每毫升含有 0.02 mg 二氧化硅标准溶液 0 mL、4.00 mL、6.00 mL、8.00 mL、10.00 mL、12.00 mL、15.00 mL 分别放入 100 mL 容量瓶中,加水稀释约 40 mL,依次加入 5 mL 盐酸(1+11)、8 mL95%(体积分数)乙醇、6 mL 钼酸铵溶液(4.19)。放置 30 min,加入 20 mL 盐酸(1+1)、5 mL 抗坏血酸(4.21),用水稀释至标线,摇匀。放置 1 h 后,使用分光光度计,10 mm 比色皿,以水作参比,于 660 nm处测定溶液的吸光度。用测得的吸光度作为相应的二氧化硅含量的函数,绘制工作曲线。

4.41　二氧化钛(TiO_2)标准溶液

4.41.1　标准溶液的配制

称取 0.100 0 g 经 950℃灼烧过 10 min 以上的二氧化钛(TiO_2),精确至 0.000 1 g,置于铂(或瓷)坩埚中,加入 2 g 焦硫酸钾(4.22),在 500℃～600℃下熔融至透明。熔块用硫酸(1+9)浸出,加热至 50℃～60℃使熔块完全溶解,冷却后移入 100 mL 容量瓶中。用硫酸(1+9)稀释至标线,摇匀。此标准溶液每毫升含有 0.1 mg 二氧化钛。

4.41.2　工作曲线的绘制

吸取二氧化钛标准溶液 0 mL、1.00 mL、2.00 mL、3.00 mL、4.00 mL、5.00 mL、6.00 mL 分别放入 100 mL 容量瓶中,依次加入 10 mL(1+2)盐酸、10 mL 抗坏血酸(4.20)、5 mL95%(体积分数)乙醇、20 mL二安替比林甲烷溶液(4.25)用水稀释至标线,摇匀。放置 40 min 后,使用分光光度计,10 mm 比色皿,以水作参比,于 420 nm 处测定溶液的吸光度。用测得的吸光度作为相应的二氧化钛含量的函数,绘制工作曲线。

4.42　三氧化二铁(Fe_2O_3)标准溶液

4.42.1　标准溶液的配制

称取 0.100 0 g 三氧化二铁(光谱纯,已于 950℃灼烧 1 h)置于 300 mL 烧杯中,加 30 mL 盐酸(1+1),低温加热至全部溶解,冷却后移入 1 000 mL 容量瓶中,用水稀释至标线,摇匀。此标准溶液每毫升含有 0.1 mg 三氧化二铁。

4.42.2　工作曲线的绘制

吸取每毫升含有 0.1 mg 三氧化二铁标准溶液 0 mL、1.00 mL、2.00 mL、3.00 mL、4.00 mL 分别放入 100 mL 容量瓶中,用水稀释至约 50 mL,加入 5 mL 抗坏血酸溶液(4.20)放置 5 min,再加入 5 mL 邻菲罗啉溶液(4.26)、2 mL乙酸铵溶液(4.27),在不低于 20℃下放置 30 min,之后加水稀释至标线,摇匀。使用分光光度计、10 mm 比色皿,以水作参比,于 510 nm 处测定溶液的吸光度。用测得的吸光度作为相应的三氧化二铁含量的函数,绘制工作曲线。

4.43　氧化钾(K_2O)、氧化钠(Na_2O)标准溶液

4.43.1　氧化钾标准溶液的配制

称取 0.792 g 已于 130℃～150℃烘过 2 h 的氯化钾(KCl)，精确至 0.000 1 g，置于烧杯中，加水溶解后，移入 1 000 mL 容量瓶中，用水稀释至标线，摇匀。贮存于塑料瓶中。此标准溶液每毫升含有 0.5 mg氧化钾。

4.43.2　氧化钠标准溶液的配制

称取 0.943 g 已于 130℃～150℃烘过 2 h 的氯化钠(NaCl)，精确至 0.000 1 g，置于烧杯中，加水溶解后，移入 1 000 mL 容量瓶中，用水稀释至标线，摇匀。贮存于塑料瓶中。此标准溶液每毫升含有 0.5 mg氧化钠。

4.43.3　工作曲线的绘制

吸取按 4.43.1 要求配制每毫升含有 0.5 mg 氧化钾标准溶液 0 mL、1.00 mL、2.00 mL、4.00 mL、6.00 mL、8.00 mL、10.00 mL、12.00 mL 和按 4.43.2 要求配制的每毫升含有 0.5 mg 氧化钠标准溶液 0 mL、1.00 mL、2.00 mL、4.00 mL、6.00 mL、8.00 mL、10.00 mL、12.00 mL 以一一对应的顺序，分别放入 100 mL 容量瓶中，用水稀释至标线，摇匀。使用火焰光度计，按仪器使用规则进行测定测得的吸光度作为相应的氧化钾或氧化钠含量的函数，绘制工作曲线。

4.44　碳酸钙标准溶液[$c(CaCO_3)=0.024$ mol/L]

称取 0.6 g(m_1)已于 105℃～110℃烘过 2 h 的碳酸钙($CaCO_3$)，精确至 0.000 1 g，置于 400 mL 烧杯中，加入约 100 mL 水，盖上表面皿，沿杯口滴加盐酸(1+1)，至碳酸钙完全溶解，加热煮沸数分钟。将溶液冷却至室温，移入 250 mL 容量瓶，用水稀释至标线，摇匀。

4.45　EDTA 标准滴定溶液[$c(EDTA)=0.015$ mol/L]

4.45.1　标准溶液的配制

称取 5.6 g EDTA(乙二胺四乙酸二钠盐)置于烧杯中，加入约 200 mL 水，加热溶解，过滤，用水稀释至 1 L。

4.45.2　EDTA 标准滴定溶液浓度的标定

吸取 25.00 mL 碳酸钙标准溶液(4.44)于 400 mL 烧杯中，加水稀释至约 200 mL，加入适量的 CMP 混合指示剂(4.55)，在搅拌下加入氢氧化钾溶液(4.15)至出现绿色荧光再过量 2 mL～3 mL，以 EDTA 标准滴定溶液滴定至绿色荧光消失并呈现红色。

EDTA 标准滴定溶液的浓度按式(1)计算：

$$c(\mathrm{EDTA})=\frac{m_1\times 25\times 1\,000}{250\times V_1\times 100.09}=\frac{m_1}{V_1}\times\frac{1}{1.000\,9}\quad\cdots\cdots(1)$$

式中：

$c(EDTA)$——EDTA 标准滴定溶液的浓度，单位为摩尔每升(mol/L)；

m_1——按 4.44 配制碳酸钙标准溶液的碳酸钙质量，单位为克(g)；

V_1——滴定时消耗 EDTA 标准滴定溶液的体积，单位为毫升(mL)；

100.09——$CaCO_3$ 摩尔质量，单位为克每摩尔(g/mol)。

4.46　EDTA 标准滴定溶液对各氧化物滴定度的计算

EDTA 标准滴定溶液对三氧化二铁、三氧化二铝、二氧化钛、氧化钙、氧化镁的滴定度分别按式(2)、式(3)、式(4)、式(5)、式(6)计算：

$$T_{Fe_2O_3}=c(\mathrm{EDTA})\times 79.84\quad\cdots\cdots(2)$$

$$T_{Al_2O_3}=c(\mathrm{EDTA})\times 50.98\quad\cdots\cdots(3)$$

$$T_{TiO_2}=c(\mathrm{EDTA})\times 79.90\quad\cdots\cdots(4)$$

$$T_{CaO}=c(\mathrm{EDTA})\times 56.08\quad\cdots\cdots(5)$$

$$T_{MgO}=c(\mathrm{EDTA})\times 40.31\quad\cdots\cdots(6)$$

式中：

$T_{Fe_2O_3}$——每毫升 EDTA 标准滴定溶液相当于三氧化二铁的质量(mg)，单位为毫克每毫升(mg/mL)；

$T_{Al_2O_3}$——每毫升 EDTA 标准滴定溶液相当于三氧化二铝的质量(mg),单位为毫克每毫升(mg/mL);

T_{TiO_2}——每毫升 EDTA 标准滴定溶液相当于二氧化钛的质量(mg),单位为毫克每毫升(mg/mL);

T_{CaO}——每毫升 EDTA 标准滴定溶液相当于氧化钙的质量(mg),单位为毫克每毫升(mg/mL);

T_{MgO}——每毫升 EDTA 标准滴定溶液相当于氧化镁的质量(mg),单位为毫克每毫升(mg/mL);

c(EDTA)——EDTA 标准滴定溶液的浓度,单位为摩尔每升(mol/L);

79.84——$\left(\frac{1}{2}Fe_2O_3\right)$的摩尔质量,单位为克每摩尔(g/mol);

50.98——$\left(\frac{1}{2}Al_2O_3\right)$的摩尔质量,单位为克每摩尔(g/mol);

79.90——TiO_2 的摩尔质量,单位为克每摩尔(g/mol);

56.08——CaO 的摩尔质量,单位为克每摩尔(g/mol);

40.31——MgO 的摩尔质量,单位为克每摩尔(g/mol)。

4.47 硝酸铋标准滴定溶液{$c[Bi(NO_3)_3]=0.015$ mol/L}

4.47.1 标准滴定溶液的配制

将 7.3 g[$Bi(NO_3)_3\cdot 5H_2O$]溶于 1 L 硝酸(1+49)中,摇匀。

4.47.2 EDTA 标准滴定溶液与于硝酸铋标准滴定溶液体积比的标定

从 10 mL 滴定管中缓慢放出 3 mL～5 mL EDTA 标准滴定溶液(4.45)于 300 mL 烧杯中,加水稀释至 150 mL,以硝酸(1+1 调节 pH 值 1.0～1.5(用精密试纸检验),加入 2 滴半二甲酚橙指示剂溶液(4.54),用 10 mL 滴定管以硝酸铋标准滴定溶液滴定至橙红色。

EDTA 标准滴定溶液与硝酸铋标准滴定溶液体积比按式(7)计算。

$$K_1=\frac{V_2}{V_3} \qquad \cdots\cdots(7)$$

式中:

K_1——每毫升硝酸铋标准滴定溶液相当于 EDTA 标准滴定溶液的体积(mL);

V_2——EDTA 标准滴定溶液的体积,单位为毫升(mL);

V_3——滴定时消耗硝酸铋标准滴定溶液的体积,单位为毫升(mL)。

4.48 硫酸锌标准滴定溶液[$c(ZnSO_4)=0.015$ mol/L]

4.48.1 标准滴定溶液的配制

将 4.31 g 硫酸锌($ZnSO_4\cdot 7H_2O$)溶于水中,加 5 mL 硫酸,用水稀释至 1 L,摇匀。

4.48.2 EDTA 标准滴定溶液与硫酸锌标准滴定溶液体积比的标定

从滴定管中缓慢放出 10 mL～15 mL EDTA 标准滴定溶液(见 4.36)于 400 mL 烧杯中,加水稀释至约 200 mL,加 15 mL pH5.5 缓冲溶液(4.31),加 3～4 滴半二甲酚橙指示剂溶液(4.54),以硫酸锌标准滴定溶液滴定至红色。

EDTA 标准滴定溶液与硫酸锌标准滴定溶液滴积比按式(8)计算。

$$K_2=\frac{V_4}{V_5} \qquad \cdots\cdots(8)$$

式中:

K_2——每毫升硫酸锌标准滴定溶液相当于 EDTA 标准滴定溶液的体积(mL);

V_4——EDTA 标准滴定溶液的体积,单位为毫升(mL);

V_5——滴定时消耗硫酸锌标准滴定溶液的体积,单位为毫升(mL)。

4.49 氢氧化钠标准滴定溶液[$c(NaOH)=0.08$ mol/L]

4.49.1 标准滴定溶液的配制

将 3.2 g 氢氧化钠(NaOH)溶于 1 L 水中,充分摇匀,贮存于带胶塞(装有钠石灰干燥管)的硬质塑料瓶中。

4.49.2 氢氧化钠标准滴定溶液浓度的标定

称取约0.6 g(m_2)苯二甲酸氢钾($C_8H_5KO_4$),精确至0.000 1 g,置于400 mL烧杯中,加入约150 mL新煮沸过的已用氢氧化钠溶液中和至酚酞呈微红色的冷水,搅拌使其溶解,加入6~7滴酚酞指示剂溶液(4.57),用氢氧化钠标准滴定溶液滴定至呈微红色。

氢氧化钠标准滴定溶液的浓度按式(9)计算。

$$c(\text{NaOH}) = \frac{m_2 \times 1\,000}{V_6 \times 204.2} \qquad \cdots\cdots(9)$$

式中:

$c(\text{NaOH})$——氢氧化钠标准滴定溶液的浓度,单位为摩尔每升(mol/L);

m_2——苯二甲酸氢钾的质量,单位为克(g);

V_6——滴定时消耗氢氧化钠标准滴定溶液的体积,单位为毫升(mL);

204.2——苯二甲酸氢钾的摩尔质量,单位为克每摩尔(g/mol)。

4.49.3 氢氧化钠标准滴定溶液对二氧化硅的滴定度按式(10)计算

$$T_{SiO_2} = c(\text{NaOH}) \times 15.02 \qquad \cdots\cdots(10)$$

式中:

T_{SiO_2}——每毫升氢氧化钠标准滴定溶液相当于二氧化硅的质量(mg),单位为毫克每毫升(mg/mL);

$c(\text{NaOH})$——氢氧化钠标准滴定溶液的浓度,单位为摩尔每升(mol/L);

15.02——$(1/4SiO_2)$的摩尔质量,单位为克每摩尔(g/mol)。

4.50 氟(F)离子标准溶液

4.50.1 标准溶液的配制

称取0.276 3 g已于300℃灼烧10 min(或120℃烘过2 h)的优级纯氟化钠(NaF),精确至0.000 1 g,置于烧杯中,加水溶解后移入500 mL容量瓶中,用水稀释至标线摇匀。贮存于塑料瓶中。此标准溶液每毫升相当于0.25 mg氟离子。

吸取上述标准溶液2.00 mL、10.00 mL、20.00mL分别放入三个500 mL容量瓶中,用水稀释至标线摇匀,贮存于塑料瓶中。上述标准溶液每毫升分别含有1 μg、5 μg、10 μg氟离子。

4.50.2 工作曲线的绘制

吸取4.50.1中系列标准溶液各10 mL,放入置有一根搅拌子的50 mL烧杯中,加入10 mL pH6.0总离子强度配位缓冲溶液(4.32),将烧杯至于磁力搅拌器上(5.8),在溶液中插入氟离子选择性电极和饱和氯化钾甘汞电极,打开磁力搅拌器搅拌2 min,停搅30 s。用离子计或酸度计测量溶液的平衡电位。用单对数坐标纸,以对数坐标为氟离子的浓度,常数坐标为电位值,绘制工作曲线。

4.51 甲基红指示剂溶液(2 g/L)

将0.2 g甲基红溶于100 mL95%(体积分数)乙醇中。

4.52 磺基水杨酸钠指示剂溶液(100 g/L)

将10 g磺基水杨酸钠溶于水中,加水稀释至100 mL。

4.53 茜素磺酸钠指示剂溶液(1 g/L)

将0.1 g茜素磺酸钠溶于100 mL水中。

4.54 半二甲酚橙指示剂溶液(5 g/L)

将0.25 g半二甲酚橙溶于50 mL水中。

4.55 钙黄绿素-甲基百里香酚蓝-酚酞混合指示剂(简称CMP混合指示剂)

称取1.0 g钙黄绿素、1.0 g甲基百里香酚蓝、0.20 g酚酞与50 g已在105℃烘干过的硝酸钾(KNO_3)混合研细,保存在磨口瓶中。

4.56　酸性铬蓝K-萘酚绿B混合指示剂

称取1.0 g酸性铬蓝K与2.5 g萘酚绿B和50 g已在105℃烘过的硝酸钾(KNO_3)混合研细，保存在磨口瓶中。

4.57　酚酞指示剂溶液(10/L)

将1 g酚酞溶于100 mL95%(体积分数)乙醇中。

5　仪器与设备

5.1　测定二氧化硅的仪器装置

测定二氧化硅的仪器装置如图1所示。

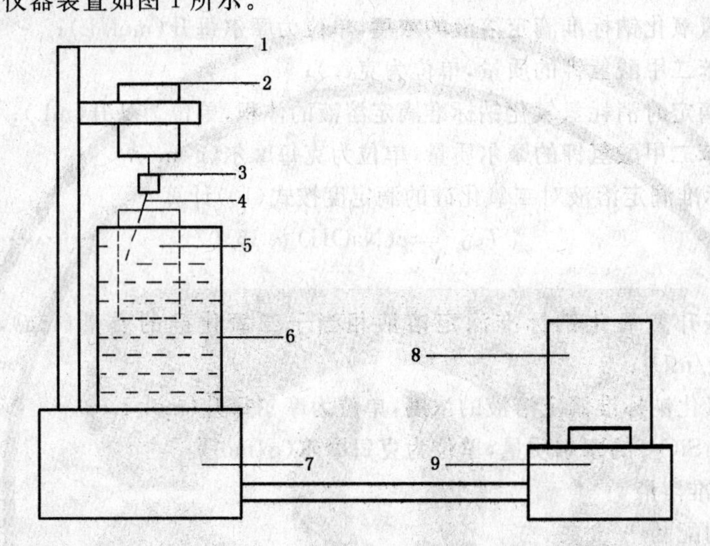

1——支撑杆；

2——搅拌电机；

3——搅拌接头，可将塑料搅拌棒与搅拌电机连接或分开；

4——塑料搅棒，ϕ6 mm×160 mm；

5——400 mL塑料杯；

6——冷却水桶，内盛25℃以下冷却水；

7——控制箱，可控制、调节搅拌速度和高温熔样电炉的温度；

8——保温罩；

9——高温熔样电炉，工作温度600℃～700℃。

图1　仪器装置示意图

5.2　天平

感量为0.000 1 g。

5.3　铂、银、镍或瓷坩埚

带盖，容量15 mL～50 mL。

5.4　铂皿

容量50 mL～100 mL。

5.5　马弗炉

隔焰加热炉，在炉膛外围进行加热。应使用温度控制器，准确控制炉温，并定期进行校检。

5.6　滤纸

无灰的快速、中速、慢速型号的滤纸。

5.7　玻璃容器皿

滴定管、容量瓶、移液管、分液漏斗。

5.8　磁力搅拌器

带有塑料外壳的搅拌子,配置有调速装置。

5.9　分光光度计。

5.10　火焰光度计。

5.11　离子计或酸度计。

6　水泥试样的制备

按 GB 12573 方法进行取样,采用四分法缩分至约 100 g,经 0.080 mm 方孔筛筛析,用磁铁吸去筛余中金属铁,将筛余物经过研磨后使其全部通过 0.080 mm 方孔筛。将样品充分混匀后,装入带有磨口塞的瓶中并密封。

7　烧失量的测定(基准法)

7.1　方法提要

试样在 950℃～1 000℃的马弗炉中灼烧,驱除水分和二氧化碳,同时将存在的易氧化元素氧化。

7.2　分析步骤

称取 1 g 试样(m_3),精确至 0.000 1 g,置于已灼烧恒量的瓷坩埚中,将盖斜置于坩埚上,放在马弗炉(5.5)内从低温开始升高温度,在 950℃～1 000℃下灼烧 30 min～40 min,取出坩埚置于干燥器中冷却至室温。反复灼烧至恒量。

7.3　结果表示

烧失量的质量分数 w_{LOI} 按式(11)计算:

$$w_{LOI} = \frac{(m_3 - m_4)}{m_3} \times 100 \qquad \cdots\cdots (11)$$

式中:

w_{LOI}——烧失量的质量分数,%;

m_3——试料的质量,单位为克(g);

m_4——灼烧后试料的质量,单位为克(g)。

7.4　允许差

同一实验室的允许差为 0.15%。

8　二氧化硅的测定(基准法)

8.1　方法提要

在酸性溶液中,硅酸与钼酸铵生成黄色配合物,再用抗坏血酸将其还原成蓝色配合物,以分光光度计于 660 nm 处测定溶液吸光度。

8.2　分析步骤

称取 0.5 g 试样(m_5),精确至 0.000 1 g,置于铂坩埚中,加 3 g 碳酸钾-硼砂混合熔剂(4.28),混匀,再以 1 g 熔剂擦洗玻璃棒,并铺于试样表面。盖上坩埚盖,从低温开始升高温度,在 950℃～1 000℃熔融 10 min。然后用坩埚钳夹持坩埚旋转,使熔融物均匀地附于坩埚内壁,冷却至室温后,将坩埚和盖一并放入已加热至微沸的盛有 100 mL 硝酸(1+6)的 300 mL 烧杯中,并继续保持微沸状态,直至熔融物完全溶解,用水洗净坩埚及盖,然后将溶液冷却至室温,移入 250 mL 容量瓶,加水稀释至标线,摇匀。此溶液 A 供测定二氧化硅(8.2)、三氧化二铁(9.2)、二氧化钛(10.2)、三氧化二铝(11.2)、氧化钙(12.2)、氧化镁(13.2)用。

从溶液8.2溶液A中吸取10.00 mL试样溶液放入100 mL容量瓶中，用水稀释至标线，摇匀后吸取10.00 mL溶液放入100 mL容量瓶中，用水稀释至约40 mL。加5 mL盐酸(1+11)、8 mL95%(体积分数)乙醇、6 mL钼酸铵溶液(4.19)，按下述试验温度，放置不同时间。见表1。

表1 温度与放置时间表

温度/℃	放置时间/min
10～20	30
20～30	10～20
30～35	5～20

加20 mL盐酸(1+1)、5 mL抗坏血酸溶液(4.21)，用水稀释至标线，摇匀。放置1 h后，使用分光光度计、10 mm比色皿，以水作参比，于660 nm处测定溶液的吸光度，在工作曲线(4.40.2)上查得二氧化硅的含量(m_6)。

8.3 结果表示

二氧化硅质量分数 w_{SiO_2} 按式(12)计算：

$$w_{SiO_2}=\frac{m_6\times 250}{m_5\times 1\,000}\times 100 \qquad \cdots\cdots(12)$$

式中：

w_{SiO_2}——二氧化硅质量分数，%；

m_6——100 mL测定溶液中二氧化硅的含量，单位为毫克(mg)；

250——全部试样溶液与所分取试样溶液的体积比；

m_5——试料的质量，单位为克(g)。

8.4 允许差

同一试验室的允许差为0.20%；不同试验室的允许差为0.40%。

9 三氧化二铁的测定(基准法)

9.1 方法提要

在酸性溶液中，加入抗坏血酸溶液，使三价铁离子还原为二价铁离子，与邻菲罗啉生成红色配合物，于波长510 nm处测定溶液的吸光度。

9.2 分析步骤

从8.2溶液A中吸取5.00 mL溶液，放入100 mL容量瓶中，用水稀释至约50 mL。加入5 mL抗坏血酸溶液(4.20)，放置5 min，然后再加入5 mL邻菲罗啉溶液(4.26)、2 mL乙酸铵溶液(4.27)。在不低于20℃下放置30 min后，用水稀释至标线，摇匀。使用分光光度计、10 mm比色皿，以水作参比，于510 nm处测定溶液的吸光度。在工作曲线(4.42.2)上查出三氧化二铁的含量(m_7)。

9.3 结果表示

三氧化二铁的质量分数 $w_{Fe_2O_3}$ 按式(13)计算：

$$w_{Fe_2O_3}=\frac{m_7\times 50}{m_5\times 1\,000}\times 100 \qquad \cdots\cdots(13)$$

式中：

$w_{Fe_2O_3}$——三氧化二铁的质量分数，%；

m_7——100 mL测定溶液中三氧化二铁的含量，单位为毫克(mg)；

50——全部试样溶液与所分取试样溶液的体积比；

m_5——试料的质量，单位为克(g)。

9.4 允许差

同一试验室允许差为0.15%；不同试验室允许差为0.25%。

10 二氧化钛的测定(基准法)

10.1 方法提要

在酸性溶液中 TiO^{2+} 与二安替比林甲烷生成黄色配合物，于波长 420 nm 处测定其吸光度。用抗坏血酸消除三价铁离子的干扰。

10.2 分析步骤

从 8.2 溶液 A 中吸取 10.00 mL 试样溶液放入 100 mL 容量瓶中，加 5 mL 盐酸(1+1)、10 mL 抗坏血酸溶液(4.20)，放置 5 min，再加 20 mL 二安替比林甲烷溶液(4.25)。用水稀释至标线，摇匀。放置 40 min 后，使用分光光度计、10 mm 比色皿，以水作参比，于 420 nm 处测定溶液的吸光度，在工作曲线(4.41.2)上查出二氧化钛的含量(m_8)。

10.3 结果表示

二氧化钛的质量分数 w_{TiO_2} 按式(14)计算：

$$w_{TiO_2}=\frac{m_8\times 25}{m_5\times 1\,000}\times 100 \quad \cdots\cdots\cdots\cdots(14)$$

式中：

w_{TiO_2}——二氧化钛的质量分数，%；

m_8——100 mL 测定溶液中二氧化钛的含量，单位为毫克(mg)；

25——全部试样溶液与所分取试样溶液的体积比；

m_5——试料的质量，单位为克(g)。

10.4 允许差

同一试验室允许差为 0.15%；不同试验室允许差为 0.25%。

11 三氧化二铝的测定(基准法)

11.1 方法提要

加入对铁铝钛过量的 EDTA 标准滴定溶液，于 pH 值 3.0~3.8 加热煮沸，以半二甲酚橙溶液为指示剂，用硫酸锌标准滴定溶液滴定。

11.2 分析步骤

从 8.2 溶液 A 中吸取 25.00 mL 溶液，放入 400 mL 烧杯中，向溶液中加入 EDTA 标准滴定溶液(4.45)至过量 10 mL~15 mL，加水稀释至 150 mL~200 mL，将溶液加热至 70℃~80℃，用 pH 值 4.3 缓冲溶液(4.30)调节 pH 在 3.0~3.8 之间，再将溶液盖上表面皿加热煮沸 3 min，冷却至室温，以水冲洗表面皿及杯壁，加入 2~3 滴半二甲酚橙指示剂溶液(4.56)，用氨水(1+1)调至溶液呈淡紫色，再用硝酸(1+1)中和至淡紫色消失，加入 10 mL pH5.5 缓冲溶液(4.31)，向溶液中继续补加 5~6 滴半二甲酚橙指示剂溶液(4.56)，以硫酸锌标准滴定溶液(4.48)滴定至稳定的红色。

11.3 结果表示

三氧化二铝的质量分数 $w_{Al_2O_3}$ 按式(15)计算：

$$w_{Al_2O_3}=\frac{T_{Al_2O_3}\times(V_7-K_2\times V_8)\times 10}{m_5}\times 100-(w_{Fe_2O_3}+w_{TiO_2})\times 0.638 \quad \cdots\cdots\cdots(15)$$

式中：

$w_{Al_2O_3}$——三氧化二铝的质量分数，%；

$T_{Al_2O_3}$——每毫升 EDTA 标准滴定溶液相当于三氧化二铝的质量(mg)，单位为毫克每毫升(mg/mL)；

V_7——加入 EDTA 标准滴定溶液的体积，单位为毫升(mL)；

K_2——每毫升硫酸锌标准滴定溶液相当于 EDTA 标准滴定溶液的体积(mL)；

V_8——滴定时消耗硫酸锌标准溶液的体积，单位为毫升(mL)；

10——全部试样溶液与所分取试样溶液的体积比；

$w_{Fe_2O_3}$——三氧化二铁的质量分数，%；

w_{TiO_2}——二氧化钛的质量分数，%；

0.638——三氧化二铁、二氧化钛对三氧化二铝的换算系数；

m_5——试料的质量，单位为克(g)。

11.4 允许差

同一试验室允许差为0.35%；不同试验室允许差为0.50%。

12 氧化钙的测定(基准法)

12.1 方法提要

预先在酸性溶液中加入适量的氟化钾，以抑制硅酸和硼的干扰，然后在pH值13以上的强碱溶液中，以三乙醇胺为掩蔽剂，用CMP混合指示剂，以EDTA标准滴定溶液滴定。

12.2 分析步骤

从8.2溶液A中吸取25.00 mL溶液放入400 mL烧杯中，加5 mL盐酸(1+1)及15 mL氟化钾溶液(4.35)，搅拌并放置2 min以上，然后用水稀释至约200 mL。加10 mL三乙醇胺溶液(1+2)及适量的CMP混合指示剂(4.55)，在搅拌下加入氢氧化钾溶液(4.15)至出现绿色荧光后再过量7 mL～8 mL，此时溶液在pH值13以上，用EDTA标准滴定溶液(4.45)滴定至绿色荧光消失并呈现红色。

12.3 结果表示

氧化钙的质量分数w_{CaO}按式(16)计算：

$$w_{CaO}=\frac{T_{CaO}\times V_9\times 10}{m_5\times 1\,000}\times 100 \qquad \cdots\cdots(16)$$

式中：

w_{CaO}——氧化钙的质量分数，%；

T_{CaO}——每毫升EDTA标准滴定溶液相当于氧化钙的质量(mg)，单位为毫克每毫升(mg/mL)；

V_9——滴定时消耗EDTA标准滴定溶液的体积，单位为毫升(mL)；

10——全部试样溶液与所分取试样溶液的体积比；

m_5——试料的质量，单位为克(g)。

12.4 允许差

同一试验室允许差为0.25%；不同试验室允许差为0.40%。

13 氧化镁的测定(基准法)

13.1 方法提要

预先在酸性溶液中加入适量氟化钾，以抑制硼的干扰，在pH值10的溶液中，以三乙醇胺、酒石酸钾钠为掩蔽剂，用酸性铬蓝K-萘酚绿B混合指示剂，以EDTA标准滴定溶液滴定。

13.2 分析步骤

从8.2溶液A中吸取25.00 mL溶液放入400 mL烧杯中，加入15 mL氟化钾溶液(4.35)，用水稀释至约200 mL，加入2 mL酒石酸钾钠溶液(4.39)、10 mL三乙醇胺溶液(1+2)，以氨水(1+1)调节溶液pH值为9～10(用精密pH试纸检测)，然后加入20 mL pH10缓冲溶液(4.33)及少许酸性铬蓝K-萘酚绿B混合指示剂(4.56)，用EDTA标准滴定溶液(4.45)滴定，近终点时应缓慢滴定至纯蓝色。

13.3 结果表示

氧化镁的质量分数T_{MgO}按式(17)计算：

$$w_{MgO}=\frac{T_{MgO}\times(V_{10}-V_9)\times 10}{m_5\times 1\,000}\times 100 \qquad \cdots\cdots(17)$$

式中：

w_{MgO}——氧化镁的质量分数，%；

T_{MgO}——每毫升 EDTA 标准滴定溶液相当于氧化镁的质量(mg),单位为毫克每毫升(mg/mL);

V_{10}——滴定钙、镁总量时消耗 EDTA 标准滴定溶液的体积,单位为毫升(mL);

V_9——按 12.2 测定氧化钙时消耗 EDTA 标准滴定溶液的体积,单位为毫升(mL);

10——全部试样溶液与所分取试样溶液的体积比;

m_5——试料的质量,单位为克(g)。

13.4 允许差

同一试验室允许差为 0.20%;不同试验室允许差为 0.25%。

14 不溶物的测定(基准法)

14.1 方法提要

试样以盐酸处理,过滤后,残渣在高温下灼烧,称量。

14.2 分析步骤

称取 1 g 试样(m_9),精确至 0.000 1 g,放入 300 mL 烧杯中,加入 100 mL 盐酸(1+3),用平头玻璃棒压碎块状物,然后加热至沸,并在不停的搅拌下微沸 5 min。取下,加少量滤纸浆。以慢速定量滤纸过滤,用热水洗涤至氯离子反应消失为止,将残渣及滤纸一并放入已恒量的瓷坩埚中,灰化,于 950℃～1 000℃灼烧 30 min。取出坩埚,置于干燥器中冷却至室温,称量。如此反应灼烧,直至恒量。

14.3 结果表示

不溶物的质量分数 w_{IR} 按式(18)计算:

$$w_{IR}=\frac{m_{10}}{m_9}\times 100 \qquad \cdots\cdots(18)$$

式中:

w_{IR}——不溶物的质量分数,%;

m_{10}——灼烧后不溶物的质量,单位为克(g);

m_9——试料的质量,单位为克(g)。

14.4 允许差

同一试验室允许差为 0.10%;不同试验室允许差为 0.10%。

15 全硫的测定(基准法)

15.1 方法提要

将试样与艾士卡试剂混合灼烧,试样中硫生成硫酸盐,之后使硫酸根离子生成硫酸钡沉淀,根据硫酸钡的质量计算试样中全硫的含量。

15.2 分析步骤

15.2.1 称取 5 g 试样(m_{11}),精确至 0.000 1 g,置于 50 mL 瓷坩埚中,再将 10 g 艾士卡试剂(4.24)置于瓷坩埚中,并混合均匀;

15.2.2 将坩埚盖斜置于坩埚上放入马弗炉内,从室温逐渐加热到 800℃～850℃,并在该温度下保持1 h～2 h;

15.2.3 将坩埚从马弗炉中取出,冷却到室温。用玻璃棒将坩埚中的灼烧物仔细搅松捣碎,然后转移到 400 mL 烧杯中。用热水冲洗坩埚内壁,将洗液收集于烧杯中,再加入 100 mL～150 mL 热水,充分搅拌,并微沸 1 min～2 min;

15.2.4 用慢速定量滤纸(ϕ12.5 cm)以倾泻法过滤,用热水冲洗 3 次,然后将残渣移入滤纸中,用热水仔细洗涤至少 10 次,洗液总体积约为 250 mL～300 mL;

15.2.5 向滤液中滴入 2～3 滴甲基红指示剂溶液(4.51),滴加盐酸(1+1)至溶液呈红色,然后加入 10 mL盐酸(1+1),将溶液煮沸直至澄清,在近煮沸状态下滴加 10 mL 氯化钡溶液(4.23),在 50℃～

60℃下保温4 h,或常温下12 h～24 h。用慢速定量滤纸(ϕ11 cm)过滤,用热水洗至无氯离子为止[用硝酸银(4.18)检验];

15.2.6 将带沉淀的滤纸移入已恒量的铂坩埚中,先在低温下灰化滤纸,然后在温度为800℃～850℃的马弗炉内灼烧20 min～40 min,取出坩埚,在空气中稍加冷却后放入干燥器中,冷却至室温,称量。反复灼烧,直至恒量。

15.3 结果计算

测定结果按式(19)计算:

$$w_S = \frac{(m_{12} - m_{13}) \times 0.1374}{m_{11}} \times 100 \qquad \cdots\cdots(19)$$

式中:

w_S——试样中全硫的质量分数,%;

m_{12}——硫酸钡质量,单位为克(g);

m_{13}——空白试验硫酸钡质量,单位为克(g);

m_{11}——试样质量,单位为克(g);

0.137 4——硫酸钡对全硫的换算系数。

15.4 允许差

同一试验室为0.02%。

16 氧化钾和氧化钠的测定(基准法)

16.1 方法提要

试样经氢氟酸-硫酸处理除去硅,以氨水和碳酸铵分离铁、铝、钙、镁。滤液中的钾、钠用火焰光度计进行测定。

16.2 分析步骤

称取0.2 g试样(m_{14}),精确至0.000 1 g,置于铂皿中,用少量水润湿,加5 mL～7 mL氢氟酸及15～20滴硫酸(1+1),置于低温电热板上蒸发。近干时摇动铂皿,以防溅失待氢氟酸驱赶尽后逐渐升高温度,继续将三氧化硫白烟赶尽。取下放冷,加50 mL热水,压碎残渣使其溶解,加1滴甲基红指示剂溶液(4.51),用氨水(1+1)中和至黄色,加入10 mL碳酸铵溶液(4.29),搅拌,置于电热板上加热20 min～30 min。用快速滤纸过滤,以热水洗涤,滤液及洗液盛于100 mL容量瓶中,冷却至室温。用盐酸(1+1)中和至溶液呈微红色,用水稀释至标线,摇匀。在火焰光度计上,按仪器使用规则进行测定。在工作曲线(4.43.3)上分别查出氧化钾和氧化钠的含量(m_{15}和m_{16})。

16.3 结果表示

氧化钾和氧化钠的质量分数w_{K_2O}和w_{Na_2O}按式(20)和按式(21)计算:

$$w_{K_2O} = \frac{m_{15}}{m_{14} \times 1000} \times 100 \qquad \cdots\cdots(20)$$

$$w_{Na_2O} = \frac{m_{16}}{m_{14} \times 1000} \times 100 \qquad \cdots\cdots(21)$$

式中:

w_{K_2O}——氧化钾质量分数,%;

w_{Na_2O}——氧化钠质量分数,%;

m_{15}——100 mL测定溶液中氧化钾的含量,单位为毫克(mg);

m_{16}——100 mL测定溶液中氧化钠的含量,单位为毫克(mg);

m_{14}——试料的质量,单位为克(g)。

16.4 允许差

同一试验室允许差氧化钾氧化钠均为0.10%；不同试验室允许差氧化钾氧化钠均为0.15%。

17 氟离子的测定(基准法)

17.1 方法提要

在pH值6.0的总离子强度配位缓冲溶液的存在下，以氟离子选择电极作指示电极，用离子计或酸度计测量含氟溶液的电极电位。

17.2 分析步骤

称取0.1 g试样(m_{17})，精确至0.000 1 g，置于250 mL烧杯中，加5 mL水使试样分散，然后加入5 mL盐酸(1+1)，加热至微沸并保持1 min～2 min。用水稀释至约150 mL，冷却至室温。加入5滴茜素磺酸钠指示剂溶液(4.53)，以盐酸(1+1)和氢氧化钠溶液(4.16)调节溶液颜色刚变为紫红色(应防止氢氧化铝沉淀生成)移入250 mL容量瓶中，用水稀释至标线，摇匀，吸取10.00 mL清液(必要时干过滤)于50 mL烧杯中。加入10.00 mLpH值6.0的总离子强度配位缓冲溶液(4.32)，将烧杯置于磁力搅拌器(5.8)上，插入氟离子选择电极和饱和氯化钾甘汞电极。搅拌10 min后，用酸度计或离子计测量溶液的平衡电位，由测得的电位值，从工作曲线(4.50.2)查得氟的含量。

17.3 结果表示

氟的质量分数w_F按式(22)计算：

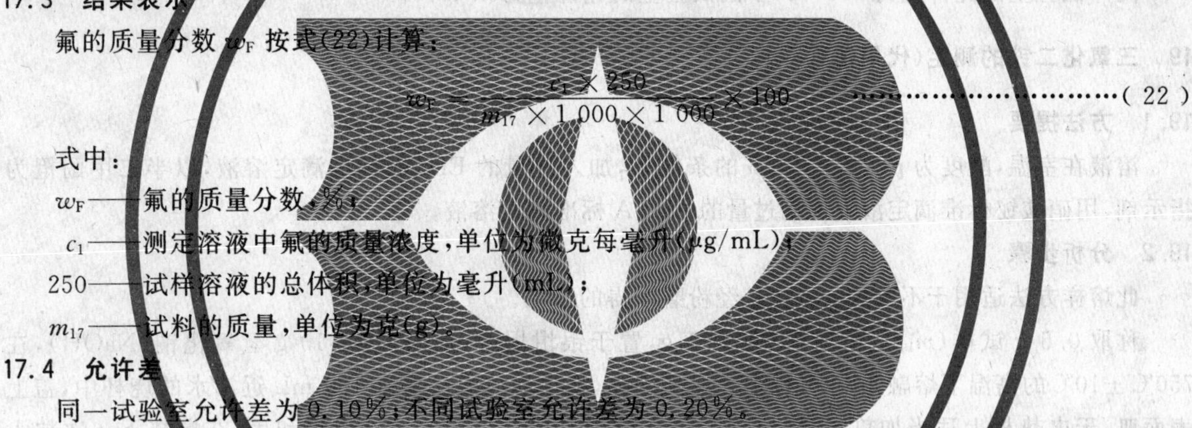

$$w_F = \frac{c_1 \times 250}{m_{17} \times 1\,000 \times 1\,000} \times 100 \quad \cdots\cdots(22)$$

式中：

w_F——氟的质量分数，%；

c_1——测定溶液中氟的质量浓度，单位为微克每毫升(μg/mL)；

250——试样溶液的总体积，单位为毫升(mL)；

m_{17}——试料的质量，单位为克(g)。

17.4 允许差

同一试验室允许差为0.10%；不同试验室允许差为0.20%。

18 二氧化硅的测定(代用法)

此方法适用于二氧化硅含量(质量分数)大于4%的样品。

18.1 方法提要

试样用氢氧化钾溶剂在镍坩埚中熔融，熔块用硝酸溶解后，加入适量的氟离子，使硅酸形成氟硅酸钾沉淀经过滤、洗涤及中和残余酸后，加沸水使氟硅酸钾沉淀水解生成等物质量的氢氟酸，然后用氢氧化钠标准滴定溶液进行滴定。

18.2 分析步骤

称取0.2 g试样(m_{18})，精确至0.000 1 g，置于镍坩埚中，加4 g～5 g氢氧化钾(KOH)，在二氧化硅测定装置(5.1)的高温熔样电炉上熔融5 min～10 min，取下，冷却，向坩埚中加入约20 mL水，使熔体全部浸出后，转移到塑料杯中，加入20 mL硝酸溶解试样，加10 mL氟化钾溶液(4.34)，用盐酸(1+5)洗净坩埚，保持溶液体积70 mL～80 mL，根据室温按表2加入适量的氯化钾(KCl)，将塑料杯放到二氧化硅测定装置上(5.1)，搅拌5 min，取下塑料杯，用快速滤纸过滤，用氯化钾溶液(4.36)冲洗塑料杯一次，冲洗滤纸2次，将滤纸连同沉淀取下，置于塑料杯中，沿杯壁边洗涤边加入30 mL～40 mL氯化钾-乙醇溶液(4.37)及2滴甲基红指示剂溶液(4.51)，用氢氧化钠标准滴定溶液(4.49)滴定溶液到由红刚刚变黄。向杯中加入300 mL已中和至使酚酞指示剂为粉色的沸水及1 mL酚酞指示剂(4.57)，用氢氧化钠标准滴定溶液(4.49)滴定到溶液由红变黄，再至微粉色。

表 2　氯化钾加入量表

室验室温度/℃	<20	20～25	25～30	>30
氯化钾加入量/g	3	5	7	10

18.3　结果表示

二氧化硅的质量分数 w_{SiO_2} 按式(23)计算：

$$w_{SiO_2} = \frac{T_{SiO_2} \times V_{11}}{m_{18} \times 1\,000} \times 100 \quad \cdots\cdots(23)$$

式中：

w_{SiO_2}——二氧化硅的质量分数，%；

T_{SiO_2}——每毫升氢氧化钠标准滴定溶液相当于二氧化硅的质量(mg)，单位为毫克每毫升(mg/mL)；

V_{11}——滴定时消耗氢氧化钠标准滴定溶液的体积，单位为毫升(mL)；

m_{18}——试料的质量，单位为克(g)。

18.4　允许差

同一试验室的允许差为 0.20%；不同试验室的允许差为 0.40%。

19　三氧化二铁的测定(代用法)

19.1　方法提要

溶液在室温，酸度为 pH 值 1～1.5 的条件下，加入过量的 EDTA 标准滴定溶液，以半二甲酚橙为指示剂，用硝酸铋标准滴定溶液回滴过量的 EDTA 标准滴定溶液。

19.2　分析步骤

此熔样方法适用于不参加 α-Al_2O_3 经粉磨即得的水泥。

称取 0.5 g 试样(m_{19})，精确至 0.000 1 g，置于银坩埚中，加入 8 g～10 g 氢氧化钠(NaOH)，在 750℃±10℃的高温下熔融 40 min 以上。取出冷却，将坩埚放入已盛有 100 mL 近沸水的烧杯中，盖上表面皿，于电热板上适当加热，待熔块完全浸出后，取出坩埚，用水冲洗坩埚和盖，在搅拌下一次加入 25 mL～30 mL硝酸。用硝酸(1+9)洗净坩埚和盖，将溶液加热至沸，冷却，然后移入 250 mL 容量瓶中，用水稀释至标线，摇匀。此溶液 B 供测定三氧化二铁(19.2)、二氧化钛(20.2)、三氧化二铝(21.2)、氧化钙(22.2)、氧化镁(23.2)用。

从溶液 B 或 A(8.2)中吸取 25.00 mL 溶液，放入 400 mL 烧杯中，加水稀释至约 100 mL 左右。以硝酸(1+1)与氨水(1+1)调节溶液 pH 值为 1.3～1.5(用精密试纸检测)，加入 2 滴磺基水杨酸钠指示剂溶液(4.52)，在不断搅拌下用滴定管滴加 EDTA 标准滴定溶液(4.45)，至红色消失后再过量 1 mL～2 mL，搅拌并放置 1 min。加入 2 滴半二甲酚橙指示剂溶液(见 4.54)，立即用 10 mL 滴定管以硝酸铋标准滴定溶液(4.47)滴定至橙红色。

19.3　结果表示

三氧化二铁的质量分数 $w_{Fe_2O_3}$ 按式(24)计算：

$$w_{Fe_2O_3} = \frac{T_{Fe_2O_3} \times (V_{12} - K_1 \times V_{13}) \times 10}{m_{20} \times 1\,000} \times 100 \quad \cdots\cdots(24)$$

式中：

$w_{Fe_2O_3}$——三氧化二铁的质量分数，%；

$T_{Fe_2O_3}$——每毫升 EDTA 标准滴定溶液相当于三氧化二铁的质量(mg)，单位为毫克每毫升(mg/mL)；

V_{12}——EDTA 标准滴定溶液的体积(mL)，单位为毫升(mL)；

K_1——每毫升硝酸铋标准滴定溶液相当于 EDTA 标准滴定溶液的体积(mL);

V_{13}——滴定时消耗硝酸铋标准滴定溶液的体积(mL),单位为毫升(mL);

10——全部试样溶液与所分取试样溶液的体积比;

m_{20}——19.2(m_{19})或 8.2(m_5)中试料的质量,单位为克(g)。

19.4 允许差

同一试验室允许差为 0.15%;不同试验室允许差为 0.25%。

20 二氧化钛的测定(代用法)

20.1 方法提要

在滴定完铁的溶液后,加少量过氧化氢,使 TiO^{2+} 生成 $TiO(H_2O_2)^{2+}$ 黄色配合物,再向溶液中加入过量的 EDTA 标准滴定溶液,以半二甲酚橙为指示剂,用硝酸铋标准滴定溶液进行滴定。

20.2 分析步骤

在滴定铁后的溶液中,加入 0.2 mL～0.5 mL EDTA 标准滴定溶液(4.45),在 20℃左右,加入2～3 滴过氧化氢,立即在不断搅拌下滴加 EDTA 标准滴定溶液(4.45),至呈现稳定的黄色后再过量 1 mL～2 mL,放置 3 min。加入 1～2 滴半二甲酚橙指示剂溶液(4.54),用 10 mL 滴定管以硝酸铋标准滴定溶液(4.38)滴定至溶液呈现橙红色。

20.3 结果表示

二氧化钛的质量分数 w_{TiO_2} 按式(25)计算:

$$w_{TiO_2} = \frac{T_{TiO_2} \times (V_{14} - K_1 \times V_{15}) \times 10}{m_{20} \times 1\,000} \times 100 \quad \cdots\cdots\cdots\cdots (25)$$

式中:

w_{TiO_2}——二氧化钛的质量分数,%;

w_{TiO_2}——每毫升 EDTA 标准滴定溶液相当于二氧化钛的质量(mg),单位为毫克每毫升(mg/mL);

V_{14}——EDTA 标准滴定溶液的体积(mL),单位为毫升(mL);

K_1——每毫升硝酸铋标准滴定溶液相当于 EDTA 标准滴定溶液的体积(mL);

V_{15}——滴定时消耗硝酸铋标准滴定溶液的体积(mL),单位为毫升(mL);

10——全部试样溶液与所分取试样溶液的体积比;

m_{20}——19.2(m_{19})或 8.2(m_5)中试料的质量,单位为克(g)。

20.4 允许差

同一试验室允许差为 0.15%;不同试验室允许差为 0.25%。

21 三氧化二铝的测定(代用法)

21.1 方法提要

铝离子与 EDTA 标准滴定溶液在 pH 值 3.0～3.8 范围内可定量络合,加入过量的 EDTA 标准滴定溶液,于 pH 值 3.0～3.8 的条件下,将溶液放置 10 min,以半二甲酚橙为指示剂,用硫酸锌标准滴定溶液滴定。

21.2 分析步骤

在测完二氧化钛的溶液中,用滴定管加入 EDTA 标准滴定溶液至过量 15 mL 左右。然后在常温下(不低于 20℃)用 pH 值 4.3 缓冲溶液(4.30)调节溶液 pH 值 3.0～3.8(以精密试纸检测),放置10 min。滴加氨水(1+1)至溶液呈淡紫色,再用硝酸(1+1)中和至淡紫色消失(pH 值 5.5～6.0),补加 10 mL pH5.5 缓冲溶液(4.31),补加 7～8 滴半二甲酚橙指示剂溶液(4.54),用硫酸锌标准滴定溶液(4.48)滴定至稳定的红色。

21.3 结果表示

三氧化二铝的质量分数 $w_{Al_2O_3}$ 按式(26)计算:

$$w_{Al_2O_3} = \frac{T_{Al_2O_3} \times (V_{16} - K_2 \times V_{17}) \times 10}{m_{20} \times 1\,000} \times 100 \quad \cdots\cdots(26)$$

式中：

$w_{Al_2O_3}$——三氧化二铝的质量分数，%；

$T_{Al_2O_3}$——每毫升 EDTA 标准滴定溶液相当于三氧化二铝的质量(mg)，单位为毫克每毫升(mg/mL)；

V_{16}——EDTA 标准滴定溶液的体积(mL)，单位为毫升(mL)；

K_2——每毫升硫酸锌标准滴定溶液相当于 EDTA 标准滴定溶液的体积(mL)；

V_{17}——滴定时消耗硫酸锌标准滴定溶液的体积(mL)，单位为毫升(mL)；

10——全部试样溶液与所分取试样溶液的体积比；

m_{20}——19.2(m_{19})或 8.2(m_5)中试料的质量，单位为克(g)。

21.4　允许差

同一试验室允许差为 0.35%；不同试验室允许差为 0.50%。

22　氧化钙的测定(代用法)

22.1　方法提要

预先在酸性溶液中加入适量的氟化钾，以抑制硅酸的干扰，然后在 pH 值 13 以上强碱溶液中，以三乙醇胺为掩蔽剂，用 CMP 混合指示剂，以 EDTA 标准滴定溶液滴定。

22.2　分析步骤

从 19.2 溶液 B 中吸取 25.00 mL 溶液放入 400 mL 烧杯中，加 5 mL 盐酸(1+1)及 7 mL 氟化钾溶液(4.36)，搅拌并放置 2 min 以上。以下步骤与 12.2 相同。

22.3　结果表示

氧化钙的质量分数 w_{CaO} 按式(27)计算：

$$w_{CaO} = \frac{T_{CaO} \times V_{18} \times 10}{m_{19} \times 1\,000} \times 100 \quad \cdots\cdots(27)$$

式中：

w_{CaO}——氧化钙的质量分数，%；

T_{CaO}——每毫升 EDTA 标准滴定溶液相当于氧化钙的质量(mg)，单位为毫克每毫升(mg/mL)；

V_{18}——滴定时消耗 EDTA 标准滴定溶液的体积，单位为毫升(mL)；

10——全部试样溶液与所分取试样溶液的体积比；

m_{19}——19.2 中试料的质量，单位为克(g)。

22.4　允许差

同一试验室允许差为 0.25%；不同试验室允许差为 0.40%。

23　氧化镁的测定(代用法)

23.1　方法提要

在 pH10 的溶液中，以三乙醇胺、酒石酸钾钠为掩蔽剂，用酸性铬蓝 K-萘酚绿 B 混合指示剂，以 EDTA 标准滴定溶液滴定。

23.2　分析步骤

从 19.2 溶液 B 中吸取 25.00 mL 溶液放入 400 mL 烧杯中，用水稀释至约 200 mL，以下步骤与 13.2相同。

23.3　结果表示

氧化镁的质量分数 w_{MgO} 按式(28)计算：

$$w_{MgO} = \frac{T_{MgO} \times (V_{19} - V_{18}) \times 10}{m_{19} \times 1\,000} \times 100 \quad \cdots\cdots\cdots\cdots (28)$$

式中：

w_{MgO}——氧化镁的质量分数，%；

T_{MgO}——每毫升 EDTA 标准滴定溶液相当于氧化镁的质量(mg)，单位为毫克每毫升(mg/mL)；

V_{19}——滴定钙、镁总量时消耗 EDTA 标准滴定溶液的体积，单位为毫升(mL)；

V_{18}——按 22.2 测定氧化钙时消耗 EDTA 标准滴定溶液的体积，单位为毫升(mL)；

10——全部试样溶液与所分取试样溶液的体积比；

m_{19}——18.2 中试料的质量，单位为克(g)。

23.4 允许差

同一试验室允许差为 0.20%；不同试验室允许差为 0.25%。

中华人民共和国国家标准

GB/T 208—94

水泥密度测定方法

代替 GB 208—63

Standard test method for cement density

1 主题内容与适用范围

本标准规定了水泥密度测定中的仪器、操作方法和结果计算等。

本标准适用于测定水硬性水泥的密度，也适用于测定采用本方法的其他粉状物料的密度。

2 引用标准

GB 253 煤油

3 定义

水泥密度：表示水泥单位体积的质量，水泥密度的单位是 g/cm^3。

4 方法原理

将水泥倒入装有一定量液体介质的李氏瓶内，并使液体介质充分地浸透水泥颗粒。根据阿基米德定律，水泥的体积等于它所排开的液体体积，从而算出水泥单位体积的质量即为密度，为使测定的水泥不产生水化反应，液体介质采用无水煤油。

5 仪器

5.1 李氏瓶

横截面形状为圆形，外形尺寸如下图，应严格遵守关于公差、符号、长度、间距以及均匀刻度的要求；最高刻度标记与磨口玻璃塞最低点之间的间距至少为 10 mm，见图 1。

国家技术监督局1994-09-24批准　　　　1995-06-01实施

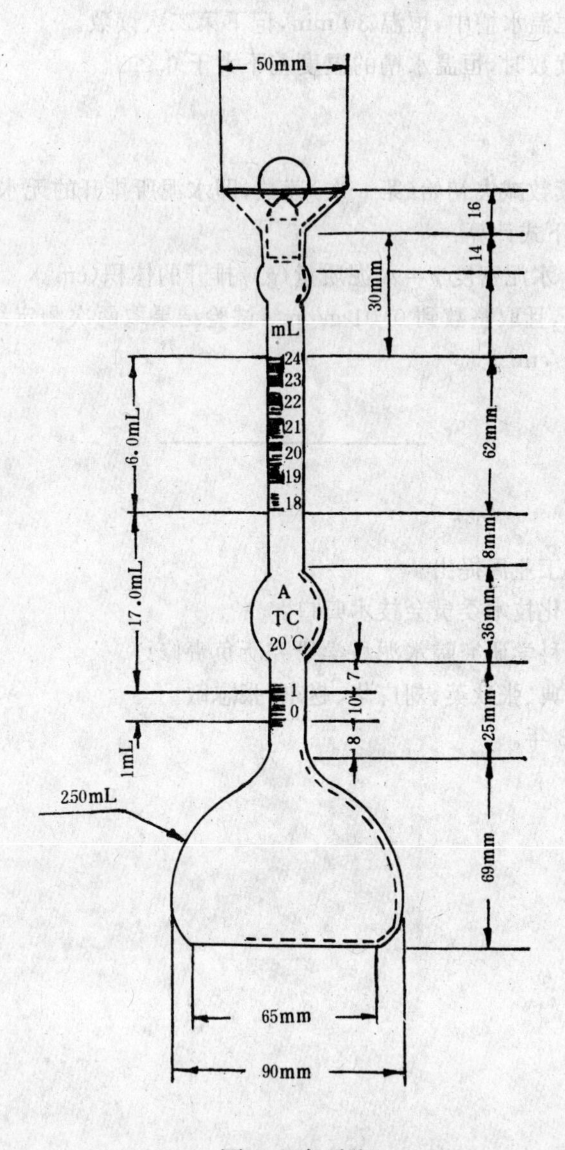

图 1 李氏瓶

5.1.1 李氏瓶的结构材料是优质玻璃，透明无条纹，具有抗化学侵蚀性且热滞后性小，要有足够的厚度以确保较好的耐裂性。

5.1.2 瓶颈刻度由 0 至 24 mL，且 0～1 mL 和 18～24 mL 应以 0.1 mL 刻度，任何标明的容量误差都不大于 0.05 mL。

5.2 无水煤油符合 GB 253 的要求。

5.3 恒温水槽

6 测定步骤

6.1 将无水煤油注入李氏瓶中至 0 到 1 mL 刻度线后(以弯月面下部为准)，盖上瓶塞放入恒温水槽内，使刻度部分浸入水中(水温应控制在李氏瓶刻度时的温度)，恒温 30 min，记下初始(第一次)读数。

6.2 从恒温水槽中取出李氏瓶，用滤纸将李氏瓶细长颈内没有煤油的部分仔细擦干净。

6.3 水泥试样应预先通过 0.90 mm 方孔筛，在 110±5℃温度下干燥 1 h，并在干燥器内冷却至室温。称取水泥 60 g，称准至 0.01 g。

6.4 用小匙将水泥样品一点点的装入 6.1 条的李氏瓶中，反复摇动(亦可用超声波震动)，至没有气泡排出，再次将李氏瓶静置于恒温水槽中，恒温 30 min，记下第二次读数。

6.5 第一次读数和第二次读数时，恒温水槽的温度差不大于 0.2℃。

7 结果计算

7.1 水泥体积应为第二次读数减去初始(第一次)读数，即水泥所排开的无水煤油的体积(mL)。

7.2 水泥密度 ρ(g/cm^3)按下式计算：

$$水泥密度\ \rho = 水泥质量(g)/排开的体积(cm^3)$$

结果计算到小数第三位，且取整数到 0.01 g/cm^3，试验结果取两次测定结果的算术平均值，两次测定结果之差不得超过 0.02 g/cm^3。

附加说明：

本标准由国家建筑材料工业局提出。

本标准由全国水泥标准化技术委员会技术归口。

本标准由中国建筑材料科学研究院水泥科学研究所负责修订。

本标准主要起草人杨基典、张秋英、刘广华、赵东、张志敏。

本标准首次发布于 1963 年。

ICS 91.100.10
Q 11

中华人民共和国国家标准

GB/T 749—2008
代替 GB/T 749—2001、GB/T 2420—1981

水泥抗硫酸盐侵蚀试验方法

Test method for determing capability of resisting sulfate corrode of cement

2008-06-30 发布　　　　2009-04-01 实施

中华人民共和国国家质量监督检验检疫总局
中国国家标准化管理委员会　发布

前言

本标准与 ASTM C452—2006《波特兰水泥在硫酸盐环境中潜在膨胀性能的试验方法标准》的一致性程度为非等效。

本标准代替 GB/T 749—2001《硅酸盐水泥在硫酸盐环境中的潜在膨胀性能试验方法》和 GB/T 2420—1981《水泥抗硫酸盐侵蚀快速试验方法》两个标准。

本标准与 GB/T 749—2001、GB/T 2420—1981 相比，主要修改点如下：

——将水泥和石膏的计算公式中"7.0"改为常数 A。对于硅酸盐水泥 A 为 7.0，其他水泥根据要求确定(GB/T 749—2001 版 7.2，本版 3.5)；

——试验用砂由"符合 GB 178—1977 质量要求的标准砂"改为"符合 GB/T 17671—1999 规定的粒度范围在 0.5 mm～1.0 mm 的中级砂"(GB/T 2420—1981 中第 7 章，本版 4.3.1)；

——试验室温度由 17～25 ℃改为"满足 GB/T 17671—1999 中 4.1 的要求"(GB/T 2420—1981 中第 9 章，本版 4.2.8.1)；

——养护箱温度由 20±3 ℃改为"满足 GB/T 17671—1999 中 4.1 的要求"(GB/T 2420—1981 中第 10 章，本版 4.2.8.1)；

——浸泡溶液温度由 20±3 ℃改为 20 ℃±1 ℃(GB/T 2420—1981 中第 12 章，本版 4.3.3)；

——将原标准中"图 1　千斤顶压力机"和"图 2　电动抗折机"删除(GB/T 2420—1981 中第 1 章和第 2 章，本版 4.2.1 和 4.2.2)

——增加了对手动千斤顶压力机的要求"上下压板须水平且中心部分在同一直线上。也可用其他压力机代替"(GB/T 2420—1981 中第 1 章，本版 4.2.1)；

——单位制统一改为 SI 国际单位(本版全文)。

本标准由中国建筑材料联合会提出。

本标准由全国水泥标准化技术委员会(SAC/TC 184)归口。

本标准负责起草单位：中国建筑材料科学研究总院、中国建筑材料检验认证中心、中国建筑材料联合会。

本标准主要起草人：刘晨、王旭芳、田红、颜碧兰、江丽珍、王昕、刘胜。

本标准所代替标准的历次版本情况为：

——GB/T 749—1965，GB/T 749—2001；

——GB/T 2420—1981。

水泥抗硫酸盐侵蚀试验方法

1 范围

本标准规定了水泥抗硫酸盐侵蚀试验方法的方法原理、仪器设备、试验材料、胶砂组成、试体成型、试体养护和测量、计算与结果处理。

本标准包括潜在膨胀性能试验方法和浸泡抗蚀性能试验方法两种试验方法。其中潜在膨胀性能试验方法(P 法)适用于硅酸盐水泥及指定采用本方法的其他品种水泥。浸泡抗蚀性能试验方法(K 法)适用于指定采用本方法的水泥。

2 规范性引用文件

下列文件中的条款通过本标准的引用而成为本标准的条款。凡是注日期的引用文件,其随后所有的修改单(不包括勘误的内容)或修订版均不适用于本标准,然而,鼓励根据本标准达成协议的各方研究是否可使用这些文件的最新版本。凡是不注日期的引用文件,其最新版本适用于本标准。

GB/T 5483 石膏和硬石膏

GB/T 6682 分析实验室用水规格和试验方法(GB/T 6682—2008,ISO 3696:1987,MOD)

GB/T 17671—1999 水泥胶砂强度检验方法(ISO 法)(idt ISO 679:1989)

JC/T 603—2004 水泥胶砂干缩试验方法

JC/T 681 行星式水泥胶砂搅拌机

JC/T 738—2004 水泥强度快速检验方法

3 潜在膨胀性能试验方法(P 法)

3.1 方法原理

通过在水泥中外掺一定量的二水石膏,使水泥中的 SO_3 总含量达到指定量,使得过量的 SO_4^{2-} 直接与水泥中影响抗硫酸盐性能的矿物反应产生膨胀,然后通过测量胶砂试体规定龄期的膨胀率来衡量水泥胶砂的潜在抗硫酸盐性能。

3.2 仪器设备

3.2.1 胶砂搅拌机

符合 JC/T 681 的规定。

3.2.2 试模、钉头、捣棒、比长仪、三棱刮刀、量筒

符合 JC/T 603—2004 第 4 章仪器设备的要求。

3.2.3 天平

3.2.3.1 称取石膏用天平

最大称量不小于 500 g,分度值不大于 0.5 g。

3.2.3.2 称取水泥和试验用砂的天平

最大称量不小于 2 000 g,分度值不大于 2 g。

3.3 试验材料

3.3.1 试验用砂

符合 GB/T 17671—1999 规定的粒度范围在 0.5 mm~1.0 mm 的中级砂。

3.3.2 石膏

化学纯二水石膏或符合 GB/T 5483 要求的 G 类特级石膏,细度要求见表 1。

表 1　试验用石膏细度要求

筛孔直径/μm	筛余/%
150	0
80	≤6
45	≤10

3.3.3　试验用水

洁净的饮用水。在有争议时采用符合 GB/T 6682 规定的三级水。

3.4　养护箱和试验室

满足 GB/T 17671—1999 中第 4 章对养护箱和试验室的要求。

3.5　水泥和外掺二水石膏质量的计算

水泥和外掺二水石膏的质量是按两者混合后，混合料中 SO_3 含量达到指定量计算的。成型一组试体所需水泥与外掺二水石膏的总质量为 400 g。水泥与二水石膏的质量分别按式(1)和式(2)计算，结果取整数。

$$w_1 = \frac{(K-A)\times 400}{K-C} \quad \cdots\cdots\cdots\cdots (1)$$

$$w_2 = \frac{(A-C)\times 400}{K-C} \quad \cdots\cdots\cdots\cdots (2)$$

式中：

w_1——水泥质量，单位为克(g)；

w_2——外掺二水石膏质量，单位为克(g)；

C——水泥中 SO_3 质量分数，%；

K——石膏中 SO_3 质量分数，%；

A——常数，对于硅酸盐水泥为 7.0，其他水泥根据要求确定。

3.6　胶砂物料量

3.6.1　胶砂中水泥和二水石膏的混合料与砂比例为 1∶2.75(质量比)，水灰比为 0.485。成型一组试体时，需称取的物料量见表 2。

表 2　成型一组试体时需称取的物料量

水泥与外掺二水石膏混合料/g	0.5 mm～1.0 mm 的中级砂/g	水/mL
400	1 100	194

3.6.2　仲裁检验时需成型两组试体，每组三条 25 mm×25 mm×280 mm。日常检验允许成型一组试体。

3.7　试体成型

3.7.1　试模准备

成型前将试模擦净，四周隔板与底座的接触面涂黄油，防止漏浆。内壁均匀刷一薄层机油。然后将钉头嵌入试模孔中，并在孔内左右转动，使钉头与孔准确配合。

3.7.2　胶砂制备

先将量好的水倒入行星式胶砂搅拌机的搅拌锅内，加入称量好的石膏，为避免石膏聚团用餐刀将石膏搅匀成悬浊液。再加入称量好的水泥，按 GB/T 17671—1999 规定的程序进行搅拌。自动搅拌程序结束后，停止 90 s，将开关拨至手动快转档，快拌 15 s。整个搅拌程序需时 345 s。在每次静止 90 s 的头 30 s 内将搅拌锅取下，用料勺将附着在锅底的砂浆刮起，再将搅拌锅装回搅拌机上。

3.7.3 试体成型

将制备好的胶砂分两层填入已装有钉头的试模内。第一层胶砂装入后，用餐刀沿试体长度方向来回划实。尤其是钉头两侧，必要时需多划几次。然后用方捣棒从钉头内侧开始，从一端向另一端顺序捣压10次，返回捣10次，共捣压20次，再用缺口捣棒在钉头两侧各捣压两次。然后将余下胶砂装入模内，同样用小刀划匀，深度应透过第一层胶砂表面，再用方捣棒从一端开始顺序捣压12次，往返24次。

提示：每次捣压时，先将捣棒接触胶砂表面再用力捣压。捣压应均匀稳定，不得冲压。

3.7.4 试体养护

试体自加水时算起，养护22 h～23 h脱模。由于试体强度低，脱模时需十分小心。脱模后，将试体放在水中养护30 min后测量初长(L_0)。初长的测量时间应在水泥加水搅拌后24 h±15 min内完成。之后将试体水平放在20 ℃±1 ℃水中继续养护。养护水池中的试体之间应留有间隙，除必要的支承面外，所有面的水层厚度至少要达6 mm，试体距离水面的距离至少13 mm。养护水和试体的体积比约为5∶1。养护开始的28 d内，每7 d换一次水，以后每28 d换水一次。

如经22 h～23 h养护，试体强度仍较低，可延迟脱模，其他操作相应顺延。但需在试验报告中说明。

3.8 长度测量

3.8.1 使用比长仪的注意事项

比长仪使用前应用校正杆进行校准，确认零点无误后才能用于试体测量。测量结束后，应再用校正杆重新检查零点，如零点变动超过±0.01 mm，则整批试体应重新测定。测量时试体在比长仪中的上下位置，所有龄期都应相同。读数时应左右旋转试体，使钉头和比长仪正确接触，指针摆动不得大于±0.02 mm。读数时读指针摆动的中值，读数记录至0.001 mm。

提示：零点是一个基准数，不一定是零。

3.8.2 试体测量

当试体养护14 d时，测量试体长度(L_{14})。从养护池中取出试体时，一次一条。测量前用湿布擦净试体表面及钉头上的污垢。

注：14 d测量后可将试体放回养护池中，根据需要进行其他龄期长度的测试。

3.9 结果计算及处理

3.9.1 结果计算

水泥胶砂试体各龄期膨胀率按式(3)计算，结果保留至0.001%。

$$P_{14}=\frac{(L_{14}-L_0)\times 100}{250} \qquad (3)$$

式中：

P_{14}——14天龄期的膨胀率，%；

L_0——试体初长，单位为毫米(mm)；

L_{14}——试体14 d长度，单位为毫米(mm)；

250——试体有效长度，单位为毫米(mm)。

3.9.2 结果处理

以n条试体膨胀率的平均值作为试样的膨胀率，n与最大允许极差的对应关系应满足表3的要求，否则重新进行试验。

表3 试体条数与试验最大允许极差

试体条数n/条	3	4	5	6
极差/%，不大于	0.010	0.011	0.012	0.012

4 浸泡抗蚀性能试验方法(K 法)

4.1 方法原理

将水泥胶砂试体分别浸泡在规定浓度的硫酸盐侵蚀溶液和水中养护到规定龄期,以抗折强度之比确定抗硫酸盐侵蚀系数。

4.2 仪器设备

4.2.1 手动千斤顶压力机

手动千斤顶压力机,最大荷载大于 15 kN,压力保持 5 s 以上。上下压板须水平且中心部分在同一直线上,也可用其他压力设备代替。

4.2.2 小型抗折强度试验机

小型抗折强度试验机加荷速度 0.78 N/s。应有一个能指示并保持试件破坏时载荷的指示器。载荷标尺准确至 0.01 N。

4.2.3 成型用抗压模套、成型用模套、成型用压块

成型用抗压模套示意图见图 1。成型用模套见图 2。成型用压块见图 3。

单位为毫米

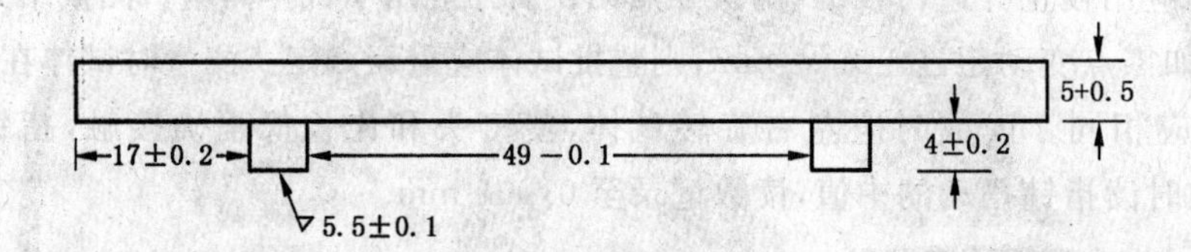

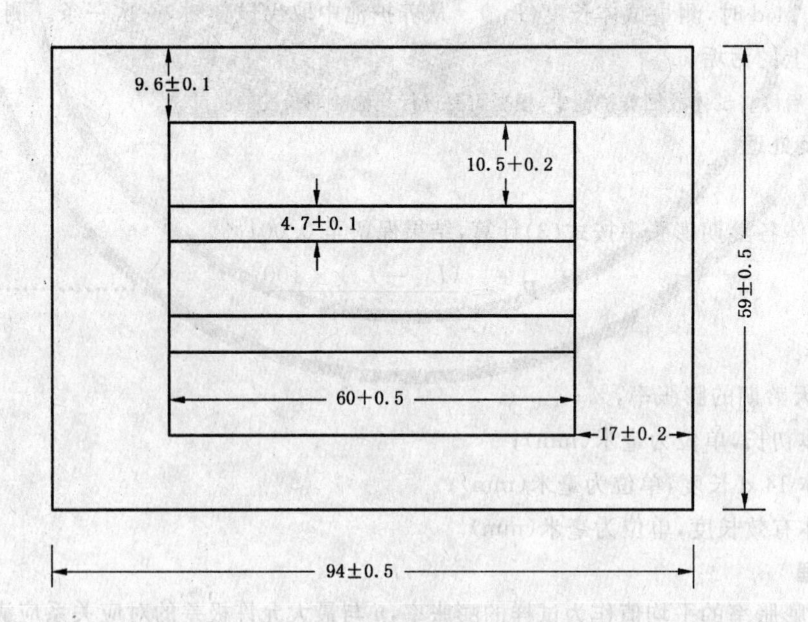

图 1 成型用抗压模套

单位为毫米

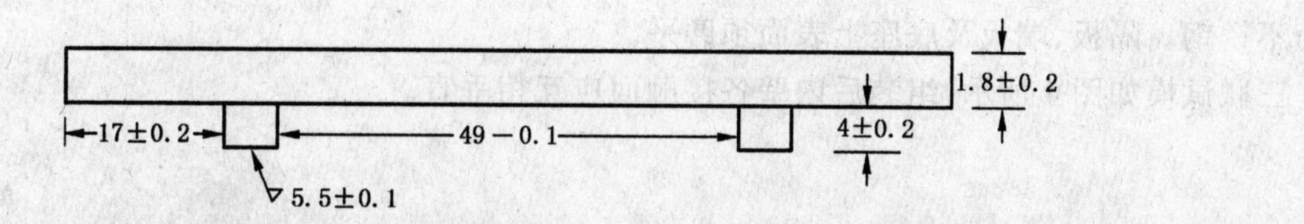

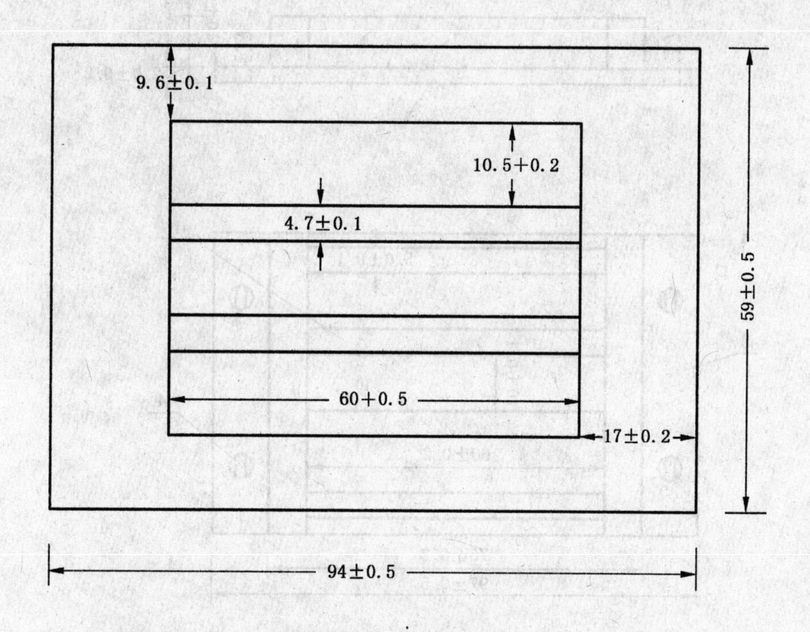

图 2　成型用模套

单位为毫米

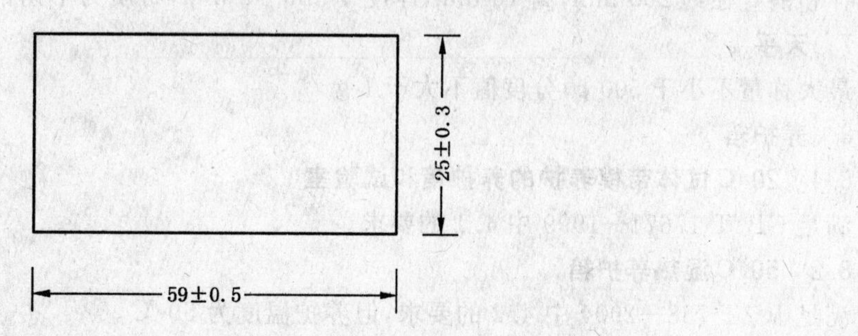

图 3　成型用压块

4.2.4 试模

试模由三个水平的模槽组成,可同时成型三条截面为 10 mm×10 mm×60 mm 的棱柱试体。其材质为不锈钢。隔板、端板及底座上表面须磨平。

三联试模如图 4 所示,组装后内壁各接触面应互相垂直。

单位为毫米

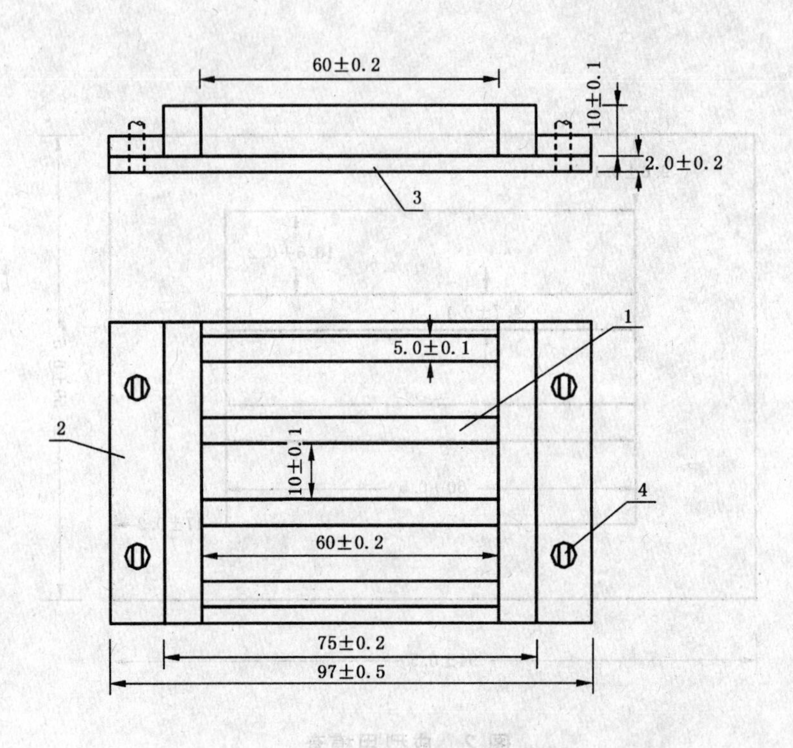

1——隔板;
2——端板;
3——底座;
4——螺栓。

图 4 三联试模示意图

4.2.5 夹具

两根支撑圆柱和中间一根加荷圆柱直径皆为 5 mm。通过三根圆柱轴的三个竖向平面应平行,并在试验时继续保持平行和等距离。两支撑圆柱中心距 50 mm。

4.2.6 拌和锅

拌和锅直径约 200 mm,高 70 mm,厚度 1 mm~2 mm,材质为不锈钢。

4.2.7 天平

最大称量不小于 500 g,分度值不大于 1 g。

4.2.8 养护箱

4.2.8.1 20 ℃试体带模养护的养护箱和试验室

满足 GB/T 17671—1999 中 4.1 的要求。

4.2.8.2 50 ℃湿热养护箱

满足 JC/T 738—2004 中 4.2 的要求,但养护温度为 50 ℃。

4.3 试验材料

4.3.1 试验用砂

符合 GB/T 17671—1999 规定的粒度范围在 0.5 mm~1.0 mm 的中级砂。

4.3.2 试验用水

洁净的饮用水，在有争议时采用GB/T 6682的三级水。

4.3.3 硫酸盐侵蚀溶液

采用化学纯无水硫酸钠试剂配制浓度为3%(质量分数)的硫酸盐溶液，温度为20 ℃±1 ℃。

提示：浸泡溶液可以采用天然环境水，也可按委托方要求的浸泡条件进行试验。所改变的养护条件需在报告中说明。

4.3.4 硫酸(1+5)

1份体积的浓硫酸与5份体积的水混合。

4.3.5 酚酞指示剂溶液(10 g/L)

将1 g酚酞溶于100 mL乙醇中。

4.4 胶砂制备

4.4.1 胶砂组成

水泥与标准砂的质量比为1∶2.5，水灰比为0.5。

4.4.2 手工拌和

称取水泥样品100克，0.5 mm～1.0 mm的中级砂250 g，放入拌和锅内，用小勺干拌1 min，使水泥与砂混合均匀，加入50 mL水，湿拌3 min。

4.5 试体成型

将成型用模套装在三联试模上，然后将制备好的胶砂分两层装入6个试模内。第一层胶砂装到模套高度的约1/2处，装模时用小刀插实、挤压。操作时应注意试体两端多插几次，然后将胶砂装满，再用小刀插实、挤压。用小刀刮平，取下成型模套，换上抗压模套和压块后，将试模放到手动千斤顶压力机上加压到7.8 MPa压力下保持5 s，然后取出抗压模套和压块，刮平，编号，放入20 ℃养护箱养护24 h±2 h，脱模。

4.6 试体的养护与侵蚀浸泡

脱模后的试块放入50 ℃湿热养护箱中装有50 ℃±1 ℃水的容器中(铝酸盐水泥在20 ℃±1 ℃水中)养护7 d，取出。分成两组，每组九条。一组放入20 ℃养护箱中装有20 ℃±1 ℃水的容器中继续养护，一组放入20 ℃养护箱中装有20 ℃±1 ℃硫酸盐侵蚀溶液的容器中浸泡。试体在容器中浸泡时，每条试体需有200 mL的侵蚀溶液，液面至少高出试体顶面10 mm。为避免蒸发，容器加盖。

试体在浸泡过程中，每天一次用硫酸(1+5)滴定硫酸盐侵蚀溶液，以中和试体在溶液中放出的$Ca(OH)_2$，边滴定边搅拌使侵蚀溶液的pH保持在7.0左右。指示剂可采用酚酞指示剂溶液。

两组试体养护28 d后取出。

提示：侵蚀龄期可根据实际情况调整，但需在试验报告中说明。

4.7 试体破型

破型前，擦去试体表面的水分和砂粒，清除夹具圆柱表面粘着的杂物，试体放入抗折夹具上时，试体侧面与圆柱接触。

4.8 试验结果计算与处理

4.8.1 试验结果的计算

试体的抗折强度按式(4)进行计算。

$$R = 0.075 \times F \qquad (4)$$

式中：

R——试体抗折强度，单位为兆帕(MPa)；

F——折断时施加于棱柱体中部的荷载，单位为牛顿(N)；

0.075——与小型抗折试验机夹具力臂及小试体截面积有关的换算常数。

4.8.2 试验结果处理

九条试体的破坏荷载剔去最大值和最小值，以其余7块平均值为试体抗折强度，计算精确到0.01 MPa。分别计算水中养护和侵蚀溶液中养护的试体抗折强度 R 值，得到 $R_{液}$、$R_{水}$。

4.8.3 试样抗蚀系数的计算

抗蚀系数按式(5)计算，结果保留到0.01。

$$K = \frac{R_{液}}{R_{水}} \qquad \cdots\cdots(5)$$

式中：

K——抗蚀系数；

$R_{液}$——试体在侵蚀溶液中浸泡28 d抗折强度，单位为兆帕(MPa)；

$R_{水}$——试体在20 ℃水中养护同龄期抗折强度，单位为兆帕(MPa)。

中华人民共和国国家标准

水泥压蒸安定性试验方法

GB/T 750—92

Autoclave method for soundness of portland cement

代替 GB 750—65

1 主题内容与适用范围

本标准规定了水泥压蒸安定性试验方法的仪器、操作方法和结果评定等。

本标准适用于测定硅酸盐水泥、普通硅酸盐水泥、矿渣硅酸盐水泥、火山灰质硅酸盐水泥、粉煤灰硅酸盐水泥等主要因方镁石水化可能造成的水泥体积不均匀变化，也适用于其他指定采用本标准的水泥产品。

2 引用标准

GB 177 水泥胶砂强度检验方法

GB 751 水泥胶砂干缩试验方法

GB 1346 水泥标准稠度用水量、凝结时间、安定性检验方法

GB 3350.2 水泥物理检验仪器 胶砂振动台

GB 3350.8 水泥物理检验仪器 水泥净浆搅拌机

3 方法原理

在饱和水蒸气条件下提高温度和压力使水泥中的方镁石在较短的时间内绝大部分水化，用试件的形变来判断水泥浆体积安定性。

4 术语

压蒸：是指在温度大于 100 ℃的饱和水蒸气条件下的处理工艺。为了使水泥中的方镁石在短时间里水化，用 215.7 ℃的饱和水蒸气处理 3h，其对应压力为 2.0 MPa。

5 仪器

5.1 25mm×25mm×280mm 试模、钉头、捣棒和比长仪

符合 GB 751 要求。

5.2 水泥净浆搅拌机

符合 GB 3350.8 要求。

5.3 沸煮箱

符合 GB 1346 中 3.3 条要求。

5.4 压蒸釜

为高压水蒸气容器，装有压力自动控制装置、压力表、安全阀、放汽阀和电热器。电热器应能在最大试验荷载条件下，45～75 min 内使锅内蒸汽压升至表压 2.0 MPa，恒压时要尽量不使蒸汽排出。压力自动控制器应能使锅内压力控制在 2.0 ±0.05 MPa（相当于 215.7±1.3 ℃）范围内，并保持 3 h 以上。压

国家技术监督局1992-09-28批准　　　　1993-06-01实施

蒸釜在停止加热后 90 min 内能使压力从 2.0 MPa 降至 0.1 MPa 以下。放汽阀用于加热初期排除锅内空气和在冷却期终放出锅内剩余水汽。压力表的最大量程为 4.0 MPa，最小分度值不得大于 0.05 MPa。压蒸釜盖上还应备有温度测量孔，插入温度计后能测出釜内的温度。

6 试样

6.1 试样应通过 0.9 mm 的方孔筛。

6.2 试样的沸煮安定性必须合格。为减少 f-CaO 对压蒸结果的影响，允许试样摊开在空气中存放不超过一周再进行压蒸试件的成型。

7 试验条件

成型试验室、拌和水、湿气养护箱应符合 GB 177 中 3.1，3.2 条规定。成型试件前试样的温度应在 17～25 ℃范围内。压蒸试验室应不与其他试验共用，并备有通风设备和自来水源。

试件长度测量应在成型试验室或温度恒定的试验室里进行，比长仪和校正杆都应与试验室的温度一致。

8 试件的成型

8.1 试模的准备：试验前在试模内涂上一薄层机油，并将钉头装入模槽两端的圆孔内，注意钉头外露部分不要沾染机油。

8.2 水泥标准稠度净浆的制备：每个水泥样应成型二条试件，需称取水泥 800 g，用标准稠度水量拌制，其操作步骤按 GB 1346 中 6.4 条进行。

8.3 试体的成型：将已拌和均匀的水泥浆体，分二层装入 已准备好的试模内。第一层浆体装入高度约为试模高度的五分之三，先以小刀划实，尤其钉头两侧应多插几次，然后用 23mm×23mm 捣棒由钉头内侧开始，即在两钉头尾部之间，从一端向另一端顺序地捣压 10 次，往返共捣压 20 次，再用缺口捣捧在钉头两侧各捣压 2 次，然后再装入第二层浆体，浆体装满试模后，用刀划匀，刀划之深度应透过第一层胶砂表面，再用捣棒在浆体上顺序地捣压 12 次，往返共捣压 24 次。每次捣压时，应先将捣棒接触浆体表面，再用力捣压。捣压必须均匀，不得打击。捣压完毕将剩余浆体装到模上，用刀抹平，放入湿气养护箱中养护 3～5 h 后，将模上多余浆体刮去，使浆体面与模型边平齐。然后记上编号，放入湿汽养护箱中养护至成型后 24 h 脱模。

注：在出厂检验中，允许用附录 A（补充件）的试模和成型方法来制备试件，但当结果有异议时，应以 25 mm×25 mm ×280 mm 试件的结果为准。

9 试件的沸煮

9.1 初长的测量：试件脱模后即测其初长。测量前要用校正杆校正比长仪百分表零读数，测量完毕也要核对零读数，如有变动，试件应重新测量。

试件在测长前应将钉头擦干净，为减少误差，试件在比长仪中的上下位置在每次测量时应保持一致，读数前应左右旋转，待百分表指针稳定时读数（L_0），结果记录至 0.001mm。

9.2 沸煮试验：测完初长的试件平放在沸煮箱的试架上，按 GB 1346 沸煮安定性试验的制度进行沸煮。如果需要，沸煮后的试件也可进行测长。

10 试件的压蒸

10.1 沸煮后的试件应在四天内完成压蒸。试件在沸煮后压蒸前这段时间里应放在 20±2 ℃的水中养护。

压蒸前将试件在室温下放在试件支架上。试件间应留有间隙。为了保证压蒸时压蒸釜内始终保持饱和水蒸气压，必须加入足量的蒸馏水，加入量一般为锅容积的7%～10%，但试件应不接触水面。

10.2　在加热初期应打开放汽阀，让釜内空气排出直至看见有蒸汽放出后关闭，接着提高釜内温度，使其从加热开始经45～75 min达到表压2.0±0.05 MPa，在该压力下保持3 h后切断电源，让压蒸釜在90 min内冷却至釜内压力低于0.1 MPa。然后微开放汽阀排出釜内剩余蒸汽。

压蒸釜的操作应严格按有关规程和本标准附录B（补充件）进行。

10.3　打开压蒸釜，取出试件立即置于90 ℃以上的热水中，然后在热水中均匀地注入冷水，在15 min内使水温降至室温，注入水时不要直接冲向试件表面。再经15 min取出试件擦净，按本标准9.1条方法测长（L_1）。如发现试件弯曲、过长、龟裂等应作记录。

11　结果计算与评定

11.1　结果计算

水泥净浆试件的膨胀率以百分数表示，取二条试件的平均值，当试件的膨胀率与平均值相差超过±10%时应重做。

试件压蒸膨胀率按下式计算：

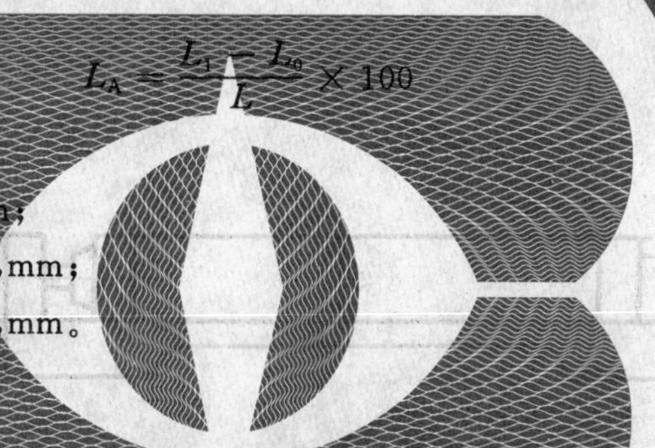

$$L_A = \frac{L_1 - L_0}{L} \times 100$$

式中：L_A——试件压蒸膨胀率，%；

L——试件有效长度，250 mm；

L_0——试件脱模后初长读数，mm；

L_1——试件压蒸后长度读数，mm。

结果计算至0.01%。

11.2　结果评定

当普通硅酸盐水泥、矿渣硅酸盐水泥、火山灰质硅酸盐水泥、粉煤灰硅酸盐水泥的压蒸膨胀率不大于0.50%，硅酸盐水泥压蒸膨胀率不大于0.80%时，为体积安定性合格，反之为不合格。

附 录 A
25 mm×25 mm×146 mm 试件试验方法
（补充件）

A1 本附录规定了 25 mm×25 mm×146 mm 压蒸试件的试验方法。

A2 仪器

A2.1 试模、钉头和模套

试模为二联式，如图 A1 所示，由金属材料制成，各组件可以拆卸并打有编号，试模模槽有效尺寸为 25 mm×25 mm×146 mm，端板具有安置测量钉头的圆孔，圆孔位置应保证测量钉头在试件的中心线上。

测量钉头用不锈钢或其他硬质不锈蚀材料制成，形状规格如图 A2，钉头固定在试模上后，钉头内侧之间距离为 120 ±2 mm，钉头深入试模深度为 7±1 mm。

模套由钢材制成，用于成型时挡料和固定试模用，结构尺寸如图 A3 所示。

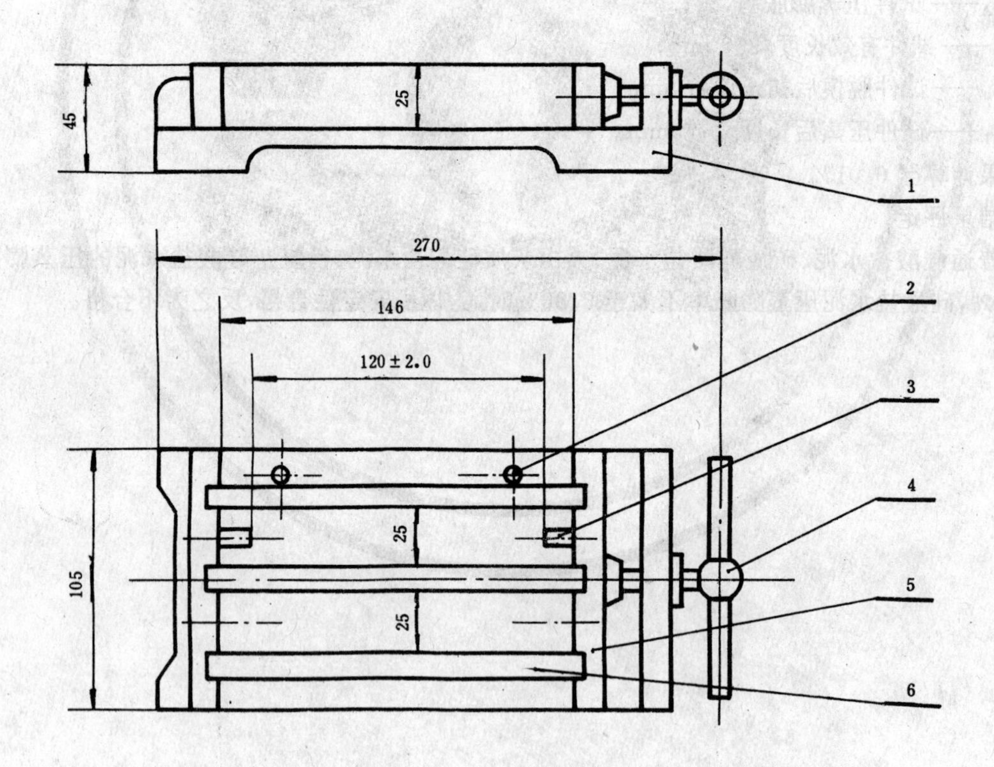

图 A1 压蒸二联试模

1—底坐；2—定位销；3—钉头；4—紧固装置；5—端板；6—隔板

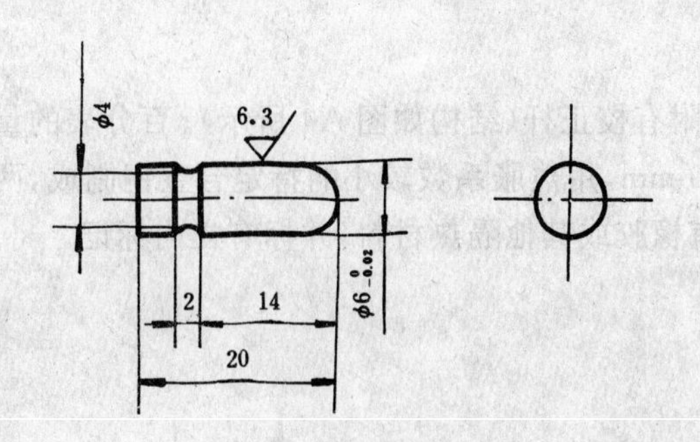

图 A2 钉头

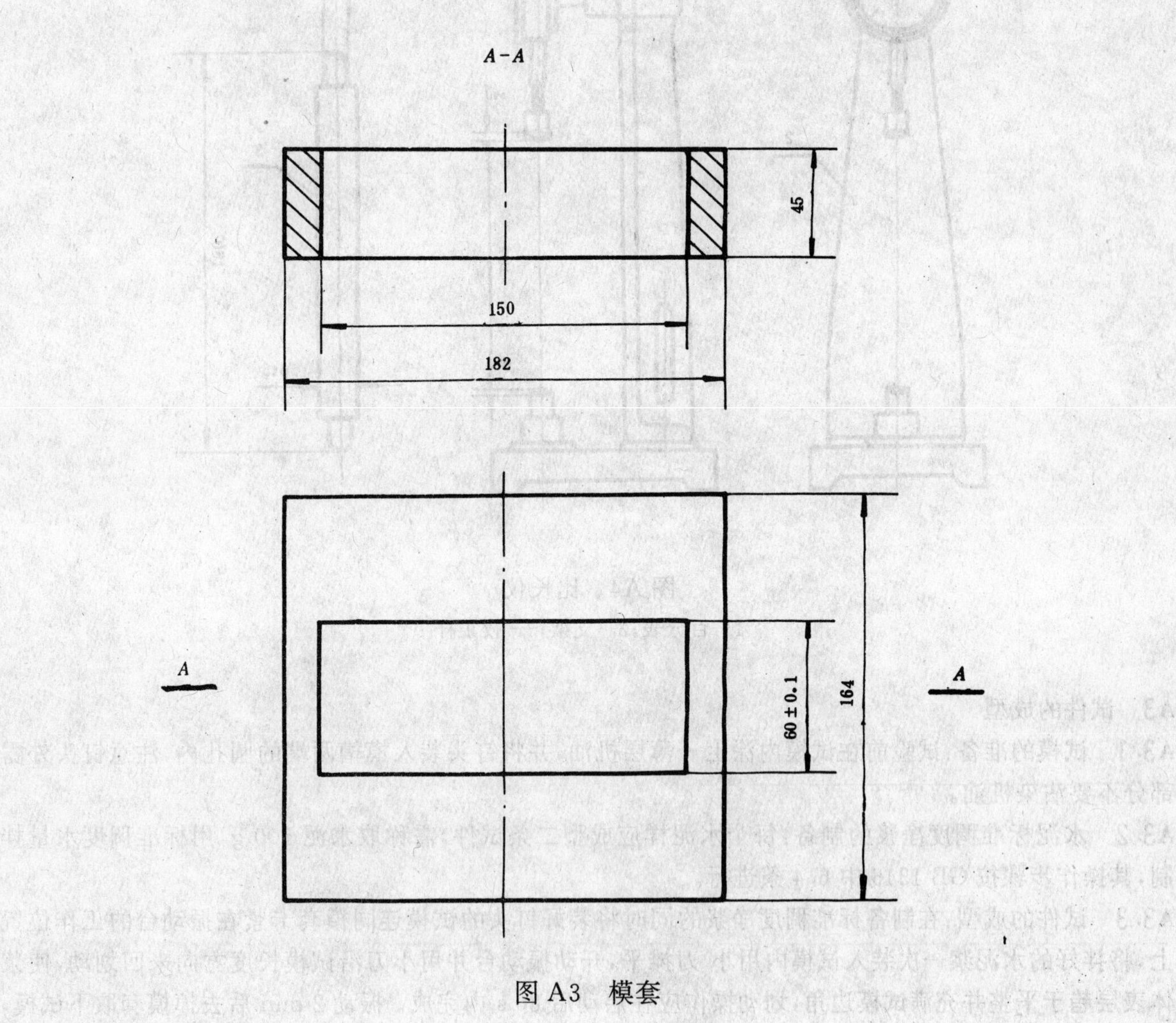

图 A3 模套

A2.2 水泥净浆搅拌机

符合 GB 3350.8 的要求。

A2.3 胶砂振动台

符合 GB 3350.2 的要求。

A2.4 沸煮箱

符合 GB 1346 中 3.3 条的要求。

A2.5 压蒸釜

符合本标准 5.4 条的要求。

A2.6　比长仪

由百分表和支架组成，并附有校正杆(结构如图 A4 所示)。百分表的量程为 0～10 mm，最小分度值为 0.01 mm。校正杆长度 160 mm，用热胀系数较小的特定合金钢制成，两端加工成与测量钉头同样大小的球面。中间手握处应包有橡胶或其他隔热材料，并标有立向标记。

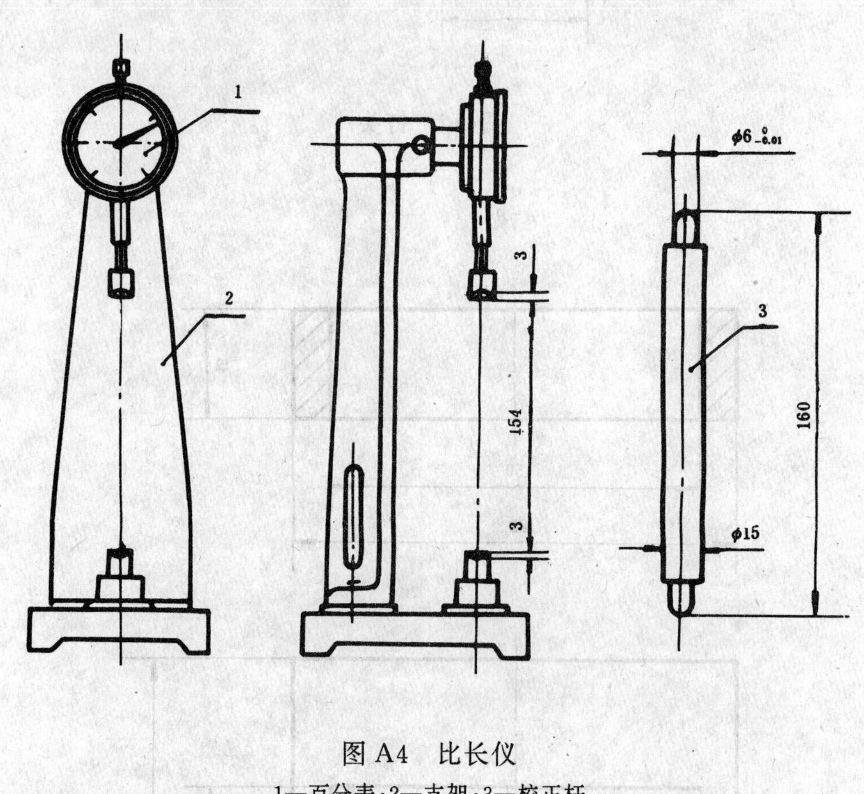

图 A4　比长仪

1—百分表；2—支架；3—校正杆

A3　试件的成型

A3.1　试模的准备：试验前在试模内涂上一薄层机油，并将钉头装入模槽两端的圆孔内，注意钉头外露部分不要沾染机油。

A3.2　水泥标准稠度净浆的制备：每个水泥样应成型二条试件，需称取水泥 500 g，用标准稠度水量拌制，其操作步骤按 GB 1346 中 6.4 条进行。

A3.3　试件的成型：在制备标准稠度净浆的同时将装好钉头的试模连同模套卡紧在振动台的工作位置上，将拌好的水泥浆一次装入试模内用小 刀摊平，开动振动台并用小刀沿试模长度方向来回划动，使浆体表层趋于平整并充满试模边角，划动操作应在启动后 80 s 内完成。振动 2 min 后去掉摸套取下试模，放入湿箱中养护至终凝后取出刮平、编号，然后放回湿箱中养护至成型后 24±2 h 脱模。

A4　试件的沸煮和压蒸

同本标准第 9,10 章。

A5　结果计算与评定同本标准第 11 章，但试件有效长度(L)为 120 mm。

附 录 B
安全注意事项
（补充件）

B1 在压蒸试验过程中将温度计与压力表同时使用，因为温度和饱和蒸汽压力具有一定的关系，同时使用就可及时发现压力表发生的故障，以及试验过程中由于压蒸釜内水分损失而造成的不正常的情况。

B2 安全阀应调节至高于压蒸试验工作压力的10%，即约为2.2 MPa；安全阀每年至少检验二次，检验时可以用压力表检验设备，也可以调节压力自动控制器，使压蒸釜达到2.2 MPa，此时安全阀应立即被顶开。注意安全阀放汽方向应背向操作者。

B3 在实际操作中，有可能同时发生以下故障：自动控制器失灵；安全阀不灵敏；压力指针骤然指示为零，实际上已超过最大刻度从反方向返至零点，如发现这些情况，不管釜内压力有多大，应立即切断电源，并采取安全措施。

B4 当压蒸试验结束放汽时，操作者应站在背离放汽阀的方向，打开釜盖时，应戴上石棉手套，以免烫伤。

B5 在使用中的压蒸釜，有可能发生压力表表针折回试验的初始位置或开始点，此时未必表示压力为零，釜内可能仍然保持有一定的压力，应找出原因采取措施。

附加说明：

本标准由国家建筑材料工业局提出。

本标准由中国建筑材料科学研究院技术归口。

本标准由中国建筑材料科学研究院水泥科学研究所负责起草。

本标准主要起草人张大同、陈萍、赵福欣、颜碧兰。

ICS 91.100.10
Q 11

中华人民共和国国家标准

GB/T 1345—2005
代替 GB/T 1345—1991

水泥细度检验方法 筛析法

The test sieving method for fineness of cement

2005-01-19 发布　　2005-08-01 实施

中华人民共和国国家质量监督检验检疫总局
中国国家标准化管理委员会　发布

前　言

本标准参考 ASTM C786-96《用 300 μm(No:50)筛,150 μm(No:100)筛,和 75 μm(No:200)筛的水筛法测定水泥及生料细度的方法标准》,ISO/DIS/10749《水泥试验方法—细度测定》和 BS EN196-6:2000《水泥试验方法　第六部分　细度测定》。

本标准自实施之日起代替 GB/T 1345—1991《水泥细度检验方法(80 μm 筛筛析法)》。

与 GB/T 1345—1991 相比变化如下:

——标准名称改为《水泥细度检验方法　筛析法》(1991 版标准名称;本版第 4 条);

——增加了筛孔规格为 45 μm 的方孔筛(见本版第 1 条);

——增加了术语和定义(见本版第 4 条);

——增加了样品要求的规定(见本版第 6 条);

——增加了合格试验时用二个试样的平行结果平均值代替一个试样的测定值作为样品的筛析结果(见本版第 8.3 条);

——增加了试验筛清洗和标定的规定(见本版第 7.5 条和附录 A)。

本标准的附录 A 为规范性附录。

本标准由中国建材工业协会提出。

本标准由全国水泥标准化技术委员会归口。

本标准负责起草单位:中国建筑材料科学研究院。

本标准参加起草单位:浙江绍兴陶堰新兴仪器厂、陕西西安西缆铜网厂。

本标准主要起草人:陈萍、张大同、颜碧兰、席劲松、陶宝荣、张西强。

本标准所代替标准的历次版本发布情况为:

——GB 1345—1962、GB 1345—1977、GB/T 1345—1991。

水泥细度检验方法　筛析法

1　范围

本标准规定了 45 μm 方孔标准筛和 80 μm 方孔标准筛的水泥细度筛析试验方法。

本标准适用于硅酸盐水泥、普通硅酸盐水泥、矿渣硅酸盐水泥、火山灰质硅酸盐水泥、粉煤灰硅酸盐水泥、复合硅酸盐水泥以及指定采用本标准的其他品种水泥和粉状物料。

2　规范性引用文件

下列文件中的条款通过本标准的引用而成为本标准的条款。凡是注日期的引用文件，其随后所有的修改单(不包括勘误的内容)或修订版均不适用于本标准，然而，鼓励根据本标准达成协议的各方研究是否可使用这些文件的最新版本。凡是不注日期的引用文件，其最新版本适用于本标准。

GB/T 5329　试验筛与筛分试验　术语

GB/T 6003.1　金属丝编织网试验筛

GB/T 6005　试验筛　金属丝编织网、穿孔板和电成型薄板、筛孔的基本尺寸

GB 12573—1990　水泥取样方法

GSB 14-1511　水泥细度和比表面积标准样

JC/T 728　水泥物理检验仪器　标准筛

3　方法原理

本标准是采用 45 μm 方孔筛和 80 μm 方孔筛对水泥试样进行筛析试验，用筛上筛余物的质量百分数来表示水泥样品的细度。

为保持筛孔的标准度，在用试验筛应用已知筛余的标准样品来标定。

4　术语和定义

本标准采用 GB/T 5329 及下列术语和定义。

4.1

负压筛析法　vacuum sieving

用负压筛析仪，通过负压源产生的恒定气流，在规定筛析时间内使试验筛内的水泥达到筛分。

4.2

水筛法　wet sieving

将试验筛放在水筛座上，用规定压力的水流，在规定时间内使试验筛内的水泥达到筛分。

4.3

手工筛析法　manual sieving

将试验筛放在接料盘(底盘)上，用手工按照规定的拍打速度和转动角度，对水泥进行筛析试验。

5 仪器

5.1 试验筛

5.1.1 试验筛由圆形筛框和筛网组成，筛网符合 GB/T 6005 R20/3 80 μm，GB/T 6005 R20/3 45 μm 的要求，分负压筛、水筛和手工筛三种，负压筛和水筛的结构尺寸见图 1 和图 2，负压筛应附有透明筛盖，筛盖与筛上口应有良好的密封性。手工筛结构符合 GB/T 6003.1，其中筛框高度为 50 mm，筛子的直径为 150 mm。

单位为毫米

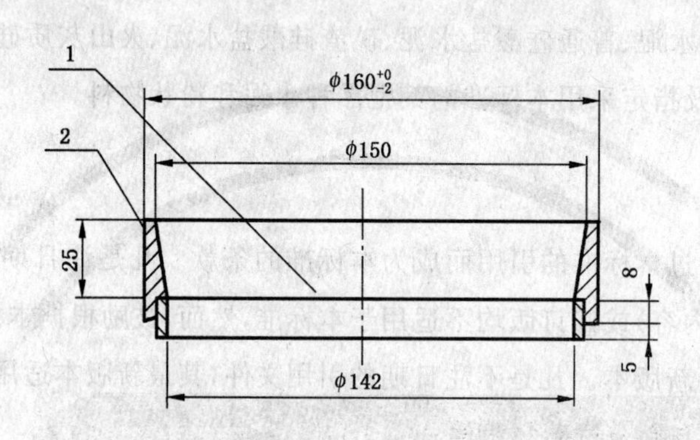

1——筛网；
2——筛框。

图 1 负压筛

单位为毫米

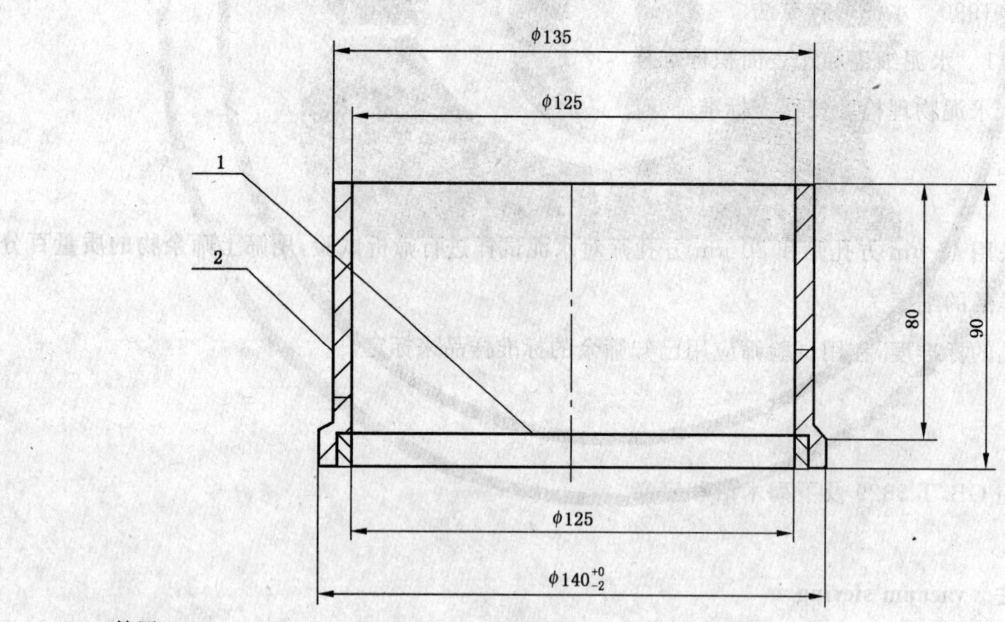

1——筛网；
2——筛框。

图 2 水筛

5.1.2 筛网应紧绷在筛框上，筛网和筛框接触处，应用防水胶密封，防止水泥嵌入。

5.1.3 筛孔尺寸的检验方法按 GB/T 6003.1 进行。由于物料会对筛网产生磨损，试验筛每使用 100 次后需重新标定，标定方法按附录 A 进行。

5.2 负压筛析仪

5.2.1 负压筛析仪由筛座、负压筛、负压源及收尘器组成，其中筛座由转速为 30 r/min±2 r/min 的喷气嘴、负压表、控制板、微电机及壳体构成，见图 3。

单位为毫米

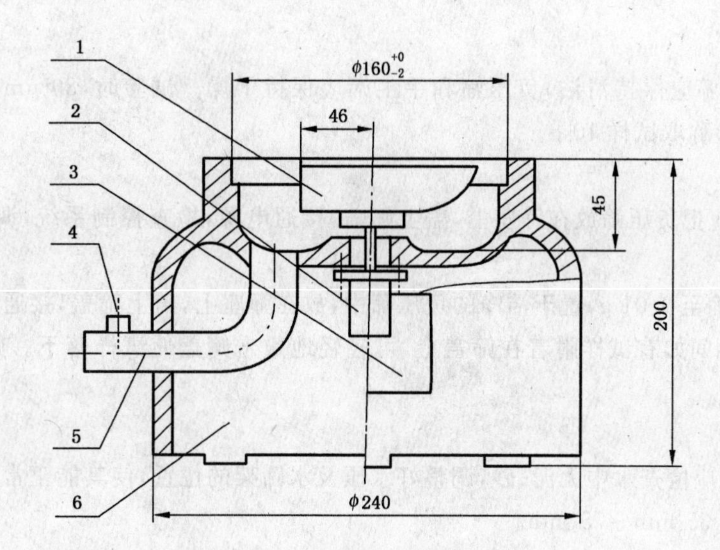

1——喷气嘴；

2——微电机；

3——控制板开口；

4——负压表接口；

5——负压源及收尘器接口；

6——壳体。

图 3　负压筛析仪筛座示意图

5.2.2　筛析仪负压可调范围为 4 000 Pa～6 000 Pa。

5.2.3　喷气嘴上口平面与筛网之间距离为 2 mm～8 mm。

5.2.4　喷气嘴的上开口尺寸见图 4。

单位为毫米

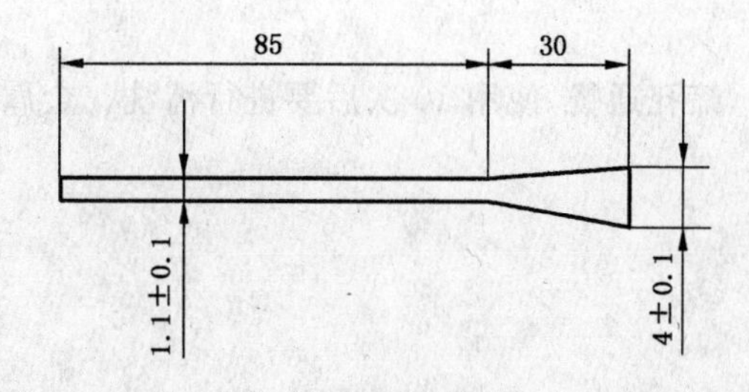

图 4　喷气嘴上开口

5.2.5　负压源和收尘器，由功率≥600 W 的工业吸尘器和小型旋风收尘筒组成或用其他具有相当功能的设备。

5.3　水筛架和喷头

水筛架和喷头的结构尺寸应符合 JC/T 728 规定，但其中水筛架上筛座内径为 140^{+0}_{-3} mm。

5.4　天平

最小分度值不大于 0.01 g。

6　样品要求

水泥样品应有代表性，样品处理方法按 GB 12573—1990 第 3.5 条进行。

7 操作程序

7.1 试验准备

试验前所用试验筛应保持清洁,负压筛和手工筛应保持干燥。试验时,80 μm 筛析试验称取试样 25 g,45 μm 筛析试验称取试样 10 g。

7.2 负压筛析法

7.2.1 筛析试验前应把负压筛放在筛座上,盖上筛盖,接通电源,检查控制系统,调节负压至 4 000 Pa～6 000 Pa 范围内。

7.2.2 称取试样精确至 0.01 g,置于洁净的负压筛中,放在筛座上,盖上筛盖,接通电源,开动筛析仪连续筛析 2 min,在此期间如有试样附着在筛盖上,可轻轻地敲击筛盖使试样落下。筛毕,用天平称量全部筛余物。

7.3 水筛法

7.3.1 筛析试验前,应检查水中无泥、砂,调整好水压及水筛架的位置,使其能正常运转,并控制喷头底面和筛网之间距离为 35 mm～75 mm。

7.3.2 称取试样精确至 0.01g,置于洁净的水筛中,立即用淡水冲洗至大部分细粉通过后,放在水筛架上,用水压为 0.05 MPa±0.02 MPa 的喷头连续冲洗 3 min。筛毕,用少量水把筛余物冲至蒸发皿中,等水泥颗粒全部沉淀后,小心倒出清水,烘干并用天平称量全部筛余物。

7.4 手工筛析法

7.4.1 称取水泥试样精确至 0.01g,倒入手工筛内。

7.4.2 用一只手持筛往复摇动,另一只手轻轻拍打,往复摇动和拍打过程应保持近于水平。拍打速度每分钟约 120 次,每 40 次向同一方向转动 60°,使试样均匀分布在筛网上,直至每分钟通过的试样量不超过 0.03 g 为止。称量全部筛余物。

7.5 对其他粉状物料、或采用 45 μm～80 μm 以外规格方孔筛进行筛析试验时,应指明筛子的规格、称样量、筛析时间等相关参数。

7.6 试验筛的清洗

试验筛必须经常保持洁净,筛孔通畅,使用 10 次后要进行清洗。金属框筛、铜丝网筛清洗时应用专门的清洗剂,不可用弱酸浸泡。

8 结果计算及处理

8.1 计算

水泥试样筛余百分数按下式计算:

$$F = \frac{R_t}{W} \times 100$$

式中:

F——水泥试样的筛余百分数,单位为质量百分数(%);

R_t——水泥筛余物的质量,单位为克(g);

W——水泥试样的质量,单位为克(g)。

结果计算至 0.1%。

8.2 筛余结果的修正

试验筛的筛网会在试验中磨损,因此筛析结果应进行修正。修正的方法是将 8.1 的结果乘以该试验筛按附录 A 标定后得到的有效修正系数,即为最终结果。

实例:

用A号试验筛对某水泥样的筛余值为5.0%，而A号试验筛的修正系数为1.10，则该水泥样的最终结果为：5.0%×1.10=5.5%。

合格评定时，每个样品应称取二个试样分别筛析，取筛余平均值为筛析结果。若两次筛余结果绝对误差大于0.5%时（筛余值大于5.0%时可放至1.0%）应再做一次试验，取两次相近结果的算术平均值，作为最终结果。

8.3 试验结果

负压筛析法、水筛法和手工筛析法测定的结果发生争议时，以负压筛析法为准。

附 录 A
（规范性附录）
水泥试验筛的标定方法

A.1 范围

本附录所规定的方法适用于水泥试验筛的标定。

A.2 原理

用标准样品在试验筛上的测定值，与标准样品的标准值的比值来反映试验筛筛孔的准确度。

A.3 试验条件

A.3.1 水泥细度标准样品

符合 GSB 14-1511 要求，或相同等级的标准样品。有争议时以 GSB 14-1511 标准样品为准。

A.3.2 仪器设备

符合本标准第 5 章要求的相应设备。

A.4 被标定试验筛

被标定试验筛应事先经过清洗，去污，干燥（水筛除外）并和标定试验室温度一致。

A.5 标定

A.5.1 标定操作

将标准样装入干燥洁净的密闭广口瓶中，盖上盖子摇动 2 分钟，消除结块。静置 2 分钟后，用一根干燥洁净的搅拌棒搅匀样品。按照 7.1 称量标准样品精确至 0.01 g，将标准样品倒进被标定试验筛，中途不得有任何损失。接着按 7.2 或 7.3 或 7.4 进行筛析试验操作。每个试验筛的标定应称取二个标准样品连续进行，中间不得插做其他样品试验。

A.5.2 标定结果

二个样品结果的算术平均值为最终值，但当二个样品筛余结果相差大于 0.3% 时应称第三个样品进行试验，并取接近的两个结果进行平均作为最终结果。

A.6 修正系数计算

修正系数按下式计算：

$$C = F_s / F_t$$

式中：

C——试验筛修正系数；

F_s——标准样品的筛余标准值，单位为质量百分数（%）；

F_t——标准样品在试验筛上的筛余值，单位为质量百分数（%）。

计算至 0.01。

A.7 合格判定

A.7.1 当 C 值在 0.80～1.20 范围内时，试验筛可继续使用，C 可作为结果修正系数。

A.7.2 当 C 值超出 0.80～1.20 范围时，试验筛应予淘汰。

ICS 91.100.10
Q 11

中华人民共和国国家标准

GB/T 1346—2011
代替 GB/T 1346—2001

水泥标准稠度用水量、凝结时间、安定性检验方法

Test methods for water requirement of normal consistency, setting time and soundness of the portland cement

(ISO 9597:2008, Cement—Test methods—Determination of setting time and soundness, NEQ)

2011-07-20 发布　　2012-03-01 实施

中华人民共和国国家质量监督检验检疫总局
中国国家标准化管理委员会　发布

前　言

本标准按照GB/T 1.1—2009给出的规则起草。

本标准代替GB/T 1346—2001《水泥标准稠度用水量、凝结时间、安定性检验方法》。

本标准与GB/T 1346—2001相比主要变化如下：

——将"每只试模应配备一个大于试模、厚度≥2.5 mm的平板玻璃底板或金属底板"改为"每个试模应配备一个边长或直径约100 mm、厚度4 mm～5 mm的平板玻璃底板或金属底板"(见4.2，2001年版的4.2)；

——将量筒或滴定管的精度由"最小刻度0.1 mL，精度1%"改为"精度±0.5 mL"(见4.7，2001年版的4.7)；

——将"拌和结束后，立即将拌制好的水泥净浆装入已置于玻璃底板上的试模中，用小刀插捣，轻轻振动数次，刮去多余的净浆"改为"拌和结束后，立即取适量水泥净浆一次性将其装入已置于玻璃底板上的试模中，浆体超过试模上端，用宽约25 mm的直边刀轻轻拍打超出试模部分的浆体5次以排除浆体中的孔隙，然后在试模上表面约1/3处，略倾斜于试模分别向外轻轻锯掉多余净浆，再从试模边沿轻抹顶部一次，使净浆表面光滑。在锯掉多余净浆和抹平的操作过程中，注意不要压实净浆"(见7.3，2001年版的7.3)；

——将"到达初凝或终凝时应立即重复测一次，当两次结论相同时才能定为到达初凝或终凝状态。"改为"到达初凝时应立即重复测一次，当两次结论相同时才能确定到达初凝状态，到达终凝时，需要在试体另外两个不同点测试，结论相同时才能确定到达终凝状态。"(见8.5，2001年版的8.5)；

——将"每个雷氏夹需配备质量约75 g～85 g的玻璃板两块"改为"每个雷氏夹需配两个边长或直径约80 mm、厚度4 mm～5 mm的玻璃板"(见9.1，2001年版的9.1)；

——将"另一只手用宽约10 mm的小刀插捣数次，然后抹平"改为"另一只手用宽约25 mm的直边刀在浆体表面轻轻插捣3次"(见9.2，2001年版的9.2)；

——将"拌和结束后，立即将拌制好的水泥净浆装入锥模中，用小刀插捣数次，轻轻振动数次"改为"拌和结束后，立即将拌制好的水泥净浆装入锥模中，用宽约25 mm的直边刀在浆体表面轻轻插捣5次，再轻振5次"(见10.3.2，2001版的10.3.2)；

——将"用调整水量方法测定时，以试锥下沉深度28 mm±2 mm时的净浆为标准稠度净浆"改为"用调整水量方法测定时，以试锥下沉深度30 mm±1 mm时的净浆为标准稠度净浆。"(见10.3.3，2001年版的10.3.3)。

本标准对应于ISO 9597:2008《水泥试验方法　凝结时间和安定性的测定》，与ISO 9597:2008的一致性程度为非等效。

本标准由中国建筑材料联合会提出。

本标准由全国水泥标准化技术委员会(SAC/TC 184)归口。

本标准主要起草单位：中国建筑材料科学研究总院、厦门艾思欧标准砂有限公司、浙江中富建筑集团股份有限公司。

本标准参加起草单位：新疆天山水泥股份有限公司、四川峨胜水泥股份有限公司、云南红塔滇西水泥股份有限公司、云南昆钢水泥建材集团有限公司、鹿泉市曲寨水泥有限公司、中材汉江水泥股份有限公司、冀中能源股份有限公司水泥厂、陕西声威建材集团有限公司、广灵精华化工集团有限公司、河南同力水泥股份有限公司、云南兴建水泥有限公司、宁夏赛马实业股份有限公司、合肥水泥研究设计院、山东省水泥质量监督检验站、广东省建筑材料研究院、徐州市产品质量监督检验所。

本标准主要起草人：江丽珍、刘晨、颜碧兰、崔向阳、肖忠明、朱文尚、李胜泰、刘龙、于利刚、徐觉慧、王永清、夏志勇、王建新。

本标准所代替标准的历次版本发布情况为：

——GB/T 1346—1989；

——GB/T 1346—2001。

水泥标准稠度用水量、凝结时间、安定性检验方法

1 范围

本标准规定了水泥标准稠度用水量、凝结时间和由游离氧化钙造成的体积安定性检验方法的原理、仪器设备、材料、试验条件和测定方法。

本标准适用于硅酸盐水泥、普通硅酸盐水泥、矿渣硅酸盐水泥、粉煤灰硅酸盐水泥、火山灰质硅酸盐水泥、复合硅酸盐水泥以及指定采用本方法的其他品种水泥。

2 规范性引用文件

下列文件对于本文件的应用是必不可少的。凡是注日期的引用文件，仅注日期的版本适用于本文件。凡是不注日期的引用文件，其最新版本(包括所有的修改单)适用于本文件。

JC/T 727 水泥净浆标准稠度与凝结时间测定仪

JC/T 729 水泥净浆搅拌机

JC/T 955 水泥安定性试验用沸煮箱

3 原理

3.1 水泥标准稠度

水泥标准稠度净浆对标准试杆(或试锥)的沉入具有一定阻力。通过试验不同含水量水泥净浆的穿透性，以确定水泥标准稠度净浆中所需加入的水量。

3.2 凝结时间

试针沉入水泥标准稠度净浆至一定深度所需的时间。

3.3 安定性

3.3.1 雷氏法是通过测定水泥标准稠度净浆在雷氏夹中沸煮后试针的相对位移表征其体积膨胀的程度。

3.3.2 试饼法是通过观测水泥标准稠度净浆试饼煮沸后的外形变化情况表征其体积安定性。

4 仪器设备

4.1 水泥净浆搅拌机

符合 JC/T 729 的要求。

注：通过减小搅拌翅和搅拌锅之间间隙，可以制备更加均匀的净浆。

4.2 标准法维卡仪

图 1 测定水泥标准稠度和凝结时间用维卡仪及配件示意图中包括：

a) 为测定初凝时间时维卡仪和试模示意图；

b) 为测定终凝时间反转试模示意图；

c) 为标准稠度试杆；

d) 为初凝用试针；

e) 为终凝用试针等。

单位为毫米

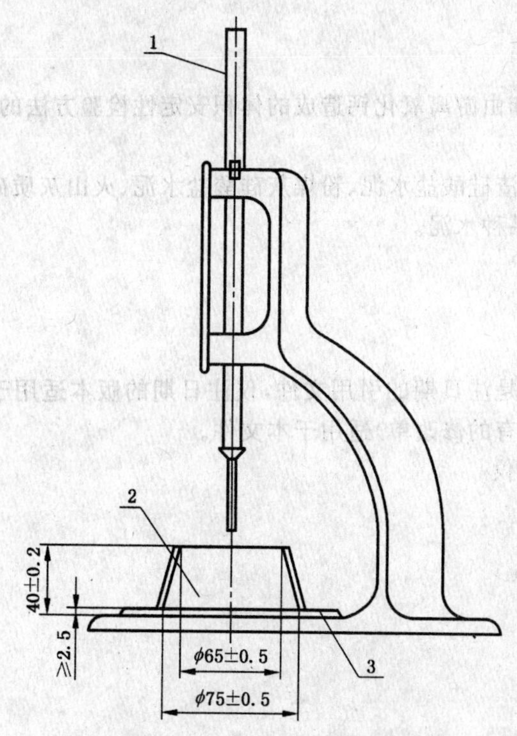

a) 初凝时间测定用立式试模的侧视图

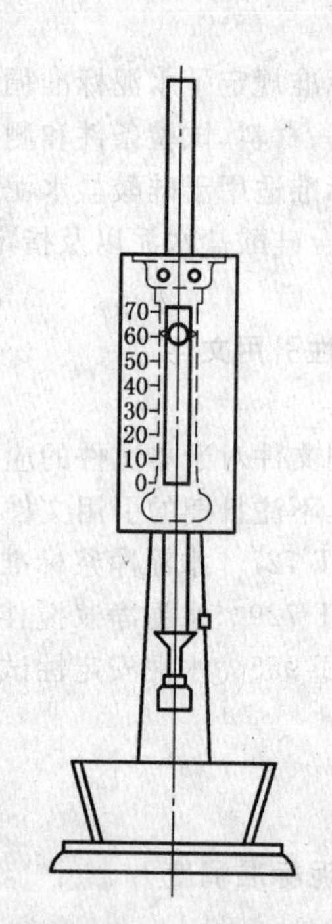

b) 终凝时间测定用反转试模的前视图

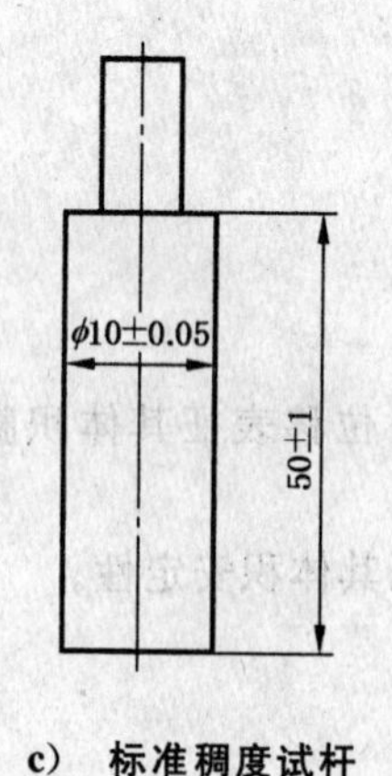

c) 标准稠度试杆

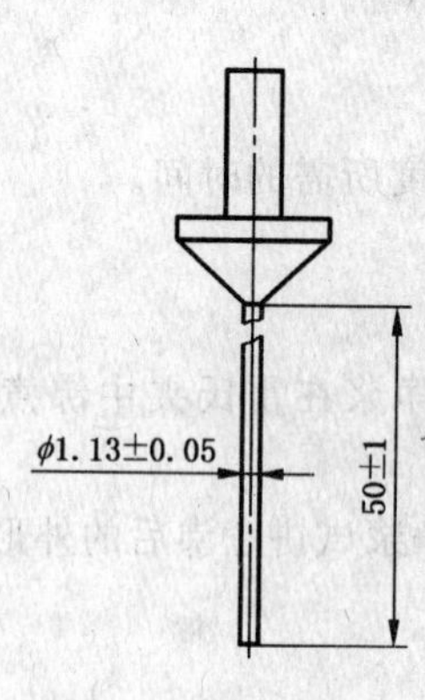

d) 初凝用试针

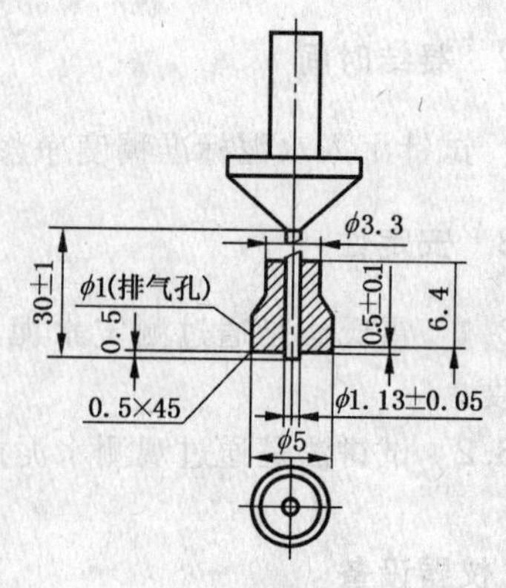

e) 终凝用试针

说明：

1——滑动杆；

2——试模；

3——玻璃板。

图 1 测定水泥标准稠度和凝结时间用维卡仪及配件示意图

标准稠度试杆由有效长度为 50 mm±1 mm，直径为 ϕ10 mm±0.05 mm 的圆柱形耐腐蚀金属制成。初凝用试针由钢制成，其有效长度初凝针为 50 mm±1 mm、终凝针为 30 mm±1 mm，直径为 ϕ1.13 mm±0.05 mm。滑动部分的总质量为 300 g±1 g。与试杆、试针联结的滑动杆表面应光滑，能靠重力自由下落，不得有紧涩和旷动现象。

盛装水泥净浆的试模由耐腐蚀的、有足够硬度的金属制成。试模为深 40 mm±0.2 mm、顶内径 ϕ65 mm±0.5 mm、底内径 ϕ75 mm±0.5 mm 的截顶圆锥体。每个试模应配备一个边长或直径约 100 mm、厚度 4 mm～5 mm 的平板玻璃底板或金属底板。

4.3 代用法维卡仪

符合 JC/T 727 要求。

4.4 雷氏夹

由铜质材料制成，其结构如图 2。当一根指针的根部先悬挂在一根金属丝或尼龙丝上，另一根指针的根部再挂上 300 g 质量的砝码时，两根指针针尖的距离增加应在 17.5 mm±2.5 mm 范围内，即 $2x$＝17.5 mm±2.5 mm（见图 3），当去掉砝码后针尖的距离能恢复至挂砝码前的状态。

单位为毫米

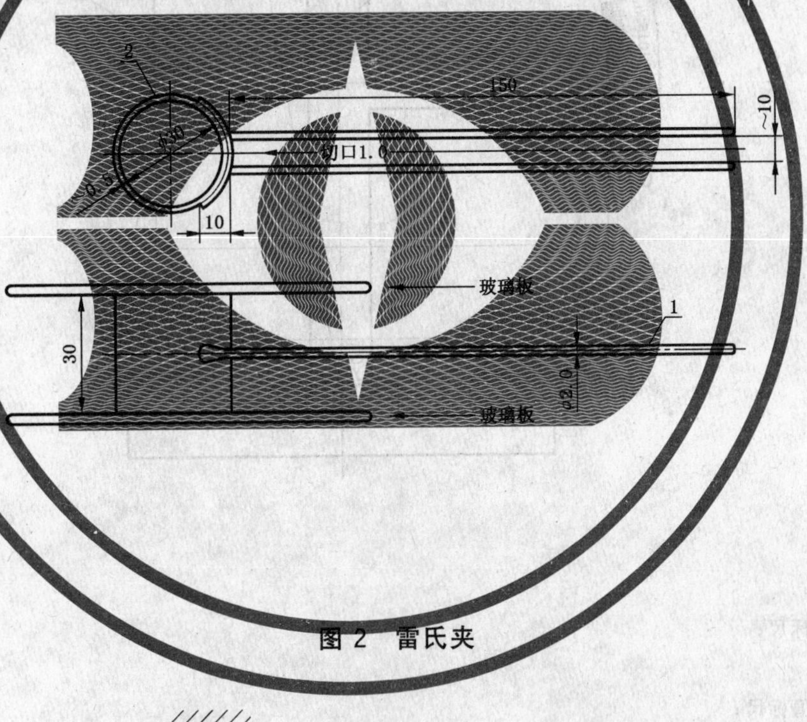

说明：

1——指针；

2——环模。

图 2 雷氏夹

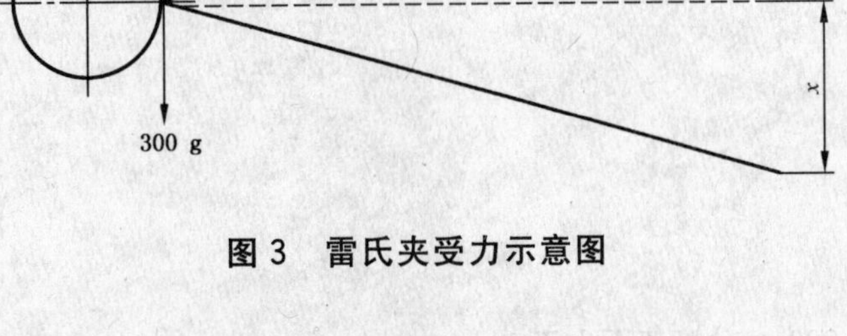

图 3 雷氏夹受力示意图

4.5 沸煮箱

符合 JC/T 955 的要求。

4.6 雷氏夹膨胀测定仪

如图 4 所示，标尺最小刻度为 0.5 mm。

单位为毫米

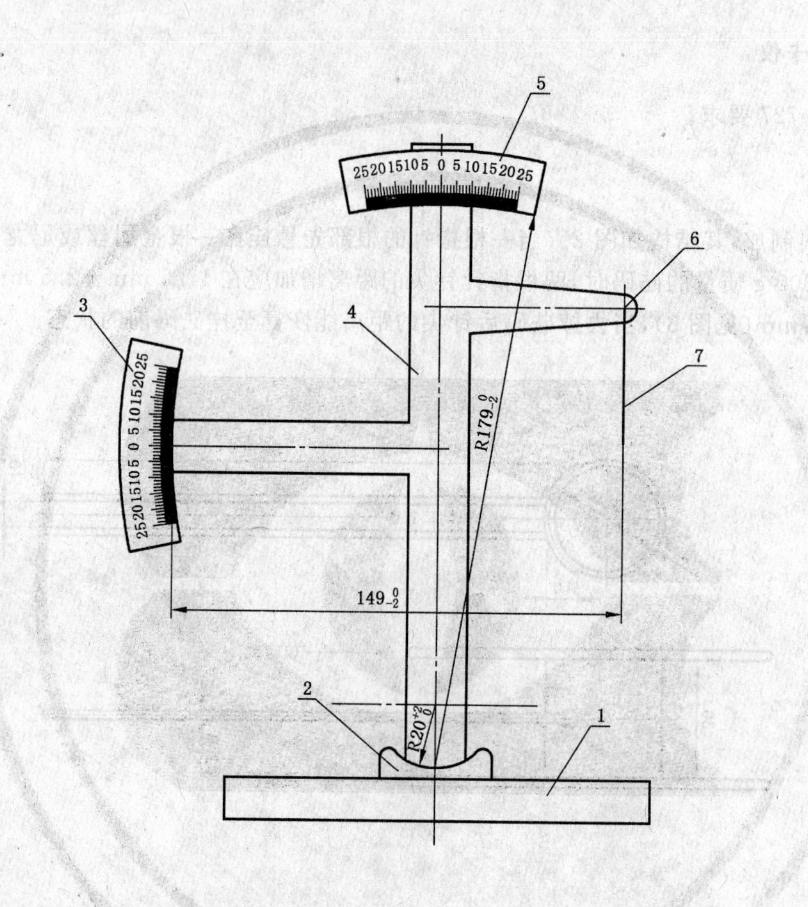

说明：

1——底座；

2——模子座；

3——测弹性标尺；

4——立柱；

5——测膨胀值标尺；

6——悬臂；

7——悬丝。

图 4 雷氏夹膨胀测定仪

4.7 量筒或滴定管

精度±0.5 mL。

4.8 天平

最大称量不小于 1 000 g，分度值不大于 1 g。

5 材料

试验用水应是洁净的饮用水，如有争议时应以蒸馏水为准。

6 试验条件

6.1 试验室温度为 20 ℃±2 ℃，相对湿度应不低于 50%；水泥试样、拌和水、仪器和用具的温度应与试验室一致；

6.2 湿气养护箱的温度为 20 ℃±1 ℃，相对湿度不低于 90%。

7 标准稠度用水量测定方法(标准法)

7.1 试验前准备工作

7.1.1 维卡仪的滑动杆能自由滑动。试模和玻璃底板用湿布擦拭，将试模放在底板上。

7.1.2 调整至试杆接触玻璃板时指针对准零点。

7.1.3 搅拌机运行正常。

7.2 水泥净浆的拌制

用水泥净浆搅拌机搅拌，搅拌锅和搅拌叶片先用湿布擦过，将拌和水倒入搅拌锅内，然后在 5 s～10 s内小心将称好的 500 g 水泥加入水中，防止水和水泥溅出；拌和时，先将锅放在搅拌机的锅座上，升至搅拌位置，启动搅拌机，低速搅拌 120 s，停 15 s，同时将叶片和锅壁上的水泥浆刮入锅中间，接着高速搅拌 120 s 停机。

7.3 标准稠度用水量的测定步骤

拌和结束后，立即取适量水泥净浆一次性将其装入已置于玻璃底板上的试模中，浆体超过试模上端，用宽约 25 mm 的直边刀轻轻拍打超出试模部分的浆体 5 次以排除浆体中的孔隙，然后在试模上表面约 1/3 处，略倾斜于试模分别向外轻轻锯掉多余净浆，再从试模边沿轻抹顶部一次，使净浆表面光滑。在锯掉多余净浆和抹平的操作过程中，注意不要压实净浆；抹平后迅速将试模和底板移到维卡仪上，并将其中心定在试杆下，降低试杆直至与水泥净浆表面接触，拧紧螺丝 1 s～2 s 后，突然放松，使试杆垂直自由地沉入水泥净浆中。在试杆停止沉入或释放试杆 30 s 时记录试杆距底板之间的距离，升起试杆后，立即擦净；整个操作应在搅拌后 1.5 min 内完成。以试杆沉入净浆并距底板 6 mm±1 mm 的水泥净浆为标准稠度净浆。其拌和水量为该水泥的标准稠度用水量(P)，按水泥质量的百分比计。

8 凝结时间测定方法

8.1 试验前准备工作

调整凝结时间测定仪的试针接触玻璃板时指针对准零点。

8.2 试件的制备

以标准稠度用水量按 7.2 制成标准稠度净浆，按 7.3 装模和刮平后，立即放入湿气养护箱中。记录水泥全部加入水中的时间作为凝结时间的起始时间。

8.3 初凝时间的测定

试件在湿气养护箱中养护至加水后 30 min 时进行第一次测定。测定时，从湿气养护箱中取出试模放到试针下，降低试针与水泥净浆表面接触。拧紧螺丝 1 s～2 s 后，突然放松，试针垂直自由地沉入水泥净浆。观察试针停止下沉或释放试针 30 s 时指针的读数。临近初凝时间时每隔 5 min(或更短时间)测定一次，当试针沉至距底板 4 mm±1 mm 时，为水泥达到初凝状态；由水泥全部加入水中至初凝状态的时间为水泥的初凝时间，用 min 来表示。

8.4 终凝时间的测定

为了准确观测试针沉入的状况，在终凝针上安装了一个环形附件[见图 1e)]。在完成初凝时间测定后，立即将试模连同浆体以平移的方式从玻璃板取下，翻转 180°，直径大端向上，小端向下放在玻璃板上，再放入湿气养护箱中继续养护。临近终凝时间时每隔 15 min(或更短时间)测定一次，当试针沉入试体 0.5 mm 时，即环形附件开始不能在试体上留下痕迹时，为水泥达到终凝状态。由水泥全部加入水中至终凝状态的时间为水泥的终凝时间，用 min 来表示。

8.5 测定注意事项

测定时应注意，在最初测定的操作时应轻轻扶持金属柱，使其徐徐下降，以防试针撞弯，但结果以自由下落为准；在整个测试过程中试针沉入的位置至少要距试模内壁 10 mm。临近初凝时，每隔 5 min(或更短时间)测定一次，临近终凝时每隔 15 min(或更短时间)测定一次，到达初凝时应立即重复测一次，当两次结论相同时才能确定到达初凝状态，到达终凝时，需要在试体另外两个不同点测试，确认结论相同才能确定到达终凝状态。每次测定不能让试针落入原针孔，每次测试完毕须将试针擦净并将试模放回湿气养护箱内，整个测试过程要防止试模受振。

注：可以使用能得出与标准中规定方法相同结果的凝结时间自动测定仪，有矛盾时以标准规定方法为准。

9 安定性测定方法(标准法)

9.1 试验前准备工作

每个试样需成型两个试件，每个雷氏夹需配备两个边长或直径约 80 mm、厚度 4 mm～5 mm 的玻璃板，凡与水泥净浆接触的玻璃板和雷氏夹内表面都要稍稍涂上一层油。

注：有些油会影响凝结时间，矿物油比较合适。

9.2 雷氏夹试件的成型

将预先准备好的雷氏夹放在已稍擦油的玻璃板上，并立即将已制好的标准稠度净浆一次装满雷氏夹，装浆时一只手轻轻扶持雷氏夹，另一只手用宽约 25 mm 的直边刀在浆体表面轻轻插捣 3 次，然后抹平，盖上稍涂油的玻璃板，接着立即将试件移至湿气养护箱内养护 24 h±2 h。

9.3 沸煮

9.3.1 调整好沸煮箱内的水位，使能保证在整个沸煮过程中都超过试件，不需中途添补试验用水，同时又能保证在 30 min±5 min 内升至沸腾。

9.3.2 脱去玻璃板取下试件，先测量雷氏夹指针尖端间的距离(A)，精确到 0.5 mm，接着将试件放入沸煮箱水中的试件架上，指针朝上，然后在 30 min±5 min 内加热至沸并恒沸 180 min±5 min。

9.3.3 结果判别

沸煮结束后，立即放掉沸煮箱中的热水，打开箱盖，待箱体冷却至室温，取出试件进行判别。测量雷氏夹指针尖端的距离(C),准确至 0.5 mm,当两个试件煮后增加距离(C-A)的平均值不大于 5.0 mm 时,即认为该水泥安定性合格,当两个试件煮后增加距离(C-A)的平均值大于 5.0 mm 时,应用同一样品立即重做一次试验。以复检结果为准。

10 标准稠度用水量测定方法(代用法)

10.1 试验前准备工作

10.1.1 维卡仪的金属棒能自由滑动。

10.1.2 调整至试锥接触锥模顶面时指针对准零点。

10.1.3 搅拌机运行正常。

10.2 水泥净浆的拌制同 7.2。

10.3 标准稠度的测定

10.3.1 采用代用法测定水泥标准稠度用水量可用调整水量和不变水量两种方法的任一种测定。采用调整水量方法时拌和水量按经验找水,采用不变水量方法时拌和水量用 142.5 mL。

10.3.2 拌和结束后,立即将拌制好的水泥净浆装入锥模中,用宽约 25 mm 的直边刀在浆体表面轻轻插捣 5 次,再轻振 5 次,刮去多余的净浆;抹平后迅速放到试锥下面固定的位置上,将试锥降至净浆表面,拧紧螺丝 1 s～2 s 后,突然放松,让试锥垂直自由地沉入水泥净浆中。到试锥停止下沉或释放试锥 30 s 时记录试锥下沉深度。整个操作应在搅拌后 1.5 min 内完成。

10.3.3 用调整水量方法测定时,以试锥下沉深度 30 mm±1 mm 时的净浆为标准稠度净浆。其拌和水量为该水泥的标准稠度用水量(P),按水泥质量的百分比计。如下沉深度超出范围需另称试样,调整水量,重新试验,直至达到 30 mm±1 mm 为止。

10.3.4 用不变水量方法测定时,根据式(1)(或仪器上对应标尺)计算得到标准稠度用水量 P。当试锥下沉深度小于 13 mm 时,应改用调整水量法测定。

$$P = 33.4 - 0.185S \quad \cdots\cdots\cdots\cdots(1)$$

式中:

P——标准稠度用水量,%;

S——试锥下沉深度,单位为毫米(mm)。

11 安定性测定方法(代用法)

11.1 试验前准备工作

每个样品需准备两块边长约 100 mm 的玻璃板,凡与水泥净浆接触的玻璃板都要稍稍涂上一层油。

11.2 试饼的成型方法

将制好的标准稠度净浆取出一部分分成两等份,使之成球形,放在预先准备好的玻璃板上,轻轻振动玻璃板并用湿布擦过的小刀由边缘向中央抹,做成直径 70 mm～80 mm、中心厚约 10 mm、边缘渐薄、表面光滑的试饼,接着将试饼放入湿气养护箱内养护 24 h±2 h。

11.3 沸煮

11.3.1 步骤同 9.3.1。

11.3.2 脱去玻璃板取下试饼,在试饼无缺陷的情况下将试饼放在沸煮箱水中的篦板上,在 30 min±5 min 内加热至沸并恒沸 180 min±5 min。

11.3.3 结果判别

沸煮结束后，立即放掉沸煮箱中的热水，打开箱盖，待箱体冷却至室温，取出试件进行判别。目测试饼未发现裂缝，用钢直尺检查也没有弯曲（使钢直尺和试饼底部紧靠，以两者间不透光为不弯曲）的试饼为安定性合格，反之为不合格。当两个试饼判别结果有矛盾时，该水泥的安定性为不合格。

12 试验报告

试验报告应包括标准稠度用水量、初凝时间、终凝时间、雷氏夹膨胀值或试饼的裂缝、弯曲形态等所有的试验结果。

ICS 91.100.10
Q 11

中华人民共和国国家标准

GB/T 2419—2005
代替 GB/T 2419—94

水泥胶砂流动度测定方法

Test method for fluidity of cement mortar

2005-01-19 发布　　2005-08-01 实施

中华人民共和国国家质量监督检验检疫总局
中国国家标准化管理委员会　发布

前言

本次标准参考 EN 459-2:2001《建筑石灰》标准中 5.5.2.1.2 流动度跳桌的要求进行修订。

本标准代替 GB/T 2419—1994《水泥胶砂流动度测定方法》，与 GB/T 2419—1994 标准相比，主要变化如下：

——采用技术参数与 EN 459-2:2001 相同的水泥胶砂流动度跳桌，但跳动次数为 25 次（1994 年版的附录 A；本版的附录 A）；

——水泥胶砂流动度检验用胶砂组成按相应标准要求或试验设计确定（1994 年版的第 4 章；本版的第 5 章）。

本标准的附录 A 为规范性附录。

本标准由中国建筑材料工业协会提出。

本标准由全国水泥标准化技术委员会(SAC/TC 184)归口。

本标准负责起草单位：中国建筑材料科学研究院。

本标准参加起草单位：无锡建仪仪器机械有限公司、北京市水泥质量监督检验站、云南省建筑材料产品质量监督检验站。

本标准主要起草人：刘晨、颜碧兰、江丽珍、肖忠明、白显明、张大同、宋立春、鲍煜曦。

本标准所代替标准的历次版本情况为：

——GB 2419—1981、GB/T 2419—1994。

水泥胶砂流动度测定方法

1 范围

本标准规定了水泥胶砂流动度测定方法的原理、仪器和设备、试验条件及材料、试验方法、结果与计算。

本标准适用于水泥胶砂流动度的测定。

2 规范性引用文件

下列文件中的条款通过本标准的引用而成为本标准的条款。凡是注日期的引用文件，其随后所有的修改单(不包括勘误的内容)或修订版均不适用于本标准，然而，鼓励根据本标准达成协议的各方研究是否可使用这些文件的最新版本。凡是不注日期的引用文件，其最新版本适用于本标准。

GB/T 17671—1999 水泥胶砂强度检验方法(ISO法)(idt ISO 679:1989)

JC/T 681 行星式水泥胶砂搅拌机

JBW01-1-1 水泥胶砂流动度标准样

3 方法原理

通过测量一定配比的水泥胶砂在规定振动状态下的扩展范围来衡量其流动性。

4 仪器和设备

4.1 水泥胶砂流动度测定仪(简称跳桌)

技术要求及其安装方法见附录A。

4.2 水泥胶砂搅拌机

符合JC/T 681的要求。

4.3 试模

由截锥圆模和模套组成。金属材料制成，内表面加工光滑。圆模尺寸为：

高度60 mm±0.5 mm；

上口内径70 mm±0.5 mm；

下口内径100 mm±0.5 mm；

下口外径120 mm；

模壁厚大于5 mm。

4.4 捣棒

金属材料制成，直径为20 mm±0.5 mm，长度约200 mm。

捣棒底面与侧面成直角，其下部光滑，上部手柄滚花。

4.5 卡尺

量程不小于300 mm，分度值不大于0.5 mm。

4.6 小刀

刀口平直，长度大于80 mm。

4.7 天平

量程不小于1 000 g，分度值不大于1 g。

5 试验条件及材料

5.1 试验室、设备、拌和水、样品

应符合 GB/T 17671—1999 中第 4 条试验室和设备的有关规定。

5.2 胶砂组成

胶砂材料用量按相应标准要求或试验设计确定。

6 试验方法

6.1 如跳桌在 24 h 内未被使用,先空跳一个周期 25 次。

6.2 胶砂制备按 GB/T 17671 有关规定进行。在制备胶砂的同时,用潮湿棉布擦拭跳桌台面、试模内壁、捣棒以及与胶砂接触的用具,将试模放在跳桌台面中央并用潮湿棉布覆盖。

6.3 将拌好的胶砂分两层迅速装入试模,第一层装至截锥圆模高度约三分之二处,用小刀在相互垂直两个方向各划 5 次,用捣棒由边缘至中心均匀捣压 15 次(图 1);随后,装第二层胶砂,装至高出截锥圆模约 20 mm,用小刀在相互垂直两个方向各划 5 次,再用捣棒由边缘至中心均匀捣压 10 次(图 2)。捣压后胶砂应略高于试模。捣压深度,第一层捣至胶砂高度的二分之一,第二层捣实不超过已捣实底层表面。装胶砂和捣压时,用手扶稳试模,不要使其移动。

6.4 捣压完毕,取下模套,将小刀倾斜,从中间向边缘分两次以近水平的角度抹去高出截锥圆模的胶砂,并擦去落在桌面上的胶砂。将截锥圆模垂直向上轻轻提起。立刻开动跳桌,以每秒钟一次的频率,在 25 s±1 s 内完成 25 次跳动。

6.5 流动度试验,从胶砂加水开始到测量扩散直径结束,应在 6 min 内完成。

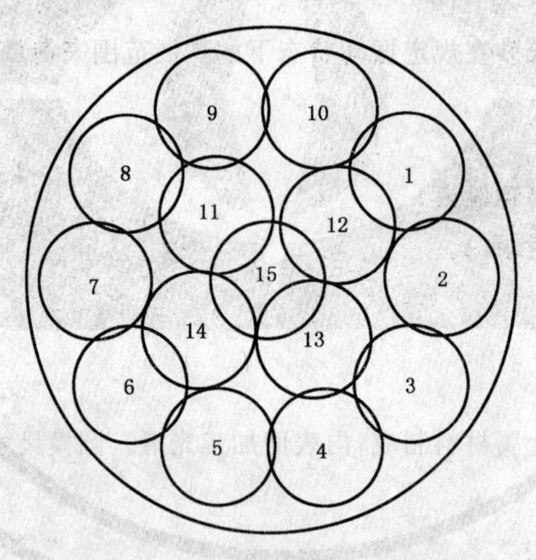

图 1 第一层捣压位置示意图

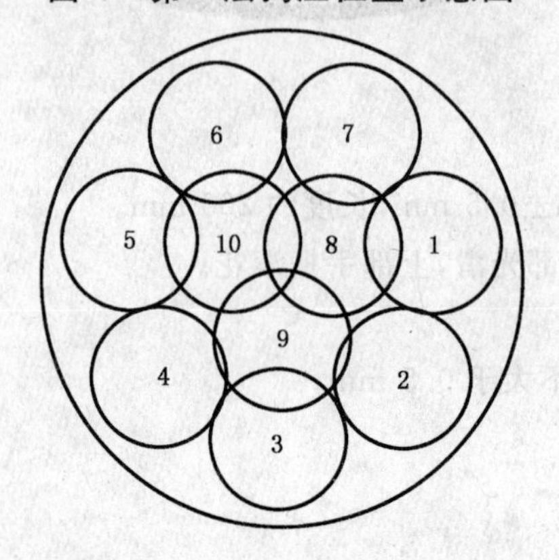

图 2 第二层捣压位置示意图

7 结果与计算

跳动完毕，用卡尺测量胶砂底面互相垂直的两个方向直径，计算平均值，取整数，单位为毫米。该平均值即为该水量的水泥胶砂流动度。

附 录 A
（规范性附录）
跳桌及其安装

A.1 范围

本附录规定了跳桌的技术要求、安装和润滑、检定。

A.2 技术要求

A.2.1 跳桌主要由铸铁机架和跳动部分组成(图 A.1)。

单位为毫米

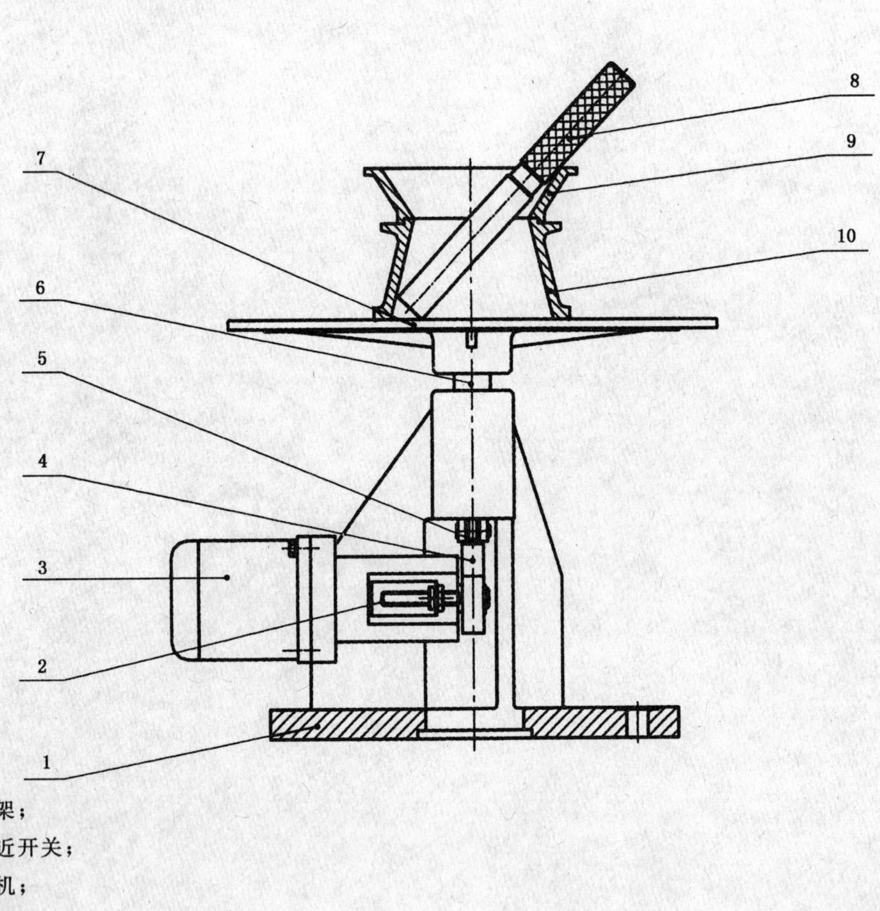

1——机架；
2——接近开关；
3——电机；
4——凸轮；
5——滑轮；
6——推杆；
7——圆盘桌面；
8——捣棒；
9——模套；
10——截锥圆模。

图 A.1 跳桌结构示意图

A.2.2 机架是铸铁铸造的坚固整体，有三根相隔120°分布的增强筋延伸整个机架高度。机架孔周围环状精磨。机架孔的轴线与圆盘上表面垂直。当圆盘下落和机架接触时，接触面保持光滑，并与圆盘上表面成平行状态，同时在360°范围内完全接触。

A.2.3 跳动部分主要由圆盘桌面和推杆组成，总质量为 4.35 kg±0.15 kg，且以推杆为中心均匀分布。圆盘桌面为布氏硬度不低于 200 HB 的铸钢，直径为 300 mm±1 mm，边缘约厚 5 mm。其上表面应光滑平整，并镀硬铬。表面粗糙度 R_a 在 0.8～1.6 之间。桌面中心有直径为 125 mm 的刻圆，用以确定锥形试模的位置。从圆盘外缘指向中心有 8 条线，相隔 45°分布。桌面下有 6 根辐射状筋，相隔 60°均匀分布。圆盘表面的平面度不超过 0.10 mm。跳动部分下落瞬间，托轮不应与凸轮接触。跳桌落距为 10.0 mm±0.2 mm。推杆与机架孔的公差间隙为 0.05 mm～0.10 mm。

A.2.4 凸轮(图 A.2)由钢制成，其外表面轮廓符合等速螺旋线，表面硬度不低于洛氏 55 HRC。当推杆和凸轮接触时不应察觉出有跳动，上升过程中保持圆盘桌面平稳，不抖动。

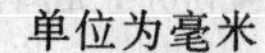
单位为毫米

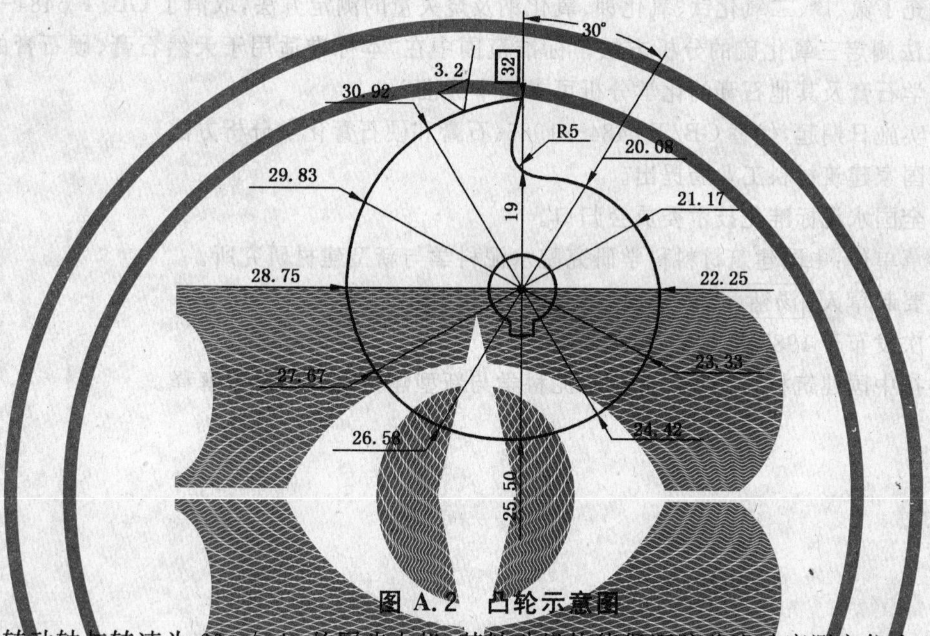

图 A.2 凸轮示意图

A.2.5 转动轴与转速为 60 r/min 的同步电机，其转动机构能保证胶砂流动度测定仪在(25±1) s 内完成 25 次跳动。

A.2.6 跳桌底座有 3 个直径为 12 mm 的孔，以便与混凝土基座连接，三个孔均匀分布在直径 200 mm 的圆上。

A.3 安装和润滑

A.3.1 跳桌宜通过膨胀螺栓安装在已硬化的水平混凝土基座上。基座由容重至少为 2 240 kg/m³ 的重混凝土浇筑而成，基部约为 400 mm×400 mm 见方，高约 690 mm。

A.3.2 跳桌推杆应保持清洁，并稍涂润滑油。圆盘与机架接触面不应该有油。凸轮表面上涂油可减少操作的摩擦。

A.4 检定

跳桌安装好后，采用流动度标准样(JB W01-1-1)进行检定，测得标样的流动度值如与给定的流动度值相差在规定范围内，则该跳桌的使用性能合格。

前　言

本标准是GB/T 5484—1985《石膏和硬石膏化学分析方法》的修订版。

本标准考虑到我国石膏品种的特点，规定了石膏化学分析方法的标准法和在一定条件下被认为能给出同等结果的代用法。在有争议时，以标准法为准。

标准法中结晶水的测定与ISO 3052:1974(E)规定的方法相同；附着水和三氧化硫的测定方法参照ASTM C471M—1995标准；三氧化二铁的测定方法参照JIS R9101标准。

本标准补充了氟、磷、二氧化钛、氧化钾、氧化钠及烧失量的测定方法，取消了GB/T 5484—1985标准中离子交换法测定三氧化硫的分析方法。标准范围中在“本标准适用于天然石膏、硬石膏的化学分析”后增加“化学石膏及其他石膏的化学分析可参照本标准”。

本标准自实施日期起，代替GB/T 5484—1985《石膏和硬石膏化学分析方法》。

本标准由国家建筑材料工业局提出。

本标准由全国水泥标准化技术委员会归口。

本标准起草单位：中国建筑材料科学研究院水泥科学与新型建材研究所。

本标准主要起草人：汤菊萍、罗邦茜、崔　健、刘文长。

本标准首次发布于1985年。

本标准委托中国建筑材料科学研究院水泥科学与新型建材研究所负责解释。

中华人民共和国国家标准

石膏化学分析方法

GB/T 5484—2000

Methods for chemical analysis of gypsum

代替 GB/T 5484—1985

1 范围

本标准规定了石膏化学分析方法。

本标准适用于天然石膏、硬石膏的化学分析。化学石膏及其他石膏的化学分析可参照本标准。

2 引用标准

下列标准所包含的条文，通过在本标准中引用而构成为本标准的条文。本标准出版时，所示版本均为有效。所有标准都会被修订，使用本标准的各方应探讨使用下列标准最新版本的可能性。

GB/T 2007.1—1987　散装矿产品取样、制样通则　手工取样(neq ISO 1422:1986)

3 试验的基本要求

3.1 试验次数与要求

每项测定的试验次数规定为两次。用两次试验平均值表示测定结果。

在进行化学分析时，各项测定应同时进行空白试验，并对所测结果加以校正。

3.2 质量、体积、体积比、滴定度和结果的表示

质量单位用"克"表示，精确至 0.000 1 g。滴定管体积单位用"毫升"表示，精确至 0.05 mL。

滴定度单位用"毫克/毫升(mg/mL)"表示，滴定度和体积比经修约后保留有效数字四位。各项分析结果均以百分数计，表示至小数二位。

3.3 允许差

本标准所列允许差均为绝对偏差，用百分数表示。

同一试验室的允许差是指：同一分析试验室同一分析人员(或两个分析人员)，采用本标准方法分析同一试样时，两次分析结果应符合允许差规定。如超出允许范围，应在短时间内进行第三次测定(或第三者的测定)，测定结果与前两次或任一次分析结果之差值符合允许差规定时，则取其平均值，否则，应查找原因，重新按上述规定进行分析。

不同试验室的允许差是指：两个试验室采用本标准方法对同一试样各自进行分析时，所得分析结果的平均值之差应符合允许差规定。

3.4 灼烧

将滤纸和沉淀放入预先已灼烧并恒量的坩埚中，烘干。在氧化性气氛中慢慢灰化，不使有火焰产生，灰化至无黑色炭颗粒后，放入马弗炉中，在规定的温度下灼烧。在干燥器中冷却至室温，称量。

3.5 恒量

经第一次灼烧、冷却、称量后，通过连续对每次 15 min 的灼烧，然后冷却、称量的方法来检查恒定质量，当连续两次称量之差小于 0.000 5 g 时，即达到恒量。

3.6 检查 Cl^- 离子(硝酸银检验)

国家质量技术监督局 2000-12-18 批准　　2001-07-01 实施

按规定洗涤沉淀数次后，用数滴水淋洗漏斗的下端，用数毫升水洗涤滤纸和沉淀，将滤液收集在试管中，加几滴硝酸银溶液（见4.8），观察试管中溶液是否浑浊。如果浑浊，继续洗涤并定期检查，直至硝酸银检验不再浑浊为止。

4 试剂和材料

分析过程中，只应使用蒸馏水或同等纯度的水；所用试剂应为分析纯或优级纯试剂。用于标定与配制标准溶液的试剂，除另有说明外应为基准试剂。

除另有说明外，%表示“%(m/m)”。本标准使用的市售浓液体试剂应具有下列密度 ρ(20℃，单位：g/cm^3)或浓度%(m/m)：

——盐酸(HCl)　1.18 g/cm^3～1.19 g/cm^3 或36%～38%

——氢氟酸(HF)　1.13 g/cm^3 或40%

——硝酸(HNO_3)　1.39 g/cm^3～1.41 g/cm^3 或65%～68%

——硫酸(H_2SO_4)　1.84 g/cm^3 或95%～98%

——冰乙酸(CH_3COOH)　1.049 g/cm^3 或99.8%

——氨水($NH_3 \cdot H_2O$)　0.90 g/cm^3～0.91 g/cm^3 或25%～28%

在化学分析中，所用酸或氨水，凡未注浓度者均指市售的浓酸或浓氨水。用体积比表示试剂稀释程度，例如：盐酸(1+2)表示：1份体积的浓盐酸与2份体积的水相混合。

4.1 氢氧化钠(NaOH)。

4.2 氢氧化钾(KOH)。

4.3 氯化钾(KCl)：颗粒粗大时，应研细后使用。

4.4 焦硫酸钾($K_2S_2O_7$)：将市售焦硫酸钾在瓷蒸发皿中加热熔化，待气泡停止发生后，冷却、研碎，贮存于磨口瓶中。

4.5 盐酸(1+1)；(1+2)；(1+5)。

4.6 硫酸(1+1)；(1+9)。

4.7 氨水(1+1)；(1+2)。

4.8 硝酸银溶液(10 g/L)：将1 g硝酸银($AgNO_3$)溶于90 mL水中，加10 mL硝酸(HNO_3)，摇匀，储存于棕色滴瓶中。

4.9 氯化钡溶液(100 g/L)：将100 g二水氯化钡($BaCl_2 \cdot 2H_2O$)溶于水中，加水稀释至1 L。

4.10 三乙醇胺[$N(CH_2CH_2OH)_3$]：(1+2)。

4.11 氢氧化钾溶液(200 g/L)：将200 g氢氧化钾(KOH)溶于水中，加水稀释至1 L。贮存于塑料瓶中。

4.12 酒石酸钾钠溶液(100 g/L)：将100 g酒石酸钾钠($C_4H_4KNaO_6 \cdot 4H_2O$)溶于水中稀释至1 L。

4.13 抗坏血酸溶液(10 g/L)：将1 g抗坏血酸($C_6H_8O_6$)溶于100 mL水中，过滤后使用，用时现配。

4.14 邻菲罗啉溶液(10 g/L)：将1 g邻菲罗啉($C_{12}H_8N_2 \cdot H_2O$)溶于100 mL乙酸(1+1)中，用时现配。

4.15 乙酸铵溶液(100 g/L)：将10 g乙酸铵(CH_3COONH_4)溶于100 mL水中。

4.16 EDTA-Cu溶液：按[c(EDTA)=0.015 mol/L]EDTA标准滴定溶液（见4.30）与[$c(CuSO_4)$=0.015 mol/L]硫酸铜标准滴定溶液（见4.31）的体积比（见4.31.2），准确配制成等浓度的混合溶液。

4.17 pH3.0的缓冲溶液：将3.2 g无水乙酸钠(CH_3COONa)溶于水中，加120 mL冰乙酸(CH_3COOH)，用水稀释至1 L，摇匀。

4.18 pH4.3的缓冲溶液：将42.3 g无水乙酸钠(CH_3COONa)溶于水中，加80 mL冰乙酸(CH_3COOH)，用水稀释至1 L，摇匀。

4.19 pH10的缓冲溶液：将67.5 g氯化铵(NH_4Cl)溶于水中，加570 mL氨水($NH_3 \cdot H_2O$)，加水稀释

至1 L。

4.20 二安替比林甲烷溶液(30 g/L 盐酸溶液):将15 g二安替比林甲烷($C_{23}H_{24}N_4O_2$)溶于500 mL盐酸(1+11)中,过滤后使用。

4.21 碳酸铵溶液(100 g/L):将10 g碳酸铵[$(NH_4)_2CO_3$]溶解于100 mL水中,用时现配。

4.22 氟化钾溶液(150 g/L):称取150 g氟化钾($KF \cdot 2H_2O$)于塑料杯中,加水溶解后,用水稀释至1 L,贮存于塑料瓶中。

4.23 氯化钾溶液(50 g/L):将50 g氯化钾(KCl)溶于水中,用水稀释至1 L。

4.24 氯化钾-乙醇溶液(50 g/L):将5 g氯化钾(KCl)溶于50 mL水中,加入95%(V/V)乙醇(C_2H_5OH)50 mL,混匀。

4.25 氢氧化钠溶液(80 g/L):将80 g氢氧化钠溶于水中,加水稀释至1 L,贮存于塑料瓶内。

4.26 pH6.0的总离子强度配位缓冲液:将294.1 g柠檬酸钠($C_6H_5Na_3O_7 \cdot 2H_2O$)溶于水中,以盐酸(1+1)和氢氧化钠溶液(见4.25)调节溶液pH为6.0,然后加水稀释至1 L,摇匀。

4.27 萃取液(又称有机相):将1体积的正丁醇与3体积的三氯甲烷相混合,摇匀。

4.28 钼酸铵溶液(50 g/L):将5 g钼酸铵溶液[$(NH_4)_6Mo_7O_{24} \cdot 4H_2O$]溶于水中,加水稀释至100 mL,过滤后贮存于塑料瓶中,此溶液可保存约一周。

4.29 碳酸钙标准溶液[$c(CaCO_3)=0.024$ mol/L]

称取约0.6 g(m_1)已于105℃~110℃烘过2 h的碳酸钙($CaCO_3$),精确至0.000 1 g,置于400 mL烧杯中,加入约100 mL水,盖上表面皿,沿杯口滴加盐酸(1+1)至碳酸钙全部溶解,加热煮沸数分钟。将溶液冷至室温,移入250 mL容量瓶中,用水稀释至标线,摇匀。

4.30 EDTA标准滴定溶液[$c(EDTA)=0.015$ mol/L]

4.30.1 标准滴定溶液的配制

称取约5.6 gEDTA(乙二胺四乙酸二钠盐)置于烧杯中,加入约200 mL水,加热溶解,过滤,用水稀释至1 L。

4.30.2 EDTA标准滴定溶液浓度的标定

吸取25.00 mL碳酸钙标准溶液(见4.29)于400 mL烧杯中,加水稀释至约200 mL,加入适量的CMP混合指示剂(见4.41),在搅拌下加入氢氧化钾溶液(见4.11)至出现绿色荧光后再过量2 mL~3 mL,以EDTA标准滴定溶液滴定至绿色荧光消失并呈现红色。

EDTA标准滴定溶液的浓度按式(1)计算:

$$c(EDTA)=\frac{m_1 \times 25 \times 1\,000}{250 \times V_1 \times 100.09}=\frac{m_1}{V_1} \times \frac{1}{1.000\,9} \quad \cdots\cdots(1)$$

式中:$c(EDTA)$——EDTA标准滴定溶液的浓度,mol/L;

V_1——滴定时消耗EDTA标准滴定溶液的体积,mL;

m_1——按4.29配制碳酸钙标准溶液的碳酸钙的质量,g;

100.09——$CaCO_3$的摩尔质量,g/mol。

4.30.3 EDTA标准滴定溶液对各氧化物滴定度的计算

EDTA标准滴定溶液对三氧化二铁、三氧化二铝、氧化钙、氧化镁的滴定度分别按式(2)、(3)、(4)、(5)计算:

$$T_{Fe_2O_3}=c(EDTA) \times 79.84 \quad \cdots\cdots(2)$$

$$T_{Al_2O_3}=c(EDTA) \times 50.98 \quad \cdots\cdots(3)$$

$$T_{CaO}=c(EDTA) \times 56.08 \quad \cdots\cdots(4)$$

$$T_{MgO}=c(EDTA) \times 40.31 \quad \cdots\cdots(5)$$

式中:$T_{Fe_2O_3}$——每毫升EDTA标准滴定溶液相当于三氧化二铁的质量,mg/mL;

$T_{Al_2O_3}$——每毫升EDTA标准滴定溶液相当于三氧化二铝的质量,mg/mL;

T_{CaO}——每毫升EDTA标准滴定溶液相当于氧化钙的质量,mg/mL;

T_{MgO}——每毫升EDTA标准滴定溶液相当于氧化镁的质量,mg/mL;

c(EDTA)——EDTA标准滴定溶液的浓度,mol/L;

79.84——($1/2Fe_2O_3$)的摩尔质量,g/mol;

50.98——($1/2Al_2O_3$)的摩尔质量,g/mol;

56.08——CaO的摩尔质量,g/mol;

40.31——MgO的摩尔质量,g/mol。

4.31 硫酸铜标准滴定溶液[$c(CuSO_4)$=0.015 mol/L]

4.31.1 标准滴定溶液的配制

将3.7 g硫酸铜($CuSO_4 \cdot 5H_2O$)溶于水中,加4至5滴硫酸(1+1),用水稀释至1 L,摇匀。

4.31.2 EDTA标准滴定溶液与硫酸铜标准滴定溶液体积比的标定

从滴定管中缓慢放出10 mL～15 mL[c(EDTA)=0.015 mol/L]EDTA标准滴定溶液(见4.30)于400 mL烧杯中,用水稀释至约150 mL,加pH4.3的缓冲溶液(见4.18)15 mL,加热至沸,取下稍冷,加5至6滴PAN指示剂溶液(见4.40),以硫酸铜标准滴定溶液滴定至亮紫色。

EDTA标准滴定溶液与硫酸铜标准滴定溶液的体积比按式(6)计算:

$$K = \frac{V_2}{V_3} \qquad \cdots\cdots(6)$$

式中:K——每毫升硫酸铜标准滴定溶液相当于EDTA标准滴定溶液的体积;

V_2——EDTA标准滴定溶液的体积,mL;

V_3——滴定时消耗硫酸铜标准滴定溶液的体积,mL。

4.32 氢氧化钠标准滴定溶液[c(NaOH)=0.15 mol/L]

4.32.1 标准滴定溶液的配制

将60 g氢氧化钠(NaOH)溶于10 L水中,充分摇匀,贮存于带胶塞(装有钠石灰干燥管)的硬质玻璃瓶或塑料瓶内。

4.32.2 氢氧化钠标准滴定溶液浓度的标定

称取约0.8 g(m_2)苯二甲酸氢钾($C_8H_5KO_4$),精确至0.000 1 g,置于400 mL烧杯中,加入约150 mL新煮沸过的已用氢氧化钠溶液中和至酚酞呈微红色的冷水,搅拌使其溶解,加入6至7滴酚酞指示剂溶液(见4.43),用氢氧化钠标准滴定溶液滴定至微红色。

氢氧化钠标准滴定溶液的浓度按式(7)计算:

$$c(\mathrm{NaOH}) = \frac{m_2 \times 1\,000}{V_4 \times 204.2} \qquad \cdots\cdots(7)$$

式中:c(NaOH)——氢氧化钠标准滴定溶液的浓度,mol/L;

V_4——滴定时消耗氢氧化钠标准滴定溶液的体积,mL;

m_2——苯二甲酸氢钾的质量,g;

204.2——苯二甲酸氢钾的摩尔质量,g/mol。

4.32.3 氢氧化钠标准滴定溶液对二氧化硅的滴定度按式(8)计算:

$$T_{SiO_2} = c(\mathrm{NaOH}) \times 15.02 \qquad \cdots\cdots(8)$$

式中:T_{SiO_2}——每毫升氢氧化钠标准滴定溶液相当于二氧化硅的质量,mg/mL;

c(NaOH)——氢氧化钠标准滴定溶液的浓度,mol/L;

15.02——($1/4SiO_2$)的摩尔质量,g/mol。

4.33 三氧化二铁(Fe_2O_3)标准溶液

4.33.1 标准溶液的配制

称取0.100 0 g已于950℃灼烧1 h的三氧化二铁(Fe_2O_3),精确至0.000 1 g,置于300 mL烧杯中,依次加入50 mL水、30 mL盐酸(1+1)、2 mL硝酸,低温加热至全部溶解,冷却至室温,移入1 000 mL容量瓶中,用水稀释至标线,摇匀。此标准溶液每毫升含有0.1 mg三氧化二铁。

4.33.2 工作曲线的绘制

吸取每毫升含有0.1 mg三氧化二铁标准溶液0、1.00 mL、2.00 mL、3.00 mL、4.00 mL、5.00 mL、6.00 mL分别放入100 mL容量瓶中,用水稀释至约50 mL,加入5 mL抗坏血酸(见4.13),放置5 min后,再加5 mL邻菲罗啉溶液(见4.14),10 mL乙酸铵溶液(见4.15),用水稀释至标线,摇匀。放置30 min后,使用分光光度计,10 mm比色皿,以水作参比,于510 nm处测定溶液的吸光度,用测得的吸光度作为相对应的三氧化二铁含量的函数,绘制工作曲线。

4.34 氧化钾(K_2O)、氧化钠(Na_2O)标准溶液

4.34.1 氧化钾标准溶液的配制

称取0.791 5 g已于130℃~150℃烘过2 h的氯化钾(KCl),精确至0.000 1 g,置于烧杯中,加水溶解后,移入1 000 mL容量瓶中,用水稀释至标线,摇匀。贮存于塑料瓶中。此标准溶液每毫升相当于0.5 mg氧化钾。

4.34.2 氧化钠标准溶液的配制

称取0.943 0 g已于130℃~150℃烘过2 h的氯化钠(NaCl),精确至0.000 1 g,置于烧杯中,加水溶解后,移入1 000 mL容量瓶中,用水稀释至标线,摇匀。贮存于塑料瓶中,此标准溶液每毫升相当于0.5 mg氧化钠。

4.34.3 工作曲线的绘制

吸取按(4.34.1)配制的每毫升相当于0.5 mg氧化钾的标准溶液0、1.00 mL、2.00 mL、4.00 mL、6.00 mL、8.00 mL、10.00 mL、12.00 mL和按(4.34.2)配制的每毫升相当于0.5 mg氧化钠的标准溶液0、1.00 mL、2.00 mL、4.00 mL、6.00 mL、8.00 mL、10.00 mL、12.00 mL,以一一对应的顺序,分别放入100 mL容量瓶中,用水稀释至标线,摇匀。使用火焰光度计,按仪器使用规程进行测定。用测得的检流计读数作为相对应的氧化钾和氧化钠含量的函数,绘制工作曲线。

4.35 氟(F^-)标准溶液

4.35.1 标准溶液的配制

称取0.276 3 g优级纯氟化钠(NaF),精确至0.000 1 g,置于铂坩埚内,于500℃左右灼烧10 min(或在120℃烘2 h),置于烧杯中,加水溶解后移入500 mL容量瓶中,用水稀释至标线,摇匀,贮存于塑料瓶中。此标准溶液每毫升相当于0.25 mg氟。

吸取上述标准溶液2.00 mL、10.00 mL、20.00 mL分别放入500 mL容量瓶中,加水稀释成每毫升相当于0.001 mg、0.005 mg、0.010 mg氟的系列标准溶液,并分别贮存于塑料瓶中。

4.35.2 工作曲线的绘制

吸取(4.35.1)系列标准溶液各10.00 mL,放入置有一根搅拌子的50 mL烧杯中,加入pH6.0的总离子强度配位缓冲溶液(见4.26)10.00 mL,将烧杯置于电磁搅拌器(见5.7)上,在溶液中插入氟离子选择性电极和饱和氯化钾甘汞电极(见5.10),打开磁力搅拌器搅拌2 min,停搅30 s。然后用离子计或酸度计测量溶液的平衡电位。用单对数坐标纸,以对数坐标为氟的浓度,常数坐标为电位值,绘制工作曲线。

4.36 五氧化二磷(P_2O_5)标准溶液

4.36.1 标准溶液的配制

称取1.917 0 g已于105℃~110℃烘过2 h的磷酸二氢钾(KH_2PO_4),精确至0.000 1 g,置于300 mL烧杯中,加水溶解后,移入1 000 mL容量瓶中,用水稀释至标线,摇匀。此标准溶液每毫升相当于1.0 mg五氧化二磷。

吸取50.00 mL上述标准溶液于1 000 mL容量瓶中,用水稀释至标线,摇匀。此标准溶液每毫升相

当于0.05 mg五氧化二磷。

4.36.2 工作曲线

吸取每毫升含有0.05 mg五氧化二磷标准溶液1.00 mL、2.00 mL、3.00 mL、4.00 mL分别一一对应放入已吸取9.00 mL、8.00 mL、7.00 mL、6.00 mL水的四个分液漏斗中，依次加入5 mL硝酸(1+1)、移取15.00 mL萃取液(见4.27)、5 mL钼酸铵(见4.28)，塞上漏斗塞，用力振荡2 min～3 min，静置分层。然后小心移开塞子，减少漏斗内的压力，放掉少量有机相以洗涤漏斗内壁，再将有机相放入50 mL干烧杯中，盖上表面皿。使用分光光度计，10 mm比色皿，以萃取液(见4.27)作参比，于波长420 nm处测定溶液的吸光度。用测得的吸光度作为对应的五氧化二磷含量的函数，绘制工作曲线。

4.37 二氧化钛(TiO_2)标准溶液

4.37.1 标准溶液的配制

称取0.100 0 g经高温灼烧过的二氧化钛(TiO_2)，精确至0.000 1 g，置于铂(或瓷)坩埚中，加入2 g焦硫酸钾(见4.4)，在500℃～600℃下熔融至透明。熔块用硫酸(1+9)浸出，加热至50℃～60℃使熔块完全溶解，冷却后移入1 000 mL容量瓶中，用硫酸(1+9)稀释至标线，摇匀。此标准溶液每毫升含有0.1 mg二氧化钛。

吸取100.00 mL上述标准溶液于500 mL容量瓶中，用硫酸(1+9)稀释至标线，摇匀。此标准溶液每毫升含有0.02 mg二氧化钛。

4.37.2 工作曲线的绘制

吸取每毫升含有0.02 mg二氧化钛的标准溶液0、2.00 mL、4.00 mL、6.00 mL、8.00 mL、10.00 mL、12.00 mL分别放入100 mL容量瓶中，依次加入10 mL盐酸(1+2)、10 mL抗坏血酸溶液(见4.13)、95%(*V*/*V*)乙醇5 mL、20 mL二安替比林甲烷溶液(见4.20)，用水稀释至标线，摇匀。放置40 min后，使用分光光度计，10 mm比色皿，以水作参比，于420 nm处测定溶液的吸光度。用测得的吸光度作为相对应的二氧化钛含量的函数，绘制工作曲线。

4.38 甲基红指示剂溶液(2 g/L)：将0.2 g甲基红溶于100 mL95%(*V*/*V*)乙醇中。

4.39 磺基水杨酸钠指示剂溶液(100 g/L)：将10 g磺基水杨酸钠溶于水中，加水稀释至100 mL。

4.40 1(2-吡啶偶氮)-2-萘酚(PAN)指示剂溶液(2 g/L)：将0.2 g PAN溶于100 mL95%(*V*/*V*)乙醇中。

4.41 钙黄绿素-甲基百里香酚蓝-酚酞混合指示剂(简称CMP混合指示剂)：称取1.000 g钙黄绿素、1.000 g甲基百里香酚蓝、0.200 g酚酞与50 g已在105℃烘干过的硝酸钾(KNO_3)混合研细，保存在磨口瓶中。

4.42 酸性铬蓝K-萘酚绿B混合指示剂：称取1.000 g酸性铬蓝K与2.5 g萘酚绿B和50 g已在105℃烘干过的硝酸钾(KNO_3)混合研细，保存在磨口瓶中。

4.43 酚酞指示剂溶液(10 g/L)：将1 g酚酞溶于100 mL95%(*V*/*V*)乙醇中。

4.44 溴酚蓝指示剂溶液(2 g/L)：将0.2 g溴酚蓝溶于100 mL乙醇(1+4)中。

5 仪器与设备

5.1 天平：不应低于四级，精确至0.000 1 g。

5.2 银(铂)或瓷坩埚：带盖，容量15 mL～30 mL。

5.3 铂皿：容量50 mL～100 mL。

5.4 马弗炉：隔焰加热炉，在炉膛外围进行电阻加热。应使用温度控制器，准确控制炉温，并定期进行校验。

5.5 滤纸：无灰的快速、中速、慢速三种型号定量滤纸。

5.6 玻璃容量器皿：滴定管、容量瓶、移液管、称量瓶。

5.7 磁力搅拌器：带有塑料外壳的搅拌子，配备有调速装置。

5.8　分光光度计：可在 400 nm～700 nm 范围内测定溶液的吸光度，带有 10 mm、20 mm 比色皿。

5.9　火焰光度计：带有 768 nm 和 589 nm 的干涉滤光片。

5.10　离子计或酸度计：带有氟离子选择性电极及饱和氯化钾甘汞电极。

6　试样的制备

按 GB/T 2007.1 方法取样，送往实验室样品应是具有代表性的均匀样品。采用四分法缩分至约 100 g，经 0.080 mm方孔筛筛析，用磁铁吸去筛余物中金属铁，将筛余物经过研磨后使其全部通过 0.080 mm方孔筛。将样品充分混匀后，装入带有磨口塞的瓶中并密封。

7　附着水的测定(标准法)

7.1　分析步骤

称取约 1 g 试样(m_3)，精确至 0.000 1 g，放入已烘干至恒量的带有磨口塞的称量瓶中，于 45℃±3℃的烘箱内烘 1 h(烘干过程中称量瓶应敞开盖)，取出，盖上磨口塞(但不应盖得太紧)，放入干燥器中冷至室温。将磨口塞紧密盖好，称量。再将称量瓶敞开盖放入烘箱中，在同样温度下烘干 30 min，如此反复烘干、冷却、称量，直至恒量。

7.2　结果表示

附着水的质量百分数 X_1 按式(9)计算：

$$X_1 = \frac{m_3 - m_4}{m_3} \times 100 \qquad \cdots\cdots(9)$$

式中：X_1——附着水的质量百分数，%；

m_3——烘干前试料质量，g；

m_4——烘干后试料质量，g。

7.3　允许差

同一试验室允许差为 0.20%。

8　结晶水的测定(标准法)

8.1　分析步骤

称取约 1 g 试样(m_5)，精确至 0.000 1 g，放入已烘干、恒量的带磨口塞的称量瓶中，在 230℃±5℃的烘箱中加热 1 h，用坩埚钳将称量瓶取出，盖上磨口塞，放入干燥器中冷至室温，称量。再放入烘箱中于同样温度下加热 30 min，如此反复加热、冷却、称量，直至恒量。

8.2　结果表示

结晶水的质量百分数 X_2 按式(10)计算：

$$X_2 = \frac{m_5 - m_6}{m_5} \times 100 - X_1 \qquad \cdots\cdots(10)$$

式中：X_2——结晶水的质量百分数，%；

m_5——加热前试料质量，g；

m_6——加热后试料质量，g；

X_1——按 7.2 测得附着水的质量百分数，%。

8.3　允许差

同一试验室允许差为 0.15%；

不同试验室允许差为 0.20%。

9 酸不溶物的测定(标准法)

9.1 分析步骤

称取约 0.5 g 试样(m_7),精确至 0.000 1 g,置于 250 mL 烧杯中,用水润湿后盖上表面皿。从杯口慢慢加入 40 mL 盐酸(1+5),待反应停止后,用水冲洗表面皿及杯壁并稀释至约 75 mL。加热煮沸 3 min～4 min,用慢速滤纸过滤,以热水洗涤,直至检验无氯离子为止(见 3.6)。将残渣和滤纸一并移入已灼烧、恒量的瓷坩埚中,灰化,在 950℃～1 000 ℃的温度下灼烧 20 min,取出,放入干燥器中,冷却至室温,称量。如此反复灼烧、冷却、称量,直至恒量。

9.2 结果表示

酸不溶物的质量百分数 X_3 按式(11)计算:

$$X_3 = \frac{m_8}{m_7} \times 100 \qquad \cdots\cdots(11)$$

式中:X_3——酸不溶物的质量百分数,%;

m_8——灼烧后残渣的质量,g;

m_7——试料质量,g。

9.3 允许差

同一试验室允许差为 0.15%;

不同试验室允许差为 0.20%。

10 三氧化硫的测定(标准法)

10.1 方法提要

在酸性溶液中,用氯化钡溶液沉淀硫酸盐,经过滤灼烧后,以硫酸钡形式称量。测定结果以三氧化硫计。

10.2 分析步骤

称取约 0.2 g 试样(m_9),精确至 0.000 1 g,置于 300 mL 烧杯中,加入 30 mL～40 mL 水使其分散。加 10 mL 盐酸(1+1),用平头玻璃棒压碎块状物,慢慢地加热溶液,直至试样分解完全。将溶液加热微沸 5 min。用中速滤纸过滤,用热水洗涤 10～12 次。调整滤液体积至200 mL,煮沸,在搅拌下滴加 15 mL 氯化钡溶液(见 4.9),继续煮沸数分钟,然后移至温热处静置 4 h 或过夜(此时溶液的体积应保持在 200 mL)。用慢速滤纸过滤,用温水洗涤,直至检验无氯离子为止(见 3.6)。将沉淀及滤纸一并移入已灼烧恒量的瓷坩埚中,灰化后在 800℃的马弗炉(见 5.4)内灼烧 30 min,取出坩埚置于干燥器中冷却至室温,称量。反复灼烧,直至恒量。

10.3 结果表示

三氧化硫的质量百分数 X_{SO_3} 按式(12)计算:

$$X_{SO_3} = \frac{m_{10} \times 0.343}{m_9} \times 100 \qquad \cdots\cdots(12)$$

式中:X_{SO_3}——三氧化硫的质量百分数,%;

m_{10}——灼烧后沉淀的质量,g;

m_9——试料的质量,g;

0.343——硫酸钡对三氧化硫的换算系数。

10.4 允许差

同一试验室的允许差为 0.25%;

不同试验室的允许差为 0.40%。

11 氧化钙的测定(标准法)

11.1 方法提要

在pH13以上强碱性溶液中,以三乙醇胺为掩蔽剂,用钙黄绿素-甲基百里香酚蓝-酚酞混合指示剂,以EDTA标准滴定溶液滴定。

11.2 分析步骤

称取约0.5 g试样(m_{11}),精确至0.000 1 g,置于银坩埚中,加入6 g～7 g氢氧化钠(见4.1),在650℃～700℃的高温下熔融20 min。取出冷却,将坩埚放入已盛有100 mL近沸腾水的烧杯中,盖上表面皿,于电炉上加热,待熔块完全浸出后,取出坩埚,用水冲洗坩埚和盖,在搅拌下一次加入25 mL盐酸,再加入1 mL硝酸。用热盐酸(1+5)洗净坩埚和盖,将溶液加热至沸,冷却,然后移入250 mL容量瓶中,用水稀释至标线,摇匀。此溶液A供测定氧化钙、氧化镁(见第12章)、三氧化二铁(见第13章)、三氧化二铝(见第14章)、二氧化钛(见第15章)用。

吸取25.00 mL溶液A,放入300 mL烧杯中,加水稀释至约200 mL,加5 mL三乙醇胺(1+2)及少许的钙黄绿素-甲基百里香酚蓝-酚酞混合指示剂(见4.41),在搅拌下加入氢氧化钾溶液(见4.11)至出现绿色荧光后再过量5 mL～8 mL,此时溶液在pH13以上,用[c(EDTA)=0.015 mol/L]EDTA标准滴定溶液(见4.30)滴定至绿色荧光消失并呈现红色。

11.3 结果表示

氧化钙的质量百分数X_{CaO}按式(13)计算:

$$X_{CaO}=\frac{T_{CaO}\times V_5\times 10}{m_{11}\times 1\,000}\times 100=\frac{T_{CaO}\times V_5}{m_{11}} \quad\cdots\cdots(13)$$

式中:X_{CaO}——氧化钙的质量百分数,%;

T_{CaO}——每毫升EDTA标准滴定溶液相当于氧化钙的质量,mg/mL;

V_5——滴定时消耗EDTA标准滴定溶液的体积,mL;

10——全部试样溶液与所分取试样溶液的体积比;

m_{11}——试料的质量,g。

11.4 允许差

同一试验室的允许差为0.25%;

不同试验室的允许差为0.40%。

12 氧化镁的测定(标准法)

12.1 方法提要

在pH10的溶液中,以三乙醇胺、酒石酸钾钠为掩蔽剂,用酸性铬蓝K-萘酚绿B混合指示剂,以EDTA标准滴定溶液滴定。

12.2 分析步骤

吸取25.00 mL溶液A(见11.2),放入400 mL烧杯中,加水稀释至约200 mL,加1 mL酒石酸钾钠溶液(见4.12),5 mL三乙醇胺(1+2),搅拌,然后加入pH10缓冲溶液(见4.19)25 mL及少许酸性铬蓝K-萘酚绿B混合指示剂(见4.42),用[c(EDTA)=0.015 mol/L]EDTA标准滴定溶液(见4.30)滴定,近终点时应缓慢滴定至纯蓝色。

12.3 结果表示

氧化镁的质量百分数X_{MgO}按式(14)计算:

$$X_{MgO}=\frac{T_{MgO}\times(V_6-V_5)\times 10}{m_{11}\times 1\,000}\times 100=\frac{T_{MgO}\times(V_6-V_5)}{m_{11}} \quad\cdots\cdots(14)$$

式中:X_{MgO}——氧化镁的质量百分数,%;

T_{MgO}——每毫升 EDTA 标准滴定溶液相当于氧化镁的质量，mg/mL；

V_6——滴定钙、镁总量时消耗 EDTA 标准滴定溶液的体积，mL；

V_5——测定氧化钙时消耗 EDTA 标准滴定溶液的体积，mL；

10——全部试样溶液与所分取试样溶液的体积比；

m_{11}——试料的质量(见 11.2)，g。

12.4 允许差

同一试验室允许差为 0.15%；

不同试验室允许差为 0.25%。

13 三氧化二铁的测定(标准法)

13.1 方法提要

用抗坏血酸将 Fe^{3+} 还原为 Fe^{2+}，pH1.5～9.5 条件下，Fe^{2+} 与邻菲罗啉生成稳定的桔红色配合物，在 510 nm 处，测定吸光度，并计算三氧化二铁的含量。

13.2 分析步骤

吸取 25.00 mL 溶液 A(见 11.2)，放入 100 mL 容量瓶中，用水稀释至约 50 mL。加入 5 mL 抗坏血酸溶液(见 4.13)，放置 5 min，再加入 5 mL 邻菲罗啉溶液(见 4.14)，10 mL 乙酸铵溶液(见 4.15)。用水稀释至标线，摇匀。放置 30 min 后，用分光光度计，10 mm 比色皿，以水作参比，在 510 nm 处测定溶液的吸光度。在工作曲线(4.33.2)上查得三氧化二铁的含量(m_{12})。

13.3 结果表示

三氧化二铁的质量百分数($X_{Fe_2O_3}$)按式(15)计算

$$X_{Fe_2O_3} = \frac{m_{12} \times 10}{m_{11} \times 1\,000} \times 100 = \frac{m_{12}}{m_{11}} \quad \cdots\cdots(15)$$

式中：$X_{Fe_2O_3}$——三氧化二铁的质量百分数，%；

m_{12}——100 毫升测定溶液中三氧化二铁的含量，mg；

m_{11}——试料的质量(见 11.2)，g；

10——全部试样溶液与所分取试样溶液的体积比。

13.4 允许差

同一试验室的允许差为 0.05%；

不同试验室的允许差为 0.10%。

14 三氧化二铝的测定(标准法)

14.1 方法提要

调整溶液 pH 至 3.0，在煮沸下用 EDTA-Cu 和 PAN 为指示剂，用 EDTA 标准滴定溶液滴定铁、铝合量，并扣除三氧化二铁的含量。

14.2 分析步骤

吸取 25.00 mL 溶液 A(见 11.2)，放入 300 mL 烧杯中，用水稀释至约 200 mL，加 1 至 2 滴溴酚蓝指示剂溶液(见 4.44)，滴加氨水(1+2)至溶液出现蓝紫色，再滴加盐酸(1+2)至溶液出现黄色，加入 pH3.0 的缓冲溶液(见 4.18)15 mL，加热煮沸并保持 1 min，加入 10 滴 EDTA-Cu 溶液(见 4.16)及 2 至 3 滴 PAN 指示剂溶液(见 4.40)，用[c(EDTA)=0.015 mol/L]EDTA 标准滴定溶液(见 4.30)滴定至红色消失，继续煮沸，滴定，直至溶液经煮沸后红色不再出现，呈稳定的亮黄色为止。

14.3 结果表示

三氧化二铝的质量百分数 $X_{Al_2O_3}$ 按式(16)计算：

$$X_{Al_2O_3}=\frac{T_{Al_2O_3}\times V_7\times 10}{m_{11}\times 1\ 000}\times 100-0.64\times X_{Fe_2O_3}$$

$$=\frac{T_{Al_2O_3}\times V_7}{m_{11}}-0.64\times X_{Fe_2O_3} \quad \cdots\cdots(16)$$

式中：$X_{Al_2O_3}$——三氧化二铝的质量百分数，%；

$T_{Al_2O_3}$——每毫升EDTA标准滴定溶液相当于三氧化二铝的质量，mg/mL；

V_7——滴定时消耗EDTA标准滴定溶液的体积，mL；

$X_{Fe_2O_3}$——按13.2测得三氧化二铁的质量百分数，%；

0.64——三氧化二铁对三氧化二铝的换算系数；

10——全部试样溶液与所分取试样溶液的体积比；

m_{11}——试料的质量(见11.2)，g。

14.4 允许差

同一试验室的允许差为0.15%；

不同试验室的允许差为0.20%。

15 二氧化钛的测定(标准法)

15.1 方法提要

在酸性溶液中TiO^{2+}与二安替比林甲烷生成黄色配合物，于波长420 nm处测定其吸光度。用抗坏血酸消除三价铁离子的干扰。

15.2 分析步骤

从11.2溶液A或18.2溶液B中，吸取25.00 mL溶液放入100 mL容量瓶中，加入10 mL盐酸(1+2)及10 mL抗坏血酸溶液(见4.13)，放置5 min。加95%(V/V)乙醇5 mL、20 mL二安替比林甲烷溶液(见4.20)，用水稀释至标线，摇匀。放置40 min后，使用分光光度计，10 mm比色皿，以水作参比，于420 nm处测定溶液的吸光度。在工作曲线(见4.37.2)上查出二氧化钛的含量(m_{13})。

15.3 结果表示

二氧化钛的质量百分数X_{TiO_2}按式(17)计算：

$$X_{TiO_2}=\frac{m_{13}\times 10}{m\times 1\ 000}\times 100=\frac{m_{13}}{m} \quad \cdots\cdots(17)$$

式中：X_{TiO_2}——二氧化钛的质量百分数，%；

m_{13}——100 mL测定溶液中二氧化钛的含量，mg；

m——试料的质量[见11.2(m_{11})或18.2(m_{18})]，g；

10——全部试样溶液与所分取试样溶液的体积比。

15.4 允许差

同一试验室的允许差为0.05%；

不同试验室的允许差为0.10%。

16 氧化钾和氧化钠的测定(标准法)

16.1 方法提要

试样经氢氟酸-硫酸蒸发处理除去硅，用热水浸取残渣。以氨水和碳酸铵分离铁、铝、钙、镁。滤液中的钾、钠用火焰光度计进行测定。

16.2 分析步骤

称取约0.2 g试样(m_{14})，精确至0.000 1 g，置于铂皿中，用少量水润湿，加5 mL氢氟酸及15滴硫酸(1+1)，置于低温电热板上蒸发。近干时摇动铂皿，以防溅失，待氢氟酸驱尽后逐渐升高温度，继续将三氧化硫白烟赶尽。取下放冷，加入 50 mL 热水，压碎残渣使其溶解，加 1 滴甲基红指示剂溶液（见 4.38），用氨水（1+1）中和至黄色，加入 10 mL 碳酸铵溶液（见 4.21），搅拌，置于电热板上加热 20 min～30 min。用快速滤纸过滤，以热水洗涤，滤液及洗液盛于 100 mL 容量瓶中，冷却至室温。用盐酸（1+1）中和至溶液呈微红色，用水稀释至标线，摇匀。在火焰光度计上，按仪器使用规程进行测定。在工作曲线（见 4.34.3）上分别查出氧化钾和氧化钠的含量（m_{15}）和（m_{16}）。

16.3 结果表示

氧化钾和氧化钠的质量百分数 X_{K_2O} 和 X_{Na_2O} 按式（18）和式（19）计算：

$$X_{K_2O} = \frac{m_{15}}{m_{14} \times 1\,000} \times 100 = \frac{m_{15} \times 0.1}{m_{14}} \qquad \cdots\cdots(18)$$

$$X_{Na_2O} = \frac{m_{16}}{m_{14} \times 1\,000} \times 100 = \frac{m_{16} \times 0.1}{m_{14}} \qquad \cdots\cdots(19)$$

式中：X_{K_2O}——氧化钾的质量百分数，%；

X_{Na_2O}——氧化钠的质量百分数，%；

m_{15}——100 mL 测定溶液中氧化钾的含量，mg；

m_{16}——100 mL 测定溶液中氧化钠的含量，mg；

m_{14}——试料的质量，g。

16.4 允许差

同一试验室的允许差：K_2O 与 Na_2O 均为 0.05%；

不同试验室的允许差：K_2O 与 Na_2O 均为 0.10%。

17 二氧化硅的测定（代用法）

17.1 方法提要

在有过量的氟、钾离子存在的强酸性溶液中，使硅酸形成氟硅酸钾（K_2SiF_6）沉淀，经过滤、洗涤及中和残余酸后，加沸水使氟硅酸钾沉淀水解生成等物质量的氢氟酸，然后以酚酞为指标剂，用氢氧化钠标准滴定溶液进行滴定。

17.2 分析步骤

称取约 0.3 g 试样（m_{17}），精确至 0.000 1 g，置于镍或银坩埚中，加入 4 g 氢氧化钾（见 4.2），盖上坩埚盖（留有一定缝隙），放在电炉上（600℃～650℃）熔融至试样完全分解（约 20 min）。取下坩埚，放冷，用热水将熔块提取到 300 mL 的塑料杯中，坩埚及盖以少量硝酸（1+20）及热水洗净（此时溶液的体积应为 40 mL 左右）。加入 15 mL 硝酸，冷却后，加入 10 mL 氟化钾溶液（见 4.22），再加入氯化钾（见 4.3），仔细搅拌至氯化钾充分饱和，再过量 1 g～2 g，冷却放置 15 min，以中速滤纸过滤，塑料杯与沉淀用氯化钾溶液（见 4.23）洗涤 2～3 次。将沉淀连同滤纸一起放入原塑料杯中，沿杯壁加入 10 mL 氯化钾-乙醇溶液（见 4.24）及 1 mL 酚酞指示剂溶液（见 4.43），用[c(NaOH)=0.15 mol/L]氢氧化钠标准滴定溶液（见 4.32）中和未洗尽的酸，仔细搅动滤纸并随之擦洗杯壁，直至溶液呈红色。然后加入 200 mL 沸水（用氢氧化钠溶液中和至酚酞呈微红色），用[c(NaOH)=0.15 mol/L]氢氧化钠标准滴定溶液（见 4.32）滴定至微红色。

17.3 结果表示

二氧化硅的质量百分数 X_{SiO_2} 按式（20）计算：

$$X_{SiO_2} = \frac{T_{SiO_2} \times V_8}{m_{17} \times 1\,000} \times 100 = \frac{T_{SiO_2} \times V_8 \times 0.1}{m_{17}} \qquad \cdots\cdots(20)$$

式中：X_{SiO_2}——二氧化硅的质量百分数，%；

T_{SiO_2}——每毫升氢氧化钠标准溶液相当于二氧化硅的质量，mg/mL；

V_8——滴定时消耗氢氧化钠标准滴定溶液的体积，mL；

m_{17}——试料的质量,g。

17.4　允许差

同一试验室的允许差为0.15%;

不同试验室的允许差为0.20%。

18　三氧化二铁的测定(代用法)

18.1　方法提要

在pH1.8～2.0,温度60℃～70℃的溶液中,以磺基水杨酸钠为指示剂,用EDTA标准滴定溶液滴定。

18.2　分析步骤

称取约0.8 g试样(m_{18}),精确至0.000 1 g,置于银坩埚中,加入6 g氢氧化钠(见4.1),盖上坩埚盖(留有一定缝隙),放入高温炉中,从低温升起至650℃,并在此温度下熔融20 min。取出,冷却。将坩埚放入盛有100 mL热水的300 mL烧杯中,盖上表面皿加热,待熔块完全分解后,取出坩埚,用热水冲洗坩埚和盖,在搅动下,一次加入20 mL盐酸,再加入1 mL硝酸,用热盐酸(1+5)洗净坩埚和盖,将溶液加热至沸,冷却,移入250 mL容量瓶中,用水稀释至标线,摇匀。此溶液B供测定三氧化二铁、三氧化二铝(见第19章)、二氧化钛(见第15章)、五氧化二磷(见第21章)用。

吸取50.00 mL B溶液,放入300 mL烧杯中,加水稀释至约100 mL,用氨水(1+1)和盐酸(1+1)调节溶液pH值在1.8～2.0之间(用精密pH试纸检验)。将溶液加热至70℃,加10滴磺基水杨酸钠指示剂溶液(见4.39),用[c(EDTA)=0.015 mol/L]EDTA标准滴定溶液(见4.30)缓慢地滴定至无色或亮黄色(终点时溶液温度应不低于60℃)。保留此溶液供测定三氧化二铝(见19.2)用。

18.3　结果表示

三氧化二铁的质量百分数$X_{Fe_2O_3}$按式(21)计算:

$$X_{Fe_2O_3} = \frac{T_{Fe_2O_3} \times V_9 \times 5}{m_{18} \times 1\,000} \times 100 = \frac{T_{Fe_2O_3} \times V_9 \times 0.5}{m_{18}} \quad \cdots\cdots (21)$$

式中:$X_{Fe_2O_3}$——三氧化二铁的质量百分数,%;

$T_{Fe_2O_3}$——每毫升EDTA标准滴定溶液相当于三氧化二铁的质量,mg/mL;

V_9——滴定时消耗EDTA标准滴定溶液的体积,mL;

5——全部试样溶液与所分取试样溶液的体积比;

m_{18}——试料的质量,g。

18.4　允许差

同一试验室允许差为0.15%;

不同试验室允许差为0.20%。

19　三氧化二铝的测定(代用法)

19.1　方法提要

在滴定铁后的溶液中加入对铝、钛过量的EDTA标准滴定溶液,于pH3.8～4.0,以PAN为指示剂,用硫酸铜标准滴定溶液回滴过量的EDTA。

19.2　分析步骤

在滴定铁后的溶液中,加入15 mL[c(EDTA)=0.015 mol/L]EDTA标准滴定溶液(见4.30),然后用水稀释至约200 mL。将溶液加热至70℃～80℃,加数滴氨水(1+1)使溶液pH值在3.5左右,加pH4.3缓冲溶液(见4.18)15 mL,煮沸1 min～2 min,取下稍冷,加4至6滴PAN指示剂溶液(见4.40),以[$c(CuSO_4)$=0.015 mol/L]硫酸铜标准滴定溶液(见4.31)滴定至亮紫色。

19.3　结果表示

三氧化二铝的质量百分数 $X_{Al_2O_3}$ 按式(22)计算：

$$X_{Al_2O_3} = \frac{T_{Al_2O_3} \times (V_{10} - KV_{11}) \times 5}{m_{18} \times 1\ 000} \times 100 - 0.64 \times X_{TiO_2}$$
$$= \frac{T_{Al_2O_3} \times (V_{10} - KV_{11}) \times 0.5}{m_{18}} - 0.64 \times X_{TiO_2} \quad \cdots\cdots\cdots\cdots (22)$$

式中：$X_{Al_2O_3}$——三氧化二铝的质量百分数，%；

$T_{Al_2O_3}$——每毫升 EDTA 标准滴定溶液相当于三氧化二铝的质量，mg/mL；

V_{10}——加入 EDTA 标准滴定溶液的体积，mL；

V_{11}——滴定时消耗硫酸铜标准滴定溶液的体积，mL；

K——每毫升硫酸铜标准滴定溶液相当于 EDTA 标准滴定溶液的体积；

X_{TiO_2}——按 15.2 测得二氧化钛的质量百分数，%；

0.64——二氧化钛对三氧化二铝的换算系数；

5——全部试样溶液与所分取试样溶液的体积比；

m_{18}——试料的质量(见 18.2)，g。

19.4 允许差

同一试验室允许差为 0.15%；

不同试验室允许差为 0.20%。

20 氟的测定(代用法)

20.1 方法提要

在 pH6.0 的总离子强度配位缓冲溶液的存在下，以氟离子选择性电极作指示电极，饱和氯化钾甘汞电极作参比电极，用离子计或酸度计测量含氟溶液的电极电位。

20.2 分析步骤

称取约 0.2 g 试样(m_{19})，精确至 0.000 1 g，置于 100 mL 烧杯中。加入 10 mL 水使试样分散，然后加入 5 mL 盐酸(1+1)，加热至微沸并保持 1 min～2 min。用水稀释至约 50 mL，冷却至室温。加入 2 滴溴酚蓝指示剂溶液(见 4.44)，用盐酸(1+1)和氢氧化钠溶液(见 4.25)调节溶液颜色刚由蓝色变为黄色(应防止氢氧化铝沉淀生成)，移入 100 mL 容量瓶中，用水稀释至标线，摇匀。

吸取 10.00 mL 溶液，于 50 mL 烧杯中。加入 pH6.0 的总离子强度配位缓冲液(见 4.26) 10.00 mL，放入搅拌子，插入氟离子选择电极和饱和氯化钾甘汞电极。搅拌 2 min，停止搅拌 30 s，用离子计或酸度计测量溶液的平衡电位。由工作曲线(见 4.35.2)上查得氟的含量(m_{20})。

20.3 结果表示

氟的质量百分数 X_F 按式(23)计算：

$$X_F = \frac{m_{20}}{m_{19} \times 1\ 000} \times 100 = \frac{m_{20} \times 0.1}{m_{19}} \quad \cdots\cdots\cdots\cdots (23)$$

式中：X_F——氟的质量百分数，%；

m_{20}——100 mL 测定溶液中氟的含量，mg；

m_{19}——试料的质量，g。

20.4 允许差

同一试验室允许差为 0.05%；

不同试验室允许差为 0.10%。

21 五氧化二磷的测定(代用法)

21.1 方法提要

控制溶液中硝酸浓度在 0.8 mol/L～1.2 mol/L 范围内，加入钼酸铵，生成磷钼酸黄色络合物，以正丁醇-三氯甲烷萃取磷钼黄，在波长 420 nm 处，测定有机相溶液的吸光度，并计算五氧化二磷的含量。

21.2 分析步骤

吸取10.00 mL 溶液 B(见 18.2)，放入分液漏斗中，加入 5 mL 硝酸(1+1)，用移液管加入15.00 mL 萃取液(见 4.27)，加入 5 mL 钼酸铵溶液(见 4.28)，塞紧漏斗塞，用力振荡 2 min～3 min，静置分层，小心移开塞子减除漏斗内压力，先放掉少量有机相洗涤漏斗颈壁，然后将有机相转移到 50 mL 干烧杯里，加盖。用分光光度计，10 mm 比色皿，以萃取液作参比，在 420 nm 处测定有机相溶液的吸光度，在工作曲线(4.36.2)上查得五氧化二磷的含量(m_{21})。

21.3 结果表示

五氧化二磷的质量百分数 $X_{P_2O_5}$ 按式(24)计算：

$$X_{P_2O_5} = \frac{m_{21} \times 25}{m_{18} \times 1\,000} \times 100 = \frac{m_{21} \times 2.5}{m_{18}} \quad \cdots\cdots (24)$$

式中：$X_{P_2O_5}$——五氧化二磷的质量百分数，%；

m_{21}——被测溶液中五氧化二磷的含量，mg；

m_{18}——试料的质量(见 18.2)，g；

25——全部试样溶液与所分取试样溶液的体积比。

21.4 允许差

同一试验室允许差为 0.05%；

不同试验室允许差为 0.10%。

22 烧失量的测定(代用法)

22.1 方法提要

试样中所含水分、碳酸盐经高温灼烧即分解逸出，灼烧所失去的质量即为烧失量。

22.2 分析步骤

称取约 1 g 试样(m_{22})，精确至 0.000 1 g，置于已灼烧恒量的瓷坩埚中，将盖斜置于坩埚上，放在马弗炉(见 5.4)内。从低温开始逐渐升高温度，在 800℃～850℃下灼烧 1 h，取出坩埚置于干燥器中，冷却至室温，称量。反复灼烧，直至恒量。

22.3 结果表示

烧失量的质量百分数 X_{LOI} 按式(25)计算：

$$X_{LOI} = \frac{m_{22} - m_{23}}{m_{22}} \times 100 \quad \cdots\cdots (25)$$

式中：X_{LOI}——烧失量的质量百分数，%；

m_{22}——试料的质量，g；

m_{23}——灼烧后试料的质量，g。

22.4 允许差

同一试验室的允许差为 0.20%；

不同试验室的允许差为 0.25%。

前　言

本标准是GB/T 5762—1986《建材用石灰石化学分析方法》的修订版。本标准参考JISR 9011:1993《石灰石化学分析方法》、JIS R5202:1989《水泥化学分析方法》有关内容进行修订的。

本标准结合我国建材行业的化学分析现状，将标准分为“标准法”和“代用法”两部分，并分别列章，便于在实际中选择应用。在有争议时，以标准法为准。本标准与GB/T 5762—1986的主要不同有：

1　二氧化硅的测定采用了我国的经典方法，即以碳酸钠烧结、盐酸溶解的氯化铵重量法。

2　三氧化二铝的测定等效采用JIS R9011:1993《石灰石化学分析方法》标准，用EDTA直接滴定铁、铝合量，扣除三氧化二铁的含量。

3　氧化镁的测定方法等效采用JIS R5202:1989《水泥化学分析方法》标准，用原子吸收光谱法进行测定。

在代用法中补充了比色法测五氧化二磷。

本标准的附录A是提示的附录，推荐游离二氧化硅的测定方法供参考。

本标准自实施之日起，代替GB/T 5762—1986。

本标准由国家建筑材料工业局提出。

本标准由全国水泥标准化技术委员会归口。

本标准起草单位：中国建筑材料科学研究院水泥科学与新型建材研究所。

本标准主要起草人：辛志军、郑朝华、王团云、王瑞海。

本标准首次发布于1986年。

本标准委托中国建筑材料科学研究院水泥科学与新型建材研究所负责解释。

中华人民共和国国家标准

GB/T 5762—2000

代替 GB/T 5762—1986

建材用石灰石化学分析方法

Method for chemical analysis of limestone for building material industry

1 范围

本标准规定了石灰石化学分析方法的标准法和在一定条件下被认为能给出同等结果的代用法。

本标准适用于建筑材料行业用石灰石的化学分析方法。

2 引用标准

下列标准所包含的条文，通过在本标准中引用而构成为本标准的条文。本标准出版时，所示版本均为有效。所有标准都会被修订，使用本标准的各方应探讨使用下列标准最新版本的可能性。

GB/T 176—1996 水泥化学分析方法

GB/T 2007.1—1987 散装矿产品取样、制样通则 手工取样

3 试验的基本要求

3.1 试验次数与要求

每项测定的试验次数规定为两次。用两次试验平均值表示测定结果。

分析前试样应于105～110℃下烘2 h，然后贮存于干燥器中，冷却至室温后称样。

在进行化学分析时，除另有说明外，必须同时做烧失量的测定；其他各项测定应同时进行空白试验，并对所测结果加以校正。

3.2 质量、体积、体积比、滴定度结果的表示

质量单位为克(g)，精确至0.000 1 g。滴定管体积单位为毫升(mL)，精确至0.05 mL。滴定度单位为毫克/毫升(mg/mL)；滴定度和体积比经修约后保留有效数字四位。各项分析结果均以百分数计，表示至小数二位。

3.3 允许差

本标准所列允许差均为绝对偏差，用百分数表示。

同一试验室的允许差是指：同一分析试验室同一分析人员(或两个分析人员)，采用本标准方法分析同一试样时，两次分析结果应符合允许差规定。如超出允许范围，应在短时间内进行第三次测定(或第三者的测定)，测定结果与前两次或任一次分析结果之差值符合允许差规定时，则取其平均值，否则，应查找原因，重新按上述规定进行分析。

不同试验室的允许差是指：两个试验室采用本标准方法对同一试样各自进行分析时，所得分析结果的平均值之差应符合允许差规定。

3.4 灼烧

将滤纸和沉淀放入预先已灼烧并恒量的坩埚中，烘干。在氧化性气氛中慢慢灰化，不使有火焰产生，灰化至无黑色炭颗粒后，放入马弗炉中，在规定的温度下灼烧。在干燥器中冷却至室温，称量。

国家质量技术监督局 2000-04-03 批准　　　2000-06-01 实施

3.5 恒量

经第一次灼烧、冷却、称量后，通过连续对每次 15 min 的灼烧，然后冷却、称量的方法来检查恒定质量，当连续两次称量之差小于 0.000 5 g 时，即达到恒量。

4 试剂和材料

分析过程中，只应使用蒸馏水或同等纯度的水；所用试剂应为分析纯或优级纯试剂。用于标定与配制标准溶液的试剂，除另有说明外应为基准试剂或光谱纯。

除另有说明外，%表示“%(*m*/*m*)”。本标准使用的市售浓液体试剂具有下列密度(*ρ*)(20℃，单位 g/cm^3)或浓度(单位为%)：

——盐酸(HCl)　1.18～1.19 g/cm^3 或 36%～38%；

——氢氟酸(HF)　1.13 g/cm^3 或 40%；

——硝酸(HNO_3)　1.39～1.41 g/cm^3 或 65%～68%；

——硫酸(H_2SO_4)　1.84 g/cm^3 或 95%～98%；

——高氯酸($HClO_4$)　1.60 g/cm^3 或 70%～72%；

——冰乙酸(CH_3COOH)　1.049 g/cm^3 或 99.8%；

——氨水(NH_3H_2O)　0.90～0.91 g/cm^3 或 25%～28%。

在化学分析中，所用酸或氨水，凡未注浓度者均指市售的浓酸或浓氨水。用体积比表示试剂稀释程度，例如：盐酸(1+2)表示：1 份体积的浓盐酸与 2 份体积的水相混合。

4.1 盐酸(1+1)；(1+2)；(1+5)；(1+11)；(3+97)。

4.2 硝酸(1+1)。

4.3 硫酸(1+1)；(1+4)；(1+9)。

4.4 乙酸(1+1)。

4.5 氨水(1+1)。

4.6 氢氧化钾溶液(200 g/L)：将 200 g 氢氧化钾(KOH)溶于水中，加水稀释至 1 L。贮存于塑料瓶中。

4.7 氯化铵(NH_4Cl)。

4.8 无水碳酸钠(Na_2CO_3)：将无水碳酸钠用玛瑙研钵研细至粉末状保存。

4.9 邻菲罗啉溶液(10 g/L)：将 1 g 邻菲罗啉($C_{12}H_8N_2 \cdot H_2O$)溶于 100 mL 乙酸(1+1)中。用时现配。

4.10 乙酸铵溶液(100 g/L)：将 10 g 乙酸铵(CH_3COONH_4)溶于 100 mL 水中。

4.11 溴酚蓝指示剂溶液(2 g/L)：将 0.2 g 溴酚蓝溶于 100 mL 乙醇(1+4)中。

4.12 抗坏血酸溶液(5 g/L)：将 0.5 g 抗坏血酸(V·C)溶于 100 mL 水中，过滤后使用。用时现配。

4.13 焦硫酸钾($K_2S_2O_7$)。

4.14 硼酸锂：将 74 g 碳酸锂(Li_2CO_3)和 124 g 硼酸(H_3BO_3)混匀，在 400℃灼烧 2～3 h，研细，保存于塑料器皿中。

4.15 氯化锶溶液(150 g/L)：将 150 g 氯化锶($SrCl_2 \cdot 6H_2O$)溶解于水中，用水稀释至 1 L，必要时过滤。

4.16 二安替比林甲烷溶液(30 g/L 盐酸溶液)：将 15 g 二安替比林甲烷($C_{23}H_{24}N_4O_2$)溶于 500 mL 盐酸(1+11)中，过滤后使用。

4.17 碳酸铵溶液(100 g/L)：将 10 g 碳酸铵〔$(NH_4)_2CO_3$〕溶解于 100 mL 水中。用时现配。

4.18 EDTA-Cu 溶液：按 EDTA 标准滴定溶液〔*c*(EDTA)=0.015 mol/L〕(见 4.41)与硫酸铜标准滴定溶液〔*c*($CuSO_4$)=0.015 mol/L〕(见 4.42)的体积比(见 4.42.2)，准确配制成等物质的量浓度的混合溶液。

4.19 pH3.0 的缓冲溶液：将 3.2 g 无水乙酸钠(CH_3COONa)溶于水中，加 120 mL 冰乙酸(CH_3COOH)，用水稀释至 1 L，摇匀。

4.20　pH4.3 的缓冲溶液：将 42.3 g 无水乙酸钠(CH_3COONa)溶于水中，加 80 mL 冰乙酸(CH_3COOH)，用水稀释至 1 L，摇匀。

4.21　pH10 的缓冲溶液：将 67.5 g 氯化铵(NH_4Cl)溶于水中，加 570 mL 氨水(NH_3H_2O)，用水稀释至 1 L，摇匀。

4.22　三乙醇胺〔$N(CH_2CH_2OH)_3$〕：(1+2)。

4.23　酒石酸钾钠溶液(100 g/L)：将 100 g 酒石酸钾钠($C_4H_4KNaO_6 \cdot 4H_2O$)溶于水中，稀释至 1 L。

4.24　氯化钾(KCl)：颗粒粗大时，应研细后使用。

4.25　氟化钾溶液(150 g/L)：称取 150 g 氟化钾($KF \cdot 2H_2O$)于塑料杯中，加水溶解后，用水稀释至 1 L，贮存于塑料瓶中。

4.26　氟化钾溶液(20 g/L)：称取 20 g 氟化钾($KF \cdot 2H_2O$)溶于水中，用水稀释至 1 L，贮存于塑料瓶中。

4.27　氯化钾溶液(50 g/L)：称取 50 g 氯化钾(KCl)溶于水中，用水稀释至 1 L。

4.28　氯化钾—乙醇溶液(50 g/L)：将 5 g 氯化钾(KCl)溶于 50 mL 水中，加入 50 mL 浓度为 95%(V/V)的乙醇(C_2H_5OH)，混匀。

4.29　氢氧化钾(KOH)。

4.30　氢氧化钠(NaOH)。

4.31　甲基红指示剂溶液(2 g/L)：将 0.2 g 甲基红溶于 100 mL 浓度为 95%(V/V)的乙醇(C_2H_5OH)中。

4.32　磺基水杨酸钠指示剂溶液(100 g/L)：将 10 g 磺基水杨酸钠($C_7H_5O_6SNa \cdot 2H_2O$)溶于水中，加水稀释至 100 mL。

4.33　1-(2-吡啶偶氮)-2 萘酚(PAN)指示剂溶液(2 g/L)：将 0.2 gPAN 溶于 100 mL95%(V/V)乙醇(C_2H_5OH)中。

4.34　钙黄绿素-甲基百里香酚蓝-酚酞混合指示剂(简称 CMP 混合指示剂)：称取 1.000 g 钙黄绿素、1.000 g 甲基百里香酚蓝、0.200 g 酚酞与 50 g 已在 105℃烘干过的硝酸钾(KNO_3)混合研细，保存在磨口瓶中。

4.35　酸性铬蓝 K-萘酚绿 B 混合指示剂：称取 1.000 g 酸性铬蓝 K、2.500 g 萘酚绿 B 与 50 g 已在 105℃烘干过的硝酸钾(KNO_3)混合研细，保存在磨口瓶中。

4.36　酚酞指示剂溶液(10 g/L)：将 1 g 酚酞溶于 100 mL 浓度为 95%(V/V)乙醇(C_2H_5OH)中。

4.37　萃取液(又称有机相)：将 1 体积的正丁醇与 3 体积的三氯甲烷相混合，摇匀。

4.38　钼酸铵溶液(50 g/L)：将 5 g 钼酸铵〔$(NH_4)_6Mo_7O_{24} \cdot 4H_2O$〕溶于水中，加水稀释至 100 mL，过滤后贮存于塑料瓶中。此溶液可保存约一周。

4.39　三氧化二铁(Fe_2O_3)标准溶液

4.39.1　标准溶液的配制

称取 0.100 0 g 已于 950℃灼烧 1 h 的三氧化二铁(Fe_2O_3)，精确至 0.000 1 g，置于 300 mL 烧杯中，依次加入 50 mL 水、30 mL 盐酸(1+1)、2 mL 硝酸，低温加热至微沸，待溶解安全后，冷却至室温，移入 2 000 mL 容量瓶中，用水稀释至标线，摇匀。此标准溶液每毫升含有 0.05 mg 三氧化二铁。

4.39.2　工作曲线的绘制

吸取每毫升含有 0.05 mg 三氧化二铁的标准溶液 0、1.00 mL、2.00 mL、3.00 mL、4.00 mL、5.00 mL、6.00 mL 分别放入 100 mL 容量瓶中，加水稀释至约 50 mL，加入 5 mL 抗坏血酸溶液(见 4.12)。放置 5 min 后，加入 5 mL 邻菲罗啉溶液(见 4.9)、10 mL 乙酸铵溶液(见 4.10)，用水稀释至标线，摇匀。放置 30 min 后，使用分光光度计、10 mm 比色皿，以水作参比，于波长 510 nm 处测定溶液的吸光度。用测得的吸光度作为相对应的三氧化二铁含量的函数，绘制工作曲线。

4.40　碳酸钙标准溶液〔$c(CaCO_3)=0.024$ mol/L〕

称取 0.6 g(m_1)已于 105～110℃烘过 2 h 的碳酸钙($CaCO_3$),精确至 0.000 1 g,置于 400 mL 烧杯中,加入约 100 mL 水,盖上表面皿,沿杯口滴加盐酸(1+1)至碳酸钙全部溶解,加热煮沸数分钟。将溶液冷却至室温,移入 250 mL 容量瓶中,用水稀释至标线,摇匀。

4.41 EDTA 标准滴定溶液〔c(EDTA)=0.015 mol/L〕

4.41.1 标准滴定溶液的配制

称取约 5.6 gEDTA(乙二胺四乙酸二钠盐)置于烧杯中,加入约 200 mL 水,加热溶解,过滤,用水稀释至 1 L,摇匀。

4.41.2 EDTA 标准滴定溶液浓度的标定

吸取 25.00 mL 碳酸钙标准溶液(见 4.40)于 400 mL 烧杯中,加入约 200 mL 水,加入适量的 CMP 混合指示剂(见 4.34),在搅拌下加入氢氧化钾溶液(见 4.6)至出现绿色荧光后再过量 2～3 mL,以 EDTA 标准滴定溶液滴定至绿色荧光消失并呈现红色。

EDTA 标准滴定溶液的浓度按式(1)计算:

$$c(\mathrm{EDTA})=\frac{m_1\times 25\times 1\,000}{250\times V_1\times 100.09}=\frac{m_1}{V_1}\times\frac{1}{1.000\,9} \quad\cdots\cdots(1)$$

式中:$c(\mathrm{EDTA})$——EDTA 标准滴定溶液的浓度,mol/L;

V_1——滴定时消耗 EDTA 标准滴定溶液的体积,mL;

m_1——按 4.40 配制碳酸钙标准溶液的碳酸钙的质量,g;

100.09——$CaCO_3$ 的摩尔质量,g/mol。

4.41.3 EDTA 标准滴定溶液对各氧化物滴定度的计算

EDTA 标准滴定溶液对三氧化二铁、三氧化二铝、氧化钙、氧化镁的滴定度分别按式(2)、(3)、(4)、(5)计算:

$$T_{Fe_2O_3}=c(\mathrm{EDTA})\times 79.84 \quad\cdots\cdots(2)$$

$$T_{Al_2O_3}=c(\mathrm{EDTA})\times 50.98 \quad\cdots\cdots(3)$$

$$T_{CaO}=c(\mathrm{EDTA})\times 56.08 \quad\cdots\cdots(4)$$

$$T_{MgO}=c(\mathrm{EDTA})\times 40.31 \quad\cdots\cdots(5)$$

式中:$T_{Fe_2O_3}$——每毫升 EDTA 标准滴定溶液相当于三氧化二铁的毫克数,mg/mL;

$T_{Al_2O_3}$——每毫升 EDTA 标准滴定溶液相当于三氧化二铝的毫克数,mg/mL;

T_{CaO}——每毫升 EDTA 标准滴定溶液相当于氧化钙的毫克数,mg/mL;

T_{MgO}——每毫升 EDTA 标准滴定溶液相当于氧化镁的毫克数,mg/mL;

$c(\mathrm{EDTA})$——EDTA 标准滴定溶液的浓度,mol/L;

79.84——($1/2Fe_2O_3$)的摩尔质量,g/mol;

50.98——($1/2Al_2O_3$)的摩尔质量,g/mol;

56.08——CaO 的摩尔质量,g/mol;

40.31——MgO 的摩尔质量,g/mol。

4.42 硫酸铜标准滴定溶液〔$c(CuSO_4)$=0.015 mol/L〕

4.42.1 标准滴定溶液的配制

称取约 3.7 g 硫酸铜($CuSO_4\cdot 5H_2O$)置于 400 mL 烧杯中,加入约 200 mL 水,再加 4 至 5 滴硫酸(1+1),用水稀释至 1 L,摇匀。

4.42.2 EDTA 标准滴定溶液与硫酸铜标准滴定溶液体积比的标定

从滴定管中缓慢放出 10～15 mLEDTA 标准滴定溶液〔c(EDTA)=0.015 mol/L〕(见 4.41)于 400 mL烧杯中,用水稀释至约 150 mL,加 15 mLpH4.3 的缓冲溶液(见 4.20),加热煮沸,取下稍冷,加 5 至 6 滴 PAN 指示剂溶液(见 4.33),以硫酸铜标准滴定溶液滴定至亮紫色。

EDTA 标准滴定溶液与硫酸铜标准滴定溶液体积比按式(6)计算：

$$K = \frac{V_2}{V_3} \qquad \cdots\cdots(6)$$

式中：K——每毫升硫酸铜标准滴定溶液相当于 EDTA 标准滴定溶液的毫升数；

V_2——EDTA 标准滴定溶液的体积，mL；

V_3——滴定时消耗硫酸铜标准滴定溶液的体积，mL。

4.43 氢氧化钠标准滴定溶液〔c(NaOH)＝0.15 mol/L〕

4.43.1 标准滴定溶液的配制

将 60 g 氢氧化钠(NaOH)溶于 10 L 水中，充分摇匀，贮存于带胶塞(装有钠石灰干燥管)的硬质玻璃瓶或塑料瓶内。

4.43.2 氢氧化钠标准滴定溶液浓度的标定

称取约 0.8 g(m_2)苯二甲酸氢钾($C_8H_5KO_4$)，精确至 0.000 1 g，置于 400 mL 烧杯中，加入约 150 mL新煮沸过的已用氢氧化钠溶液中和至酚酞呈微红色的冷水，搅拌使其溶解，加入 6 至 7 滴酚酞指示剂溶液(见 4.36)。用氢氧化钠标准滴定溶液滴定至微红色。

氢氧化钠标准滴定溶液的浓度按式(7)计算：

$$c(\mathrm{NaOH}) = \frac{m_2 \times 1\,000}{V_4 \times 204.2} \qquad \cdots\cdots(7)$$

式中：c(NaOH)——氢氧化钠标准滴定溶液的浓度，mol/L；

V_4——滴定时消耗氢氧化钠标准滴定溶液的体积，mL；

m_2——苯二甲酸氢钾的质量，g；

204.2——苯二甲酸氢钾的摩尔质量，g/mol。

4.43.3 氢氧化钠标准滴定溶液对二氧化硅滴定度按式(8)计算：

$$T_{SiO_2} = c(\mathrm{NaOH}) \times 15.02 \qquad \cdots\cdots(8)$$

式中：T_{SiO_2}——每毫升氢氧化钠标准滴定溶液相当于二氧化硅的毫克数，mg/mL；

c(NaOH)——NaOH 标准滴定溶液的浓度，mol/L；

15.02——($1/4SiO_2$)的摩尔质量，g/mol。

4.44 氧化镁(MgO)标准溶液

4.44.1 标准溶液的配制

称取 1.000 g 已于 600℃灼烧过 1.5 h 的氧化镁(MgO)，精确至 0.000 1 g，置于 300 mL 烧杯中，加入 50 mL 水，再缓缓加入 20 mL 盐酸(1＋1)，低温加热至溶解完全后冷却至室温，移入 1 000 mL 容量瓶中，用水稀释至标线，摇匀。此标准溶液每毫升含有 1.0 mg 氧化镁。

吸取 25.00 mL 上述标准溶液于 500 mL 容量瓶中，用水稀释至标线，摇匀。此标准溶液每毫升含有 0.05 mg 氧化镁。

4.44.2 工作曲线的绘制

吸取每毫升含有 0.05 mg 氧化镁的标准溶液 0、2.00 mL、4.00 mL、6.00 mL、8.00 mL、10.00 mL、12.00 mL 分别放入 500 mL 容量瓶中，加入 30 mL 盐酸及 10 mL 氯化锶溶液(见 4.15)，用水稀释至标线，摇匀。将原子吸收光谱仪调节至最佳工作状态，在空气—乙炔火焰中，用镁元素空心阴极灯，于波长 285.2 nm 处，以水校零测定溶液的吸光度。用测得的吸光度作为相对应的氧化镁含量的函数，绘制工作曲线。

4.45 氧化钾(K_2O)、氧化钠(Na_2O)标准溶液

4.45.1 氧化钾、氧化钠标准溶液的配制

称取 0.792 g 已于 130～150℃烘过 2 h 的氯化钾(KCl)及 0.943 g 已于 130～150℃烘过 2 h 的氯化钠(NaCl)，精确至 0.000 1 g，置于 300 mL 烧杯中，加水溶解完全后，移入 1 000 mL 容量瓶中，用水

稀释至标线，摇匀。贮存于塑料瓶中。此标准溶液每毫升相当于0.5 mg氧化钾及0.5 mg氧化钠。

4.45.2 工作曲线的绘制

吸取每毫升含有0.5 mg氧化钾及0.5 mg氧化钠的标准溶液0、1.00 mL、2.00 mL、4.00 mL、6.00 mL、8.00 mL、10.00 mL、12.00 mL，分别放入100 mL容量瓶中，用水稀释至标线，摇匀。将火焰光度计调节至最佳工作状态，按仪器使用规程进行测定。用测得的检流计读数作为相对应的氧化钾和氧化钠含量的函数，绘制工作曲线。

4.46 二氧化钛(TiO_2)标准溶液

4.46.1 标准溶液的配制

称取0.100 0 g已于950℃灼烧过1 h的二氧化钛(TiO_2)，精确至0.000 1 g，置于铂(或瓷)坩埚中，加入2 g焦硫酸钾(见4.13)，在500～600℃下熔融至透明。熔块用硫酸(1+9)浸出，加热至50～60℃使熔块完全溶解，冷却后移入1 000 mL容量瓶中，用硫酸(1+9)稀释至标线，摇匀。此标准溶液每毫升含有0.1 mg二氧化钛。

吸取100.00 mL上述标准溶液于500 mL容量瓶中，用硫酸(1+9)稀释至标线，摇匀。此标准溶液每毫升含有0.02 mg二氧化钛。

4.46.2 工作曲线的绘制

吸取每毫升含有0.02 mg二氧化钛的标准溶液0、2.50 mL、5.00 mL、7.50 mL、10.00 mL、12.50 mL、15.00 mL分别放入100 mL容量瓶中，依次加入10 mL盐酸(1+2)、10 mL抗坏血酸溶液(见4.12)、5 mL浓度为95%(V/V)的乙醇、20 mL二安替比林甲烷溶液(见4.16)，用水稀释至标线，摇匀。放置40 min后，使用分光光度计、10 mm比色皿，以水作参比，于波长420 nm处测定溶液的吸光度。用测得的吸光度作为相对应的二氧化钛含量的函数，绘制工作曲线。

4.47 五氧化二磷(P_2O_5)标准溶液

4.47.1 标准溶液的配制

称取1.917 g已于105～110℃烘过2 h的磷酸二氢钾(KH_2PO_4)，精确至0.000 1 g，置于300 mL烧杯中，加水溶解后，移入1 000 mL容量瓶中，用水稀释至标线，摇匀。此标准溶液每毫升相当于1.0 mg五氧化二磷。

吸取50.00 mL上述标准溶液于1 000 mL容量瓶中，用水稀释至标线，摇匀。此标准溶液每毫升相当于0.05 mg五氧化二磷。

4.47.2 工作曲线的绘制

吸取每毫升含有0.05 mg五氧化二磷的标准溶液1.00 mL、2.00 mL、3.00 mL、4.00 mL分别一一对应放入已吸取9.00 mL、8.00 mL、7.00 mL、6.00 mL水的四个分液漏斗中，依次加入5 mL硝酸(1+1)、移取15.00 mL萃取液(见4.37)、5 mL钼酸铵(见4.38)，塞上漏斗塞，用力振荡2～3 min，静置分层。然后小心移开塞子，减少漏斗内的压力，放掉少量有机相以洗涤漏斗内壁，再将有机相放入50 mL干烧杯中，盖上表面皿。使用分光光度计、10 mm比色皿，以萃取液(见4.37)作参比，于波长420 nm处测定溶液的吸光度。用测得的吸光度作为相对应的五氧化二磷含量的函数，绘制工作曲线。

4.48 乙酸铵溶液(250 g/L)：将250 g乙酸铵(CH_3COONH_4)溶于1 L水中。

5 仪器与设备

5.1 天平：不应低于四级，精确至0.000 1 g。

5.2 铂、银、镍或瓷坩埚：带盖，容量15～30 mL。

5.3 铂皿：容量50～100 mL。

5.4 瓷蒸发皿：容量150～200 mL。

5.5 马弗炉：隔焰加热炉，在炉膛外围进行电阻加热。应使用温度控制器，准确控制炉温，并定期进行校验。

5.6 滤纸:无灰的快速、中速、慢速三种型号滤纸。

5.7 玻璃容量器皿:滴定管、容量瓶、移液管。

5.8 分液漏斗:50 mL。

5.9 磁力搅拌器:带有塑料外壳的搅拌子,配备有调速和加热装置。

5.10 分光光度计:可在400~700 nm范围内测定溶液的吸光度,带有10 mm、20 mm比色皿。

5.11 火焰光度计:带有768 nm和589 nm的干涉滤光片。

5.12 原子吸收光谱仪:带有镁元素空心阴极灯。

6 试样的制备

试样必须具有代表性和均匀性,取样按GB/T 2007.1进行。由大样缩分后的试样不得少于100 g,试样通过0.08 mm方孔筛时的筛余不应超过15%。再以四分法或缩分器将试样缩减至约25 g,然后研磨至全部通过孔径为0.08 mm方孔筛。充分混匀后,装入试样瓶中,供分析用。其余作为原样保存备用。

7 烧失量的测定(标准法)

7.1 方法提要

试样中所含水分、碳酸盐及其他易挥发性物质,经高温灼烧即分解逸出,灼烧所失去的质量即为烧失量。

7.2 分析步骤

称取约1 g试样(m_3),精确至0.000 1 g,置于已灼烧恒量的瓷坩埚中,将盖斜置于坩埚上,放在马弗炉(见5.5)内。从低温开始逐渐升高温度,在950~1 000℃下灼烧1 h,取出坩埚置于干燥器中,冷却至室温,称量。反复灼烧,直至恒量。

7.3 结果表示

烧失量的质量百分数X_{LOI}按式(9)计算:

$$X_{LOI}=\frac{m_3-m_4}{m_3}\times 100 \qquad (9)$$

式中:X_{LOI}——烧失量的质量百分数,%;

m_3——试料质量,g;

m_4——灼烧后试料的质量,g。

7.4 允许差

同一试验室的允许差为:0.25%;

不同试验室的允许差为:0.40%。

8 二氧化硅的测定(标准法)

8.1 方法提要

试样以无水碳酸钠烧结,盐酸溶解,加固体氯化铵于沸水浴上加热蒸发,使硅酸凝聚,灼烧称量。用氢氟酸处理后,失去的质量即为二氧化硅含量。

8.2 分析步骤

称取约0.6 g试样(m_5),精确至0.000 1 g,置于铂坩埚中,将盖斜置于坩埚上,并留有一定缝隙,在950~1 000 ℃下灼烧5 min,取出坩埚冷却至室温。用玻璃棒仔细压碎块状物,加入0.30 g无水碳酸钠(见4.8),混匀。再将坩埚置于950~1 000 ℃下灼烧10 min,取下冷却至室温。

将烧结块移入瓷蒸发皿中,加少量水润湿,盖上表面皿。从皿口加入5 mL盐酸(1+1)及2~3滴硝酸,待反应停止后取下表面皿,用平头玻璃棒压碎块状物使分解安全,用热盐酸(1+1)清洗坩埚数次,洗液合并于蒸发皿中。将蒸发皿置于沸水浴上,皿上放一玻璃三角架,再盖上表面皿。蒸发至糊状后,加入

1 g 氯化铵(见 4.7),充分搅匀,在沸水浴上蒸发至干后继续蒸发 10~15 min。

取下蒸发皿,加入 10~20 mL 热盐酸(3+97),搅拌使可溶性盐类溶解。用中速滤纸过滤,用胶头擦棒以热水擦洗玻璃棒及蒸发皿,用热水洗涤 10~12 次。滤液及洗液保存于 250 mL 容量瓶中。

将沉淀连同滤纸一并移入原铂坩埚中,干燥、灰化后,放入已升温至 950~1 000℃的马弗炉(见 5.5)内灼烧 30 min,取出坩埚置于干燥器中,冷却至室温,恒量(m_6)。

向坩埚中加数滴水润湿沉淀,加 3 滴硫酸(1+4)和 5 mL 氢氟酸,放入通风橱内电炉上缓慢加热,蒸发至干,升高温度继续加热至三氧化硫白烟完全逸尽。将坩埚放入已升温至 950~1 000℃的马弗炉(见 5.5)内灼烧 30 min,取出坩埚置于干燥器中,冷却至室温,恒量(m_7)。

8.3 结果表示

二氧化硅的质量百分数 X_{SiO_2} 按式(10)计算:

$$X_{SiO_2} = \frac{m_6 - m_7}{m_5} \times 100 \qquad \cdots\cdots(10)$$

式中:X_{SiO_2}——二氧化硅的质量百分数,%;

m_5——试料质量,g;

m_6——灼烧后未经氢氟酸处理的沉淀及坩埚的质量,g;

m_7——用氢氟酸处理并经灼烧后的残渣及坩埚的质量,g。

8.4 允许差

同一试验室的允许差为:0.15%;

不同试验室的允许差为:0.20%。

8.5 经氢氟酸处理后的残渣的分解

向按 8.2 经过氢氟酸处理后得到的残渣中加入 1 g 焦硫酸钾(见 4.13),在 500~600℃下熔融至透明。熔块用热水和数滴盐酸(1+1)溶解,溶液并入按 8.2 分离二氧化硅后得到的滤液和洗液中,用水稀释至标线,摇匀。此溶液 A 供测定三氧化二铁(见 9.2)、三氧化二铝(见 10.2)、氧化钙(见 11.2)、氧化镁(见 19.2)、二氧化钛(见 14.2)用。

9 三氧化二铁的测定(标准法)

9.1 方法提要

用抗坏血酸将三价铁还原为亚铁,在 pH 为 1.5~9.5 的条件下亚铁和邻菲罗啉生成红色络合物,于波长 510 nm 处测定吸光度。

9.2 分析步骤

从 8.5 溶液 A 或 16.2 溶液 D 中,吸取 10.00 mL 溶液(视三氧化二铁含量而定)放入 100 mL 容量瓶中,用水稀释约 50 mL,加入 5 mL 抗坏血酸溶液(见 4.12)。放置 5 min 后,加入 5 mL 邻菲罗啉溶液(见 4.9)、10 mL 乙酸铵溶液(见 4.10),用水稀释至标线,摇匀。放置 30 min 后,使用分光光度计、10 mm比色皿,以水作参比,于波长 510 nm 处测定溶液的吸光度。在工作曲线(见 4.39.2)上查出三氧化二铁的含量(m_9)。

9.3 结果表示

三氧化二铁的质量百分数 $X_{Fe_2O_3}$ 按式(11)计算:

$$X_{Fe_2O_3} = \frac{m_9 \times 25}{m_8 \times 1\,000} \times 100 = \frac{m_9 \times 2.5}{m_8} \qquad \cdots\cdots(11)$$

式中:$X_{Fe_2O_3}$——三氧化二铁的质量百分数,%;

m_8——8.5(m_5)或 16.2(m_{18})中试料的质量,g;

m_9——按 9.2 测定的 100 mL 溶液中三氧化二铁的含量,mg;

25——全部试样溶液与所分取试样溶液的体积比。

9.4 允许差

同一试验室的允许差为：含量<0.5%时，0.05%；

含量≥0.5%时，0.10%。

不同试验室的允许差为：含量<0.5%时，0.10%；

含量≥0.5%时，0.15%。

10 三氧化二铝的测定(标准法)

10.1 方法提要

将吸取的试样溶液直接调整pH至3.0，在煮沸下以EDTA-Cu和PAN为指示剂，用EDTA标准滴定溶液滴定铁、铝合量，扣除三氧化二铁的含量。

10.2 分析步骤

从8.5溶液A或16.2溶液D中，吸取50.00 mL溶液于300 mL烧杯中，加水稀释至约150 mL，加入25 mL乙酸铵溶液(见4.48)，加2～3滴溴酚蓝指示剂溶液(见4.11)，用盐酸(1+1)和乙酸铵溶液(见4.48)调至溶液由蓝色变为纯黄色。加入15 ml、pH3.0的缓冲溶液(见4.19)，加热煮沸并保持1 min，加入10滴EDTA-Cu溶液(见4.18)及2～3滴PAN指示剂溶液(见4.33)，用EDTA标准滴定溶液〔c(EDTA)=0.015 mol/L〕(见4.41)滴定至红色消失。继续煮沸，滴定，直至溶液经煮沸后，红色不再出现，呈稳定的亮黄色为止。

10.3 结果表示

三氧化二铝的质量百分数$X_{Al_2O_3}$按式(12)计算：

$$X_{Al_2O_3}=\frac{T_{Al_2O_3}\cdot V_5\times 5}{m_8\times 1\,000}\times 100-0.64\times X_{Fe_2O_3}$$

$$=\frac{T_{Al_2O_3}\cdot V_5\times 0.5}{m_8}-0.64\times X_{Fe_2O_3} \quad\cdots\cdots(12)$$

式中：$X_{Al_2O_3}$——三氧化二铝的质量百分数，%；

$X_{Fe_2O_3}$——按9.2测得的三氧化二铁的质量百分数，%；

$T_{Al_2O_3}$——每毫升EDTA标准滴定溶液相当于三氧化二铝的毫克数，mg/mL；

V_5——滴定时消耗EDTA标准滴定溶液的体积，mL；

m_8——8.5(m_5)或16.2(m_{18})中试料的质量，g；

0.64——三氧化二铁对三氧化二铝的换算系数；

5——全部试样溶液与所分取试样溶液的体积比。

10.4 允许差

同一试验室的允许差为：0.15%；

不同试验室的允许差为：0.20%。

11 氧化钙的测定(标准法)

11.1 方法提要

在pH13以上强碱性溶液中，以三乙醇胺为掩蔽剂，用钙黄绿素-甲基百里香酚蓝-酚酞混合指示剂，用EDTA标准滴定溶液滴定。

11.2 分析步骤

从7.5溶液A中吸取25.00 mL溶液于400 mL烧杯中，加水稀释至约200 mL，加5 mL三乙醇胺(1+2)及适量的CMP混合指示剂(见4.34)，在搅拌下加入氢氧化钾溶液(见4.6)至出现绿色荧光后再过量5～8 mL，以EDTA标准滴定溶液〔c(EDTA)=0.015 mol/L〕(见4.41)滴定至绿色荧光消失并呈现红色。

11.3 结果表示

氧化钙的质量百分数 X_{CaO} 按式(13)计算：

$$X_{CaO}=\frac{T_{CaO}\cdot V_5\times 10}{m_5\times 1\,000}\times 100=\frac{T_{CaO}\cdot V_5}{m_5} \quad \cdots\cdots(13)$$

式中：X_{CaO}——氧化钙的质量百分数，%；

T_{CaO}——每毫升 EDTA 标准滴定溶液相当于氧化钙的毫克数，mg/mL；

V_5——滴定时消耗 EDTA 标准滴定溶液的体积，mL；

m_5——8.5 中试料的质量，g；

10——全部试样溶液与所分取试样溶液的体积比。

11.4 允许差

同一试验室的允许差为：0.25%；

不同试验室的允许差为：0.40%。

12 氧化镁的测定(标准法)

12.1 方法提要

以氢氟酸-高氯酸分解或用硼酸锂-盐酸溶解试样的方法制备溶液，分取一定量的溶液，用锶盐消除硅、铝、钛等对镁的抑制干扰，在空气-乙炔火焰中，于 285.2 nm 处测定吸光度。

12.2 分析步骤

12.2.1 氢氟酸—高氯酸分解

称取约 0.1 g 试样(m_{10})，精确至 0.000 1 g，置于铂坩埚(或铂皿)中，加少量水润湿，加入 5～7 mL 氢氟酸和 0.5 mL 高氯酸，放入通风橱内电炉上缓慢加热，蒸发至干，近干时摇动铂坩埚以防溅失，至白色浓烟完全逸尽后，取下冷却至室温。加入 20 mL 盐酸(1+1)，温热至溶液澄清，取下冷却至室温。转移到 250 mL 容量瓶中，加 5 mL 氯化锶溶液(见 4.15)，用水稀释至标线，摇匀。此溶液 B 供原子吸收光谱法测定氧化镁(见 12.2.3)。

12.2.2 硼酸锂熔融

称取约 0.1 g 试样(m_{11})，精确至 0.000 1 g，置于铂坩埚中，加入 0.4 g 硼酸锂(见 4.14)，搅匀。用喷灯在低温下熔融，逐渐升高温度至 1 000℃使熔成玻璃体，取下冷却至室温。在铂坩埚内放入一个搅拌子(塑料外壳)，并将坩埚放入预先盛有 150 mL 盐酸(1+10)，且温度约 45℃时 200 mL 烧杯中，用磁力搅拌器搅拌溶解，待熔块完全溶解后取出坩埚及搅拌子，用水洗净。将溶液冷却至室温，转移到 250 mL 容量瓶中，加 5 mL 氯化锶溶液(见 4.15)，用水稀释至标线，摇匀。此溶液 C 供原子吸收光谱法测定氧化镁(见 12.2.3)。

12.2.3 氧化镁的测定

从 12.2.1 溶液 B 或 12.2.2 溶液 C 中，吸取一定量的溶液放入容量瓶中(试样溶液的分取量及容量瓶的容积视氧化镁的含量而定)，加入盐酸(1+1)及氯化锶溶液(见 4.15)，使测定溶液中盐酸的浓度为 6%(V/V)，锶浓度为 1 mg/mL。用水稀释至标线，摇匀。将原子吸收光谱仪调节至最佳工作状态，在空气—乙炔火焰中，用镁元素空心阴极灯，于波长 285.2 nm 处，在与 4.44.2 相同的仪器条件下测定溶液的吸光度，在工作曲线(见 4.44.2)上查出氧化镁的浓度(c)。

12.3 结果表示

氧化镁的质量百分数 X_{MgO} 按式(14)计算：

$$X_{MgO}=\frac{c\cdot V_6\cdot n}{m_{12}\times 1\,000}\times 100=\frac{c\cdot V_6\cdot n\times 0.1}{m_{12}} \quad \cdots\cdots(14)$$

式中：X_{MgO}——氧化镁的质量百分数，%；

c——测定溶液中氧化镁的浓度，mg/mL；

V_6——测定溶液的体积,mL;

m_{12}——12.2.1(m_{10})或12.2.2(m_{11})中试料的质量,g;

n——全部试样溶液与所分取试样溶液的体积比。

12.4 允许差

同一试验室的允许差为:0.15%;

不同试验室的允许差为:0.25%。

13 氧化钾和氧化钠的测定(标准法)

13.1 方法提要

经氢氟酸—硫酸蒸发处理除去硅,用热水浸取残渣,以氨水和碳酸铵分离铁、铝、钙、镁。滤液中的钾、钠用火焰光度计进行测定。[1)]

13.2 分析步骤

称取约0.2 g试样(m_{13}),精确至0.000 1 g,置于铂皿中,加少量水润湿,加入5~7 mL氢氟酸和15至20滴硫酸(1+1),放入通风橱内电炉上缓慢加热,蒸发至干,近干时摇动铂皿以防溅失,至白色浓烟完全逸尽后,取下冷却至室温。加入适量热水,压碎残渣使其溶解,加1滴甲基红指示剂(见4.31),用氨水(1+1)中和至黄色,再加入10 mL碳酸铵溶液(见4.17),搅拌,然后放入通风橱内电炉上低温加热20~30 min。用快速滤纸过滤,以热水洗涤,滤液及洗液转移到100 mL容量瓶中,冷却至室温。用盐酸(1+1)中和至溶液呈微红色,用水稀释至标线,摇匀。将火焰光度计调节至最佳工作状态,按仪器使用规程进行测定。在工作曲线(见4.45.2)上分别查出氧化钾和氧化钠的含量(m_{14})和(m_{15})。

13.3 结果表示

氧化钾和氧化钠的质量百分数X_{K_2O}和X_{Na_2O}按式(15)和(16)计算:

$$X_{K_2O}=\frac{m_{14}}{m_{13}\times 1\,000}\times 100=\frac{m_{14}\times 0.1}{m_{13}} \quad \cdots\cdots(15)$$

$$X_{Na_2O}=\frac{m_{15}}{m_{13}\times 1\,000}\times 100=\frac{m_{15}\times 0.1}{m_{13}} \quad \cdots\cdots(16)$$

式中:X_{K_2O}——氧化钾的质量百分数,%;

X_{Na_2O}——氧化钠的质量百分数,%;

m_{13}——试料的质量,g;

m_{14}——100 mL测定溶液中氧化钾的含量,mg;

m_{15}——100 mL测定溶液中氧化钠的含量,mg。

13.4 允许差

同一试验室的允许差为:氧化钾与氧化钠均为0.10%;

不同试验室的允许差为:氧化钾与氧化钠均为0.15%。

14 二氧化钛的测定(标准法)

14.1 方法提要

在酸性溶液中TiO^{2+}与二安替比林甲烷生成黄色络合物,于波长420 nm处测定其吸光度。用抗坏血酸消除三价铁离子的干扰。

14.2 分析步骤

从8.5溶液A或16.2溶液D中,吸取25.00 mL溶液放入100 mL容量瓶中,加入10 mL盐酸(1+2)和10 mL抗坏血酸溶液(见4.12),放置5 min。再加入5 mL浓度为95%(V/V)的乙醇及20 mL二

1) 氧化钾、氧化钠的测定也可采用原子吸收法进行测定。具体步骤可参见GB/T 176—1996中第25章。

安替比林甲烷溶液(见4.16),用水稀释至标线,摇匀。放置40 min后,使用分光光度计、10 mm比色皿,以水作参比,于420 nm处测定溶液的吸光度。在工作曲线(见4.46.2)上查出二氧化钛的含量(m_{16})。

14.3 结果表示

二氧化钛的质量百分数X_{TiO_2}按式(17)计算:

$$X_{TiO_2}=\frac{m_{16}\times 10}{m_8\times 1\,000}\times 100=\frac{m_{16}}{m_8} \qquad (17)$$

式中:X_{TiO_2}——二氧化钛的质量百分数,%;

m_8——8.5(m_5)或16.2(m_{18})中试料的质量,g;

m_{16}——按14.2测定的100 mL溶液中二氧化钛的含量,mg;

10——全部试样溶液与所分取试样溶液的体积比。

14.4 允许差

同一试验室的允许差为:0.05%;

不同试验室的允许差为:0.10%。

15 二氧化硅的测定(代用法)

15.1 方法提要

在有过量的氟、钾离子存在的强酸性溶液中,使硅酸形成氟硅酸钾(K_2SiF_6)沉淀。经过滤、洗涤及中和残余酸后,加沸水使氟硅酸钾沉淀水解生成等物质量的氢氟酸。然后以酚酞为指示剂,用氢氧化钠标准滴定溶液进行滴定。

15.2 分析步骤

称取约0.3 g试样(m_{17}),精确至0.000 1 g,置于镍坩埚或银坩埚中,加入4 g氢氧化钾(见4.29)于电炉上熔融20 min,取下坩埚稍冷后,用热水浸取熔块,放入300 mL塑料杯中,用热水冲洗坩埚和盖。然后加入15~20 mL硝酸,搅拌,冷却至30℃以下。加入10 mL氟化钾溶液(见4.25),再加入氯化钾(见4.24)至饱和,并过量1~2 g氯化钾(见4.24),放置15~20 min。用中速滤纸过滤,用氯化钾溶液(见4.27)洗涤塑料杯及沉淀3次。将滤纸连同沉淀取下,置于原塑料杯中,沿杯壁加入10 mL温度为30℃以下的氯化钾-乙醇溶液(见4.28)及1 mL酚酞指示剂(见4.36),用氢氧化钠标准滴定溶液〔c(NaOH)=0.15 mol/L〕(见4.43)中和未洗尽的酸,仔细搅动滤纸并随之擦洗杯壁直至溶液呈红色。向杯中加入200 mL沸水(煮沸并用氢氧化钠溶液中和至酚酞呈微红色),用氢氧化钠标准滴定溶液〔c(NaOH)=0.15 mol/L〕(见4.43)滴定至微红色。

15.3 结果表示

二氧化硅的质量百分数X_{SiO_2}按式(18)计算:

$$X_{SiO_2}=\frac{T_{SiO_2}\cdot V_7}{m_{17}\times 1\,000}\times 100=\frac{T_{SiO_2}\cdot V_7\times 0.1}{m_{17}} \qquad (18)$$

式中:X_{SiO_2}——二氧化硅的质量百分数,%;

T_{SiO_2}——每毫升氢氧化钠标准滴定溶液相当于二氧化硅的毫克数,mg/mL;

V_7——滴定时消耗氢氧化钠标准滴定溶液的体积,mL;

m_{17}——试料的质量,g。

15.4 允许差

同一试验室的允许差为:0.20%;

不同试验室的允许差为:0.25%。

16 三氧化二铁的测定(代用法)

16.1 方法提要

在 pH1.8～2.0、温度为 60～70℃的溶液中，以磺基水杨酸钠为指示剂，用 EDTA 标准滴定溶液滴定。

16.2 分析步骤

称取约 0.6 g 试样(m_{18})，精确至 0.000 1 g，置于银坩埚中，加入 6～7 g 氢氧化钠（见 4.30）于 650～700℃的高温下熔融 20 min，取出冷却。将坩埚放入已盛有 100 mL 近沸腾的 300 mL 烧杯中，盖上表面皿，在电炉上适当加热，待熔块完全浸出后，取出坩埚，用水冲洗坩埚和盖。在搅拌下一次加入 25～30 mL盐酸，再加入 1 mL 硝酸，用热盐酸(1+5)洗净坩埚和盖。将溶液加热至沸，冷却至室温，转移到 250 mL容量瓶中，用水稀释至标线，摇匀。此溶液 D 供测定三氧化二铁（见 16.2)、二氧化二铝（见 17.1.2 或 17.2.2)、氧化钙（见 18.2)、氧化镁（见 19.2)、二氧化钛（见 14.2)、五氧化二磷（见 20.2)用。

从 8.5 溶液 A 或 16.2 溶液 D 中，吸取 50.00 mL 溶液于 300 mL 烧杯中，加水稀释至约 100 mL，用氨水(1+1)和盐酸(1+1)调节溶液 pH 值在 1.8～2.0 之间（用精密 pH 试纸检验)。将溶液加热至 70℃，加 10 滴磺基水杨酸钠指示剂溶液（见 4.32)，以 EDTA 标准滴定溶液〔c(EDTA)＝0.015 mol/L〕(见 4.41)缓慢地滴定至无色或亮黄色（终点时溶液温度应不低于 60℃)。保留此溶液供测定三氧化二铝（见 17.1.2 或 17.2.2)用。

16.3 结果表示

三氧化二铁的质量百分数 $X_{Fe_2O_3}$按式(19)计算：

$$X_{Fe_2O_3}=\frac{T_{Fe_2O_3}\cdot V_8\times 5}{m_8\times 1\,000}\times 100=\frac{T_{Fe_2O_3}\cdot V_8\times 0.5}{m_8} \quad\cdots\cdots\cdots\cdots(19)$$

式中：$X_{Fe_2O_3}$——三氧化二铁质量百分数，%；

$T_{Fe_2O_3}$——每毫升 EDTA 标准滴定溶液相当于三氧化二铁的毫克数，mg/mL；

V_8——滴定时消耗 EDTA 标准滴定溶液的体积，mL；

m_8——8.5(m_5)或 16.2(m_{18})中试料的质量，g；

5—全部试样溶液与所分取试样溶液的体积比。

16.4 允许差

同一试验室的允许差为：0.15%；

不同试验室的允许差为：0.20%。

17 三氧化二铝的测定（代用法）

17.1 直接滴定法

17.1.1 方法提要

于滴定铁后的溶液中，调整 pH 至 3.0，在煮沸下以 EDTA-Cu 和 PAN 为指示剂，用 EDTA 标准滴定溶液滴定。

17.1.2 分析步骤

从 16.2 中测完铁的溶液中加水稀释至约 200 mL，加 1 至 2 滴溴酚蓝指示剂（见 4.11)，滴加氨水(1+1)至溶液出现蓝紫色，再滴加盐酸(1+2)至溶液出现黄色。加入 15 mL、pH3.0 的缓冲溶液（见 4.19)，加热煮沸并保持 1 min，加入 10 滴 EDTA-Cu 溶液（见 4.18)及 2 至 3 滴 PAN 指示剂溶液（见 4.33)，用 EDTA 标准滴定溶液{c(EDTA)＝0.015 mol/L}(见 4.41)滴定至红色消失。继续煮沸，滴定，直至溶液经煮沸后，红色不再出现，呈稳定的亮黄色为止。

17.1.3 结果表示

三氧化二铝的质量百分数 $X_{Al_2O_3}$按式(20)计算：

$$X_{Al_2O_3}=\frac{T_{Al_2O_3}\cdot V_9\times 5}{m_8\times 1\,000}\times 100=\frac{T_{Al_2O_3}\cdot V_9\times 0.5}{m_8} \quad\cdots\cdots\cdots\cdots(20)$$

式中：$X_{Al_2O_3}$——三氧化二铝的质量百分数，%；

$T_{Al_2O_3}$——每毫升 EDTA 标准滴定溶液相当于三氧化二铝的毫克数，mg/mL；

V_9——滴定时消耗 EDTA 标准滴定溶液的体积，mL；

m_8——8.5(m_5)或 16.2(m_{18})中试料的质量，g；

5——全部试样溶液与所分取试样溶液的体积比。

17.1.4 允许差

同一试验室的允许差为：0.20%；

不同试验室的允许差为：0.25%。

17.2 铜盐回滴法

17.2.1 方法提要

在滴定铁后的溶液中，加入对铝、钛过量的 EDTA 标准滴定溶液，于 pH3.8～4.0 以 PAN 为指示剂，用硫酸铜标准滴定溶液回滴过量的 EDTA(本法只适用于一氧化锰含量在 0.5%以下的试样)。

17.2.2 分析步骤

从 16.2 中测完铁的溶液中加入 EDTA 标准滴定溶液{c(EDTA)=0.015 mol/L}(见 4.41)至过量 10～15 mL(对铝、钛含量而言)，加水稀释至 150～200 mL。将溶液加热至 70～80℃后，加数滴氨水(1+1)调节溶液 pH 值在 3.0～3.5 之间(用精密 pH 试纸检验)，加入 15 mL、pH4.3 的缓冲溶液(见 4.20)，加热煮沸并保持 1～2 min，取下加入 4 至 5 滴 PAN 指示剂(见 4.33)，用硫酸铜标准滴定溶液{$c(CuSO_4)$=0.015 mol/L}(见 4.42)滴定至亮紫色。

17.2.3 结果表示

三氧化二铝的质量百分数 $X_{Al_2O_3}$ 按式(21)计算：

$$X_{Al_2O_3}=\frac{T_{Al_2O_3}\times(V_{10}-K\cdot V_{11})\times 5}{m_8\times 1\,000}\times 100-0.64X_{TiO_2}$$

$$=\frac{T_{Al_2O_3}\times(V_{10}-K\cdot V_{11})\times 0.5}{m_8}-0.64X_{TiO_2}\quad\cdots\cdots(21)$$

式中：$X_{Al_2O_3}$——三氧化二铝的质量百分数，%；

X_{TiO_2}——按 14.2 测得的二氧化钛的质量百分数，%；

$T_{Al_2O_3}$——每毫升 EDTA 标准滴定溶液相当于三氧化二铝的毫克数，mg/mL；

V_{10}——加入 EDTA 标准滴定溶液的体积，mL；

V_{11}——滴定时消耗硫酸铜标准滴定溶液的体积，mL；

K——每毫升硫酸铜标准滴定溶液相当于 EDTA 标准滴定溶液的毫升数；

m_8——8.5(m_5)或 16.2(m_{18})中试料的质量，g；

0.64——二氧化钛对三氧化二铝的换算系数；

5——全部试样溶液与所分取试样溶液的体积比。

17.2.4 允许差

同一试验室的允许差为：0.20%；

不同试验室的允许差为：0.25%。

18 氧化钙的测定(代用法)

18.1 方法提要

预先在酸性溶液中加入适量氟化钾溶液，以抑制硅酸的干扰。然后在 pH13 以上强碱性溶液中，以三乙醇胺为掩蔽剂，用钙黄绿素-甲基百里香酚蓝-酚酞混合指示剂，用 EDTA 标准滴定溶液滴定。

18.2 分析步骤

从 16.2 溶液 D 中吸取 25.00 mL 溶液于 400 mL 烧杯中，加入 2 mL 氟化钾溶液(见 4.26)，搅拌并放置 2 min 以上。然后加水稀释至约 200 mL，加 5 mL 三乙醇胺(1+2)及适量的 CMP 混合指示剂(见 4.34)，在搅拌下加入氢氧化钾溶液(见 4.6)至出现绿色荧光后再过量 5～8 mL，以 EDTA 标准滴定溶液[c(EDTA)＝0.015 mol/L](见 4.41)滴定至绿色荧光消失并呈现红色。

18.3 结果表示

氧化钙的质量百分数 X_{CaO} 按式(22)计算：

$$X_{CaO}=\frac{T_{CaO}\cdot V_{12}\times 10}{m_{18}\times 1\,000}\times 100=\frac{T_{CaO}\cdot V_{12}}{m_{18}} \quad \cdots\cdots(22)$$

式中：X_{CaO}——氧化钙的质量百分数，%；

T_{CaO}——每毫升 EDTA 标准滴定溶液相当于氧化钙的毫克数，mg/mL；

V_{12}——滴定时消耗 EDTA 标准滴定溶液的体积，mL；

m_{18}——16.2 中试料的质量，g；

10——全部试样溶液与所分取试样溶液的体积比。

18.4 允许差

同一试验室的允许差为：0.25%；

不同试验室的允许差为：0.40%。

19 氧化镁的测定(代用法)

19.1 方法提要

在 pH10 的溶液中，以三乙醇胺、酒石酸钾钠为掩蔽剂，用酸性铬蓝 K-萘酚绿 B 混合指示剂，以 EDTA 标准滴定溶液滴定。

19.2 分析步骤

从 8.5 的溶液 A 或 16.2 溶液 D 中吸取 25.00 mL 溶液于 400 mL 烧杯中，加水稀释至约 200 mL，依次加入 1 mL 酒石酸钾钠(见 4.23)和 5 mL 三乙醇胺(1+2)，搅拌。然后加入 25 mL、pH10 缓冲溶液(见 4.21)及适量的酸性铬蓝 K-萘酚绿 B 混合指示剂(见 4.35)，以 EDTA 标准滴定溶液[c(EDTA)＝0.015 mol/L](见 4.41)滴定，近终点时应缓慢滴定至纯蓝色。

19.3 结果表示

氧化镁的质量百分数 X_{MgO} 按式(23)计算：

$$X_{MgO}=\frac{T_{MgO}\cdot(V_{13}-V_{14})\times 10}{m_{8}\times 1\,000}\times 100=\frac{T_{MgO}\cdot(V_{13}-V_{14})}{m_{8}} \quad \cdots\cdots(23)$$

式中：X_{MgO}——氧化镁的质量百分数，%；

T_{MgO}——每毫升 EDTA 标准滴定溶液相当于氧化镁的毫克数，mg/mL；

V_{13}——滴定钙、镁总量时消耗 EDTA 标准滴定溶液的体积，mL；

V_{14}——按 11.2 或 18.2 测定氧化钙时消耗 EDTA 标准滴定溶液的体积，mL；

m_{8}——8.5(m_{5})或 16.2(m_{18})中试料的质量，g；

10——全部试样溶液与所分取试样溶液的体积比。

19.4 允许差

同一试验室的允许差为：含量＜2%时，0.15%；

含量≥2%时，0.20%。

不同试验室的允许差为：含量＜2%时，0.25%；

含量≥2%时，0.30%。

20 五氧化二磷的测定(代用法)

20.1 方法提要

在 0.8～1.2 mol/L 硝酸介质中，加入钼酸铵，生成磷钼酸黄色络合物，正丁醇-三氯甲烷萃取，于波长 420 nm 处测定其吸光度。

20.2 分析步骤

从 16.2 溶液 D 中吸取 10.00 mL 溶液（视五氧化二磷含量而定），放入 50 mL 分液漏斗中依次加入 5 mL 硝酸(1＋1)、移取 15.00 mL 萃取液（见 4.37）、5 mL 钼酸铵溶液（见 4.38），塞上漏斗塞，用力振荡 2～3 min，静置分层。然后小心移开塞子，减少漏斗内的压力，放掉少量有机相以洗涤漏斗内壁，再将有机相放入 50 mL 干烧杯中，盖上表面皿。使用分光光度计、10 mm 比色皿，以萃取液（见 4.37）作参比，于波长 420 nm 处测定溶液的吸光度。在工作曲线（见 4.47.2）上查出五氧化二磷的含量（m_{19}）。

20.3 结果表示

五氧化二磷的质量百分数 $X_{P_2O_5}$ 按式(24)计算：

$$X_{P_2O_5} = \frac{m_{19} \times 25}{m_{18} \times 1\,000} \times 100 = \frac{m_{19} \times 2.5}{m_{18}} \qquad \cdots\cdots (24)$$

式中：$X_{P_2O_5}$——五氧化二磷的质量百分数，%；

m_{18}——16.2 中试料的质量，g；

m_{19}——按 20.2 测定的 10 mL 溶液中五氧化二磷的含量，mg；

25——全部试样溶液与所分取试样溶液的体积比。

20.4 允许差

同一试验室的允许差为：0.05%；

不同试验室的允许差为：0.10%。

附 录 A
（提示的附录）
游离二氧化硅的测定（用于例行分析的推荐性方法）

A1 方法提要

热的浓磷酸几乎能溶解所有硅酸盐矿物，但对石英（游离二氧化硅）的溶解度很小，利用此特性进行分离，以重量法进行测定。

A2 试剂

A2.1 磷酸。
A2.2 氟硼酸。
A2.3 硝酸铵洗液（2 g/L）：称取 2 g 硝酸铵溶于 1 000 mL 水中，加 2 滴甲基红指示剂（见 4.31），滴加氨水（1+1）至溶液刚呈黄色。

A3 分析步骤

称取约 1 g 试样（m），精确至 0.000 1 g，置于 200 mL 干燥的高型烧杯中。沿杯壁加入磷酸 30 mL，在杯口盖上合适的表面皿或无颈漏斗，然后在电炉上加热煮沸 10～15 min。取下冷却至 50～60℃，以水吹洗表面皿或无颈漏斗，再加 50 mL 温度为 70～80℃的热水，充分搅拌后加入 10 mL 氟硼酸，在 50℃水浴中保温 30 min（中间搅拌两次）。以慢速滤纸过滤，用硝酸铵溶液（2 g/L）洗涤烧杯和沉淀至不显酸性。沉淀连同滤纸移入已恒重的瓷坩埚中，低温灰化后，于 950～1 000℃下灼烧 1 h，取出坩埚，置于干燥器中冷却至室温，称量。如此反复灼烧直至恒量。

A4 结果表示

游离二氧化硅的质量百分数 X_{SiO_2} 按式（A1）计算：

$$X_{SiO_2} = \frac{m_1 - m_2}{m} \times 100 \qquad \cdots\cdots（A1）$$

式中：X_{SiO_2}——游离二氧化硅的质量百分数，%；
m——试料质量，g；
m_1——沉淀及坩埚的质量，g；
m_2——空坩埚的质量，g。

A5 允许差

同一试验室的允许差为：0.20%；
不同试验室的允许差为：0.30%。

ICS 91.100.10
Q 11

中华人民共和国国家标准

GB/T 8074—2008
代替 GB/T 8074—1987

水泥比表面积测定方法 勃氏法

Testing method for specific surface of cement—Blaine method

2008-01-09 发布 2008-08-01 实施

中华人民共和国国家质量监督检验检疫总局
中国国家标准化管理委员会 发布

前　言

本标准修订参照了 ASTM C204《用透气法测定波特兰水泥细度标准试验方法》,JIS R5201《水泥物理试验方法　细度试验》和 EN 196-6《水泥试验方法　细度测定》三个标准。

本标准代替 GB/T 8074—1987《水泥比表面积测定方法(勃氏法)》。

本标准与 GB/T 8074—1987 相比,主要变化如下:

——引用文件中增加了 GB/T 208《水泥密度测定方法》标准(本版第 2 章);

——引用文件中增加了 GB/T 1914《化学分析滤纸》标准(本版第 2 章);

——引用文件中增加了 GB 12573《水泥取样方法》标准(本版第 2 章);

——在原有勃氏法比表面积测定仪的基础上增加了自动比表面积测定仪(本版第 5.1 条);

——规定 PⅠ、PⅡ型水泥空隙率选用 0.500,其他水泥空隙率选用 0.530(1987 版第 5.2 条,本版第 7.3 条);

——规定在改变空隙率时用 2 000 g 砝码来压实捣器(本版第 7.3 条);

——取消了原标准附录 A 中的表 3。

本标准附录 A 和附录 B 为资料性附录。

本标准由中国建筑材料联合会提出。

本标准由全国水泥标准化技术委员会(SAC/TC 184)归口。

本标准负责起草单位:中国建筑材料科学研究总院。

本标准参加起草单位:无锡建仪仪器机械有限公司、绍兴肯特机械电子有限公司、河北科析仪器设备有限公司。

本标准主要协作单位:北京顺发拉法基水泥有限公司、山东华银特种水泥股份有限公司、中国水泥发展中心物化检测所、本溪水泥厂、冀东水泥股份有限公司、抚顺水泥股份有限公司、浙江省建筑材料科技有限公司建材质量检测中心、贵州省建材行业产品质量监督检验站、国家建筑工程质量监督检验中心。

本标准主要起草人:陈萍、颜碧兰、宋立春、张学萃、李钊海、王文茹。

本标准所代替标准的历次版本发布情况为:

——GB/T 8074—1987。

水泥比表面积测定方法　勃氏法

1　范围

本标准规定了用勃氏透气仪来测定水泥细度的试验方法。

本标准适用于测定水泥的比表面积及适合采用本标准方法的、比表面积在 2 000 cm^2/g 到 6 000 cm^2/g 范围的其他各种粉状物料，不适用于测定多孔材料及超细粉状物料。

2　规范性引用文件

下列文件中的条款通过本标准的引用而成为本标准的条款。凡是注日期的引用文件，其随后所有的修改单（不包括勘误的内容）或修订版均不适用于本标准，然而，鼓励根据本标准达成协议的各方研究是否可使用这些文件的最新版本。凡是不注日期的引用文件，其最新版本适用于本标准。

GB/T 208　水泥密度测定方法

GB/T 1914　化学分析滤纸

GB 12573　水泥取样方法

GSB 14-1511　水泥细度和比表面积标准样品

JC/T 956　勃氏透气仪

3　方法原理

本方法主要是根据一定量的空气通过具有一定空隙率和固定厚度的水泥层时，所受阻力不同而引起流速的变化来测定水泥的比表面积。在一定空隙率的水泥层中，孔隙的大小和数量是颗粒尺寸的函数，同时也决定了通过料层的气流速度。

4　术语和定义

下列定义和术语适用于本标准。

4.1

水泥比表面积　specific area

单位质量的水泥粉末所具有的总表面积，以平方厘米每克（cm^2/g）或平方米每千克（m^2/kg）来表示。

4.2

空隙率　area ratio

试料层中颗粒间空隙的容积与试料层总的容积之比，以 ε 表示。

5　试验设备及条件

5.1　透气仪

本方法采用的勃氏比表面积透气仪，分手动和自动两种，均应符合 JC/T 956 的要求。

5.2　烘干箱

控制温度灵敏度±1℃。

5.3　分析天平

分度值为 0.001 g。

5.4 秒表

精确至0.5 s。

5.5 水泥样品

水泥样品按GB 12573进行取样，先通过0.9 mm方孔筛，再在110℃±5℃下烘干1 h，并在干燥器中冷却至室温。

5.6 基准材料

GSB 14-1511或相同等级的标准物质。有争议时以GSB 14-1511为准。

5.7 压力计液体

采用带有颜色的蒸馏水或直接采用无色蒸馏水。

5.8 滤纸

采用符合GB/T 1914的中速定量滤纸。

5.9 汞

分析纯汞。

5.10 试验室条件

相对湿度不大于50%。

单位为毫米

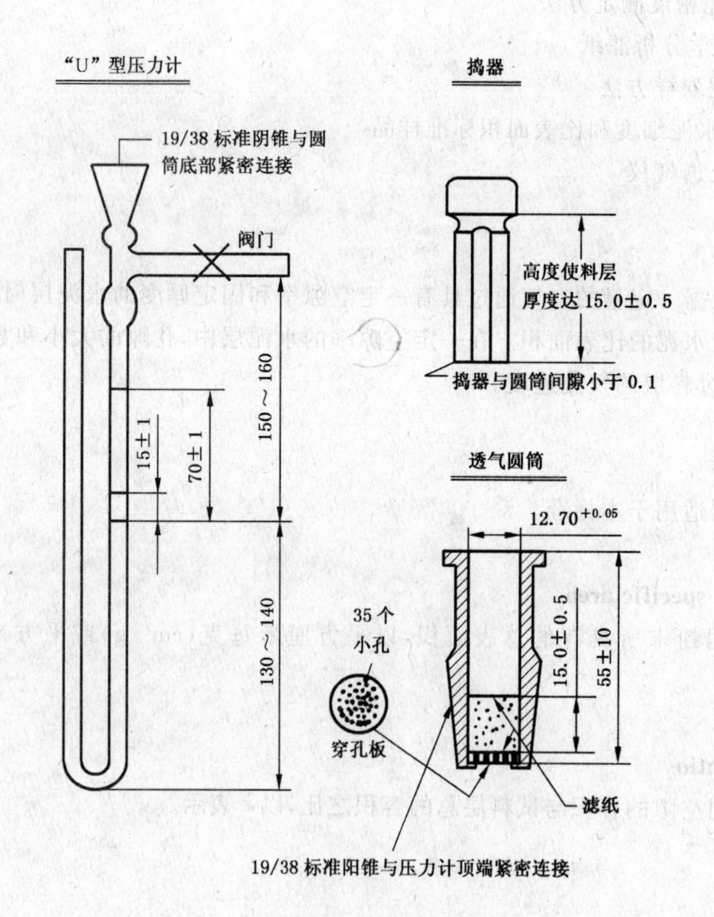

图1 比表面积U型压力计示意图

6 仪器校准

6.1 仪器的校准采用GSB 14-1511或相同等级的其他标准物质。有争议时以前者为准。

6.2 仪器校准按JC/T 956进行。

6.3 校准周期

至少每年进行一次。仪器设备使用频繁则应半年进行一次；仪器设备维修后也要重新标定。

7 操作步骤

7.1 测定水泥密度

按 GB/T 208 测定水泥密度。

7.2 漏气检查

将透气圆筒上口用橡皮塞塞紧，接到压力计上。用抽气装置从压力计一臂中抽出部分气体，然后关闭阀门，观察是否漏气。如发现漏气，可用活塞油脂加以密封。

7.3 空隙率(ε)的确定

PⅠ、PⅡ型水泥的空隙率采用 0.500±0.005，其他水泥或粉料的空隙率选用 0.530±0.005。

当按上述空隙率不能将试样压至 7.5 规定的位置时，则允许改变空隙率。

空隙率的调整以 2 000 g 砝码(5 等砝码)将试样压实至 7.5 规定的位置为准。

7.4 确定试样量

试样量按式(1)计算：

$$m = \rho V(1-\varepsilon) \qquad \cdots\cdots(1)$$

式中：

m——需要的试样量，单位为克(g)；

ρ——试样密度，单位为克每立方厘米(g/cm^3)；

V——试料层体积，按 JC/T 956 测定，单位为立方厘米(cm^3)；

ε——试料层空隙率，参见附录 A。

7.5 试料层制备

7.5.1 将穿孔板放入透气圆筒的突缘上，用捣棒把一片滤纸放到穿孔板上，边缘放平并压紧。称取按 7.4 确定的试样量，精确到 0.001 g，倒入圆筒。轻敲圆筒的边，使水泥层表面平坦。再放入一片滤纸，用捣器均匀捣实试料直至捣器的支持环与圆筒顶边接触，并旋转 1～2 圈，慢慢取出捣器。

7.5.2 穿孔板上的滤纸为 ϕ12.7 mm 边缘光滑的圆形滤纸片。每次测定需用新的滤纸片。

7.6 透气试验

7.6.1 把装有试料层的透气圆筒下锥面涂一薄层活塞油脂，然后把它插入压力计顶端锥型磨口处，旋转 1～2 圈。要保证紧密连接不致漏气，并不振动所制备的试料层。

7.6.2 打开微型电磁泵慢慢从压力计一臂中抽出空气，直到压力计内液面上升到扩大部下端时关闭阀门。当压力计内液体的凹月面下降到第一条刻线时开始计时(参见图 1)，当液体的凹月面下降到第二条刻线时停止计时，记录液面从第一条刻度线到第二条刻度线所需的时间。以秒记录，并记录下试验时的温度(℃)。每次透气试验，应重新制备试料层。

8 计算

8.1 当被测试样的密度、试料层中空隙率与标准样品相同，试验时的温度与校准温度之差≤3℃时，可按式(2)计算。

$$S = \frac{S_S\sqrt{T}}{\sqrt{T_S}} \qquad \cdots\cdots(2)$$

如试验时的温度与校准温度之差＞3℃时，则按式(3)计算：

$$S = \frac{S_S\sqrt{\eta_S}\sqrt{T}}{\sqrt{\eta}\sqrt{T_S}} \qquad \cdots\cdots(3)$$

式中：

S——被测试样的比表面积，单位为平方厘米每克（cm^2/g）；

S_S——标准样品的比表面积，单位为平方厘米每克（cm^2/g）；

T——被测试样试验时，压力计中液面降落测得的时间，单位为秒（s）；

T_S——标准样品试验时，压力计中液面降落测得的时间，单位为秒（s）；

η——被测试样试验温度下的空气粘度，单位为微帕·秒（$\mu Pa \cdot s$），参见附录B；

η_S——标准样品试验温度下的空气粘度，单位为微帕·秒（$\mu Pa \cdot s$）。

8.2 当被测试样的试料层中空隙率与标准样品试料层中空隙率不同，试验时的温度与校准温度之差≤3℃时，可按式（4）计算。

$$S = \frac{S_S \sqrt{T}(1-\varepsilon_S)\sqrt{\varepsilon^3}}{\sqrt{T_S}(1-\varepsilon)\sqrt{\varepsilon_S^3}} \qquad \cdots\cdots\cdots\cdots(4)$$

如试验时的温度与校准温度之差＞3℃时，则按式（5）计算：

$$S = \frac{S_S \sqrt{\eta_S}\sqrt{T}(1-\varepsilon_S)\sqrt{\varepsilon^3}}{\sqrt{\eta}\sqrt{T_S}(1-\varepsilon)\sqrt{\varepsilon_S^3}} \qquad \cdots\cdots\cdots\cdots(5)$$

式中：

ε——被测试样试料层中的空隙率；

ε_S——标准样品试料层中的空隙率。

8.3 当被测试样的密度和空隙率均与标准样品不同，试验时的温度与校准温度之差≤3℃时，可按式（6）计算。

$$S = \frac{S_S \rho_S \sqrt{T}(1-\varepsilon_S)\sqrt{\varepsilon^3}}{\rho\sqrt{T_S}(1-\varepsilon)\sqrt{\varepsilon_S^3}} \qquad \cdots\cdots\cdots\cdots(6)$$

如试验时的温度与校准温度之差大于3℃时，则按式（7）计算：

$$S = \frac{S_S \rho_S \sqrt{\eta_S}\sqrt{T}(1-\varepsilon_S)\sqrt{\varepsilon^3}}{\rho\sqrt{\eta}\sqrt{T_S}(1-\varepsilon)\sqrt{\varepsilon_S^3}} \qquad \cdots\cdots\cdots\cdots(7)$$

式中：

ρ——被测试样的密度，单位为克每立方厘米（g/cm^3）；

ρ_s——标准样品的密度，单位为克每立方厘米（g/cm^3）。

8.4 结果处理

8.4.1 水泥比表面积应由二次透气试验结果的平均值确定。如二次试验结果相差2%以上时，应重新试验。计算结果保留至10 cm^2/g。

8.4.2 当同一水泥用手动勃氏透气仪测定的结果与自动勃氏透气仪测定的结果有争议时，以手动勃氏透气仪测定结果为准。

附 录 A
(资料性附录)
水泥层空隙率值

空隙率值 ε	$\sqrt{\varepsilon^3}$	空隙率值 ε	$\sqrt{\varepsilon^3}$
0.495	0.348	0.515	0.369
0.496	0.349	0.520	0.374
0.497	0.350	0.525	0.380
0.498	0.351	0.526	0.381
0.499	0.352	0.527	0.383
0.500	0.354	0.528	0.384
0.501	0.355	0.529	0.385
0.502	0.356	0.530	0.386
0.503	0.357	0.531	0.387
0.504	0.358	0.532	0.388
0.505	0.359	0.533	0.389
0.506	0.360	0.534	0.390
0.507	0.361	0.535	0.391
0.508	0.362	0.540	0.397
0.509	0.363	0.545	0.402
0.510	0.364	0.550	0.408

附 录 B
（资料性附录）
在不同温度下汞密度、空气粘度 η 和 $\sqrt{\eta}$

室温/ ℃	水银密度/ (g/cm^3)	空气粘度 η/ ($\mu Pa \cdot s$)	$\sqrt{\eta}$值
8	13.58	17.49	4.18
10	13.57	17.59	4.19
12	13.57	17.68	4.20
14	13.56	17.78	4.22
16	13.56	17.88	4.23
18	13.55	17.98	4.24
20	13.55	18.08	4.25
22	13.54	18.18	4.26
24	13.54	18.28	4.28
26	13.53	18.37	4.29
28	13.53	18.47	4.30
30	13.52	18.57	4.31
32	13.52	18.67	4.32
34	13.51	18.76	4.33

ICS 91.100.10
Q 12

中华人民共和国国家标准

GB/T 12957—2005
代替 GB/T 12957—1991

用于水泥混合材的工业废渣活性试验方法

Test method for activity of industrial waste slag used as addition to cement

2005-01-19 发布　　2005-08-01 实施

中华人民共和国国家质量监督检验检疫总局
中国国家标准化管理委员会　发布

前言

本标准代替 GB/T 12957—1991《用作水泥混合材料的工业废渣活性试验方法》。

本标准与 GB/T 12957—1991 相比，主要变化如下：

——对工业废渣的要求，细度由“80 μm 方孔筛筛余为 5%～7%”改为“1%～3%”。同时对难粉磨的样品在制样时允许掺加对水泥性能无害的助磨剂(1991 版 3.1，本版 3.1)；

——对二水石膏的要求，增加“符合 GB/T 5483—1996 的二级以上的品质要求”，且细度要求改为“80 μm 方孔筛筛余为 1%～3%”(1991 版 3.2，本版 3.2)；

——对硅酸盐水泥的要求、增加“应符合 GB 175—1999 的有关要求”(1991 版 3.4，本版 3.3)；

——潜在水硬性试验所涉及的水泥净浆标准稠度试验，改为按 GB/T 1346—2001《水泥标准稠度用水量、凝结时间、安定性检验方法》有关要求进行(1991 版 4.3，本版 4.1.4)；

——火山灰试验方法，改为按 GB/T 2847《用于水泥中的火山灰质混合材料》附录 A 的规定进行(1991 版 5 章，本版 4.2)；

——水泥胶砂 28 天抗压强度比试验，改为按 GB/T 17671—1999《水泥胶砂强度检验方法(ISO 法)》要求进行；成型加水量改为固定水灰比，并明确“对于难于成型的试体，加水量可按 0.01 水灰比递增，且水泥胶砂流动度应不小于 180 mm”(1991 版 6 章，本版 4.3)。

本标准由中国建筑材料工业协会提出。

本标准由全国水泥标准化技术委员会(ASC/TC 184)归口。

本标准起草单位：中国建筑材料科学研究院。

本标准主要起草人：白显明、王昕、江丽珍、黄小楼、霍春明、张大康。

本标准主要协作单位：秦皇岛浅野水泥有限公司、云南开远水泥股份有限公司、昆明水泥股份有限公司、北京市水泥质量监督检验站、枣庄市建材行业水泥质量监督检验站。

本标准于 1991 年首次发布，本次为第一次修订。

用于水泥混合材的工业废渣活性试验方法

1 范围

本标准规定了用于水泥混合材料的工业废渣活性的试验材料与要求，及其潜在水硬性、火山灰性和水泥 28 天抗压强度比定量试验方法。

本标准适用于用于水泥混合材料的工业废渣活性检验以及指定采用本方法的其他水泥混合材料的活性检验。

注：工业废渣系指 GB/T 203、GB/T 1596 和 GB/T 2847 标准以外的可用于水泥混合材料的工业废渣，如化铁炉渣、粒化铬铁渣、粒化高炉钛矿渣等。

2 规范性引用文件

下列文件中的条款通过本标准的引用而成为本标准的条款。凡是注日期的引用文件，其随后所有的修改单(不包括勘误的内容)或修订版均不适用于本标准，然而，鼓励根据本标准达成协议的各方研究是否可使用这些文件的最新版本。凡是不注日期的引用文件，其最新版本适用于本标准。

GB 175—1999 硅酸盐水泥、普通硅酸盐水泥

GB/T 1346 水泥标准稠度用水量、凝结时间、安定性检验方法(GB/T 1346—2001，eqv ISO 9597：1989)

GB/T 2419 水泥胶砂流动度测定方法

GB/T 2847 用于水泥中的火山灰质混合材料

GB/T 5483 石膏和硬石膏(GB/T 5483—1996，neq ISO 1578：1957)

GB/T 17671—1999 水泥胶砂强度检验方法(ISO 法)(idt ISO 679：1989)

JC/T 667 水泥助磨剂

3 试验材料

3.1 工业废渣

取约 5 kg 具有代表性的工业废渣在 105℃～110℃温度下烘干至含水分应小于 1%，然后磨细至 80 μm方孔筛筛余为 1%～3%。当用化验室统一试验小磨粉磨物料出现难磨，如粉磨时间大于 50 min 物料细度 80 μm 筛余仍达不到 1%～3%，可适量添加助磨剂，其掺加量一般小于 1%。所掺助磨剂，应符合 JC/T 667 的有关规定。

3.2 二水石膏

应符合 GB/T 5483 的二级以上的品质要求，且磨细至 80 μm 方孔筛筛余 1%～3%。

3.3 硅酸盐水泥

应符合 GB 175—1999 有关要求。但 28 天抗压强度应大于 42.5 MPa，比表面积在(350±10) m^2/kg。水泥中石膏的含量，以 SO_3 计，在(2.0±0.5)%。

3.4 试验用水

应为洁净的饮用水。

4 试验方法

4.1 潜在水硬性试验

4.1.1 原理

工业废渣细粉与石膏细粉混合均匀与水混合后，潜在水硬性的材料能在湿空气中凝结硬化，并在水中继续硬化。

4.1.2 样品制备

将工业废渣细粉和二水石膏细粉按质量 80∶20（或 90∶10）的比例充分混合均匀，以配制成试验样品。

4.1.3 仪器设备

应符合 GB/T 1346 有关要求。

4.1.4 试验步骤

称取（300±1）g 制备好的试验样品，按 GB/T 1346 试验方法确定的标准稠度净浆用水量制备成净浆试饼。试饼在温度（20±1）℃，相对湿度大于 90% 养护箱内养护 7 天后，放入（20±1）℃水中浸水 3 天，然后观察浸水试饼形状完整与否。

4.1.5 结果评定

试饼浸水 3 天后，其边缘保持清晰完整，则认为工业废渣具有潜在水硬性。

4.2 火山灰试验

按 GB/T 2847 附录 A 要求进行。

4.3 水泥胶砂 28 天抗压强度比试验

4.3.1 原理

在硅酸盐水泥中掺入 30% 的工业废渣细粉，用其 28 天抗压强度与该硅酸盐水泥 28 天抗压强度进行比较，以确定其活性高低。

4.3.2 样品

4.3.2.1 试验样品

试验样品，由符合本标准第 3 章要求的硅酸盐水泥和工业废渣细粉及适量石膏细粉混合而成。其中工业废渣细粉为 30%，其余为硅酸盐水泥。通过外掺适量石膏，调整试验样品中 SO_3 含量与对比水泥 SO_3 含量相同，相差不大于 0.3%。样品应充分混匀。

4.3.2.2 对比样品

对比样品，即为符合本标准第 3 章要求的硅酸盐水泥。

4.3.3 仪器设备

应符合 GB/T 17671—1999 及 GB/T 2419 有关规定。

4.3.4 试验步骤

水泥胶砂强度试验方法按 GB/T 17671—1999 进行，分别测定试验样品和对比样品的 28 天抗压强度。对于难于成型的试体，加水量可按 0.01 水灰比递增，且水泥胶砂流动度应不小于 180 mm。

胶砂流动度按 GB/T 2419 进行。

4.3.5 结果计算

抗压强度比 K 按公式（1）计算，计算结果保留至整数。

$$K = \frac{R_1}{R_2} \times 100 \qquad \cdots\cdots\cdots\cdots (1)$$

式中：

K——抗压强度比，单位为百分比（%）；

R_1——掺工业废渣后的试验样品 28 天抗压强度，单位为兆帕（MPa）；

R_2——对比样品 28 天抗压强度，单位为兆帕（MPa）。

参 考 文 献

[1] GB/T 203 用于水泥中的粒化高炉矿渣
[2] GB/T 1596 用于水泥和混凝土中的粉煤灰
[3] GB/T 2847 用于水泥中的火山灰质混合材料

ICS 91.100.10
Q 11

中华人民共和国国家标准

GB/T 12959—2008
代替 GB/T 12959—1991、GB/T 2022—1980

水泥水化热测定方法

Test methods for heat of hydration of cement

2008-01-09 发布　　2008-08-01 实施

中华人民共和国国家质量监督检验检疫总局
中国国家标准化管理委员会　发布

前言

本标准参照美国 ASTM C186—1998《水硬性水泥水化热测定方法》、日本 JIS R5203—1987《水泥水化热测定方法　溶解热法》和欧洲 EN 196-8:2003《水化热测定方法　溶解热法》、EN 196-9:2003《定量测定水化热　半绝热法》、俄罗斯 ГОСТ 310.5—1988《水泥水化热量热仪测定法　直接法》等试验方法标准。

本标准代替 GB/T 12959—1991《水泥水化热测定方法(溶解热法)》和 GB/T 2022—1980《水泥水化热试验方法(直接法)》两个标准。

本标准溶解热法与 GB/T 12959—1991 相比,主要变化如下:

——主要仪器设备热量计由单筒改为双筒;增加了循环水泵、加热装置、量热温度计、广口保温瓶配有耐酸塑料筒(1991 版第 3 章,本版 3.3);

——灼烧质量由一个样品定值修改为二个样品平均结果定值(1991 版 6.2.2,本版 3.5.2.3);

——水化样品的存放提出要求(本版 3.5.3.3);

——规范了试验操作步骤(1991 版第 6 章,本版 3.5)。

本标准直接法与 GB/T 2022—1980 相比,主要变化如下:

——截锥圆筒材料由原来铜皮改为塑料,内衬由原来牛皮纸改为薄塑料筒(1980 版 1.1.2,本版 4.3);

——热容量测定散热常数用水量改为 500 g±10 g(1980 版 4.8,本版 4.5.3.3);

——试验用标准砂改为符合 GB/T 17671 规定的粒度范围在(0.5～1.0)mm 的中砂(1980 版5.11,本版 4.2.2);

——试验灰砂比由原来按不同品种、不同等级变化配比改为固定灰砂比,水泥:标准砂=1:3(1980 版 5.11,本版 4.5.6.4);

——搅拌方式由手工搅拌改用 ISO 胶砂搅拌机搅拌(1980 版 5.13,本版 4.5.7);

——原试验胶砂量改为称量 800 g±1 g(1980 版 5.13,本版 4.5.8);

——增加了仲裁试验样品用水为蒸馏水(本版 4.2.3)。

本标准由中国建筑材料联合会提出。

本标准由全国水泥标准化技术委员会(SAC/TC 184)归口。

本标准主要起草单位:中国建筑材料科学研究总院、中国建筑材料检验认证中心。

本标准参加起草单位:云南省建筑材料产品质量监督检验站、葛洲坝股份有限公司水泥厂、四川金顶集团峨眉山水泥厂、抚顺水泥股份有限公司、浙江金华婺星水泥有限公司。

本标准主要起草人:张秋英、王旭方、霍春明、刘胜、郭俊萍、周桂林、黎锦清、李绍元、张顺、邵水凭。

本标准所代替标准的历次版本情况为:

——GB/T 12959—1991;

——GB/T 2022—1980。

水泥水化热测定方法

1 范围

本标准规定了水泥水化热测定方法的原理、仪器设备、试验室条件、材料、试验操作、结果的计算及处理等。

本标准适用于中热硅酸盐水泥、低热硅酸盐水泥、低热矿渣硅酸盐水泥、硅酸盐水泥、普通硅酸盐水泥、矿渣硅酸盐水泥、火山灰硅酸盐水泥、粉煤灰硅酸盐水泥。其他品种水泥采用溶解热方法时应确定该品种水泥测读温度的时间。

在本标准中溶解热法列为基准法，直接法列为代用法，水泥水化热测定结果有争议时以基准法为准。

2 规范性引用文件

下列文件中的条款通过本标准的引用而成为本标准的条款。凡是注日期的引用文件，其随后所有的修改单(不包括勘误的内容)或修订版均不适用于本标准，然而，鼓励根据本标准达成协议的各方研究是否可使用这些文件的最新版本。凡是不注日期的引用文件，其最新版本适用于本标准。

GB/T 1346—2001 水泥标准稠度用水量、凝结时间、安定性检验方法(eqv ISO 9597:1989)

GB/T 6682 分析实验室用水规格和试验方法(GB/T 6682—1992,neq ISO 3696:1987)

GB/T 17671 水泥胶砂强度检验方法(ISO法)(GB/T 17671—1999,idt ISO 679:1989)

JC/T 681 行星式水泥胶砂搅拌机

3 溶解热法(基准法)

3.1 方法原理

本方法是依据热化学盖斯定律，化学反应的热效应只与体系的初态和终态有关而与反应的途径无关提出的。它是在热量计周围温度一定的条件下，用未水化的水泥与水化一定龄期的水泥分别在一定浓度的标准酸溶液中溶解，测得溶解热之差，作为该水泥在该龄期内所放出的水化热。

3.2 材料、试剂及配制

3.2.1 水泥试样应通过 0.9 mm 的方孔筛，并充分混合均匀。

3.2.2 氧化锌(ZnO)

用于标定热量计热容量，使用前应预先进行如下处理：将氧化锌放入坩埚内，在(900～950)℃下灼烧 1 h 取出，置于干燥器中冷却后，用玛瑙研钵研磨至全部通过 0.15 mm 方孔筛，贮存备用。在进行热容量标定前，应将上述制取的氧化锌约 50 g 在(900～950)℃下灼烧 5 min，然后在干燥器中冷却至室温。

3.2.3 氢氟酸(HF)

浓度为 40%(质量分数)或密度(1.15～1.18)g/cm^3。

3.2.4 硝酸(HNO_3)

一次应配制大量浓度为(2.00±0.02)mol/L 的硝酸溶液。配制时量取浓度为 65%～68%(质量分数)或密度为 1.39 g/cm^3～1.41 g/cm^3(20℃)的浓硝酸 138 mL，加蒸馏水稀释至 1 L。

硝酸溶液的标定：用移液管吸取 25 mL 上述已配制好的硝酸溶液，移入 250 mL 的容量瓶中，用蒸馏水稀释至标线，摇匀。接着用已知浓度(约 0.2 mol/L)的氢氧化钠标准溶液标定容量瓶中硝酸溶液的浓度，该浓度乘以 10 即为上述已配制好的硝酸溶液的浓度。

3.2.5 标准中所用试剂应用分析纯。用于标定的试剂应为基准试剂。所用水应符合 GB/T 6682 中规定的三级水要求。

3.3 仪器设备

3.3.1 溶解热测定仪

由恒温水槽、内筒、广口保温瓶、贝克曼差示温度计或量热温度计、搅拌装置等主要部件组成。另配一个曲颈玻璃加料漏斗和一个直颈加酸漏斗。有单筒和双筒两种,双筒如图1所示。

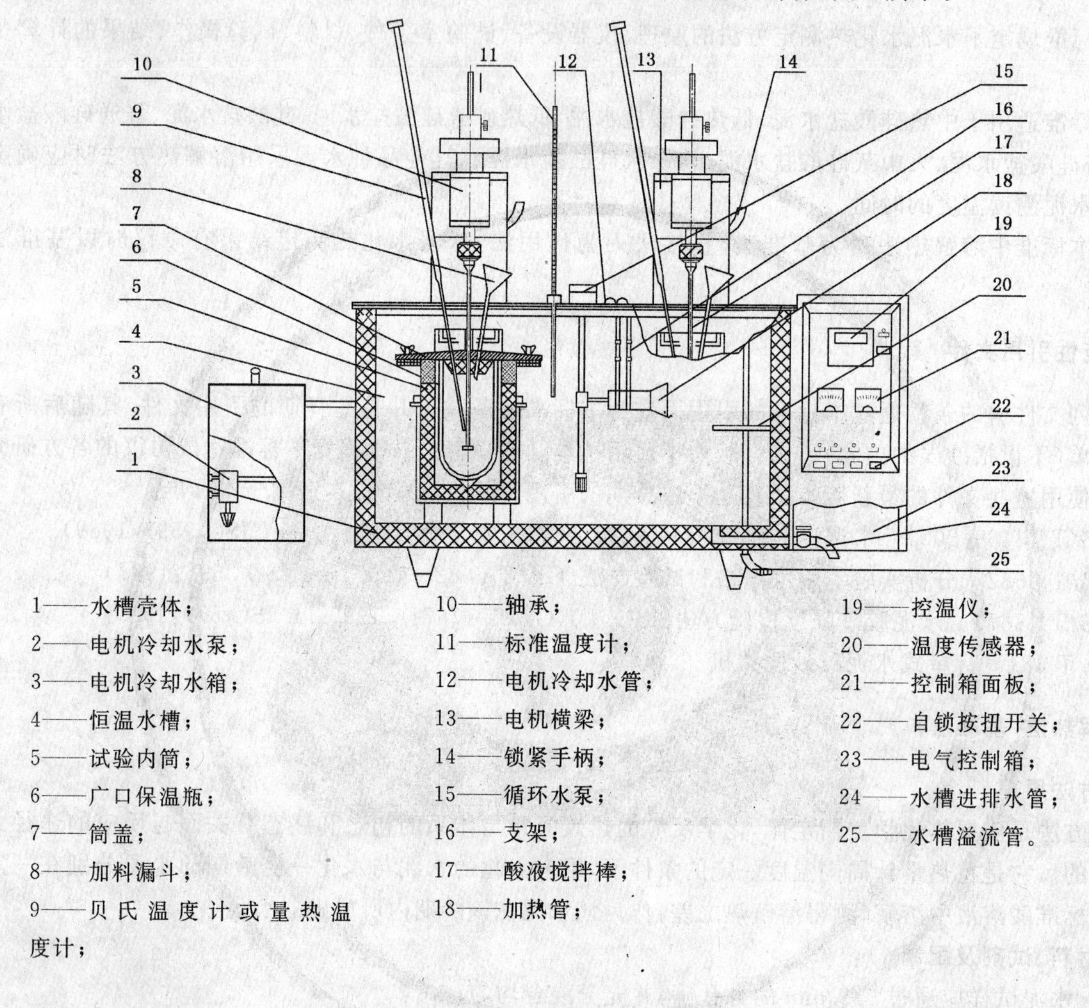

1——水槽壳体;
2——电机冷却水泵;
3——电机冷却水箱;
4——恒温水槽;
5——试验内筒;
6——广口保温瓶;
7——筒盖;
8——加料漏斗;
9——贝氏温度计或量热温度计;
10——轴承;
11——标准温度计;
12——电机冷却水管;
13——电机横梁;
14——锁紧手柄;
15——循环水泵;
16——支架;
17——酸液搅拌棒;
18——加热管;
19——控温仪;
20——温度传感器;
21——控制箱面板;
22——自锁按扭开关;
23——电气控制箱;
24——水槽进排水管;
25——水槽溢流管。

图1 溶解热测定仪

3.3.1.1 恒温水槽

水槽内外壳之间装有隔热层,内壳横断面为椭圆形的金属筒,横断面长轴 750 mm,短轴 450 mm,深 310 mm,容积约 75 L。并装有控制水位的溢流管。溢流管高度距底部约 270 mm,水槽上装有二个用于搅拌保温瓶中酸液的搅拌器,水槽内装有二个放置试验内筒的筒座,进排水管、加热管与循环水泵等部件。

3.3.1.2 内筒

筒口为带法兰的不锈钢圆筒,内径 150 mm,深 210 mm,筒内衬有软木层或泡沫塑料,筒口上镶嵌有橡胶圈以防漏水,盖上有三个孔,中孔安装酸液搅拌棒,两侧的孔分别安装加料漏斗和贝克曼差示温度计或量热温度计。

3.3.1.3 广口保温瓶

配有耐酸塑料筒,容积约为 600 mL,当盛满比室温高约 5℃的水、静置 30 min 时,其冷却速率不得大于 0.001℃/min。

3.3.1.4　贝克曼差示温度计(以下简称贝氏温度计)

分度值为0.01℃,最大差示温度为5.2℃,插入酸液部分须涂以石蜡或其他耐氢氟酸的材料。试验前应用量热温度计将贝氏温度计零点调整到约14.500℃。

3.3.1.5　量热温度计

分度值为0.01℃,量程(14～20)℃,插入酸液部分须涂以石蜡或其他耐氢氟酸的材料。

3.3.1.6　搅拌装置

酸液搅拌棒直径ϕ(6.0～6.5)mm,总长约280 mm,下端装有两片略带轴向推进作用的叶片,插入酸液部分必须用耐氢氟酸的材料制成。水槽搅拌装置使用循环水泵。

3.3.1.7　曲颈玻璃加料漏斗

漏斗口与漏斗管的中轴线夹角约为30°,口径约为70 mm,深100 mm,漏斗管外径7.5 mm,长95 mm,供装试样用。加料漏斗配有胶塞。

3.3.1.8　直颈加酸漏斗

由耐酸塑料制成,上口直径约70 mm,管长120 mm,外径7.5 mm。

3.3.2　天平

量程不小于200 g,分度值为0.001 g和量程不小于600 g,分度值为0.1 g天平各一台。

3.3.3　高温炉

使用温度(900～950)℃,并带有恒温控制装置。

3.3.4　试验筛

0.15 mm和0.60 mm方孔筛各一个。

3.3.5　铂金坩埚或瓷坩埚

容量约30 mL。瓷坩埚使用前应编号灼烧至恒重。

3.3.6　研钵

钢或铜材料研钵、玛瑙研钵各1个。

3.3.7　低温箱

用于降低硝酸溶液温度。

3.3.8　水泥水化试样瓶

由不与水泥作用的材料制成,具有水密性,容积约15 mL。

3.3.9　其他

磨口称量瓶、分度值为0.1℃的温度计、放大镜、时钟、秒表、干燥器、容量瓶、吸液管、石蜡、量杯、量筒等。

3.4　试验室条件

3.4.1　试验室温度应保持在(20±1)℃,相对湿度不低于50%。室内应备有通风设备。

3.4.2　试验期间恒温水槽内的水温应保持在(20±0.1)℃。

3.4.3　恒温水槽用水为纯净的饮用水。

3.5　试验步骤

3.5.1　热量计热容量的标定

3.5.1.1　贝氏温度计或量热温度计、保温瓶及塑料内衬、搅拌棒等应编号配套使用。使用贝氏温度计试验前应用量热温度计检查贝氏温度计零点。如果使用量热温度计,不需调整零点,可直接测定。

3.5.1.2　在标定热量计热容量的前24 h应将保温瓶放入内筒中,酸液搅拌棒放入保温瓶内,盖紧内筒盖,再将内筒放入恒温水槽内。调整酸液搅拌棒悬臂梁使夹头对准内筒中心孔,并将酸液搅拌棒夹紧。在恒温水槽内加水使水面高出试验内筒盖(由溢流管控制高度),打开循环水泵等,使恒温水槽内的水温调整并保持到(20±0.1)℃,然后关闭循环水泵备用。

3.5.1.3　试验前打开循环水泵,观察恒温水槽温度使其保持在(20±0.1)℃,从安放贝氏温度计孔插入直颈加酸漏斗，用 500 mL 耐酸的塑料杯称取(13.5±0.5)℃的(2.00±0.02)mol/L 硝酸溶液约 410 g，量取 8 mL 40%氢氟酸加入耐酸塑料量杯内，再加入少量剩余的硝酸溶液，使两种混合溶液总质量达到(425±0.1)g，用直颈加酸漏斗加入到保温瓶内，然后取出加酸漏斗，插入贝氏温度计或量热温度计，中途不应拔出避免温度散失。

3.5.1.4　开启保温瓶中的酸液搅拌棒，连续搅拌 20 min 后，在贝氏温度计或量热温度计上读出酸液温度，此后每隔 5 min 读一次酸液温度，直至连续 15 min，每 5 min 上升的温度差值相等时(或三次温度差值在 0.002℃内)为止。记录最后一次酸液温度，此温度值即为初测读数 θ_0，初测期结束。

3.5.1.5　初测期结束后，立即将事先称量好的(7±0.001)g 氧化锌通过加料漏斗徐徐地加入保温瓶酸液中(酸液搅拌棒继续搅拌)，加料过程须在 2 min 内完成，漏斗和毛刷上均不得残留试样，加料完毕盖上胶塞，避免试验中温度散失。

3.5.1.6　从读出初测读数 θ_0 起分别测读 20 min、40 min、60 min、80 min、90 min、120 min 时贝氏温度计或量热温度计的读数，这一过程为溶解期。

3.5.1.7　热量计在各时间内的热容量按式(1)计算，计算结果保留至 0.1 J/℃：

$$C=\frac{G_0[1\,072.0+0.4(30-t_a)+0.5(t-t_a)]}{R_0} \quad \cdots\cdots(1)$$

式中：

C——热量计热容量，单位为焦耳每摄氏度(J/℃)；

G_0——氧化锌重量，单位为克(g)；

t——氧化锌加入热量计时的室温，单位为摄氏度(℃)；

t_a——溶解期第一次测读数 θ_a 加贝氏温度计 0℃时相应的摄氏温度(如使用量热温度计时，t_a 的数值等于 θ_a 的读数)单位为摄氏度(℃)；

R_0——经校正的温度上升值，单位为摄氏度(℃)；

1 072.0——氧化锌在 30℃时溶解热，单位为焦耳每克(J/g)；

0.4——溶解热负温比热容，单位为焦耳每克摄氏度[J/(g·℃)]；

0.5——氧化锌比热容，单位为焦耳每克摄氏度[J/(g·℃)]。

R_0 值按式(2)计算，计算结果保留至 0.001℃：

$$R_0=(\theta_a-\theta_0)-\frac{a}{b-a}(\theta_b-\theta_a) \quad \cdots\cdots(2)$$

式中：

θ_0——初测期结束时(即开始加氧化锌时)的贝氏温度计或量热温度计读数，单位为摄氏度(℃)；

θ_a——溶解期第一次测读的贝氏温度计或量热温度计的读数，单位为摄氏度(℃)；

θ_b——溶解期结束时测读的贝氏温度计或量热温度计的读数，单位为摄氏度(℃)；

a、b——分别为测读 θ_a 或 θ_b 时距离测初读数 θ_0 时所经过的时间，单位为分(min)。

3.5.1.8　为了保证试验结果的精度，热量计热容量对应 θ_a、θ_b 的测读时间 a、b 应分别与不同品种水泥所需要的溶解期测读时间对应，不同品种水泥的具体溶解期测读时间按表 1 规定。

表 1　各品种水泥测读温度的时间

单位为分

水泥品种	距初测期温度 θ_0 的相隔时间	
	a	b
硅酸盐水泥 中热硅酸盐水泥 低热硅酸盐水泥 普通硅酸盐水泥	20	40

表 1（续） 单位为分

水泥品种	距初测期温度 θ_0 的相隔时间	
	a	b
矿渣硅酸盐水泥 低热矿渣硅酸盐水泥	40	60
火山灰硅酸盐水泥	60	90
粉煤灰硅酸盐水泥	80	120

注：在普通水泥、矿渣水泥、低热矿渣水泥中掺有大于 10%（质量分数）火山灰质或粉煤灰时，可按火山灰质水泥或粉煤灰水泥规定的测读期。

3.5.1.9 热量计热容量应平行标定两次，以两次标定值的平均值作为标定结果。如果两次标定值相差大于 5.0 J/℃时，应重新标定。

3.5.1.10 在下列情况下，热容量应重新标定：

a) 重新调整贝氏温度计时；

b) 当温度计、保温瓶、搅拌棒更换或重新涂覆耐酸涂料时；

c) 当新配制的酸液与标定热量计热容量的酸液浓度变化大于±0.02 mol/L 时；

d) 对试验结果有疑问时。

3.5.2 未水化水泥溶解热的测定

3.5.2.1 按 3.5.1.1～3.5.1.4 进行准备工作和初测期试验，并记录初测温度 θ_0'。

3.5.2.2 读出初测温度 θ_0' 后，立即将预先称好的四份(3±0.001)g 未水化水泥试样中的一份在 2 min 内通过加料漏斗徐徐加入酸液中，漏斗、称量瓶及毛刷上均不得残留试样，加料完毕盖上胶塞。然后按表 1 规定的各品种水泥测读温度的时间，准时读记贝氏温度计读数 θ_a' 和 θ_b'。第二份试样重复第一份的操作。

3.5.2.3 余下二份试样置于(900～950)℃下灼烧 90 min，灼烧后立即将盛有试样的坩埚置于干燥器内冷却至室温，并快速称量。灼烧质量 G_1 以二份试样灼烧后的质量平均值确定，如二份试样的灼烧质量相差大于 0.003 g 时，应重新补做。

3.5.2.4 未水化水泥的溶解热按式(3)计算，计算结果保留至 0.1 J/g：

$$q_1 = \frac{R_1 C}{G_1} - 0.8(T' - t_a') \qquad \cdots\cdots(3)$$

式中：

q_1——未水化水泥试样的溶解热，单位为焦耳每克(J/g)；

C——对应测读时间的热量计热容量，单位为焦耳每摄氏度(J/℃)；

G_1——未水化水泥试样灼烧后的质量，单位为克(g)；

T'——未水化水泥试样装入热量计时的室温，单位为摄氏度(℃)；

t_a'——未水化水泥试样溶解期第一次测读数 θ_a' 加贝氏温度计 0℃时相应的摄氏温度（如使用量热温度计时，t_a' 的数值等于 θ_a' 的读数），单位为摄氏度(℃)；

R_1——经校正的温度上升值，单位为摄氏度(℃)；

0.8——未水化水泥试样的比热容，单位为焦耳每克摄氏度[J/(g·℃)]。

R_1 值按式(4)计算，计算结果保留至 0.001℃：

$$R_1 = (\theta_a' - \theta_0') - \frac{a'}{b' - a'}(\theta_b' - \theta_a') \qquad \cdots\cdots(4)$$

式中：

θ_0'、θ_a'、θ_b'——分别为未水化水泥试样初测期结束时的贝氏温度计读数、溶解期第一次和第二次测读时的贝氏温度计读数，单位为摄氏度(℃)；

a'、b'——分别为未水化水泥试样溶解期第一次测读时 θ_a' 与第二次测读时 θ_b' 距初读数 θ_0' 的时间，单位为分(min)。

3.5.2.5 未水化水泥试样的溶解热以两次测定值的平均值作为测定结果，如两次测定值相差大于 10.0 J/g 时，应进行第三次试验，其结果与前试验中一次结果相差小于 10.0 J/g 时，取其平均值作为测定结果，否则应重做试验。

3.5.3 部分水化水泥溶解热的测定

3.5.3.1 在测定未水化水泥试样溶解热的同时，制备部分水化水泥试样。测定两个龄期水化热时，称 100 g 水泥加 40 mL 蒸馏水，充分搅拌 3 min 后，取近似相等的浆体二份或多份，分别装入符合 3.3.8 要求的试样瓶中，置于(20±1)℃的水中养护至规定龄期。

3.5.3.2 按 3.5.1.1～3.5.1.4 进行准备工作和初测期试验，并记录初测温度 θ_0''。

3.5.3.3 从养护水中取出一份达到试验龄期的试样瓶，取出水化水泥试样，迅速用金属研钵将水泥试样捣碎并用玛瑙研钵研磨至全部通过 0.60 mm 方孔筛，混合均匀放入磨口称量瓶中，并称出 4.200 g±0.050 g(精确至 0.001 g)试样四份，然后存放在湿度大于 50%的密闭容器中，称好的样品应在 20 min 内进行试验。两份供作溶解热测定，另两份进行灼烧。从开始捣碎至放入称量瓶中的全部时间应不大于 10 min。

3.5.3.4 读出初测期结束时的温度 θ_0'' 后，立即将称量好的一份试样在 2 min 内通过加料漏斗徐徐加入酸液中，漏斗、称量瓶及毛刷上均不得残留试样，加料完毕盖上胶塞，然后按表 1 规定不同水泥品种的测读时间，准时读记贝氏温度计或量热温度计读数 θ_a'' 和 θ_b''。第二份试样重复第一份的操作。

3.5.3.5 余下二份试样进行灼烧，灼烧质量 G_2 按 3.5.2.3 进行。

3.5.3.6 经水化某一龄期后水泥的溶解热按式(5)计算，计算结果保留至 0.1 J/g：

$$q_2 = \frac{R_2 \cdot C}{G_2} - 1.7(T'' - t_a'') + 1.3(t_a'' - t_a') \quad \cdots\cdots(5)$$

式中：

q_2——经水化某一龄期后水化水泥试样的溶解热，单位为焦耳每克(J/g)；

C——对应测读时间的热量计热容量，单位为焦耳每摄氏度(J/℃)；

G_2——某一龄期水化水泥试样灼烧后的质量，单位为克(g)；

T''——水化水泥试样装入热量计时的室温，单位为摄氏度(℃)；

t_a''——水化水泥试样溶解期第一次测读数 θ_a'' 加贝氏温度计 0℃时相应的摄氏温度，单位为摄氏度(℃)；

t_a'——未水化水泥试样溶解期第一次测读数 θ_a' 加贝氏温度计 0℃时相应的摄氏温度，单位为摄氏度(℃)；

R_2——经校正的温度上升值，单位为摄氏度(℃)；

1.7——水化水泥试样的比热容，单位为焦耳每克摄氏度[J/(g·℃)]；

1.3——温度校正比热容，单位为焦耳每克摄氏度[J/(g·℃)]。

R_2 值按式(6)计算，计算结果保留至 0.001℃：

$$R_2 = (\theta_a'' - \theta_0'') - \frac{a''}{b'' - a''}(\theta_b'' - \theta_a'') \quad \cdots\cdots(6)$$

式中：

θ_0''、θ_a''、θ_b''、a''、b'' 与前述相同，但在这里是代表水化水泥试样。

3.5.3.7 部分水化水泥试样的溶解热测定结果按 3.5.2.5 的规定进行。

3.5.3.8 每次试验结束后，将保温瓶中的耐酸塑料筒取出，倒出筒内废液，用清水将保温瓶内筒、贝氏温度计或量热温度计、搅拌棒冲洗干净，并用干净纱布擦干，供下次试验用。涂蜡部分如有损伤，松裂或脱落应重新处理。

3.5.3.9 部分水化水泥试样溶解热测定应在规定龄期的±2 h内进行，以试样加入酸液时间为准。

3.5.4 **水泥水化热结果计算**

水泥在某一水化龄期前放出的水化热按式(7)计算，计算结果保留至1 J/g：

$$q = q_1 - q_2 + 0.4(20 - t_a{}') \quad \cdots\cdots(7)$$

式中：

q——水泥试样在某一水化龄期放出的水化热，单位为焦耳每克(J/g)；

q_1——未水化水泥试样的溶解热，单位为焦耳每克(J/g)；

q_2——水化水泥试样在某一水化龄期的溶解热，单位为焦耳每克(J/g)；

$t_a{}'$——未水化水泥试样溶解期第一次测读数$\theta_0{}'$加贝氏温度计0℃时相应的摄氏温度，单位为摄氏度(℃)；

0.4——溶解热的负温比热容，单位为焦耳每克摄氏度[J/(g·℃)]。

4 直接法(代用法)

4.1 方法原理

本方法是依据热量计在恒定的温度环境中，直接测定热量计内水泥胶砂(因水泥水化产生)的温度变化，通过计算热量计内积蓄的和散失的热量总和，求得水泥水化7 d内的水化热。

4.2 材料

4.2.1 水泥试样应通过0.9 mm的方孔筛，并充分混合均匀。

4.2.2 试验用砂采用符合GB/T 17671规定的标准砂粒度范围在(0.5～1.0)mm的中砂。

4.2.3 试验用水应是洁净的自来水。有争议时采用蒸馏水。

4.3 仪器设备

4.3.1 **直接法热量计**

4.3.1.1 **广口保温瓶**

容积约为1.5 L，散热常数测定值不大于167.00 J/(h·℃)。

4.3.1.2 **带盖截锥形圆筒**

容积约530 mL，用聚乙烯塑料制成。

4.3.1.3 **长尾温度计**

量程(0～50)℃，分度值为0.1℃。示值误差≤±0.2℃。

4.3.1.4 **软木塞**

由天然软木制成。使用前中心打一个与温度计直径紧密配合的小孔，然后插入长尾温度计，深度距软木塞底面约120 mm，然后用热蜡密封底面。

4.3.1.5 **铜套管**

由铜质材料制成。

4.3.1.6 **衬筒**

由聚酯塑料制成，密封不漏水。

4.3.2 **恒温水槽**

水槽容积根据安放热量计的数量及易于控制温度的原则而定，水槽内的水温应控制在(20±0.1)℃，水槽装有下列附件：

a) 水循环系统；

b) 温度自动控制装置；

c) 指示温度计 分度值为0.1℃；

d) 固定热量计的支架和夹具。

4.3.3 **胶砂搅拌机**

符合JC/T 681的要求。

4.3.4 天平

最大量程不小于 1 500 g，分度值为 0.1 g。

4.3.5 捣棒

长约 400 mm，直径约 11 mm，由不锈钢材料制成。

4.3.6 其他

漏斗、量筒、秒表、料勺等。

4.4 试验条件

4.4.1 成型试验室温度应保持在(20±2)℃，相对湿度不低于 50%。

4.4.2 试验期间水槽内的水温应保持在(20±0.1)℃。

4.4.3 恒温用水为纯净的饮用水。

4.5 试验步骤

4.5.1 试验前应将广口保温瓶(g)、软木塞(g_1)、铜套管(g_2)、截锥形圆筒(g_3)和盖(g_4)、衬筒(g_5)、软木塞封蜡质量(g_6)分别称量记录。热量计各部件除衬筒外，应编号成套使用。

4.5.2 热量计热容量的计算

热量计的热容量，按(8)式计算，计算结果保留至 0.01 J/℃：

$$C = 0.84 \times \frac{g}{2} + 1.88 \times \frac{g_1}{2} + 0.40 \times g_2 + 1.78 \times g_3 + 2.04 \times g_4 + 1.02 \times g_5 + 3.30 \times g_6 + 1.92 \times V \quad \cdots\cdots(8)$$

式中：

C——不装水泥胶砂时热量计的热容量，单位为焦耳每摄氏度(J/℃)；

g——保温瓶质量，单位为克(g)；

g_1——软木塞质量，单位为克(g)；

g_2——铜套管质量，单位为克(g)；

g_3——塑料截锥筒质量，单位为克(g)；

g_4——塑料截锥筒盖质量，单位为克(g)；

g_5——衬筒质量，单位为克(g)；

g_6——软木塞底面的蜡质量，单位为克(g)；

V——温度计伸入热量计的体积，单位为立方厘米(cm^3)[1.92 是玻璃的容积比热，J/(cm^3·℃)]。

式中各系数分别为所用材料的比热容，单位为焦耳每克摄氏度[J/(g·℃)]。

4.5.3 热量计散热常数的测定

4.5.3.1 测定前 24 h 开起恒温水槽，使水温恒定在(20±0.1)℃范围内。

4.5.3.2 试验前热量计各部件和试验用品在试验室中(20±2)℃温度下恒温 24 h，首先在截锥形圆筒内放入塑料衬筒和铜套管，然后盖上中心有孔的盖子，移入保温瓶中。

4.5.3.3 用漏斗向圆筒内注入温度为 $45^{+0.2}_{0}$℃的(500±10)g 温水，准确记录用水质量(W)和加水时间(精确到 min)，然后用配套的插有温度计的软木塞盖紧。

4.5.3.4 在保温瓶与软木塞之间用胶泥或蜡密封防止渗水，然后将热量计垂直固定于恒温水槽内进行试验。

4.5.3.5 恒温水槽内的水温应始终保持(20±0.1)℃，从加水开始到 6 h 读取第一次温度 T_1(一般为 34℃左右)，到 44 h 读取第二次温度 T_2(一般为 21.5℃以上)。

4.5.3.6 试验结束后立即拆开热量计，再称量热量计内所有水的质量，应略少于加入水质量，如等于或多于加入水质量，说明试验漏水，应重新测定。

4.5.4 热量计散热常数的计算

热量计散热常数 K 按(9)式计算，计算结果保留至 0.01 J/(h·℃)：

$$K = (C + W \times 4.181\ 6)\frac{\lg(T_1 - 20) - \lg(T_2 - 20)}{0.434\Delta t} \quad \cdots\cdots\cdots\cdots\cdots (9)$$

式中：

K——散热常数，单位为焦耳每小时摄氏度[J/(h·℃)]；

W——加水质量，单位为克(g)；

C——热量计的热容量，单位为焦耳每摄氏度(J/℃)；

T_1——试验开始后 6 h 读取热量计的温度，单位为摄氏度(℃)；

T_2——试验开始后 44 h 读取热量计的温度，单位为摄氏度(℃)；

Δt——读数 T_1 至 T_2 所经过的时间，38 h。

4.5.5 热量计散热常数的规定

a) 热量计散热常数应测定两次，两次差值小于 4.18 J/(h·℃)时，取其平均值；

b) 热量计散热常数 K 小于 167.00 J/(h·℃)时允许使用；

c) 热量计散热常数每年应重新测定；

d) 已经标定好的热量计如更换任意部件应重新测定。

4.5.6 水泥水化热测定操作

4.5.6.1 按 4.5.3.1 进行准备工作。

4.5.6.2 试验前热量计各部件和试验材料预先在(20±2)℃温度下恒温 24 h，截锥形圆筒内放入塑料衬筒。

4.5.6.3 按照 GB/T 1346—2001 方法测出每个样品的标准稠度用水量，并记录。

4.5.6.4 试验胶砂配比

每个样品称标准砂 1 350 g，水泥 450 g，加水量按(10)式计算，计算结果保留至 1 mL：

$$M = (P + 5\%) \times 450 \quad \cdots\cdots\cdots\cdots\cdots\cdots\cdots\cdots (10)$$

式中：

M——试验用水量，单位为毫升(mL)；

P——标准稠度用水量，%；

5%——加水系数。

4.5.7 首先用潮湿布擦拭搅拌锅和搅拌叶，然后依次把称好的标准砂和水泥加入到搅拌锅中，把锅固定在机座上，开动搅拌机慢速搅拌 30 s 后徐徐加入已量好的水量，并开始计时，慢速搅拌 60 s，整个慢速搅拌时间为 90 s，然后再快速搅拌 60 s，改变搅拌速度时不停机。加水时间在 20 s 内完成。

4.5.8 搅拌完毕后迅速取下搅拌锅并用勺子搅拌几次，然后用天平称取 2 份质量为(800±1)g 的胶砂，分别装入已准备好的 2 个截锥形圆筒内，盖上盖子，在圆筒内胶砂中心部位用捣棒捣一个洞，分别移入到对应保温瓶中，放入套管，盖好带有温度计的软木塞，用胶泥或蜡密封，以防漏水。

4.5.9 从加水时间算起第 7 min 读第一次温度，即初始温度 T_0。

4.5.10 读完温度后移入到恒温水槽中固定，根据温度变化情况确定读取温度时间，一般在温度上升阶段每隔 1 h 读一次，下降阶段每隔 2 h、4 h、8 h、12 h 读一次。

4.5.11 从开始记录第一次温度时算起到 168 h 时记录最后一次温度，末温 T_{168}，试验测定结束。

4.5.12 全部试验过程热量计应整体浸在水中，养护水面至少高于热量计上表面 10 mm，每次记录温度时都要监测恒温水槽水温是否在(20±0.1)℃范围内。

4.5.13 拆开密封胶泥或蜡，取下软木塞，取出截锥形圆筒，打开盖子，取出套管，观察套管中、保温瓶中是否有水，如有水此瓶试验作废。

4.5.14 试验结果的计算

4.5.14.1 曲线面积的计算

根据所记录时间与水泥胶砂的对应温度，以时间为横坐标(1 cm⇒5 h)，温度为纵坐标(1 cm⇒1℃)

在坐标纸上作图,并画出20℃水槽温度恒温线。恒温线与胶砂温度曲线间的总面积(恒温线以上的面积为正面积,恒温线以下的面积为负面积) $\sum F_{0\sim X}$(h・℃)可按下列计算方法求得。

a) 用求积仪求得;

b) 把恒温线与胶砂温度曲线间的面积按几何形状划分为若干个小三角形,抛物线,梯形面积 $F_1,F_2,F_3\cdots\cdots$(h・℃)等,分别计算,然后将其相加,因为 1 cm^2 相当于 5 h・℃,所以总面积乘以 5 即得 $\sum F_{0\sim X}$(h・℃);

c) 近似矩形法

如图 2 所示,以每 5 h(1 cm)作为一个计算单位,并作为矩形的宽度,矩形的长度(温度值)是通过面积补偿确定。在图 2 补偿的面积中间选一点,这一点如能使一个计算单位内阴影面积与曲线外的空白面积相等,那么这一点的高度便可作为矩形的长度,然后与宽度相乘即得矩形的面积。将每一个矩形的面积相加,再乘以 5 即得 $\sum F_{0\sim X}$(h・℃);

d) 用电子仪器自动记录和计算;

e) 其他方法。

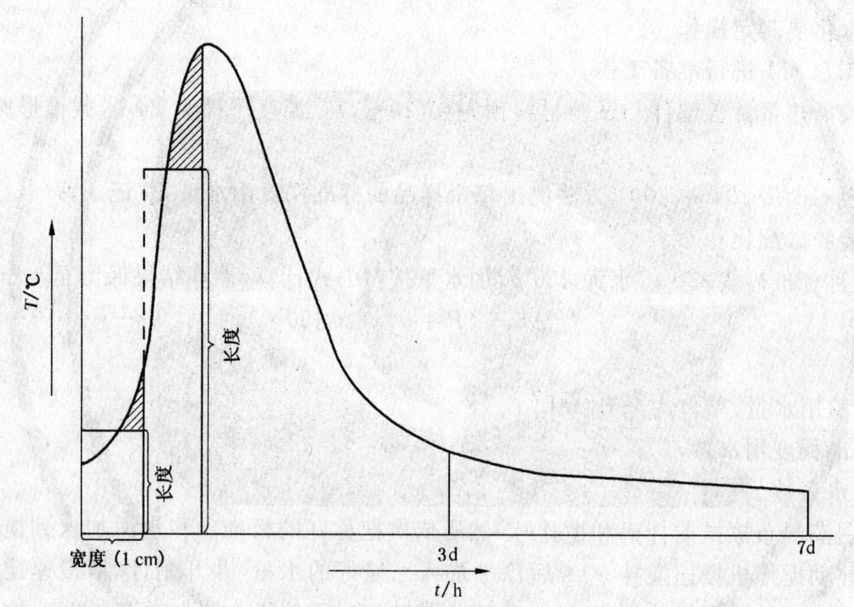

图 2 近似矩形法

4.5.14.2 试验用水泥质量(G)按(11)式计算,计算结果保留至 1 g:

$$G=\left(\frac{800}{4+(P+5\%)}\right) \qquad \cdots\cdots(11)$$

式中:

G——试验用水泥质量,单位为克(g);

P——水泥净浆标准稠度,%;

800——试验用水泥胶砂总质量,单位为克(g);

5%——加水系数。

4.5.14.3 试验中用水量(M_1)按(12)式计算,计算结果保留至 1 mL:

$$M_1=G\times(P+5\%) \qquad \cdots\cdots(12)$$

式中:

M_1——试验中用水量,单位为毫升(mL);

P——水泥净浆标准稠度,%。

4.5.14.4 总热容量的计算 C_P

根据水量及热量计的热容量 C，按(13)式计算，计算结果保留至0.1 J/℃：

$$C_P = [0.84 \times (800 - M_1)] + 4.1816 \times M_1 + C \quad \cdots\cdots(13)$$

式中：

C_P——装入水泥胶砂后的热量计的总热容量，单位为焦耳每摄氏度(J/℃)；

M_1——试验中用水量，单位为毫升(mL)；

C——热量计的热容量，单位为焦耳每摄氏度(J/℃)。

4.5.14.5 总热量的计算 Q_X

在某个水化龄期时，水泥水化放出的总热量为热量计中蓄积和散失到环境中热量的总和 Q_X 按(14)式计算，计算结果保留至0.1 J：

$$Q_X = C_P(t_X - t_0) + K\sum F_{0\sim X} \quad \cdots\cdots(14)$$

式中：

Q_X——某个龄期时水泥水化放出的总热量，单位为焦耳(J)；

C_P——装水泥胶砂后热量计的总热容量，单位为焦耳每摄氏度(J/℃)；

t_X——龄期为 X 小时的水泥胶砂温度，单位为摄氏度(℃)；

t_0——水泥胶砂的初始温度，单位为摄氏度(℃)；

K——热量计的散热常数，单位为焦耳每小时摄氏度[J/(h·℃)]；

$\sum F_{0\sim X}$——在0～X小时水槽温度恒温线与胶砂温度曲线间的面积，单位为小时摄氏度(h·℃)。

4.5.14.6 水泥水化热的计算 q_X

在水化龄期 X 小时水泥的水化热 q_X，按(15)式计算，计算结果保留至1 J/g：

$$q_X = \frac{Q_X}{G} \quad \cdots\cdots(15)$$

式中：

q_X——水泥某一龄期的水化热，单位为焦耳每克(J/g)；

Q_X——水泥某一龄期放出的总热量，单位为焦耳(J)；

G——试验用水泥质量，单位为克(g)。

4.5.15 每个水泥样品水化热试验用两套热量计平行试验，两次试验结果相差小于12 J/g时，取平均值作为此水泥样品的水化热结果；两次试验结果相差大于12 J/g时，应重做试验。

ICS 91.100.10
Q 11

中华人民共和国国家标准

GB/T 12960—2007
代替 GB/T 12960—1996

水泥组分的定量测定

Quantitative determination of constituents of cement

2007-03-26 发布 2007-10-01 实施

中华人民共和国国家质量监督检验检疫总局
中国国家标准化管理委员会 发布

前　言

本标准代替 GB/T 12960—1996《水泥组分的定量测定》。

本标准与 ENV 196-4:1989《水泥试验方法——组分的定量测定》欧洲标准草案(英文版)和 EN 196-2:2005《水泥试验方法——水泥化学分析》欧洲标准中二氧化碳的测定方法(英文版)的一致性程度为修改采用。

本标准与 GB/T 12960—1996 相比主要变化如下:

——对选择溶解法的有关测定条件进行了修改:

a) 盐酸溶液选择溶解条件,加水量由 50 mL 改为 80 mL(本版 8.2.1.2;1996 版 6.2.5);

b) 配制 EDTA 溶液时将氢氧化钠配入 EDTA 溶液中(本版 5.12;1996 版 6.1.3.4 和 6.1.3.5);

c) EDTA 溶液选择溶解条件,取消加入磷酸氢二钠溶液和氢氧化钠溶液,加水量由 25 mL 改为 80 mL(本版 8.2.2.3;1996 版 6.1.5)。

——按水泥种类(硅酸盐水泥和普通硅酸盐水泥、矿渣硅酸盐水泥、火山灰质硅酸盐水泥或粉煤灰硅酸盐水泥、复合硅酸盐水泥)分别给出组分的测定方法及计算公式。

——增加了基准法(本版 8.3.4、9.2.3、10.2.2 和 11.2.4)。

——在代用法中,按照水泥生产方式的不同,分别给出组分的计算公式(本版 8.3.5、9.2.4、10.2.3 和 11.2.5;1996 版 6.1.6.2;6.2.6.2;7.5.4.3 和 7.5.4.4)。

——增加了碱石棉吸收重量法测定二氧化碳的含量(本版 6.8 和 8.2.3.1)。

——氢氧化钾-乙醇滴定容量法由硫酸分解试样改为磷酸分解试样(本版 8.2.3.2;1996 版 6.3)。

本标准由中国建筑材料工业协会提出。

本标准由全国水泥标准化技术委员会(SAC/TC 184)归口。

本标准起草单位:中国建筑材料科学研究总院中国建筑材料检验认证中心。

本标准主要起草人:王瑞海、倪竹君、闫伟志、辛志军、郑朝华、崔健、陈旭红、张静。

本标准所代替标准的历次版本发布情况为:

——GB/T 12960—1991、GB/T 12960—1996。

——GB/T 12961—1991。

水 泥 组 分 的 定 量 测 定

1 范围

本标准规定了水泥组分的定量测定方法。

本标准适用于通用硅酸盐水泥(硅酸盐水泥、普通硅酸盐水泥、矿渣硅酸盐水泥、火山灰质硅酸盐水泥、粉煤灰硅酸盐水泥和复合硅酸盐水泥)的测定。

2 规范性引用文件

下列文件中的条款通过本标准的引用而成为本标准的条款。凡是注日期的引用文件,其随后所有的修改单(不包括勘误的内容)或修订版均不适用于本标准,然而,鼓励根据本标准达成协议的各方研究是否可使用这些文件的最新版本。凡是不注日期的引用文件,其最新版本适用于本标准。

GB/T 176 水泥化学分析方法(GB/T 176—1996,eqv ISO 680:1990)

GB/T 2007.1 散装矿产品取样、制样通则 手工取样方法

GB/T 5484 石膏化学分析方法

GB/T 6682 分析实验室用水规格和试验方法

GB 12573 水泥取样方法

3 术语和定义

下列术语和定义适用于本标准。

3.1

基准法 reference method

采用实际掺入水泥的混合材料和硅酸盐水泥(P·I)试样中的不溶渣含量对组分含量计算结果进行校正的方法。

3.2

代用法 alternative method

采用硅酸盐水泥(P·I)在盐酸溶液和EDTA溶液中不溶渣含量的统计平均值,按照水泥生产方式的不同,分别给出组分的计算公式,进行组分含量计算的方法。

4 试验的基本要求

4.1 试验次数

每项测定的试验次数规定为两次,用两次试验平均值表示测定结果。

4.2 试验室温度

测定盐酸溶液选择溶解后和EDTA选择溶解后不溶渣含量时的试验室温度要求在15℃～30℃之间。

4.3 恒量

经第一次烘干、冷却、称量后,通过连续对每次15 min的烘干,然后冷却、称量的方法来检查恒定质量,当连续两次称量之差小于0.000 5 g时,即达到恒量,除另有规定。

4.4 质量、体积、滴定度的表示

用“克(g)”表示质量,精确至0.000 1 g。滴定管体积用“毫升(mL)”表示,精确至0.05 mL。滴定度单位用“毫克每毫升(mg/mL)”表示,滴定度经修约后保留有效数字四位。

4.5 结果的处理

4.5.1 选择溶解后不溶渣的含量、二氧化碳含量及三氧化硫含量以质量分数计，数值以%表示至小数点后两位。

4.5.2 各组分含量测定结果以质量分数计，数值以%表示至小数点后一位。

4.5.3 如果测定的某组分含量小于或等于1.0%，则该组分的含量按零计，在计算其他组分含量时，如果用到该组分含量，则按零值带人计算；对于大于1.0%的组分含量，不应扣除1.0%表示结果。

5 试剂

除另有说明外，所用试剂应不低于分析纯。用于标定的试剂应为基准试剂。所用水应符合GB/T 6682中规定的三级水要求。

本标准所列市售浓液体试剂的密度指20℃的密度(ρ)，单位为克每立方厘米(g/cm^3)。在化学分析中，所用酸，凡未注明浓度者均指市售的浓酸。用体积比表示试剂稀释程度。例如：盐酸(1+2)表示1份体积的浓盐酸与2份体积的水相混合。

5.1 盐酸(HCl)

密度1.18 g/cm^3～1.19 g/cm^3，质量分数36%～38%。

5.2 硫酸(H_2SO_4)

密度1.84 g/cm^3，质量分数95%～98%。

5.3 磷酸(H_3PO_4)

密度1.68 g/cm^3，质量分数≥85%。

5.4 三乙醇胺[$N(CH_2CH_2OH)_3$]

密度1.12 g/cm^3，质量分数99%。

5.5 乙醇(C_2H_5OH)

体积分数95%或无水乙醇。

5.6 乙二胺($NH_2CH_2CH_2NH_2$)

体积分数99%。

5.7 乙二醇($HOCH_2CH_2OH$)

体积分数99%。

5.8 盐酸(1+2)。

5.9 三乙醇胺(1+2)。

5.10 乙二胺(1+1)。

5.11 氢氧化钠溶液(50 g/L)

将5g氢氧化钠(NaOH)溶于水中，稀释至100 mL，贮存于塑料试剂瓶中。

5.12 EDTA溶液[c(EDTA)=0.15 mol/L，c(NaOH)=0.25 mol/L]

称取55.8 g乙二胺四乙酸二钠($C_{10}H_{14}N_2O_8Na_2 \cdot 2H_2O$)和10 g氢氧化钠(NaOH)，置于1 000 mL烧杯中，加入500 mL～600 mL水，加热并搅拌使其溶解，过滤，冷却至室温后用水稀释至1 000 mL，摇匀。

5.13 硫酸铜($CuSO_4 \cdot 5H_2O$)饱和溶液。

5.14 硫酸铜溶液(200 g/L)

称取20 g硫酸铜($CuSO_4 \cdot 5H_2O$)溶于100 mL水中。

5.15 吸收溶液

取35 mL乙二醇(5.7)置于1 L试剂瓶中，加入12.5 mL水、50 mL乙二胺(1+1)、500 mL乙醇(5.5)及8 mL百里酚酞指示剂溶液(5.20)，摇匀。

5.16 参比溶液

取70 mL～80 mL吸收溶液(5.15)置于100 mL烧杯中，用氢氧化钾-乙醇标准滴定溶液(5.19.1)

滴定至中等蓝色(颜色勿过浅)。然后打开滴定池盖,向滴定池内加入约 50 mL 该溶液(若蓝色变浅再用氢氧化钾-乙醇标准滴定溶液滴定至中等程度的蓝色),打开放废液的止水夹,让参比溶液流满参比池即可,将烧杯中剩余的参比溶液倒入滴定池内。

5.17 磷酸盐 pH 标准缓冲溶液

称取 2.238 4 g 磷酸氢二钠($Na_2HPO_4 \cdot 12H_2O$)与 0.850 6 g 磷酸二氢钾(KH_2PO_4),精确至 0.000 1 g,置于 200 mL 烧杯中,加入约 100 mL 水,加热并搅拌使其溶解,冷却至室温后,转移至 250 mL 容量瓶中,用水洗净烧杯并稀释至标线,摇匀。不同温度下的磷酸盐 pH 标准缓冲溶液的 pH 值见表 1。

表 1 磷酸盐 pH 标准缓冲溶液的 pH 值

温度/℃	pH 值	温度/℃	pH 值
10	6.92	30	6.85
15	6.90	35	6.84
20	6.88	40	6.84
25	6.86	45	6.83

5.18 硼酸盐 pH 标准缓冲溶液

称取 0.953 4 g 四硼酸钠($Na_2B_4O_7 \cdot 10H_2O$),精确至 0.000 1 g,置于 200 mL 烧杯中,加入 100 mL 水,加热并搅拌使其溶解,冷却至室温后,转移至 250 mL 容量瓶中,用水洗净烧杯并稀释至标线,摇匀。不同温度下的硼酸盐 pH 标准缓冲溶液的 pH 值见表 2。

表 2 硼酸盐 pH 标准缓冲溶液的 pH 值

温度/℃	pH 值	温度/℃	pH 值
10	9.33	30	9.14
15	9.27	35	9.10
20	9.22	40	9.07
25	9.18	45	9.04

5.19 氢氧化钾-乙醇标准滴定溶液

5.19.1 氢氧化钾-乙醇标准滴定溶液的配制

取 70 mL 乙二醇(5.7)置于 2 L 烧杯中,加入 25 mL 水、4.0 g 氢氧化钾(KOH),搅拌使氢氧化钾完全溶解,加入 100 mL 乙二胺(1+1),在不断搅拌下慢慢加入 1 000 mL 乙醇(5.5),然后加入 15 mL 百里酚酞指示剂溶液(5.20),摇匀,贮存于塑料瓶中。

5.19.2 氢氧化钾-乙醇标准滴定溶液对二氧化碳滴定度的标定

标定前,将一个空的反应瓶连接到图 3 所示的仪器装置(6.9)上。启动抽气泵,控制气体流速约为 50 mL/min～150 mL/min,通气 20 min 以上,以除去系统中的二氧化碳,并用氢氧化钾-乙醇标准滴定溶液(5.19.1)滴定至滴定池中溶液的颜色与参比溶液的颜色相同。

称取约 0.1 g 已于 105℃±5℃ 烘过 2 h 的碳酸钙($CaCO_3$)(m_1),精确至 0.000 1 g,置于干燥的 100 mL反应瓶中,将反应瓶连接到图 3 所示的仪器装置(6.9)上。启动抽气泵,调节气流量为 50 mL/min～150 mL/min,加入 20 mL 磷酸(5.3)到分液漏斗 4 中,小心旋开分液漏斗活塞,使磷酸滴入反应瓶 5 中,并留少许磷酸在漏斗中起液封作用,关闭活塞。打开反应瓶下面的小电炉,调节电压使电炉丝呈暗红色,慢慢低温加热使反应瓶中的液体至沸,并加热微沸 5 min,关闭电炉,并继续通气 10 min。加热和通气过程滴定池中的溶液蓝色开始褪色,立即用氢氧化钾-乙醇标准滴定溶液(5.19.1)跟踪滴定,使滴定池中的颜色与参比溶液的颜色基本一致,终点时滴定池中溶液的颜色与参比溶液的颜色相同(V_2)。

同时进行空白试验。除不加入碳酸钙之外,采用完全相同的分析步骤,取相同量的试剂进行试验(V_1)。

氢氧化钾-乙醇标准滴定溶液对二氧化碳滴定度按式(1)计算:

$$T_{CO_2}=\frac{m_1\times 1\,000}{V_2-V_1}\times\frac{44.01}{100.09} \quad\cdots\cdots(1)$$

式中:

T_{CO_2}——氢氧化钾-乙醇标准滴定溶液对二氧化碳的滴定度,单位为毫克每毫升(mg/mL);

V_1——空白试验消耗氢氧化钾-乙醇标准滴定溶液的体积,单位为毫升(mL);

V_2——滴定时消耗氢氧化钾-乙醇标准滴定溶液的体积,单位为毫升(mL);

m_1——称取碳酸钙的质量,单位为克(g);

44.01——二氧化碳摩尔质量的数值,单位为克每摩尔(g/mol);

100.09——碳酸钙摩尔质量的数值,单位为克每摩尔(g/mol)。

5.20 百里酚酞指示剂溶液(2 g/L)

将0.2 g百里酚酞溶于100 mL乙醇(5.5)中。

5.21 硫化氢吸收剂

将称量过的、粒度在1 mm~2.5 mm的干燥浮石放在一个平盘内,然后用一定体积的硫酸铜饱和溶液(5.13)浸泡,硫酸铜溶液的质量约为浮石质量的一半。把盘和料放在150℃±5℃的干燥箱内,在玻璃棒不时搅拌下,蒸发混合物至干,烘干5 h以上,将固体混合物冷却后,立即贮存于密封瓶内。

5.22 二氧化碳吸收剂

碱石棉,粒度1 mm~2 mm(10目~20目),化学纯,密封保存。

5.23 水分吸收剂

无水高氯酸镁[$Mg(ClO_4)_2$],制成粒度0.6 mm~2 mm,贮存于密封瓶内;或者无水氯化钙($CaCl_2$),制成粒度1 mm~4 mm,贮存于密封瓶内。

5.24 钠石灰

粒度2 mm~5 mm,医药用或化学纯,密封保存。

6 仪器

6.1 天平:精确至0.000 1 g。

6.2 干燥箱:可控制温度105℃±5℃,150℃±5℃。

6.3 酸度计:测量pH值范围0~14,精确至0.02。

6.4 玻璃砂芯漏斗:直径60 mm或直径40 mm,型号G4(平均孔径4 μm~7 μm)。

6.5 抽滤瓶:1 000 mL。

6.6 抽气泵:抽速0.25 L/s。

6.7 水泥组分测定装置:可恒温10℃±2℃,20℃±2℃,示意图见图1。

6.8 二氧化碳测定装置(碱石棉吸收重量法)

仪器装置示意图如图2所示。安装一个适宜的抽气泵和一个玻璃转子流量计,以保证气体通过装置均匀流动。

进入装置的气体先通过含钠石灰(5.24)或二氧化碳吸收剂(5.22)的吸收塔1和含二氧化碳吸收剂(5.22)的U形管2,气体中的二氧化碳被除去。反应瓶4上部与球形冷凝管7相连接。

气体通过球形冷凝管7后,进入含硫酸(5.2)的洗气瓶8,然后通过含硫化氢吸收剂(5.21)的U形管9和水分吸收剂(5.23)的U形管10,气体中的硫化氢和水分被除去。接着通过两个可以称量的U形管11和12,内各装3/4二氧化碳吸收剂(5.22)和1/4水分吸收剂(5.23)。对气体流向而言,二氧化碳吸收剂(5.22)应装在水分吸收剂(5.23)之前。U形管11和12后面接一个附加的U形管13,内装钠石灰(5.24)或二氧化碳吸收剂(5.22),以防止空气中的二氧化碳和水分进入U形管12中。

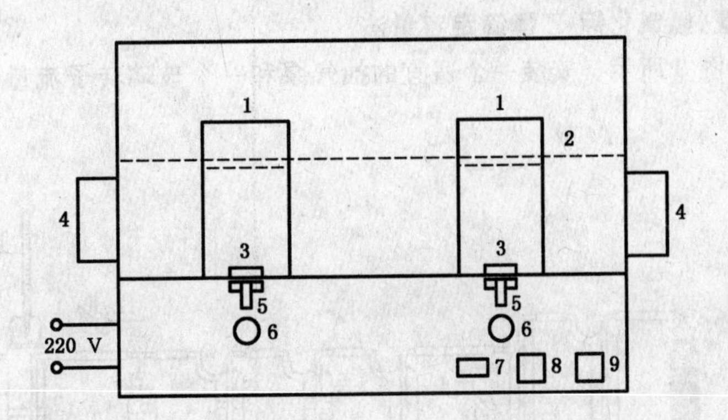

1——烧杯；
2——恒温水槽；
3——搅拌子；
4——恒温电器元件；
5——电磁搅拌器；
6——搅拌调速调节；
7——电源开关；
8——时间设定；
9——温度设定。

图 1　水泥组分测定装置示意图

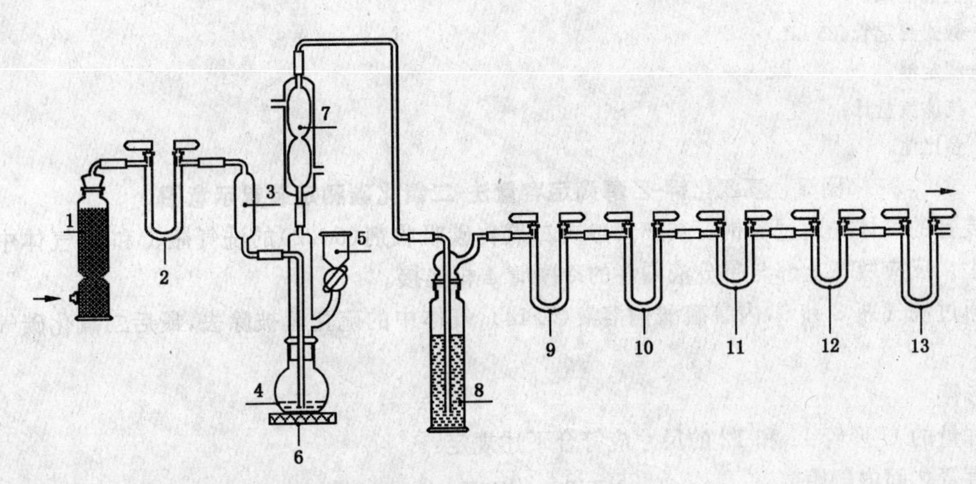

1——吸收塔：内装钠石灰(5.24)或二氧化碳吸收剂(5.22)；
2——U形管：内装二氧化碳吸收剂(5.22)；
3——缓冲瓶；
4——反应瓶：100 mL；
5——分液漏斗；
6——电炉；
7——球形冷凝管；
8——洗气瓶：内装硫酸(5.2)；
9——U形管：内装硫化氢吸收剂(5.21)；
10——U形管：内装水分吸收剂(5.23)；
11、12——U形管：内装二氧化碳吸收剂(5.22)和水分吸收剂(5.23)；
13——U形管：内装钠石灰(5.24)或二氧化碳吸收剂(5.22)。

图 2　碱石棉吸收重量法-二氧化碳测定装置示意图

6.9 二氧化碳测定装置(氢氧化钾-乙醇滴定容量法)

仪器装置示意图如图 3 所示。安装一个适宜的抽气泵和一个玻璃转子流量计,以保证气体通过装置均匀流动。

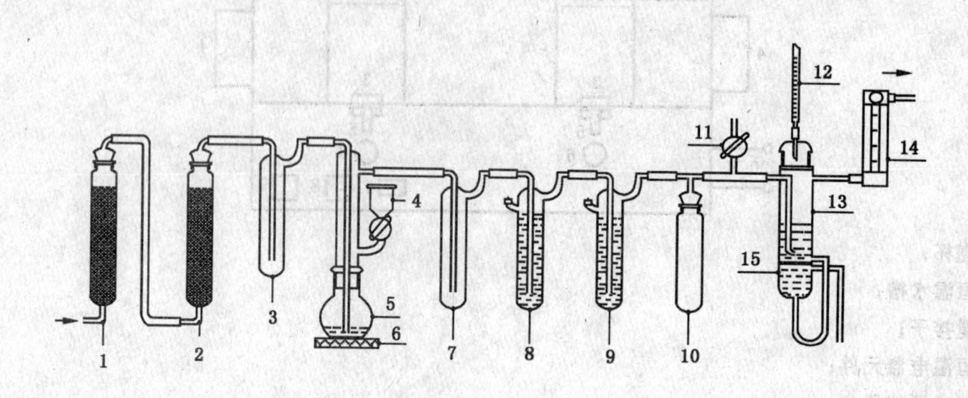

1、2——洗气瓶:内装钠石灰(5.24)或二氧化碳吸收剂(5.22);

3、7、10——空瓶;

4——带分液漏斗的冷凝管;

5——反应瓶:100 mL;

6——电炉;

8、9——洗气瓶:内装硫酸铜溶液(5.14);

11——三通活塞;

12——碱式滴定管(25 mL);

13——滴定池;

14——气体流量计;

15——参比池。

图 3 氢氧化钾-乙醇滴定容量法-二氧化碳测定装置示意图

进入装置的气体先通过含钠石灰(5.24)或二氧化碳吸收剂(5.22)的洗气瓶 1 和 2,气体中的二氧化碳被除去。反应瓶 5 上部与带分液漏斗的冷凝管 4 相连接。

气体通过洗气瓶 8 和 9,内装硫酸铜溶液(5.14),气体中的硫化氢被除去,最后二氧化碳气体进入滴定池 13。

6.10 U 形管

可以称量的 U 形管 11 和 12 的尺寸应符合下述规定:

二支直管之间内侧距离	25 mm～30 mm
内径	15 mm～20 mm
管底部和磨口段上部之间距离	100 mm～120 mm
管壁厚度	1 mm～1.5 mm

7 试样的制备

水泥的取样方法按 GB 12573 进行,其他混合材料等样品的取样方法按 GB/T 2007.1 进行。试样应具有代表性和均匀性。由实验室试样缩分后的试样应不少于 200 g。以四分法或缩分器将试样缩减至不少于 50 g,然后研磨至全部通过 0.080 mm 方孔筛,将试样充分混匀,装入试样瓶中,密封保存,供测定用。其余作为原样密封保存备用。

硅酸盐水泥(P·I)试样由各生产企业正常煅烧的熟料和石膏按生产质量比例配制而成,并装入试样瓶中,密封保存,供测定用。

8 硅酸盐水泥和普通硅酸盐水泥中组分含量的测定

8.1 方法提要

水泥试样用盐酸溶液(10℃±2℃)选择溶解，火山灰质混合材料或粉煤灰组分基本上不溶解，而其他组分则基本上被溶解。

水泥试样被 pH11.60 含有 EDTA 的溶液选择溶解后，熟料、石膏及碳酸盐基本上被溶解，而其他组分则基本上不溶解。

石灰石的含量由二氧化碳的含量而定。二氧化碳的测定采用碱石棉吸收重量法或氢氧化钾-乙醇滴定容量法。

碱石棉吸收重量法用磷酸分解试样，碳酸盐分解释放出的二氧化碳由不含二氧化碳的气流带入一系列的 U 形管，先除去硫化氢和水分，然后被二氧化碳吸收剂吸收，通过称量来确定二氧化碳的含量。

氢氧化钾-乙醇滴定容量法用磷酸分解试样，碳酸盐分解释放出的二氧化碳先由不含二氧化碳的气流带入硫酸铜洗气瓶，除去硫化氢，然后被乙二醇-乙二胺-乙醇溶液吸收，以百里酚酞为指示剂，用氢氧化钾-乙醇标准滴定溶液跟踪滴定。

由选择溶解的结果以及二氧化碳和三氧化硫的含量，计算水泥中各组分的含量。

8.2 分析步骤

8.2.1 用盐酸溶液选择溶解后不溶渣含量的测定

8.2.1.1 基准法用盐酸溶液选择溶解法分别测定水泥和掺入水泥的火山灰质混合材料或粉煤灰以及硅酸盐水泥(P·I)中不溶渣的含量；代用法用盐酸溶液选择溶解法测定水泥中不溶渣的含量。

8.2.1.2 称取约 0.5 g 试样(m_1)(其中火山灰质混合材料或粉煤灰试样称取约 0.25 g)，精确至 0.000 1 g，置于200 mL 的干烧杯中，加入 80 mL 水，放入一根搅拌子，将烧杯置于图 1 所示的水泥组分测定装置(6.7)上，控制温度在 10℃±2℃，搅拌 5 min，使试料完全分散。

然后，加入 40 mL 已在 10℃±2℃水中恒温 8 min～10 min 的盐酸(1+2)，继续搅拌 25 min，取下。立即用预先在 105℃±5℃烘干至恒量的玻璃砂芯漏斗抽气过滤。

提示：恒量的玻璃砂芯漏斗是预先处理好的，即先用毛刷和水洗涤干净，并分别用热的盐酸(1+5)和水抽滤洗涤干净。然后在 105℃±5℃干燥箱中烘干至恒量，在干燥器中冷却至室温并称量(m_2)。

用镊子取出搅拌子并用 25℃±5℃的水洗净，将不溶渣全部转移至玻璃砂芯漏斗上，用水洗涤不溶渣六次，再用乙醇(5.5)洗涤两次(洗涤液总量 80 mL～100 mL)。

过滤时等上次洗涤液漏完后再洗涤下次。过滤必须迅速，如果过滤时间超过 20 min(包括洗涤)，应重做该试验。

将玻璃砂芯漏斗放入 105℃±5℃烘箱中，烘干 40 min 以上。取出后置于干燥器中冷却至室温，称量。如此反复烘干，直至恒量(m_3)。

8.2.2 用 EDTA 溶液选择溶解后不溶渣含量的测定

8.2.2.1 基准法用 EDTA 溶液选择溶解法分别测定水泥和掺入水泥的矿渣以及硅酸盐水泥(P·I)中不溶渣的含量；代用法用 EDTA 溶液选择溶解法测定水泥中不溶渣的含量。

8.2.2.2 按照仪器的使用规程，分别用磷酸盐 pH 标准缓冲溶液(5.17)与硼酸盐 pH 标准缓冲溶液(5.18)校准酸度计(6.3)。

8.2.2.3 取 50 mL EDTA 溶液(5.12)、10 mL 三乙醇胺(1+2)、80 mL 水，依次加入至 200 mL 烧杯中。

在酸度计指示下用氢氧化钠溶液(5.11)调整溶液的 pH 至 11.60±0.05。

放入一根搅拌子。将烧杯置于图 1 所示的水泥组分测定装置(6.7)上，使溶液保持在 20℃±2℃，在搅拌下向溶液中加入约 0.3 g 试样(m_7)，精确至 0.000 1 g。在加入试样后计时，继续搅拌 25 min，取下。立即用预先在 105℃±5℃烘干至恒量的玻璃砂芯漏斗抽气过滤。

提示：恒量的玻璃砂芯漏斗是预先处理好的，即先用毛刷和水洗涤干净，并分别用热的盐酸(1+5)和水抽滤洗涤干净。然后在105℃±5℃干燥箱中烘干至恒量，在干燥器中冷却至室温并称量(m_5)。

用镊子取出搅拌子并用水洗净，将不溶渣全部转移至玻璃砂芯漏斗上，用25℃±5℃的水洗涤不溶渣8次，再用乙醇(5.5)洗涤2次(洗涤液总量100 mL～120 mL)。

过滤时等上次洗涤液漏完后再洗涤下次。过滤必须迅速，如果过滤时间超过20 min(包括洗涤)，应重做该试验。

将玻璃砂芯漏斗放入105℃±5℃烘箱中，烘干40 min以上。取出后置于干燥器中冷却至室温，称量。如此反复烘干，直至恒量(m_6)。

8.2.3　试样中二氧化碳含量的测定

8.2.3.1　碱石棉吸收重量法

每次测定前，将一个空的反应瓶连接到图2所示的仪器装置(6.8)上，连通U形管9、10、11、12、13。启动抽气泵，控制气体流速约为50 mL/min～100 mL/min(每秒3～5个气泡)，通气30 min以上，以除去系统中的二氧化碳和水分。

提示：每次开始试验时，可先不将U形管11和12连接到图2所示的仪器装置(6.8)上，把U形管10直接与U形管13连接，控制气体流速约为50 mL/min～100 mL/min(每秒3～5个气泡)，通气约20 min后，再将U形管11和12连接到图2所示的仪器装置(6.8)上，继续通气10 min，以延长U形管11和12的有效期。

关闭抽气泵，关闭U形管10、11、12、13的磨口塞。取下U形管11和12放在平盘上，在天平室恒温10 min，然后分别称量。重复此操作，再通气10 min，取下，恒温，称量，直至每个管子连续两次称量结果之差不超过0.001 0 g为止，以最后一次称量值为准。

提示：取用U形管时，应小心避免影响质量、打碎或损坏。建议进行操作时带防护手套。

如果U形管11和12的质量变化连续超过0.001 0 g，更换U形管9和10。

称取约1 g试样(m_{10})，精确至0.000 1 g，置于干燥的100 mL反应瓶中，将反应瓶连接到图2所示的仪器装置(6.8)上，并将已称量的U形管11和12连接到图2所示的仪器装置(6.8)上。启动抽气泵，控制气体流速约为50 mL/min～100 mL/min(每秒3～5个气泡)。加入20 mL磷酸(5.3)到分液漏斗5中，小心旋开分液漏斗活塞，使磷酸滴入反应瓶4中，并留少许磷酸在漏斗中起液封作用，关闭活塞。打开反应瓶下面的小电炉，调节电压使电炉丝呈暗红色，慢慢低温加热使反应瓶中的液体至沸，并加热微沸5min，关闭电炉，并继续通气25 min。

提示：切勿剧烈加热，以防反应瓶中的液体产生倒流现象。

关闭抽气泵，关闭U形管10、11、12、13的磨口塞。取下U形管11和12放在平盘上，在天平室恒温10 min，然后分别称量。用每根U形管增加的质量(m_8和m_9)计算水泥中二氧化碳的含量。

如果第二根U形管12的质量变化小于0.000 5 g，计算时忽略。实际上二氧化碳应全部被第一根U形管11吸收。如果第二根U形管12的质量变化连续超过0.001 0 g，应更换第一根U形管11，并重新开始试验。

同时进行空白试验。除不加入试料之外，采用完全相同的分析步骤，取相同量的试剂进行试验。计算时从测定结果中扣除空白试验值(m_0)。

8.2.3.2　氢氧化钾-乙醇滴定容量法

每次测定前，将一个空的反应瓶连接到图3所示的仪器装置(6.9)上。启动抽气泵，控制气体流速约为50 mL/min～150 mL/min，通气20 min以上，以除去系统中的二氧化碳。并用氢氧化钾-乙醇标准滴定溶液(5.19.1)滴定至滴定池中溶液的颜色与参比溶液的颜色相同。

称取约1 g试样(m_{11})，精确至0.000 1 g，置于干燥的100 mL反应瓶中，将反应瓶连接到图3所示的仪器装置(6.9)上。启动抽气泵，调节气流量为50 mL/min～150 mL/min，加入20 mL磷酸(5.3)到分液漏斗4中，小心旋开分液漏斗活塞，使磷酸滴入反应瓶5中，并留少许磷酸在漏斗中起液封作用，关闭活塞。打开反应瓶下面的小电炉，调节电压使电炉丝呈暗红色，慢慢低温加热使反应瓶中的液体至沸,并加热微沸 5 min,关闭电炉,并继续通气 10 min。加热和通气过程滴定池中的溶液蓝色开始褪色,立即用氢氧化钾-乙醇标准滴定溶液(5.19.1)跟踪滴定,使滴定池中溶液的颜色与参比溶液的颜色基本一致,终点时滴定池中的颜色与参比溶液的颜色相同(V_4)。

同时进行空白试验。除不加入试料之外,采用完全相同的分析步骤,取相同量的试剂进行试验(V_3)。

8.2.4 试样中三氧化硫含量的测定

水泥及熟料中三氧化硫含量(w_1 和 w_2)的测定按 GB/T 176 分析步骤进行。

石膏中三氧化硫含量(w_3)的测定按 GB/T 5484 分析步骤进行。

8.3 结果的计算

8.3.1 盐酸溶液选择溶解后不溶渣含量的计算

盐酸溶液选择溶解后水泥中不溶渣的含量(R_1)和掺入水泥的火山灰质混合材料或粉煤灰中不溶渣的含量(R_2)以及硅酸盐水泥(P·I)中不溶渣的含量(R_3)均按式(2)计算:

$$\text{盐酸溶液选择溶解后不溶渣的含量} = \frac{m_3 - m_2}{m_4} \times 100 \quad \cdots\cdots(2)$$

式中:

m_2——玻璃砂芯漏斗的质量,单位为克(g);

m_3——烘干后的玻璃砂芯漏斗和不溶渣的质量,单位为克(g);

m_4——试料的质量,单位为克(g)。

8.3.2 EDTA 溶液选择溶解后不溶渣含量的计算

EDTA 溶液选择溶解后水泥中不溶渣的含量(R_4)、掺入水泥的矿渣中不溶渣的含量(R_5)以及硅酸盐水泥(P·I)中不溶渣的含量(R_6)均按式(3)计算:

$$\text{EDTA 溶液选择溶解后不溶渣的含量} = \frac{m_6 - m_5}{m_7} \times 100 \quad \cdots\cdots(3)$$

式中:

m_5——玻璃砂芯漏斗的质量,单位为克(g);

m_6——烘干后的玻璃砂芯漏斗和不溶渣的质量,单位为克(g);

m_7——试料的质量,单位为克(g)。

8.3.3 二氧化碳含量的计算

8.3.3.1 碱石棉吸收重量法二氧化碳的含量(D_1)按式(4)计算:

$$D_1 = \frac{m_8 + m_9 - m_0}{m_{10}} \times 100 \quad \cdots\cdots(4)$$

式中:

D_1——水泥中二氧化碳的质量分数,%;

m_8——吸收后 U 形管 11 增加的质量,单位为克(g);

m_9——吸收后 U 形管 12 增加的质量,单位为克(g);

m_{10}——试料的质量,单位为克(g);

m_0——空白试验值,单位为克(g)。

如果试样中碳酸盐含量较高,应按比例适当减少称取试样量。

8.3.3.2 氢氧化钾-乙醇滴定容量法二氧化碳的含量(D_1)按式(5)计算:

$$D_1 = \frac{T_{CO_2} \times (V_4 - V_3)}{m_{11} \times 1\,000} \times 100 \quad \cdots\cdots(5)$$

式中:

D_1——水泥中二氧化碳的质量分数,%;

T_{CO_2}——氢氧化钾-乙醇标准滴定溶液对二氧化碳的滴定度，单位为毫克每毫升(mg/mL)；

V_4——滴定时消耗氢氧化钾-乙醇标准滴定溶液的体积，单位为毫升(mL)；

V_3——空白试验消耗氢氧化钾-乙醇标准滴定溶液的体积，单位为毫升(mL)；

m_{11}——试料的质量，单位为克(g)。

如果试样中碳酸盐含量较高，应按比例适当减少称取试样量。

8.3.4 硅酸盐水泥和普通硅酸盐水泥组分含量的计算(基准法)

8.3.4.1 水泥中火山灰质混合材料或粉煤灰组分的含量(P)按式(6)计算：

$$P = \frac{R_1 - R_3}{R_2 - R_3} \times 100 \quad \cdots\cdots\cdots\cdots (6)$$

式中：

P——水泥中火山灰质混合材料或粉煤灰组分的质量分数，%；

R_1——盐酸溶液选择溶解后水泥中不溶渣的质量分数，%；

R_2——盐酸溶液选择溶解后火山灰质混合材料或粉煤灰中不溶渣的质量分数，%；

R_3——盐酸溶液选择溶解后硅酸盐水泥(P·I)中不溶渣的质量分数，%。

8.3.4.2 水泥中矿渣组分的含量(S)按式(7)计算：

$$S = \frac{R_4 - R_6}{R_5 - R_6} \times 100 - P \quad \cdots\cdots\cdots\cdots (7)$$

式中：

S——水泥中矿渣组分的质量分数，%；

R_4——EDTA 溶液选择溶解后水泥中不溶渣的质量分数，%；

R_5——EDTA 溶液选择溶解后矿渣中不溶渣的质量分数，%；

R_6——EDTA 溶液选择溶解后硅酸盐水泥(P·I)中不溶渣含量的质量分数，%；

P——水泥中火山灰质混合材料或粉煤灰组分的质量分数，%。

8.3.4.3 水泥中石灰石组分的含量(D)按式(8)计算：

$$D = 2.274 \times D_1 - 1.00 \quad \cdots\cdots\cdots\cdots (8)$$

式中：

D——水泥中石灰石组分的质量分数，%；

D_1——水泥中二氧化碳的质量分数，%；

2.274——二氧化碳对碳酸钙的换算因数；

1.00——校正系数。

8.3.4.4 水泥中石膏组分的含量(G)按式(9)计算：

$$G = \frac{w_1 - w_2}{w_3} \times 100 \quad \cdots\cdots\cdots\cdots (9)$$

式中：

G——水泥中石膏组分的质量分数，%；

w_1——水泥中三氧化硫的质量分数，%；

w_2——熟料中三氧化硫的质量分数，%；

w_3——石膏中三氧化硫的质量分数，%。

8.3.4.5 水泥中熟料组分的含量(C)按式(10)计算：

$$C = 100 - P - S - D - G \quad \cdots\cdots\cdots\cdots (10)$$

式中：

C——水泥中熟料组分的质量分数，%；

P——水泥中火山灰质混合材料或粉煤灰组分的质量分数，%；

S——水泥中矿渣组分的质量分数，%；

D——水泥中石灰石组分的质量分数,%;

G——水泥中石膏组分的质量分数,%。

8.3.5 硅酸盐水泥和普通硅酸盐水泥组分含量的计算(代用法)

8.3.5.1 水泥中火山灰质混合材料或粉煤灰组分的含量(P)的计算

回转窑煅烧的熟料,按式(11)计算:

$$P = 1.07 \times R_1 - 1.09 \qquad (11)$$

立窑煅烧的熟料,按式(12)计算:

$$P = 1.08 \times R_1 - 1.84 \qquad (12)$$

式中:

P——水泥中火山灰质混合材料或粉煤灰组分的质量分数,%;

R_1——盐酸溶液选择溶解后水泥中不溶渣的质量分数,%;

1.07,1.09,1.08,1.84——校正系数。

8.3.5.2 水泥中矿渣组分含量(S)的计算

回转窑煅烧的熟料,按式(13)计算:

$$S = 1.07 \times R_4 - P - 2.36 \qquad (13)$$

立窑煅烧的熟料,按式(14)计算:

$$S = 1.09 \times R_4 - P - 4.15 \qquad (14)$$

式中:

S——水泥中矿渣组分的质量分数,%;

R_4——EDTA 溶液选择溶解后水泥中不溶渣的质量分数,%;

P——水泥中火山灰质混合材料或粉煤灰组分的质量分数,%;

1.07,2.36,1.09,4.15——校正系数。

8.3.5.3 水泥中石膏组分的含量(G_1)以半水石膏($CaSO_4 \cdot 1/2H_2O$)计,按式(15)计算:

$$G_1 = 1.81 \times w_1 \qquad (15)$$

式中:

G_1——水泥中石膏组分($CaSO_4 \cdot 1/2H_2O$)的质量分数,%;

w_1——水泥中三氧化硫的质量分数,%;

1.81——三氧化硫对($CaSO_4 \cdot 1/2H_2O$)的换算因数。

9 矿渣硅酸盐水泥中组分含量的测定

9.1 分析步骤

9.1.1 用盐酸溶液选择溶解后不溶渣含量的测定

按 8.2.1 步骤进行,基准法用盐酸溶液选择溶解法分别测定水泥和掺入水泥的火山灰质混合材料或粉煤灰、矿渣以及硅酸盐水泥(P·I)中不溶渣的含量;代用法用盐酸溶液选择溶解法测定水泥中不溶渣的含量。

9.1.2 用 EDTA 溶液选择溶解后不溶渣含量的测定

按 8.2.2 步骤,基准法用 EDTA 溶液选择溶解法分别测定水泥和掺入水泥的矿渣、火山灰质混合材料或粉煤灰以及硅酸盐水泥(P·I)中不溶渣的含量;代用法用 EDTA 溶液选择溶解法分别测定水泥和掺入水泥的矿渣中不溶渣的含量。

9.2 结果的计算

9.2.1 盐酸溶液选择溶解后不溶渣含量的计算

盐酸溶液选择溶解后矿渣硅酸盐水泥中不溶渣的含量(R_7)、掺入水泥的火山灰质混合材料或粉煤灰中不溶渣的含量(R_2)、矿渣中不溶渣的含量(R_8)以及硅酸盐水泥(P·I)中不溶渣的含量(R_3)均按式(2)计算。

9.2.2 EDTA 溶液选择溶解后不溶渣含量的计算

EDTA 溶液选择溶解后矿渣硅酸盐水泥中不溶渣的含量(R_9)、掺入水泥的矿渣中不溶渣的含量(R_5)、火山灰质混合材料或粉煤灰中不溶渣的含量(R_{10})以及硅酸盐水泥(P·I)中不溶渣的含量(R_6)均按式(3)计算。

9.2.3 矿渣硅酸盐水泥中组分含量的计算(基准法)

9.2.3.1 矿渣硅酸盐水泥中火山灰质混合材料或粉煤灰组分含量(P)按式(16)计算:

$$P=\frac{(R_7-R_3)(R_5-R_6)-(R_8-R_3)(R_9-R_6)}{(R_2-R_3)(R_5-R_6)-(R_8-R_3)(R_{10}-R_6)}\times 100 \quad\cdots\cdots(16)$$

式中:

P——矿渣硅酸盐水泥中火山灰质混合材料或粉煤灰组分的质量分数,%;

R_2——盐酸溶液选择溶解后火山灰质混合材料或粉煤灰中不溶渣的质量分数,%;

R_3——盐酸选择溶解后硅酸盐水泥(P·I)中不溶渣的质量分数,%;

R_5——EDTA 溶液选择溶解后矿渣中不溶渣的质量分数,%;

R_6——EDTA 溶液选择溶解后硅酸盐水泥(P·I)中不溶渣的质量分数,%;

R_7——盐酸溶液选择溶解后矿渣硅酸盐水泥中不溶渣的质量分数,%;

R_8——盐酸溶液选择溶解后矿渣中不溶渣的质量分数,%;

R_9——EDTA 溶液选择溶解后矿渣硅酸盐水泥中不溶渣的质量分数,%;

R_{10}——EDTA 溶液选择溶解后火山灰质混合材料或粉煤灰中不溶渣的质量分数,%。

9.2.3.2 矿渣硅酸盐水泥中矿渣组分的含量按式(17)计算:

$$S=\frac{R_9-R_6}{R_5-R_6}\times 100-P \quad\cdots\cdots(17)$$

式中:

S——矿渣硅酸盐水泥中矿渣组分的质量分数,%;

R_5——EDTA 溶液选择溶解后矿渣中不溶渣的质量分数,%;

R_6——EDTA 溶液选择溶解后硅酸盐水泥(P·I)中不溶渣的质量分数,%;

R_9——EDTA 溶液选择溶解后矿渣硅酸盐水泥中不溶渣的质量分数,%;

P——矿渣硅酸盐水泥中火山灰质混合材料或粉煤灰组分的质量分数,%。

9.2.4 矿渣硅酸盐水泥中组分含量的计算(代用法)

9.2.4.1 矿渣硅酸盐水泥中火山灰质混合材料或粉煤灰组分含量(P)的计算

回转窑煅烧的熟料,按式(18)计算:

$$P=1.07\times R_7-1.09 \quad\cdots\cdots(18)$$

立窑煅烧的熟料,按式(19)计算:

$$P=1.08\times R_7-1.84 \quad\cdots\cdots(19)$$

式中:

P——矿渣硅酸盐水泥中火山灰质混合材料或粉煤灰组分的质量分数,%;

R_7——盐酸溶液选择溶解后矿渣硅酸盐水泥中不溶渣的质量分数,%;

1.07,1.09,1.08,1.84——校正系数。

9.2.4.2 矿渣硅酸盐水泥中矿渣组分含量(S)的计算

回转窑煅烧的熟料,按式(20)计算:

$$S=\frac{R_9-2.20}{R_5-2.20}\times 100-P \quad\cdots\cdots(20)$$

立窑煅烧的熟料,按式(21)计算:

$$S = \frac{R_9 - 3.80}{R_5 - 3.80} \times 100 - P \quad \cdots\cdots(21)$$

式中：

S——矿渣硅酸盐水泥中矿渣组分的质量分数，%；

R_5——EDTA 溶液选择溶解后矿渣中不溶渣的质量分数，%；

R_9——EDTA 溶液选择溶解后矿渣硅酸盐水泥中不溶渣的质量分数，%；

P——矿渣硅酸盐水泥中火山灰质混合材料或粉煤灰组分的质量分数，%；

2.20，3.80——校正系数。

9.3 矿渣硅酸盐水泥中石灰石组分含量和石膏组分含量的测定

矿渣硅酸盐水泥中石灰石组分含量和石膏组分含量的测定按第 8 章进行。

10 火山灰质硅酸盐水泥或粉煤灰硅酸盐水泥中组分含量的测定

10.1 分析步骤

按 8.2.1 步骤进行，基准法用盐酸溶液选择溶解法分别测定水泥和掺入水泥的火山灰质混合材料或粉煤灰以及硅酸盐水泥(P·I)中不溶渣的含量；代用法用盐酸溶液选择溶解法分别测定水泥和掺入水泥的火山灰质混合材料或粉煤灰中不溶渣的含量。

10.2 结果的计算

10.2.1 盐酸溶液选择溶解后不溶渣含量的计算

盐酸溶液选择溶解后火山灰质硅酸盐水泥或粉煤灰硅酸盐水泥的不溶渣含量(R_{11})、掺入水泥的火山灰质混合材料或粉煤灰中的不溶渣含量(R_2)以及硅酸盐水泥(P·I)中不溶渣的含量(R_3)均按式(2)计算。

10.2.2 火山灰质硅酸盐水泥或粉煤灰硅酸盐水泥中组分含量的计算(基准法)

火山灰质硅酸盐水泥或粉煤灰硅酸盐水泥中火山灰质混合材料或粉煤灰组分含量(P)按式(22)计算：

$$P = \frac{R_{11} - R_3}{R_2 - R_3} \times 100 \quad \cdots\cdots(22)$$

式中：

P——火山灰质硅酸盐水泥或粉煤灰硅酸盐水泥中火山灰质混合材料或粉煤灰组分的质量分数，%；

R_2——盐酸溶液选择溶解后火山灰质混合材料或粉煤灰中不溶渣的质量分数，%；

R_3——盐酸溶液选择溶解后硅酸盐水泥(P·I)中不溶渣的质量分数，%；

R_{11}——盐酸溶液选择溶解后火山灰质硅酸盐水泥或粉煤灰硅酸盐水泥中不溶渣的质量分数，%。

10.2.3 火山灰质硅酸盐水泥或粉煤灰硅酸盐水泥中组分含量的计算(代用法)

火山灰质硅酸盐水泥或粉煤灰硅酸盐水泥中火山灰质或粉煤灰组分含量的计算

回转窑煅烧的熟料，按式(23)计算：

$$P = \frac{R_{11} - 1.01}{R_2 - 1.01} \times 100 \quad \cdots\cdots(23)$$

立窑煅烧的熟料，按式(24)计算：

$$P = \frac{R_{11} - 1.70}{R_2 - 1.70} \times 100 \quad \cdots\cdots(24)$$

式中：

P——火山灰质硅酸盐水泥或粉煤灰硅酸盐水泥中火山灰质混合材料或粉煤灰组分的质量分数，%；

R_2——盐酸溶液选择溶解后火山灰质混合材料或粉煤灰中不溶渣的质量分数，%；

R_{11}——盐酸溶液选择溶解后火山灰质硅酸盐水泥或粉煤灰硅酸盐水泥中不溶渣的质量分数，%；

1.01，1.70——校正系数。

10.3 火山灰质硅酸盐水泥或粉煤灰硅酸盐水泥中石膏组分含量的测定

火山灰质硅酸盐水泥或粉煤灰硅酸盐水泥中石膏组分含量的测定按第8章进行。

11 复合硅酸盐水泥中组分含量的测定

11.1 分析步骤

11.1.1 用盐酸溶液选择溶解后不溶渣含量的测定

按8.2.1步骤进行，基准法用盐酸溶液选择溶解法分别测定水泥和掺入水泥的火山灰质混合材料或粉煤灰、石灰石以及硅酸盐水泥（P·I）中不溶渣的含量；代用法用盐酸溶液选择溶解法分别测定水泥和掺入水泥的火山灰质混合材料或粉煤灰中不溶渣的含量。

11.1.2 用 EDTA 溶液选择溶解后不溶渣含量的测定

按8.2.2步骤进行，基准法用EDTA溶液选择溶解法分别测定水泥和掺入水泥的火山灰质混合材料或粉煤灰、矿渣、石灰石以及硅酸盐水泥（P·I）中不溶渣的含量；代用法用EDTA溶液选择溶解法分别测定水泥和掺入水泥的火山灰质混合材料或粉煤灰、矿渣中不溶渣的含量。

11.1.3 二氧化碳含量的测定

按8.2.3步骤测定复合硅酸盐水泥以及掺入水泥的石灰石中二氧化碳的含量。测定石灰石中二氧化碳的含量时，称取试样量改为约0.1 g。

11.2 结果的计算

11.2.1 盐酸溶液选择溶解后不溶渣含量的计算

用盐酸溶液选择溶解后复合硅酸盐水泥中不溶渣的含量（R_{12}）、掺入水泥的火山灰质混合材料或粉煤灰中不溶渣的含量（R_2）、石灰石中不溶渣的含量（R_{13}）以及硅酸盐水泥（P·I）中不溶渣的含量（R_3）均按式（2）计算。

11.2.2 EDTA 溶液选择溶解后不溶渣含量的计算

用EDTA溶液选择溶解后复合硅酸盐水泥中不溶渣的含量（R_{14}）、掺入水泥的火山灰质混合材料或粉煤灰中不溶渣的含量（R_{10}）、矿渣不溶渣的含量（R_5）、石灰石中不溶渣的含量（R_{15}）以及硅酸盐水泥（P·I）中不溶渣的含量（R_6）均按式（3）计算。

11.2.3 二氧化碳含量的计算

复合硅酸盐水泥中二氧化碳含量（D_1）以及掺入水泥的石灰石中二氧化碳含量（D_2）按8.3.3计算。

11.2.4 复合硅酸盐水泥中组分含量的计算（基准法）

11.2.4.1 复合硅酸盐水泥中火山灰质混合材料或粉煤灰组分含量（P）按式（25）计算：

$$P=\frac{R_{12}-(R_{13}-R_3)\times D\times 10^{-2}-R_3}{R_2-R_3}\times 100 \qquad \cdots\cdots(25)$$

式中：

P——复合硅酸盐水泥中火山灰质混合材料或粉煤灰组分的质量分数，%；

R_2——盐酸溶液选择溶解后火山灰质混合材料或粉煤灰中不溶渣的质量分数，%；

R_3——盐酸溶液选择溶解后硅酸盐水泥（P·I）中不溶渣的质量分数，%；

R_{12}——盐酸溶液选择溶解后复合硅酸盐水泥中不溶渣的质量分数，%；

R_{13}——盐酸溶液选择溶解后石灰石中不溶渣的质量分数，%；

D——复合硅酸盐水泥中石灰石组分的质量分数，%。

11.2.4.2 复合硅酸盐水泥中矿渣组分含量（S）按式（26）计算：

$$S=\frac{R_{14}-(R_{10}-R_6)\times P\times 10^{-2}-(R_{15}-R_6)\times D\times 10^{-2}-R_6}{R_5-R_6}\times 100 \qquad \cdots\cdots(26)$$

式中：

S——复合硅酸盐水泥中矿渣组分的质量分数，%；

R_5——EDTA 溶液选择溶解后矿渣中不溶渣的质量分数，%；

R_6——EDTA 溶液选择溶解后硅酸盐水泥(P·I)中不溶渣的质量分数，%；

R_{10}——EDTA 溶液选择溶解后火山灰质或粉煤灰中不溶渣的质量分数，%；

R_{14}——EDTA 溶液选择溶解后复合硅酸盐水泥中不溶渣的质量分数，%；

R_{15}——EDTA 溶液选择溶解后石灰石中不溶渣的质量分数，%；

P——复合硅酸盐水泥中火山灰质混合材料或粉煤灰组分的质量分数，%；

D——复合硅酸盐水泥中石灰石组分的质量分数，%。

11.2.4.3　复合硅酸盐水泥中石灰石组分的含量(D)按式(27)计算：

$$D=\frac{D_1-0.44}{D_2-0.44}\times 100 \quad \cdots\cdots (27)$$

式中：

D——复合硅酸盐水泥中石灰石组分的质量分数，%；

D_1——复合硅酸盐水泥中二氧化碳的质量分数，%；

D_2——石灰石中二氧化碳的质量分数，%；

0.44——校正系数。

11.2.5　复合硅酸盐水泥中组分含量的计算(代用法)

11.2.5.1　复合硅酸盐水泥中火山灰质或粉煤灰组分含量的计算

回转窑煅烧的熟料，按式(28)计算：

$$P=\frac{R_{12}-1.01}{R_2-1.01}\times 100 \quad \cdots\cdots (28)$$

立窑煅烧的熟料，按式(29)计算：

$$P=\frac{R_{12}-1.70}{R_2-1.70}\times 100 \quad \cdots\cdots (29)$$

式中：

P——复合硅酸盐水泥中火山灰质混合材料或粉煤灰组分的质量分数，%；

R_2——盐酸溶液选择溶解后火山灰质混合材料或粉煤灰中不溶渣的质量分数，%；

R_{12}——盐酸溶液选择溶解后复合硅酸盐水泥中不溶渣的质量分数，%；

1.01，1.70——校正系数。

11.2.5.2　复合硅酸盐水泥中矿渣组分含量的计算

回转窑煅烧的熟料，按式(30)计算：

$$S=\frac{R_{14}-(R_{10}-2.20)\times P\times 10^{-2}-2.20}{R_5-2.20}\times 100 \quad \cdots\cdots (30)$$

立窑煅烧的熟料，按式(31)计算：

$$S=\frac{R_{14}-(R_{10}-3.80)\times P\times 10^{-2}-3.80}{R_5-3.80}\times 100 \quad \cdots\cdots (31)$$

式中：

S——火山灰质硅酸盐水泥或粉煤灰硅酸盐水泥中矿渣组分的质量分数，%；

R_5——EDTA 溶液选择溶解后矿渣中不溶渣的质量分数，%；

R_{10}——EDTA 溶液选择溶解后火山灰质或粉煤灰中不溶渣的质量分数，%；

R_{14}——EDTA 溶液选择溶解后复合硅酸盐水泥中不溶渣的质量分数，%；

P——复合硅酸盐水泥中火山灰质混合材料或粉煤灰组分的质量分数，%；

2.20，3.80——校正系数。

11.2.5.3　复合硅酸盐水泥中石灰石组分的含量(D)按式(32)计算：

$$D = 2.274 \times D_1 - 1.00 \quad \cdots\cdots(32)$$

式中：

D——水泥中石灰石组分的质量分数，%；

D_1——水泥中二氧化碳的质量分数，%；

2.274——二氧化碳对碳酸钙的换算因数；

1.00——校正系数。

11.3　复合硅酸盐水泥中石膏组分含量的测定

复合硅酸盐水泥中石膏组分含量的测定按第8章进行。

12　允许差

本标准所列允许差为绝对偏差，以质量分数表示。

同一试验室的允许差是指：同一分析试验室的同一分析人员(或两个分析人员)，采用本标准方法分析同一试样时，两次分析结果之差应符合的允许差规定。如超出允许范围，应在短时间内进行第三次测定(或第三者的测定)，测定结果与前两次或任一次分析结果之差值符合允许差规定时，则取其平均值，否则，应查找原因，重新按上述规定进行分析。

不同试验室的允许差是指：两个试验室采用本标准方法对同一试样各自进行分析时，所得分析结果的平均值之差应符合的允许差规定。如有争议时，将样品送省级及省级以上国家认可的质量监督检验机构进行仲裁分析，以仲裁单位报出的结果为准。

水泥中各种混合材料含量测定结果的允许差见表3。

表3　水泥中各种混合材料含量测定结果的允许差

混合材料种类	组分含量范围/%	同一试验室的允许差/%	不同试验室的允许差/%
矿渣组分	≤20	0.8	1.2
	>20	1.0	2.0
火山灰质混合材料或粉煤灰组分	≤20	0.8	1.0
	>20	1.0	1.5
石灰石组分	≤10	0.5	0.8
	>10	0.8	1.0

前　言

本标准是根据 ISO 679:1989《水泥试验方法——强度测定》制定的，主要内容与 ISO 679 完全一致，某些地方根据中国情况作了修订。其抗压强度检验结果与 ISO 679:1989 等同。

本标准采用中国产的 ISO 标准砂；其鉴定、质量验证与质量控制以德国标准砂公司的 ISO 基准砂为基准材料。

本标准规定可用全波振幅 0.75 mm，频率 2 800～3 000 次/min 的振动台为代用振实设备，其振实操作细则列入第 7 章中。本标准测定结果有异议时以基准法为准。

本标准在以下三个方面较 ISO 679:1989 作了更具体的规定：

1. 在“1 范围”中增加“本标准适用于硅酸盐水泥、普通硅酸盐水泥、矿渣硅酸盐水泥、粉煤灰硅酸盐水泥、复合硅酸盐水泥、石灰石硅酸盐水泥的抗折与抗压强度的检验。其他水泥采用本标准时必须研究本标准规定的适用性”。

2. 在“8.1 脱模前的处理和养护”中增加“两个龄期以上的试体，在编号时应将同一试模中的三条试体分在两个以上龄期内”。

3. 在“10.2 试验结果的确定”中增加“10.2.1 抗折强度，以一组三个棱柱体抗折结果的平均值作为试验结果。当三个强度值中有超出平均值±10%时，应剔除后再取平均值作为抗折强度试验结果”。

本标准由国家建筑材料工业局提出。

本标准由全国水泥标准化技术委员会归口。

本标准由中国建筑材料科学研究院水泥科学与新型建筑材料研究所负责起草。

本标准主要起草人：张大同、王文义、白显明、杨基典、肖忠明、颜碧兰、王　昕、陈　萍、刁志坚、江丽珍、赵双全。

ISO 前言

ISO(国际标准化组织)是世界性国家标准部门(ISO 成员单位)的联合会。国际标准起草工作通常是由 ISO 技术委员会完成的。对技术委员会已确定课题感兴趣的每一个成员单位有权向委员会提出建议,与 ISO 联络的政府和非政府国际组织也可参加工作。对于所有电工材料标准化工作,ISO 和国际电工委员会(IEC)进行共同研究。

由技术委员会起草的国际标准草案在 ISO 接受为国际标准之前应得到其成员的认可。按 ISO 程序要求至少有 75%的成员单位表示同意。

国际标准 ISO 679 是由 ISO/TC 74 水泥和石灰技术委员会起草的。

中华人民共和国国家标准

水泥胶砂强度检验方法(ISO法)

GB/T 17671—1999
idt ISO 679:1989

Method of testing cements—Determination of strength

1 范围

本标准规定了水泥胶砂强度检验基准方法的仪器、材料、胶砂组成、试验条件、操作步骤和结果计算等。其抗压强度测定结果与ISO 679结果等同。同时也列入可代用的标准砂和振实台,当代用后结果有异议时以基准方法为准。

本标准适用于硅酸盐水泥、普通硅酸盐水泥、矿渣硅酸盐水泥、粉煤灰硅酸盐水泥、复合硅酸盐水泥、石灰石硅酸盐水泥的抗折与抗压强度的检验。其他水泥采用本标准时必须研究本标准规定的适用性。

2 引用标准

下列标准所包含的条文,通过在本标准中引用而构成为本标准的条文。本标准出版时,所示版本均为有效。所有标准都会被修订,使用本标准的各方应探讨使用下列标准最新版本的可能性。

GB/T 6003—1985 试验筛

JC/T 681—1997 行星式水泥胶砂搅拌机

JC/T 682—1997 水泥胶砂试体成型振实台

JC/T 683—1997 40 mm×40 mm水泥抗压夹具

JC/T 723—1982(1996) 水泥物理检验仪器 胶砂振动台

JC/T 724—1982(1996) 水泥物理检验仪器 电动抗折试验机

JC/T 726—1997 水泥胶砂试模

3 方法概要

本方法为40 mm×40 mm×160 mm棱柱试体的水泥抗压强度和抗折强度测定。

试体是由按质量计的一份水泥、三份中国ISO标准砂,用0.5的水灰比拌制的一组塑性胶砂制成。中国ISO标准砂的水泥抗压强度结果必须与ISO基准砂的相一致(见第11章)。

胶砂用行星搅拌机搅拌,在振实台上成型。也可使用频率2 800～3 000次/min,振幅0.75 mm振动台成型(见第11章)。

试体连模一起在湿气中养护24 h,然后脱模在水中养护至强度试验。

到试验龄期时将试体从水中取出,先进行抗折强度试验,折断后每截再进行抗压强度试验。

4 试验室和设备

4.1 试验室

试体成型试验室的温度应保持在20℃±2℃,相对湿度应不低于50%。

国家质量技术监督局1999-02-08批准 1999-05-01实施

试体带模养护的养护箱或雾室温度保持在20℃±1℃,相对湿度不低于90%。

试体养护池水温度应在20℃±1℃范围内。

试验室空气温度和相对湿度及养护池水温在工作期间每天至少记录一次。

养护箱或雾室的温度与相对湿度至少每4 h记录一次,在自动控制的情况下记录次数可以酌减至一天记录二次。在温度给定范围内,控制所设定的温度应为此范围中值。

4.2 设备

4.2.1 总则

设备中规定的公差,试验时对设备的正确操作很重要。当定期控制检测发现公差不符时,该设备应替换,或及时进行调整和修理。控制检测记录应予保存。

对新设备的接收检测应包括本标准规定的质量、体积和尺寸范围,对于公差规定的临界尺寸要特别注意。

有的设备材质会影响试验结果,这些材质也必须符合要求。

4.2.2 试验筛

金属丝网试验筛应符合GB/T 6003要求,其筛网孔尺寸如表1(R20系列)。

表1 试验筛

系　列	网眼尺寸 mm
R20	2.0
	1.6
	1.0
	0.50
	0.16
	0.080

4.2.3 搅拌机

搅拌机(见图1)属行星式,应符合JC/T 681要求。

用多台搅拌机工作时,搅拌锅和搅拌叶片应保持配对使用。叶片与锅之间的间隙,是指叶片与锅壁最近的距离,应每月检查一次。

4.2.4 试模

试模由三个水平的模槽组成(见图2),可同时成型三条截面为40 mm×40 mm,长160 mm的棱形试体,其材质和制造尺寸应符合JC/T 726要求。

当试模的任何一个公差超过规定的要求时,就应更换。在组装备用的干净模型时,应用黄干油等密封材料涂覆模型的外接缝。试模的内表面应涂上一薄层模型油或机油。

成型操作时,应在试模上面加有一个壁高20 mm的金属模套,当从上往下看时,模套壁与模型内壁应该重叠,超出内壁不应大于1 mm。

为了控制料层厚度和刮平胶砂,应备有图3所示的二个播料器和一金属刮平直尺。

4.2.5 振实台

振实台(见图4)应符合JC/T 682要求。振实台应安装在高度约400 mm的混凝土基座上。混凝土体积约为0.25 m^3,重约600 kg。需防外部振动影响振实效果时,可在整个混凝土基座下放一层厚约5 mm天然橡胶弹性衬垫。

将仪器用地脚螺丝固定在基座上,安装后设备成水平状态,仪器底座与基座之间要铺一层砂浆以保证它们的完全接触。

注:振实台的代用设备振动台见11.7。

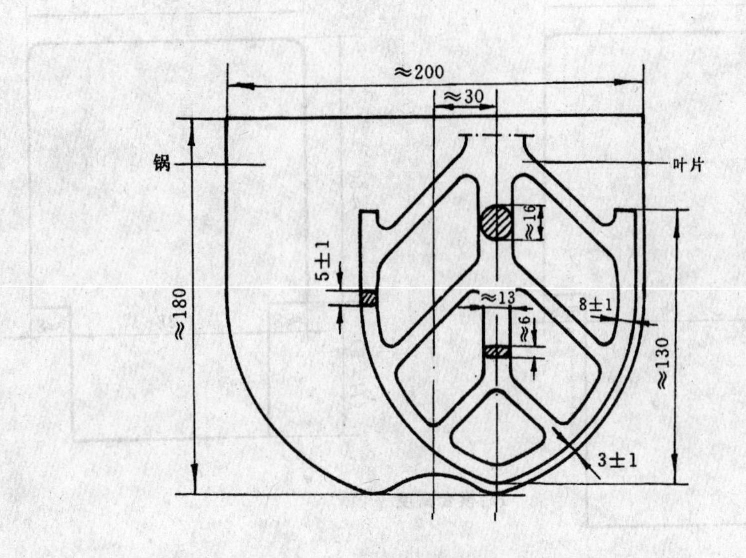

图 1 搅拌机

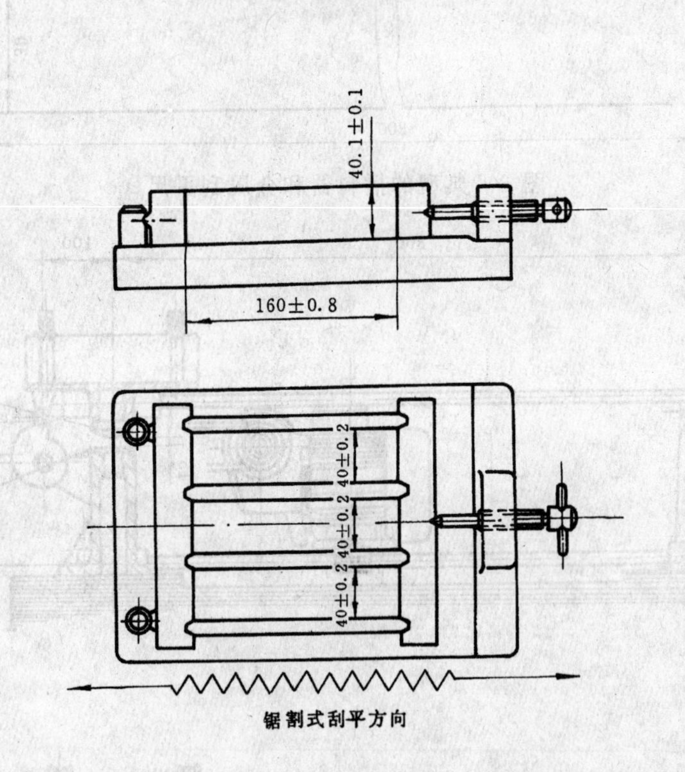

注：不同生产厂家生产的试模和振实台可能有不同的尺寸和重量，因而买主应在采购时考虑其与振实台设备的匹配性。

图 2 典型的试模

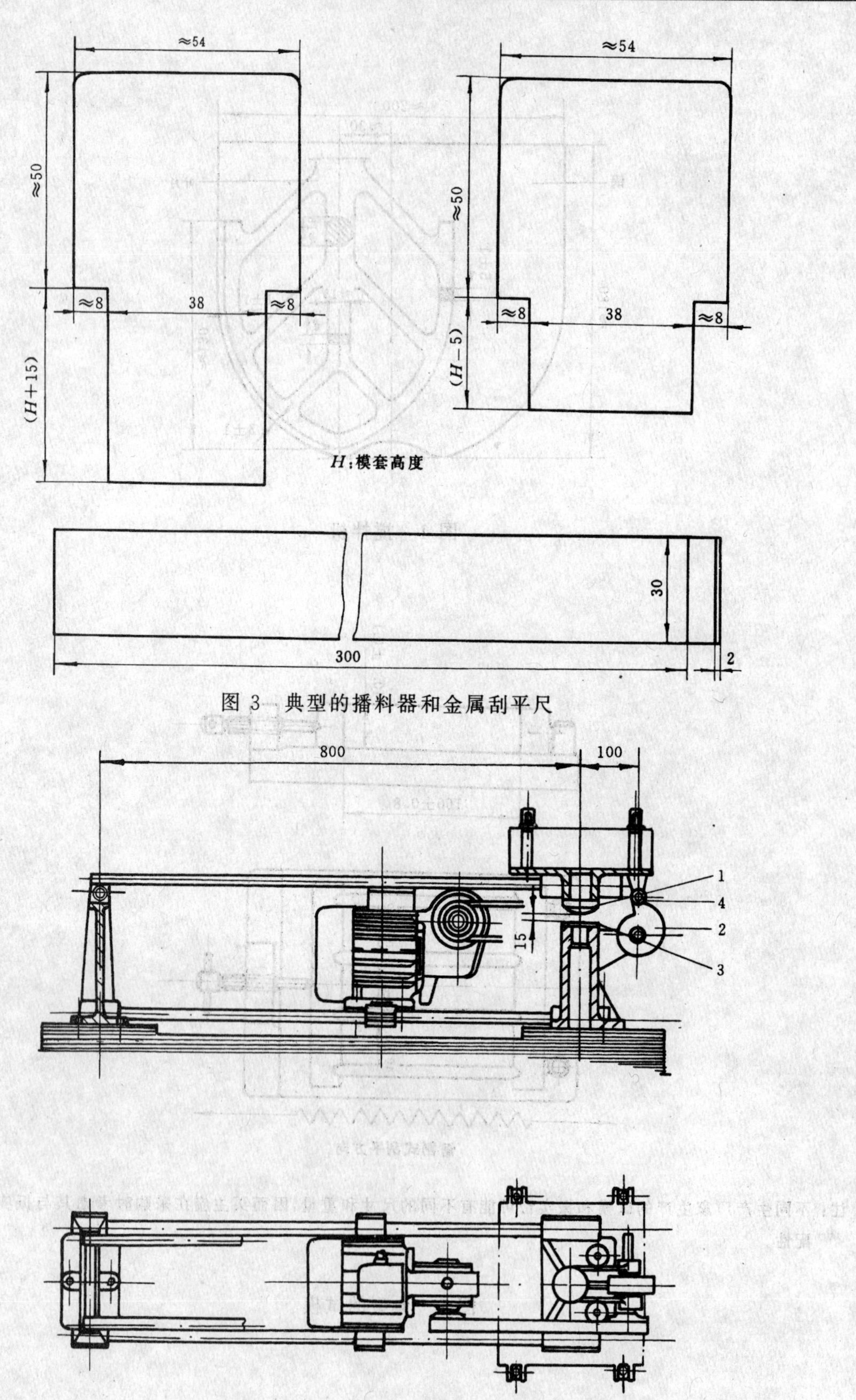

图 3 典型的播料器和金属刮平尺

1—突头;2—凸轮;3—止动器;4—随动轮

图 4 典型的振实台

4.2.6 抗折强度试验机

抗折强度试验机应符合 JC/T 724 的要求。试件在夹具中受力状态如图 5。

通过三根圆柱轴的三个竖向平面应该平行,并在试验时继续保持平行和等距离垂直试体的方向,其中一根支撑圆柱和加荷圆柱能轻微地倾斜使圆柱与试体完全接触,以便荷载沿试体宽度方向均匀分布,同时不产生任何扭转应力。

抗折强度也可用抗压强度试验机(见 4.2.7)来测定,此时应使用符合上述规定的夹具。

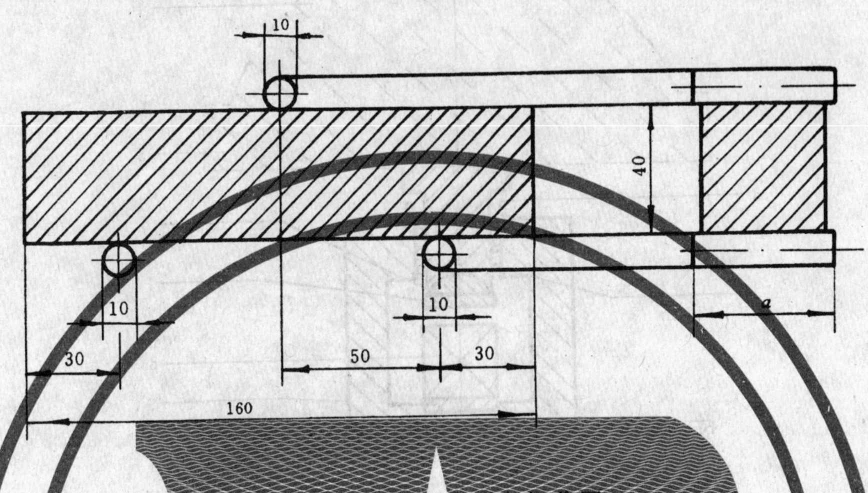

图 5 抗折强度测定加荷图

4.2.7 抗压强度试验机

抗压强度试验机,在较大的五分之四量程范围内使用时记录的荷载应有±1%精度,并具有按 2 400 N/s±200 N/s速率的加荷能力,应有一个能指示试件破坏时荷载并把它保持到试验机卸荷以后的指示器,可以用表盘里的峰值指针或显示器来达到。人工操纵的试验机应配有一个速度动态装置以便于控制荷载增加。

压力机的活塞竖向轴应与压力机的竖向轴重合,在加荷时也不例外,而且活塞作用的合力要通过试件中心。压力机的下压板表面应与该机的轴线垂直并在加荷过程中一直保持不变。

压力机上压板球座中心应在该机竖向轴线与上压板下表面相交点上,其公差为±1 mm。上压板在与试体接触时能自动调整,但在加荷期间上下压板的位置应固定不变。

试验机压板应由维氏硬度不低于 HV 600 硬质钢制成,最好为碳化钨,厚度不小于 10 mm,宽为 40 mm±0.1 mm,长不小于 40 mm。压板和试件接触的表面平面度公差应为 0.01 mm,表面粗糙度 (R_a)应在 0.1～0.8 之间。

当试验机没有球座,或球座已不灵活或直径大于 120 mm 时,应采用 4.2.8 规定的夹具。

注

1 试验机的最大荷载以 200～300 kN 为佳,可以有二个以上的荷载范围,其中最低荷载范围的最高值大致为最高范围里的最大值的五分之一。

2 采用具有加荷速度自动调节方法和具有记录结果装置的压力机是合适的。

3 可以润滑球座以便使其与试件接触更好,但在加荷期间不致因此而发生压板的位移。在高压下有效的润滑剂不适宜使用,以免导致压板的移动。

4 "竖向"、"上"、"下"等术语是对传统的试验机而言。此外,轴线不呈竖向的压力机也可以使用,只要按 11.7 规定和其他要求接受为代用试验方法时。

4.2.8 抗压强度试验机用夹具

当需要使用夹具时,应把它放在压力机的上下压板之间并与压力机处于同一轴线,以便将压力机的荷载传递至胶砂试件表面。夹具应符合 JC/T 683 的要求,受压面积为 40 mm×40 mm。夹具在压力机上位置见图 6,夹具要保持清洁,球座应能转动以使其上压板能从一开始就适应试体的形状并在试验中保持不变。使用中夹具应满足 JC/T 683 的全部要求。

注

1 可以润滑夹具的球座，但在加荷期间不会使压板发生位移。不能用高压下有效的润滑剂。

2 试件破坏后，滑块能自动回复到原来的位置。

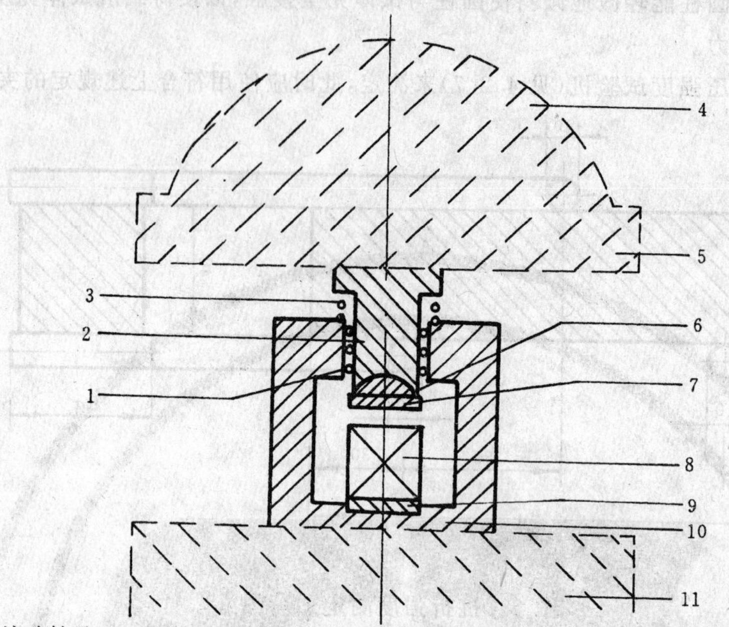

1—滚珠轴承；2—滑块；3—复位弹簧；4—压力机球座；5—压力机上压板；6—夹具球座；
7—夹具上压板；8—试体；9—底板；10—夹具下垫板；11—压力机下压板

图 6 典型的抗压强度试验夹具

5 胶砂组成

5.1 砂

5.1.1 总则

各国生产的 ISO 标准砂都可以用来按本标准测定水泥强度。中国 ISO 标准砂符合 ISO 679 中 5.1.3 要求。中国 ISO 标准砂的质量控制按本标准第 11 章进行。对标准砂作全面地和明确地规定是困难的，因此在鉴定和质量控制时使砂子与 ISO 基准砂比对标准化是必要的。ISO 基准砂在 5.1.2 中叙述。

5.1.2 ISO 基准砂

ISO 基准砂(reference sand)是由德国标准砂公司制备的 SiO_2 含量不低于 98%的天然的圆形硅质砂组成，其颗粒分布在表 2 规定的范围内。

表 2 ISO 基准砂颗粒分布

方孔边长，mm	累计筛余，%
2.0	0
1.6	7±5
1.0	33±5
0.5	67±5
0.16	87±5
0.08	99±1

砂的筛析试验应用有代表性的样品来进行，每个筛子的筛析试验应进行至每分钟通过量小于 0.5 g 为止。

砂的湿含量是在 105～110℃下用代表性砂样烘 2 h 的质量损失来测定，以干基的质量百分数表示，应小于 0.2%。

5.1.3 中国ISO标准砂

中国ISO标准砂完全符合5.1.2颗粒分布和湿含量的规定。生产期间这种测定每天应至少进行一次。这些要求不足以保证标准砂与基准砂等同。这种等效性是通过标准砂和基准砂比对检验程序来保持的。这种程序和相关的计算在11.6中叙述。

中国ISO标准砂可以单级分包装,也可以各级预配合以1 350 g±5 g量的塑料袋混合包装,但所用塑料袋材料不得影响强度试验结果。

5.2 水泥

当试验水泥从取样至试验要保持24 h以上时,应把它贮存在基本装满和气密的容器里,这个容器应不与水泥起反应。

5.3 水

仲裁试验或其他重要试验用蒸馏水,其他试验可用饮用水。

6 胶砂的制备

6.1 配合比

胶砂的质量配合比应为一份水泥(见5.2)三份标准砂(见5.1)和半份水(见5.3)(水灰比为0.5)。一锅胶砂成三条试体,每锅材料需要量如表3。

表3 每锅胶砂的材料数量 g

材料量 / 水泥品种	水泥	标准砂	水
硅酸盐水泥	450±2	1 350±5	225±1
普通硅酸盐水泥			
矿渣硅酸盐水泥			
粉煤灰硅酸盐水泥			
复合硅酸盐水泥			
石灰石硅酸盐水泥			

6.2 配料

水泥、砂、水和试验用具的温度与试验室相同(见4.1),称量用的天平精度应为±1 g。当用自动滴管加225 mL水时,滴管精度应达到±1 mL。

6.3 搅拌

每锅胶砂用搅拌机(见4.2.3)进行机械搅拌。先使搅拌机处于待工作状态,然后按以下的程序进行操作:

把水加入锅里,再加入水泥,把锅放在固定架上,上升至固定位置。

然后立即开动机器,低速搅拌30 s后,在第二个30 s开始的同时均匀地将砂子加入。当各级砂是分装时,从最粗粒级开始,依次将所需的每级砂量加完。把机器转至高速再拌30 s。

停拌90 s,在第1个15 s内用一胶皮刮具将叶片和锅壁上的胶砂,刮入锅中间。在高速下继续搅拌60 s。各个搅拌阶段,时间误差应在±1 s以内。

7 试件的制备

7.1 尺寸应是40 mm×40 mm×160 mm的棱柱体。

7.2 成型

7.2.1 用振实台成型

胶砂制备后立即进行成型。将空试模和模套固定在振实台上，用一个适当勺子直接从搅拌锅里将胶砂分二层装入试模，装第一层时，每个槽里约放 300 g 胶砂，用大播料器(见图 3)垂直架在模套顶部沿每个模槽来回一次将料层播平，接着振实 60 次。再装入第二层胶砂，用小播料器播平，再振实 60 次。移走模套，从振实台上取下试模，用一金属直尺(见图 3)以近似 90°的角度架在试模模顶的一端，然后沿试模长度方向以横向锯割动作慢慢向另一端移动，一次将超过试模部分的胶砂刮去，并用同一直尺以近乎水平的情况下将试体表面抹平。

在试模上作标记或加字条标明试件编号和试件相对于振实台的位置。

7.2.2 用振动台成型

当使用代用的振动台成型时，操作如下：

在搅拌胶砂的同时将试模和下料漏斗卡紧在振动台的中心。将搅拌好的全部胶砂均匀地装入下料漏斗中，开动振动台，胶砂通过漏斗流入试模。振动 120 s±5 s 停车。振动完毕，取下试模，用刮平尺以 7.2.1 规定的刮平手法刮去其高出试模的胶砂并抹平。接着在试模上作标记或用字条表明试件编号。

8 试件的养护

8.1 脱模前的处理和养护

去掉留在模子四周的胶砂。立即将作好标记的试模放入雾室或湿箱的水平架子上养护，湿空气应能与试模各边接触。养护时不应将试模放在其他试模上。一直养护到规定的脱模时间时取出脱模。脱模前，用防水墨汁或颜料笔对试体进行编号和做其他标记。二个龄期以上的试体，在编号时应将同一试模中的三条试体分在二个以上龄期内。

8.2 脱模

脱模应非常小心[1)]。对于 24 h 龄期的，应在破型试验前 20 min 内脱模[2)]。对于 24 h 以上龄期的，应在成型后 20～24 h 之间脱模[2)]。

注：如经 24 h 养护，会因脱模对强度造成损害时，可以延迟至 24 h 以后脱模，但在试验报告中应予说明。

已确定作为 24 h 龄期试验(或其他不下水直接做试验)的已脱模试体，应用湿布覆盖至做试验时为止。

8.3 水中养护

将做好标记的试件立即水平或竖直放在 20℃±1℃水中养护，水平放置时刮平面应朝上。

试件放在不易腐烂的篦子上，并彼此间保持一定间距，以让水与试件的六个面接触。养护期间试件之间间隔或试体上表面的水深不得小于 5 mm。

注：不宜用木篦子。

每个养护池只养护同类型的水泥试件。

最初用自来水装满养护池(或容器)，随后随时加水保持适当的恒定水位，不允许在养护期间全部换水。

除 24 h 龄期或延迟至 48 h 脱模的试体外，任何到龄期的试体应在试验(破型)前 15 min 从水中取出。揩去试体表面沉积物，并用湿布覆盖至试验为止。

8.4 强度试验试体的龄期

试体龄期是从水泥加水搅拌开始试验时算起。不同龄期强度试验在下列时间里进行。

——24 h±15 min；

——48 h±30 min；

——72 h±45 min；

1) 脱模时可用塑料锤或橡皮榔头或专门的脱模器。

2) 对于胶砂搅拌或振实操作，或胶砂含气量试验的对比，建议称量每个模型中试体的重量。

——7 d±2 h；

——>28 d±8 h。

9 试验程序

9.1 总则

用4.2.6规定的设备以中心加荷法测定抗折强度。

在折断后的棱柱体上进行抗压试验，受压面是试体成型时的两个侧面，面积为40 mm×40 mm。

当不需要抗折强度数值时，抗折强度试验可以省去。但抗压强度试验应在不使试件受有害应力情况下折断的两截棱柱体上进行。

9.2 抗折强度测定

将试体一个侧面放在试验机（见4.2.6）支撑圆柱上，试体长轴垂直于支撑圆柱，通过加荷圆柱以50 N/s±10 N/s的速率均匀地将荷载垂直地加在棱柱体相对侧面上，直至折断。

保持两个半截棱柱体处于潮湿状态直至抗压试验。

抗折强度 R_f 以牛顿每平方毫米（MPa）表示，按式（1）进行计算：

$$R_f = \frac{1.5F_fL}{b^3} \quad \cdots\cdots(1)$$

式中：F_f——折断时施加于棱柱体中部的荷载，N；

L——支撑圆柱之间的距离，mm；

b——棱柱体正方形截面的边长，mm。

9.3 抗压强度测定

抗压强度试验通过4.2.7和4.2.8规定的仪器，在半截棱柱体的侧面上进行。

半截棱柱体中心与压力机压板受压中心差应在±0.5 mm内，棱柱体露在压板外的部分约有10 mm。

在整个加荷过程中以2 400 N/s±200 N/s的速率均匀地加荷直至破坏。

抗压强度 R_c 以牛顿每平方毫米（MPa）为单位，按式（2）进行计算：

$$R_c = \frac{F_c}{A} \quad \cdots\cdots(2)$$

式中：F_c——破坏时的最大荷载，N；

A——受压部分面积，mm^2（40 mm×40 mm=1 600 mm^2）。

10 水泥的合格检验

10.1 总则

强度测定方法有两种主要用途，即合格检验和验收检验。本条叙述了合格检验，即用它确定水泥是否符合规定的强度要求。验收检验在第11章叙述。

10.2 试验结果的确定

10.2.1 抗折强度

以一组三个棱柱体抗折结果的平均值作为试验结果。当三个强度值中有超出平均值±10%时，应剔除后再取平均值作为抗折强度试验结果。

10.2.2 抗压强度

以一组三个棱柱体上得到的六个抗压强度测定值的算术平均值为试验结果。

如六个测定值中有一个超出六个平均值的±10%，就应剔除这个结果，而以剩下五个的平均数为结果。如果五个测定值中再有超过它们平均数±10%的，则此组结果作废。

10.3 试验结果的计算

各试体的抗折强度记录至0.1 MPa,按10.2.1规定计算平均值。计算精确至0.1 MPa。

各个半棱柱体得到的单个抗压强度结果计算至0.1 MPa,按10.2.2规定计算平均值,计算精确至0.1 MPa。

10.4 试验报告

报告应包括所有各单个强度结果(包括按10.2规定舍去的试验结果)和计算出的平均值。

10.5 检验方法的精确性

检验方法的精确性通过其重复性(11.5)和再现性(见10.6)来测量。

合格检验方法的精确性是通过它的再现性来测量的。

验收检验方法和以生产控制为目的检验方法的精确性是通过它的重复性来测量的。

10.6 再现性

抗压强度测量方法的再现性,是同一个水泥样品在不同试验室工作的不同操作人员,在不同的时间,用不同来源的标准砂和不同套设备所获得试验结果误差的定量表达。

对于28 d抗压强度的测定,在合格试验室之间的再现性,用变异系数表示,可要求不超过6%。

这意味着不同试验室之间获得的两个相应试验结果的差可要求(概率95%)小于约15%。

11 中国ISO标准砂和振实台代用设备的验收检验

11.1 总则

按ISO 679进行水泥试验不能基于一种普遍可得的试验砂。因此有几种被视同为ISO标准砂的试验砂是必要的,也是可行的。

同样,国际标准不能要求试验室使用一种规定类型的振实设备,因此使用了"代用材料和设备"的术语。显然这种自由选择不可避免要与国际标准的要求相联系,因而不得不对代用物作某些限制。因此ISO 679标准的重要特点之一是代用物必须通过一个试验程序以保证按验收检验得到的强度结果不会因用代用物代替"基准"材料或设备而受到明显影响。

验收检验程序应包含对一个新提出代用物符合本标准要求的鉴定试验和保证通过鉴定的代用物继续符合ISO 679标准的验证试验。

由于砂子和振实设备是两种最重要的代用物,对其检验分别在11.6和11.7中叙述,作为验收检验总的原则说明。

11.2 试验结果的确定

在一组三条棱柱体上测得的六个抗压强度算术平均值作为该组试验结果。

11.3 试验结果的计算

同10.3。

11.4 试验方法的精确度

对于验收检验和生产控制为目的的试验方法的精确度是通过它的重复性来评定的(对于再现性,见10.6)。

11.5 重复性

抗压强度试验方法的重复性是由同一个试验室在基本相同的情况下(相同的操作人员,相同的设备,相同的标准砂,较短时间间隔内等)用同一水泥样品所得试验结果的误差来定量表达。

对于28 d抗压强度的测定,一个合格的试验室在上述条件下的重复性以变异系数表示,可要求在1%～3%之间。

11.6 中国ISO标准砂

11.6.1 中国ISO标准砂的鉴定试验

作为中国ISO标准砂应通过规定的鉴定。

鉴定试验以28 d抗压强度为依据,并由鉴定试验室来承担,按本标准规定的程序进行。

鉴定试验室应进行国际合作,并参加合作试验计划以保证中国生产的标准砂长期与基准砂质量的一致性。

11.6.2 砂子的验证试验

验证试验程序是中国 ISO 标准砂生产更换年度证书所要求的。它包括鉴定机构对一个随机砂样的年度试验和该机构对砂子生产质量控制检验记录的检查。

验证试验项目和鉴定试验相同。

砂子生产质量控制检验由厂家试验室或鉴定试验室定期进行(在连续生产情况下每月一次)。作为验证程序的一个部分,应提供至少三年的质量控制试验结果记录供鉴定机构检查。

11.6.3 中国 ISO 标准砂的鉴定试验方法

11.6.3.1 总则

在初生产的至少三个月期间,由鉴定机构对要作为中国 ISO 标准砂的推荐砂取三个独立的砂样进行鉴定试验。

与 ISO 基准砂进行对比试验,应将这三个砂样中的每一个砂样用鉴定机构为对比目的选取的三个水泥中的每一个来进行。

在 28 d 龄期,这些对比试验的每一个,使相应砂样可以验收时,此推荐的砂子可接受作为一种 ISO 标准砂。

11.6.3.2 验收指标

用推荐砂最终测得的水泥 28 d 抗压强度与用 ISO 基准砂获得的强度结果相差在 5%以内为合格。

11.6.3.3 每个对比试验步骤

每个中国 ISO 标准砂推荐砂样和 ISO 基准砂各制备一批胶砂试体,共用 20 对试模制备。这两批胶砂中的每一对为一组,每组应按本标准一个接着另一个进行试体成型,各组顺序可以打乱。经 28 d 养护后,对两批各对的全部六条试体进行抗压强度试验,并按 10.3 计算每种砂子的试验结果,推荐 ISO 标准砂结果为 x,ISO 基准砂结果为 y。

11.6.3.4 每个比对试验的评定

计算下列参数:

a) 20 组中由 ISO 基准砂制备的所有 20 个的抗压强度平均值 $\overline{y}$;

b) 20 组中由推荐中国 ISO 标准砂制备的所有 20 个的抗压强度平均值 $\overline{x}$;

计算 $D=100(\overline{x}-\overline{y})/\overline{y}$,精确至 0.1,不计正负。

11.6.3.5 离差处理

如果出现超差,计算下列参数:

a) 每对试验结果的代数差 $\Delta=x-y$;

b) 结果平均差 $\overline{\Delta}=\overline{x}-\overline{y}$;

c) 差值的标准偏差 S;

d) 3 S 的值;

e) 如 Δ 最高值即 Δ_{max} 和 $\overline{\Delta}$ 之间,Δ 最低值即 Δ_{min} 和 $\overline{\Delta}$ 之间的差中有一个大于 3 S,应剔除有关值(Δ_{max}或 Δ_{min}),并重复计算剩下的 19 个差值。

11.6.3.6 验收要求

按 11.6.3.4 计算的三个 D 中的每一个都小于 5 时,此推荐中国 ISO 标准砂通过鉴定,该砂可作为中国 ISO 标准砂。当计算 D 值有一个或多个等于或大于 5 时该砂不能通过鉴定,该砂不能作为中国 ISO 标准砂。必须对原砂或工艺过程进行调整,并重新鉴定。

11.6.4 中国 ISO 标准砂的验证试验方法

11.6.4.1 鉴定机构的年度检验

由鉴定机构从生产厂抽取一个单独的随机砂样,并按 11.6.3.3 叙述的总的操作步骤用检验机构为验证专门选取的一种水泥试样进行试验。

按 11.6.3.4 计算 D 值小于 5 时，该砂样被认为符合验证试验要求。如果 D 值等于或大于 5 时，应按 11.6.1 全部鉴定检验操作步骤再试验三个随机砂样。

11.6.4.2 砂子生产的月检

砂生产者应按 11.6.4.1 验证检验办法进行月检，以鉴定机构为月检而选的一种水泥，用这个月生产的一个随机砂样与已鉴定合格的 ISO 标准砂至少进行 10 个样品的比对。

如果按 11.6.3.4 计算的 D 值，在连续 12 个月比对检验中大于 2.5 的超过 2 次，就应通知鉴定机构，并应按 11.6.1 进行三个随机样品的全部鉴定试验程序。

11.7 振实台代用设备的检验

中国的振实台代用设备为全波振幅 0.75 mm±0.02 mm，频率为 2 800～3 000 次/min 的振动台，其结构和配套漏斗如图 7、图 8。它的制造应符合 JC/T 723 的有关要求。

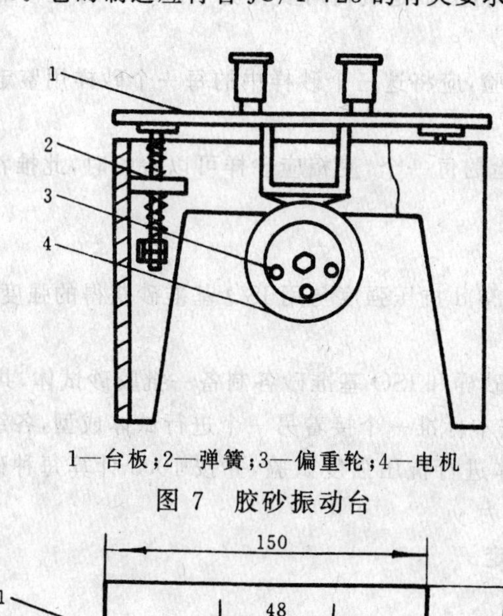

1—台板；2—弹簧；3—偏重轮；4—电机

图 7 胶砂振动台

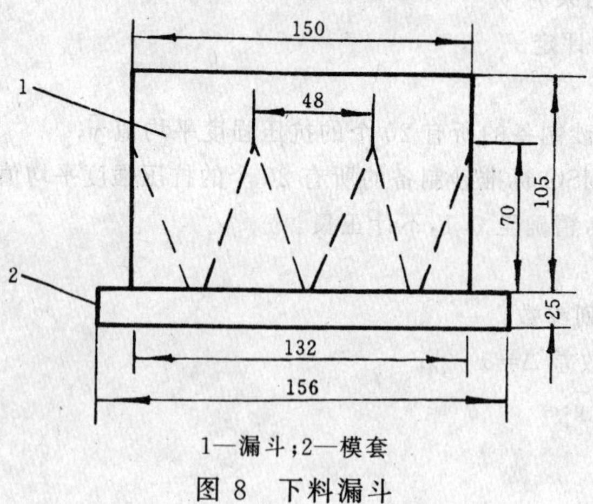

1—漏斗；2—模套

图 8 下料漏斗

11.7.1 总则

当要求进行代用振实设备验收时，检验机构应选择三套能从市场买到的设备，并排放在检定机构试验室内符合 4.2.5 要求标准设备的旁边。

试验设备应附有：

——详细的设计和结构技术说明书；

——操作说明书；

——保证正常运行的检测项目；

——推荐振实操作的详细说明。

检验机构应对设备在试验条件下的技术性能和所提供的技术说明书进行仔细比较。然后应进行三组比对试验，即每台用检验机构为此目的选取三个水泥中每一个水泥样和ISO基准砂来进行。

当三组试验的每一个都可以通过代用设备的验收试验时，该推荐振实设备被认为是可接受的代用品。

11.7.2 代用设备

11.7.2.1 验收指标

用该设备的振实方法最终所得的28 d抗压强度与按ISO 679规定方法所得强度之差在5%以内为合格。

11.7.2.2 每个比对试验步骤

用为此目的选取的水泥试样，制备两组20对胶砂，一组用推荐的代用振实设备振实成型试件，另一组用标准振实设备振实。

两组中每一对应一个接一个地制备，各对次序可以打乱。振实后的棱柱体(试件)的处理按本标准的规定进行。

养护28 d后，对两组的所有六个棱柱体进行抗压强度试验，每种振实试验方法的结果应按11.3进行计算，推荐的代用设备振实的为x，标准振实台的为y。

11.7.2.3 每个比对试验的评定

计算下列参数：

a) 20组中用标准设备振实的所有20个的抗压强度平均值$\overline{y}$；

b) 20组中用推荐代用设备振实的所有20个的抗压强度平均值$\overline{x}$。

计算$D=100(\overline{x}-\overline{y})/\overline{y}$，精确至0.1，正负不计。

11.7.2.4 超差处理

见11.6.3.5。

11.7.2.5 推荐代用设备的验收要求

当按11.7.2.3计算的三个D值的每一个都小于5时，应认为这个代用设备可以接受。

在这种情况下该种设备的技术说明应附在4.2.5所述设备的后面，其振实操作说明应附在7.2操作程序的后面。

当其中一个或多个计算的D值等于或大于5时，这个代用设备不能通过鉴定。

ICS 91.100.10
Q 92

中华人民共和国国家标准

GB/T 26281—2010

水泥回转窑热平衡、热效率、综合能耗计算方法

Calculating methods for heat balance, heat efficiency and comprehensive energy consumption of cement rotary kiln

2011-01-14 发布 2011-11-01 实施

中华人民共和国国家质量监督检验检疫总局
中国国家标准化管理委员会 发布

前 言

本标准按照 GB/T 1.1—2009 给出的规则起草。

本标准由中国建筑材料联合会提出。

本标准由全国水泥标准化技术委员会(SAC/TC 184)归口。

本标准起草单位：天津水泥工业设计研究院有限公司。

本标准主要起草人：刘继开、陶从喜、肖秋菊、倪祥平、王仲春、彭学平。

水泥回转窑热平衡、热效率、综合能耗计算方法

1 范围

本标准规定了生产硅酸盐水泥熟料的各类型回转窑(包括预热、烧成及冷却系统)的术语和定义、计算依据和计算基准、回转窑系统平衡计算、冷却机的热平衡与热效率计算等内容。

本标准适用于生产硅酸盐水泥熟料的各类型回转窑(包括预热、烧成及冷却系统)的热平衡、热效率及熟料烧成综合能耗的计算。采用废弃物作为替代原料和替代燃料时热平衡、热效率及熟料烧成综合能耗计算方法可参考本标准进行。

2 规范性引用文件

下列文件对于本文件的应用是必不可少的。凡是注日期的引用文件,仅所注日期的版本适用于本文件。凡是不注日期的引用文件,其最新版本(包括所有的修改单)适用于本文件。

GB/T 2587 用能设备能量平衡通则

GB/T 2589 综合能耗计算通则

GB/T 26282—2010 水泥回转窑热平衡测定方法

3 术语和定义

下列术语和定义适用于本文件。

3.1

熟料烧成综合能耗 comprehensive energy consumption of clinker burning

熟料烧成综合能耗指烧成系统在标定期间内,生产每吨熟料实际消耗的各种能源实物量按规定的计算方法和单位分别折算成标准煤量的总和,单位为千克(kg)。

3.2

熟料烧成热耗 heat consumption of clinker burning

熟料烧成热耗指单位熟料产量下消耗的燃料燃烧热,单位为千焦每千克(kJ/kg)。

3.3

回转窑系统热效率 heat efficiency of rotary kiln system

回转窑系统热效率指单位质量熟料的形成热与燃料(包括生料中可燃物质)燃烧放出热量的比值,以百分数表示(%)。

4 计算依据和计算基准

4.1 计算依据

根据热平衡参数测定结果计算,热平衡参数的测试按 GB/T 26282—2010 规定的方法进行。窑系统的主要设备情况及热平衡测定结果记录表参见附录 A。

4.2 计算基准

温度基准:0 ℃;质量基准:1 kg 熟料。

5 回转窑系统平衡计算

5.1 物料平衡

5.1.1 物料平衡范围

物料平衡计算的范围是从冷却机熟料出口到预热器废气出口(即包括冷却机、回转窑、分解炉和预热器系统)并考虑了窑灰回窑操作的情况。物料平衡范围见图 1。对不带预热器、分解炉、没有窑中喂料的情况,则计算项目中相关参数视为零。对带余热锅炉的窑,余热锅炉部分的热平衡计算不列在本标准中,可参阅锅炉的有关标准计算。

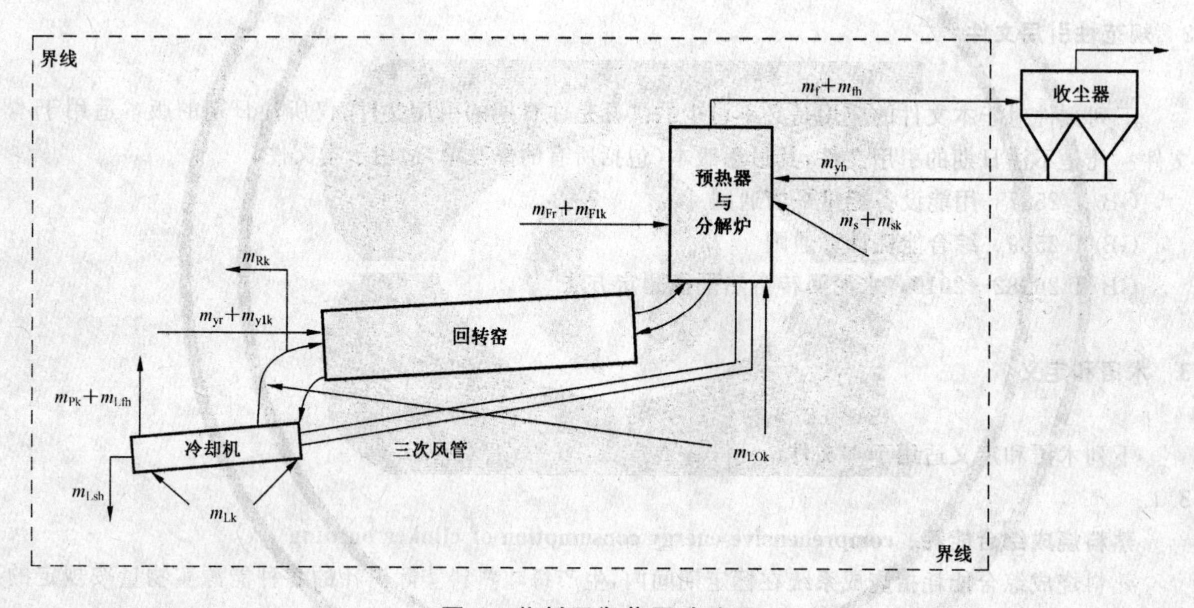

图 1 物料平衡范围试验图

5.1.2 收入物料

5.1.2.1 燃料消耗量

5.1.2.1.1 固体或液体燃料消耗量

固体或液体燃料消耗量计算公式见式(1):

$$m_r=\frac{M_{yr}+M_{Fr}}{M_{sh}} \quad \cdots\cdots(1)$$

式中:

m_r ——每千克熟料燃料消耗量,单位为千克每千克(kg/kg);

M_{yr}——每小时入窑燃料量,单位为千克每小时(kg/h);

M_{Fr}——每小时入分解炉燃料量,单位为千克每小时(kg/h);

M_{sh}——每小时熟料产量,单位为千克每小时(kg/h)。

5.1.2.1.2　**气体燃料消耗量**

气体燃料消耗量计算公式见式(2)，气体燃料的标况密度计算公式见式(3)：

$$m_r=\frac{V_r}{M_{sh}}\times\rho_r \qquad \cdots\cdots(2)$$

式中：

V_r——每小时气体燃料消耗体积[1]，单位为标准立方米每小时(m^3/h)；

ρ_r——气体燃料的标况密度，单位为千克每标准立方米(kg/m^3)。

$$\rho_r=\frac{CO_2\times\rho_{CO_2}+CO\times\rho_{CO}+O_2\times\rho_{O_2}+C_mH_n\times\rho_{C_mH_n}+H_2\times\rho_{H_2}+N_2\times\rho_{N_2}+H_2O\times\rho_{H_2O}}{100} \qquad \cdots\cdots(3)$$

式中：

CO_2、CO、O_2、C_mH_n、H_2、N_2、H_2O——气体燃料中各成分的体积分数，以百分数表示(%)；

ρ_{CO_2}、ρ_{CO}、ρ_{O_2}、$\rho_{C_mH_n}$、ρ_{H_2}、ρ_{N_2}、ρ_{H_2O}——各成分的标况密度，单位为千克每标准立方米(kg/m^3)，参见附录B。

5.1.2.2　**生料消耗量**

生料消耗量计算公式见式(4)：

$$m_s=\frac{M_s}{M_{sh}} \qquad \cdots\cdots(4)$$

式中：

m_s——每千克熟料生料消耗量，单位为千克每千克(kg/kg)；

M_s——每小时生料喂料量，单位为千克每小时(kg/h)。

5.1.2.3　**入窑回灰量**

入窑回灰量计算公式见式(5)：

$$m_{yh}=\frac{M_{yh}}{M_{sh}} \qquad \cdots\cdots(5)$$

式中：

m_{yh}——每千克熟料入窑回灰量，单位为千克每千克(kg/kg)；

M_{yh}——每小时入窑回灰量，单位为千克每小时(kg/h)。

5.1.2.4　**空气消耗量**

5.1.2.4.1　**进入系统一次空气量**

进入系统一次空气量计算公式见式(6)，一次空气的标况密度计算公式见式(7)。

$$m_{1k}=\frac{V_{y1k}+V_{F1k}}{M_{sh}}\times\rho_{1k} \qquad \cdots\cdots(6)$$

式中：

m_{1k}——每千克熟料进入系统一次空气量，单位为千克每千克(kg/kg)；

V_{y1k}——每小时入窑一次空气体积，单位为标准立方米每小时(m^3/h)；

V_{F1k}——每小时入分解炉一次空气体积，单位为标准立方米每小时(m^3/h)；

1)　本标准中不加说明时，气体体积均指温度为0 ℃，压力为101 325 Pa时的体积，单位为立方米(m^3)，简称"标准立方米"。

ρ_{1k} ——一次空气的标况密度，单位为千克每标准立方米（kg/m³）。

$$\rho_{1k}=\frac{CO_2^{1k}\times\rho_{CO_2}+CO^{1k}\times\rho_{CO}+O_2^{1k}\times\rho_{O_2}+N_2^{1k}\times\rho_{N_2}+H_2O^{1k}\times\rho_{H_2O}}{100} \quad \cdots\cdots(7)$$

式中：

CO_2^{1k}、CO^{1k}、O_2^{1k}、N_2^{1k}、H_2O^{1k}——一次空气中各成分的体积分数，以百分数表示（%）。

5.1.2.4.2 进入冷却机空气量

进入冷却机空气量计算公式见式(8)：

$$m_{Lk}=\frac{V_{Lk}}{M_{sh}}\times\rho_k \quad \cdots\cdots(8)$$

式中：

m_{Lk}——每千克熟料入冷却机的空气量，单位为千克每千克（kg/kg）；

V_{Lk}——每小时入冷却机的空气体积，单位为标准立方米每小时（m³/h）；

ρ_k ——空气的标况密度，单位为千克每标准立方米（kg/m³）。

5.1.2.4.3 生料带入空气量

生料带入空气量计算公式见式(9)：

$$m_{sk}=\frac{V_{sk}}{M_{sh}}\times\rho_k \quad \cdots\cdots(9)$$

式中：

m_{sk}——每千克熟料生料带入空气量，单位为千克每千克（kg/kg）；

V_{sk}——每小时生料带入空气体积，单位为标准立方米每小时（m³/h）。

5.1.2.4.4 窑系统漏入空气量

窑系统漏入空气量计算公式见式(10)：

$$m_{LOk}=\frac{V_{LOk}}{M_{sh}}\times\rho_k \quad \cdots\cdots(10)$$

式中：

m_{LOk}——每千克熟料系统漏入空气量，单位为千克每千克（kg/kg）；

V_{LOk}——每小时系统漏入空气体积，单位为标准立方米每小时（m³/h）。

5.1.2.5 物料总收入

物料总收入计算公式见式(11)：

$$m_{zs}=m_r+m_s+m_{yh}+m_{1k}+m_{Lk}+m_{sk}+m_{LOk} \quad \cdots\cdots(11)$$

式中：

m_{zs}——每千克熟料物料总收入，单位为千克每千克（kg/kg）。

5.1.3 支出物料

5.1.3.1 出冷却机熟料量

出冷却机熟料量计算公式见式(12)：

$$m_{Lsh}=1-m_{Lfh} \quad \cdots\cdots(12)$$

式中：

m_{Lsh}——每千克熟料出冷却机熟料量，单位为千克每千克（kg/kg）；

m_{Lfh}——每千克熟料冷却机出口飞灰量,单位为千克每千克(kg/kg)。

5.1.3.2 预热器出口废气量

预热器出口废气量计算公式见式(13),预热器出口废气的标况密度计算公式见式(14):

$$m_f = \frac{V_f}{M_{sh}} \times \rho_f \qquad (13)$$

式中:

m_f ——每千克熟料预热器出口废气量,单位为千克每千克(kg/kg);

V_f ——每小时预热器出口废气体积,单位为标准立方米每小时(m^3/h);

ρ_f ——预热器出口废气的标况密度,单位为千克每标准立方米(kg/m^3)。

$$\rho_f = \frac{CO_2^f \times \rho_{CO_2} + CO^f \times \rho_{CO} + O_2^f \times \rho_{O_2} + N_2^f \times \rho_{N_2} + H_2O^f \times \rho_{H_2O}}{100} \qquad (14)$$

式中:

CO_2^f、CO^f、O_2^f、N_2^f、H_2O^f——预热器出口废气中各成分的体积分数,以百分数表示(%)。

5.1.3.3 预热器出口飞灰量

预热器出口飞灰量计算公式见式(15):

$$m_{fh} = \frac{V_f \times K_{fh}}{M_{sh}} \qquad (15)$$

式中:

m_{fh}——每千克熟料预热器出口飞灰量,单位为千克每千克(kg/kg);

K_{fh}——预热器出口废气中飞灰的浓度,单位为千克每标准立方米(kg/m^3)。

5.1.3.4 冷却机排出空气量

冷却机排出空气量计算公式见式(16):

$$m_{pk} = \frac{V_{pk}}{M_{sh}} \times \rho_k \qquad (16)$$

式中:

m_{pk}——每千克熟料冷却机排出空气量,单位为千克每千克(kg/kg);

V_{pk}——每小时冷却机排出空气体积,单位为标准立方米每小时(m^3/h)。

5.1.3.5 煤磨抽冷却机空气量

煤磨抽冷却机空气量计算公式见式(17):

$$m_{Rk} = \frac{V_{Rk}}{M_{sh}} \times \rho_k \qquad (17)$$

式中:

m_{Rk}——每千克熟料煤磨抽冷却机空气量,单位为千克每千克(kg/kg);

V_{Rk}——每小时煤磨抽冷却机空气体积,单位为标准立方米每小时(m^3/h)。

5.1.3.6 冷却机出口飞灰量

冷却机出口飞灰量计算公式见式(18):

$$m_{Lfh} = \frac{V_{pk} \times K_{Lfh}}{M_{sh}} \qquad (18)$$

式中：

K_{Lfh}——冷却机出口废气中飞灰的浓度，单位为千克每标准立方米（kg/m^3）。

5.1.3.7 **其他支出**

m_{qt}，单位为千克每千克（kg/kg）。

5.1.3.8 **物料总支出**

物料总支出计算公式见式(19)：

$$m_{ZC}=m_{Lsh}+m_f+m_{fh}+m_{pk}+m_{Rk}+m_{Lfh}+m_{qt} \quad \cdots\cdots(19)$$

式中：

m_{ZC}——每千克熟料物料总支出，单位为千克每千克（kg/kg）。

5.1.4 **物料平衡计算结果**

物料平衡计算结果见表1。

表1 物料平衡计算结果

收入物料				支出物料			
项目	符号	kg/kg	%	项目	符号	kg/kg	%
燃料消耗量	m_r			出冷却机熟料量	m_{Lsh}		
生料消耗量	m_s			预热器出口废气量	m_f		
入窑回灰量	m_{yh}			预热器出口飞灰量	m_{fh}		
一次空气量	m_{1k}			冷却机排出空气量	m_{pk}		
入冷却机冷空气量	m_{Lk}			煤磨从系统抽出热空气量	m_{Rk}		
生料带入空气量	m_{sk}			冷却机出口飞灰量	m_{Lfh}		
系统漏入空气量	m_{LOk}			其他支出	m_{qt}		
合计				合计			

5.2 **热平衡**

5.2.1 **热平衡范围**

热平衡范围见图2。热平衡按GB/T 2587规定的方法进行计算。

5.2.2 **收入热量**

5.2.2.1 **燃料燃烧热**

燃料燃烧热计算公式见式(20)：

$$Q_{rR}=m_r \times Q_{net,ar} \quad \cdots\cdots(20)$$

式中：

Q_{rR}——每千克熟料燃料燃烧热，单位为千焦每千克（kJ/kg）；

$Q_{net,ar}$——入窑和入分解炉燃料收到基低位发热量，单位为千焦每千克（kJ/kg）。采用煤作为燃料时，$Q_{net,ar}$为入窑煤粉收到基低位发热量，不能与原煤收到基发热量混淆。

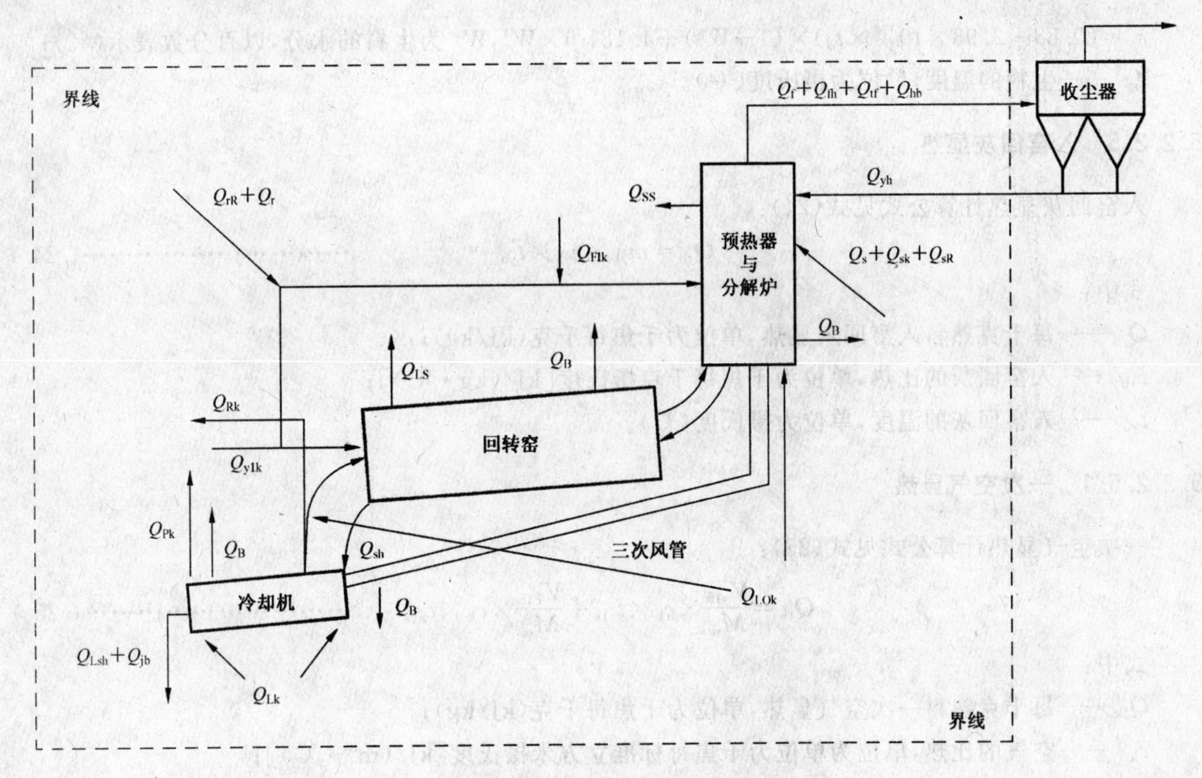

图 2　热平衡范围示意图

5.2.2.2　**燃料显热**

燃料显热计算公式见式(21)：

$$Q_r = m_r \times c_r \times t_r \quad \cdots\cdots(21)$$

式中：

Q_r ——每千克熟料燃料带入显热，单位为千焦每千克(kJ/kg)；

c_r ——燃料比热，单位为千焦每千克摄氏度[kJ/(kg·℃)]；

t_r ——燃料温度，单位为摄氏度(℃)。

5.2.2.3　**生料中可燃物质燃烧热**

生料中可燃物质燃烧热计算公式见式(22)：

$$Q_{sR} = m_{sr} \times Q_{net,sr} \quad \cdots\cdots(22)$$

式中：

Q_{sR} ——每千克熟料生料中可燃物质的燃烧热，单位为千焦每千克(kJ/kg)；

m_{sr} ——生料中可燃物质含量，单位为千克每千克(kg/kg)；

$Q_{net,sr}$——生料中可燃物质收到基低位发热量，单位为千焦每千克(kJ/kg)。

5.2.2.4　**生料显热**

生料显热计算公式见式(23)：

$$Q_s = m_s \times c_s \times t_s \quad \cdots\cdots(23)$$

式中：

Q_s ——每千克熟料生料带入显热，单位为千焦每千克(kJ/kg)；

c_s ——生料的比热，单位为千焦每千克摄氏度[kJ/(kg·℃)]；

$c_s=(0.88+2.93\times10^{-4}\times t_s)\times(1-W^s)+4.1816\times W^s$，$W^s$ 为生料的水分，以百分数表示(%)；

t_s ——生料的温度，单位为摄氏度(℃)。

5.2.2.5 入窑回灰显热

入窑回灰显热计算公式见式(24)：

$$Q_{yh}=m_{yh}\times c_{yh}\times t_{yh} \quad\cdots\cdots(24)$$

式中：

Q_{yh}——每千克熟料入窑回灰显热，单位为千焦每千克(kJ/kg)；

c_{yh} ——入窑回灰的比热，单位为千焦每千克摄氏度[kJ/(kg·℃)]；

t_{yh} ——入窑回灰的温度，单位为摄氏度(℃)。

5.2.2.5.1 一次空气显热

一次空气显热计算公式见式(25)：

$$Q_{1k}=\frac{V_{y1k}}{M_{sh}}\times c_k\times t_{y1k}+\frac{V_{F1k}}{M_{sh}}\times c_k\times t_{F1k} \quad\cdots\cdots(25)$$

式中：

Q_{1k}——每千克熟料一次空气显热，单位为千焦每千克(kJ/kg)；

c_k ——空气的比热，单位为单位为千焦每标准立方米摄氏度[kJ/(m³·℃)]；

t_{y1k}——入窑一次空气的温度，单位为摄氏度(℃)；

t_{F1k}——入分解炉一次空气的温度，单位为摄氏度(℃)。

入窑一次空气采用煤磨放风时其比热计算公式见式(26)：

$$c_{k(入窑)}=\frac{CO_2^{1k}\times c_{CO_2}+CO^{1k}\times c_{CO}+O_2^{1k}\times c_{O_2}+N_2^{1k}\times c_{N_2}+H_2O^{1k}\times c_{H_2O}}{100} \quad\cdots\cdots(26)$$

式中：

$c_{k(入窑)}$ ——入窑一次空气采用煤磨放风时的比热，单位为千焦每标准立方米摄氏度(kJ/(m³·℃))；

c_{CO_2}、c_{CO}、c_{O_2}、c_{N_2}、c_{H_2O}——在0℃～t_{1k}℃内，各气体定压平均体积比热，单位为千焦每标准立方米摄氏度[kJ/(m³·℃)]。

5.2.2.5.2 入冷却机空气显热

入冷却机空气显热计算公式见式(27)：

$$Q_{Lk}=\frac{V_{Lk}}{M_{sh}}\times c_k\times t_{Lk} \quad\cdots\cdots(27)$$

式中：

Q_{Lk}——每千克熟料入冷却机的空气显热，单位为千焦每千克(kJ/kg)；

t_{Lk} ——入冷却机的空气温度，单位为摄氏度(℃)。

5.2.2.5.3 生料带入空气显热

生料带入空气显热计算公式见式(28)：

$$Q_{sk}=\frac{V_{sk}}{M_{sh}}\times c_k\times t_s \quad\cdots\cdots(28)$$

式中：

Q_{sk}——每千克熟料生料带入空气显热，单位为千焦每千克(kJ/kg)。

5.2.2.5.4 系统漏入空气显热

系统漏入空气显热计算公式见式(29)：

$$Q_{LOk}=\frac{V_{LOk}}{M_{sh}}\times c_k\times t_k \quad \cdots\cdots(29)$$

式中：

Q_{LOk}——每千克熟料系统漏入空气显热，单位为千焦每千克(kJ/kg)；

t_k ——环境空气的温度，单位为摄氏度(℃)。

5.2.2.5.5 热量总收入

热量总收入计算公式见式(30)：

$$Q_{ZS}=Q_{rR}+Q_r+Q_{sR}+Q_s+Q_{yh}+Q_{1k}+Q_{Lk}+Q_{sk}+Q_{LOk} \quad \cdots\cdots(30)$$

式中：

Q_{ZS}——每千克熟料热量总收入，单位为千焦每千克(kJ/kg)。

5.2.3 支出热量

5.2.3.1 熟料形成热

熟料形成热的理论计算方法按照附录C的规定进行计算，也可按以下简化公式计算：

a) 不考虑硫、碱的影响时用式(31)计算：

$$Q_{sh}=17.19Al_2O_3^{sh}+27.10MgO^{sh}+32.01CaO^{sh}-21.40SiO_2^{sh}-2.47Fe_2O_3^{sh} \quad \cdots\cdots(31)$$

b) 考虑硫、碱的影响时用式(32)计算：

$$Q'_{sh}=Q_{sh}-107.90(Na_2O^s-Na_2O^{sh})-71.09(K_2O^s-K_2O^{sh})+83.64(SO_3^s-SO_3^{sh}) \quad \cdots\cdots(32)$$

式中：

$Al_2O_3^{sh}$、MgO^{sh}、CaO^{sh}、SiO_2^{sh}、$Fe_2O_3^{sh}$、K_2O^{sh}、Na_2O^{sh}、SO_3^{sh}——熟料中相应成分的质量分数，以百分数表示(%)；

Na_2O^s、K_2O^s、SO_3^s——生料中相应成分的灼烧基质量分数，以百分数表示(%)。

5.2.3.2 蒸发生料中水分耗热

蒸发生料中水分耗热计算公式见式(33)：

$$Q_{ss}=m_s\times\frac{W^s}{100}\times q_{qh} \quad \cdots\cdots(33)$$

式中：

Q_{ss}——每千克熟料蒸发生料中的水分耗热，单位为千焦每千克(kJ/kg)；

q_{qh}——水的汽化热，单位为千焦每千克(kJ/kg)。

5.2.3.3 出冷却机熟料显热

出冷却机熟料显热计算公式见式(34)：

$$Q_{Lsh}=(1-m_{Lfh})\times c_{sh}\times t_{Lsh} \quad \cdots\cdots(34)$$

式中：

Q_{Lsh}——出冷却机熟料显热，单位为千焦每千克(kJ/kg)；

c_{sh} ——熟料的比热，单位为千焦每千克摄氏度[kJ/(kg·℃)]；

t_{Lsh} ——出冷却机熟料温度，单位为摄氏度(℃)。

5.2.3.4 预热器出口废气显热

预热器出口废气显热计算公式见式(35),预热器出口废气比热计算公式见式(36):

$$Q_f=\frac{V_f}{M_{sh}}\times c_f\times t_f \quad\cdots\cdots(35)$$

式中:

Q_f ——每千克熟料预热器出口废气显热,单位为千焦每千克(kJ/kg);

c_f ——预热器出口废气比热,单位为千焦每标准立方米摄氏度[kJ/(m³·℃)];

t_f ——预热器出口废气的温度,单位为摄氏度(℃)。

$$C_f=\frac{CO_2^f\times c_{CO_2}+CO^f\times c_{CO}+O_2^f\times c_{O_2}+N_2^f\times c_{N_2}+H_2O^f\times c_{H_2O}}{100} \quad\cdots\cdots(36)$$

式中:

c_{CO_2}、c_{CO}、c_{O_2}、c_{N_2}、c_{H_2O}——在 0 ℃～t_f℃内,各气体定压平均体积比热,单位为千焦每标准立方米摄氏度[kJ/(m³·℃)]。

5.2.3.5 预热器出口飞灰显热

预热器出口飞灰显热计算公式见式(37):

$$Q_{fh}=m_{fh}\times c_{fh}\times t_f \quad\cdots\cdots(37)$$

式中:

Q_{fh}——每千克熟料预热器出口飞灰显热,单位为千焦每千克(kJ/kg);

c_{fh} ——预热器出口飞灰的比热,单位为千焦每千克摄氏度[kJ/(kg·℃)]。

5.2.3.6 飞灰脱水及碳酸盐分解耗热

飞灰脱水及碳酸盐分解耗热计算公式见式(38),生料中 CO_2 含量计算公式见式(39):

$$Q_{tf}=m_{fh}\times\frac{100-L_{fh}}{100-L_s}\times\frac{H_2O^s}{100}\times 6\,690+\left[m_{fh}\times\frac{100-L_{fh}}{100-L_s}\times\frac{CO_2^s}{100}-m_{fh}\times\frac{L_{fh}}{100}\right]\times\frac{100}{44}\times 1\,660 \quad\cdots\cdots(38)$$

式中:

Q_{tf} ——每千克熟料飞灰脱水及碳酸盐分解耗热,单位为千焦每千克(kJ/kg);

L_{fh} ——飞灰的烧失量,以百分数表示(%);

L_s ——生料的烧失量,以百分数表示(%);

H_2O^s——生料中化合水含量,以百分数表示(%);

6 690——高岭土脱水热,单位为千焦每千克(kJ/kg);

CO_2^s ——生料中 CO_2 含量,以百分数表示(%);

1 660——$CaCO_3$ 分解热,单位为千焦每千克(kJ/kg)。

$$CO_2^s=\frac{CaO^s}{100}\times\frac{44}{56}+\frac{MgO^s}{100}\times\frac{44}{40.3} \quad\cdots\cdots(39)$$

式中:

CaO^s、MgO^s——分别为生料中 CaO 和 MgO 含量,以百分数表示(%)。

5.2.3.7 冷却机排出空气显热

冷却机排出空气显热计算公式见式(40):

$$Q_{pk}=\frac{V_{pk}}{M_{sh}}\times c_k\times t_{pk} \quad\cdots\cdots(40)$$

式中：

Q_{pk}——每千克熟料冷却机排出空气显热，单位为千焦每千克(kJ/kg)；

t_{pk} ——冷却机排出空气温度，单位为摄氏度(℃)。

注：当冷却机有多个废气出口时，应分别计算各废气出口排出空气显热。

5.2.3.8 冷却机出口飞灰显热

冷却机出口飞灰显热计算公式见式(41)：

$$Q_{Lfh}=m_{Lfh}\times c_{Lfh}\times t_{pk} \quad \cdots\cdots(41)$$

式中：

Q_{Lfh}——每千克熟料冷却机出口飞灰显热，单位为千焦每千克(kJ/kg)；

c_{Lfh} ——冷却机出口飞灰的比热，单位为千焦每千克摄氏度[kJ/(kg·℃)]。

5.2.3.9 煤磨抽冷却机空气显热

煤磨抽冷却机空气显热计算公式见式(42)：

$$Q_{Rk}=\frac{V_{Rk}}{M_{sh}}\times c_k\times t_{Rk} \quad \cdots\cdots(42)$$

式中：

Q_{Rk}——每千克熟料煤磨抽冷却机空气显热，单位为千焦每千克(kJ/kg)；

t_{Rk} ——煤磨抽冷却机空气温度，单位为摄氏度(℃)。

5.2.3.10 化学不完全燃烧的热损失

化学不完全燃烧的热损失计算公式见式(43)：

$$Q_{hb}=\frac{V_f}{M_{sh}}\times\frac{CO^f}{100}\times 12\,630 \quad \cdots\cdots(43)$$

式中：

Q_{hb} ——每千克熟料化学不完全燃烧热损失，单位为千焦每千克(kJ/kg)；

CO^f ——预热器出口废气中CO的体积分数，以百分数表示(%)；

12 630——CO的热值，单位为千焦每标准立方米(kJ/m³)。

5.2.3.11 机械不完全燃烧的热损失

机械不完全燃烧的热损失计算公式见式(44)：

$$Q_{jb}=\frac{L_{sh}}{100}\times 33\,874 \quad \cdots\cdots(44)$$

式中：

Q_{jb} ——每千克熟料机械不完全燃烧热损失，单位为千焦每千克(kJ/kg)；

L_{sh} ——熟料的烧失量，以百分数表示(%)；

33 874——碳的热值，单位为千焦每千克(kJ/kg)。

5.2.3.12 系统表面散热

系统表面散热计算公式见式(45)：

$$Q_B=\frac{\sum Q_{Bi}}{M_{sh}} \quad \cdots\cdots(45)$$

式中：

Q_B ——每千克熟料系统表面散热量，单位为千焦每千克(kJ/kg)；

$\sum Q_{Bi}$——每小时系统表面总散热量，单位为千焦每小时(kJ/h)。

5.2.3.13 冷却水带出热

冷却水带出热计算公式见式(46)：

$$Q_{Ls}=\frac{M_{Ls}\times(t_{cs}-t_{js})\times c'_{s}+M_{qh}\times q_{qh}}{M_{sh}} \cdots\cdots(46)$$

式中：

Q_{Ls}——每千克熟料冷却水带出热量，单位为千焦每千克(kJ/kg)；

M_{Ls}——每小时冷却水用量，单位为千克每小时(kg/h)；

t_{cs}——冷却水出水温度，单位为摄氏度(℃)；

t_{js}——冷却水进水温度，单位为摄氏度(℃)；

c'_{s}——水的比热，4.181 6，单位为千焦每千克摄氏度[kJ/(kg·℃)]；

M_{qh}——每小时汽化冷却水量，单位为千克每小时(kg/h)；

q_{qh}——水的汽化热，单位为千焦每千克(kJ/kg)。

5.2.3.14 其他支出

Q_{qt}，单位为千焦每千克(kJ/kg)。

5.2.3.15 热量总支出

热量总支出计算公式见式(47)：

$$Q_{ZC}=Q_{sh}+Q_{ss}+Q_{Lsh}+Q_{f}+Q_{fh}+Q_{tf}+Q_{pk}+Q_{Lfh}+Q_{Rk}+Q_{hb}+Q_{jb}+Q_{B}+Q_{Ls}+Q_{qt} \cdots\cdots(47)$$

式中：

Q_{ZC}——每千克熟料热量总支出，单位为千焦每千克(kJ/kg)。

5.2.3.16 热平衡计算结果

热平衡计算结果见表2。

表2 热平衡计算结果

收入热量				支出热量			
项目	符号	kJ/kg	%	项目	符号	kJ/kg	%
燃料燃烧热	Q_{rR}			熟料形成热	Q_{sh}		
燃料显热	Q_{r}			蒸发生料中水分耗热	Q_{ss}		
生料中可燃物质燃烧热	Q_{sR}			出冷却机熟料显热	Q_{Lsh}		
生料显热	Q_{s}			预热器出口废气显热	Q_{f}		
入窑回灰显热	Q_{yh}			预热器出口飞灰显热	Q_{fh}		
一次空气显热	Q_{1k}			飞灰脱水及碳酸盐分解耗热	Q_{tf}		
入冷却机冷空气显热	Q_{Lk}			冷却机排出空气显热	Q_{pk}		
生料带入空气显热	Q_{sk}			冷却机出口飞灰显热	Q_{Lfh}		
系统漏入空气显热	Q_{LOk}			煤磨抽冷却机热空气显热	Q_{Rk}		
				化学不完全燃烧热损失	Q_{hb}		

表 2（续）

收入热量				支出热量			
项　目	符号	kJ/kg	%	项　目	符号	kJ/kg	%
				机械不完全燃烧热损失	Q_{jb}		
				系统表面散热	Q_{B}		
				冷却水带出热	Q_{Ls}		
				其他支出	Q_{qt}		
合计				合计			

5.2.4 回转窑系统的热效率计算

回转窑系统的热效率计算公式见式(48)：

$$\eta_{y}=\frac{Q_{sh}}{Q_{rR}+Q_{sR}} \quad \cdots\cdots (48)$$

式中：

η_{y}——回转窑系统的热效率，以百分数表示(%)。

6 冷却机的热平衡与热效率计算

6.1 热平衡

6.1.1 收入热量

6.1.1.1 出窑熟料显热

出窑熟料显热计算公式见式(49)：

$$Q_{ysh}=1\times c_{sh}\times t_{ysh} \quad \cdots\cdots (49)$$

式中：

Q_{ysh}——出窑熟料显热，单位为千焦每千克(kJ/kg)；

t_{ysh}——出窑熟料温度，单位为摄氏度(℃)。

6.1.1.2 入冷却机空气显热

入冷却机空气显热计算公式见式(50)：

$$Q'_{Lk}=\frac{V_{Lk}}{M_{sh}}\times c_{k}\times t_{Lk}+\frac{V_{LOk(冷却机)}}{M_{sh}}\times c_{k}\times t_{k} \quad \cdots\cdots (50)$$

式中：

Q'_{Lk}——每千克熟料入冷却机总空气显热，单位为千焦每千克(kJ/kg)；

$V_{LOk(冷却机)}$——每小时冷却机漏入空气体积，单位为标准立方米每小时(m^3/h)。

6.1.1.3 热量总收入

热量总收入计算公式见式(51)：

$$Q_{LZS}=Q_{ysh}+Q'_{Lk} \quad \cdots\cdots (51)$$

式中：

Q_{LZS}——冷却机热量总收入，单位为千焦每千克(kJ/kg)。

6.1.2 支出热量

6.1.2.1 出冷却机熟料显热

按式(34)计算。

6.1.2.2 入窑二次空气显热

入窑二次空气显热计算公式见式(52)，每小时入窑二次空气体积计算公式见式(53)：

$$Q_{y2k}=\frac{V_{y2k}}{M_{sh}^{*}}\times c_k\times t_{y2k} \quad \cdots\cdots(52)$$

式中：

Q_{y2k}——每千克熟料入窑二次空气显热，单位为千焦每千克(kJ/kg)；

V_{y2k}——每小时入窑二次空气体积，单位为标准立方米每小时(m^3/h)；

t_{y2k}——入窑二次空气的温度，单位为摄氏度(℃)。

$$V_{y2k}=V'_k\times\alpha_y\times M_{yr}\times(1-\phi_{yT})-V_{y1k} \quad \cdots\cdots(53)$$

式中：

α_y——窑尾过剩空气系数；

ϕ_{yT}——窑头漏风系数，视窑头密闭情况而定，一般选 $\phi_{yT}=2\%\sim10\%$；

V'_k——燃料完全燃烧时理论空气需要量，对固体及液体燃料，单位为标准立方米每千克(m^3/kg)，对气体燃料，单位为标准立方米每标准立方米(m^3/m^3)。

6.1.2.2.1 根据燃料元素分析(或成分分析)结果计算 V'_k

a) 固体及液体燃料

固体及液体燃料完全燃烧时理论空气需要量计算公式见式(54)：

$$V'_k=0.089C_{ar}+0.267H_{ar}+0.033(S_{ar}-O_{ar}) \quad \cdots\cdots(54)$$

式中：

C_{ar}、H_{ar}、S_{ar}、O_{ar}——燃料中各元素质量百分含量，以百分数表示(%)。

b) 气体燃料

气体燃料完全燃烧时理论空气需要量计算公式见式(55)：

$$V'_k=0.047\,6\times(0.5CO+0.5H_2+2CH_4+3C_2H_4+1.5H_2S-O_2) \quad \cdots\cdots(55)$$

式中：

CO、H_2、CH_4、C_2H_4、H_2S、O_2——气体燃料中各成分体积分数，以百分数表示(%)。

6.1.2.2.2 根据燃料收到基低位发热量近似计算 V'_k

a) 固体燃料

固体燃料完全燃烧时理论空气需要量计算公式见式(56)：

$$V'_k=\frac{0.241Q_{net,ar}}{1\,000}+0.5 \quad \cdots\cdots(56)$$

b) 液体燃料

液体燃料完全燃烧时理论空气需要量计算公式见式(57)：

$$V'_{k}=\frac{0.203Q_{net,ar}}{1\,000}+2.0 \quad\cdots\cdots(57)$$

c) 气体燃料

对于 $Q_{net,ar}<12\,560\ kJ/m^3$ 的煤气完全燃烧时理论空气需要量计算公式见式(58)：

$$V'_{k}=\frac{0.209Q_{net,ar}}{1\,000} \quad\cdots\cdots(58)$$

对于 $Q_{net,ar}>12\,560\ kJ/m^3$ 的煤气完全燃烧时理论空气需要量计算公式见式(59)：

$$V'_{k}=\frac{0.26Q_{net,ar}}{1\,000}-0.25 \quad\cdots\cdots(59)$$

对于天然气完全燃烧时理论空气需要量计算公式见式(60)：

$$V'_{k}=\frac{0.264Q_{net,ar}}{1\,000}+0.02 \quad\cdots\cdots(60)$$

6.1.2.2.3 入分解炉三次空气显热

入分解炉三次空气显热计算公式见式(61)：

$$Q_{F3k}=\frac{V_{F3k}}{M_{sh}}\times c_{k}\times t_{F3k} \quad\cdots\cdots(61)$$

式中：

Q_{F3k}——每千克熟料入分解炉三次空气显热，单位为千焦每千克(kJ/kg)；

t_{F3k}——入分解炉三次空气的温度，单位为摄氏度(℃)。

6.1.2.2.4 煤磨抽冷却机空气显热

按式(42)计算。

6.1.2.2.5 冷却机排出空气显热

按式(40)计算。

6.1.2.2.6 冷却机出口飞灰显热

按式(41)计算。

6.1.2.2.7 冷却机表面散热

冷却机表面散热计算公式见式(62)：

$$Q_{LB}=\frac{\sum Q_{LBi}}{M_{sh}} \quad\cdots\cdots(62)$$

式中：

Q_{LB} ——每千克熟料冷却机表面散热量，单位为千焦每千克(kJ/kg)；

$\sum Q_{LBi}$——每小时冷却机表面总散热量，单位为千焦每小时(kJ/h)。

6.1.2.2.8 冷却水带走热

冷却水带走热计算公式见式(63)：

$$Q_{LLs}=\frac{M_{LLs}\times(t_{Lcs}-t_{Ljs})\times c'_{s}+M_{Lqh}\times q_{qh}}{M_{sh}} \quad\cdots\cdots(63)$$

式中：

Q_{LLs} ——每千克熟料冷却机冷却水带走热，单位为千焦每千克(kJ/kg)；

M_{LLs} ——每小时冷却机冷却水用量，单位为千克每小时(kg/h)；

t_{Lcs}，t_{Ljs}——分别为冷却机冷却水出水和进水温度，单位为摄氏度(℃)；

M_{Lqh} ——每小时冷却机汽化冷却水量，单位为千克每小时(kg/h)。

6.1.2.2.9 冷却机其他支出

Q_{Lqt}，冷却机其他支出，单位为千焦每千克(kJ/kg)。

6.1.2.2.10 热量总支出

热量总支出计算公式见式(64)：

$$Q_{LZC}=Q_{Lsh}+Q_{y2k}+Q_{F3k}+Q_{Rk}+Q_{pk}+Q_{Lfh}+Q_{LB}+Q_{LLs}+Q_{Lqt} \quad \cdots\cdots(64)$$

式中：

Q_{LZC}——冷却机热量总支出，单位为千焦每千克(kJ/kg)。

6.1.2.3 冷却机热平衡计算结果

冷却机热平衡计算结果见表3。

表3 冷却机热平衡计算结果

收入热量				支出热量			
项目	符号	kJ/kg	%	项目	符号	kJ/kg	%
入冷却机熟料显热	Q_{ysh}			出冷却机熟料显热	Q_{Lsh}		
入冷却机冷空气显热	Q'_{Lk}			入窑二次空气显热	Q_{y2k}		
				入炉三次空气显热	Q_{F3k}		
				煤磨抽热风显热	Q_{Rk}		
				冷却机排风显热	Q_{pk}		
				冷却机出口飞灰显热	Q_{Lfh}		
				冷却机表面散热	Q_{LB}		
				冷却水带走热	Q_{LLs}		
				其他支出	Q_{Lqt}		
合计				合计			

6.1.3 冷却机的热效率计算

冷却机的热效率计算公式见式(65)：

$$\eta_L=\frac{Q_{y2k}+Q_{F3k}}{Q_{ysh}} \quad \cdots\cdots(65)$$

式中：

η_L——冷却机的热效率，以百分数表示(%)。

6.2 熟料烧成综合能耗计算

6.2.1 熟料烧成综合能耗计算的范围

6.2.1.1 熟料烧成实际消耗的各种能源，包括一次能源(原油、原煤、天然气等)、二次能源(电力、热力、焦炭等国家统计制度所规定的各种能源统计品种)及耗能工质(水、压缩空气等)所消耗的能源。各种能源不得重记和漏计。

6.2.1.2 熟料烧成实际消耗的各种能源,系指用于生产目的所消耗的各种能源。包括主要生产系统、辅助生产系统和附属生产系统用能,主要生产系统指生料输送、生料预热(和分解)和熟料烧成与冷却系统等,辅助生产系统指排风及收尘系统等,附属生产系统指控制检测系统等。不包括用于生活目的和基建项目用能。

6.2.1.3 在实际消耗的各种能源中,作为原料用途的能源应包括在内;带余热发电的回转窑,若余热锅炉在热平衡范围内,余热发电消耗和回收的能源应包括在内,若余热锅炉在热平衡范围外,余热发电消耗和回收的能源应不包括在内。

6.2.1.4 各种能源统计范围如下:从生料出库(或料浆池)到熟料入库;从燃料出煤粉仓(或工作油罐)到废气出大烟囱。具体包括:生料输送,生料预热(和分解),熟料烧成与冷却,熟料输送,排风及收尘,控制检测等项,而不包括生料和燃料制备。

6.2.2 各种能源综合计算原则

6.2.2.1 各种能源消耗量,均指实际测得的消耗量。

6.2.2.2 各种能源均应折算成标准煤耗。

1 kg 标准煤的热值见 GB/T 2589。

6.2.2.3 熟料烧成消耗的一次能源及生料中可燃物质,均折算为标准煤量。

6.2.2.4 熟料烧成消耗的二次能源及耗能工质消耗的能源均应折算成一次能源,其中耗能工质按 GB/T 2589 的规定折算成一次能源。电力能源按国家统计局规定折算成标准煤量。

6.2.3 熟料单位产量综合能耗计算

熟料单位产量综合能耗按式(66)计算:

$$E_{cl}=\frac{e_{cl}}{P} \tag{66}$$

式中:

E_{cl}——熟料单位产量综合能耗,单位为 kgce/t;

e_{cl}——熟料烧成综合能耗,单位为 kgce;

P——标定期间熟料产量,单位为 t。

附 录 A
(资料性附录)
窑的主要设备情况及热平衡参数测定结果记录表

A.1 窑的主要设备情况及热平衡参数测定结果

窑的主要设备情况及热平衡参数测定结果记录见表 A.1～表 A.9。

表 A.1 主要设备情况

工厂名称					
工厂厂址					
窑的编号					
烧成方法					
名 称			单位	规格参数	备注
回转窑		规格	m		
		胴体内容积	m^3		
		平均有效直径	m		
		有效长度	m		
		有效内表面积	m^2		
		有效内容积	m^3		
		斜度	%		
		窑速	r/min		
		电机型号			
		电机功率	kW		
分解炉		型式			
		规格	m		
预热器	型式				
	规格	C1	m		
		C2	m		
		C3	m		
		C4	m		
		C5	m		
余热发电	锅炉	型号			
		规格	m		
	发电机组	型号			
		规格	m		
		能力	kW		

表 A.1（续）

名称				单位	规格参数	备注
燃烧喷嘴	窑头		型式			
			规格	mm		
	分解炉		型式			
			规格	mm		
一次风机	窑头		型号			
			风压	Pa		
			铭牌风量	m^3/min		
			电机功率	kW		
	窑尾		型号			
			风压	Pa		
			铭牌风量	m^3/min		
			电机功率	kW		
喂煤设备	窑头		型号			
			能力	t/h		
		罗茨风机	型号			
			铭牌风量	m^3/min		
			风压	kPa		
			电机功率	kW		
	分解炉		型号			
			能力	t/h		
		罗茨风机	型号			
			铭牌风量	m^3/min		
			风压	kPa		
			电机功率	kW		
喂料设备	斗式提升机		型号			
			能力	t/h		
			输送高度	m		
增湿塔			规格	mm		
			工况处理风量	m^3/h		
收尘设备	窑尾		型式			
			工况处理风量	m^3/h		
	冷却机		型式			
			工况处理风量	m^3/h		
冷却机系统	冷却机		型式			
			型号			
			篦床面积			
	一室风机A		型号			
			风压			
			铭牌风量			
			电机功率			

表 A.1（续）

<table>
<tr><th colspan="3">名　称</th><th>单位</th><th>规格参数</th><th>备注</th></tr>
<tr><td rowspan="24">冷却机系统</td><td rowspan="4">一室风机 B</td><td colspan="2">型号</td><td></td><td></td></tr>
<tr><td>风压</td><td>Pa</td><td></td><td></td></tr>
<tr><td>铭牌风量</td><td>m^3/h</td><td></td><td></td></tr>
<tr><td>电机功率</td><td>kW</td><td></td><td></td></tr>
<tr><td rowspan="4">平衡风机</td><td colspan="2">型号</td><td></td><td></td></tr>
<tr><td>风压</td><td>Pa</td><td></td><td></td></tr>
<tr><td>铭牌风量</td><td>m^3/h</td><td></td><td></td></tr>
<tr><td>电机功率</td><td>kW</td><td></td><td></td></tr>
<tr><td rowspan="4">二室风机</td><td colspan="2">型号</td><td></td><td></td></tr>
<tr><td>风压</td><td>Pa</td><td></td><td></td></tr>
<tr><td>铭牌风量</td><td>m^3/h</td><td></td><td></td></tr>
<tr><td>电机功率</td><td>kW</td><td></td><td></td></tr>
<tr><td rowspan="4">三室风机</td><td colspan="2">型号</td><td></td><td></td></tr>
<tr><td>风压</td><td>Pa</td><td></td><td></td></tr>
<tr><td>铭牌风量</td><td>m^3/h</td><td></td><td></td></tr>
<tr><td>电机功率</td><td>kW</td><td></td><td></td></tr>
<tr><td rowspan="4">四室风机</td><td colspan="2">型号</td><td></td><td></td></tr>
<tr><td>风压</td><td>Pa</td><td></td><td></td></tr>
<tr><td>铭牌风量</td><td>m^3/h</td><td></td><td></td></tr>
<tr><td>电机功率</td><td>kW</td><td></td><td></td></tr>
<tr><td rowspan="4">五室风机</td><td colspan="2">型号</td><td></td><td></td></tr>
<tr><td>风压</td><td>Pa</td><td></td><td></td></tr>
<tr><td>铭牌风量</td><td>m^3/h</td><td></td><td></td></tr>
<tr><td>电机功率</td><td>kW</td><td></td><td></td></tr>
<tr><td rowspan="4"></td><td rowspan="4">六室风机</td><td colspan="2">型号</td><td></td><td></td></tr>
<tr><td>风压</td><td>Pa</td><td></td><td></td></tr>
<tr><td>铭牌风量</td><td>m^3/h</td><td></td><td></td></tr>
<tr><td>电机功率</td><td>kW</td><td></td><td></td></tr>
<tr><td colspan="2" rowspan="5">冷却机余风风机</td><td colspan="2">型号</td><td></td><td></td></tr>
<tr><td>风压</td><td>Pa</td><td></td><td></td></tr>
<tr><td>铭牌风量</td><td>m^3/h</td><td></td><td></td></tr>
<tr><td>介质温度</td><td>℃</td><td></td><td></td></tr>
<tr><td>电机功率</td><td>kW</td><td></td><td></td></tr>
</table>

表 A.1（续）

名称		单位	规格参数	备注
窑尾高温风机	型号			
	风压	Pa		
	铭牌风量	m^3/h		
	介质温度	℃		
	电机功率	kW		
窑尾排风机	型号			
	风压	Pa		
	铭牌风量	m^3/h		
	介质温度	℃		
	电机功率	kW		

表 A.2 热平衡参数测定记录

测定时间	年 月 日			
测定人员				
天气情况	大气压力/Pa	气温/℃	风速(m/s)	空气湿度/%

测定项目			单位	测定数据	备注	
熟料	产量		kg/h			t/d
	温度	窑出口	℃			
		冷却机出口	℃			
入窑生料	喂料量		kg/h		折合比	
	水分		%			
	温度		℃			
	可燃物质的含量		kg/kg			
窑灰	增湿塔收回窑灰量		kg/h			
	收尘器收回窑灰量		kg/h			
	入窑回灰	灰量	kg/h			
		温度	℃			
		水分	%			
入窑燃料	喂料量	窑头	kg/h			
		分解炉	kg/h			
		合计	kg/h			
	温度	窑用	℃			
		炉用	℃			
	煤灰掺入率		%			
	种类					
	产地					

表 A.3　气体体积与含尘量测定结果

测定项目			风量		温度	压力	含尘浓度	飞灰量	飞灰水分	飞灰烧失量	备注
			工况/(m^3/h)	标况/(m^3/h)	℃	Pa	kg/m^3	kg/h	%	%	
一次空气	入窑	送煤风									
		净风									
	入分解炉	送煤风									
		净风									
生料带入空气											
入冷却机的冷空气	平衡风机										
	一室风机 A1										
	一室风机 A2										
	一室风机 B1										
	一室风机 B2										
	二室风机										
	三室风机										
	四室风机										
	五室风机										
	六室风机										
	总空气量										
预热器出口废气											
入窑二次空气											
冷却机排风											
煤磨抽冷却机热风											
入分解炉三次空气											

表 A.4　化学分析结果

项目	烧失量/%	SiO_2/%	Al_2O_3/%	Fe_2O_3/%	CaO/%	MgO/%	K_2O/%	Na_2O/%	SO_3/%	Cl^-/%	总和/%	f-CaO/%	KH	SM	IM
熟料															
生料															
煤灰															
飞灰															

表 A.5 固体燃料和液体燃料分析结果

燃料种类	水分/%	元素分析					工业分析					低位热值 $Q_{net,ad}$/(kJ/kg)	低位热值 $Q_{net,ar}$/(kJ/kg)
		C_{ar}/%	H_{ar}/%	S_{ar}/%	N_{ar}/%	O_{ar}/%	M_{ad}/%	V_{ad}/%	A_{ad}/%	FC_{ad}/%	焦渣特性 #		
固体燃料													
可燃物质													
液体燃料													

表 A.6 气体燃料分析结果

气体燃料	W/%	H_2/%	CO/%	CO_2/%	N_2/%	O_2/%	C_mH_n/%	SO_2/%	H_2S/%	低位热值 $Q_{net,ar}$/(kJ/kg)

表 A.7 气体成分与含湿量测定结果

测点	气体成分/%				过剩空气系数 α	含湿量/%
	CO_2	O_2	CO	N_2		
窑尾烟室						
分解炉出口						
预热器出口						
C5 出口						
烟囱						
一次空气						

表 A.8 表面散热测定结果

测定项目	每小时散热量/(kJ/h)	每千克熟料散热量/(kJ/kg)
回转窑		
预热器		
分解炉		
三次风管		
冷却机		
合计		

表 A.9 冷却水测定结果

测定项目	冷却水量/(kg/h)	进水温度/℃	出水温度/℃	汽化耗水量/(kg/h)	耗热量/(kJ/h)
回转窑					
冷却机					
合计					

附 录 B
（资料性附录）
各类数据表

B.1 各类数据

各种气体的常数见表B.1，各种气体的平均比热见表B.2，水在不同温度下的汽化热见表B.3，燃料的平均比热见表B.4，物料成分的平均比热见表B.5，熟料矿物成分的平均比热见表B.6，熟料与窑灰的平均比热见表B.7。

表B.1 各种气体的常数

名称	分子式	分子量	密度/(kg/m³)		气体热值			
					kJ/m³		kJ/kg	
			计算值	实测值	Q_{gr}	Q_{net}	Q_{gr}	Q_{net}
空气		29	1.292 2	1.292 8				
氧	O_2	32	1.427 6	1.428 95				
氢	H_2	2	0.089 94	0.089 94	12 755.1	10 789.6	141 719.6	119 897.9
氮	N_2	28	1.249 9	1.250 5				
一氧化碳	CO	28	1.249 5	1.250 0	12 629.6	12 629.6	10 099.5	10 099.5
二氧化碳	CO_2	44	1.963 4	1.976 8				
二氧化硫	SO_2	64	2.858 1	2.926 5				
三氧化硫	SO_3	80	—	(3.575)				
硫化氢	H_2S	34	—	1.539 2	25 108.7	23 143.2	16 075.6	15 205.8
一氧化氮	NO	30	1.338 8	1.340 2				
氧化二氮	N_2O	44	1.963 7	1.987 8				
水蒸气	H_2O	18	—	0.804				
甲烷	CH_4	16	0.715 2	0.716 3	39 729.0	35 802.1	55 474.2	49 991.6
乙烷	C_2H_6	30	1.340 6	1.356 0	69 605.2	63 712.8	51 852.6	47 465.7
丙烷	C_3H_8	44	—	2.003 7	99 063.2	91 205.2	50 326.2	46 332.4
丁烷	C_4H_{10}	58	—	2.703	128 441.8	118 250.2	49 385.2	45 600.5
戊烷	C_5H_{12}	72	—	3.457	157 786.9	146 006.2	48 992.1	45 332.9
乙炔	C_2H_2	26	1.160 7	1.170 9	57 991.8	56 026.3	49 891.3	48 201.7
乙烯	C_2H_4	28	1.250 6	1.260 4	62 960.0	59 033.1	50 276.0	47 139.5
丙稀	C_3H_6	42	—	1.915	91 853.4	85 961.0	48 895.9	45 759.4
丁烯	C_4H_8	56	—	2.50	121 307.3	113 453.5	48 431.7	45 295.2
戊烯	C_5H_{10}	70			150 635.6	140 816.3	48 113.9	44 977.4
苯	C_6H_6	78		3.3	147 311.0	141 426.9	42 246.6	40 557.0
碳	C	12	2.26(固)				33 874.2	33 874
硫	S	32	1.96(单斜) 2.07(斜方)				10 455.0	10 455.0

表 B.2　各种气体的平均比热

单位为千焦每立方米摄氏度

温度/℃	CO_2	H_2O	空气	CO	空气中 N_2	O_2	H_2	SO_2	H_2S	CH_4	C_2H_2	C_2H_4	C_2H_6	C_3H_8
0	1.606	1.489	1.296	1.296	1.296	1.305	1.280	1.736	1.464	1.539	1.869	1.869	2.196	3.065
100	1.736	1.497	1.301	1.301	1.301	1.313	1.292	1.819	1.510	1.614	2.045	2.104	2.501	3.530
200	1.802	1.514	1.309	1.305	1.305	1.334	1.296	1.894	1.552	1.752	2.183	2.325	2.794	3.973
300	1.878	1.535	1.317	1.317	1.313	1.355	1.301	1.961	1.598	1.886	2.288	2.530	3.074	4.395
400	1.940	1.556	1.330	1.330	1.322	1.376	1.301	2.024	1.644	2.007	2.367	2.718	3.333	4.793
500	2.007	1.581	1.342	1.342	1.334	1.397	1.305	2.074	1.681	2.129	2.438	2.890	3.576	5.144
600	2.058	1.606	1.355	1.355	1.347	1.414	1.309	2.116	1.719	2.246	2.505	3.049	3.801	5.449
700	2.104	1.631	1.372	1.372	1.355	1.434	1.313	2.154	1.756	2.354	2.572	3.187	4.011	5.763
800	2.145	1.660	1.384	1.388	1.368	1.451	1.317	2.187	1.794	2.459	2.626	3.341	4.203	6.047
900	2.183	1.685	1.397	1.401	1.384	1.464	1.322	2.216	1.828	2.551	2.681	3.446	4.374	6.298
1 000	2.216	1.715	1.409	1.414	1.397	1.476	1.330	2.242	1.861	2.643	2.731	3.559	4.537	6.516
1 100	2.233	1.748	1.422	1.426	1.405	1.489	1.334	2.258						
1 200	2.258	1.777	1.434	1.439	1.418	1.501	1.338	2.279						
1 300	2.292	1.802	1.443	1.451	1.430	1.510	1.347							
1 400	2.313	1.823	1.455	1.460	1.439	1.518	1.355							
1 500	2.334	1.848	1.464	1.468	1.447	1.531	1.363							

表 B.3　水在不同温度下的汽化热

单位为千焦每千克

温度/℃	汽化热	温度/℃	汽化热	温度/℃	汽化热	温度/℃	汽化热
0	2 497.5	40	2 403.4	80	2 305.5	120	2 198.5
5	2 485.8	45	2 391.3	85	2 292.6	125	2 184.7
10	2 474.1	50	2 380.0	90	2 279.6	130	2 170.0
15	2 462.4	55	2 367.4	95	2 266.6	135	2 155.0
20	2 450.7	60	2 355.7	100	2 253.7	140	2 140.8
25	2 438.9	65	2 343.2	105	2 239.9	145	2 125.3
30	2 427.2	70	2 331.0	110	2 226.5	150	2 110.2
35	2 415.1	75	2 318.5	115	2 212.7	200	1 957.2

表 B.4 燃料的平均比热

单位为千焦每千克摄氏度

温度/℃	煤的比热 煤的挥发分/%						燃油的比热 油的容重/(kg/L)		
	10	15	20	25	30	35	0.8	0.9	1.0
0	0.953	0.987	1.025	1.058	1.096	1.129	1.882	1.756	1.673
10	0.966	0.999	1.037	1.075	1.112	1.146	1.899	1.773	1.690
20	0.979	1.016	1.054	1.092	1.125	1.163	1.915	1.790	1.706
30	0.991	1.033	1.071	1.108	1.142	1.179	1.932	1.807	1.723
40	1.008	1.046	1.083	1.121	1.158	1.196	1.949	1.823	1.740
50	1.025	1.062	1.100	1.138	1.175	1.213	1.966	1.840	1.756
60	1.037	1.079	1.112	1.154	1.192	1.230	1.982	1.857	1.773
70	1.050	1.087	1.129	1.167	1.209	1.246	1.999	1.874	1.790
80	1.066	1.104	1.146	1.184	1.225	1.267	2.016	1.890	1.807
90	1.079	1.121	1.158	1.200	1.242	1.284	2.032	1.907	1.823
100	1.092	1.133	1.175	1.217	1.259	1.301	2.049	1.924	1.840
110	1.108	1.150	1.192	1.234	1.276	1.317	2.066	1.940	1.857
120	1.121	1.163	1.209	1.250	1.288	1.334	2.083	1.957	1.874
130	1.138	1.179	1.225	1.267	1.305	1.351	2.099	1.974	1.890
140	1.154	1.196	1.242	1.284	1.322	1.368	2.116	1.991	1.907
150	1.167	1.209	1.255	1.296	1.338	1.384	2.133	2.007	1.924
160	1.184	1.225	1.271	1.313	1.355	1.401			
170	1.196	1.242	1.284	1.330	1.372	1.418			

表 B.5 物料成分的平均比热

单位为千焦每千克摄氏度

温度/℃	SiO_2	CaO	$CaCO_3$	MgO	$MgCO_3$	高岭土	脱高岭	矿渣
100	0.799	0.786	0.874	0.979	1.075	0.991	0.841	
200	0.824	0.820	0.928	1.004	1.154	1.066	0.899	
300	0.920	0.841	0.979	1.029	1.217	1.121	0.941	0.903
400	0.970	0.853	1.020	1.054	1.267	1.158	0.979	0.933
500	1.025	0.861	1.050	1.079	1.313	1.184	1.008	0.945
600	1.066	0.870	1.079	1.100	1.347		1.029	0.962
700	1.083	0.878	1.096	1.121	1.368		1.046	0.991

表 B.5（续）　　单位为千焦每千克摄氏度

温度/℃	SiO_2	CaO	$CaCO_3$	MgO	$MgCO_3$	高岭土	脱高岭	矿渣
800	1.092	0.887	1.104	1.142	1.380		1.062	1.008
900	1.100	0.891	1.112	1.158			1.079	1.016
1 000	1.108	0.895		1.171			1.092	1.029
1 100	1.112	0.899					1.108	1.046
1 200	1.117	0.903					1.117	1.075
1 300	1.129	0.907					1.121	1.158
1 400	1.133	0.912					1.129	
1 500	1.138	0.916						

表 B.6　熟料矿物成分的平均比热　　单位为千焦每千克摄氏度

温度/℃	C_3S	β-C_2S	γ-C_2S	C_3A
100			0.790	
200				
300	0.866		0.866	0.887
400	0.891		0.891	
450	0.903		0.903	
500	0.912	0.933	0.916	0.924
600	0.933	0.949	0.933	
675	0.945	0.966	0.949	
700	0.949	0.974		0.945
800	0.966	0.995		
900	0.979	1.012		0.958
1 000	0.995	1.025		
1 100	1.008	1.041		0.970
1 200	1.012	1.054		
1 300	1.020	1.062		0.983
1 400	1.029			
1 500	1.037			

表 B.7　熟料与窑灰的平均比热

单位为千焦每千克摄氏度

温度/℃	比热		温度/℃	比热	
	熟料	窑灰		熟料	窑灰
0	0.736		900	0.979	1.046
20	0.736		1 000	0.991	1.046
100	0.782	0.836	1 100	1.008	
200	0.824	0.878	1 200	1.033	
300	0.861	0.878	1 300	1.058	
400	0.895	0.920	1 400	1.092	
500	0.916	0.962	1 500	1.121	
600	0.937	0.962			
700	0.953	1.004			
800	0.970	1.004			

注 1：1 200 ℃以上的比热，已包含熔融热。

注 2：窑灰的比热，按一般成分概算。

附 录 C
（规范性附录）
熟料形成热的理论计算方法

熟料形成热是用基准温度（0 ℃）的干物料，在没有任何物料和热量损失的条件下，制成 1 kg 仍为基准温度的熟料所需的热量。

若采用普通原料（石灰石、黏土和铁粉）配料，以煤粉为燃料，可用如下方法计算。

C.1 生成 1 kg 熟料，干原料消耗量的计算

C.1.1 生成 1 kg 熟料，煤灰的掺入量

生成 1 kg 熟料，煤灰的掺入量计算公式见式（C.1）：

$$m_A = m_r \times A_{ar} \times \alpha \times \frac{1}{10\ 000} \quad \cdots\cdots\cdots\cdots\cdots\cdots\cdots\cdots\text{（C.1）}$$

式中：

m_A——生产每千克熟料煤灰的掺入量，单位为千克每千克（kg/kg）；

m_r——每千克熟料燃料消耗量，单位为千克每千克（kg/kg）；

A_{ar}——煤粉收到基灰分，以百分数表示（%）；

α ——煤灰掺入率，以百分数表示（%）。

C.1.2 生成 1 kg 熟料，生料中碳酸钙消耗量

生成 1 kg 熟料，生料中碳酸钙消耗量计算公式见式（C.2）：

$$m_{CaCO_3} = \frac{CaO^{sh} - CaO^{A} \times m_A}{100} \times \frac{100}{56} \quad \cdots\cdots\cdots\cdots\cdots\cdots\cdots\cdots\text{（C.2）}$$

式中：

m_{CaCO_3}——生产每千克熟料生料中碳酸钙消耗量，单位为千克每千克（kg/kg）；

CaO^{sh}——熟料中 CaO 含量，以百分数表示（%）；

CaO^{A}——煤灰中 CaO 含量，以百分数表示（%）。

C.1.3 生成 1 kg 熟料，生料中碳酸镁消耗量

生成 1 kg 熟料，生料中碳酸镁消耗量计算公式见式（C.3）：

$$m_{MgCO_3} = \frac{MgO^{sh} - MgO^{A} \times m_A}{100} \times \frac{84.3}{40.3} \quad \cdots\cdots\cdots\cdots\cdots\cdots\cdots\cdots\text{（C.3）}$$

式中：

m_{MgCO_3}——生产每千克熟料生料中碳酸镁消耗量，单位为千克每千克（kg/kg）；

MgO^{sh}——熟料中 MgO 含量，以百分数表示（%）；

MgO^{A}——煤灰中 MgO 含量，以百分数表示（%）。

C.1.4 生成 1 kg 熟料，生料中高岭土消耗量

生成 1 kg 熟料，生料中高岭土消耗量计算公式见式（C.4）

$$m_{AS_2H_2} = \frac{Al_2O_3^{sh} - Al_2O_3^{A} \times m_A}{100} \times \frac{258}{102} \quad \cdots\cdots (C.4)$$

式中：

$m_{AS_2H_2}$ ——生产每千克熟料生料中碳酸镁消耗量，单位为千克每千克(kg/kg)；

$Al_2O_3^{sh}$ ——熟料中 Al_2O_3 含量，以百分数表示(%)；

$Al_2O_3^{A}$ ——煤灰中 Al_2O_3 含量，以百分数表示(%)。

C.1.5 生成 1 kg 熟料，生料中的 CO_2 消耗量

生成 1 kg 熟料，生料中的 CO_2 消耗量计算公式见式(C.5)：

$$m_{CO_2} = \frac{CaO^{sh} - CaO^{A} \times m_A}{100} \times \frac{44}{56} + \frac{MgO^{sh} - MgO^{A} \times m_A}{100} \times \frac{44}{40.3} \quad \cdots\cdots (C.5)$$

式中：

m_{CO_2} ——生产每千克熟料生料中 CO_2 消耗量，单位为千焦每千克(kJ/kg)。

C.1.6 生成 1 kg 熟料，生料中的化合水消耗量

生成 1 kg 熟料，生料中的化合水消耗量计算公式见式(C.6)

$$m_{H_2O} = \frac{Al_2O_3^{sh} - Al_2O_3^{A} \times m_A}{100} \times \frac{36}{102} \quad \cdots\cdots (C.6)$$

式中：

m_{H_2O} ——生产每千克熟料生料中的化合水消耗量，单位为千焦每千克(kJ/kg)。

C.1.7 生成 1 kg 熟料，干原料的消耗量

生成 1 kg 熟料，干原料的消耗量计算公式见式(C.7)：

$$m_{gy} = 1 + m_{CO_2} + m_{H_2O} \quad \cdots\cdots (C.7)$$

式中：

m_{gy} ——生产每千克熟料，干原料的消耗量，单位为千焦每千克(kJ/kg)。

注 1：使用部分矿渣配料时，应扣除来自矿渣中各成分的含量计算。

注 2：使用液体或气体燃料时，公式中的 m^A 为零。

C.2 吸收热量的计算

C.2.1 干物料从 0 ℃加热到 450 ℃吸收热量

干物料从 0 ℃加热到 450 ℃吸收热量计算公式见式(C.8)：

$$q_1 = m_{gy} \times 1.058 \times (450 - 0) \quad \cdots\cdots (C.8)$$

式中：

q_1 ——干物料从 0 ℃加热到 450 ℃吸收热量，单位为千焦每千克(kJ/kg)；

1.058——干物料在 0 ℃～450 ℃时的平均比热，单位为千焦每千克摄氏度[kJ/(kg·℃)]。

C.2.2 高岭土吸收热量计算

高岭土吸收热量计算公式见式(C.9)：

$$q_2 = m_{H_2O} \times 6\,690 \quad \cdots\cdots (C.9)$$

式中：

q_2 ——高岭土吸收热量，单位为千焦每千克(kJ/kg)；

6 690 ——高岭土脱水热，单位为千焦每千克(kJ/kg)。

注：一般生产水泥用的黏土主要成分是高岭土，因此，黏土脱水实际是高岭土脱水。

C.2.3 脱水后物料由450 ℃加热到900 ℃吸收热量

脱水后物料由450 ℃加热到900 ℃吸收热量计算公式见式(C.10)：

$$q_3=(m_{gy}-m_{H_2O})\times 1.184\times(900-450) \quad \cdots\cdots(C.10)$$

式中：

q_3 ——脱水后物料由450 ℃加热到900 ℃吸收热量，单位为千焦每千克(kJ/kg)；

1.184——脱水后的物料在450 ℃～900 ℃时的平均比热，单位为千焦每千克摄氏度[kJ/(kg·℃)]。

C.2.4 碳酸盐分解吸收热量

碳酸盐分解吸收热量计算公式见式(C.11)：

$$q_4=m_{CaCO_3}\times 1\,660+m_{MgCO_3}\times 1\,420 \quad \cdots\cdots(C.11)$$

式中：

q_4 ——碳酸盐分解吸收热量，单位为千焦每千克(kJ/kg)；

1 660 ——900 ℃时碳酸钙分解吸收热量，单位为千焦每千克(kJ/kg)；

1 420 ——600 ℃时碳酸镁分解吸收热量，单位为千焦每千克(kJ/kg)。

C.2.5 物料由900 ℃加热到1 400 ℃吸收热量

物料由900 ℃加热到1 400 ℃吸收热量计算公式见式(C.12)：

$$q_5=(m_{gy}-m_{H_2O}-m_{CO_2})\times 1.033\times(1\,400-900) \quad \cdots\cdots(C.12)$$

式中：

q_5 ——物料由900 ℃加热到1 400 ℃吸收热量，单位为千焦每千克(kJ/kg)；

1.033——碳酸盐分解后的物料在900 ℃～1 400 ℃时的平均比热，单位为千焦每千克摄氏度[kJ/(kg·℃)]。

C.2.6 在1 400 ℃时，液相形成吸收热量

在1 400℃时，液相形成吸收热量见下式：

$$q_6\approx 109\ \mathrm{kJ/kg}$$

式中：

q_6——在1 400 ℃时，液相形成吸收热量，单位为千焦每千克(kJ/kg)。

C.3 放出热量的计算

C.3.1 在1 000 ℃～1 400 ℃范围内，由熟料矿物形成放出热量

在1 000 ℃～1 400 ℃范围内，由熟料矿物形成放出热量计算公式见式(C.13)：

$$q_7=\frac{1}{100}(C_3S\times 465+C_2S\times 610+C_3A\times 88+C_4AF\times 105) \quad \cdots\cdots(C.13)$$

式中：

q_7 ——在1 000 ℃～1 400 ℃范围内，由熟料矿物形成放出热量，单位为千焦每千克(kJ/kg)；

465 ——C_3S形成热，单位为千焦每千克(kJ/kg)；

610 ——C_2S形成热，单位为千焦每千克(kJ/kg)；

88 ——C_3A 形成热，单位为千焦每千克(kJ/kg)；

105 ——C_4AF 形成热，单位为千焦每千克(kJ/kg)。

熟料矿物形成放热与熟料中各矿物的含量有关，根据熟料的化学成分按式(C.14)、式(C.15)、式(C.16)、式(C.17)计算各矿物的含量：

$$C_3S = 4.07CaO^{sh} - 7.60SiO_2^{sh} - 6.72Al_2O_3^{sh} - 1.43Fe_2O_3^{sh} \quad \cdots\cdots\cdots\cdots (C.14)$$

$$C_2S = 8.60SiO_2^{sh} - 3.07CaO^{sh} + 5.10Al_2O_3^{sh} + 1.07Fe_2O_3^{sh} \quad \cdots\cdots\cdots\cdots (C.15)$$

$$C_3A = 2.65Al_2O_3^{sh} - 1.69Fe_2O_3^{sh} \quad \cdots\cdots\cdots\cdots (C.16)$$

$$C_4AF = 3.04Fe_2O_3^{sh} \quad \cdots\cdots\cdots\cdots (C.17)$$

式中：

C_3S、C_2S、C_3A、C_4AF——分别为熟料中各矿物的含量，以百分数表示(%)。

C.3.2 黏土中无定形物质结晶放出热量

黏土中无定形物质结晶放出热量计算公式见式(C.18)：

$$q_8 = m_{AS_2H_2} \times 0.86 \times 301 \quad \cdots\cdots\cdots\cdots (C.18)$$

式中：

q_8 ——黏土中无定形物质结晶放出热量，单位为千焦每千克(kJ/kg)；

0.86 ——偏高岭土($Al_2O_3 \cdot 2SiO_2$)与高岭土($Al_2O_3 \cdot 2SiO_2 \cdot 2H_2O$)分子量之比；

301 ——脱水高岭土结晶热，单位为千焦每千克(kJ/kg)。

C.3.3 熟料由 1 400 ℃冷却到 0 ℃时放出热量

熟料由 1 400 ℃冷却到 0 ℃时放出热量计算公式见式(C.19)：

$$q_9 = 1 \times 1.092 \times (1\,400 - 0) \quad \cdots\cdots\cdots\cdots (C.19)$$

式中：

q_9 ——熟料由 1 400 ℃冷却到 0 ℃时放出热量 q_9，单位为千焦每千克(kJ/kg)；

1.092 ——熟料在 0 ℃～1 400 ℃时的平均比热，单位为千焦每千克摄氏度[kJ/(kg·℃)]。

C.3.4 碳酸盐分解出的 CO_2 由 900 ℃冷却到 0 ℃时放出热量

碳酸盐分解出的 CO_2 由 900 ℃冷却到 0 ℃时放出热量计算公式见式(C.20)：

$$q_{10} = m_{CO_2} \times 1.104 \times (900 - 0) \quad \cdots\cdots\cdots\cdots (C.20)$$

式中：

q_{10} ——碳酸盐分解出的 CO_2 由 900 ℃冷却到 0 ℃时放出热量，单位为千焦每千克(kJ/kg)；

1.104 ——CO_2 在 0 ℃～900 ℃时的平均比热，单位为千焦每千克摄氏度[kJ/(kg·℃)]。

C.3.5 生料中化合水由 450 ℃冷却到 0 ℃时放出热量

生料中化合水由 450 ℃冷却到 0 ℃时，放出热量计算公式见式(C.21)：

$$q_{11} = m_{H_2O} \times [1.966 \times (450 - 0) + 2\,496] \quad \cdots\cdots\cdots\cdots (C.21)$$

式中：

q_{11} ——生料中化合水，由 450 ℃冷却到 0 ℃时，放出热量，单位为千焦每千克(kJ/kg)；

1.966 ——水蒸汽在 0 ℃～450 ℃时的平均比热，单位为千焦每千克摄氏度[kJ/(kg·℃)]；

2 496 ——0 ℃时水的汽化潜热，单位为千焦每千克摄氏度[kJ/(kg·℃)]。

C.4 熟料形成热

熟料形成热计算公式见式(C.22)：

$$Q_{sh}=(q_1+q_2+q_3+q_4+q_5+q_6)-(q_7+q_8+q_9+q_{10}+q_{11}) \quad \cdots\cdots\cdots\cdots(C.22)$$

式中：

Q_{sh}——熟料形成热，单位为千焦每千克(kJ/kg)。

ICS 91.100.10
Q 92

中华人民共和国国家标准

GB/T 26282—2010

水泥回转窑热平衡测定方法

Measuring methods of heat balance of cement rotary kiln

2011-01-14 发布

2011-11-01 实施

中华人民共和国国家质量监督检验检疫总局
中国国家标准化管理委员会 发布

前　言

本标准按照 GB/T 1.1—2009 给出的规则起草。

本标准由中国建筑材料联合会提出。

本标准由全国水泥标准化技术委员会(SAC/TC 184)归口。

本标准起草单位:天津水泥工业设计研究院有限公司。

本标准主要起草人:刘继开、陶从喜、肖秋菊、倪祥平、王仲春、彭学平。

水泥回转窑热平衡测定方法

1 范围

本标准规定了生产硅酸盐水泥熟料的各类型水泥回转窑热平衡参数测定前的准备及要求、物料量的测定、物料成分及燃料发热量的测定、物料温度的测定、气体温度的测定、气体压力的测定、气体成分的测定、气体含湿量的测定、气体流量的测定、气体含尘浓度的测定、表面散热量的测定、用水量的测定等参数的测定方法。

本标准适用于生产硅酸盐水泥熟料的各类型水泥回转窑热平衡参数的测定。

2 规范性引用文件

下列文件对于本文件的应用是必不可少的。凡是注日期的引用文件，仅所注日期的版本适用于本文件。凡是不注日期的引用文件，其最新版本(包括所有的修改单)适用于本文件。

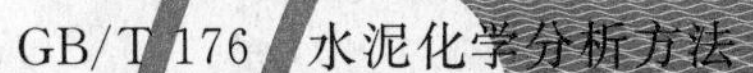

GB/T 176 水泥化学分析方法
GB/T 211 煤中全水分的测定方法
GB/T 212 煤的工业分析方法
GB/T 213 煤的发热量测定方法
GB/T 214 煤中全硫的测定方法
GB/T 260 石油产品水分测定法
GB/T 268 石油产品残碳测定法
GB/T 384 石油产品热值测定法
GB/T 388 石油产品硫含量测定法
GB/T 476 煤中碳和氢的测定方法
GB/T 508 石油产品灰分测定法
GB/T 1598 铂铑 13-铂热电偶丝
GB/T 2614 镍铬-镍硅热电偶丝
GB/T 2902 铂铑 30-铂铑 6 热电偶丝
GB/T 2903 铜-铜镍(康铜)热电偶丝
GB/T 3772 铂铑 10-铂热电偶丝
GB/T 16157—1996 固定污染源排气中颗粒物测定与气态污染物采样方法
GB/T 16839.2—1997 热电偶 第 2 部分:允差
GB/T 17674 原油及其产品中氮含量的测定 化学发光法
GB/T 26281—2010 水泥回转窑热平衡、热效率、综合能耗计算方法

3 测定前的准备及要求

3.1 根据工厂具体情况，制订测定方案。

3.2 所用各类仪器仪表及计量设备，均应定期检定或校准。

3.3 根据测定要求，开好测孔，测孔大小应保证测试仪器配置的采样设备能伸入测孔内。同时应搭建必要的测试平台，准备好必要的工具和劳动保护用品。

3.4　准备好各测定项目的数据记录表格。

3.5　按要求逐项填写并及时整理测定记录，发现问题尽早重测或补测。

3.6　各项测定工作，应在窑系统处于连续、正常、稳定运行的时间不小于 72 h 的生产条件下进行。需要检测的项目，应同时进行尽可能，以保证测定结果的准确性。

4　物料量的测定

4.1　测定项目

熟料（包括出冷却机拉链机、冷却机收尘器及三次风管收下的熟料）、入窑系统生料、入窑和入分解炉燃料、入窑回灰、预热器和收尘器的飞灰、增湿塔和收尘器收灰的质量。

4.2　测点位置

与测定项目对应，分别在冷却机熟料出口、预热器（或窑）生料入口、窑和分解炉燃料入口、入窑回灰进料口，预热器和收尘器气流出口、增湿塔与收尘器的收灰出料口。

4.3　测定仪器

适合粉状、粒状物料的计量装置，精度等级一般不低于 2.5%。

4.4　测定方法

4.4.1　对熟料、生料、燃料、窑灰、增湿塔和收尘器收灰，均宜分别安装计量设备单独计量，未安装计量设备的可进行定时检测或连续称量，需至少抽测三次以上，按其平均值计算物料质量。熟料产量无法通过实物计量时，可根据生料喂料量折算。

4.4.2　出冷却机的熟料质量，应包括冷却机拉链机和收尘器及三次风管收下的熟料质量。

4.4.3　预热器和收尘器飞灰量

预热器和收尘器飞灰量根据各测点气体含尘浓度测定结果分别按公式(1)、公式(2)计算，精确至小数点后一位。

预热器飞灰量：

$$M_{fh} = V_f \times K_{fh} \quad\cdots\cdots(1)$$

收尘器飞灰量：

$$M_{FH} = V_F \times K_{FH} \quad\cdots\cdots(2)$$

式中：

M_{fh}、M_{FH}——分别为预热器与收尘器出口的飞灰量，单位为千克每小时(kg/h)；

V_f、V_F　——分别为预热器与收尘器出口的废气体积[1]，单位为标准立方米每小时(m^3/h)；

K_{fh}、K_{FH}——分别为预热器与收尘器出口废气的含尘浓度，单位为千克每标准立方米(kg/m^3)。

5　物料成分及燃料发热量的测定

5.1　测定项目

熟料、生料、窑灰、飞灰和燃料的成分及燃料发热量。

1)　本标准中不加说明时，气体体积均指温度为 0 ℃，压力为 101 325 Pa 时的体积，单位为立方米(m^3)，简称“标准立方米”。

5.2 测点位置

同4.2。

5.3 测定方法

5.3.1 熟料、生料、窑灰和飞灰成分

熟料、生料、窑灰和飞灰中的烧失量、SiO_2、Al_2O_3、Fe_2O_3、CaO、MgO、K_2O、Na_2O、SO_3、Cl^-和*f*-Cao,按GB/T 176规定的方法分析。

5.3.2 燃料

5.3.2.1 燃料成分应注明相应基准,各基准之间的换算系数,见附录A。

5.3.2.2 固体燃料:按GB/T 212规定的方法分析,其项目有:Mad,Vad,Aad,FCad。固体燃料中的C、H、O、N也可按GB/T 476规定的方法分析;S按GB/T 214规定的方法分析;全水分按GB/T 211规定的方法分析。

5.3.2.3 液体燃料:全水分按GB/T 260规定的方法分析;灰分按GB/T 508规定的方法分析;残碳含量按GB/T 268规定的方法分析;硫含量按GB/T 388规定的方法分析;氮含量按GB/T 17674规定的方法分析。

5.3.2.4 气体燃料:采用色谱仪进行成分分析,其项目有:CO、H_2、C_mH_n、H_2S、O_2、N_2、CO_2、SO_2、H_2O。

5.3.3 燃料发热量

5.3.3.1 固体燃料发热量按GB/T 213规定的方法测定。

5.3.3.2 液体燃料发热量按GB/T 384规定的方法测定。

5.3.3.3 无法直接测定燃料发热量时,可根据元素分析或工业分析结果计算发热量,见附录A。

6 物料温度的测定

6.1 测定项目

生料、燃料、窑灰、飞灰、收灰和出窑熟料和出冷却机熟料的温度。

6.2 测定位置

同4.2。

6.3 测定仪器

玻璃温度计、半导体点温计、光学高温计、红外测温仪和铠装热电偶与温度显示仪表组合的热电偶测温仪。玻璃温度计精度等级应不低于2.5%,最小分度值应不大于2 ℃;半导体点温计和热电偶测温仪显示误差值应不大于±3 ℃;光学高温计精度等级应不低于2.5%;红外测温仪的精度等级应不低于2%或±2 ℃。

使用时,应注意下列事项:

——用玻璃温度计、半导体点温计和铠装热电偶与温度显示仪表组合的热电偶测温仪测量时,应将其感温部分插入被测物料或介质中,深度不应小于50 mm。

——用光学高温计时,辐射体与高温计之间的距离,应不小于0.7 m并不大于3.0 m;光学高温计

的物镜，应不受其他光源的影响；避免中间介质（如测量孔的玻璃、粉尘、煤粒、烟粒等）对测量精度的影响。

铠装热电偶可用镍铬-镍硅铠装热电偶、铂铑 30-铂铑 6 铠装热电偶、铂铑-铂铠装热电偶或铜-康铜铠装热电偶。热电偶应分别符合 GB/T 2614、GB/T 2902、GB/T 1598、GB/T 3772 和 GB/T 2903 规定的技术要求，热电偶的允差符合 GB/T 16839.2—1997 的规定。常用热电偶适用的温度测量范围参见附录 B。

6.4 测定方法

6.4.1 生料、燃料、窑灰、收灰的温度，可用玻璃温度计测定。

6.4.2 飞灰的温度，视与各测点废气温度一致。

6.4.3 出窑熟料温度，可用光学高温计、红外测温仪、铂铑-铂铠装热电偶或铂铑 30-铂铑 6 铠装热电偶测定。

6.4.4 出冷却机熟料温度，用水量热法测定。方法如下：用一只带盖密封保温容器，称取一定量（一般不应少于 20 kg）的冷水，用玻璃温度计测定容器内冷水的温度，从冷却机出口取出一定量（一般不应少于 10 kg）具有代表性的熟料，迅速倒入容器内并盖严。称量后计算出倒入容器内熟料的质量，并用玻璃温度计测出冷水和熟料混合后的热水温度，根据熟料和水的质量、温度和比热，计算出冷却机熟料的温度，见公式(3)。重复测量三次以上，以平均值作为测量结果，精确至 0.1 ℃。

$$t_{sh}=\frac{M_{LS}(t_{RS}-t_{LS})\times C_{w}+M_{sh}\times C_{sh2}\times t_{RS}}{M_{sh}\times C_{sh}} \qquad (3)$$

式中：

t_{sh} ——出冷却机熟料温度，单位为摄氏度(℃)；

M_{LS}——冷水质量，单位为千克(kg)；

t_{RS} ——热水温度，单位为摄氏度(℃)；

t_{LS} ——冷水温度，单位为摄氏度(℃)；

C_{w} ——水的比热，单位为千焦每千克摄氏度[kJ/(kg·℃)]；

C_{sh} ——熟料在 t_{sh} 时的比热，单位为千焦每千克摄氏度[kJ/(kg·℃)]；

C_{sh2}——熟料在 t_{RS} 时的比热，单位为千焦每千克摄氏度[kJ/(kg·℃)]；

M_{sh}——熟料质量，单位为千克(kg)。

7 气体温度的测定

7.1 测定项目

窑和分解炉的一次空气、二次空气、三次空气，冷却机的各风机鼓入的空气，生料带入的空气，窑尾、分解炉、增湿塔及各级预热器的进、出口烟气，排风机及收尘器进、出口废气的温度。

7.2 测点位置

各自进、出口风管和设备内部。环境空气温度应在不受热设备辐射影响处测定。

7.3 测定仪器

7.3.1 玻璃温度计，其精度要求见 6.3。

7.3.2 铠装热电偶与温度显示仪表组合的热电偶测温仪，其精度要求见 6.3。

7.3.3 抽气热电偶，其显示误差值应不大于±3 ℃。

7.4 测定方法

7.4.1 气体温度低于500 ℃时,可用玻璃温度计或铠装热电偶与温度显示仪表组合的热电偶测温仪测定。

7.4.2 对高温气体的测定用铠装热电偶与温度显示仪表组合的热电偶测温仪。测定中应根据测定的大致温度、烟道或炉壁的厚度以及插入的深度(设备条件允许时,一般应插入300 mm～500 mm),选用不同型号和长度的热电偶。

7.4.3 热电偶的感温元件应插入流动气流中间,不得插在死角区域,并要有足够的深度,尽量减少外露部分,以避免热损失。

7.4.4 抽气热电偶专门用于入窑二次空气温度的测定,使用前,需对抽气速度做空白试验。使用时需根据隔热罩的层数及抽气速度,对所测的温度进行校正,参见附录B。

8 气体压力的测定

8.1 测定项目

窑和分解炉的一次空气、二次空气、三次空气,冷却机的各风机鼓入的空气,生料带入的空气,窑尾、分解炉、增湿塔及各级预热器的进、出口烟气,排风机及收尘器进、出口废气的压力。

8.2 测点位置

与7.2相同。

8.3 测定仪器

U型管压力计、倾斜式微压计或数字压力计与测压管。U型管压力计的最小分度值应不大于10 Pa;倾斜式微压计精度等级应不低于2%,最小分度值应不大于2 Pa;数字压力计精度等级应不低于1%。

8.4 测定方法

测定时测压管与气流方向要保持垂直,并避开涡流和漏风的影响。

9 气体成分的测定

9.1 测定项目

窑尾烟气,预热器和分解炉进、出口气体,增湿塔及收尘器的进、出口废气以及入窑一次空气(当一次空气使用煤磨的放风时)的气体成分,主要项目有O_2、CO、CO_2。对于窑尾烟气,预热器和分解炉进、出口气体及窑尾收尘器出口废气,宜增加SO_2和NO_x。

9.2 测点位置

各相应管道。

9.3 测定仪器

9.3.1 取气管

一般选用耐热不锈钢管,测定新型干法生产线窑尾烟室时不锈钢管应耐温1 100 ℃以上。

9.3.2 吸气球

一般采用双联球吸气器。

9.3.3 贮气球胆

用篮、排球的内胆。

9.3.4 气体分析仪

测定 O_2、CO、CO_2 采用奥氏气体分析仪或其他等效仪器。对测试的结果有异议时，以奥氏气体分析仪的分析结果为准。

测定 NO_x 成分时，宜采用根据定电位电解法或非分散红外法原理进行测试的便携式气体分析仪。对测试的结果有异议时，以紫外分光光度法的分析结果为准。

测定 SO_2 成分时，宜采用根据电导率法、定电位电解法和非分散红外法原理进行测试的便携式气体分析仪。对测试的结果有异议时，以定电位电解法的分析结果为准。

10 气体含湿量的测定

10.1 测定项目

一次空气、预热器、增湿塔和收尘器出口废气的含湿量。

10.2 测点位置

各相应管道。

10.3 测定方法

根据管道内气体含湿量大小不同，可以采用干湿球法、冷凝法或重量法中的一种进行测定。具体测试方法按 GB/T 16157—1996 进行测定。

对测定结果有疑问或无法测定时，可根据物料平衡进行计算。

11 气体流量的测定

11.1 测定项目

窑和分解炉的一次空气、二次空气、三次空气，冷却机的各风机鼓入的空气，生料带入的空气，窑尾、分解炉、增湿塔及各级预热器的进、出口烟气，排风机及收尘器进、出口废气的流量。

11.2 测点位置

各相应管道，并符合下列要求：

a) 气体管道上的测孔，应尽量避免选在靠弯曲、变形和有闸门的地方，避开涡流和漏风的影响；
b) 测孔位置的选择原则：测孔上游直线管道长大于 $6D$，测孔下游直线管道长大于 $3D$（D 为管道直径）。

11.3 测定仪器

标准型皮托管或 S 型皮托管，倾斜式微压计、U 型管压力计或数字压力计，大气压力计；热球式电风速计、叶轮式或转杯风速计。标准型皮托管和S型皮托管应符合GB/T 16157—1996的规定;倾斜式微压计、U型管压力计和数字压力计的精度要求见8.3;大气压力计最小分度值应不大于0.1 kPa;热球式电风速计的精度等级应不低于5%;叶轮式风速计的精度等级应不低于3%;转杯式风速计的精度应不大于0.3 m/s。

11.4 测定方法

11.4.1 除入窑二次空气及系统漏入空气外,其他气体流量均通过仪器测定。

11.4.2 用标准型皮托管或S型皮托管与倾斜式微压计、U型管压力计或数字压力计组合测定气体管道横断面的气流平均速度,然后,根据测点处管道断面面积计算气体流量。

11.4.3 测量管道内气体平均流速时,应按不同管道断面形状和流动状态确定测点位置和测点数。

11.4.3.1 圆形管道

将管道分成适当数量的等面积同心环,各测点选在各环等面积中心线与呈垂直相交的两条直径线的交点上。直径小于0.3 m,流速分布比较均匀、对称并符合11.2要求的小圆形管道,可取管道中心作为测点。

不同直径的圆形管道的等面积环数、测量直径数及测点数见表1,一般一根管道上测点不超过20个。测点距管道内壁距离见表2。

表1 圆形管道分环及测点数的确定

管道直径/m	等面积环数	测点直径数	测点数
<0.3			1
0.3~0.6	1~2	1~2	2~8
0.6~1.0	2~3	1~2	4~12
1.0~2.0	3~4	1~2	6~16
2.0~4.0	4~5	1~2	8~20
>4.0	5	1~2	10~20

表2 测点与管道内壁距离(管道直径的分数)

测点号	环数				
	1	2	3	4	5
1	0.146	0.067	0.044	0.033	0.026
2	0.854	0.250	0.146	0.105	0.082
3		0.750	0.296	0.194	0.146
4		0.933	0.704	0.323	0.226
5			0.854	0.677	0.342
6			0.956	0.806	0.658
7				0.895	0.774
8				0.967	0.854
9					0.918
10					0.974

11.4.3.2 矩形管道

将管道断面分成适当数量面积相等的小矩形，各小矩形的中心为测点。小矩形的数量按表3规定选取。一般一根管道上测点数不超过20个。

表3 矩形管道小矩形划分及测点数的确定

管道面积/m^2	等面积小矩形长边长度/m	测点总数
<0.1	<0.32	1
0.1～0.5	<0.35	1～4
0.5～1.0	<0.50	4～6
1.0～4.0	<0.67	6～9
4.0～9.0	<0.75	9～16
>9.0	≤1.0	≤20

管道断面面积小于0.1 m^2，流速分布比较均匀、对称并符合11.2要求的小矩形管道，可取管道中心作为测点。

用标准型皮托管或S型皮托管测定气流速度时，应使标准型皮托管或S型皮托管的测量部分与管道中气体流向平行，最大允许偏差角不得大于10°。管道内被测气流速度应在5.0 m/s～50.0 m/s之内。

11.5 计算方法

11.5.1 用管道气体平均速度计算气体流量，按公式(4)和公式(5)计算。

$$V = 3\,600 \times F \times \omega_{PJ} = 3\,600 \times F \times K_d \times \sqrt{\frac{2 \times \Delta p_{PJ}}{\rho_t}} \quad \cdots\cdots(4)$$

式中：

V ——工作状态下气体流量，单位为立方米每小时(m^3/h)；

F ——管道断面面积，单位为平方米(m^2)；

ω_{PJ} ——管道断面气流平均速度，单位为米每秒(m/s)；

K_d ——皮托管的系数；

Δp_{PJ}——管道断面上动压平均值，单位为帕(Pa)；

ρ_t ——被测气体工作状态下的密度，单位为千克每立方米(kg/m^3)。

$$\sqrt{\Delta p_{PJ}} = \frac{\sqrt{\Delta p_1} + \sqrt{\Delta p_2} + \cdots\cdots + \sqrt{\Delta p_n}}{n} \quad \cdots\cdots(5)$$

式中：

Δp_1、Δp_2……Δp_n ——分别为管道断面上各测点的动压值，单位为帕(Pa)；

N ——测点数量。

11.5.2 入窑二次空气量，用计算方法求得，见GB/T 26281—2010中6.1.2.2。

11.5.3 系统漏入空气量无法测定，可以通过气体成分平衡计算。

12 气体含尘浓度的测定

12.1 测定项目

预热器出口气体，增湿塔进、出口气体，收尘器进、出口气体，篦冷机烟囱和一次空气(当采用煤磨放风时)的含尘浓度。

12.2 测点位置

各自相应管道。

12.3 测定仪器

烟气测定仪、烟尘浓度测定仪。烟气测定仪、烟尘浓度测定仪的烟尘采样管应符合 GB/T 16157—1996 的规定。

12.4 测定方法

将烟尘采样管从采样孔插入管道中,使采样嘴置于测点上,正对气流,按颗粒物等速采样原理,即采样嘴的抽气速度与测点处气流速度相等,抽取一定量的含尘气体,根据采样管滤筒内收集到的颗粒物质量和抽取的气体量计算气体的含尘浓度。含尘浓度的测定应符合如下要求:

a) 测量仪器各部分之间的连接应密闭,防止漏气,正式测定前应做抽气空白试验,检查有无漏气。

b) 含尘浓度的测孔应选择在气流稳定的部位,尽量避免涡流影响(见 11.2),测孔尽可能开在垂直管道上。

c) 取样嘴应放在平均风速点的位置上,并要与气流方向相对。

d) 测定中要保持等速采样,即保证取样管与气流管道中的流速相等。

e) 回转窑废气是高温气体,露点温度高,取样管应采取保温措施(或采用管道内滤尘法),以防止水汽冷凝。

f) 在不稳定气流中测定含尘浓度时,测量系统中需串联一个容积式流量计,累计气体流量。

13 表面散热量的测定

13.1 测定项目

回转窑系统热平衡范围(见 GB/T 26281—2010)内的所有热设备,如回转窑、分解炉、预热器、冷却机和三次风管及其彼此之间连接的管道的表面散热量。

13.2 测点位置

各热设备表面。

13.3 测定仪器

热流计;红外测温仪;表面热电偶温度计;辐射温度计和半导体点温计以及玻璃温度计;热球式电风速仪、叶轮式或转杯式风速计。热流计精度等级应不低于 5%,红外测温仪、半导体点温计和玻璃温度计的精度要求见 6.3;表面热电偶温度计显示误差值应不大于±3 ℃;辐射温度计的精度等级应不低于 2.5%;热球式电风速仪、叶轮式和转杯式风速计的精度要求见 11.3。

13.4 测定方法

13.4.1 用玻璃温度计测定环境空气温度(见 7.2)。

13.4.2 用热球式电风速计、叶轮式或转杯式风速计测定环境风速并确定空气冲击角。

13.4.3 用热流计测出各热设备的表面散热量。

13.4.4 无热流计时,用红外测温仪、表面热电偶温度计和半导体点温计等测定热设备的表面温度,计算散热量。

将各种需要测定的热设备，按其本身的结构特点和表面温度的不同，划分成若干个区域，计算出每一区域表面积的大小；分别在每一区域里测出若干点的表面温度，同时测出周围环境温度、环境风速和空气冲击角；根据测定结果在相应表中查出散热系数，按公式(6)计算每一区域的表面散热量。

$$Q_{Bi}=\alpha_{Bi}(t_{Bi}-t_k)\times F_{Bi} \quad \cdots\cdots(6)$$

式中：

Q_{Bi}——各区域表面散热量，单位为千焦每小时(kJ/h)；

α_{Bi}——表面散热系数，单位为千焦每平方米小时摄氏度[kJ/(m²·h·℃)]，它与温差($t_{Bi}-t_k$)和环境风速及空气冲击角有关(见附录C)；

t_{Bi}——被测某区域的表面温度平均值，单位为摄氏度(℃)；

t_k——环境空气温度，单位为摄氏度(℃)；

F_{Bi}——各区域的表面积，单位为平方米(m²)。

13.4.5 热设备的表面散热量等于各区域散表面热量之和，按公式(7)计算。

$$Q_B=\sum Q_{Bi} \quad \cdots\cdots(7)$$

式中：

Q_B——设备表面散热量，单位为千焦每小时(kJ/h)。

14 用水量的测定

14.1 测定项目

窑系统各水冷却部位如一次风管；窑头、尾密封圈；烧成带胴体；冷却机胴体；冷却机熟料出口；增湿塔和托轮轴承等处的用水量。

14.2 测点位置

各进水管和出水口。

14.3 测定仪器

水流量计(水表)或盛水容器和磅秤；玻璃温度计。水流量计(水表)的精度等级应不低于1%；磅秤的最小感量应不大于100 g；玻璃温度计的精度要求见6.3。

14.4 测定方法

用玻璃温度计分别测定进、出水的温度。采用水冷却的地方，应测出冷却水量，包括变成水蒸汽的汽化水量，和水温升高后排出的水量。对进水量的测定，应在进水管上安装水表计量，若无水表的测点，可与出水同样的方法测定，即在一定时间里用容器接水称量。需至少抽测三次以上，按其平均值计算进、出水量，二者之差即为蒸发汽化水量。

附　录　A
（规范性附录）
燃料的基准换算和发热量计算方法

A.1　燃料成分基准之间的换算

燃料成分应有明确的基准，对固体及液体燃料有收到基“ar”，空气干燥基“ad”，干燥基 “d”，干燥无灰基“daf”，将角标写在主题符号的右下角。各基准之间的换算关系见表 A.1。

表 A.1　各基准之间的换算系数

已知的燃料成分	换算的燃料成分			
	收到基(ar)	空气干燥基(ad)	干燥基(d)	干燥无灰基(daf)
收到基(ar)	1	$\frac{100-M_{ad}}{100-M_{ar}}$	$\frac{100}{100-M_{ar}}$	$\frac{100}{100-M_{ar}-A_{ar}}$
空气干燥基(ad)	$\frac{100-M_{ar}}{100-M_{ad}}$	1	$\frac{100}{100-M_{ad}}$	$\frac{100}{100-M_{ad}-A_{ad}}$
干燥基(d)	$\frac{100-M_{ar}}{100}$	$\frac{100-M_{ad}}{100}$	1	$\frac{100}{100-M_{d}}$
干燥无灰基(daf)	$\frac{100-M_{ar}-A_{ar}}{100}$	$\frac{100-M_{ad}-A_{ad}}{100}$	$\frac{100-A_{d}}{100}$	1

A.2　燃料发热量的计算

A.2.1　氧弹量热法测定和计算燃料发热量

按 GB/T 213 规定的方法进行。

A.2.2　烟煤、无烟煤和褐煤低位发热量

A.2.2.1　烟煤低位发热量按公式(A.1)计算。

$$Q_{net,ad}=35\ 860-73.7V_{ad}-395.7A_{ad}-702.0M_{ad}+173.6\text{CRC} \quad \cdots\cdots\cdots\cdots(\text{A.1})$$

式中：

$Q_{net,ad}$——空气干燥基煤样低位发热量，单位为千焦每千克(kJ/kg)；

V_{ad}　——空气干燥基煤样挥发分，以百分数表示(%)；

A_{ad}　——空气干燥基煤样灰分，以百分数表示(%)；

M_{ad}　——空气干燥基煤样水分，以百分数表示(%)；

CRC ——焦渣特性。

A.2.2.2　无烟煤低位发热量按公式(A.2)计算。

$$Q_{net,ad}=34\ 814-24.7V_{ad}-382.2A_{ad}-563.0M_{ad} \quad \cdots\cdots\cdots\cdots\cdots\cdots(\text{A.2})$$

A.2.2.3　褐煤低位发热量按公式(A.3)计算。

$$Q_{net,ad}=31\ 733-70.5V_{ad}-321.6A_{ad}-388.4M_{ad} \quad \cdots\cdots\cdots\cdots\cdots\cdots(\text{A.3})$$

A.2.3　煤低位发热量的计算

A.2.3.1　需要采用全硫计算煤的低位发热量，见公式(A.4)。

$$Q_{net,ad} = 6\,984 + 275.0C_{ad} + 805.7H_{ad} + 60.7S_{t,ad} - 142.9O_{ad} - 74.4A_{ad} - 129.2M_{ad} \quad \cdots\cdots(A.4)$$

式中：

C_{ad}、H_{ad}、$S_{t,ad}$、O_{ad}——分别为空气干燥基煤样碳、氢、全硫、氧的质量分数，以百分数表示(%)。

A.2.3.2　不需要采用全硫计算煤的低位发热量，见公式(A.5)。

$$Q_{net,ad} = 12\,807.6 + 216.6C_{ad} + 734.2H_{ad} - 199.7O_{ad} - 132.8A_{ad} - 188.3M_{ad} \quad \cdots\cdots(A.5)$$

A.2.4　煤的收到基低位发热量

根据煤的空气干燥基低位发热量，按公式(A.6)计算煤的收到基低位发热量。

$$Q_{net,ar} = (Q_{net,ad} + 23M_{ad})\frac{100 - M_{ar}}{100 - M_{ad}} - 23M_{ar} \quad \cdots\cdots(A.6)$$

A.2.5　液体和气体燃料发热量

A.2.5.1　液体燃料发热量按公式(A.7)进行。

$$Q_{net,ar} = 339C_{ar} + 1\,030H_{ar} - 109(O_{ar} - S_{ar}) - 25M_{ar} \quad \cdots\cdots(A.7)$$

式中：

C_{ar}、H_{ar}、$S_{t,ar}$、O_{ar}——分别为液体燃料中碳、氢、全硫、氧的质量分数，以百分数表示(%)。

A.2.5.2　气体燃料发热量按公式(A.8)进行。

$$Q_{net,ar} = 126.3CO + 107.9H_2 + 358.0CH_4 + 590.5C_2H_4 + 231.3H_2S \quad \cdots\cdots(A.8)$$

式中：

CO、H_2、CH_4、C_2H_4、H_2S——分别为气体燃料中各成分的体积分数，以百分数表示(%)。

附 录 B
（资料性附录）
常用热电偶的允差等级及抽气热电偶温度校正

B.1 常用热电偶适用的温度测量范围见表 B.1。

表 B.1 常用热电偶适用的温度测量范围

热电偶类型	分度号	测温范围/℃	推荐使用的最高测温范围/℃	
			长期	短期
铜-康铜	T	−200～350	350	400
镍铬-镍硅	K	−200～1 300	800	1 300
铂铑 30-铂铑 6	B	0～1 800	1 700	1 800
铂铑-铂	R 和 S	0～1 700	1 300	1 700

B.2 使用抽气热电偶应根据隔热罩的层数及抽气速度，对所测温度进行校正，校正值见表 B.2。

表 B.2 抽气热电偶温度校正

测量温度/℃	档板层数	最低抽气速度/(m/s)	最低速度时校正值/℃
400	一层	40	+10～15
500	一层	60	+17～25
600	一层	80	+25～36
600	二层	40	+10～15
700	二层	60	+10～15
800	二层	70	+10～25
900	二层	80	+30～46
1 000	二层	100	+50～70

附 录 C
（规范性附录）
表面散热系数的修正方法

C.1 表面散热系数说明

计算回转窑、单筒冷却机等转动设备的表面散热时，查表 C.1 中的数值，并对空气冲击角的影响加以校正；计算预热器、分解炉等不转动设备的表面散热时，查表 C.2 中的数值。

表 C.1 不同温差与不同风速的散热系数 α 单位为千焦每平方米小时摄氏度

温差 Δt/℃	风速/(m/s)								
	0	0.24	0.48	0.69	0.90	1.20	1.50	1.75	2.0
40	45.16	50.60	56.03	61.47	66.92	75.69	84.47	93.25	102.03
50	47.67	53.11	58.54	63.98	69.42	78.61	87.40	96.18	104.54
60	50.18	56.03	61.47	66.91	71.92	81.42	89.90	98.69	107.47
70	52.69	58.54	64.40	69.83	74.85	84.05	92.83	101.61	110.39
80	54.78	61.05	66.91	72.34	77.36	86.56	95.34	104.12	112.90
90	57.29	63.56	69.42	74.85	79.87	89.07	97.85	106.63	115.83
100	59.80	66.07	72.34	77.78	82.80	92.00	100.78	109.56	118.34
110	62.31	68.58	74.85	80.29	85.31	94.50	103.29	112.07	120.85
120	64.82	71.09	77.36	82.80	88.23	97.43	106.21	114.99	123.30
130	67.32	74.01	80.29	85.72	90.74	99.94	109.14	117.50	124.19
140	70.25	76.52	82.80	88.23	93.25	102.45	111.23	120.01	124.61
150	72.34	79.03	85.72	91.16	96.18	105.38	114.58	120.85	125.45
160	74.85	81.54	88.23	93.67	99.10	108.30	115.83	121.27	125.87
170	76.94	84.05	91.16	96.60	101.61	110.81	116.25	121.69	126.28
180	79.45	86.56	93.67	99.10	104.54	111.23	116.67	122.10	126.70
190	82.00	89.07	96.18	101.61	106.63	112.07	117.09	122.52	127.12
200	84.47	92.00	99.10	104.12	107.05	112.90	117.92	122.94	127.54
210	86.98	94.50	101.61	104.54	107.89	113.32	118.34	123.36	127.90
220	89.49	97.01	102.03	105.38	108.72	114.16	118.76	123.78	128.30
230	92.00	97.85	102.49	105.79	109.14	114.58	119.18	124.19	128.79
240	94.50	98.69	102.87	106.21	109.56	114.99	119.59	124.61	129.63
250	96.88	99.53	103.31	106.62	109.98	115.41	120.01	125.03	130.08
260	99.34	100.37	103.73	107.04	110.40	115.82	120.42	125.44	130.64
270	101.80	101.21	104.16	107.45	110.82	116.24	120.84	125.86	131.21
280	104.26	102.05	104.58	107.87	111.24	116.65	121.25	126.27	131.78
290	106.73	102.89	105.01	108.28	111.66	117.07	121.67	126.69	132.35
300	109.19	103.73	105.43	108.70	112.08	117.48	122.08	127.11	132.92

表 C.2 不同温差与不同风速的散热系数 α　　单位为千焦每平方米小时摄氏度

温差/℃	风速/(m/s)				
	0	2.0	4.0	6.0	8.0
40	35.13	75.27	96.18	113.74	129.67
50	37.63	78.20	99.10	116.67	132.98
60	40.14	81.12	102.03	119.18	135.48
70	42.65	83.63	104.96	122.52	138.83
80	45.16	86.14	108.30	125.45	142.17
90	47.67	89.49	111.23	128.79	145.10
100	50.18	92.00	114.58	132.14	148.03
110	52.69	94.92	117.92	135.07	151.79
120	55.20	97.85	120.85	138.41	155.14
130	57.71	100.78	124.19	141.34	158.06
140	60.22	103.70	127.12	144.68	160.99
150	62.72	105.79	130.47	148.03	164.76
160	65.23	109.56	133.81		
170	67.74	112.49	136.74		
180	70.25	115.41	140.08		
190	72.76	117.92	143.01		
200	75.27	120.85	146.36		
210	77.78				
220	80.29				
230	82.80				
240	85.31				
250	87.81				

C.2 冲击角的校正方法

计算表面散热，当考虑空气冲击角对单窑散热系数的影响时，应采用冲击角的校正系数。冲击角校正系数与不同冲击角散热系数的关系见公式(C.1)。

$$\varepsilon_{\phi}=\frac{\alpha_{\phi}}{\alpha_{90}} \qquad \text{(C.1)}$$

式中：

ε_{ϕ}——冲击角的校正系数；

α_{ϕ}——冲击角为 ϕ 时的散热系数，单位为千焦每平方米小时摄氏度[kJ/(m²·h·℃)]；

α_{90}——冲击角为 90°时的散热系数，单位为千焦每平方米小时摄氏度[kJ/(m²·h·℃)]。

根据试验测定结果，冲击角(ϕ)与校正系数(ε_{ϕ})的关系见表 C.3。

表 C.3　冲击角与校正系数的关系

ϕ	10°	15°	20°	25°	30°	35°	40°	45°	50°	55°～90°
ε_ϕ	0.75	0.80	0.83	0.86	0.90	0.93	0.96	0.97	0.98	1.00

故考虑冲击角时，单窑散热系数按公式(C.2)进行。

$$\alpha_\phi = \alpha \times \varepsilon_\phi \quad \cdots\cdots (C.2)$$

式中：

α——单窑的散热系数，单位为千焦每平方米小时摄氏度[kJ/(m²·h·℃)]。

C.3　多窑并列时散热系数计算

多筒冷却机与窑体散热之间的相互影响，可作为多窑并列的一个特例对待，而多窑并列时的散热系数是单窑的0.8倍。多筒冷却机的散热按公式(C.3)进行计算。

$$\alpha' = 0.8 \times \alpha \quad \cdots\cdots (C.3)$$

式中：

α'——冲击角为ϕ时的散热系数，单位为千焦每平方米小时摄氏度[kJ/(m²·h·℃)]。

ICS 91.100.10
Q 11

中华人民共和国国家标准

GB/T 26566—2011

水泥生料易烧性试验方法

Test method for burnability of cement raw meal

2011-06-16 发布

2012-02-01 实施

中华人民共和国国家质量监督检验检疫总局
中国国家标准化管理委员会 发布

前言

本标准按照GB/T 1.1—2009给出的规则起草。

本标准由中国建筑材料联合会提出。

本标准由全国水泥标准化技术委员会(SAC/TC 184)归口。

本标准负责起草单位:天津水泥工业设计研究院有限公司。

本标准主要起草人:倪祥平、肖秋菊、王仲春、刘继开、白波、陈东明。

水泥生料易烧性试验方法

1 范围

本标准规定了水泥生料易烧性试验的术语和定义、方法原理、试验设备和器具、试样制备、试验温度、试验步骤和试验结果的表示等内容。

本标准适用于硅酸盐水泥的生料易烧性试验。

2 规范性引用文件

下列文件对于本文件的应用是必不可少的。凡是注日期的引用文件，仅注日期的版本适用于本文件。凡是不注日期的引用文件，其最新版本(包括所有的修改单)适用于本文件。

GB/T 176 水泥化学分析方法

GB/T 1345 水泥细度检验方法

GB/T 6003.1 金属丝编织网试验筛

GB/T 26567 水泥原料易磨性试验方法(邦德法)

3 术语和定义

下列术语和定义适用于本文件。

3.1

易烧性 burnability

水泥生料通过煅烧形成水泥熟料的难易程度。

4 方法原理

按一定的煅烧制度对水泥生料进行煅烧后，测定其游离氧化钙含量，用游离氧化钙含量表示生料的易烧性。游离氧化钙愈低，易烧性愈好。

5 试验设备和器具

5.1 球磨机

符合 GB/T 26567 水泥原料易磨性试验方法(邦德法)的规定。

5.2 预烧用高温炉

额定温度不低于 1 000 ℃，温度控制精度 1.0%。

5.3 煅烧用高温炉

额定温度不低于 1 600 ℃，温度控制精度 0.5%。

加热元件对称布置，且不暴露于炉膛；热电偶端点位于炉膛中部 1/3 边长区域内。

5.4 电热干燥箱

可控制温度 100 ℃～110 ℃。

5.5 平底耐高温容器

耐火度不小于 1 600 ℃，底面尺寸不大于 100 mm×100 mm。

5.6 天平

量程不小于 200 g，最小分度值不大于 0.1 g。

5.7 试验筛

符合 GB/T 6003.1 的规定。

5.8 压力机

液压式，最大压力 50 kN，控制精度 0.1 kN。

5.9 试体成型模具

试体成型模具如图 1，材质为 45 号钢。

单位为毫米

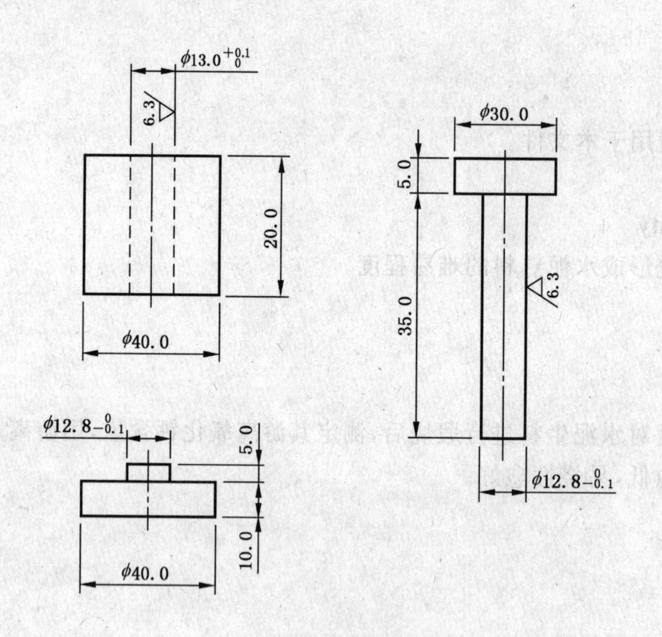

图 1 试体成型模具

6 试样制备

6.1 以试验室制备的生料，或工业生料与适量煤灰的混合料，作为试样。

试验室用 5.1 球磨机制备生料，一次制备一种细度的生料 1.0 kg；生料的率值服从熟料的率值，无论生料的配制是否采用煤灰；生料的细度不限，但按 GB/T 1345 检验的 80 μm 筛余应在(10±1)%。

6.2 称取试样 100 g，置于洁净容器中，边用小勺搅拌边加入 10 mL 蒸馏水，拌和至水分均匀。

当用工业废渣作原料，试样难以成型时，可于拌合水中添加微量胶结剂（如聚乙烯醇）。

6.3 每次称取含水试样 3.6 g±0.1 g，放入试体成型模具内，用压力机以 10.6 kN 力制成 ϕ13 mm 的试体，不必保压。

6.4 将试体放入 100 ℃～110 ℃恒温的电热干燥箱内，至少烘 60 min。

7 试验温度

试体的煅烧分别按下列温度进行：

——1 350 ℃；

——1 400 ℃；

——1 450 ℃。

特殊需要时也可增加其他温度。

各温度的试验均按第 8 章进行。

8 试验步骤

8.1 取相同试体至少六个为一组，均匀且不重叠地立置于平底耐高温容器内。

8.2 将试体随容器迅速放入已于 950 ℃恒温的预烧高温炉，恒温预烧 30 min。

8.3 将预烧完毕的试体随容器迅速转移至已于某温度（见第 7 章）恒温的煅烧高温炉内，使容器位于热电偶测点正下方，容器底面与热电偶测点相距不大于 5 cm，恒温煅烧 30 min。

8.4 将煅烧完毕的试体随容器迅速从煅烧高温炉内取出，于空气中自然冷却至室温。

8.5 将冷却至室温的一组试体用研钵研磨成全部通过 80 μm 试验筛的分析样，混匀后装入磨口小瓶，置于干燥器内保存。

8.6 按 GB/T 176 测定分析样的游离氧化钙含量（3 d 内完成）。

9 试验结果的表示

试验报告的内容应包括：

——对应各试验温度的熟料游离氧化钙含量；

——熟料的率值（KH、SM、AM）；

——生料的细度；

——生料中煤灰的含量。

ICS 91.100.10
Q 11

中华人民共和国国家标准

GB/T 26567—2011

水泥原料易磨性试验方法(邦德法)

Test method for grindability of cement raw materials—Bond method

2011-06-16 发布　　　　2012-02-01 实施

中华人民共和国国家质量监督检验检疫总局
中国国家标准化管理委员会　发布

前　言

本标准按照 GB/T 1.1—2009 给出的规则起草。

本标准由中国建筑材料联合会提出。

本标准由全国水泥标准化技术委员会(SAC/TC 184)归口。

本标准起草单位:天津水泥工业设计研究院有限公司。

本标准主要起草人:倪祥平、肖秋菊、王仲春、刘继开、白波、陈东明。

水泥原料易磨性试验方法(邦德法)

1 范围

本标准规定了水泥原料易磨性试验的术语和定义、试验原理、试验设备、试样准备、试验步骤及试验结果的计算和表示方法。

本标准适用于水泥原料的易磨性试验。

2 规范性引用文件

下列文件对于本文件的应用是必不可少的。凡是注日期的引用文件,仅注日期的版本适用于本文件。凡是不注日期的引用文件,其最新版本(包括所有的修改单)适用于本文件。

GB 308 滚动轴承 钢球

GB 474 煤样的制备方法

GB/T 6003.1 金属丝编织网试验筛(idt ISO 3310-1:1990)

3 术语和定义

下列术语和定义适用于本文件。

3.1

粉磨功指数 grinding work index

依据邦德(F. C. Bond)粉碎理论的指数,表示水泥原料的易磨性。

3.2

80%通过粒度 80% passing size

具有粒度分布的粉粒体,其80%质量的颗粒可以通过的筛孔尺寸。

3.3

成品筛 product sieve

用于从物料中分离成品的试验筛。

3.4

循环负荷 circulating load

卸出磨机的物料中,需要返回磨机的粗粉质量与通过成品筛的细粉质量之比。

3.5

平衡状态 equilibrium state

连续三次粉磨,循环负荷都符合(250±5)%,且磨机每转产生的成品质量的极差小于其平均值的3%。

4 试验原理

用规定的磨机对试样进行间歇式循环粉磨,根据平衡状态的磨机产量和成品粒度,以及试样粒度和成品筛孔径,计算试样的粉磨功指数。

5 试验设备

5.1 球磨机

内径 305 mm、内长 305 mm 的铁制圆筒状球磨机(结构尺寸如图 1),转速 70 r/min。

单位为毫米

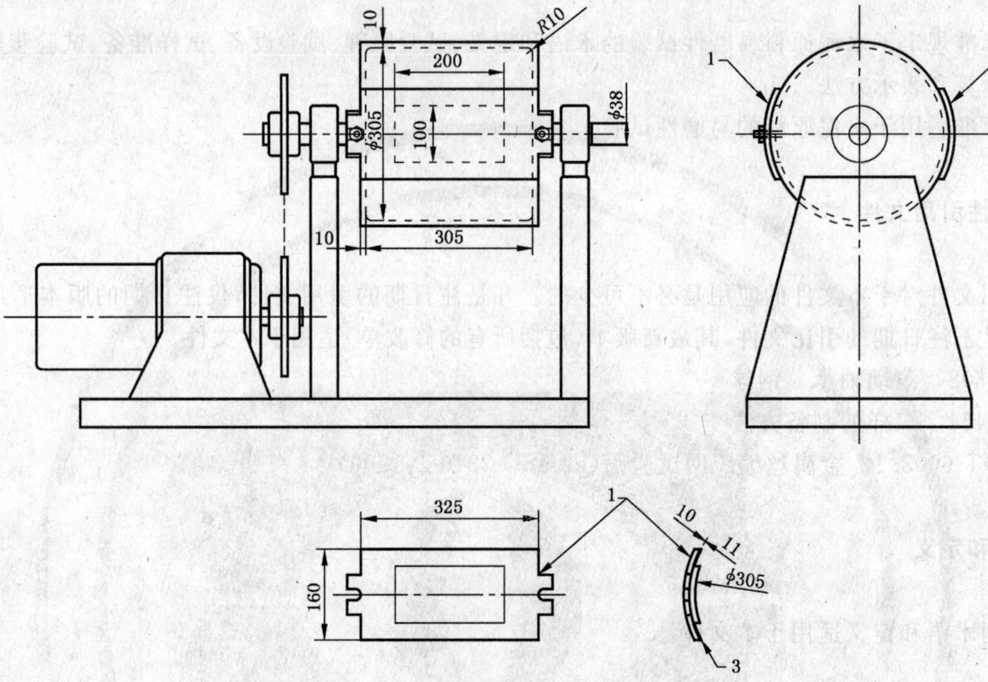

1——磨盖;

2——平衡配重;

3——密封衬垫。

图 1 球磨机

5.2 钢球

5.2.1 符合 GB 308 的规定,其构成如表 1,总质量不小于 19.5 kg。

表 1 钢球

直径/mm	个数
36.5	43
30.2	67
25.4	10
19.1	71
15.9	94
合计	285

5.2.2 新钢球使用前需通过粉磨硬质物料消减表面光洁度。

5.3　试验筛

符合 GB/T 6003.1 的规定。

5.4　漏斗和量筒

如图 2 所示。

单位为毫米

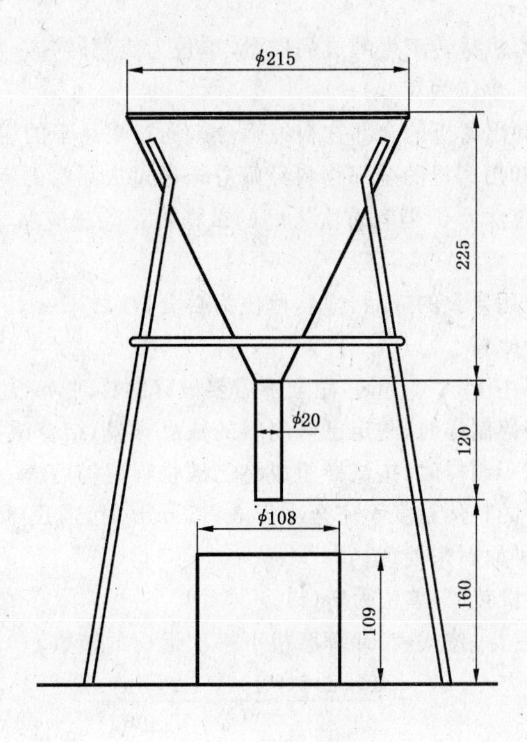

图 2　漏斗和量筒

5.5　称量设备

5.5.1　量程不小于 2 000 g，最小分度值不大于 1 g，用于试样的称量。

5.5.2　量程不小于 200 g，最小分度值不大于 0.1 g，用于成品的称量。

6　试样准备

按 GB 474，制备粒度小于 3.35 mm 的物料约 10 kg，以 100 ℃～110 ℃烘干，缩分出 5 kg 作为试样，其余作为保留样。

7　试验步骤

7.1　将试样混匀，用 5.4 规定的漏斗和量筒测定 1 000 mL 松散试样的质量，乘 0.7 即为入磨试样的质量。

7.2　按 GB 474，缩分出约 500 g 试样，用筛分法测定其成品含量和 80%通过粒度。

7.3　按 GB 474，缩分出入磨试样。

当试样的成品含量超过 1/3.5 时，先筛除该入磨试样中的成品，并补充试样至筛前质量。

7.4 将7.3的试样倒入已装钢球的磨机;根据经验选定磨机第一次运行的转数(通常为100r～300r)。

7.5 运行磨机至预定的转数;将磨内物料连同钢球一起卸出,扫清磨内残留物料。

7.6 分离物料和钢球;用成品筛筛分卸出磨机的全部物料,称得筛上粗粉质量。

7.7 按式(1)计算磨机每转产生的成品质量。

$$G_j=\frac{(w-a_j)-(w-a_{j-1})m}{N_j} \qquad \cdots\cdots(1)$$

式中:

G_j ——第j次粉磨后,磨机每转产生的成品质量,单位为克每转(g/r);

w ——入磨试样的质量,单位为克(g);

a_j ——第j次粉磨后,卸出磨机的全部物料经筛分未通过成品筛的粗粉质量,单位为克(g);

a_{j-1}——上一次粉磨后,卸出磨机的全部物料经筛分未通过成品筛的粗粉质量,单位为克(g)。当$j=1$时a_{j-1}通常为0,但若首次入磨的试样曾筛除过成品,则a_{j-1}还为未通过成品筛的粗粉质量。

m ——试样中由破碎作用导致的成品含量,单位为百分数(%);

当组成试样的各原料:

——自然粒度都小于3.35 mm,完全不需要破碎制样时,m为0;

——部分需要破碎制样时,测定已破物料的成品含量,结合试样组成计算m;

——全部需要破碎制样时,按试样组成将已破物料混匀后统一测定m;

——当单一原料的自然粒度不完全小于3.35 mm时,需用3.35 mm筛将其筛分为两部分,并按两种原料来处理。

N_j ——第j次粉磨的磨机转数,单位为转(r)。

7.8 以250%的循环负荷为目标,按式(2)计算磨机下一次运行的转数。

$$N_{j+1}=\frac{w/(2.5+1)-(w-a_j)m}{G_j} \qquad \cdots\cdots(2)$$

7.9 按GB 474,缩分出质量为$(w-a_j)$的试样,与筛上粗粉a_j混合后一起倒入已装钢球的磨机。

7.10 重复7.5～7.9的操作,直至平衡状态(如图3)。

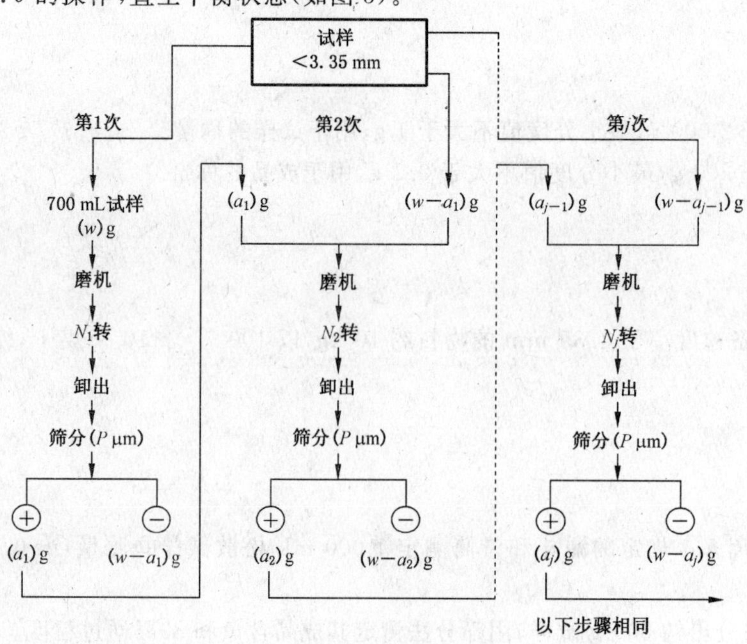

图3 试验步骤示意图

7.11 计算平衡状态三个 G_j 的平均值。

7.12 将平衡状态所得的成品一起混匀，用筛分法测定其粒度分布，测定方法如下：称取成品 100.0 g，先用 40 μm 水筛洗去微粉，收集筛余物烘干后，再用 6 个 40 μm～71 μm 的套筛进行筛分。根据粒度分布求成品的 80%通过粒度。

8 试验结果

8.1 计算方法

按式(3)计算粉磨功指数。

$$W_i = \frac{176.2}{P^{0.23} \times G^{0.82} \times (10/\sqrt{P_{80}} - 10/\sqrt{F_{80}})} \quad \cdots\cdots(3)$$

式中：

W_i ——粉磨功指数，单位为兆焦每吨(MJ/t)；

P ——成品筛的筛孔尺寸，单位为微米(μm)；

G ——平衡状态三个 G_j 的平均值，单位为克每转(g/r)；

P_{80} ——成品的 80%通过粒度，单位为微米(μm)；

F_{80} ——试样的 80%通过粒度，单位为微米(μm)。

当原料的自然粒度小于 3.35 mm 而无需破碎制备试样时，F_{80} 用 2 500 代替。

8.2 表示方法

表示粉磨功指数时应注明 P，例如：W_i =59.8 MJ/t(P=80 μm)。

ICS 91.100.10
Q 11

中华人民共和国国家标准

GB/T 27973—2011

硅灰的化学分析方法

Methods for chemical analysis of volatilized silica

2011-12-30 发布　　　　2012-10-01 实施

中华人民共和国国家质量监督检验检疫总局
中国国家标准化管理委员会　发布

前　言

本标准按照 GB/T 1.1—2009 给出的规则起草。

本标准由中国建筑材料联合会提出。

本标准由全国水泥标准化技术委员会(SAC/TC 184)归口。

本标准起草单位：中国建筑材料科学研究总院、中国建筑材料检验认证中心有限公司、嘉兴南方水泥有限公司。

本标准主要起草人：崔健、刘文长、王瑞海、黄清林、倪竹君、戴平、于克孝、黄小楼、温玉刚。

硅灰的化学分析方法

1 范围

本标准规定了硅灰中二氧化硅、三氧化二铁、氧化镁、烧失量、碱含量、含水量和氯离子的分析方法。

本标准适用于凝聚硅灰和微硅粉。

2 规范性引用文件

下列文件对于本文件的应用是必不可少的。凡是注日期的引用文件，仅注日期的版本适用于本文件。凡是不注日期的引用文件，其最新版本(包括所有的修改单)适用于本文件。

GB/T 2007.1 散装矿产品取样、制样通则 手工取样方法

GB/T 6682 分析实验室用水规格和试验方法

JJG 196 常用玻璃量器检定规程

3 试验的基本要求

3.1 质量、体积和结果的表示

质量以克表示，精确至0.000 1 g。除非另有规定，吸管的体积用mL表示，精确度按JJG 196的规定执行。

测试结果以质量分数计，氯的测试结果的计算与表示至小数点后三位，其他成分均表示至小数点后二位。

3.2 空白试验

使用等量的试剂，不加入试样，按照相同的测定步骤进行试验，对得到的测定结果进行校正。

3.3 灼烧

将滤纸和沉淀放入预先已灼烧并恒量的坩埚中，烘干。在氧化性气氛中慢慢灰化，不使之有火焰产生，灰化至无黑色碳颗粒后，放入高温炉(5.5)中，在规定的温度下灼烧。在干燥器中冷却至室温，称量。

3.4 恒量

经第一次灼烧、冷却、称量后，通过连续对每次15 min的灼烧，然后冷却、称量的方法来检查恒定质量，当连续两次称量之差小于0.000 5 g时，即达到恒量。

4 试剂和材料

4.1 通则

所用试剂不低于分析纯。用于标定与配制标准溶液的试剂，除另有说明外应为基准试剂。所用水应符合GB/T 6682中规定的三级水要求。

除非另有说明,“%”均为质量分数。

在化学分析中,所用酸或氨水,凡未注浓度者均指市售的浓酸或浓氨水。

用体积比表示试剂稀释程度,例如,盐酸(1+2)表示1份体积的浓盐酸与2份体积的水相混合。

4.2 盐酸(HCl)

ρ=1.18 g/cm^3～1.19 g/cm^3,质量分数36%～38%。

4.3 氢氟酸(HF)

ρ=1.13 g/cm^3,质量分数40%。

4.4 硝酸(HNO_3)

ρ=1.39 g/cm^3～1.41 g/cm^3,质量分数65%～68%。

4.5 硫酸(H_2SO_4)

ρ=1.84 g/cm^3,质量分数95%～98%。

4.6 氨水(NH_3H_2O)

ρ=0.90 g/cm^3～0.91 g/cm^3,质量分数25%～28%。

4.7 磷酸(H_3PO_4)

质量分数85%。

4.8 乙醇(C_2H_5OH)

体积分数为95%。

4.9 过氧化氢(H_2O_2)

质量分数30%。

4.10 氯化钾(KCl)

颗粒粗大时,应研细后使用。

4.11 无水碳酸钠(Na_2CO_3)

将无水碳酸钠用玛瑙研钵研细至粉末状,贮存于密封瓶中。

4.12 盐酸溶液

4.12.1 盐酸(1+1)

1份体积的浓盐酸与1份体积的水相混合。

4.12.2 盐酸(3+97)

3份体积的浓盐酸与97份体积的水相混合。

4.13 硫酸(1+1)

1份体积的浓硫酸慢慢注入1份体积的水中并不断搅拌混合均匀。

4.14 氨水(1+1)

1份体积的浓氨水与1份体积的水相混合。

4.15 硝酸溶液

4.15.1 硝酸(1+2)

1份体积的浓硝酸与2份体积的水相混合。

4.15.2 硝酸(1+100)

1份体积的浓硝酸与100份体积的水相混合。

4.16 硝酸银溶液(0.05 mol/L)

称取8.494 g硝酸银($AgNO_3$)溶于水,稀释到1 L,避光保存。

4.17 氢氧化钠溶液(0.5 mol/L)

将2 g氢氧化钠(NaOH)溶于100 mL水中。

4.18 氢氧化钾溶液(200 g/L)

将200 g氢氧化钾(KOH)溶于水中,加水稀释至1 L,贮存于塑料瓶中。

4.19 三乙醇胺(1+2)

1份体积的三乙醇胺与2份体积的水相混合。

4.20 碳酸铵溶液(100 g/L)

将10 g碳酸铵[$(NH_4)_2CO_3$]溶解于100 mL水中。用时现配。

4.21 氟化钾溶液(150 g/L)

将150 g氟化钾($KF \cdot 2H_2O$)置于塑料杯中,加水溶解后,加水稀释至1 L,贮存于塑料瓶中。

4.22 氯化钾溶液(50 g/L)

将50 g氯化钾(KCl)溶于水中,加水稀释至1 L。

4.23 氯化钾—乙醇溶液(50 g/L)

将5 g氯化钾(KCl)溶于50 mL水后,加入50 mL乙醇(4.8),混匀。

4.24 硫氰酸铵标准滴定溶液(0.05 mol/L)

称取3.8 g硫氰酸铵(NH_4SCN)溶于水,稀释到1 L。

4.25 硝酸溶液(0.5 mol/L)

取3 mL硝酸,用水稀释至100 mL。

4.26 抗坏血酸溶液(5 g/L)

将0.5 g抗坏血酸(V.C)溶于100 mL水中,必要时过滤后使用。用时现配。

4.27 邻菲罗啉溶液(10 g/L 乙酸溶液)

将 1 g 邻菲罗啉($C_{12}H_8N_2 \cdot 2H_2O$)溶于 100 mL 乙酸(1+1)中,用时现配。

4.28 乙酸铵溶液(100 g/L)

将 10 g 乙酸铵(CH_3COONH_4)溶于 100 mL 水中。

4.29 氯化铵(NH_4Cl)

固体研细,密封保存。

4.30 氯化锶溶液(锶 50 g/L)

将 152.2 g 氯化锶($SrCl_2 \cdot 6H_2O$)溶解于水中,加水稀释至 1 L,必要时过滤后使用。

4.31 焦硫酸钾($K_2S_2O_7$)

将市售的焦硫酸钾在瓷蒸发皿中加热熔化,加热至无泡沫发生,冷却并压碎熔融物,贮存于密封瓶中。

4.32 钼酸铵溶液(15 g/L)

将 3 g 钼酸铵[$(NH_4)_6Mo_7O_{24} \cdot 4H_2O$]溶于 100 mL 热水中,加入 60 mL 硫酸(1+1),混匀。冷却后加水稀释至 200 mL,贮存于塑料瓶中,必要时过滤后使用。此溶液在一周内使用。

4.33 工作曲线的绘制

4.33.1 氧化钾、氧化钠标准溶液的配制

称取 1.582 9 g 已于 105 ℃~110 ℃烘过 2 h 的氯化钾(KCl,基准试剂或光谱纯)及 1.885 9 g 已于 105 ℃~110 ℃烘过 2 h 的氯化钠(NaCl,基准试剂或光谱纯),精确至 0.000 1 g,置于烧杯中,加水溶解后,移入 1 000 mL 容量瓶中,用水稀释至标线,摇匀。贮存于塑料瓶中。此标准溶液每毫升含 1 mg 氧化钾及 1 mg 氧化钠。

吸取 50.00 mL 上述标准溶液放入 1 000 mL 容量瓶中,用水稀释至标线,摇匀。贮存于塑料瓶中。此标准溶液每毫升含 0.05 mg 氧化钾和 0.05 mg 氧化钠。

4.33.2 用于火焰光度法的工作曲线的绘制

吸取每毫升含 1 mg 氧化钾及 1 mg 氧化钠的标准溶液 0 mL;2.50 mL;5.00 mL;10.00 mL;15.00 mL;20.00 mL 分别放入 500 mL 容量瓶中,用水稀释至标线,摇匀。贮存于塑料瓶中。将火焰光度计(5.11)调节至最佳工作状态,按仪器使用规程进行测定。用测得的检流计读数作为相对应的氧化钾和氧化钠含量的函数,绘制工作曲线。

4.33.3 用于原子吸收光谱法的工作曲线的绘制

每毫升含 0.05 mg 氧化钾及 0.05 mg 氧化钠的标准溶液 0 mL、2.50 mL、5.00 mL、10.00 mL、15.00 mL、20.00 mL、25.00 mL 分别放入 500 mL 容量瓶中,加入 30 mL 盐酸及 10 mL 氯化锶溶液(4.30),用水稀释至标线,摇匀,贮存于塑料瓶中。将原子吸收光谱仪(5.12)调节至最佳工作状态,在空气-乙炔火焰中,分别用钾元素空心阴极灯于波长 766.5 nm 处和钠元素空心阴极灯于波长 589.0 nm 处,以水校零测定溶液的吸光度。用测得的吸光度作为相对应的氧化钾和氧化钠含量的函数,绘制工作曲线。

4.34 氯标准溶液

准确称取0.329 7 g已在105 ℃～110 ℃烘过2 h的光谱纯氯化钠，溶于少量水中，然后移入1 L容量瓶中，用水稀释至标线，摇匀。此溶液1 mL含0.2 mg氯。

4.35 硝酸汞[$Hg(NO_3)_2$]标准滴定溶液

4.35.1 0.001 mol/L硝酸汞[$Hg(NO_3)_2$]标准溶液的配制

称取0.34 g硝酸汞[$Hg(NO_3)_2$]，溶于10 mL、0.5 mol/L的硝酸中，移入1 L容量瓶内，用水稀释至标线，摇匀。

4.35.2 0.005 mol/L硝酸汞[$Hg(NO_3)_2$]标准滴定溶液的配制

称取1.67 g硝酸汞[$Hg(NO_3)_2$]，溶于10 mL、0.5 mol/L的硝酸中，移入1 L容量瓶内，用水稀释至标线，摇匀。

4.35.3 硝酸汞标准滴定溶液标定

用微量滴定管准确加入0.20 mg(或1.40 mg/mL)氯标准溶液(m_1)于50 mL锥形瓶中，加入20 mL乙醇(4.8)及数滴氢氧化钠标准溶液(4.17)至溶液呈蓝色，然后滴入硝酸溶液(4.25)至溶液刚好变黄，再过量1滴(pH约为3.5)，加入10滴二苯偶氮碳酰肼指示剂(4.45)，用0.001 mol/L(或0.05 mol/L)硝酸汞标准溶液滴定至樱桃红色出现，消耗的体积为(V_1)同时进行空白试验。消耗的体积(V_2)。

硝酸汞标准溶液对氯的滴定度，按式(1)计算：

$$T_{Cl^-}=\frac{m_1}{V_1-V_2} \qquad \cdots\cdots(1)$$

式中：

T_{Cl^-}——每毫升硝酸汞标准溶液相当于氯的毫克数；

m_1 ——加入氯的质量，单位为毫克(mg)；

V_1 ——标定时消耗硝酸汞标准溶液的体积，单位为毫升(mL)；

V_2 ——空白试验消耗硝酸汞标准溶液的体积，单位为毫升(mL)。

4.36 比色法测定三氧化二铁工作曲线的绘制

4.36.1 三氧化二铁标准溶液的配制

称取0.100 0 g已于(950±25)℃灼烧过60 min的三氧化二铁(Fe_2O_3，光谱纯)，精确至0.000 1 g，置于300 mL烧杯中，依次加入50 mL水、30 mL盐酸(1+1)、2 mL硝酸，低温加热微沸，待溶解完全，冷却至室温后，移入1 000 mL容量瓶中，用水稀释至标线，摇匀。此标准溶液每毫升含0.1 mg三氧化二铁。

4.36.2 比色工作曲线的绘制

吸取每毫升含0.1 mg三氧化二铁的标准溶液0.00 mL；1.00 mL；2.00 mL；4.00 mL；6.00 mL；分别放入100 mL容量瓶中，加水稀释至约50 mL，加入5 mL抗坏血酸溶液(4.26)，放置5 min后，加入5 mL邻菲罗啉溶液(4.27)、10 mL乙酸铵溶液(4.28)，用水稀释至标线，摇匀。放置30 min后，用分光光度计(5.8)，10 mm比色皿，以水作参比，于波长510 nm处测定溶液的吸光度。用测得的吸光度作为相对应的三氧化二铁含量的函数，绘制工作曲线。

4.37 比色法测定二氧化硅工作曲线的绘制

4.37.1 二氧化硅标准溶液的配制

称取 0.2 g 已于 1 000 ℃～1 100 ℃灼烧过 60 min 的二氧化硅(SiO_2，光谱纯)，精确至 0.000 1 g，置于铂坩埚中，加入 2 g 无水碳酸钠(4.11)，搅拌均匀，在 950 ℃～1 000 ℃高温下熔融 15 min。冷却后，将熔融物浸出于盛有约 100 mL 沸水的塑料烧杯中，待全部溶解，冷却至室温后，移入 1 000 mL 容量瓶中。用水稀释至标线，摇匀，贮存于塑料瓶中。此标准溶液每毫升含 0.2 mg 二氧化硅。

吸取 50.00 mL 上述标准溶液放入 500 mL 容量瓶中，用水稀释至标线，摇匀，贮存于塑料瓶中。此标准溶液每毫升含 0.02 mg 二氧化硅。

4.37.2 比色工作曲线的绘制

吸取每毫升含 0.02 mg 二氧化硅的标准溶液 0 mL；2.00 mL；4.00 mL；5.00 mL；6.00 mL；8.00 mL；10.00 mL 分别放入 100 mL 容量瓶中，加水稀释至约 40 mL，依次加入 5 mL 盐酸(1＋10)，8 mL 乙醇(4.8)，6 mL 钼酸铵溶液(4.32)，摇匀。放置 30 min 后，加入 20 mL 盐酸(1＋1)，5 mL 抗坏血酸溶液(4.26)，用水稀释至标线，摇匀。放置 60 min 后，用分光光度计(5.8)，10 mm 比色皿，以水作参比，于波长 660 nm 处测定溶液的吸光度。用测得的吸光度作为相对应的二氧化硅含量的函数，绘制工作曲线。

4.38 原子吸收法测定氧化镁工作曲线的绘制

4.38.1 氧化镁标准溶液的配制

称取 1.000 0 g 已于(950±25)℃灼烧过 60 min 的氧化镁(MgO，基准试剂或光谱纯)，精确至 0.000 1 g，置于 250 mL 烧杯中，加入 50 mL 水，再缓缓加入 20 mL 盐酸(1＋1)，低温加热至完全溶解，冷却至室温后，移入 1 000 mL 容量瓶中，用水稀释至标线，摇匀。此标准溶液每毫升含 1 mg 氧化镁。

吸取 25.00 mL 上述标准溶液放入 500 mL 容量瓶中，用水稀释至标线，摇匀。此标准溶液每毫升含 0.05 mg 氧化镁。

4.38.2 用于原子吸收工作曲线的绘制

吸取每毫升含 0.05 mg 氧化镁的标准溶液 0.00 mL；2.00 mL；4.00 mL；6.00 mL；8.00 mL；10.00 mL；12.00 mL 分别放入 500 mL 容量瓶中，加入 30 mL 盐酸及 10 mL 氯化锶溶液(4.30)，用水稀释至标线，摇匀。将原子吸收光谱仪(5.12)调节至最佳工作状态，在空气-乙炔火焰中，用镁元素空心阴极灯，于波长 285.2 nm 处，以水校零测定溶液的吸光度。用测得的吸光度作为相对应的氧化镁含量的函数，绘制工作曲线。

4.39 碳酸钙标准溶液[$c(CaCO_3)$＝0.024 mol/L]

称取 0.6 g(m_2)已于 105 ℃～110 ℃烘过 2 h 的碳酸钙($CaCO_3$，基准试剂)，精确至 0.000 1 g，置于 400 mL 烧杯中，加入约 100 mL 水，盖上表面皿，沿杯口慢慢加入 5 mL～10 mL 盐酸(1＋1)，搅拌至碳酸钙全部溶解，加热煮沸并微沸 1 min～2 min。冷却至室温后，移入 250 mL 容量瓶中，用水稀释至标线，摇匀。

4.40 EDTA 标准滴定溶液[c(EDTA)＝0.015 mol/L]

4.40.1 EDTA 标准滴定溶液的配制

称取 5.6 g EDTA(乙二胺四乙酸二钠，$C_{10}H_{14}N_2O_8Na_2 \cdot 2H_2O$)置于烧杯中，加入约 200 mL 水，加热溶解，过滤，加水稀释至 1 L，摇匀。

4.40.2 EDTA标准滴定溶液浓度的标定

吸取25.00 mL碳酸钙标准溶液(4.39)放入300 mL烧杯中,加水稀释至约200 mL水,加入适量的CMP混合指示剂(4.46),在搅拌下加入氢氧化钾溶液(4.18)至出现绿色荧光后再过量2 mL～3 mL,用EDTA标准滴定溶液滴定至绿色荧光消失并呈现红色。

EDTA标准滴定溶液的浓度按式(2)计算:

$$c(\mathrm{EDTA})=\frac{m_2\times25\times1\,000}{250\times V_3\times100.09}=\frac{m_2}{V_3\times1.000\,9} \qquad \cdots\cdots(2)$$

式中:

$c(\mathrm{EDTA})$——EDTA标准滴定溶液的浓度,单位为摩尔每升(mol/L);

V_3——滴定时消耗EDTA标准滴定溶液的体积,单位为毫升(mL);

m_2——按4.39配制碳酸钙标准溶液的碳酸钙的质量,单位为克(g);

100.09——$CaCO_3$的摩尔质量,单位为克每摩尔(g/mol)。

4.40.3 EDTA标准滴定溶液对各氧化物的滴定度的计算

EDTA标准滴定溶液对三氧化二铁的滴定度分别按式(3)计算:

$$T_{Fe_2O_3}=c(\mathrm{EDTA})\times79.84 \qquad \cdots\cdots(3)$$

4.41 氢氧化钠标准滴定溶液[$c(NaOH)=0.15$ mol/L]

4.41.1 氢氧化钠标准滴定溶液的配制

称取30 g氢氧化钠(NaOH)溶于水后,加水稀释至5 L,充分摇匀,贮存于塑料瓶或带胶塞(装有钠石灰干燥管)的硬质玻璃瓶内。

4.41.2 氢氧化钠标准滴定溶液浓度的标定

称取0.8 g(m_3)苯二甲酸氢钾($C_8H_5KO_4$,基准试剂),精确至0.000 1 g,置于300 mL烧杯中,加入约200 mL预先新煮沸过并冷却后用氢氧化钠溶液中和至酚酞呈微红色的冷水,搅拌使其溶解,加入6～7滴酚酞指示剂溶液(4.43),用氢氧化钠标准滴定溶液滴定至微红色。

氢氧化钠标准滴定溶液的浓度按式(4)计算:

$$c(\mathrm{NaOH})=\frac{m_3\times1\,000}{V_4\times204.2} \qquad \cdots\cdots(4)$$

式中:

$c(\mathrm{NaOH})$——氢氧化钠标准滴定溶液的浓度,单位为摩尔每升(mol/L);

V_4——滴定时消耗氢氧化钠标准滴定溶液的体积,单位为毫升(mL);

m_3——苯二甲酸氢钾的质量,单位为克(g);

204.2——苯二甲酸氢钾的摩尔质量,单位为克每摩尔(g/mol)。

4.41.3 氢氧化钠标准滴定溶液对二氧化硅的滴定度的计算

氢氧化钠标准滴定溶液对二氧化硅的滴定度按式(5)计算:

$$T_{SiO_2}=c(\mathrm{NaOH})\times15.02 \qquad \cdots\cdots(5)$$

式中:

T_{SiO_2}——氢氧化钠标准滴定溶液对二氧化硅的滴定度,单位为毫克每毫升(mg/mL);

$c(\mathrm{NaOH})$——氢氧化钠标准滴定溶液的浓度,单位为摩尔每升(mol/L);

15.02——($1/4SiO_2$)的摩尔质量,单位为克每摩尔(g/mol)。

4.42 甲基红指示剂溶液(2 g/L)

将 0.2 g 甲基红溶于 100 mL 乙醇(4.8)中。

4.43 酚酞指示剂溶液

将 1 g 酚酞溶于 100 mL 乙醇(4.8)中。

4.44 溴酚蓝指示剂乙醇溶液(1 g/L)

将 0.1 g 溴酚蓝溶于 100 mL 乙醇(1+4)中。

4.45 二苯偶氮碳酰肼乙醇溶液(10 g/L)

将 1 g 二苯偶氮碳酰肼溶于 100 mL 乙醇(4.8)中。

4.46 钙黄绿素-甲基百里香酚蓝-酚酞混合指示剂(简称 CMP 混合指示剂)

称取 1.000 g 钙黄绿素、1.000 g 甲基百里香酚蓝、0.200 g 酚酞与 50 g 已在 105 ℃～110 ℃烘干过的硝酸钾(KNO_3),混合研细,保存在磨口瓶中。

4.47 磺基水杨酸钠指示剂溶液(100 g/L)

将 10 g 磺基水杨酸钠($C_7H_5O_6SNa \cdot 2H_2O$)溶于水中,加水稀释至 100 mL。

4.48 硫酸铁铵指示剂溶液

将 10 mL 硝酸(1+2)加入到 100 mL 冷的硫酸铁(Ⅲ)铵[$NH_4Fe(SO_4)_2 \cdot 12H_2O$]饱和水溶液中。

5 仪器与设备

5.1 天平

精确至 0.000 1 g。

5.2 铂、银、镍或瓷坩埚

带盖,容量 15 mL～30 mL。

5.3 铂皿

容量 50 mL～100 mL。

5.4 瓷蒸发皿

容量 150 mL～200 mL。

5.5 高温炉

隔焰加热炉,在炉膛外围进行电阻加热。应使用温度控制器,准确控制炉温。

5.6 滤纸

定量滤纸。

5.7 玻璃容量器皿

容量瓶、移液管、滴定管、称量瓶。

5.8 分光光度计

可在 400 nm～700 nm 范围内测定溶液的吸光度，带有 10 mm、20 mm 比色皿。

5.9 测氯蒸馏装置

测氯蒸馏装置如图 1 所示。

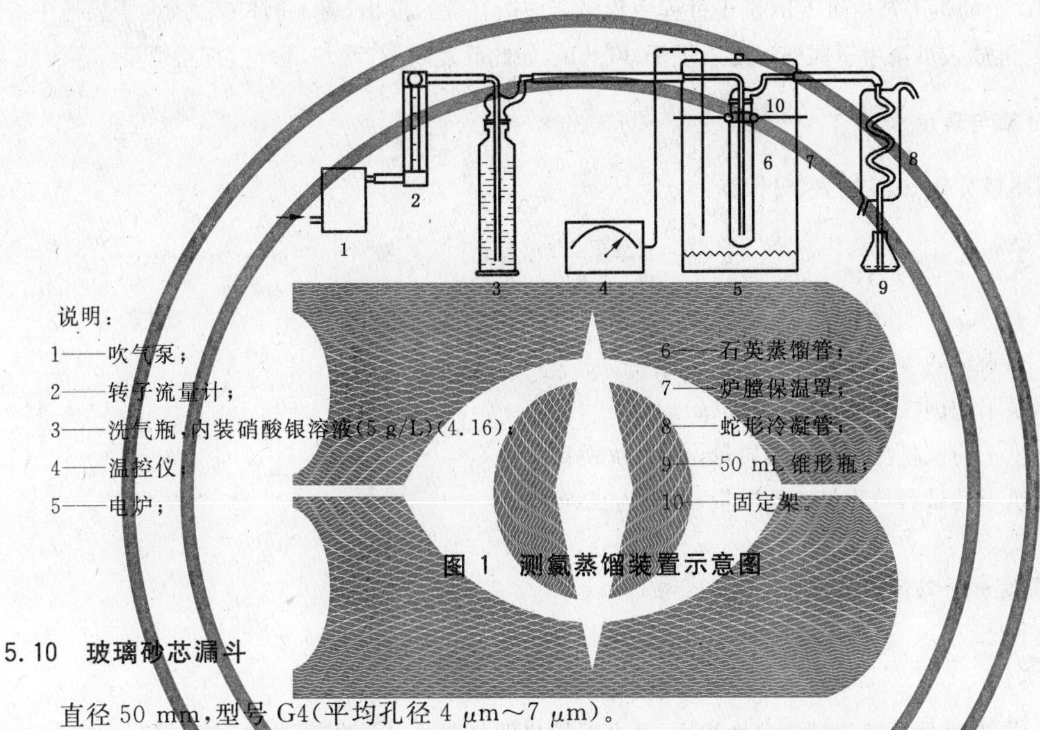

说明：

1——吹气泵；
2——转子流量计；
3——洗气瓶，内装硝酸银溶液(5 g/L)(4.16)；
4——温控仪；
5——电炉；
6——石英蒸馏管；
7——炉膛保温罩；
8——蛇形冷凝管；
9——50 mL 锥形瓶；
10——固定架。

图 1 测氯蒸馏装置示意图

5.10 玻璃砂芯漏斗

直径 50 mm，型号 G4(平均孔径 4 μm～7 μm)。

5.11 火焰光度计

可稳定地测定钾在波长 768 nm 处和钠在波长 589 nm 处的谱线强度。

5.12 原子吸收光谱仪

带有镁、钾、钠、铁、锰元素空心阴极灯。

6 试样的制备

6.1 含水量测定试样的制备

按 GB/T 2007.1 的规定进行取样，试样必须具有代表性和均匀性。经混匀后缩分至 100 g 将试样分为两份，一份用于检验，另一份为备份试样，密封保存。

6.2 化学分析试样的制备

供化学分析用试样，经研磨后，用磁铁吸去筛余物中金属铁，使其全部通过孔径为 80 μm 方孔筛，充分混匀，装入试样瓶中，在 105 ℃～110 ℃的温度下烘干 2 h 以上，取出密封保存于干燥器中。

7 含水量的测定

7.1 方法提要

在105 ℃～110 ℃的条件下，将试样中的水份烘干，称取失去的水分质量。

7.2 分析步骤

称取约1 g(6.1)试样(m_4)，精确至0.000 1 g，放入已烘干至恒量的带有磨口塞的称量瓶中(m_5)，于105 ℃～110 ℃的烘干箱内烘1 h(烘干过程中称量瓶应敞开盖)，取出，盖上磨口塞，放入干燥器中冷至室温，称量。再放入烘箱中于同样温度下烘干30 min，如此反复烘干、冷却、称量，直至恒量(m_6)。

7.3 结果的计算与表示

含水量的质量分数w_{H_2O}按式(6)计算：

$$w_{H_2O}=\frac{m_5-m_6}{m_4}\times 100 \qquad \cdots\cdots(6)$$

式中：

w_{H_2O}——含水量的质量分数，%；

m_4 ——烘干前试料质量，单位为克(g)；

m_5 ——烘干前试料与称量瓶的质量，单位为克(g)；

m_6 ——烘干后试料与称量瓶的质量，单位为克(g)。

8 烧失量的测定——灼烧差减法

8.1 方法提要

试样中水分、碳酸盐及其他易挥发性物质，经高温灼烧即分解逸出，灼烧所失去的质量即为烧失量。

8.2 分析步骤

称取约1 g(6.2)试样(m_7)，精确至0.000 1 g，置于已灼烧恒量的30 mL瓷坩埚中(m_8)，将坩埚盖置于坩埚上，放在高温炉(5.5)内。从低温开始逐渐升高温度，在(950±25)℃下灼烧30 min，取出坩埚置于干燥器中，冷却至室温，称量。反复灼烧，直至恒量(m_9)。

8.3 结果的计算与表示

烧失量的质量分数$w_{L.O.I}$按式(7)计算：

$$w_{L.O.I}=\frac{m_8-m_9}{m_7}\times 100 \qquad \cdots\cdots(7)$$

式中：

$w_{L.O.I}$——烧失量的质量分数，%；

m_7 ——灼烧前试料的质量，单位为克(g)。

m_8 ——灼烧前试料与瓷坩埚的质量，单位为克(g)；

m_9 ——灼烧后试料与瓷坩埚的质量，单位为克(g)。

9 氯离子的测定——硫氰酸铵容量法(基准法)

9.1 方法提要

本方法测定除氟以外的卤素含量,以氯离子(Cl^-)表示结果。试样用硝酸进行分解。同时消除硫化物的干扰。加入已知量的硝酸银标准溶液使氯离子以氯化银的形式沉淀。煮沸、过滤后,将滤液和洗涤液冷却至25 ℃以下,以铁(Ⅲ)盐为指示剂,用硫酸氰铵标准滴定溶液滴定过量的硝酸银。

9.2 分析步骤

称取约2 g(6.2)试样(m_{10}),精确至0.000 1 g,置于400 mL烧杯中,加入50 mL水,搅拌使试样完全分散,在搅拌下加入50 mL硝酸(1+2),加热煮沸,在搅拌下微沸1 min~2 min。准确移取5.00 mL硝酸银标准溶液(4.16)放入溶液中,煮沸1 min~2 min,加入少许滤纸浆,用预先用硝酸(1+100)洗涤过的中速滤纸抽气过滤或玻璃砂芯漏斗(5.10)抽气过滤,滤液收集于250 mL锥形瓶中,用硝酸(1+100)洗涤烧杯、玻璃棒和滤纸,直至滤液和洗液总体积达到约200 mL,溶液在弱光线或暗处冷却至25 ℃以下。

加入5 mL硫酸铁铵指示剂溶液(4.48),用硫氰酸铵标准滴定溶液(4.24)滴定至产生的红棕色在摇动下不消失为止。记录滴定所用硫氰酸铵标准滴定溶液的体积V_5。如果V_5小于0.5 mL,用减少一半的试样质量重新试验。

不加入试样按上述步骤进行空白试验,记录空白滴定所用硫氰酸铵标准滴定溶液的体积V_6。

9.3 结果的计算与表示

氯离子的质量分数w_{Cl^-}按式(8)计算:

$$w_{Cl^-}=\frac{1.773\times 5.00\times(V_6-V_5)}{V_6\times m_{10}\times 1\,000}\times 100=0.886\,5\times\frac{V_6-V_5}{V_6\times m_{10}} \qquad \cdots\cdots\cdots\cdots(8)$$

式中:

w_{Cl^-} ——氯离子的质量分数,%;

V_5 ——滴定时消耗硫氰酸铵标准滴定溶液的体积,单位为毫升(mL);

V_6 ——空白试验滴定时消耗的硫氰酸铵标准滴定溶液的体积,单位为毫升(mL)。

m_{10} ——试料的质量,单位为克(g);

1.773 ——硝酸银标准溶液对氯离子的滴定度,单位为毫克每毫升(mg/mL)。

10 氯离子的测定——磷酸蒸馏-汞盐滴定法(代用法)

10.1 方法提要

用规定的蒸馏装置在250 ℃~260 ℃温度条件下,以过氧化氢和磷酸分解试样,以净化空气做载体,蒸馏分离氯离子,用稀硝酸作吸收液。在pH值3.5左右,以二苯偶氮碳酰肼为指示剂,用硝酸汞标准滴定溶液滴定。

10.2 分析步骤

使用5.9规定的测氯蒸馏装置进行测定。

向50 mL锥形瓶中加入约3 mL水及5滴硝酸(4.25),放在冷凝管下端用以承接蒸馏液,冷凝管下端的硅胶管插于锥形瓶的溶液中。

称取约 0.2 g(6.2)试样(m_{11})，精确至 0.000 1 g，置于已烘干的石英蒸馏管中，勿使试样粘附于管壁。

向蒸馏管中加入 5～6 滴过氧化氢溶液(4.9)，摇动使试样完全分散后加入 5 mL 磷酸，套上磨口塞，摇动，待试料分解产生的二氧化碳气体大部分逸出后，将(5.9)所示的仪器装置中的固定架(图 1)套在石英蒸馏管上，并将其置于温度 250 ℃～260 ℃的测氯蒸馏装置(5.9)炉膛内，迅速地以硅橡胶管连接好蒸馏管的进出口部分(先连出气管，后连进气管)，盖上炉盖。

开动气泵，调节气流速度在 100 mL/min～200 mL/min，蒸馏 10 min～15 min 后关闭气泵，拆下连接管，取出蒸馏管置于试管架内。

用乙醇(4.8)吹洗冷凝管及其下端，洗液收集于锥形瓶内(乙醇用量约为 15 mL)。由冷凝管下部取出承接蒸馏液的锥形瓶，向其中加入 1～2 滴溴酚蓝指示剂溶液(4.44)，用氢氧化钠溶液(4.17)调节至溶液呈蓝色，然后用硝酸(4.25)调节至溶液刚好变黄，再过量 1 滴，加入 10 滴二苯偶氮碳酰肼指示剂溶液(4.45)，用硝酸汞标准滴定溶液(4.35.1)滴定至紫红色出现。记录滴定所用硝酸汞标准滴定溶液的体积 V_7。

氯离子含量为 0.2%～1%时，蒸馏时间应为 15 min～20 min；用硝酸汞标准滴定溶液(4.35.2)进行滴定。

不加入试样按上述步骤进行空白试验，记录空白滴定所用硝酸汞标准滴定溶液的体积 V_8。

10.3 结果的计算与表示

氯离子的质量分数 w_{Cl^-} 按式(9)计算：

$$w_{Cl^-}=\frac{T_{Cl^-}\times(V_7-V_8)}{m_{11}\times 1\,000}\times 100=\frac{T_{Cl^-}\times(V_7-V_8)\times 0.1}{m_{11}} \quad\cdots\cdots\cdots(9)$$

式中：

w_{Cl^-} ——氯离子的质量分数，%；

T_{Cl^-} ——硝酸汞标准滴定溶液对氯离子的滴定度，单位为毫克每毫升(mg/mL)；

V_7 ——滴定时消耗硝酸汞标准滴定溶液的体积，单位为毫升(mL)；

V_8 ——空白试验消耗硝酸汞标准滴定溶液的体积，单位为毫升(mL)；

m_{11} ——试料的质量，单位为克(g)。

11 氧化钾和氧化钠的测定——火焰光度法(基准法)

11.1 方法提要

经氢氟酸—硫酸蒸发处理除去硅，用热水浸取残渣，以氨水和碳酸铵分离铁、铝、钙、镁。滤液中的钾、钠用火焰光度计进行测定。

11.2 分析步骤

称取约 0.1 g 化学分析试样(m_{12})，精确至 0.000 1 g，置于铂皿中，加少量水润湿，加入 10 mL 氢氟酸(4.3)和 15～20 滴硫酸(1+1)，放入通风橱内电炉上缓慢加热，蒸发至干，近干时摇动铂皿以防溅失，至白色浓烟完全逸尽后，取下冷却至室温。加入适量热水，压碎残渣使其溶解，加 1 滴甲基红指示剂(4.42)，用氨水(1+1)中和至黄色，再加入 10 mL 碳酸铵溶液(4.20)搅拌，然后放入通风橱内电炉上低温加热 20 min～30 min。用快速滤纸过滤，以热水洗涤，滤液及洗液转移到 100 mL 容量瓶中，冷却至室温。用盐酸(1+1)中和至溶液呈微红色，用水稀释至标线，摇匀。将火焰光度计调节至最佳工作状态，按仪器使用规程进行测定。在工作曲线(4.33.2)上分别查出氧化钾和氧化钠的含量(m_{13})和(m_{14})。

11.3 结果的计算与表示

氧化钾和氧化钠的质量分数 w_{K_2O} 和 w_{Na_2O} 按式(10)和式(11)计算：

$$w_{K_2O}=\frac{m_{12}}{m_{13}\times 1\,000}\times 100=\frac{m_{12}\times 0.1}{m_{13}} \qquad \cdots\cdots (10)$$

$$w_{Na_2O}=\frac{m_{12}}{m_{14}\times 1\,000}\times 100=\frac{m_{12}\times 0.1}{m_{14}} \qquad \cdots\cdots (11)$$

式中：

w_{K_2O} ——氧化钾的质量分数，%；

w_{Na_2O}——氧化钠的质量分数，%；

m_{12} ——试料的质量，单位为克(g)。

m_{13} ——测定溶液中氧化钾的含量，单位为毫克每毫升 mg；

m_{14} ——测定溶液中氧化钠的含量，单位为毫克每毫升 mg。

12 氧化钾和氧化钠的测定——原子吸收光谱法(代用法)

12.1 方法提要

用氢氟酸—高氯酸分解试样，以锶盐消除硅、铝、钛等的干扰，在空气-乙炔火焰中，分别于波长 766.5 nm处和波长 589.0 nm 处测定氧化钾和氧化钠的吸光度。

12.2 分析步骤

称取约 0.1 g(6.2)试样(m_{15})，精确至 0.000 1 g，置于铂坩埚(或铂皿)中，加入 0.5 mL～1 mL 水润湿，加入 5 mL～7 mL 氢氟酸和 0.5 mL 高氯酸，放入通风橱内低温电热板上加热，近干时摇动铂坩埚以防溅失。待白色浓烟完全驱尽后，取下冷却。加入 20 mL 盐酸(1+1)，温热至溶液澄清，冷却后，移入 100 mL 容量瓶中，加入 5 mL 氯化锶溶液(4.30)，用水稀释至标线，摇匀。此溶液供原子吸收光谱法测定氧化钾和氧化钠用。

从上述溶液中吸取一定量的试样溶液放入容量瓶中(试样溶液的分取量及容量瓶的容积视氧化钾和氧化钠的含量而定)，加入盐酸(1+1)及氯化锶溶液(4.30)，使测定溶液中盐酸的体积分数为 6%，锶的浓度为 1 mg/mL。用水稀释至标线，摇匀。用原子吸收光谱仪(5.12)，在空气-乙炔火焰中，分别用钾元素空心阴极灯于波长 766.5 nm 处和钠元素空心阴极灯于波长 589.0 nm 处，在仪器条件下测定溶液的吸光度，在工作曲线(4.33.3)上查出氧化钾的浓度(c_1)和氧化钠的浓度(c_2)。

12.3 结果的计算与表示

氧化钾和氧化钠的质量分数 w_{K_2O} 和 w_{Na_2O} 分别按式(12)和(13)计算：

$$w_{K_2O}=\frac{c_1\times V_9\times n}{m_{15}\times 1\,000}\times 100=\frac{c_1\times V_9\times n\times 0.1}{m_{15}} \qquad \cdots\cdots (12)$$

$$w_{Na_2O}=\frac{c_2\times V_9\times n}{m_{15}\times 1\,000}\times 100=\frac{c_2\times V_9\times n\times 0.1}{m_{15}} \qquad \cdots\cdots (13)$$

式中：

w_{K_2O} ——氧化钾的质量分数，%；

w_{Na_2O}——氧化钠的质量分数，%；

c_1 ——测定溶液中氧化钾的浓度，单位为毫克每毫升(mg/mL)；

c_2 ——测定溶液中氧化钠的浓度,单位为毫克每毫升(mg/mL);

V_9 ——测定溶液的体积,单位为毫升(mL);

m_{15} ——试料的质量,单位为克(g);

n ——全部试样溶液与所分取试样溶液的体积比。

13 二氧化硅的测定——氯化铵重量法(基准法)

13.1 方法提要

试样以无水碳酸钠烧结,盐酸溶解,加入固体氯化铵于蒸气水浴上加热蒸发,使硅酸凝聚,经过滤灼烧后称量。用氢氟酸处理后,失去的质量即为胶凝性二氧化硅含量,加上从滤液中比色回收的可溶性二氧化硅含量即为总二氧化硅含量。

13.2 分析步骤

13.2.1 胶凝性二氧化硅的测定

称取约 0.2 g 化学分析试样(m_{16}),精确至 0.000 1 g。置于铂坩埚中,加入 0.3 g 无水碳酸钠(4.11),混匀,将坩埚置于 950 ℃～1 000 ℃下灼烧 15 min,放冷。

将烧结块移入瓷蒸发皿中,加少量水润湿,用平头玻璃棒压碎块状物,盖上表面皿,从皿口滴入 5 mL 盐酸及 2～3 滴硝酸,待反应停止后取下表面皿,用平头玻璃棒压碎块状物使分解完全,用(1+1)盐酸清洗坩埚数次,洗液合并于蒸发皿中。将蒸发皿置于沸水浴上,皿上放一玻璃三脚架,再盖上表面皿。蒸发至糊状后,加 1 g 氯化铵,充分搅匀,继续在沸水浴上蒸发至干。

取下蒸发皿,加入 10 mL～20 mL 热盐酸(3+97),搅拌使可溶性盐类溶解。用中速滤纸过滤,用胶头扫棒以热盐酸(3+97)擦洗玻璃棒及蒸发皿,并洗涤沉淀 3～4 次,然后用热水充分洗涤沉淀,直至检验无氯根为止。滤液及洗液保存在 250 mL 的容量瓶中。

将沉淀连同滤纸一并移入恒重的坩埚中,烘干并灰化后放入 950 ℃～1 000 ℃的高温炉内灼烧 1 h,取出坩埚置于干燥器中冷却至室温,称量。反复灼烧,直至恒重(m_{17})。

向坩埚中慢慢加入数滴水润湿沉淀,加入 3 滴硫酸(1+4)和 10 mL 氢氟酸(4.3),放入通风橱内电热板上缓慢加热,蒸发至干,升高温度继续加热至三氧化硫白烟完全驱尽。将坩埚放入(950±25)℃的高温炉(5.5)内灼烧 30 min,取出坩埚置于干燥器中,冷却至室温,称量。反复灼烧,直至恒量(m_{18})。

13.2.2 经氢氟酸处理后的残渣的分解

向经过氢氟酸处理后得到的残渣中加入 0.5 g 焦硫酸钾(4.31),在喷灯上熔融,熔块用热水和数滴盐酸(1+1)溶解,溶液合并入分离二氧化硅后得到的滤液中。用水稀释至标线,摇匀。此溶液供测定滤液中残留的可溶性二氧化硅的测定。

13.2.3 可溶性二氧化硅的测定——硅钼蓝分光光度法

从溶液(13.2.2)中吸取 25.00 mL 溶液放入 100 mL 容量瓶中,加水稀释至 40 mL,依次加入 5 mL 盐酸(1+10)、8 mL 乙醇(4.8)、6 mL 钼酸铵溶液(4.32),摇匀。放置 30 min 后,加入 20 mL 盐酸(1+1)、5 mL 抗坏血酸溶液(4.26),用水稀释至标线,摇匀。放置 60 min 后,用分光光度计(5.8),10 mm 比色皿,以水作参比,于波长 660 nm 处测定溶液的吸光度,在工作曲线(4.37.2)上查出二氧化硅的含量(m_{19})。

13.3 结果的计算与表示

13.3.1 胶凝性二氧化硅质量分数的计算

胶凝性二氧化硅的质量分数 $w_{胶凝SiO_2}$ 按式(14)计算：

$$w_{胶凝SiO_2}=\frac{m_{17}-m_{18}}{m_{16}}\times 100 \quad \cdots\cdots(14)$$

式中：

$w_{胶凝SiO_2}$——胶凝性二氧化硅的质量分数，%；

m_{16} ——13.2.1 中试料的质量，单位为克(g)。

m_{17} ——灼烧后未经氢氟酸处理的沉淀及坩埚的质量，单位为克(g)；

m_{18} ——用氢氟酸处理并经灼烧后的残渣及坩埚的质量，单位为克(g)。

13.3.2 可溶性二氧化硅质量分数的计算

可溶性二氧化硅的质量分数 $w_{可溶SiO_2}$ 按式(15)计算：

$$w_{可溶SiO_2}=\frac{m_{19}\times 250}{m_{16}\times 25\times 1\,000}\times 100=\frac{m_{19}}{m_{16}} \quad \cdots\cdots(15)$$

式中：

$w_{可溶SiO_2}$——可溶性二氧化硅的质量分数，%；

m_{16} ——13.2.1 中试料的质量，单位为克(g)；

m_{19} ——按 13.2.3 测定的 100 mL 溶液中二氧化硅的含量，单位为毫克(mg)。

13.3.3 总二氧化硅质量分数的计算

总二氧化硅的质量分数 $w_{总SiO_2}$ 按式(16)计算：

$$w_{总SiO_2}=w_{胶凝SiO_2}+w_{可溶SiO_2} \quad \cdots\cdots(16)$$

式中：

$w_{总SiO_2}$ ——总二氧化硅的质量分数，%；

$w_{胶凝SiO_2}$——胶凝性二氧化硅的质量分数，%；

$w_{可溶SiO_2}$——可溶性二氧化硅的质量分数，%。

14 二氧化硅的测定——氟硅酸钾容量法(代用法)

14.1 方法提要

在有过量的氟离子和钾离子存在的强酸性溶液中，使硅酸形成氟硅酸钾(K_2SiF_6)沉淀，经过滤、洗涤及中和残余酸后，加沸水使氟硅酸钾沉淀水解生成等物质的量的氢氟酸，然后以酚酞为指示剂，用氢氧化钠标准滴定溶液进行滴定。

14.2 试样溶液的制备

称取 0.4 g(6.2)(精确至 0.000 1 g)试样(m_{20})，置于银坩埚中。放在 650 ℃～700 ℃高温炉中预烧 20 min，取出冷却，加入 5 g～6 g 氢氧化钠，置于高温炉中，低温升起至 650 ℃熔融 30 min(期间取出摇匀 1 次)，取出，冷却至室温。将银坩埚放入盛有 100 mL 近沸腾水的烧杯中，盖上表面皿，于电热板上适当加热，待熔块完浸出后，取出银坩埚，用水冲洗银坩埚和盖，在搅拌下一次加入 25 mL～30 mL 盐酸，再加入 1 mL 硝酸。用热盐酸(1＋5)洗净银坩埚和盖，将溶液加热至沸，冷却，然后移入 250 mL 容量瓶中，用水稀释至标线，摇匀。此溶液供测定二氧化硅、三氧化二铁、氧化镁用。

14.3 分析步骤

吸取试样溶液(14.2)50.00 mL 放入 300 mL 塑料杯中,加入 10 mL～15 mL 硝酸,搅拌,冷却至 30 ℃以下。加入固体氯化钾,仔细搅拌至饱和并有少量氯化钾固体颗粒析出,再加入 2 g 氯化钾及 10 mL 氟化钾溶液(4.21),仔细搅拌(如氯化钾析出量不够,应再补充加入),放置 15 min～20 min。用中速滤纸过滤,用氯化钾溶液洗涤塑料杯及沉淀 3 次。将滤纸连同沉淀取下,置于原塑料杯中,沿杯壁加入 10 mL 30 ℃以下的氯化钾-乙醇溶液(4.23)及 1 mL 酚酞指示剂(4.43)溶液,用氢氧化钠标准滴定溶液中和未洗尽的酸,仔细搅动滤纸并随之擦洗杯壁直至溶液呈红色。向杯中加入 200 mL 沸水(煮沸并用氢氧化钠溶液(4.41)中和至酚酞呈微红色),用氢氧化钠标准滴定溶液(4.41)滴定至微红色。

14.4 结果的计算与表示

二氧化硅的质量分数 w_{SiO_2} 按式(17)计算:

$$w_{SiO_2}=\frac{T_{SiO_2}\times V_{10}\times 5}{m_{20}\times 1\,000}\times 10 \qquad \cdots\cdots(17)$$

式中:

w_{SiO_2}——二氧化硅的质量分数,%;

T_{SiO_2}——每毫升氢氧化钠标准滴定溶液相当于二氧化硅的毫克数,单位为 mg/mL;

V_{10}——滴定时消耗氢氧化钠标准滴定溶液的体积,单位为 mL;

m_{20}——试料的质量,单位为克(g);

5——全部试样溶液与所分取试样溶液的体积比。

15 三氧化二铁的测定——邻菲罗啉分光光度法(基准法)

15.1 方法提要

在酸性溶液中,加入抗坏血酸溶液,使三价铁离子还原为二价铁离子,与邻菲罗啉生成红色配合物,于波长 510 nm 处测定溶液的吸光度。

15.2 分析步骤

从溶液(14.2)中吸取 10.00 mL 溶液放入 100 mL 容量瓶中,用水稀释至标线,摇匀后吸取 25.00 mL 溶液放入 100 mL 容量瓶中,加水稀释至约 40 mL。加入 5 mL 抗坏血酸溶液(4.26),放置 5 min,然后再加入 5 mL 邻菲罗啉溶液(4.27)、10 mL 乙酸铵溶液(4.28),用水稀释至标线,摇匀。放置 30 min 后,用分光光度计(5.8)、10 mm 比色皿,以水作参比,于波长 510 nm 处测定溶液的吸光度。在工作曲线(4.36.2)上查出三氧化二铁的含量(m_{21})。

15.3 结果的计算与表示:

三氧化二铁的质量分数 $w_{Fe_2O_3}$ 按式(18)计算:

$$w_{Fe_2O_3}=\frac{m_{21}\times 100}{m_{20}\times 1\,000}\times 100=\frac{m_{21}\times 10}{m_{20}} \qquad \cdots\cdots(18)$$

式中:

$w_{Fe_2O_3}$——三氧化二铁的质量分数,%;

m_{21}——100 mL 测定溶液中三氧化二铁的含量,单位为毫克(mg);

m_{20}——14.2 试料的质量,单位为克(g)。

16 三氧化二铁的测定——EDTA 直接滴定法(代用法)

16.1 方法提要

在 pH1.8～2.0、温度为 60 ℃～70 ℃的溶液中，以磺基水杨酸钠为指示剂，用 EDTA 标准滴定溶液滴定。

16.2 分析步骤

从(14.2)制备的溶液中吸取 50.00 mL 溶液放入 300 mL 烧杯中，加水稀释至约 100 mL，用氨水(1＋1)和盐酸(1＋1)调节溶液 pH 值在 1.8～2.0 之间(用精密 pH 试纸或酸度计检验)。将溶液加热至 70 ℃，加入 10 滴磺基水杨酸钠指示剂溶液(4.47)，用 EDTA 标准滴定溶液(4.40.1)缓慢地滴定至亮黄色(终点时溶液温度应不低于 60 ℃，如终点前溶液温度降至近 60 ℃时，应再加热至 65 ℃～70 ℃)。

16.3 结果的计算与表示

三氧化二铁的质量分数 $w_{Fe_2O_3}$ 按式(19)计算：

$$w_{Fe_2O_3}=\frac{T_{Fe_2O_3}\times V_{11}\times 10\times 5}{m_{20}\times 1\,000}\times 100=\frac{T_{Fe_2O_3}\times 5\times V_{11}}{m_{20}} \quad\cdots\cdots(19)$$

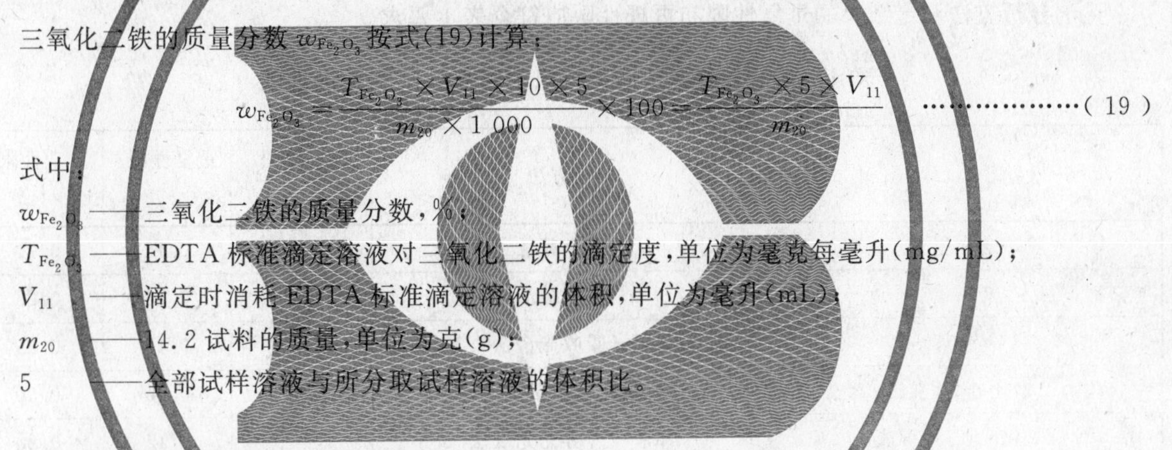

式中：

$w_{Fe_2O_3}$——三氧化二铁的质量分数，%；

$T_{Fe_2O_3}$——EDTA 标准滴定溶液对三氧化二铁的滴定度，单位为毫克每毫升(mg/mL)；

V_{11}——滴定时消耗 EDTA 标准滴定溶液的体积，单位为毫升(mL)；

m_{20}——14.2 试料的质量，单位为克(g)；

5——全部试样溶液与所分取试样溶液的体积比。

17 氧化镁的测定——原子吸收光谱法

17.1 方法提要

以氢氟酸—高氯酸分解或氢氧化钠熔融-盐酸分解试样的方法制备溶液，分取一定量的溶液，用锶盐消除硅、铝、钛等对镁的干扰，在空气-乙炔火焰中，于波长 285.2 nm 处测定溶液的吸光度。

17.2 分析步骤

从溶液(14.2)中吸取一定量的溶液放入容量瓶中(试样溶液的分取量及容量瓶的容积视氧化镁的含量而定)，加入盐酸(1＋1)及氯化锶溶液(4.30)，使测定溶液中盐酸的体积分数为 6%，锶的浓度为 1 mg/mL。用水稀释至标线，摇匀。用原子吸收光谱仪(5.12)，在空气-乙炔火焰中，用镁空心阴极灯，于波长 285.2 nm 处，在相同的仪器条件下测定溶液的吸光度，在工作曲线(4.38.1)上查出氧化镁的浓度(c_3)。

17.3 结果的计算与表示

氧化镁的质量分数 w_{MgO} 按式(20)计算：

$$w_{MgO}=\frac{c_3\times V_{12}\times n}{m_{20}\times 1\,000}\times 100=\frac{c_3\times V_{12}\times n\times 0.1}{m_{20}} \quad\cdots\cdots(20)$$

式中：

w_{MgO}——氧化镁的质量分数，%；

c_3 ——测定溶液中氧化镁的浓度，单位为毫克每毫升(mg/mL)；

V_{12} ——测定溶液的体积，单位为毫升(mL)；

m_{20} ——14.2 试料的质量，单位为克(g)；

n ——全部试样溶液与所分取试样溶液的体积比。

18 重复性限和再现性限

本标准所列重复性限和再现性限为绝对偏差，以质量分数(%)表示。

在重复性条件下，采用本标准所列方法分析同一试样时，两次分析结果之差应在所列的重复性限(表1)内。如超出重复性限，应在短时间内进行第三次测定，测定结果与前两次或任一次分析结果之差值符合重复性限的规定时，则取其平均值，否则，应查找原因，重新按上述规定进行分析。

在再现性条件下，采用本标准所列方法对同一试样各自进行分析时，所得分析结果的平均值之差应在所列的再现性限(表1)内。

化学分析方法测定结果的重复性限和再现性限应符合表1要求。

表1 化学分析方法测定结果的重复性限和再现性限

成 分	测定方法	含量范围/%	重复性限/%	再现性限/%
含水量	灼烧差减法		0.15	0.20
烧失量	灼烧差减法		0.15	0.25
氧化镁	原子吸收光谱法		0.15	0.25
二氧化硅(基准法)	氯化铵重量法		0.25	0.30
三氧化二铁(基准法)	邻菲罗啉分光光度法		0.15	0.20
氧化钾(基准法)	火焰光度法		0.10	0.15
氧化钠(基准法)	火焰光度法		0.05	0.10
氯离子(基准法)	硫氰酸铵容量法	≤0.10%	0.003	0.005
		>0.10%	0.010	0.015
氧化钾(代用法)	原子吸收光谱法		0.05	0.10
氧化钠(代用法)	原子吸收光谱法		0.05	0.10
二氧化硅(代用法)	氟硅酸钾容量法		0.35	0.40
三氧化二铁(代用法)	EDTA 直接滴定法		0.15	0.20
氯离子(代用法)	磷酸蒸馏-汞盐滴定法	≤0.10%	0.003	0.005
		>0.10%	0.010	0.015

ICS 91.100.10
Q 11

中华人民共和国国家标准

GB/T 27974—2011

建材用粉煤灰及煤矸石化学分析方法

Methods for chemical analysis of fly ash and coal gangue as building material

2011-12-30 发布　　　　2012-10-01 实施

中华人民共和国国家质量监督检验检疫总局
中国国家标准化管理委员会　发布

前言

本标准按照 GB/T 1.1—2009 给出的规则起草。

本标准由中国建筑材料联合会提出。

本标准由全国水泥标准化技术委员会(SAC/TC 184)归口。

本标准负责起草单位:中国建筑材料科学研究总院、河南民安新型材料有限公司、中国建筑材料检验认证中心。

本标准参加起草单位:北京中科建自动化设备有限公司。

本标准主要起草人:刘文长、崔健、刘胜、戴平、于克孝、王文茹、王瑞海、倪竹君、司政凯。

建材用粉煤灰及煤矸石化学分析方法

1 范围

本标准规定了建材用粉煤灰及煤矸石化学分析方法。

本标准适用于建材用粉煤灰及煤矸石和指定采用本标准的其他材料。

2 规范性引用文件

下列文件对于本文件的应用是必不可少的。凡是注日期的引用文件，仅注日期的版本适用于本文件。凡是不注日期的引用文件，其最新版本（包括所有的修改单）适用于本文件。

GB/T 6682 分析实验室用水规格和试验方法

GB/T 12573 水泥取样方法

3 试验的基本要求

3.1 试验次数与要求

每项试验次数为两次，用两次试验结果的平均值表示测定结果。

在进行化学分析时，除另有说明外，必须同时进行烧失量的测定，其他各项测定应同时进行空白试验，并对测定结果加以校正。

3.2 质量、体积、滴定度和结果的表示

用克(g)表示质量，精确至 0.000 1 g。滴定管体积用毫升(mL)表示，精确至 0.05 mL。滴定度单位用毫克每毫升(mg/mL)表示。

标准滴定溶液的滴定度和体积比经修约后保留有效数字四位。

除另有说明外，各项分析结果均以质量分数计。各项分析结果以%表示至小数后二位。

3.3 空白试验

使用相同量的试剂，不加入试样，按照相同的测定步骤进行试验，对得到的测定结果进行校正。

3.4 灼烧

将滤纸和沉淀放入预先已灼烧并恒量的坩埚中，为避免产生火焰，在氧化性气氛中缓慢干燥、灰化，灰化至无黑色炭颗粒后，放入高温炉(5.7)中，在规定的温度下灼烧。在干燥器(5.5)中冷却至室温，称量。

3.5 恒量

经第一次灼烧、冷却、称量后，通过连续对每次 15 min 的灼烧，然后冷却、称量的方法来检查恒定质量，当连续两次称量之差小于 0.000 5 g 时，即达到恒量。

3.6 检查氯 Cl^- 离子（硝酸银检验）

按规定洗涤沉淀数次后，用数滴水淋洗漏斗的下端，用数毫升水洗涤滤纸和沉淀，将滤液收集在试

管中，加几滴硝酸银溶液(4.28)，观察试管中溶液是否浑浊。如果浑浊，继续洗涤并定期检查，直至用硝酸银检验不再浑浊为止。

4 试剂和材料

除另有说明外，所用试剂应不低于分析纯。所用水应符合 GB/T 6682 中规定的三级水要求。

本标准所列市售浓液体试剂的密度指 20 ℃的密度(ρ)，单位为克每立方厘米(g/cm^3)。在化学分析中，所用酸或氨水，凡未注浓度者均指市售的浓酸或浓氨水。用体积比表示试剂稀释程度，例如，盐酸(1+2)表示 1 份体积的浓盐酸与 2 份体积的水相混合。

4.1 盐酸(HCl)

ρ为 1.18 g/cm^3～1.19 g/cm^3，质量分数 36%～38%。

4.2 氢氟酸(HF)

ρ为 1.15 g/cm^3～1.18 g/cm^3，质量分数 40%。

4.3 硝酸(HNO_3)

ρ为 1.39 g/cm^3～1.41 g/cm^3，质量分数 65%～68%。

4.4 硫酸(H_2SO_4)

ρ为 1.84 g/cm^3，质量分数 95%～98%。

4.5 冰乙酸(CH_3COOH)

ρ为 1.05 g/cm^3，质量分数 99.8%。

4.6 磷酸(H_3PO_4)

ρ为 1.68 g/cm^3，质量分数 85%。

4.7 氨水($NH_3 \cdot H_2O$)

ρ为 0.90 g/cm^3～0.91 g/cm^3，质量分数 25%～28%。

4.8 三乙醇胺[$N(CH_2CH_2OH)_3$]

ρ为 1.12 g/cm^3，质量分数 99%。

4.9 乙醇或无水乙醇(C_2H_5OH)

乙醇的体积分数 95%，无水乙醇的体积分数不低于 99.5%。

4.10 乙二醇($HOCH_2CH_2OH$)

体积分数 99%。

4.11 盐酸溶液

4.11.1 盐酸(1+1)

1 份体积的浓盐酸与 1 份体积的水相混合均匀。

4.11.2 盐酸(1+2)

1份体积的浓盐酸与2份体积的水相混合均匀。

4.11.3 盐酸(1+5)

1份体积的浓盐酸与5份体积的水相混合均匀。

4.12 硝酸溶液

4.12.1 硝酸(1+2)

1份体积的浓硝酸与2份体积的水相混合均匀。

4.12.2 硝酸(1+9)

1份体积的浓硝酸与9份体积的水相混合均匀。

4.12.3 硝酸(1+100)

1份体积的浓硝酸与100份体积的水相混合均匀。

4.13 硫酸溶液

4.13.1 硫酸(1+1)

1份体积的浓硫酸慢慢注入1份体积的水中并不断搅拌混合均匀。

4.13.2 硫酸(1+2)

1份体积的浓硫酸慢慢注入2份体积的水中并不断搅拌混合均匀。

4.13.3 硫酸(1+4)

1份体积的浓硫酸慢慢注入4份体积的水中并不断搅拌混合均匀。

4.13.4 硫酸(1+9)

1份体积的浓硫酸慢慢注入9份体积的水中并不断搅拌混合均匀。

4.13.5 硫酸(5+95)

5份体积的浓硫酸慢慢注入95份体积的水中并不断搅拌混合均匀。

4.14 磷酸(1+1)

1份体积的浓磷酸与1份体积的水相混合均匀。

4.15 氨水(1+1)

1份体积的浓氨水与1份体积的水相混合均匀。

4.16 三乙醇胺(1+2)

1份体积的三乙醇胺与1份体积的水相混合均匀。

4.17 氢氧化钠($NaOH$)

固体颗粒,密封保存。

4.18 无水碳酸钠(Na_2CO_3)

将无水碳酸钠(Na_2CO_3)用玛瑙研钵研细至粉末状保存。

4.19 焦硫酸钾($K_2S_2O_7$)

将市售的焦硫酸钾($K_2S_2O_7$)在瓷蒸发皿中加热熔化,加热至无泡沫发生,冷却并压碎熔融物,贮存于密封瓶中。

4.20 碳酸钠-硼砂混合溶剂(2+1)

将2份质量的无水碳酸钠(Na_2CO_3)与1份质量的无水硼砂($Na_2B_4O_7$)混匀研细,贮存于密封瓶中。

4.21 艾士卡试剂

将2份质量的轻质氧化镁(MgO)与1份质量的无水碳酸钠(Na_2CO_3)混匀并研细至粒度小于0.2 mm后,贮存于密封瓶中。

4.22 高碘酸钾(KIO_4)

固体研细,密闭保存。

4.23 盐酸羟胺($NH_2OH \cdot HCl$)

固体研细,密闭保存。

4.24 五氧化二钒(V_2O_5)

粉末状固体,密闭保存。

4.25 氢氧化钠溶液(10 g/L)

将10 g氢氧化钠($NaOH$)溶于水中,加水稀释至1 L。贮存于塑料瓶中。

4.26 氢氧化钾溶液(200 g/L)

将200 g氢氧化钾(KOH)溶于水中,加水稀释至1 L。贮存于塑料瓶中。

4.27 氯化钡溶液(100 g/L)

将100 g氯化钡($BaCl_2 \cdot 2H_2O$)溶于水中,加水稀释至1 L。

4.28 硝酸银溶液(5 g/L)

将0.5 g硝酸银($AgNO_3$)溶于水中,加入1 mL硝酸,加水稀释至100 mL,贮存于棕色瓶中。

4.29 二安替比林甲烷溶液(30 g/L盐酸溶液)

将6 g二安替比林甲烷($C_{23}H_{24}N_4O_2$)溶于200 mL盐酸(1+11)中,必要时过滤后使用。

4.30　碳酸铵溶液(100 g/L)

将10 g碳酸铵[$(NH_4)_2CO_3$]溶解于100 mL水中。用时现配。

4.31　pH4.3的缓冲溶液

将42.3 g无水乙酸钠(CH_3COONa)溶于水中,加入80 mL冰乙酸(CH_3COOH),加水稀释至1 L。

4.32　pH6的缓冲溶液

将200 g无水乙酸钠(CH_3COONa)溶于水中,加入20 mL冰乙酸(CH_3COOH),加水稀释至1 L。

4.33　pH10的缓冲溶液

将67.5 g氯化铵(NH_4Cl)溶于水中,加入570 mL氨水($NH_3 \cdot H_2O$),加水稀释至1 L。

4.34　酒石酸钾钠溶液(100 g/L)

将10 g酒石酸钾钠($C_4H_4KNaO_6 \cdot 4H_2O$)溶于水中,加水稀释至100 mL。

4.35　氯化钾(KCl)

颗粒粗大时,应研细后使用。

4.36　氯化钾溶液(50 g/L)

将50 g氯化钾(KCl)溶于水中,加水稀释至1 L。

4.37　氯化钾-乙醇溶液(50 g/L)

将5 g氯化钾(KCl)溶于50 mL水后,加入50 mL乙醇(4.9),混匀。

4.38　氟化钾溶液(150 g/L)

将150 g氟化钾($KF \cdot 2H_2O$)放入塑料杯中,加水溶解后,加水稀释至1 L,贮存于塑料瓶中。

4.39　氟化钾溶液(20 g/L)

将20 g氟化钾($KF \cdot 2H_2O$)溶于水中,加水稀释至1 L,贮存于塑料瓶中。

4.40　电解液

将6 g碘化钾(KI)和6 g溴化钾(KBr)溶于100 mL水中,加入10 mL冰乙酸(CH_3COOH),加水稀释至300 mL。

4.41　氢氧化钠-无水乙醇溶液(0.1 mol/L)

将0.4 g氢氧化钠(NaOH)溶于100 mL无水乙醇(4.9)中。

4.42　乙二醇-无水乙醇溶液(2+1)

将1 000 mL乙二醇(4.10)与500 mL无水乙醇(4.9)混合,加入0.5 g酚酞,混匀。用氢氧化钠-无水乙醇溶液(4.41)中和至微红色。贮存于干燥密封的容器中,防止吸潮。

4.43　氟化铵溶液(100 g/L)

称取100 g氟化铵($NH_4F \cdot 2H_2O$)放入塑料烧杯中,加入200 mL水溶解后,用水稀释至1 L。

4.44　苦杏仁酸溶液(100 g/L)

将 100 g 苦杏仁酸(苯羟乙酸)[$C_6H_5CH(OH)COOH$]溶于 1 L 热水中，并用氨水(1+1)调节 pH 值约为 4(用精密 pH 试纸检验)。

4.45　抗坏血酸溶液(50 g/L)

将 5 g 抗坏血酸(V.C)溶于 100 mL 水中，必要时过滤后使用。用时现配。

4.46　二氧化钛(TiO_2)标准溶液工作曲线的绘制

4.46.1　标准溶液的配制

称取 0.100 0 g 已于 950 ℃灼烧过 60 min 的二氧化钛(TiO_2，光谱纯)，精确至 0.000 1 g，置于铂坩埚中，加入 2 g 焦硫酸钾(4.19)，在 500 ℃～600 ℃下熔融至透明。冷却后，熔块用硫酸(1+9)浸出，加热至 50 ℃～60 ℃使熔块完全溶解，冷却后移入 1 000 mL 容量瓶中，用硫酸(1+9)稀释至标线，摇匀。此标准溶液每毫升含 0.1 mg 二氧化钛。

吸取 100.00 mL 上述标准溶液放入 500 mL 容量瓶中，用硫酸(1+9)稀释至标线，摇匀。此标准溶液每毫升含 0.02 mg 二氧化钛。

4.46.2　工作曲线的绘制

吸取每毫升含 0.02 mg 二氧化钛的标准溶液 0.00 mL、2.00 mL、4.00 mL、6.00 mL、8.00 mL、10.00 mL、12.00 mL、15.00 mL 分别放入 100 mL 容量瓶中，依次加入 10 mL 盐酸(1+2)、10 mL 抗坏血酸溶液(4.45)、5 mL 乙醇(4.9)、20 mL 二安替比林甲烷溶液(4.29)，用水稀释至标线，摇匀。放置 40 min 后，使用分光光度计，10 mm 比色皿，以水作参比，于波长 420 nm 处测定溶液的吸光度。用测得的吸光度作为相对应的二氧化钛含量的函数，绘制工作曲线。

4.47　氧化钾(K_2O)、氧化钠(Na_2O)标准溶液工作曲线的绘制

4.47.1　氧化钾、氧化钠标准溶液的配制

称取 1.583 g 已于 105 ℃～110 ℃烘过 2 h 的氯化钾(KCl，基准试剂或光谱纯)及 1.886 g 已于 105 ℃～110 ℃烘过 2 h 的氯化钠(NaCl，基准试剂或光谱纯)，精确至 0.000 1 g，置于烧杯中，加水完全溶解后，移入 1 000 mL 容量瓶中，用水稀释至标线，摇匀。贮存于塑料瓶中。此标准溶液每毫升含 1 mg 氧化钾及 1 mg 氧化钠。

吸取 50.00 mL 上述标准溶液放入 1 000 mL 容量瓶中，用水稀释至标线，摇匀。贮存于塑料瓶中。此标准溶液每毫升含 0.05 mg 氧化钾和 0.05 mg 氧化钠。

4.47.2　工作曲线的绘制

吸取每毫升含 1 mg 氧化钾及 1 mg 氧化钠的标准溶液 0.00 mL、2.50 mL、5.00 mL、10.00 mL、15.00 mL、20.00 mL，分别放入 500 mL 容量瓶中，用水稀释至标线，摇匀。贮存于塑料瓶中。将火焰光度计调节至最佳工作状态，按仪器使用规程进行测定。用测得的检流计读数作为相对应的氧化钾和氧化钠含量的函数，绘制工作曲线。

4.48　一氧化锰(MnO)标准溶液工作曲线的绘制

4.48.1　无水硫酸锰($MnSO_4$)

取一定量硫酸锰($MnSO_4$，光谱纯)或含水硫酸锰($MnSO_4 \cdot xH_2O$)置于称量瓶中，在 250 ℃温度

下烘干至恒量，所获得的产物为无水硫酸锰($MnSO_4$)。

4.48.2 标准溶液的配制

称取0.106 4 g无水硫酸锰($MnSO_4$)，精确至0.000 1 g，置于300 mL烧杯中，加水溶解后，加入约1 mL硫酸(1+1)，移入1 000 mL容量瓶中，用水稀释至标线，摇匀。此标准溶液每毫升含0.05 mg一氧化锰。

4.48.3 工作曲线的绘制

吸取每毫升含0.05 mg一氧化锰的标准溶液0.00 mL、2.00 mL、6.00 mL、10.00 mL、14.00 mL、20.00 mL分别放入50 mL烧杯中，加入5 mL磷酸(1+1)及10 mL硫酸(1+1)，加水稀释至约50 mL，加入约1 g高碘酸钾(4.22)，加热微沸15 min至溶液达到最大颜色深度，冷却至室温，移入100 mL容量瓶中，用水稀释至标线，摇匀。使用分光光度计，10 mm比色皿，以水作参比，于波长530 nm处测定溶液的吸光度。用测得的吸光度作为相对应的一氧化锰含量的函数，绘制工作曲线。

4.49 碳酸钙标准溶液[$c(CaCO_3)$=0.024 mol/L]

称取0.6 g(m_1)已于105 ℃～110 ℃烘过2 h的碳酸钙($CaCO_3$，基准试剂)，精确至0.000 1 g，置于400 mL烧杯中，加入约100 mL水，盖上表面皿，沿杯口慢慢加入10 mL盐酸(1+1)，至碳酸钙全部溶解，加热煮沸2 min～3 min。将溶液冷却至室温，移入250 mL容量瓶中，用水稀释至标线，摇匀。

4.50 EDTA标准滴定溶液[c(EDTA)=0.015 mol/L]

4.50.1 EDTA标准滴定溶液的配制

称取约5.6 g EDTA(乙二胺四乙酸二钠，$C_{10}H_{14}N_2O_8Na_2 \cdot 2H_2O$)置于烧杯中，加入约200 mL水，加热溶解，过滤，加水稀释至1 L，摇匀。

4.50.2 EDTA标准滴定溶液浓度的标定

吸取25.00 mL碳酸钙标准溶液(4.49)放入400 mL烧杯中，加水稀释至约200 mL，加入适量的CMP混合指示剂(4.55)，在搅拌下加入氢氧化钾溶液(4.26)至出现绿色荧光后再过量2 mL～3 mL，用EDTA标准滴定溶液滴定至绿色荧光消失并呈现红色。

EDTA标准滴定溶液的浓度按式(1)计算：

$$c(\text{EDTA})=\frac{m_1\times 25\times 1\,000}{250\times V_1\times 100.09} \quad \cdots\cdots(1)$$

式中：

c(EDTA)——EDTA标准滴定溶液的浓度，单位为摩尔每升(mol/L)；

V_1 ——滴定时消耗EDTA标准滴定溶液的体积，单位为毫升(mL)；

m_1 ——按(4.49)配制碳酸钙标准溶液的碳酸钙的质量，单位为克(g)；

25 ——吸取溶液的体积，单位为毫升(mL)；

250 ——溶液的总体积，单位为毫升(mL)；

100.09 ——$CaCO_3$的摩尔质量，单位为克每摩尔(g/mol)。

4.50.3 EDTA标准滴定溶液对各氧化物的滴定度的计算

EDTA标准滴定溶液对三氧化二铁、三氧化二铝、氧化钙、氧化镁的滴定度分别按式(2)、式(3)、式(4)、式(5)计算：

$$T_{Fe_2O_3}=c(EDTA)\times 79.84 \qquad \cdots\cdots(2)$$

$$T_{Al_2O_3}=c(EDTA)\times 50.98 \qquad \cdots\cdots(3)$$

$$T_{CaO}=c(EDTA)\times 56.08 \qquad \cdots\cdots(4)$$

$$T_{MgO}=c(EDTA)\times 40.31 \qquad \cdots\cdots(5)$$

式中：

$T_{Fe_2O_3}$ ——EDTA 标准滴定溶液对三氧化二铁的滴定度，单位为毫克每毫升(mg/mL)；

$T_{Al_2O_3}$ ——EDTA 标准滴定溶液对三氧化二铝的滴定度，单位为毫克每毫升(mg/mL)；

T_{CaO} ——EDTA 标准滴定溶液对氧化钙的滴定度，单位为毫克每毫升(mg/mL)；

T_{MgO} ——EDTA 标准滴定溶液对氧化镁的滴定度，单位为毫克每毫升(mg/mL)；

$c(EDTA)$ ——EDTA 标准滴定溶液的浓度，单位为摩尔每升(mol/L)；

79.84 ——($1/2Fe_2O_3$)的摩尔质量，单位为克每摩尔(g/mol)；

50.98 ——($1/2Al_2O_3$)的摩尔质量，单位为克每摩尔(g/mol)；

56.08 ——CaO 的摩尔质量，单位为克每摩尔(g/mol)；

40.31 ——MgO 的摩尔质量，单位为克每摩尔(g/mol)。

4.51 硫酸铜标准滴定溶液 [$c(CuSO_4)=0.015$ mol/L]

4.51.1 硫酸铜标准滴定溶液的配制

称取约 3.7 g 硫酸铜($CuSO_4\cdot 5H_2O$)溶于约 200 mL 水，加入 4～5 滴硫酸(1+1)，加水稀释至 1 L，摇匀。

4.51.2 EDTA 标准滴定溶液与硫酸铜标准滴定溶液体积比的标定

从滴定管中缓慢放出 10 mL～15 mL EDTA 标准滴定溶液(4.50)于 400 mL 烧杯中，加水稀释至约 150 mL，加入 15 mL pH 值为 4.3 的缓冲溶液(4.31)，加热至沸，取下稍冷，加入 5～6 滴 PAN 指示剂溶液(4.59)，用硫酸铜标准滴定溶液滴定至亮紫色。

EDTA 标准滴定溶液与硫酸铜标准滴定溶液的体积比按式(6)计算：

$$K_1=\frac{V_2}{V_3} \qquad \cdots\cdots(6)$$

式中：

K_1——EDTA 标准滴定溶液与硫酸铜标准滴定溶液的体积比；

V_2——加入 EDTA 标准滴定溶液的体积，单位为毫升(mL)；

V_3——滴定时消耗硫酸铜标准滴定溶液的体积，单位为毫升(mL)。

4.52 乙酸铅标准滴定溶液[$c(Pb(CH_3COO)_2)=0.015$ mol/L]

4.52.1 乙酸铅标准滴定溶液的配制

称取 5.7 g 乙酸铅[$Pb(CH_3COO)_2\cdot 3H_2O$]置于 400 mL 烧杯中，溶于约 250 mL 水，加入 5 mL 冰乙酸，用水稀释至 1 L，摇匀，放置过夜后标定。

4.52.2 EDTA 标准滴定溶液与乙酸铅标准滴定溶液体积比的标定

从滴定管中缓慢放出 10 mL～15 mL EDTA 标准滴定溶液(4.50)于 300 mL 烧杯中，用水稀释至约 150 mL，加入 10 mL pH 值为 6 的缓冲溶液(4.32)及 7～8 滴半二甲酚橙指示剂溶液(4.62)，以乙酸铅标准滴定溶液滴定至红色。

EDTA 标准滴定溶液与乙酸铅标准滴定溶液的体积比按式(7)计算：

$$K_2 = \frac{V_4}{V_5} \quad \cdots\cdots\cdots\cdots (7)$$

式中：

K_2——每毫升乙酸铅标准滴定溶液相当于EDTA标准滴定溶液的毫升数；

V_4——滴定时消耗EDTA标准滴定溶液的体积，单位为毫升(mL)；

V_5——滴定时消耗乙酸铅标准滴定溶液的体积，单位为毫升(mL)。

4.53 氢氧化钠标准滴定溶液[$c(NaOH)=0.15\ mol/L$]

4.53.1 氢氧化钠标准滴定溶液的配制

称取30 g氢氧化钠(NaOH)溶于水后，加水稀释至5 L，充分摇匀，贮存于塑料瓶或带胶塞(装有钠石灰干燥管)的硬质玻璃瓶内。

4.53.2 氢氧化钠标准滴定溶液浓度的标定

称取约0.8 g(m_2)苯二甲酸氢钾($C_8H_5KO_4$，基准试剂)，精确至0.000 1 g，置于400 mL烧杯中，加入约200 mL预先新煮沸过并冷却后用氢氧化钠溶液中和至酚酞呈微红色的冷水，搅拌使其溶解，加入6～7滴酚酞指示剂溶液(4.57)，用氢氧化钠标准滴定溶液滴定至微红色。

氢氧化钠标准滴定溶液的浓度按式(8)计算：

$$c(NaOH) = \frac{m_2 \times 1\ 000}{V_6 \times 204.2} \quad \cdots\cdots\cdots\cdots (8)$$

式中：

$c(NaOH)$——氢氧化钠标准滴定溶液的浓度，单位为摩尔每升(mol/L)；

V_6——滴定时消耗氢氧化钠标准滴定溶液的体积，单位为毫升(mL)；

m_2——称取苯二甲酸氢钾的质量，单位为克(g)；

204.2——苯二甲酸氢钾的摩尔质量，单位为克每摩尔(g/mol)。

4.53.3 氢氧化钠标准滴定溶液对二氧化硅的滴定度的计算

氢氧化钠标准滴定溶液对二氧化硅的滴定度按式(9)计算：

$$T_{SiO_2} = c(NaOH) \times 15.02 \quad \cdots\cdots\cdots\cdots (9)$$

式中：

T_{SiO_2}——氢氧化钠标准滴定溶液对二氧化硅的滴定度，单位为毫克每毫升(mg/mL)；

$c(NaOH)$——氢氧化钠标准滴定溶液的浓度，单位为摩尔每升(mol/L)；

15.02——($1/4SiO_2$)的摩尔质量，单位为克每摩尔(g/mol)。

4.54 苯甲酸-无水乙醇标准滴定溶液[$c(C_6H_5COOH)=0.1\ mol/L$]

4.54.1 苯甲酸-无水乙醇标准滴定溶液的配制

称取12.2 g已在干燥器(5.5)中干燥24 h后的苯甲酸(C_6H_5COOH)溶于1 000 mL无水乙醇(4.9)中，贮存在带胶塞(装有硅胶干燥管)的玻璃瓶内。

4.54.2 苯甲酸-无水乙醇标准滴定溶液对氧化钙滴定度的标定

取一定量碳酸钙($CaCO_3$，基准试剂)置于铂(或瓷)坩埚中，在950 ℃下灼烧至恒量，从中称取0.04 g氧化钙(m_3)，精确至0.000 1 g，置于250 mL干燥的锥形瓶中，加入30 mL乙二醇-无水乙醇溶液(4.42)，放入一根搅拌子，装上回流冷凝管，置于游离氧化钙测定仪(5.15)上，打开电源开关，以适当的速度搅拌溶液，同时升温并加热煮沸，当冷凝下的乙醇开始连续滴下时，继续在搅拌下微沸 4 min 后，取下锥形瓶，立即用苯甲酸-无水乙醇标准滴定溶液滴定至微红色消失。

苯甲酸-无水乙醇标准滴定溶液对氧化钙的滴定度按式(10)计算：

$$T_{CaO}=\frac{m_3\times 1\,000}{V_7} \qquad \cdots\cdots(10)$$

式中：

T_{CaO}——苯甲酸-无水乙醇标准滴定溶液对氧化钙的滴定度，单位为毫克每毫升(mg/mL)；

V_7 ——滴定时消耗苯甲酸-无水乙醇标准滴定溶液的总体积，单位为毫升(mL)；

m_3 ——称取氧化钙的质量，单位为克(g)。

4.55 钙黄绿素-甲基百里香酚蓝-酚酞混合指示剂(简称 CMP 混合指示剂)

称取 1.000 g 钙黄绿素、1.000 g 甲基百里香酚蓝、0.200 g 酚酞与 50 g 已在 105 ℃～110 ℃烘干过的硝酸钾(KNO_3)混合研细，保存在磨口瓶中。

4.56 酸性铬蓝 K-萘酚绿 B 混合指示剂(简称 K-B 混合指示剂)

称取 1.000 g 酸性铬蓝 K、2.500 g 萘酚绿 B 与 50 g 已在 105 ℃～110 ℃烘干过的硝酸钾(KNO_3)混合研细，保存在磨口瓶中。

滴定终点颜色不正确时，可调节酸性铬蓝 K 与萘酚绿 B 的配制比例，并通过国家标准样品/标准物质进行对比确认。

4.57 酚酞指示剂溶液(10 g/L)

将 1 g 酚酞溶于 100 mL 乙醇(4.9)中。

4.58 磺基水杨酸钠指示剂溶液(100 g/L)

将 10 g 磺基水杨酸钠($C_7H_5O_6SNa\cdot 2H_2O$)溶于水中，加水稀释至 100 mL。

4.59 1-(2-吡啶偶氮)-2 萘酚指示剂溶液(简称 PAN 指示剂溶液)(2 g/L)

将 0.2 g 1-(2-吡啶偶氮)-2 萘酚溶于 100 mL 乙醇(4.9)中。

4.60 甲基红指示剂溶液(2 g/L)

将 0.2 g 甲基红溶于 100 mL 乙醇(4.9)中。

4.61 硝酸银溶液(5 g/L)

将 5 g 硝酸银($AgNO_3$)溶于水中，加水稀释至 1 L。

4.62 半二甲酚橙指示剂溶液(5 g/L)

将 0.5 g 半二甲酚橙溶于 100 mL 水中。

5 仪器与设备

5.1 天平

精确至 0.000 1 g。

5.2 铂、银、瓷坩埚

带盖，容量 20 mL～50 mL。

5.3 铂皿

容量 50 mL～100 mL。

5.4 瓷蒸发皿

容量 100 mL～150 mL。

5.5 干燥器

内装变色硅胶。

5.6 干燥箱

可控制在(105±5)℃、(150±5)℃、(250±5)℃温度。

5.7 高温炉

隔焰加热炉，在炉膛外围进行电阻加热。应使用温度控制器准确控制炉温，可控制(700±25)℃、(950±25)℃温度。

5.8 滤纸

快速、中速、慢速三种型号的定量滤纸。

5.9 玻璃容量器皿

滴定管、容量瓶、移液管。

5.10 磁力搅拌器

带有塑料壳的搅拌子，具有调速和加热功能。

5.11 分光光度计

可在波长 400 nm～800 nm 范围内测定溶液的吸光度，带有 10 mm、20 mm 比色皿。

5.12 火焰光度计

可稳定地测定钾在波长 768 nm 处和钠在波长 589 nm 处的谱线强度。

5.13 库仑积分测硫仪

由管式高温炉、电解池、磁力搅拌器和库仑积分器组成。

5.14 瓷舟

长 70 mm～80 mm，可耐温 1 200 ℃以上。

5.15 游离氧化钙测定仪

具有加热、搅拌、计时功能，并配有回流冷凝管。

6 试样的制备

6.1 含水量测定用试样制备

按 GB/T 12573 方法取样，样品应是具有代表性的均匀性样品。经过破碎后，采用四分法或缩分器将试样缩分至约 200 g，充分混匀，一分为二，装入两个试样瓶中，密封保存，试样标识，其中一个试样，供测定含水量用。另一个试样供化学分析试样制备用。

6.2 化学分析用试样制备

供化学分析试验所用试样，如因水份较大无法研磨时，需先在 105 ℃～110 ℃的温度下加热烘干。经研磨后，用磁铁吸去筛余物中金属铁，使其全部通过孔径为 80 μm 方孔筛，充分混匀，装入试样瓶中，再在 105 ℃～110 ℃的温度下加热烘干 2 h 以上，取出密封保存于干燥器中。

7 含水量的测定——烘干法

7.1 方法提要

试样在 105 ℃～110 ℃的温度下，水分经高温加热完全蒸发，然后在干燥器中冷却到室温，称量。

7.2 分析步骤

称取测定含水量的试样(6.1)10 g(m_4)，精确至 0.000 1 g，放入已恒重的瓷蒸发皿(m_5)中，放至鼓风干燥箱中，在 105 ℃～110 ℃的温度下烘干 1 h，取出瓷蒸发皿置于干燥器(5.5)中，冷却至室温，称量。反复烘干，直至恒量(m_6)。

7.3 结果的计算与表示

含水量的质量百分数 w_{H_2O} 按式(11)计算：

$$w_{H_2O}=\frac{m_5-m_6}{m_4}\times 100 \qquad \cdots\cdots(11)$$

式中：

w_{H_2O}——含水量的质量分数，%；

m_4 ——试料的质量，单位为克(g)；

m_5 ——烘干前试料和瓷蒸发皿的质量，单位为克(g)；

m_6 ——烘干后试料和瓷蒸发皿的质量，单位为克(g)。

8 烧失量的测定——灼烧差减法

8.1 方法提要

试样在 950 ℃±25 ℃的高温炉中灼烧，去除二氧化碳和水分，同时将存在的易氧化的元素氧化。

8.2 分析步骤

称取化学分析用试样(6.2)约 1 g(m_7)，精确至 0.000 1 g，放入已灼烧恒量的瓷坩埚(m_8)中，将盖斜置于坩埚上，放在高温炉(5.7)内，从低温开始逐渐升高温度，在 950 ℃±25 ℃下灼烧 15 min～20 min，取出坩埚置于干燥器(5.5)中，冷却至室温，称量。反复灼烧，直至恒量(m_9)。

8.3 结果的计算与表示

烧失量的质量分数 w_{LOI} 按式(12)计算：

$$w_{LOI}=\frac{m_8-m_9}{m_7}\times 100 \qquad \cdots\cdots(12)$$

式中：

w_{LOI}——烧失量的质量分数，%；

m_7 ——试料的质量，单位为克(g)；

m_8 ——灼烧前试料和瓷坩埚的质量，单位为克(g)；

m_9 ——灼烧后试料和瓷坩埚的质量，单位为克(g)。

9 二氧化硅的测定——氟硅酸钾容量法

9.1 方法提要

在有过量的氟、钾离子存在的强酸性溶液中，使硅酸形成氟硅酸钾(K_2SiF_6)沉淀。经过滤、洗涤及中和残余酸后，加入沸水使氟硅酸钾沉淀水解生成等物质的量的氢氟酸。然后以酚酞为指示剂，用氢氧化钠标准滴定溶液滴定。

9.2 系统溶液的制备

称取化学分析用试样(6.2)约 0.5 g(m_{10})，精确至 0.000 1 g，置于银坩埚中，盖上盖子并留有缝隙，放入高温炉中，在 700 ℃～750 ℃的高温下预烧 15 min～20 min，取出，放冷，加入 6 g～7 g 氢氧化钠，从低温升起，在 700 ℃～750 ℃的高温下熔融 30 min，中间取出摇动 1 次。取出冷却，将坩埚放入已盛有约 100 mL 沸水的 300 mL 烧杯中，盖上表面皿，在电炉上适当加热，待熔块完全浸出后，取出坩埚，用水冲洗坩埚和盖。在搅拌下一次加入 30 mL 盐酸，再加入 2 mL～5 mL 硝酸，用热盐酸(1+5)洗净坩埚和盖。将溶液加热至沸 2 min～3 min，冷却后，转移至 250 mL 容量瓶中，用水稀释至标线，摇匀。此溶液供测定二氧化硅(9.3)、三氧化二铁(10.2)、三氧化二铝(11.2 或 12.2)、氧化钙(14.2)、氧化镁(15.2) 和二氧化钛(13.2)用。

9.3 分析步骤

从溶液(9.2)中吸取 50.00 mL 溶液，放入 300 mL 塑料杯中，然后加入 15 mL 硝酸，搅拌，冷却至 30 ℃以下。加入氯化钾(4.35)，仔细搅拌至饱和并有少量氯化钾析出，然后再加入 2 g 氯化钾(4.35)，仔细搅拌并压碎大颗粒氯化钾，使氯化钾完全饱和(此时搅拌，溶液应该比较浑浊，氯化钾颗粒呈悬浮状，如氯化钾析出量不够，应再补充加入，使氯化钾的析出量约 2 g，不宜过多)，加入 10 mL 氟化钾溶液(4.38)，搅拌，在环境温度 30 ℃以下放置 15 min～20 min，其间搅拌 1～2 次。用中速滤纸过滤，先过滤溶液将固体氯化钾和沉淀留在杯底，溶液滤完后用氯化钾溶液(4.36)洗涤塑料杯及沉淀，洗涤过程中使固体氯化钾溶解，洗涤液总量不超过 30 mL。将滤纸连同沉淀取下，置于原塑料杯中，沿杯壁加入 15 mL 30℃以下的氯化钾-乙醇溶液(4.37)及 1 mL 酚酞指示剂溶液(4.57)，将滤纸展开，用氢氧化钠标准滴定溶液(4.53)中和未洗尽的酸，仔细搅动、挤压滤纸并随之擦洗杯壁直至溶液呈红色(过滤、洗涤、中和残余酸的操作应迅速，以防止氟硅酸钾沉淀的水解)。向杯中加入 250 mL 沸水(煮沸后用氢氧化钠溶液中和至酚酞呈微红色的沸水)，用氢氧化钠标准滴定溶液(4.53)滴定至微红色(30 s 之内不褪色)。

9.4 结果的计算与表示

二氧化硅的质量分数 w_{SiO_2} 按式(13)计算：

$$w_{SiO_2}=\frac{T_{SiO_2}\times V_8\times 5}{m_{10}\times 1\,000}\times 100 \quad \cdots\cdots(13)$$

式中：

w_{SiO_2}——二氧化硅的质量分数，%；

T_{SiO_2}——氢氧化钠标准滴定溶液对二氧化硅的滴定度，单位为毫克每毫升(mg/mL)；

V_8 ——滴定时消耗氢氧化钠标准滴定溶液的体积，单位为毫升(mL)；

5 ——全部试样溶液与所分取溶液的体积比；

m_{10} ——9.2 中试料的质量，单位为克(g)。

10 三氧化二铁的测定——EDTA 直接滴定法

10.1 方法提要

在 pH 值为 1.8～2.0、温度为 60 ℃～70 ℃的溶液中，以磺基水杨酸钠为指示剂，用 EDTA 标准滴定溶液滴定。

10.2 分析步骤

从溶液(9.2)中吸取 25.00 mL 溶液放入 300 mL 烧杯中，加水稀释至约 100 mL，用氨水(1+1)和盐酸(1+1)调节溶液 pH 值在 1.8～2.0 之间(用精密 pH 试纸或酸度计检验)。将溶液加热至 70 ℃，加入 10 滴磺基水杨酸钠指示剂溶液(4.58)，用 EDTA 标准滴定溶液(4.50)缓慢地滴定至亮黄色(终点时溶液温度应不低于 60 ℃，如终点前溶液温度降至近 60℃时，须再加热至 65 ℃～70 ℃)。保留此溶液供测定三氧化二铝(11.2 或 12.2)用。

10.3 结果的计算与表示

三氧化二铁的质量分数 $w_{Fe_2O_3}$ 按式(14)计算：

$$w_{Fe_2O_3}=\frac{T_{Fe_2O_3}\times V_9\times 10}{m_{10}\times 1\,000}\times 100 \quad \cdots\cdots(14)$$

式中：

$w_{Fe_2O_3}$——三氧化二铁的质量分数，%；

$T_{Fe_2O_3}$——EDTA 标准滴定溶液对三氧化二铁的滴定度，单位为毫克每毫升(mg/mL)；

V_9 ——滴定时消耗 EDTA 标准滴定溶液的体积，单位为毫升(mL)；

10 ——全部试样溶液与所分取溶液的体积比；

m_{10} ——9.2 中试料的质量，单位为克(g)。

11 三氧化二铝的测定——铅盐回滴—氟化铵置换法(基准法)

11.1 方法提要

在 EDTA 存在下，调整溶液 pH 值至 6.0，煮沸使铝及其他金属离子和 EDTA 配位，以半二甲酚橙为指示剂，用铅盐溶液回滴过量的 EDTA，再加入氟化铵，煮沸置换铝-EDTA 配合物中的 EDTA，用乙酸铅标准滴定溶液滴定置换出来的 EDTA,测定出铝的含量。

11.2 分析步骤

在滴定三氧化二铁后的溶液(10.2)中,加入 10 mL 苦杏仁酸溶液(4.44),然后加入对铁、铝过量 10 mL～15 mL EDTA 标准滴定溶液,用氨水(1+1)调整溶液 pH 值至 4 左右(pH 试纸检验),然后将溶液加热至 70 ℃～80 ℃,再加入 10 mL pH 值为 6 的缓冲溶液(4.32),并加热煮沸 5 min～10 min。取下,冷至室温,加 7～8 滴半二甲酚橙指示剂溶液(4.62),用乙酸铅标准滴定溶液(4.52)滴定至由黄色至橙红色(不记读数)。然后立即向溶液中加入 10 mL 氟化铵溶液(4.43),并加热煮沸 1 min～2 min,取下,冷至室温,补加 2～3 滴半二甲酚橙指示剂溶液(4.62),用乙酸铅标准滴定溶液(4.52)滴定至由黄色至橙红色(记读数)。

11.3 结果的计算与表示

三氧化二铝的质量百分数 $w_{Al_2O_3}$ 按式(15)计算:

$$w_{Al_2O_3}=\frac{T_{Al_2O_3}\times K_2\times V_{10}\times 10}{m_{10}\times 1\ 000}\times 100 \quad\cdots\cdots(15)$$

式中:

$w_{Al_2O_3}$——三氧化二铝的质量百分数,%;

$T_{Al_2O_3}$——每毫升 EDTA 标准滴定溶液相当于三氧化二铝的毫克数,mg/mL;

K_2 ——每毫升乙酸铅标准滴定溶液相当于 EDTA 标准滴定溶液的毫升数;

V_{10} ——测定时消耗乙酸铅标准滴定溶液的体积,单位为毫升,mL;

10 ——全部试样溶液与所分取溶液的体积比;

m_{10} ——9.2 中试料的质量,单位为克(g)。

12 硫酸铜返滴定法(代用法)

12.1 方法提要

在滴定铁后的溶液中,加入对铝、钛过量的 EDTA 标准滴定溶液,控制溶液 pH 值在 3.8～4.0,以 PAN 为指示剂,用硫酸铜标准滴定溶液回滴过量的 EDTA。

12.2 分析步骤

往溶液(10.2)中测完铁的溶液中加入 EDTA 标准滴定溶液(4.50)至过量 10 mL～15 mL(对铝、钛含量而言),加水稀释至 150 mL～200 mL。将溶液加热至 70 ℃～80 ℃后,加入数滴氨水(1+1)调节溶液 pH 值在 3.0～3.5 之间(用精密 pH 试纸检验),加入 15 mL pH 4.3 的缓冲溶液(4.31),加热煮沸并保持 1 min～2 min,取下加入 4～5 滴 PAN 指示剂溶液(4.59),用硫酸铜标准滴定溶液(4.51)滴定至亮紫色。

12.3 结果的计算与表示

三氧化二铝的质量分数 $w_{Al_2O_3}$ 按式(16)计算:

$$w_{Al_2O_3}=\frac{T_{Al_2O_3}\times(V_{11}-K_1\times V_{12})\times 10}{m_{10}\times 1\ 000}\times 100-0.64w_{TiO_2} \quad\cdots\cdots(16)$$

式中：

$w_{Al_2O_3}$ ——三氧化二铝的质量分数，%；

w_{TiO_2} ——按第13章测得的二氧化钛的质量分数，%；

$T_{Al_2O_3}$ ——EDTA标准滴定溶液对三氧化二铝的滴定度，单位为毫克每毫升(mg/mL)；

V_{11} ——加入EDTA标准滴定溶液的体积，单位为毫升(mL)；

V_{12} ——滴定时消耗硫酸铜标准滴定溶液的体积，单位为毫升(mL)；

K_1 ——EDTA标准滴定溶液与硫酸铜标准滴定溶液的体积比；

10 ——全部试样溶液与所分取溶液的体积比；

m_{10} ——9.2中试料的质量，单位为克(g)；

0.64 ——二氧化钛对三氧化二铝的换算系数。

13 二氧化钛的测定——二安替比林甲烷分光光度法

13.1 方法提要

在酸性溶液中钛氧基离子(TiO^{2+})与二安替比林甲烷生成黄色配合物，于波长420 nm处测定溶液的吸光度。用抗坏血酸消除三价铁离子的干扰。

13.2 分析步骤

从溶液(9.2)中吸取10.00 mL溶液放入100 mL容量瓶中，加入10 mL盐酸(1+2)、10 mL抗坏血酸溶液(4.45)，放置5 min，加入5 mL乙醇(4.9)、20 mL二安替比林甲烷溶液(4.29)。用水稀释至标线，摇匀。放置40 min后，用分光光度计，10 mm比色皿，以水作参比，于波长420 nm处测定溶液的吸光度，在工作曲线(4.46.2)上查出二氧化钛的含量(m_{11})。

13.3 结果的计算与表示

二氧化钛的质量分数w_{TiO_2}按式(17)计算：

$$w_{TiO_2}=\frac{m_{11}\times 25}{m_{10}\times 1\,000}\times 100 \quad \cdots\cdots(17)$$

式中：

w_{TiO_2} ——二氧化钛的质量分数，%；

25 ——全部试样溶液与所分取溶液的体积比；

m_{11} ——100 mL测定溶液中二氧化钛的含量，单位为毫克(mg)；

m_{10} ——9.2中试料的质量，单位为克(g)。

14 氧化钙的测定——EDTA滴定法

14.1 方法提要

在pH值为13以上的强碱性溶液中，以三乙醇胺为掩蔽剂，用钙黄绿素-甲基百里香酚蓝-酚酞混合指示剂，用EDTA标准滴定溶液滴定。

对于氢氧化钠熔融制备的试样溶液，须预先在酸性溶液中加入适量的氟化钾，以抑制硅酸的干扰。

14.2 分析步骤

从溶液(9.2)中吸取25.00 mL溶液放入400 mL烧杯中，先加入15 mL氟化钾溶液(4.39)，搅拌并放置2 min以上。加水稀释至约200 mL。加入5 mL三乙醇胺溶液(1+2)及适量的CMP混合指示剂(4.55)，在搅拌下加入氢氧化钾溶液(4.26)至出现绿色荧光后再过量7 mL～8 mL，此时溶液酸度在pH值13以上，用EDTA标准滴定溶液(4.50)滴定至绿色荧光完全消失并呈现红色。

14.3 结果的计算与表示

氧化钙的质量分数w_{CaO}按式(18)计算：

$$w_{CaO}=\frac{T_{CaO}\times V_{13}\times 10}{m_{10}\times 1\,000}\times 100 \qquad \cdots\cdots(18)$$

式中：

w_{CaO}——氧化钙的质量分数，%；

T_{CaO}——EDTA标准滴定溶液对氧化钙的滴定度，单位为毫克每毫升(mg/mL)；

V_{13}——滴定时消耗EDTA标准滴定溶液的体积，单位为毫升(mL)；

10——全部试样溶液与所分取溶液的体积比；

m_{10}——9.2中试料的质量，单位为克(g)。

15 氧化镁的测定——EDTA滴定差减法

15.1 方法提要

在pH值为10的溶液中，以酒石酸钾钠、三乙醇胺为掩蔽剂，用酸性铬蓝K-萘酚绿B混合指示剂，用EDTA标准滴定溶液滴定。

当试样中一氧化锰含量在0.5%以上时，在盐酸羟胺存在下，测定钙、镁、锰总量，差减法测得氧化镁含量。

15.2 分析步骤

15.2.1 一氧化锰含量在0.5%以下时

从溶液(9.2)中吸取25.00 mL溶液放入400 mL烧杯中，加入15 mL氟化钾溶液(4.39)，搅拌2 min以上，加水稀释至约200 mL，依次加入2 mL酒石酸钾钠溶液(4.34)和10 mL三乙醇胺(1+2)溶液(4.16)，搅拌。然后加入25 mL pH值为10缓冲溶液(4.33)及适量的酸性铬蓝K-萘酚绿B混合指示剂(4.56)，用EDTA标准滴定溶液(4.50)滴定，近终点时应缓慢滴定至纯蓝色不再变色为止。

氧化镁的质量分数w_{MgO}按式(19)计算：

$$w_{MgO}=\frac{T_{MgO}\times(V_{14}-V_{13})\times 10}{m_{10}\times 1\,000}\times 100 \qquad \cdots\cdots(19)$$

式中：

w_{MgO}——氧化镁的质量分数，%；

T_{MgO}——EDTA标准滴定溶液对氧化镁的滴定度，单位为毫克每毫升(mg/mL)；

V_{14}——滴定钙、镁总量时消耗EDTA标准滴定溶液的体积，单位为毫升(mL)；

V_{13}——按(14.2)测定氧化钙时消耗EDTA标准滴定溶液的体积，单位为毫升(mL)；

10——全部试样溶液与所分取溶液的体积比；

m_{10} ——(9.2)中试料的质量,单位为克(g)。

15.2.2 一氧化锰含量在0.5%以上时

除在滴定前加入0.5 g~1 g盐酸羟胺(4.23)外,其余分析步骤同(15.2.1)。

氧化镁的质量分数 w_{MgO} 按式(20)计算:

$$w_{MgO}=\frac{T_{MgO}\times(V_{15}-V_{13})\times 10}{m_{10}\times 1\,000}\times 100-0.57\times w_{MnO} \quad \cdots\cdots(20)$$

式中:

w_{MgO}——氧化镁的质量分数,%;

T_{MgO}——EDTA标准滴定溶液对氧化镁的滴定度,单位为毫克每毫升(mg/mL);

V_{15} ——滴定钙、镁总量时消耗EDTA标准滴定溶液的体积,单位为毫升(mL);

V_{13} ——按(14.2)测定氧化钙时消耗EDTA标准滴定溶液的体积,单位为毫升(mL);

m_{10} ——(9.2)中试料的质量,单位为克(g);

w_{MnO}——按(16.2)测定的一氧化锰的质量分数,%;

10 ——全部试样溶液与所分取溶液的体积比;

0.57——一氧化锰对氧化镁的换算系数。

16 一氧化锰的测定——高碘酸钾氧化比色法

16.1 方法提要

在硫酸介质中,用高碘酸钾将锰氧化成高锰酸,于波长530 nm处测定溶液的吸光度。用磷酸掩蔽三价铁离子的干扰。

16.2 分析步骤

称取化学分析用试样(6.2)约0.5 g(m_{12}),精确至0.000 1 g,置于铂坩埚中,加入3 g碳酸钠-硼砂混合熔剂(2+1),混匀,在950 ℃~1 000 ℃下熔融10 min,用坩埚钳夹持坩埚旋转,使熔融物均匀地附于坩埚内壁,冷却后,将坩埚放入已至微沸的盛有50 mL硝酸(1+9)及100 mL硫酸(5+95)的400 mL烧杯中,并继续保持微沸状态,直至熔融物完全溶解,用水洗净坩埚及盖,用快速滤纸将溶液过滤至250 mL容量瓶中,并用热水洗涤数次。将溶液冷却至室温后,用水稀释至标线,摇匀。

吸取50.00 mL上述溶液放入150 mL烧杯中,依次加入5 mL磷酸(1+1)、10 mL硫酸(1+1)和约1 g高碘酸钾(4.22),加热微沸15 min至溶液达到最大颜色深度,冷却至室温,移入100 mL容量瓶中,用水稀释至标线,摇匀。用分光光度计,10 mm比色皿,以水作参比,于波长530 nm处测定溶液的吸光度。在工作曲线(4.48.3)上查出一氧化锰的含量(m_{13})。

16.3 结果的计算与表示

一氧化锰的质量分数 w_{MnO} 按式(21)计算:

$$w_{MnO}=\frac{m_{13}\times 5}{m_{12}\times 1\,000}\times 100 \quad \cdots\cdots(21)$$

式中:

w_{MnO}——一氧化锰的质量百分数,%;

m_{13} ——100 mL测定溶液中一氧化锰的含量,单位为毫克(mg);

m_{12} ——试料的质量,单位为克(g)。

17 三氧化硫的测定——艾士卡法(基准法)

17.1 方法提要

将试样与艾士卡试剂混合灼烧,试样中硫生成硫酸盐,之后使硫酸根离子生成硫酸钡沉淀,将沉淀过滤、灼烧恒量。根据硫酸钡的质量计算试样中全硫的含量,测定结果以三氧化硫计。

17.2 分析步骤

称取化学分析用试样(6.2)约 1.0 g(m_{14}),精确至 0.000 1 g,置于 50 mL 瓷坩埚(m_{15})中,再将 6 克艾士卡试剂(4.21)置于瓷坩埚中,与试样混合均匀;将坩埚盖斜置于坩埚上放入马弗炉内,从室温逐渐加热到 800 ℃~850 ℃,并在该温度下保持 40 min~50 min;将坩埚从马弗炉内取出,冷却到室温。用玻璃棒将坩埚中的灼烧物仔细搅动捣碎,然后转移到 400 mL 的烧杯中。用热水洗涤坩埚内壁,将洗液收集于烧杯中,再加入 100 mL~150 mL 热水,充分搅拌,并保持微沸,搅拌使其完全分散,在充分搅拌下加入 10 mL 盐酸(1+1),用平头玻璃棒压碎块状物,加热至沸并保持微沸 1 min~2 min;用慢速定量滤纸以倾泻法过滤,用热水洗涤 3 次,然后将残渣移入滤纸中,用热水仔细洗涤至少 10 次,洗液总体积约为 200 mL~250 mL;向滤液中滴入 2~3 滴甲基红指示剂溶液(4.60),滴加盐酸(1+1)至溶液呈红色,然后加入 10 mL 盐酸(1+1),将溶液煮沸至澄清,在近煮沸状态下滴加 10 mL 氯化钡溶液,在 50 ℃~60 ℃ 下保温 4 h,或常温下保持 12 h 以上,用慢速定量滤纸过滤,用热水洗至无氯离子为止[用硝酸银溶液(4.28)检验];将滤纸连同沉淀移入已恒量的 20 mL 瓷坩埚中,先低温灰化滤纸,盖上盖子,然后在温度为 800 ℃~850 ℃的马弗炉内灼烧 30 min 以上,取出坩埚,在空气中稍加冷却后放入干燥器中,冷却至室温,称量。反复灼烧,直至恒量(m_{16})。

同时进行空白试验,空白试验中灼烧后沉淀的质量为 m_{17}。

17.3 结果的计算与表示

试样中三氧化硫的质量分数 w_{SO_3} 按式(22)计算:

$$w_{SO_3}=\frac{(m_{16}-m_{15}-m_{17})\times 0.343}{m_{14}}\times 100 \qquad \cdots\cdots(22)$$

式中:

w_{SO_3} ——三氧化硫的质量分数,%;

m_{15} ——瓷坩埚的质量,单位为克(g);

m_{16} ——灼烧后瓷坩埚和沉淀的质量,单位为克(g);

m_{17} ——空白试验中灼烧后沉淀的质量,单位为克(g);

m_{14} ——试料的质量,单位为克(g);

0.343——硫酸钡对三氧化硫的换算系数。

18 三氧化硫的测定——库仑滴定法(代用法)

18.1 方法提要

试样在催化剂的作用下,于空气流中燃烧分解,试样中硫生成二氧化硫并被碘化钾溶液吸收,以电解碘化钾溶液所产生的碘进行滴定。

18.2 分析步骤

使用库仑积分测硫仪(5.13),将管式高温炉升温并控制在1 150 ℃~1 200 ℃。

开动供气泵和抽气泵并将抽气流量调节到约1 000 mL/min。在抽气下,将约300 mL电解液(4.40)加入电解池内,开动磁力搅拌器。

调节电位平衡:在瓷舟中放入少量含一定硫的试样,并盖一薄层五氧化二钒(4.24),将瓷舟置于一稍大的石英舟上,送进炉内,库仑滴定随即开始。如果试验结束后库仑积分器的显示值为零,应再次调节直至显示值不为零为止。

称取化学分析用试样(6.2)约0.05 g(m_{18}),精确至0.000 1 g,铺于瓷舟中,在试料上覆盖一薄层五氧化二钒(4.24),将瓷舟置于石英舟上,输入试样的质量(mg),将石英舟连同盛有试样的瓷舟送进炉内燃烧,库仑滴定随即开始,试验结束后,库仑积分器显示出的结果通过标准样品进行校正后,得到硫(或三氧化硫)的质量分数(w_s)。

18.3 结果的计算与表示

三氧化硫的质量分数 w_{SO_3} 按式(23)计算:

$$w_{SO_3} = 2.5 \times w_s \quad \cdots\cdots(23)$$

式中:

w_{SO_3}——三氧化硫的质量分数,%;

w_s——测得硫的质量分数,%;

2.5——三氧化硫相对分子质量与硫相对分子质量的比值。

19 氧化钾和氧化钠的测定——火焰光度法

19.1 方法提要

试样经氢氟酸-硫酸蒸发处理除去硅,用热水浸取残渣,以氨水和碳酸铵分离铁、铝、钙、镁。滤液中的钾、钠用火焰光度计进行测定。

19.2 分析步骤

称取化学分析用试样(6.2)约0.2 g(m_{19}),精确至0.000 1 g,置于100 mL铂皿中,放入700 ℃~750 ℃的高温炉内灼烧15 min~20 min,取出,放冷。加入少量水润湿,加入10 mL氢氟酸和1 mL硫酸(1+1),放入通风橱内电热板上缓慢加热,近干时摇动铂皿,以防溅失,待氢氟酸驱尽后逐渐升高温度,继续将三氧化硫白烟赶尽,取下冷却。加入少量热水,压碎残渣使其溶解,加入1滴甲基红指示剂溶液(4.60),用氨水(1+1)中和至黄色,再加入10 mL碳酸铵溶液(4.30),搅拌,加入热水,使溶液的体积约为50 mL,然后放入通风橱内电热板上加热煮沸并继续微沸至溶液中没有刺激性气味为止。用快速滤纸过滤,以热水充分洗涤,滤液及洗液盛于250 mL容量瓶中,冷却至室温。用盐酸(1+1)中和至溶液呈微红色,用水稀释至标线,摇匀。在火焰光度计上,按仪器使用规程,在与4.47.2相同的仪器条件下进行测定。在工作曲线(4.47.2)上分别查出氧化钾和氧化钠的含量(m_{20})和(m_{21})。

19.3 结果的计算与表示

氧化钾和氧化钠的质量分数 w_{K_2O} 和 w_{Na_2O} 分别按式(24)和(25)计算:

$$w_{K_2O} = \frac{m_{20}}{m_{19} \times 1\,000} \times 100 \quad \cdots\cdots(24)$$

$$w_{Na_2O} = \frac{m_{21}}{m_{19} \times 1\,000} \times 100 \quad \cdots\cdots(25)$$

式中：

w_{K_2O} ——氧化钾的质量分数，%；

w_{Na_2O}——氧化钠的质量分数，%；

m_{20} ——250 mL 测定溶液中氧化钾的含量，单位为毫克(mg)；

m_{21} ——250 mL 测定溶液中氧化钠的含量，单位为毫克(mg)；

m_{19} ——试料的质量，单位为克(g)。

20 游离氧化钙的测定——乙二醇法

20.1 方法提要

在微沸温度下，使试样中的游离氧化钙与乙二醇作用生成弱碱性的乙二醇钙，使酚酞指示剂呈红色，用苯甲酸-无水乙醇标准滴定溶液滴定。

20.2 分析步骤

称取化学分析用试样(6.2)约 0.5 g(m_{22})，精确至 0.000 1 g，置于 250 mL 干燥的锥形瓶中，加入 30 mL 乙二醇-乙醇溶液(4.42)，放入一根搅拌子，装上回流冷凝管，置于游离氧化钙测定仪(5.15)上，打开电源开关，以适当的速度搅拌溶液，同时升温并加热煮沸，当冷凝下的乙醇开始连续滴下时，继续在搅拌下微沸 4 min 后，取下锥形瓶，用干燥的漏斗快速干过滤，用无水乙醇(4.9)洗涤 3 次，滤液及洗液收集于 250 mL 干燥的抽滤瓶中，立即用苯甲酸-无水乙醇标准滴定溶液(4.54)滴定至微红色消失。

20.3 结果的计算与表示

游离氧化钙的质量分数 $w_{f\,CaO}$ 按式(26)计算：

$$w_{f\,CaO} = \frac{T_{CaO} \times V_{16}}{m_{22} \times 1\,000} \times 100 \quad \cdots\cdots(26)$$

式中：

$w_{f\,CaO}$——游离氧化钙的质量分数，%；

T_{CaO} ——苯甲酸-无水乙醇标准滴定溶液对氧化钙的滴定度，单位为毫克每毫升(mg/mL)；

V_{16} ——滴定时消耗苯甲酸-无水乙醇标准滴定溶液的总体积，单位为毫升(mL)；

m_{22} ——试料的质量，单位为克(g)。

21 重复性限和再现性限

本标准所列重复性限和再现性限为绝对偏差，以质量分数(%)表示。

在重复性条件下，采用本标准所列方法分析同一试样时，两次分析结果之差应在所列的重复性限(表 1)内。如超出重复性限，应在短时间内进行第三次测定，测定结果与前两次或任一次分析结果之差值符合重复性限的规定时，则取其平均值，否则，应查找原因，重新按上述规定进行分析。

在再现性条件下，采用本标准所列方法对同一试样各自进行分析时，所得分析结果的平均值之差应在所列的再现性限(表 1)内。

化学分析方法测定结果的重复性极限和再现性极限见表 1。

表 1 化学分析方法测定结果的重复性限和再现性限

成 分	测定方法	含量范围/%	重复性限/%	再现性限/%
含水量	烘干法		0.05	0.10
烧失量	灼烧差减法		0.15	0.25
二氧化硅	氟硅酸钾容量法		0.20	0.40
三氧化二铁	EDTA 直接滴定法		0.15	0.20
三氧化二铝(基准法)	氟化铵置换法		0.25	0.40
三氧化二铝(代用法)	硫酸铜返滴定法	≤15%	0.25	0.40
二氧化钛	二安替比林甲烷分光光度法		0.05	0.10
一氧化锰	高碘酸钾氧化分光光度法		0.05	0.10
氧化钙	EDTA 滴定法		0.25	0.40
氧化镁	EDTA 滴定差减法	≤2%	0.15	0.25
		>2%	0.20	0.30
三氧化硫(基准法)	艾士卡法		0.15	0.20
三氧化硫(代用法)	库仑滴定法		0.15	0.20
氧化钾	火焰光度法		0.10	0.15
氧化钠	火焰光度法		0.10	0.15
游离氧化钙	乙二醇法	≤2%	0.10	0.20
		>2%	0.20	0.30

ICS 91.100.10
Q 11

中华人民共和国国家标准

GB/T 27975—2011

粒化高炉矿渣的化学分析方法

Methods for chemical analysis of granulated blastfurnace slag

2011-12-30 发布　　　　2012-10-01 实施

中华人民共和国国家质量监督检验检疫总局
中国国家标准化管理委员会　发布

前言

本标准按照GB/T 1.1—2009给出的规则起草。

本标准由中国建筑材料联合会提出。

本标准由全国水泥标准化技术委员会(SAC/TC 184)归口。

本标准起草单位:中国建筑材料科学研究总院、中国建筑材料检验认证中心有限公司、嘉兴南方水泥有限公司。

本标准主要起草人:崔健 、刘文长、王瑞海、黄清林、倪竹君、戴平、于克孝、黄小楼、温玉刚。

粒化高炉矿渣的化学分析方法

1 范围

本标准规定了粒化高炉矿渣中二氧化硅、三氧化二铁、三氧化二铝、氧化钙、氧化镁、一氧化锰、二氧化钛、氟化物、全硫、烧失量、氯离子、水溶性六价铬、碱含量、三氧化硫、含水量的化学分析方法。

本标准适用于粒化高炉矿渣及指定采用本标准其他材料的化学分析。

2 规范性引用文件

下列文件对于本文件的应用是必不可少的。凡是注日期的引用文件，仅注日期的版本适用于本文件。凡是不注日期的引用文件，其最新版本(包括所有的修改单)适用于本文件。

GB/T 176 水泥化学分析方法

GB/T 2007.1 散装矿产品取样、制样通则 手工取样方法

GB/T 6682 分析实验室用水规格和试验方法

GB/T 17671 水泥胶砂强度检验方法(ISO法)(GB/T 17671—1999，IDT ISO 679：1989)

JC/T 681 行星式水泥胶砂搅拌机

3 试验的基本要求

3.1 试验次数

每项测定次数为两次，用两次试验结果的平均值表示测定结果。

在进行化学分析时，除另有说明外，应同时进行烧失量的测定；其他各项测定应同时进行空白试验，并对所测定结果加以校正。

3.2 质量、体积、滴定度和结果的表示

用克(g)表示质量，精确至0.000 1 g。滴定管体积用毫升(mL)表示，精确至0.05 mL。滴定度单位用毫克每毫升(mg/mL)表示。

除另有说明外，各项分析结果均以质量分数计。分析结果以%表示至小数点后二位。

3.3 空白试验

使用相同量的试剂，不加入试样，按照相同的测定步骤进行试验，对得到的测定结果进行校正。

3.4 灼烧

将滤纸和沉淀放入预先已灼烧并恒量的坩埚中，为避免产生火焰，在氧化性气氛中缓慢干燥、灰化，灰化至无黑色炭颗粒后，放入高温炉(5.6)中，在规定的温度下灼烧。在干燥器中冷却至室温，称量。

3.5 恒量

经第一次灼烧、冷却、称量后，通过连续对每次15 min的灼烧，然后冷却、称量的方法来检查恒定质量，当连续两次称量之差小于0.000 5 g时，即达到恒量。

3.6 检查氯离子(Cl^-)(硝酸银检验)

按规定洗涤沉淀数次后,用数滴水淋洗漏斗的下端,用数毫升水洗涤滤纸和沉淀,将滤液收集在试管中,加几滴硝酸银溶液(4.14),观察试管中溶液是否浑浊。如果浑浊,继续洗涤并检验,直至用硝酸银检验不再浑浊为止。

4 试剂和材料

4.1 通则

所用试剂不低于分析纯。所用水应符合 GB/T 6682 中规定的三级水要求。

本标准所列市售浓液体试剂的密度指 20 ℃的密度(ρ),单位为克每立方厘米(g/cm^3)。

除非另有说明,“%”均为质量分数。

在化学分析中,所用酸或氨水,凡未注浓度者均指市售的浓酸或浓氨水。

用体积比表示试剂稀释程度,例如:盐酸(1+2)表示 1 份体积的浓盐酸与 2 份体积的水相混合。

4.2 盐酸(HCl)

ρ 为 1.18 g/cm^3~1.19 g/cm^3,**质量分数** 36%~38%。

4.3 氢氟酸(HF)

ρ 为 1.13 g/cm^3,**质量分数** 40%。

4.4 硝酸(HNO_3)

ρ 为 1.39 g/cm^3~1.41 g/cm^3,**质量分数** 65%~68%。

4.5 硫酸(H_2SO_4)

ρ 为 1.84 g/cm^3,**质量分数** 95%~98%。

4.6 氨水(NH_3H_2O)

ρ 为 0.90 g/cm^3~0.91 g/cm^3,**质量分数** 25%~28%。

4.7 乙醇(C_2H_5OH)

体积分数为 95%。

4.8 氢氧化钾(KOH)

固体,密封保存。

4.9 盐酸(1+1)

1 份体积的浓盐酸与 1 份体积的水相混合。

4.10 硫酸(1+1)

1 份体积的浓硫酸慢慢注入 1 份体积的水中并不断搅拌混合均匀。

4.11 氨水(1+1)

1份体积的浓氨水与1份体积的水相混合。

4.12 碳酸铵溶液(100 g/L)

将10 g碳酸铵[$(NH_4)_2CO_3$]溶解于100 mL水中。用时现配。

4.13 氯化钡溶液(100 g/L)

将100 g氯化钡($BaCl_2 \cdot 2H_2O$)溶于水中,加水稀释至1 L。

4.14 硝酸银溶液(5 g/L)

将0.5 g硝酸银($AgNO_3$)溶于水中,加入1 mL硝酸,加水稀释至100 mL,贮存于棕色瓶中。

4.15 丙酮(CH_3COCH_3)

溶液,密封保存 $\rho=0.79\ g/cm^3$。

4.16 盐酸(1.0 mol/L)

量取8.30 mL盐酸稀释至100 mL,混匀。

4.17 盐酸(0.04 mol/L)

量取0.30 mL盐酸稀释至100 mL,混匀。

4.18 二苯碳酰二肼溶液

称取0.125 g二苯碳酰二肼[$(C_6H_5NHNH)_2CO)$],用25 mL丙酮(4.15)溶解,转移至50 mL容量瓶中,用水稀释至标线,摇匀。在一周内使用。

4.19 氯化锶溶液(锶50 g/L)

将152.2 g氯化锶($SrCl_2 \cdot 6H_2O$)溶解于水中,加水稀释至1 L,必要时过滤后使用。

4.20 工作曲线的绘制

4.20.1 氧化钾、氧化钠标准溶液的配制

称取1.582 9 g已于105 ℃~110 ℃烘过2 h的氯化钾(KCl,基准试剂或光谱纯)及1.885 9 g已于105 ℃~110 ℃烘过2 h的氯化钠(NaCl,基准试剂或光谱纯),精确至0.000 1 g,置于烧杯中,加水溶解后,移入1 000 mL容量瓶中,用水稀释至标线,摇匀。贮存于塑料瓶中。此标准溶液每毫升含1 mg氧化钾及1 mg氧化钠。

吸取50.00 mL上述标准溶液放入1 000 mL容量瓶中,用水稀释至标线,摇匀。贮存于塑料瓶中。此标准溶液每毫升含0.05 mg氧化钾和0.05 mg氧化钠。

4.20.2 用于火焰光度法的工作曲线的绘制

吸取每毫升含1 mg氧化钾及1 mg氧化钠的标准溶液0.00 mL;2.50 mL;5.00 mL;10.00 mL;15.00 mL;20.00 mL分别放入500 mL容量瓶中,用水稀释至标线,摇匀。贮存于塑料瓶中。将火焰光度计(5.14)调节至最佳工作状态,按仪器使用规程进行测定。用测得的检流计读数作为相对应的氧化

钾和氧化钠含量的函数,绘制工作曲线。

4.20.3 用于原子吸收光谱法的工作曲线的绘制

吸取每毫升含 0.05 mg 氧化钾及 0.05 mg 氧化钠的标准溶液 0.00 mL;2.50 mL;5.00 mL;10.00 mL;15.00 mL;20.00 mL;25.00 mL 分别放入 500 mL 容量瓶中,加入 30 mL 盐酸及 10 mL 氯化锶溶液(4.19),用水稀释至标线,摇匀,贮存于塑料瓶中。将原子吸收光谱仪(5.15)调节至最佳工作状态,在空气-乙炔火焰中,分别用钾元素空心阴极灯于波长 766.5 nm 处和钠元素空心阴极灯于波长 589.0 nm 处,以水校零测定溶液的吸光度。用测得的吸光度作为相对应的氧化钾和氧化钠含量的函数,绘制工作曲线。

4.21 铬酸盐标准溶液

称取 0.141 4 g 已在 135 ℃～145 ℃烘过 2 h 的基准重铬酸钾($K_2Cr_2O_7$)溶于水,转移至 1 000 mL 容量瓶中,用水稀释至标线,摇匀。此溶液六价铬的浓度为 50 mg/L。

吸取 50.00 mL 上述标准溶液于 500 mL 容量瓶中,用水稀释至标线,摇匀。此溶液六价铬浓度为 5 mg/L。此标准溶液有效期为一个月。

4.22 甲基红指示剂溶液(2 g/L)

将 0.2 g 甲基红溶于 100 mL 乙醇(4.7)中。

4.23 标准砂

满足 GB/T 17671 要求的中国 ISO 标准砂。

5 仪器与设备

5.1 天平

精确至 0.000 1 g。

5.2 天平

精确至 1 g。

5.3 铂、银、瓷坩埚

带盖,容量 15 mL～30 mL。

5.4 铂皿

容量 50 mL～100 mL。

5.5 瓷蒸发皿

容量 150 mL～200 mL。

5.6 高温炉

隔焰加热炉,在炉膛外围进行电阻加热。应使用温度控制器,准确控制炉温。

5.7 镍坩埚

50 mL。

5.8 水泥胶砂搅拌机

符合 JC/T 681 的规定。

5.9 滤纸

定量滤纸。

5.10 分光光度计

可在 400 nm～700 nm 范围内测定溶液的吸光度，带有 10 mm、20 mm 比色皿。

5.11 玻璃器皿

容量瓶，移液管、滴定管、称量瓶。

5.12 pH 计

精度为±0.05 pH。

5.13 过滤装置

过滤装置由一个布氏漏斗(直径大于 150 mm)，安装在一个 2 L 的抽滤瓶上，瓶底装满砂子，瓶内有一个放于砂床上盛接滤液的小烧杯，抽滤瓶与真空泵相连，见图 1。

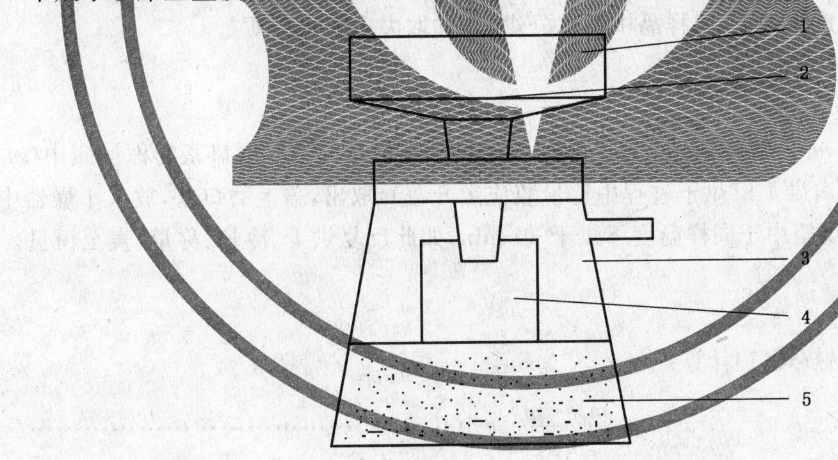

说明：

1——布氏漏斗；

2——滤纸；

3——抽滤瓶；

4——盛接滤液的小烧杯；

5——砂子。

图 1 过滤装置示意图

5.14 火焰光度计

可稳定地测定钾在波长 768 nm 处和钠在波长 589 nm 处的谱线强度。

5.15 原子吸收光谱仪

带有镁、钾、钠、铁、锰元素空心阴极灯。

6 试样的制备

6.1 含水量测定试样的制备

试样必须具有代表性和均匀性。按 GB/T 2007.1 的规定进行取样，经破碎混匀后缩分至 100 g 将试样分为两份，一份用于检验，另一份为备份试样，密封保存。

6.2 水溶性六价铬测定试样的制备

送往实验室的样品应具有代表性和均匀性。用缩分器或用四分法缩分至约 1 000 g 待测定样，放入一个密封、洁净、干燥的容器中，充分混匀。

6.3 化学分析试样的制备

供化学分析用试样，经研磨后，用磁铁吸去筛余物中金属铁，使其全部通过孔径为 80 μm 方孔筛，充分混匀，装入试样瓶中，在 105 ℃～110 ℃的温度下烘干 2 h 以上，取出密封保存于干燥器中。

7 含水量的测定

7.1 方法提要

在 105 ℃～110 ℃的温度条件下，将样品中的水分烘干，称取失去的水分质量。

7.2 分析步骤

称取约 10 g(6.1)试样(m_0)，精确至 0.000 1 g，放入已烘干至恒量的带有磨口塞的称量瓶中(m_1)，于 105 ℃～110 ℃的烘干箱内烘 1 h(烘干过程中称量瓶应敞开盖)，取出，盖上磨口塞，放入干燥器中冷至室温，称量(m_2)。再放入烘箱中于同样温度下烘干 30 min，如此反复烘干、冷却、称量，直至恒量。

7.3 结果的计算与表示

含水量的质量分数 w_{H_2O}按式(1)计算：

$$w_{H_2O}=\frac{m_1-m_2}{m_0}\times 100 \qquad \cdots\cdots(1)$$

式中：

w_{H_2O}——含水量的质量分数，%；

m_0 ——烘干前试料质量，单位为克(g)；

m_1 ——烘干前试料与称量瓶的质量，单位为克(g)；

m_2 ——烘干后试料与称量瓶的质量，单位为克(g)。

8 烧失量的测定—灼烧差减法

8.1 方法提要

试样中所含含水量、碳酸盐及其他易挥发性物质，经高温灼烧分解逸出，灼烧所失去的质量即为烧失量。对由硫化物的氧化引起的烧失量的误差进行校正。

8.2 分析步骤

称取2份(6.3)试样,精确至0.000 1 g,一份用来直接测定其中的三氧化硫含量,一份置于已灼烧恒量的瓷坩埚中,将盖斜置于坩埚上,放在高温炉(5.6)内。从低温开始逐渐升高温度,在(950±25)℃下灼烧20 min,取出坩埚置于干燥器中,冷却至室温,称量。然后测定灼烧后的试料中的三氧化硫含量。根据灼烧前后三氧化硫含量的变化,矿渣在灼烧过程中由于硫化物氧化引起烧失量的误差可按式(3)进行校正。

8.3 结果的计算与表示

8.3.1 实测烧失量质量分数的计算

烧失量的质量分数 w_{LOI} 按式(2)计算:

$$w_{LOI}=\frac{m_4-m_5}{m_3}\times 100 \qquad \cdots\cdots(2)$$

式中:

w_{LOI}——烧失量的质量分数,%;

m_3——试料的质量,单位为克(g);

m_4——灼烧前试料与瓷坩埚的质量,单位为克(g);

m_5——灼烧后试料与瓷坩埚的质量,单位为克(g)。

8.3.2 校正后烧失量质量分数的计算

校正后烧失量的质量分数 w'_{LOI} 按式(3)计算:

$$w'_{LOI}=w_{LOI}+0.8\times(w_{后}-w_{前}) \qquad \cdots\cdots(3)$$

式中:

w'_{LOI}——校正后烧失量的质量分数,%;

w_{LOI}——校正前烧失量的质量分数,%;

$w_{前}$——灼烧前试料中三氧化硫的质量分数,%;

$w_{后}$——灼烧后试料中三氧化硫的质量分数,%;

0.8——S^{-2} 氧化为 SO_4^{2-} 时增加的氧与 SO_3 的摩尔质量比。

9 氧化钾和氧化钠的测定——火焰光度法(基准法)

9.1 方法提要

经氢氟酸—硫酸蒸发处理除去硅,用热水浸取残渣,以氨水和碳酸铵分离铁、铝、钙、镁。滤液中的钾、钠用火焰光度计进行测定。

9.2 分析步骤

称取约0.2 g(6.3)试样(m_6),精确至0.000 1 g,置于铂皿中,加少量水润湿,加入7 mL~10 mL氢氟酸和15~20滴硫酸(1+1),放入通风橱内电炉上缓慢加热,蒸发至干,近干时摇动铂皿以防溅失,至白色浓烟完全逸尽后,取下冷却至室温。加入适量热水,压碎残渣使其溶解,加2滴甲基红指示剂(4.22),用氨水(1+1)中和至黄色,再加入15 mL碳酸铵溶液(4.12),搅拌,然后放入通风橱内电炉上低温加热20 min~30 min。用快速滤纸过滤,以热水洗涤,滤液及洗液转移到250 mL容量瓶中,冷却至室温。用盐酸(1+1)中和至溶液呈微红色,用水稀释至标线,摇匀。将火焰光度计调节至最佳工作状态,按仪器使用规程进行测定。在工作曲线(4.20.2)上分别查出氧化钾和氧化钠的含量(m_7)和(m_8)。

9.3 结果的计算与表示

氧化钾和氧化钠的质量分数 w_{K_2O}和 w_{Na_2O}分别按式(4)和式(5)计算:

$$w_{K_2O}=\frac{m_7}{m_6\times 1\,000}\times 100\times 2.5=\frac{m_7\times 0.25}{m_6} \quad\cdots\cdots(4)$$

$$w_{Na_2O}=\frac{m_8}{m_6\times 1\,000}\times 100\times 2.5=\frac{m_8\times 0.25}{m_6} \quad\cdots\cdots(5)$$

式中:

w_{K_2O} ——氧化钾的质量分数,%;

w_{Na_2O} ——氧化钠的质量分数,%;

m_6 ——试料的质量,单位为克(g);

m_7 ——100 mL 测定溶液中氧化钾的含量,单位为毫克(mg);

m_8 ——100 mL 测定溶液中氧化钠的含量,单位为毫克(mg)。

10 氧化钾和氧化钠的测定——原子吸收光谱法(代用法)

10.1 方法提要

用氢氟酸—高氯酸分解试样,以锶盐消除硅、铝、钛等的干扰,在空气-乙炔火焰中,分别于波长766.5 nm 处和波长 589.0 nm 处测定氧化钾和氧化钠的吸光度。

10.2 氢氟酸-高氯酸分解试样

称取约 0.1 g(6.3)试样(m_8),精确至 0.000 1 g,置于铂坩埚(或铂皿)中,加入 0.5 mL~1mL 水润湿,加入 5 mL~7 mL 氢氟酸和 0.5 mL 高氯酸,放入通风橱内低温电热板上加热,近干时摇动铂坩埚以防溅失。待白色浓烟完全驱尽后,取下冷却。加入 20 mL 盐酸(1+1),温热至溶液澄清,冷却后,移入 250 mL 容量瓶中,加入 5 mL 氯化锶溶液(4.19),用水稀释至标线,摇匀。此溶液供原子吸收光谱法测定氧化镁、三氧化二铁、氧化钾和氧化钠、一氧化锰用。

10.3 分析步骤

从上述溶液中吸取一定量的试样溶液放入容量瓶中(试样溶液的分取量及容量瓶的容积视氧化钾和氧化钠的含量而定),加入盐酸(1+1)及氯化锶溶液(4.19),使测定溶液中盐酸的体积分数为 6%,锶的浓度为 1 mg/mL。用水稀释至标线,摇匀。用原子吸收光谱仪(5.15),在空气-乙炔火焰中,分别用钾元素空心阴极灯于波长 766.5 nm 处和钠元素空心阴极灯于波长 589.0 nm 处,在仪器条件下测定溶液的吸光度,在工作曲线(4.20.3)上查出氧化钾的浓度(c_1)和氧化钠的浓度(c_2)。

10.4 结果的计算与表示

氧化钾和氧化钠的质量分数 w_{K_2O}和 w_{Na_2O}分别按式(6)和式(7)计算:

$$w_{K_2O}=\frac{c_1\times V_1\times n}{m_9\times 1\,000}\times 100=\frac{c_1\times V_1\times n\times 0.1}{m_9} \quad\cdots\cdots(6)$$

$$w_{Na_2O}=\frac{c_2\times V_1\times n}{m_9\times 1\,000}\times 100=\frac{c_2\times V_1\times n\times 0.1}{m_9} \quad\cdots\cdots(7)$$

式中:

w_{K_2O} ——氧化钾的质量分数,%;

w_{Na_2O} ——氧化钠的质量分数,%;

c_1 ——测定溶液中氧化钾的浓度,单位为毫克每毫升(mg/mL);

c_2 ——测定溶液中氧化钠的浓度,单位为毫克每毫升(mg/mL);

V_1 ——测定溶液的体积,单位为毫升(mL);

m_9 ——试料的质量,单位为克(g);

n ——全部试样溶液与所分取试样溶液的体积比。

11 全硫的测定

11.1 方法提要

用碱熔融试样,然后用酸分解,将试样中不同形态的硫全部转变成可溶性硫酸盐,用氯化钡溶液将可溶性硫酸盐沉淀,经过滤灼烧后,以硫酸钡形式称量,测定结果以三氧化硫计。

11.2 分析步骤

称取约 0.2 g(6.3)试样(m_{10}),精确至 0.000 1 g,置于镍坩埚(5.7)中。加入 4 g 氢氧化钾(4.8),盖上坩埚盖(留有较大缝隙),放在小电炉上(500 ℃～600 ℃)熔融 30 min,期间摇动 1～2 次,取下坩埚,冷却。用热水将熔融物浸出于 300 mL 烧杯中,并以数滴盐酸(1+1)和热水洗净坩埚及盖。加入 20 mL 盐酸(1+1),将溶液加热煮沸,使熔融物完全分解。用快速滤纸过滤,以热水洗涤 7～8 次,滤液收集于 400 mL 烧杯中。向溶液中加入 1～2 滴甲基红指示剂溶液(4.22),滴加氨水(1+1)至溶液变黄,再滴加盐酸(1+1)至溶液呈红色。然后加入 10 mL 盐酸(1+1),并将溶液体积调整至约 250 mL。将溶液加热至沸,在搅拌下滴加 15 mL 氯化钡溶液(4.13),继续煮沸数分钟。然后移至温热处静置 4 h 以上,或静置 12 h～24 h。

用慢速定量滤纸过滤,并以温水洗涤至氯根反应消失为止用硝酸银溶液(4.14)检验。将沉淀及滤纸一并移入已灼烧恒量的瓷坩埚中(m_{11}),灰化后在 800 ℃～950 ℃ 的高温炉内灼烧 30 min。取出坩埚,置于干燥器中冷至室温,称量(m_{12})。如此反复灼烧,直至恒量。

11.3 结果的计算与表示

全硫量(以三氧化硫计)的质量分数 $w_{SO_3全}$ 按式(8)计算:

$$w_{SO_3全}=\frac{(m_{12}-m_{11})\times 0.343}{m_{10}}\times 100 \quad\cdots\cdots\cdots\cdots(8)$$

式中:

$w_{SO_3全}$——全硫量(以三氧化硫表示)的质量分数,%;

m_{10} ——试料的质量,单位为克(g);

m_{11} ——恒重的瓷坩埚的质量,单位为克(g);

m_{12} ——灼烧后沉淀与瓷坩埚的质量,单位为克(g);

0.343——硫酸钡对三氧化硫的换算系数。

12 三氧化硫的测定

12.1 方法提要

用酸分解,将试样中可溶性硫酸盐溶解,用氯化钡溶液将可溶性硫酸盐沉淀,经过滤灼烧后,以硫酸钡形式称量,测定结果以三氧化硫计。

12.2 分析步骤

称取约 0.5 g(6.3)试样(m_{13}),精确至 0.000 1 g,放于 150 mL 烧杯中,加少量水润湿,加入 10 mL 盐酸(1+1),将溶液加热煮沸 3 min~5 min,使熔融物完全分解。用快速滤纸过滤,以热水洗涤 7~8 次,滤液及洗液收集于 400 mL 烧杯中。将溶液体积调整至约 250 mL。将溶液加热至沸,在搅拌下滴加 15 mL 氯化钡溶液(4.13),继续煮沸数分钟。然后移至温热处静置 4 h 时以上,或静置 12 h~24 h。

用慢速定量滤纸过滤,并以温水洗涤至氯根反应消失为止用硝酸银溶液(4.14)检验。将沉淀及滤纸一并移入已灼烧恒量的瓷坩埚中(m_{14}),灰化后在 800 ℃~950 ℃的高温炉内灼烧 30 min。取出坩埚,置于干燥器中冷至室温,称量(m_{15})。如此反复灼烧,直至恒量。

12.3 结果的计算与表示

三氧化硫(硫酸盐硫)的质量分数 w_{SO_3} 按式(9)计算:

$$w_{SO_3} = \frac{(m_{15} - m_{14}) \times 0.343}{m_{13}} \times 100 \quad \cdots\cdots(9)$$

式中:

w_{SO_3} ——三氧化硫(硫酸盐硫)的质量分数,%;

m_{13} ——试料的质量,单位为克(g);

m_{14} ——恒重的瓷坩埚的质量,单位为克(g);

m_{15} ——灼烧后沉淀与瓷坩埚的质量,单位为克(g);

0.343——硫酸钡对三氧化硫的换算系数。

13 水溶性六价铬的测定

13.1 方法提要

将矿渣试样、标准砂和水搅拌成胶砂,过滤。滤液中加入二苯碳酰二肼,调整酸度、显色,在 540 nm 处测定溶液的吸光度,在工作曲线上查得溶液中六价铬浓度。

13.2 试验步骤

13.2.1 胶砂的制备

13.2.1.1 胶砂的组成

灰砂比为 1∶3,水灰比为 0.50。

每一组矿渣胶砂含有(450±2)g 矿渣粉(6.2),(1 350±5)g 中国 ISO 标准砂和(225±1)mL 水(V_1)。

13.2.1.2 胶砂的搅拌

使用精确至 1 g 的天平(5.2)称取矿渣粉试样(6.2)和水,当水以体积计加入时,精确至 1 mL。按水泥胶砂搅拌机(5.8)的自动控制程序进行机械搅拌。(自动程序为:低速 30 s,在第二个 30 s 开始的同时加入标准砂,高速 30 s。停 90 s。在停止的前 30 s 内,用一个橡胶或塑料棒将粘附于叶片和锅壁上的胶砂刮到锅中间。继续高速 60 s。)

注:通常这种搅拌操作采用自动装置进行,也允许对操作和时间采用人工控制。

13.2.2 过滤

每次使用时,确保过滤装置(5.13)所用的抽滤瓶、布氏漏斗、滤纸和小烧杯是干燥的。安装好布氏漏斗，放好中速滤纸(5.9)，不要事先润湿滤纸。打开真空泵，将胶砂倒入过滤装置的布氏漏斗上，抽气得到至少 15 mL 滤液。

如果滤液混浊，可再过滤一遍或采用离心分离机分离过滤。如果滤液仍有部分混浊，测定时用该滤液作为参比溶液，但不加入二苯碳酰二肼溶液(4.18)。

13.3 工作曲线的绘制

移取 1.00 mL、2.00 mL、5.00 mL、10.00 mL 和 15.00 mL 的 5 mg/L 铬酸盐标准溶液(4.21)分别放入 50 mL 容量瓶中，分别加入 5.00 mL 二苯碳酰二肼溶液(4.18)、5 mL 盐酸(4.16)，用水稀释至标线，摇匀。溶液中六价铬浓度分别含有 0.1 mg/L，0.2 mg/L，0.5 mg/L，1.0 mg/L，1.5 mg/L，放置 15 min～30 min 后，在 540 nm 处测量吸光度，并扣除空白试验(3.3)的吸光度。根据不同六价铬浓度对应的吸光度，绘制工作曲线。

13.4 试样溶液吸光度的测定

在过滤后 8 h 内，吸取 5.00 mL(V_2)滤液(13.2.2)放入 100 mL 烧杯中。加 20 mL 水和 5.00 mL 二苯碳酰二肼溶液(4.18)后摇动。立即在 pH 计(5.12)指示下用盐酸(4.17)调整溶液的 pH 值到 2.1～2.5 之间。将溶液转移至 50 mL(V_3)容量瓶中，用水稀释至标线，摇匀。放置 15 min～30 min 后，在 540 nm 处测量吸光度，并扣除空白试验(3.3)的吸光度。

在工作曲线上查出水溶性六价铬的浓度(c_2)，单位为 mg/L。

13.5 结果的计算与表示

矿渣中水溶性六价铬的含量 $w_{Cr^{6+}}$ 以质量分数(干基)表示，并按式(10)计算：

$$w_{Cr^{6+}} = c_2 \times \frac{V_3}{V_2} \times \frac{V_4}{450} \times 10^{-4} \qquad \cdots\cdots(10)$$

式中：

$w_{Cr^{6+}}$ ——矿渣中水溶性六价铬的质量分数，%；

c_2 ——由工作曲线得出的水溶性六价铬的浓度，单位为毫克每升(mg/L)；

V_2 ——滤液的体积，单位为毫升(mL)；

V_3 ——容量瓶的体积，单位为毫升(mL)；

V_4 ——胶砂中水的体积，单位为毫升(mL)；

450 ——胶砂中矿渣的质量，单位为克(g)；

V_3/V_2 ——待测滤液的稀释倍数；

$V_4/450$ ——胶砂的水灰比，通常为 0.50。

14 二氧化硅、三氧化二铁、三氧化二铝、氧化钙、氧化镁、一氧化锰、二氧化钛、硫化物、氟离子、氯离子的测定

按 GB/T 176 进行。

15 重复性限和再现性限

本标准所列重复性限和再现性限为绝对偏差，以质量分数(%)表示。

在重复性条件下，采用本标准所列方法分析同一试样时，两次分析结果之差应在所列的重复性限(表 1)内。如超出重复性限，应在短时间内进行第三次测定，测定结果与前两次或任一次分析结果之差值符合重复性限的规定时，则取其平均值，否则，应查找原因，重新按上述规定进行分析。

在再现性条件下，采用本标准所列方法对同一试样各自进行分析时，所得分析结果的平均值之差应符合表1要求。

表1　化学分析方法测定结果的重复性限和再现性限

成　分	测定方法	含量范围/%	重复性限/%	再现性限/%
烧失量	灼烧差减法		0.15	0.25
三氧化硫	硫酸钡重量法		0.15	0.20
氧化钾	火焰光度法		0.10	0.15
氧化钠	火焰光度法		0.10	0.10
全硫	硫酸钡重量法		0.15	0.20
含水量	烘干差减法		0.15	0.25
水溶性六价铬	分光光度计法		0.005 0	0.008 0
二氧化钛	二安替比林甲烷分光光度法		0.05	0.10
硫化物	碘量法		0.10	0.15
氟离子	离子选择电极法		0.05	0.10
氯离子(基准法)	硫氰酸铵容量法	≤0.10%	0.003	0.005
		>0.10%	0.010	0.015
二氧化硅(基准法)	氯化铵重量法		0.15	0.20
三氧化二铁(基准法)	EDTA直接滴定法		0.15	0.20
三氧化二铝(基准法)	EDTA直接滴定法		0.20	0.30
氧化钙(基准法)	EDTA滴定法		0.25	0.40
氧化镁(基准法)	原子吸收光谱法		0.15	0.25
一氧化锰(基准法)	高碘酸钾氧化分光光度法		0.05	0.10
二氧化硅(代用法)	氟硅酸钾容量法		0.20	0.30
三氧化二铁(代用法)	邻菲罗啉分光光度法		0.15	0.20
三氧化二铁(代用法)	原子吸收光谱法		0.15	0.20
三氧化二铝(代用法)	硫酸铜返滴定法		0.20	0.30
氧化钙(代用法)	氢氧化钠熔样-EDTA滴定法		0.25	0.40
氧化钙(代用法)	高锰酸钾滴定法		0.25	0.40
一氧化锰(代用法)	原子吸收光谱法		0.05	0.10
氧化钾(代用法)	原子吸收光谱法		0.10	0.10
氧化钠(代用法)	原子吸收光谱法		0.10	0.10
氧化镁(代用法)	EDTA滴定差减法	≤2%	0.15	0.25
		>2%	0.20	0.30
氯离子(代用法)	磷酸蒸馏-汞盐滴定法	≤0.10%	0.003	0.005
		>0.10%	0.010	0.015

ICS 91.100.10
Q 11

中华人民共和国国家标准

GB/T 27978—2011

水泥生产原料中废渣用量的测定方法

Determination of the waste content in the raw mix of cement

2011-12-30 发布　　2012-10-01 实施

中华人民共和国国家质量监督检验检疫总局
中国国家标准化管理委员会　发布

前 言

本标准按照 GB/T 1.1—2009 给出的规则起草。

本标准由中国建筑材料联合会提出。

本标准由全国水泥标准化技术委员会(SAC/TC 184)归口。

本标准负责起草单位:中国建筑材料科学研究总院、中国建筑材料检验认证中心有限公司、贵州省建筑材料行业产品质量监督检验站。

本标准参加起草单位:深圳市华唯计量技术开发有限公司、拉法基瑞安水泥有限公司。

本标准主要起草人:王瑞海、夏莉娜、秦世景、朱晓玲、闫伟志、王冠杰。

水泥生产原料中废渣用量的测定方法

1 范围

本标准规定了用化学分析法和现场实测法测定水泥生产原料中废渣用量的测定方法。在有争议时，以化学分析法为准。

本标准适用于水泥生产原料中废渣用量的测定。

2 规范性引用文件

下列文件对于本文件的应用是必不可少的。凡是注日期的引用文件，仅注日期的版本适用于本文件。凡是不注日期的引用文件，其最新版本(包括所有的修改单)适用于本文件。

GB/T 176 水泥化学分析方法

GB/T 212 煤的工业分析方法

GB/T 5484 石膏化学分析方法

GB/T 5762 建材用石灰石化学分析方法

GB/T 12573 水泥取样方法

GB/T 12960 水泥组分的定量测定

JC/T 850 水泥用铁质原料化学分析方法

JC/T 874 水泥用硅质原料化学分析方法

JC/T 911 建材用萤石化学分析方法

发改环资[2004]73 号 资源综合利用目录(2003 年修订)

3 术语和定义

下列术语和定义适用于本文件。

3.1

废渣 waste

指煤矸石、粉煤灰、锅炉炉渣、化工废渣、采矿和选矿废渣(包括废石、尾矿、碎屑、粉末、粉尘、污泥)、冶炼废渣、制糖滤泥、江河(渠)道淤泥及建筑垃圾等废渣及列入《资源综合利用目录(2003 年修订)》的其他废渣。

注：化工废渣包括硫铁矿渣、硫铁矿煅烧渣、硫酸渣、硫石膏、磷石膏、磷矿煅烧渣、含氰废渣、电石渣、磷肥渣、硫磺渣、碱渣、含钡废渣、铬渣、盐泥、总溶剂渣、黄磷渣、柠檬酸渣、制糖废渣、脱硫石膏、氟石膏、废石膏模。

注：冶炼废渣包括转炉渣、电炉渣、铁合金炉渣、氧化铝赤泥、有色金属灰渣，不包括高炉水渣。

3.2

确认的分析方法 confirmable analysis methods

通过标准样品/标准物质或对比试验，证明了其准确度和精密度符合要求的分析方法，如 X 射线荧光分析。

3.3

特征化学成分 characteristic chemical component

某组分中所含有的一种化学成分，该化学成分在其他组分中不含有或其含量可忽略不计。

3.4

特征组分 characteristic constituent

含有特征化学成分(3.3)的组分。

3.5

废渣用量 waste contents

指在水泥生产过程中直接投入的废渣总量,包括水泥生料配制和水泥粉磨过程中废渣投入量总和。

按水泥计,废渣用量是指在水泥生产过程中直接投入的废渣总量与水泥产品总量之比,以质量分数(%)表示。

3.6

生料换算因数 raw material conversion coefficient

为求得生料的量,把熟料的量乘以该数值因数。

4 试验的基本要求

4.1 试验次数

每项测定次数为两次,用两次测定结果的平均值表示测定结果。

除另有说明外,现场实测法以一次现场测定的结果为准。

4.2 结果的处理

废渣用量测定结果以质量分数计,数值以%表示至小数点后一位。

5 化学分析法

5.1 方法提要

化学分析法是通过测定组成生料、水泥的各组分中化学成分的质量分数以及生料、水泥中化学成分的质量分数,根据其化学成分质量分数的相关性,计算出各组分的含量。当掺入特征组分时,可采用测定特征化学成分的方法测定特征组分的含量。水泥粉磨过程中各组分含量的测定可按 GB/T 12960 进行。

5.2 仪器与设备

按 GB/T 176、GB/T 212、GB/T 5484、GB/T 5762、JC/T 850、JC/T 874、JC/T 911 或确认的分析方法中规定的仪器设备。

5.3 试样的制备

5.3.1 样品的代表性和均匀性

样品应是具有代表性的均匀性样品。取样过程中应注意生料、水泥样品和组成生料、水泥的各组分样品的取样时间一致,保证其相关性。

5.3.2 取样

5.3.2.1 水泥的取样

水泥的取样按 GB/T 12573 进行。

5.3.2.2 原燃材料和废渣的取样

在各库底或磨头喂料机处按一定的时间间隔取样(一般每 10 min～20 min 取样 1 次),每次抽取样品不少于 2 kg,取样次数不少于 5 次,或在原料堆场按一定的距离划成取样点,将取样点表层物料剥去,取约 1 kg 样品,取样点不应少于 10 个,将取得的样品破碎、混匀后缩分至约 1 kg。

5.3.2.3 生料的取样

在出磨口或提升机口等处按一定的时间间隔取样(一般每小时取样 1 次),每次抽取样品不少于 0.2 kg,将不少于 4 次的瞬时间样混匀后缩分至约 0.5 kg。

5.3.3 制样

5.3.3.1 水泥试样的制样

将水泥样品缩分至约 100 g,混匀后装入试样瓶中,密封保存。

5.3.3.2 生料、原材料和废渣试样的制样

分别将样品粉磨、缩分至约 100 g,并将筛余物研磨至全部通过 80 μm 方孔筛,混匀后装入试样瓶中。

5.3.3.3 煤试样的制样

将煤样品粉磨、缩分至约 100 g,并将筛余物研磨至全部通过 0.2 mm 方孔筛,混匀后装入试样瓶中。

5.3.4 试样的烘干

除了水泥、熟料、石膏和煤试样外,生料、原材料和废渣试样需在 105 ℃～110 ℃烘干 2 h,放在干燥器中冷却至室温,以备分析用。

5.4 生料、水泥中各组分含量的测定

5.4.1 根据化学成分质量分数的相关性测定各组分的含量

5.4.1.1 化学成分的测定

按 GB/T 176、GB/T 212、GB/T 5484、GB/T 5762、JC/T 850、JC/T 874、JC/T 911 或确认的分析方法测定组成生料、水泥的各种组分中化学成分的质量分数以及生料、水泥中化学成分的质量分数。立窑生产工艺,按 GB/T 212 测定煤中灰分的质量分数。

5.4.1.2 立窑生产工艺,煤中各化学成分质量分数的计算

煤灰中各化学成分的质量分数换算成煤中各化学成分的质量分数按式(1)计算:

$$C_{煤} = C_{煤灰} \cdot A_{ad} \quad \cdots\cdots (1)$$

式中:

$C_{煤}$ ——煤中化学成分的质量分数,%;

$C_{煤灰}$——煤灰中化学成分的质量分数,%;

A_{ad} ——空气干燥基煤中灰分的质量分数,%。

煤中烧失量的质量分数按式(2)计算：

$$L_{煤} = 100 - A_{ad} \qquad \cdots\cdots\cdots\cdots\cdots\cdots\cdots\cdots\cdots\cdots (2)$$

式中：

$L_{煤}$——煤中烧失量的质量分数，%；

A_{ad}——空气干燥基煤中灰分的质量分数，%。

5.4.1.3 生料、水泥中各组分含量的计算

生料、水泥中各组分的含量按式(3)计算：

$$X = A^{-1} \times B \qquad \cdots\cdots\cdots\cdots\cdots\cdots\cdots\cdots\cdots\cdots (3)$$

式中：

X ——生料、水泥中各组分含量组成的列阵；

A^{-1}——组成生料、水泥的各组分中化学成分组成的矩阵 A 的逆阵；

B ——生料、水泥中化学成分组成的列阵。

X、A、B 分别为下列矩阵：

$$A = \begin{bmatrix} C_{1,1} & C_{1,2} & \cdots & C_{1,j} & \cdots & C_{1,n} \\ C_{2,1} & C_{2,2} & \cdots & C_{2,j} & \cdots & C_{2,n} \\ \cdots & \cdots & \cdots & \cdots & \cdots & \cdots \\ C_{i,1} & C_{i,2} & \cdots & C_{i,j} & \cdots & C_{i,n} \\ \cdots & \cdots & \cdots & \cdots & \cdots & \cdots \\ C_{n-1,1} & C_{n-1,2} & \cdots & C_{n-1,j} & \cdots & C_{n-1,n} \\ 1 & 1 & \cdots & 1 & \cdots & 1 \end{bmatrix}$$

$$X = \begin{bmatrix} X_1 \\ X_2 \\ \cdot \\ X_j \\ \cdot \\ X_{n-1} \\ X_n \end{bmatrix} \times 10^{-2} \qquad B = \begin{bmatrix} C_1 \\ C_2 \\ \cdot \\ C_i \\ \cdot \\ C_{n-1} \\ 1 \end{bmatrix}$$

n ——生料、水泥中掺加的组分数目；

X_j ——矩阵 X 中，生料、水泥中组分 j 的含量($j=1,2,\cdots\cdots n$)，%；

$C_{i,j}$——矩阵 A 中，生料、水泥中组分 j 的化学成分 i 的质量分数，%；

C_i ——矩阵 B 中，生料、水泥中化学成分 i 的质量分数($i=1,2,\cdots\cdots n-1$)，%；且有 $C_1 \geqslant C_2 \geqslant \cdots\cdots \geqslant C_i \geqslant \cdots\cdots \geqslant C_{n-1}$。

5.4.2 特征组分含量的测定

5.4.2.1 特征化学成分的测定

按 GB/T 176 或确认的分析方法测定氟离子、三氧化硫、五氧化二磷等特征化学成分的质量分数。

5.4.2.2 特征组分含量的计算

特征组分的含量按式(4)计算：

$$X_j = \frac{C_j}{C} \times 100 \qquad \cdots\cdots\cdots\cdots\cdots\cdots\cdots\cdots\cdots\cdots (4)$$

式中：

X_j——生料、水泥中特征组分的含量，%；

C_j——生料、水泥中特征化学成分的质量分数，%；

C——特征组分中特征化学成分的质量分数，%。

5.4.3 水泥粉磨过程中掺入的组分含量的测定

按GB/T 12960测定水泥粉磨过程中掺入的组分含量，采用混合材料试样对组分含量计算结果进行校正的方法或采用配制参比样品进行校正的方法。

5.5 水泥生产原料中废渣用量的计算

5.5.1 生料换算因数的计算

生料换算因数按式(5)计算：

$$K=\frac{100}{100-w_{\mathrm{LOI}}} \quad \cdots\cdots(5)$$

式中：

K——生料换算因数；

w_{LOI}——生料中烧失量的质量分数，%。

5.5.2 生料中废渣含量换算成水泥中废渣含量的计算

生料中废渣的含量换算成水泥中废渣的含量按式(6)计算：

$$X_{\mathrm{R}}=K\times X_{\mathrm{S}}\times X_{\mathrm{F}}\times 10^{-2} \quad \cdots\cdots(6)$$

式中：

X_{R}——按水泥计，生料中废渣的含量，%；

X_{S}——水泥中熟料的含量，%；

X_{F}——生料中废渣的含量，%；

K——生料换算因数。

5.5.3 水泥粉磨过程中掺入的废渣含量的计算

水泥粉磨过程中掺入的废渣含量X_{P}是指组成水泥的各种废渣的含量之和，%。

5.5.4 水泥生产原料中废渣用量的计算

按水泥计，水泥生产原料中废渣的用量按式(7)计算：

$$w_{总量}=X_{\mathrm{R}}+X_{\mathrm{P}} \quad \cdots\cdots(7)$$

式中：

$w_{总量}$——按水泥计，水泥生产原料中废渣的用量，%；

X_{R}——按水泥计，生料中废渣的含量，%；

X_{P}——水泥粉磨过程中掺入的废渣的含量，%。

6 现场实测法

6.1 方法概要

现场实测法是在生产现场，通过测定在单位时间内组成生料、水泥的各组分的投入量，从而计算出各组分的用量。

6.2 仪器与设备

6.2.1 天平

分度值不小于0.5 g。

6.2.2 台秤

测量范围10 g～5 000 g,分度值不小于10 g,用于称量小于5 kg的物料。

6.2.3 台秤

测量范围5 kg～100 kg,分度值不小于0.1 kg,用于称量不小于5 kg的物料。

6.2.4 秒表

精度0.1 s。

6.2.5 干燥箱

可控制温度55 ℃～60 ℃、105 ℃～110 ℃,温度计精确至1 ℃。

6.3 各组分含量的测定

6.3.1 湿基质量的测定

在库底、磨头或配料处按相同的时间间隔,用台秤对组成生料、水泥的各组分分别称量,称量时间间隔为10 min～20 min,每次称量时间为5 s～120 s(具体称量时间根据工艺情况确定)。每种组分的测定次数不少于2次,取两次称量结果的算术平均值作为该组分的湿基质量,记为$m_{i湿基}$。也可以用台秤对配料秤进行校验后,用配料微机的实际控制参数或流量作为各组分的湿基质量。

6.3.2 水分的测定

6.3.2.1 取样和制样

将6.3.1测定湿基质量时取得的各种物料破碎至12 mm以下、混匀后,缩分至约1 kg,用塑料包装袋或其他能防止水分蒸发的容器盛装。

6.3.2.2 测定步骤

称取约100 g试样(m_1),精确至0.1 g,放入已烘干至恒量的托盘,于105 ℃～110 ℃的烘箱中烘干2 h,取出,放入干燥器中冷却至室温,称量。反复烘干、冷却、称量,直至恒量(m_2)。

注:测定石膏的水分,于55 ℃～60 ℃的烘箱中烘干。

6.3.2.3 水分质量分数的计算

湿物料中水分的质量分数按式(8)计算:

$$w_i = \frac{m_1 - m_2}{m_1} \times 100 \qquad \cdots\cdots(8)$$

式中:

w_i——湿物料中水分的质量分数,%;

m_1——烘干前试样的质量,单位为克(g);

m_2——烘干后试样的质量,单位为克(g)。

6.3.3 干基质量的计算

组成生料、水泥各组分的干基质量按式(9)计算：

$$m_{i\,干基}=\frac{100-w_i}{100}\times m_{i\,湿基} \qquad \cdots\cdots(9)$$

式中：

$m_{i\,干基}$——组成生料、水泥的组分 i 的干基质量($i=1,2,3,\cdots\cdots,n$)，单位为千克(kg)；

$m_{i\,湿基}$——组成生料、水泥的组分 i 的湿基质量($i=1,2,3,\cdots\cdots,n$)，单位为千克(kg)；

w_i ——组成生料、水泥的组分 i 中水分的质量分数($i=1,2,3,\cdots\cdots,n$)，%。

6.3.4 各组分含量的计算

生料、水泥中各组分的含量按式(10)计算：

$$X_i=\frac{m_{i\,干基}}{\sum_{i=1}^{n} m_{i\,干基}}\times 100 \qquad \cdots\cdots(10)$$

式中：

X_i ——生料、水泥中组分 i 的含量($i=1,2,3,\cdots\cdots,n$)，%；

$m_{i\,干基}$——组成生料、水泥的组分 i 的干基质量($i=1,2,3,\cdots\cdots,n$)，单位为千克(kg)。

6.4 水泥生产原料中废渣用量的计算

6.4.1 生料中废渣含量换算成水泥中废渣含量的计算

生料中废渣含量换算成水泥中废渣含量的计算按5.5.2进行。

6.4.2 水泥粉磨过程中掺入的废渣含量的计算

水泥粉磨过程中掺入的废渣含量的计算按5.5.3进行。

6.4.3 水泥生产原料中废渣用量的计算

水泥生产原料中废渣用量的计算按5.5.4进行。

7 化学分析法测定结果的重复性限和再现性限

本标准所列重复性限和再现性限为绝对偏差，以质量分数(%)表示。

在重复性条件下，采用本标准所列化学分析法测定同一试样时，两次测定结果之差应在所规定的重复性限内。如超出重复性限，应在短时间内进行第三次测定，测定结果与前两次或任一次测定结果之差符合重复性限的规定时，则取其平均值，否则，应查找原因，重新按上述规定进行测定。

在再现性条件下，采用本标准所列化学分析法对同一试样各自进行测定时，所得测定结果的平均值之差应在所规定的再现性限内。

化学分析法测定结果的重复性限为1.0%，再现性限为2.0%。

ICS
Q
备案号：27684—2010

中华人民共和国建材行业标准

JC/T 312—2009
代替 JC/T 312—2000

明矾石膨胀水泥化学分析方法

Methods for chemical analysis of alunite expansive cement

2009-12-04 发布　　2010-06-01 实施

中华人民共和国工业和信息化部　发布

前 言

本标准为JC/T 312—2000《明矾石膨胀水泥化学分析方法》标准的修订版。

本标准与JC/T 312—2000相比，主要变化如下：

——全硫的测定，增列了库仑滴定法(代用法)(本版的第19章)；

——全硫测定基准法中硫酸钡灼烧温度改为800 ℃～950 ℃(本版的第17.2条，JC/T 312—2000版的第16.1.2条)；

——允许差改为重复性限和再现性限(本版的第23章；JC/T 312—2000版的第9.4条、第10.4条、第11.4条、第12.4条、第13.4条、第14.4条、第15.4条、第16.4条、第17.4条、第18.4条、第19.4条)。

本标准的生效日起，同时代替JC/T 312—2000。

本标准由中国建筑材料联合会提出。

本标准由全国水泥标准化技术委员会(SAC/TC 184)归口。

本标准负责起草单位：中国建筑材料科学研究总院、中国建筑材料检验认证中心。

本标准参加起草单位：北京中科建自动化设备有限公司。

本标准起草人：刘文长、崔健、刘胜、王文茹、倪竹君、王瑞海。

本标准所代替标准的历次版本发布情况为：

——JC/T 312—1982、JC/T 312—2000。

明矾石膨胀水泥化学分析方法

1 范围

本标准规定了明矾石膨胀水泥的化学分析方法。

本标准适用于明矾石膨胀水泥。

2 规范性引用文件

下列文件中的条款通过本标准的引用而成为本标准的条款。凡是注日期的引用文件，其随后所有的修改单(不包括勘误的内容)或修订版均不适用于本标准。然而，鼓励根据本标准达成协议的各方研究是否可使用这些文件的最新版本。凡是不注日期的引用文件，其最新版本适用于本标准。

GB/T 12573 水泥取样方法

GB/T 6682 分析试验室用水规格和试验方法(GB/T 6682—2008,ISO 3696:1987/MOD)

3 术语和定义

3.1 重复性条件

在同一实验室，由同一操作员使用相同的设备，按相同的测定方法，在短时间内对同一被测对象相互独立进行的测定条件。

3.2 再现性条件

在不同的实验室，由不同的操作员使用不同设备，按相同的测定方法，对同一被测对象相互独立进行的测定条件。

3.3 重复性限

一个数值在重复性条件(3.1)下，两个测定结果的绝对差不大于此数的概率为95%。

3.4 再现性限

一个数值在再现性条件(3.2)下，两个测定结果的绝对差不大于此数的概率为95%。

4 试验的基本要求

4.1 试验次数与要求

每项测定次数为两次，用两次测定结果的平均值表示测定结果。

在进行化学分析时，除另有说明外，必须同时进行烧失量的测定；其他各项测定应同时进行空白试验，并对测定结果加以校正。

4.2 质量、体积、滴定度和结果的表示

用“克(g)”表示质量，精确至0.000 1 g。滴定管体积用“毫升(mL)”表示，精确至0.05 mL。滴定度单位用“毫克每毫升(mg/mL)”表示。

标准滴定溶液的滴定度和体积比经修约后保留有效数字四位。

除另有说明外，各项分析结果均以质量分数计。各项分析结果以“%”表示至小数后二位。

4.3 空白试验

使用相同量的试剂，不加入试样，按照相同的测定步骤进行试验，对得到的测定结果进行校正。

4.4 灼烧

将滤纸和沉淀放入预先已灼烧并恒量的坩埚中，为避免产生火焰，在氧化性气氛中缓慢干燥、灰化，灰化至无黑色炭颗粒后，放入高温炉(6.5)中，在规定的温度下灼烧。在干燥器中冷却至室温，称量。

4.5 恒量

经第一次灼烧、冷却、称量后，通过反复灼烧，每次 15 min，然后冷却、称量的方法来检查恒定质量，当连续两次称量之差小于 0.000 5 g 时，即达到恒量。

4.6 检查氯 Cl^- 离子（硝酸银检验）

按规定洗涤沉淀数次后，用数滴水淋洗漏斗的下端，用数毫升水洗涤滤纸和沉淀，将滤液收集在试管中，加几滴硝酸银溶液（5.15），观察试管中溶液是否浑浊。如果浑浊，继续洗涤并定期检查，直至用硝酸银检验不再浑浊为止。

5 试剂和材料

分析过程中，所用水符合 GB/T 6682 规定的三级水要求；所有试剂应为分析纯或优级纯试剂；用于标定与配制标准溶液的试剂，除另有说明外应为基准试剂。在化学分析中，所用酸或氨水，凡未注明浓度者均指市售的浓酸或氨水。用体积比表示试剂稀释程度，例如：盐酸（1+2）表示 1 份体积的浓盐酸与 2 份体积的水相混合。

除另有说明外，%表示"质量分数"。本标准使用的市售浓液体试剂具有下列密度（ρ），单位为克每立方厘米（g/cm^3）：

5.1 盐酸（HCl）

ρ=1.18 g/cm^3～1.19 g/cm^3，质量分数 36%～38%。

5.2 氢氟酸（HF）

ρ=1.13 g/cm^3，质量分数 40%。

5.3 硝酸（HNO_3）

ρ=1.39 g/cm^3～1.41 g/cm^3，质量分数 65%～68%。

5.4 硫酸（H_2SO_4）

ρ=1.84 g/cm^3，质量分数 95%～98%。

5.5 冰乙酸（CH_3COOH）

ρ=1.049 g/cm^3，质量分数 99.8%。

5.6 氨水（$NH_3 \cdot H_2O$）

ρ=0.90 g/cm^3～0.91 g/cm^3，质量分数 25%～28%。

5.7 乙醇（C_2H_5OH）

体积分数 95%或无水乙醇。

5.8 盐酸（1+1）；（1+2）；（1+11）；（1+5）

5.9 硫酸（1+2）；（1+1）；（1+9）

5.10 磷酸（1+1）

5.11 氨水（1+1）；（1+2）

5.12 氢氧化钠（NaOH）

5.13 氢氧化钾（KOH）

5.14 氢氧化钾溶液（200 g/L）

将 200 g 氢氧化钾（5.13）溶于水中，加水稀释至 1 L。贮存于塑料瓶中。

5.15 硝酸银溶液（5 g/L）

将 5 g 硝酸银（$AgNO_3$）溶于水中，加 10 mL 硝酸（HNO_3），用水稀释至 1 L。

5.16 抗坏血酸溶液（5 g/L）

将 0.5 g 抗坏血酸（V.C）溶于 100 mL 水中，过滤后使用。用时现配。

5.17 焦硫酸钾（$K_2S_2O_7$）

将市售焦硫酸钾在瓷蒸发皿中加热熔化，待气泡停止发生后，冷却、砸碎、贮存于磨口瓶中。

5.18 氯化钡溶液(100 g/L)

将100 g二水氯化钡($BaCl_2 \cdot 2H_2O$)溶于水中,加水稀释至1 L。

5.19 氯化亚锡($SnCl_2 \cdot 2H_2O$)

5.20 氯化亚锡-磷酸溶液

将1 000 mL磷酸放在烧杯中,在通风橱中于电热板上加热脱水,至溶液体积缩减至850 mL~950 mL时,停止加热。待溶液温度降至100 ℃以下时,加入100 g氯化亚锡(5.19)。继续加热至溶液透明,并无大气泡冒出时为止(此溶液的使用期一般以不超过2周为宜)。

5.21 氨性硫酸锌溶液(100 g/L)

将100 g硫酸锌($ZnSO_4 \cdot 7H_2O$)溶于300 mL水后加入700 mL氨水,用水稀释至1 L,静置24 h,过滤后使用。

5.22 明胶溶液(5 g/L)

将0.5 g明胶(动物胶)溶于100 mL 70 ℃~80 ℃的水中,用时现配。

5.23 淀粉溶液(10 g/L)

将1 g淀粉(水溶性)置于小烧杯中,加水调成糊状后,加入沸水稀释至100 mL,再煮沸约1 min,冷却后使用。

5.24 二安替比林甲烷溶液(30 g/L盐酸溶液)

将15 g二安替比林甲烷($C_{23}H_{24}N_4O_2$)溶于500 mL,盐酸(1+11)中,过滤后使用。

5.25 高碘酸钾(KIO_4)

5.26 碳酸铵溶液(100 g/L)

将10 g碳酸铵[$(NH_4)_2CO_3$]溶于100 mL水中。

5.27 EDTA-铜溶液

按EDTA标准滴定溶液(5.48)与硫酸铜标准滴定溶液(5.49)的体积比(5.49.2),准确配制成等浓度的混合溶液。

5.28 pH 3的缓冲溶液

将3.2 g无水乙酸钠(CH_3COONa)溶于水中,加120 mL冰乙酸(CH_3COOH),用水稀释至1 L,摇匀。

5.29 pH 4.3的缓冲溶液

将42.3 g无水乙酸钠(CH_3COONa)溶于水中,加80 mL冰乙酸(CH_3COOH),用水稀释至1 L,摇匀。

5.30 pH 10的缓冲溶液

将67.5 g氯化铵(NH_4Cl)溶于水中,加570 mL氨水,加水稀释至1 L,摇匀。

5.31 氢氧化钠溶液(150 g/L)

将150 g氢氧化钠(NaOH)溶于水中,加水稀释至1 L,贮存于塑料瓶中。

5.32 pH 6.0的总离子强度配位缓冲液

将294.1 g柠檬酸钠($C_6H_5Na_3O_7 \cdot 2H_2O$)溶于水中,用盐酸(1+1)和氢氧化钠溶液(5.31)调整溶液pH值至6.0,然后加水稀释至1 L。

5.33 三乙醇胺[$N(CH_2CH_2OH)_3$]:(1+2)

5.34 酒石酸钾钠溶液(100 g/L)

将100 g酒石酸钾钠($C_4H_4KNaO_6 \cdot 4H_2O$)溶于水中,稀释至1 L。

5.35 盐酸羟胺($NH_2OH \cdot HCl$)

5.36 氯化钾(KCl):颗粒粗大时,应研细后使用

5.37 氟化钾溶液(150 g/L)

称取150 g氟化钾($KF \cdot 2H_2O$)溶于水中,稀释至1 L,贮存于塑料瓶中。

5.38　氟化钾溶液(20 g/L)

称取 20 g 氟化钾($KF \cdot 2H_2O$)溶于水中，稀释至 1 L，贮存于塑料瓶中。

5.39　氯化钾溶液(50 g/L)

将 50 g 氯化钾(KCl)溶于水中，用水稀释至 1 L。

5.40　氯化钾-乙醇溶液(50 g/L)

将 5 g 氯化钾(KCl)溶于 50 mL 水中，加入 50 mL 乙醇 95%(体积分数)，混匀。

5.41　五氧化二钒(V_2O_5)

5.42　二氧化钛(TiO_2)标准溶液

5.42.1　标准溶液的配制

称取 0.100 0 g 经高温灼烧过的光谱纯二氧化钛(TiO_2)，精确至 0.000 1 g，置于铂(或瓷)坩埚中，加入 2 g 焦硫酸钾(5.17)，在 500 ℃～600 ℃下熔融至透明。熔块用硫酸(1+9)浸出，加热至 50 ℃～60 ℃使熔块完全溶解，冷却后移入 1 000 mL 容量瓶中，用硫酸(1+9)稀释至标线，摇匀。此标准溶液每毫升含有 0.1 mg 二氧化钛。

吸取 100.00 mL 上述标准溶液于 500 mL 容量瓶中，用硫酸(1+9)稀释至标线，摇匀。此标准溶液每毫升含有 0.02 mg 二氧化钛。

5.42.2　工作曲线的绘制

吸取每毫升含有 0.02 mg 二氧化钛的标准溶液 0 mL、2.50 mL、5.00 mL、7.50 mL、10.00 mL、12.50 mL、15.00 mL 分别放入 100 mL 容量瓶中，依次加入 10 mL 盐酸(1+2)、10 mL 抗坏血酸溶液(5.16)、5 mL 95%(体积分数)乙醇、20 mL 二安替比林甲烷溶液(5.24)，用水稀释至标线，摇匀。放置 40 min 后，使用分光光度计(6.9)、10 mm 比色皿，以水作参比，于 420 nm 处测定溶液的吸光度。用测得的吸光度作为相对应的二氧化钛含量的函数，绘制工作曲线。

5.43　氧化钾(K_2O)、氧化钠(Na_2O)标准溶液

5.43.1　氧化钾、氧化钠标准溶液的配制

称取 0.792 g 已于 105 ℃～110 ℃烘过 2 h 的光谱纯氯化钾(KCl)和 0.943 g 已于 105 ℃～110 ℃烘过 2 h 的光谱纯氯化钠(NaCl)，精确至 0.000 1 g，置于烧杯中，加水溶解后，移入 1 000 mL 容量瓶中，用水稀释至标线，摇匀。贮存于塑料瓶中。此标准溶液每毫升相当于 0.5 mg 氧化钾、氧化钠。

5.43.2　工作曲线的绘制

吸取按第 5.43.1 条配制的每毫升相当于 0.5 mg 氧化钾、氧化钠的标准溶液 0 mL、1.00 mL、2.00 mL、4.00 mL、6.00 mL、8.00 mL、10.00 mL、12.00 mL，以一一对应的顺序，分别放入 100 mL 容量瓶中，用水稀释至标线，摇匀。使用火焰光度计(6.10)按仪器使用规程进行测定。用测得的读数作为相对应的氧化钾、氧化钠含量的函数，绘制工作曲线。

5.44　碘酸钾标准滴定溶液[$c(1/6\ KIO_3)=0.03\ mol/L$]

将 5.4 g 碘酸钾(KIO_3)溶于 200 mL 新煮沸过的冷水中，加入 5 g 氢氧化钠(5.12)及 150 g 碘化钾(KI)，溶解后移入棕色玻璃下口瓶中，再以新煮沸过的冷水稀释至 5 L，摇匀。

5.45　重铬酸钾基准溶液[$c(1/6K_2Cr_2O_7)=0.03\ mol/L$]

称取 1.471 0 g 已于 150 ℃～180 ℃烘过 2 h 的重铬酸钾($K_2Cr_2O_7$)，精确至 0.000 1 g，置于烧杯中，用 100 mL～150 mL 水溶解后，移入 1 000 mL 容量瓶中，用水稀释至标线，摇匀。

5.46　硫代硫酸钠标准滴定溶液[$c(Na_2S_2O_3)=0.03\ mol/L$]

5.46.1　标准滴定溶液的配制

将 37.5 g 硫代硫酸钠($Na_2S_2O_3 \cdot 5H_2O$)溶于 200 mL 新煮沸过的冷水中，加入约 0.25 g 无水碳酸钠，搅拌溶解后移入棕色玻璃下口瓶中，再以新煮沸过的冷水稀释至 5 L，摇匀。静置 14 d 后使用。

5.46.2 标定

5.46.2.1 硫代硫酸钠标准滴定溶液浓度的标定

取15.00 mL重铬酸钾基准溶液(5.39)放入带有磨口塞的200 mL锥形瓶中,加入3 g碘化钾(KI)及50 mL水,溶解后加入10 mL硫酸(1+2),盖上磨口塞,于暗处放置15 min~20 min。用少量水冲洗瓶壁及瓶塞,以硫代硫酸钠标准滴定溶液滴定至淡黄色,加入约2 mL淀粉溶液(5.23),再继续滴定至蓝色消失。

另以15 mL水代替重铬酸钾基准溶液,按上述分析步骤进行空白试验。

硫代硫酸钠标准滴定溶液的浓度按式(1)计算:

$$c(Na_2S_2O_3)=\frac{0.03\times15.00}{V_2-V_1} \qquad (1)$$

式中:

$c(Na_2S_2O_3)$——硫代硫酸钠标准滴定溶液的浓度,单位为摩尔每升(mol/L);

0.03——重铬酸钾基准溶液的浓度,单位为摩尔每升(mol/L);

V_1——空白试验时消耗硫代硫酸钠标准滴定溶液的体积,单位为毫升(mL);

V_2——滴定时消耗硫代硫酸钠标准滴定溶液的体积,单位为毫升(mL);

15.00——加入重铬酸钾基准溶液的体积,单位为毫升(mL)。

5.46.2.2 碘酸钾标准滴定溶液与硫代硫酸钠标准滴定溶液体积比的标定

取15.00 mL碘酸钾标准滴定溶液(5.44)放入200 mL锥形瓶中,加入25 mL水及10 mL硫酸(1+2),在摇动下用硫代硫酸钠标准滴定溶液(5.46)滴定至淡黄色,加入约2 mL淀粉溶液(5.23),再继续滴定至蓝色消失。

碘酸钾标准滴定溶液与硫代硫酸钠标准滴定溶液的体积比按式(2)计算:

$$K_1=\frac{V_3}{15.00} \qquad (2)$$

式中:

K_1——每毫升硫代硫酸钠标准滴定溶液相当于碘酸钾标准滴定溶液的毫升数。

V_3——滴定时消耗硫代硫酸钠标准滴定溶液的体积,单位为毫升(mL);

15.00——加入碘酸钾标准滴定溶液的体积,单位为毫升(mL)。

碘酸钾标准滴定溶液对三氧化硫及对硫的滴定度按式(3)和式(4)计算:

$$T_{SO_3}=\frac{c(Na_2S_2O_3)\times V_3\times40.03}{15.00} \qquad (3)$$

$$T_S=\frac{c(Na_2S_2O_3)\times V_3\times16.03}{15.00} \qquad (4)$$

式中:

T_{SO_3}——每毫升硫代硫酸钠标准滴定溶液相当于三氧化硫的毫克数,单位为毫克每毫升(mg/mL);

T_S——每毫升硫代硫酸钠标准滴定溶液相当于硫的毫克数,单位为毫克每毫升(mg/mL);

$c(Na_2S_2O_3)$——硫代硫酸钠标准滴定溶液的浓度,单位为摩尔每升(mol/L);

K_1——碘酸钾标准滴定溶液与硫代硫酸钠标准滴定溶液的体积比;

V_3——滴定时消耗硫代硫酸钠标准滴定溶液的体积,单位为毫升(mL);

15.00——标定体积比K_1时加入碘酸钾标准滴定溶液的体积,单位为毫升(mL)。

5.47 碳酸钙基准溶液[$c(CaCO_3)=0.024$ mol/L]

称取0.6 g(m_1)已于105 ℃~110 ℃烘过2 h的基准碳酸钙($CaCO_3$),精确至0.000 1 g,置于400 mL烧杯中,加入约100 mL水,盖上表面皿,沿杯口加入10 mL盐酸(1+1)溶液至碳酸钙全部溶解,加热煮沸数2 mL~3 mL,取下烧杯,将溶液冷却至室温,移入250 mL容量瓶中,用水稀释至标线,摇匀。

5.48 **EDTA 标准滴定溶液[c(EDTA)=0.015 mol/L]**

5.48.1 **标准滴定溶液的配制**

称取约 5.6 g EDTA(乙二胺四乙酸二钠盐)置于烧杯中,加约 200 mL 水,加热溶解,过滤,用水稀释至 1 L。

5.48.2 **EDTA 标准滴定溶液浓度的标定**

吸取 25.00 mL 碳酸钙标准溶液(5.47)放入 400 mL 烧杯中,加水稀释至约 200 mL,加入适量 CMP 混合指示剂(5.56),在搅拌下加入氢氧化钾溶液(5.14)到出现绿色荧光后再过量 2 mL~3 mL,以 EDTA 标准滴定溶液滴定至绿色荧光消失并呈现红色。

EDTA 标准滴定溶液的浓度按式(5)计算:

$$c(\mathrm{EDTA})=\frac{m_1\times 25\times 1\,000}{250\times V_4\times 100.09} \quad\cdots\cdots(5)$$

式中:

c(EDTA)——EDTA 标准滴定溶液的浓度,单位为摩尔每升(mol/L);

V_4——滴定时消耗 EDTA 标准滴定溶液的体积,单位为毫升(mL);

m_1——按第 5.47 条配制碳酸钙基准溶液的碳酸钙的质量,单位为克(g);

100.09——$CaCO_3$ 的摩尔质量,单位为克每摩尔(g/mol)。

5.48.3 **EDTA 标准滴定溶液对各氧化物滴定度的计算**

EDTA 标准滴定溶液对三氧化二铁、三氧化二铝、氧化钙、氧化镁的滴定度分别按式(6)、式(7)、式(8)、式(9)计算:

$$T_{Fe_2O_3}=c(\mathrm{EDTA})\times 79.84 \quad\cdots\cdots(6)$$

$$T_{Al_2O_3}=c(\mathrm{EDTA})\times 50.98 \quad\cdots\cdots(7)$$

$$T_{CaO}=c(\mathrm{EDTA})\times 56.08 \quad\cdots\cdots(8)$$

$$T_{MgO}=c(\mathrm{EDTA})\times 40.31 \quad\cdots\cdots(9)$$

式中:

$T_{Fe_2O_3}$——每毫升 EDTA 标准滴定溶液相当于三氧化二铁的毫克数,单位为毫克每毫升(mg/mL);

$T_{Al_2O_3}$——每毫升 EDTA 标准滴定溶液相当于三氧化二铝的毫克数,单位为毫克每毫升(mg/mL);

T_{CaO}——每毫升 EDTA 标准滴定溶液相当于氧化钙的毫克数,单位为毫克每毫升(mg/mL);

T_{MgO}——每毫升 EDTA 标准滴定溶液相当于氧化镁的毫克数,单位为毫克每毫升(mg/mL);

c(EDTA)——EDTA 标准滴定溶液的浓度,单位为摩尔每升(mol/L);

79.84——($1/2Fe_2O_3$)的摩尔质量,单位为克每摩尔(g/mol);

50.98——($1/2Al_2O_3$)的摩尔质量,单位为克每摩尔(g/mol);

56.08——CaO 的摩尔质量,单位为克每摩尔(g/mol);

40.31——MgO 的摩尔质量,单位为克每摩尔(g/mol)。

5.49 **硫酸铜标准滴定溶液[$c(CuSO_4)$=0.015 mol/L]**

5.49.1 **标准滴定溶液的配制**

将 3.7 g 硫酸铜($CuSO_4\cdot 5H_2O$)溶于水中,加 4~5 滴硫酸(1+1),用水稀释至 1 L,摇匀。

5.49.2 **EDTA 标准滴定溶液与硫酸铜标准滴定溶液体积比的标定**

从滴定管缓慢放出 10 mL~15 mL EDTA 标准滴定溶液(5.48)放入 400 mL 烧杯中,用水稀释到约 150 mL,加入 pH 4.3 的缓冲溶液(5.29),加热至沸,取下稍冷,加入 5~6 滴 PAN 指示剂溶液(5.55),以硫酸铜标准滴定溶液滴定至亮紫色。

EDTA 标准滴定溶液与硫酸铜标准滴定溶液的体积比按式(10)计算：

$$K_2 = \frac{V_5}{V_6} \quad \cdots\cdots (10)$$

式中：

K_2——EDTA 标准滴定溶液与硫酸铜标准滴定溶液的体积比；

V_5——EDTA 标准滴定溶液的体积，单位为毫升(mL)；

V_6——滴定时消耗硫酸铜标准滴定溶液的体积，单位为毫升(mL)。

5.50 氢氧化钠标准滴定溶液[$c(NaOH)=0.15$ mol/L]

5.50.1 标准滴定溶液的配制

将 60 g 氢氧化钠(NaOH)溶于水中，充分摇匀，贮存于带胶塞(装有钠石灰干燥管)的硬质玻璃瓶或塑料瓶内。

5.50.2 氢氧化钠标准滴定溶液浓度的标定

称取约 0.8 g(m_2)苯二甲酸氢钾($C_8H_5KO_4$)，精确至 0.000 1 g，置于 400 mL 烧杯中，加入约 150 mL新煮沸过的已用氢氧化钠溶液中和至酚酞呈微红色的冷水，搅拌使其溶解，加入 6～7 滴酚酞指示剂溶液(见 5.58)，用氢氧化钠标准滴定溶液滴定至微红色。

氢氧化钠标准滴定溶液的浓度按式(11)计算：

$$c(\mathrm{NaOH}) = \frac{m_2 \times 1\,000}{V_7 \times 204.2} \quad \cdots\cdots (11)$$

式中：

$c(\mathrm{NaOH})$——氢氧化钠标准滴定溶液的浓度，单位为摩尔每升(mol/L)；

V_7——滴定时消耗氢氧化钠标准滴定溶液的体积，单位为毫升(mL)；

m_2——苯二甲酸氢钾的质量，单位为克(g)；

204.2——苯二甲酸氢钾的摩尔质量，单位为克每摩尔(g/mol)。

氢氧化钠标准滴定溶液对二氧化硅的滴定度按式(12)计算：

$$T_{\mathrm{SiO_2}} = c(\mathrm{NaOH}) \times 15.02 \quad \cdots\cdots (12)$$

式中：

$T_{\mathrm{SiO_2}}$——每毫升氢氧化钠标准滴定溶液相当于二氧化硅的毫克数，单位为毫克每毫升(mg/mL)；

$c(\mathrm{NaOH})$——氢氧化钠标准滴定溶液的浓度，单位为摩尔每升(mol/L)；

15.02——(1/4 SiO_2)的摩尔质量，单位为克每摩尔(g/mol)。

5.51 氟(F)标准溶液

5.51.1 标准溶液的配制

称取 0.276 3 g 已于 500 ℃左右灼烧 10 min(或在 120 ℃烘过 2 h)的优级纯氟化钠(NaF)，精确至 0.000 1 g，置于烧杯中，加水溶解后移入 500 mL 容量瓶中，用水稀释至标线，摇匀。贮存于塑料瓶中。此标准溶液每毫升相当于 0.25 mg 氟。

吸取上述标准溶液 20 mL；40 mL、80 mL、120 mL 分别放入 1 000 mL 容量瓶中，加水稀释至刻度，摇匀，此溶液每毫升分别相当于 0.005 mg、0.010 mg、0.020 mg、0.030 mg 氟的系列标准溶液，并分别贮存于塑料瓶中。

5.51.2 工作曲线的绘制

吸取 5.51.1 中系列标准溶液各 10.00 mL，放入盛有一搅拌子的 50 mL 烧杯中，加入 10.00 mL pH6.0 的总离子强度配位缓冲液(5.32)，将烧杯置于电磁搅拌器(6.8)上，在溶液中插入氟离子选择电极和饱和氯化钾甘汞电极，打开磁力搅拌器(6.8)搅拌 2 min，停搅 30 s。用离子计或酸度计(6.11)测量溶液的平衡电位。用单对数坐标纸，以对数坐标为氟的浓度，常数坐标为电位值，绘制工作曲线。

5.52 甲基红指示剂溶液

将 0.2 g 甲基红溶于 100 mL 乙醇 95%(体积分数)中。

5.53　**磺基水杨酸钠指示剂溶液**

将 10 g 磺基水杨酸钠溶于水中，加水稀释至 100 mL。

5.54　**溴酚蓝指示剂溶液**

将 0.2 g 溴酚蓝溶于 100 mL 乙醇溶液(1+4)中。

5.55　**1-(2-吡啶偶氮)-2-萘酚(PAN)指示剂溶液**

将 0.2 g PAN 溶于 100 mL 乙醇 95%(体积分数)中。

5.56　**钙黄绿素-甲基百里香酚蓝-酚酞混合指示剂(简称 CMP 混合指示剂)**

称取 1.000 g 钙黄绿素、1.000 g 甲基百里香酚蓝、0.200 g 酚酞与 50 g 已在 105 ℃～110 ℃烘干过的硝酸钾(KNO_3)混合研细，保存在磨口瓶中。

5.57　**酸性铬蓝 K-萘酚绿 B 混合指示剂**

称取 1.000 g 酸性铬蓝 K 与 2.500 g 萘酚绿 B 和 50 g 已在 105 ℃～110 ℃烘干过的硝酸钾(KNO_3)，混合研细，保存在磨口瓶中。

5.58　**酚酞指示剂溶液**

将 1 g 酚酞溶于 100 mL 乙醇 95%(体积分数)中。

5.59　**电解液**

称取 6 g 碘化钾和 6 g 溴化钾，加入 10 mL 冰乙酸，用水稀释至 300 mL，搅拌使其全部溶解。此溶液在棕色试剂瓶中保存。

6　仪器与设备

6.1　**天平**

精确至 0.000 1 g。

6.2　**铂、银或瓷坩埚**

带盖，容量 20 mL～30 mL。

6.3　**铂皿**

容量 70 mL～100 mL。

6.4　**镍坩埚**

带盖，容量 30 mL～50 mL。

6.5　**高温炉**

隔焰加热炉，在炉膛外围进行电阻加热。应使用温度控制器，准确控制炉温。温度控制范围：室温～1 000 ℃。

6.6　**滤纸**

定量滤纸。

6.7　**玻璃容量器皿**

滴定管、容量瓶、移液管。

6.8　**磁力搅拌器**

带有塑料外壳的搅拌子，配备有调速和加热装置。

6.9　**分光光度计**

可在 400 nm～700 nm 范围内测定溶液的吸光度，带有 10 mm、20 mm 比色皿。

6.10　**火焰光度计**

带有 768 nm 和 589 nm 的干涉滤光片。

6.11　**离子计或酸度计**

带有氟离子选择性电极及饱和氯化钾甘汞电极。

6.12　**库仑积分测硫仪**

由管式高温炉、电解池、磁力搅拌器和库仑积分器组成。

6.13　**测定硫化物及全硫量的仪器装置如图1所示：**

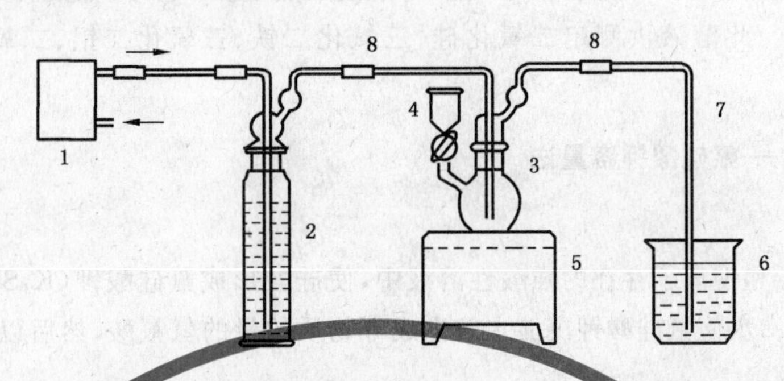

1——微型空气泵；
2——洗气瓶，内盛100 mL硫酸铜溶液(50 g/L)；
3——反应瓶(100 mL)；
4——分液漏斗；
5——电炉(600 W)；
6——烧杯；
7——玻璃管；
8——连接硅胶管。

图1　仪器装置示意图

7　试样的制备

按GB/T 12573方法进行取样，样品应是具有代表性的均匀样品。采用四分法缩至约100 g，经80 μm方孔筛筛析，用磁铁吸去筛余物中的金属铁，将筛余物经过研磨后使其全部通过80 μm方孔筛。将样品充分混匀后，装入带有磨口塞的瓶中并密封。

8　烧失量的测定——灼烧差减法

8.1　方法提要

试样在800 ℃～850 ℃的高温炉中灼烧，驱除水分和二氧化碳，同时将存在的易氧化元素氧化。

8.2　分析步骤

称取约1 g试样(m_3)，精确至0.000 1 g，置于已灼烧恒量的瓷坩埚中，将盖斜置于坩埚上，放在高温炉(6.5)内从低温开始逐渐升温，在800 ℃～850 ℃下灼烧40 min，取出坩埚置于干燥器中冷却至室温，称量。反复灼烧，直至恒量。

8.3　结果的计算与表示

烧失量的质量分数w_{LOI}按式(13)计算：

$$w_{LOI}=\frac{m_3-m_4}{m_3}\times 100 \qquad (13)$$

式中：

w_{LOI}——烧失量的质量分数，%；

m_3——试料的质量，单位为克(g)；

m_4——灼烧后试料的质量，单位为克(g)。

9　系统分析溶液的制备

称取约0.5 g试样(m_5)，精确至0.000 1 g，置于银坩埚中，加入6 g～7 g氢氧化钠(5.12)，在

650 ℃～700 ℃的高温下熔融 30 min。取出冷却，将坩埚放入已盛有 100 mL 近沸腾水的烧杯中，盖上表面皿，于电炉上适当加热。待熔块完全浸出后，取出坩埚，在搅拌下一次加入 25 mL～30 mL 盐酸，再加入 1 mL 硝酸。用热盐酸(1+5)洗净坩埚和盖，将溶液加热至沸。冷却，然后移入 250 mL 容量瓶中，用水稀释至标线，摇匀。此溶液供测定二氧化硅、三氧化二铁、三氧化二铝、二氧化钛、氧化钙、氧化镁用。

10 二氧化硅的测定——氟硅酸钾容量法

10.1 方法提要

在有过量的氟离子和钾离子存在的强酸性溶液中，使硅酸形成氟硅酸钾(K_2SiF_6)沉淀，经过滤、洗涤及中和残余酸后，加沸水使氟硅酸钾沉淀水解生成等物质的量的氢氟酸，然后以酚酞为指示剂，用氢氧化钠标准滴定溶液滴定。

10.2 分析步骤

吸取第 9 章中溶液 50.00 mL 放入 250 mL～300 mL 塑料杯中，加入 10 mL～15 mL 硝酸，搅拌，冷却至 30 ℃以下。加入固体氯化钾(5.36)，仔细搅拌至饱和并有少量氯化钾固体颗粒悬浮于溶液中，再加入 2 g 氯化钾(5.36)及 10 mL 氟化钾溶液(5.37)，仔细搅拌(如氯化钾析出量不够，应再补充加入)，放置 15 min～20 min。用中速滤纸过滤，用氯化钾溶液(5.39)洗涤塑料杯及沉淀 3 次。将滤纸连同沉淀取下，置于原塑料杯中，沿杯壁加入 10 mL 30 ℃以下的氯化钾-乙醇溶液(5.40)及 1 mL 酚酞指示剂溶液(5.58)，用氢氧化钠标准滴定溶液(5.50)中和未洗尽的酸，仔细搅动滤纸并随之擦洗杯壁直至溶液呈红色。向杯中加入 200 mL 沸水(煮沸并用氢氧化钠溶液中和至酚酞呈微红色)，用氢氧化钠标准滴定溶液(5.50)滴定至微红色。

10.3 结果的计算与表示

二氧化硅的质量分数 w_{SiO_2} 按式(14)计算：

$$w_{SiO_2} = \frac{T_{SiO_2} \times V_8 \times 5}{m_5 \times 1\,000} \times 100 \qquad \cdots\cdots (14)$$

式中：

w_{SiO_2}——二氧化硅的质量分数，%；

T_{SiO_2}——每毫升氢氧化钠标准滴定溶液相当于二氧化硅的毫克数，单位为毫克每毫升(mg/mL)；

V_8——滴定时消耗氢氧化钠标准滴定溶液的体积，单位为毫升(mL)；

m_5——第 9 章中试料的质量，单位为克(g)；

5——全部试样溶液与所分取试样溶液的体积比。

11 三氧化二铁的测定——EDTA 直接滴定法

11.1 方法提要

在 pH1.8～2.0、温度为 60 ℃～70 ℃的溶液中，以磺基水杨酸钠为指示剂，用 EDTA 标准滴定溶液滴定。

11.2 分析步骤

吸取第 9 章中溶液 25.00 mL 放入 300 mL 烧杯中，加水稀释至约 100 mL，用氨水(1+1)和盐酸(1+1)调节溶液 pH 值在 1.8～2.0 之间(用精密 pH 试纸检验)。将溶液加热至 70 ℃，加入 10 滴磺基水杨酸钠指示剂溶液(5.53)，用 EDTA 标准滴定溶液(5.48)缓慢地滴定至亮黄色(终点时溶液温度不低于 60 ℃)。保留此溶液供测定三氧化二铝用。

11.3 结果的计算与表示

三氧化二铁的质量分数 $w_{Fe_2O_3}$ 按式(15)计算：

$$w_{Fe_2O_3} = \frac{T_{Fe_2O_3} \times V_9 \times 10}{m_5 \times 1\,000} \times 100 \quad \cdots\cdots(15)$$

式中：

$w_{Fe_2O_3}$——三氧化二铁的质量分数，%；

$T_{Fe_2O_3}$——每毫升 EDTA 标准滴定溶液相当于三氧化二铁的毫克数，单位为毫克每毫升(mg/mL)；

V_9——滴定时消耗 EDTA 标准滴定溶液的体积，单位为毫升(mL)；

10——全部试样溶液与所分取试样溶液的体积比；

m_5——第 9 章中试料的质量，单位为克(g)。

12 三氧化二铝的测定——EDTA 直接滴定法

12.1 方法提要

将滴定三氧化二铁后的溶液 pH 值调整至 3，在煮沸下以 EDTA-铜和 PAN 为指示剂，用 EDTA 标准滴定溶液滴定。

12.2 分析步骤

将第 11.2 条中测完铁的溶液用水稀释至约 200 mL，加 1～2 滴溴酚蓝指示剂溶液(5.54)，滴加氨水(1+2)至溶液出现蓝紫色，再滴加盐酸(1+2)至黄色，加入 15 mL pH3 的缓冲溶液(5.29)。加热至微沸并保持 1 min，加入 10 滴 EDTA-铜溶液(5.27)及 2～3 滴 PAN 指示剂溶液(5.55)，用 EDTA 标准滴定溶液(5.48)滴定到红色消失。继续煮沸，滴定，直至溶液经煮沸后红色不再出现，呈稳定的亮黄色为止。

12.3 结果的计算与表示

三氧化二铝的质量分数 $w_{Al_2O_3}$ 按式(16)计算：

$$w_{Al_2O_3} = \frac{T_{Al_2O_3} \times V_{10} \times 10}{m_5 \times 1\,000} \times 100 \quad \cdots\cdots(16)$$

式中：

$w_{Al_2O_3}$——三氧化二铝的质量分数，%；

$T_{Al_2O_3}$——每毫升 EDTA 标准滴定溶液相当于三氧化二铝的毫克数，单位为毫克每毫升(mg/mL)；

V_{10}——滴定时消耗 EDTA 标准滴定溶液的体积，单位为毫升(mL)；

10——全部试样溶液与所分取试样溶液的体积比；

m_5——第 9 章中试料的质量，单位为克(g)。

13 二氧化钛的测定——二安替比林甲烷比色法

13.1 方法提要

在酸性溶液中 TiO^{2+} 与二安替比林甲烷生成黄色配合物，于波长 420 nm 处测定其吸光度。用抗坏血酸消除三价铁离子的干扰。

13.2 分析步骤

从第 9 章溶液中吸取 25.00 mL 移入 100 mL 容量瓶中，加入 10 mL 盐酸(1+2)及 10 mL 抗坏血酸溶液(5.16)，静置 5 min。加 5 mL 乙醇 95%、20 mL 二安替比林甲烷溶液(5.24)，用水稀释至标线，摇匀。放置 40 min 后，使用分光光度计，10 mm 比色皿，以水作参比，于 420 nm 处测定溶液的吸光度。在工作曲线(5.42.2)上查出二氧化钛的含量(m_6)。

13.3 结果的计算与表示

二氧化钛的质量分数 w_{TiO_2} 按式(17)计算：

$$w_{TiO_2}=\frac{m_6\times 10}{m_5\times 1\ 000}\times 100 \qquad\cdots\cdots(17)$$

式中：

w_{TiO_2}——二氧化钛的质量分数，%；

m_6——100 mL 测定溶液中二氧化钛的含量，单位为毫克(mg)；

10——全部试样溶液与所分取试样溶液的体积比；

m_5——第 9 章中试料的质量，单位为克(g)。

14 氧化钙的测定——EDTA 滴定法

14.1 方法提要

预先在酸性溶液中加入适量氟化钾，以抑制硅酸的干扰，然后在 pH13 以上的强碱性溶液中，以三乙醇胺为掩蔽剂，用钙黄绿素-甲基百里香酚蓝-酚酞混合指示剂，以 EDTA 标准滴定溶液滴定。

14.2 分析步骤

从第 9 章溶液中吸取 25.00 mL 放入 400 mL 烧杯中，加入 7 mL 氟化钾溶液(5.38)，搅拌并放置 2 min以上。加水稀释至约 200 mL，加 5 mL 三乙醇胺(5.33)及适量 CMP 混合指示剂(5.56)，在搅拌下加入氢氧化钾溶液(5.14)至出现绿色萤光后，再过量 7 mL～8 mL(此时溶液 pH>13)，用 EDTA 标准滴定溶液(5.48)滴定至绿色萤光消失并呈红色。

14.3 结果的计算与表示

氧化钙的质量分数 w_{CaO} 按式(18)计算：

$$w_{CaO}=\frac{T_{CaO}\times V_{11}\times 10}{m_5\times 1\ 000}\times 100 \qquad\cdots\cdots(18)$$

式中：

w_{CaO}——氧化钙的质量分数，%；

T_{CaO}——每毫升 EDTA 标准滴定溶液相当于氧化钙的毫克数，单位为毫克每毫升(mg/mL)；

V_{11}——滴定时消耗 EDTA 标准滴定溶液的体积，单位为毫升(mL)；

10——全部试样溶液与所分取试样溶液的体积比；

m_5——第 9 章中试料的质量，单位为克(g)。

15 氧化镁的测定——EDTA 滴定差减法

15.1 方法提要

在 pH10 的溶液中，以三乙醇胺、酒石酸钾钠为掩蔽剂，酸性铬蓝 K-萘酚绿 B 为混合指示剂，用 EDTA 标准滴定溶液滴定。

15.2 分析步骤

从第 9 章溶液中吸取 25.00 mL 放入 400 mL 烧杯中，加水稀释至约 200 mL，加 1 mL 酒石酸钾钠溶液(5.34)、5 mL 三乙醇胺(5.33)。在搅拌下，用氨水(1+1)调整溶液 pH 值在 9 左右(用精密 pH 试纸检验)。然后加入 25 mL pH10 的缓冲溶液(5.30)及少许酸性铬蓝 K-萘酚绿 B 混合指示剂(5.57)，用 EDTA 标准滴定溶液(5.48)滴定，近终点时，应缓慢滴定至纯蓝色。

15.3 结果的计算与表示

氧化镁的质量分数 w_{MgO} 按式(19)计算：

$$w_{MgO}=\frac{T_{MgO}\times (V_{12}-V_{11})\times 10}{m_5\times 1\ 000}\times 100 \qquad\cdots\cdots(19)$$

式中：

w_{MgO}——氧化镁的质量分数，%；

T_{MgO}——每毫升 EDTA 标准滴定溶液相当于氧化镁的毫克数，单位为毫克每毫升(mg/mL)；

V_{11}——滴定氧化钙时消耗 EDTA 标准滴定溶液的体积，单位为毫升(mL)；

V_{12}——滴定钙、镁总量时消耗 EDTA 标准滴定溶液的体积，单位为毫升(mL)；

10——全部试样溶液与所分取试样溶液的体积比；

m_5——第 9 章中试料的质量，单位为克(g)。

16 硫化物硫的测定——碘量法

16.1 方法提要

在还原条件下，试样用盐酸分解，产生的硫化氢收集于氨性硫酸锌溶液中，然后用碘量法测定。

16.2 分析步骤

使用 6.13 中规定的仪器装置。称取约 0.5 g 试样(m_7)，精确至 0.000 1 g，置于 100 mL 的干燥的反应瓶底部，加入 1 g 氯化亚锡(5.19)。按 6.13 中仪器装置图连接各部件。由分液漏斗向反应瓶中加入 15 mL 盐酸(1+1)，迅速关闭活塞。开动空气泵，在保持通气速度为每秒钟 4～5 个气泡的条件下加热反应瓶中的试样，当吸收杯中刚出现氯化氨白色烟雾时(一般在加热后 5 min 左右)，停止加热，再继续通气 5 min。取下吸收杯，关闭空气泵，用水冲洗吸收液内的玻璃管，加 10 mL 明胶溶液(5.22)，用滴定管加入 5.00 mL 碘酸钾标准滴定溶液(5.44)，在搅拌下一次加入 30 mL 硫酸(1+2)，用硫代硫酸钠标准滴定溶液(5.46)滴定至淡黄色，加入 2 mL 淀粉溶液(5.23)，再继续滴定至蓝色消失。

16.3 结果的计算与表示

硫化物硫的质量分数 w_S 按式(20)计算：

$$w_S = \frac{T_S \times (V_{14} - K_1 V_{13})}{m_7 \times 1\,000} \times 100 \quad \cdots\cdots\cdots\cdots (20)$$

式中：

w_S——硫化物的质量分数，%；

T_S——每毫升碘酸钾标准滴定溶液相当于硫的毫克数，单位为毫克每毫升(mg/mL)；

V_{13}——加入碘酸钾标准滴定溶液的体积，单位为毫升(mL)；

V_{14}——滴定时消耗硫代硫酸钠标准滴定溶液的体积，单位为毫升(mL)；

K_1——碘酸钾标准滴定溶液与硫代硫酸钠标准滴定溶液的体积比；

m_7——试料的质量，单位为克(g)。

17 全硫的测定——硫酸钡重量法(基准法)

17.1 方法提要

通过熔融，然后用酸分解，将试样中不同形态的硫全部转变成可溶性硫酸盐，用氯化钡溶液将可溶性硫酸盐沉淀，经过滤灼烧后，以硫酸钡形式称量，测定结果以三氧化硫计。

17.2 分析步骤

称取约 0.20 g±0.01 g 试样(m_8)，精确至 0.000 1 g，置于镍坩埚(6.4)中。加入 4 g 氢氧化钾(5.13)，盖上坩埚盖(留有较大缝隙)，放在小电炉上(500 ℃～600 ℃)熔融 30 min。取下坩埚，放冷。用热水将熔融物浸出于 300 mL 烧杯中，并以数滴盐酸(1+1)和热水洗净坩埚及盖。加入 20 mL 盐酸(1+1)，将溶液加热煮沸，使熔融物完全分解。用快速滤纸过滤，以热水洗涤 7～8 次，滤液及洗液收集于 400 mL 烧杯中。

向溶液中加入 1～2 滴甲基红指示剂溶液(5.52)，滴加氨水(1+1)至溶液变黄，再滴加盐酸(1+1)至溶液呈红色。然后加入 10 mL 盐酸(1+1)，并将溶液体积调整至 200 mL～250 mL。将溶液加热至沸，在搅拌下滴加 15 mL 氯化钡溶液(5.18)，继续煮沸数分钟。然后移至温热处静置 4 h 以上，或静置 12 h～24 h。

用慢速定量滤纸过滤，并以温水洗涤至氯根反应消失为止，用硝酸银溶液(5.15)检验。将沉淀及滤纸一并移入已灼烧恒量的瓷坩埚中，灰化后在800 ℃～950 ℃的高温炉内灼烧30 min。取出坩埚，置于干燥器中冷却至室温，称量。如此反复灼烧，直至恒量。

17.3 结果的计算与表示

全硫(以三氧化硫表示)的质量分数($w_{SO_3全}$)按式(21)计算：

$$(w_{SO_3全}) = \frac{m_9 \times 0.343}{m_8} \times 100 \quad \cdots\cdots(21)$$

式中：

$w_{SO_3全}$——全硫(以三氧化硫表示)的质量分数，%；

m_9——灼烧后沉淀的质量，单位为克(g)；

0.343——硫酸钡对三氧化硫的换算系数；

m_8——试料质量，单位为克(g)。

18 全硫的测定——碘量法(代用法)

18.1 方法提要

试样用磷酸溶解，借助强还原剂氯化亚锡将试样中的硫酸盐还原成硫化物后，用碘量法进行测定，测得结果为全硫量。

18.2 分析步骤

称取约0.2 g试样(m_{10})，精确至0.000 1 g，放入洗净烘干的反应瓶中。于带有刻度的500 mL吸收杯中，加入300 mL水及20 mL氨性硫酸锌溶液(5.21)。向反应瓶中加入20 mL氯化亚锡-磷酸溶液(5.20)(反应瓶内的进气管须高出液面)。按仪器装置示意图(6.13)，联接空气泵、洗气瓶、反应瓶及吸收杯(600 W电炉与调压变压器及240 V交流电压表相联接)。开动空气泵，使通气速度保持每秒4～5个气泡。打开电炉，用调压变压器调整输出电压至200 V加热10 min，再调至160 V加热10 min。然后于继续通气的情况下将电炉关闭(旋转调压变压器的指针至零)。卸下吸收杯一端的导气管，并用水冲洗(以吸收杯承接)。取下反应瓶，放在耐火板或石棉网上。关闭空气泵。向吸收杯中加入10 mL明胶溶液(5.22)。由滴定管向吸收杯中加入15 mL～20 mL碘酸钾标准滴定溶液(5.44)，一般应过量2 mL～3 mL。在搅拌下向吸收杯中一次快速加入30 mL硫酸(1+2)。用硫代硫酸钠标准滴定溶液(5.46)滴定至淡黄色，然后加入2 mL淀粉溶液(5.23)，继续滴定至蓝色消失。同时进行空白试验。

18.3 结果的计算与表示

试样中全硫(以三氧化硫计)的质量分数$w_{SO_3全}$按式(22)计算：

$$w_{SO_3全} = \frac{T_{SO_3} \times (V_{16} - K_1 V_{17})}{m_{10} \times 1\,000} \times 100 \quad \cdots\cdots(22)$$

式中：

$w_{SO_3全}$——全硫(以三氧化硫计)的质量分数，%；

T_{SO_3}——每毫升碘酸钾标准滴定溶液相当于三氧化硫的毫克数，单位为毫克每毫升(mg/mL)；

V_{16}——加入碘酸钾标准滴定溶液的体积，单位为毫升(mL)；

V_{17}——滴定时消耗硫代硫酸钠标准滴定溶液的体积，单位为毫升(mL)；

K_1——碘酸钾标准滴定溶液与硫代硫酸钠标准滴定溶液的体积比；

m_{10}——试料的质量，单位为克(g)。

19 全硫的测定——库仑滴定法(代用法)

19.1 方法提要

试样在催化剂的作用下，于空气流中燃烧分解，试样中硫生成二氧化硫并被碘化钾溶液吸收，以电解碘化钾溶液所产生的碘进行滴定。

19.2 分析步骤

使用库仑积分测硫仪(6.12),将管式高温炉升温并保证高温炉内异径管温度控制在 1 150 ℃～1 200 ℃。

开动供气泵和抽气泵并将抽气流量调节到约 1 000 mL/min。在抽气下,将约 300 mL 电解液(5.59)加入电解池内,开动磁力搅拌器。

调节电位平衡:在瓷舟中放入少量含一定硫的试样,并盖一薄层五氧化二钒(5.41),将瓷舟置于一稍大的石英舟上,送进炉内,库仑滴定随即开始。如果试验结束后库仑积分器的显示值为零,应再次调节直至显示值不为零为止。

称取约 0.05 g 试样(m_{11}),精确至 0.000 1 g,铺于瓷舟中,在试料上覆盖一薄层五氧化二钒(5.41),将瓷舟置于石英舟上,送进炉内,库仑滴定随即开始,试验结束后,库仑积分器显示出的结果通过标准样品进行校正后,得到三氧化硫(或全硫量)的毫克数(m_{12})。

19.3 结果的计算与表示

全硫(以三氧化硫计)的质量分数 w_{SO_3} 按式(23)计算:

$$w_{SO_3} = \frac{m_{12}}{m_{11} \times 1\,000} \times 100 = \frac{m_{12} \times 0.1}{m_{11}} \qquad \cdots\cdots(23)$$

式中:

w_{SO_3}——全硫(以三氧化硫计)的质量分数,%;

m_{12}——库仑积分器上三氧化硫的显示值,单位为毫克(mg);

m_{11}——试料的质量,单位为克(g)。

20 硫酸盐硫的测定——差减法

20.1 方法提要

按照第 16 章和第 17 章或第 18、19 章方法得到硫化物硫质量分数值或全硫量的质量分数值,通过差减,得到硫酸盐硫(以三氧化硫计)的质量百分数值。

20.2 分析步骤

同第 16.2 条和第 17.2 条或第 18.2、19.2 条内容。

20.3 结果的计算与表示

硫酸盐硫(以三氧化硫表示)的质量分数 w_{SO_3} 按式(24)计算:

$$w_{SO_3} = w_{SO_3全} - w_S \times 2.5 \qquad \cdots\cdots(24)$$

式中:

$w_{SO_3全}$——第 17 章或第 18、19 章中 $w_{SO_3全}$ 数值,%;

w_S——第 16 章中 w_S 数值,%;

2.5——三氧化硫对硫的换算系数。

21 氧化钾和氧化钠的测定——火焰光度法

21.1 方法提要

明矾石膨胀水泥经氢氟酸-硫酸蒸发处理除去硅,用热水浸取残渣,以氨水和碳酸铵分离铁、铝、钙、镁。滤液中的钾、钠用火焰光度计(6.10)进行测定。

21.2 分析步骤

称取约 0.2 g 试样(m_{13}),精确至 0.000 1 g,置于铂皿中,用少量水润湿,加 5 mL～7 mL 氢氟酸及 15～20 滴硫酸(1+1),置于低温电热板上蒸发。近干时摇动铂皿,以防溅失,待氢氟酸驱尽后逐渐升高温度,继续将三氧化硫白烟赶尽。取下放冷,加入 50 mL 热水,压碎残渣使其溶解,加 1 滴甲基红指示剂溶液(5.52),用氨水(1+1)中和至黄色,加入 10 mL 碳酸铵溶液(5.26),搅拌,置于电热板上加热 20 min～30 min。用快速滤纸过滤,以热水洗涤,滤液及洗液盛于 100 mL 容量瓶中,冷却至室温。用盐酸(1+1)中和至溶液呈微红色,用水稀释至标线,摇匀。在火焰光度计(6.10)上,按仪器使用规程进行测定。在工作曲线(5.43.2)上分别查出氧化钾和氧化钠的含量(m_{14})和(m_{15})。

21.3 结果的计算与表示

氧化钾和氧化钠的质量百分数 w_{K_2O} 和 w_{Na_2O} 按式(25)和式(26)计算:

$$w_{K_2O} = \frac{m_{14}}{m_{13} \times 1\,000} \times 100 \qquad \cdots\cdots(25)$$

$$w_{Na_2O} = \frac{m_{15}}{m_{13} \times 1\,000} \times 100 \qquad \cdots\cdots(26)$$

式中:

w_{K_2O}——氧化钾的质量百分数,%;

w_{Na_2O}——氧化钠的质量百分数,%;

m_{14}——100 mL 测定溶液中氧化钾的含量,单位为毫克(mg);

m_{15}——100 mL 测定溶液中氧化钠的含量,单位为毫克(mg);

m_{13}——试料的质量,单位为克(g)。

22 氟的测定——离子选择电极法

22.1 方法提要

在 pH 6.0 总离子强度配位缓冲液的存在下,以氟离子选择性电极作指示电极,饱和氯化钾甘汞电极作参比电极,用离子计或酸度计测量含氟溶液的电极电位。

22.2 分析步骤

称取约 0.2 g 试样(m_{16}),精确至 0.000 1 g,置于 100 mL 的干烧杯中,加入 10 mL 水使其分散,加入 5 mL 盐酸(1+1),加热至微沸并保持 1 min～2 min。用快速滤纸过滤,用温水洗涤 5～6 次,冷却,加入 2～3 滴溴酚蓝指示剂溶液(5.54)。用盐酸(1+1)和氢氧化钠溶液(5.31)调整溶液的酸度,使溶液的颜色刚由蓝色变为黄色,移入 100 mL 容量瓶中,用水稀释至标线,摇匀。

吸取 10.00 mL 溶液,放入置有一根搅拌子的 50 mL 烧杯中,加 10.00 mL pH6.0 的离子强度配位缓冲液(5.32),将烧杯置于电磁搅拌器(6.8)上,在溶液中插入氟离子选择性电极和饱和氯化钾甘汞电极,打开磁力搅拌器搅拌 2 min,停止搅拌 30 s,用离子计或酸度计测量溶液的平衡电位,由工作曲线(5.51.2)上查出氟的浓度。

22.3 结果的计算与表示

氟的质量分数 w_F 按式(27)计算:

$$w_F = \frac{c_7 \times 100}{m_{16} \times 1\,000} \times 100 \qquad \cdots\cdots(27)$$

式中:

w_F——氟的质量百分数,%;

c_7——测定溶液中氟的浓度,单位为毫克每毫升(mg/mL);

100——测定溶液稀释的总体积,单位为毫升(mL);

m_{16}——试料的质量,单位为克(g)。

23 重复性限和再现性限

本标准所列重复性限和再现性限为绝对偏差,以质量分数(%)表示。

在重复性条件下(3.1),采用本标准所列方法分析同一试样时,两次分析结果之差应在所列的重复性限(表 1)内。如超出重复性限,应在短时间内进行第三次测定,测定结果与前两次或任一次分析结果之差值符合重复性限的规定时,则取其平均值,否则,应查找原因,重新按上述规定进行分析。

在再现性条件下(3.2),采用本标准所列方法对同一试样各自进行分析时,所得分析结果的平均值之差应在所列的再现性限(表 1)内。

化学分析方法测定结果的重复性限和再现性限见表 1。

表 1　化学分析方法测定结果的重复性限和再现性限

成　分	测定方法	重复性限/%	再现性限/%
烧失量	灼烧差减法	0.15	/
二氧化硅	氟硅酸钾容量法	0.20	0.30
三氧化二铁	EDTA 直接滴定法	0.15	0.20
三氧化二铝	EDTA 直接滴定法	0.20	0.30
二氧化钛	二安替比林甲烷比色法	0.05	0.10
氧化钙	EDTA 滴定法	0.25	0.40
氧化镁	EDTA 滴定差减法	0.20	0.30
硫化物硫	碘量法	0.10	0.20
全硫(以三氧化硫表示)(基准法)	硫酸钡重量法	0.15	0.20
全硫(以三氧化硫表示)(代用法)	碘量法	0.15	0.20
全硫(以三氧化硫表示)(代用法)	库仑滴定法	0.15	0.20
硫酸盐硫(以三氧化硫表示)	碘量法	0.15	0.20
氧化钾	火焰光度法	0.10	0.15
氧化钠	火焰光度法	0.05	0.10
氟离子	离子选择电极法	0.10	0.15

ICS 91.100.10
Q 11
备案号：27685—2010

中华人民共和国建材行业标准

JC/T 313—2009
代替 JC/T 313—1982(1996)

膨胀水泥膨胀率试验方法

Test method for determining expansive ratio of expansive cement

2009-12-04 发布　　2010-06-01 实施

中华人民共和国工业和信息化部　发布

前　言

本标准自实施之日起代替 JC/T 313—1982(1996)《膨胀水泥膨胀率试验方法》标准。

本标准与 JC/T 313—1982(1996)《膨胀水泥膨胀率试验方法》相比，主要修改点如下：

——搅拌设备采用行星式胶砂搅拌机(1982 版第 1.1 条，本版第 5.1 条)；

——试验样品称样量由 1 000 g 改为 1 200 g(1982 版第 4.3 条，本版第 7.3.2 条)；

——规范了试验条件(1982 版第 3 章，本版第 6 章)；

——规范了试体养护条件及换水方式(1982 版第 5.4 条，本版第 7.5.6 条)；

——规范了试验结果的处理方式(1982 版第 6.5 条，本版第 7.7.2 条)；

——增加了仲裁试验用水为蒸馏水(1982 版第 2.2 条，本版第 4.2 条)；

——删除了表 1、表 2、表 3、附录 A。

本标准由中国建筑材料联合会提出。

本标准由全国水泥标准化技术委员会(SAC/TC 184)归口。

本标准负责起草单位：中国建筑材料科学研究总院、中国建筑材料检验认证中心。

本标准主要起草人：王旭方、刘胜、倪竹君、王雅明、张晓明、宋来深。

本标准所代替标准的历次版本发布情况为：

——JC/T 313—1982、JC/T 313—1982(1996)。

膨胀水泥膨胀率试验方法

1 范围

本标准规定了膨胀水泥膨胀率试验方法的原理、材料、仪器设备、试验条件、试验步骤、结果的计算及处理。

本标准适用于具有膨胀性能的水泥和指定采用本方法的水泥。

2 规范性引用文件

下列文件中的条款通过本标准的引用而成为本标准的条款。凡是注日期的引用文件，其随后所有的修改单(不包括勘误的内容)或修订版均不适用于本标准，然而，鼓励根据本标准达成协议的各方研究是否可使用这些文件的最新版本。凡是不注日期的引用文件，其最新版本适用于本标准。

GB/T 1346 水泥标准稠度用水量、凝结时间、安定性检验方法(GB/T 1346—2001 eqv ISO 9597：1989)

JC/T 681 行星式水泥胶砂搅拌机

GB/T 6682 分析实验室用水规格和试验方法

3 原理

本方法是将一定长度的水泥净浆试体，在规定条件下的水中养护，通过测量规定的龄期试体长度变化率来确定水泥浆体的膨胀性能。

4 材料

4.1 水泥试样应通过 0.9 mm 的方孔筛，并充分混合均匀。

4.2 拌合用水应是洁净的饮用水。有争议时采用 GB/T 6682 要求的Ⅲ级以上水。

5 仪器设备

5.1 行星式胶砂搅拌机

符合 JC/T 681 的技术要求。

5.2 天平

最大量程不小于 2 000 g，分度值不大于 1 g。

5.3 比长仪

由百分表、支架及校正杆组成，百分表分度值为 0.01 mm，最大基长不小于 300 mm，量程为 10 mm。

5.4 试模

5.4.1 试模为三联模，由相互垂直的隔板、端板、底座以及定位螺丝组成，结构如图 1 所示。各组件可以拆卸，组装后每联内壁尺寸为长 280 mm、宽 25 mm、高 25 mm，使用中试模允许误差长 280 mm±3 mm、宽 25 mm±0.3 mm、高 25 mm±0.3 mm。端板有三个安置测量钉头的小孔，其位置应保证成型后试体的测量钉头在试体的轴线上。

5.4.2 隔板和端板采用布氏硬度不小于 HB 150 的钢材制成，工作面表面粗糙度 Ra 不大于 1.6。

5.4.3 底座用 HT 100 灰口铸铁加工，底座上表面粗糙度 Ra 不大于 1.6，底座非加工面涂漆无流痕。

5.5　测量用钉头

用不锈钢或铜制成，规格如图2所示。成型试体时测量钉头深入试模端板的深度为(10±1)mm。

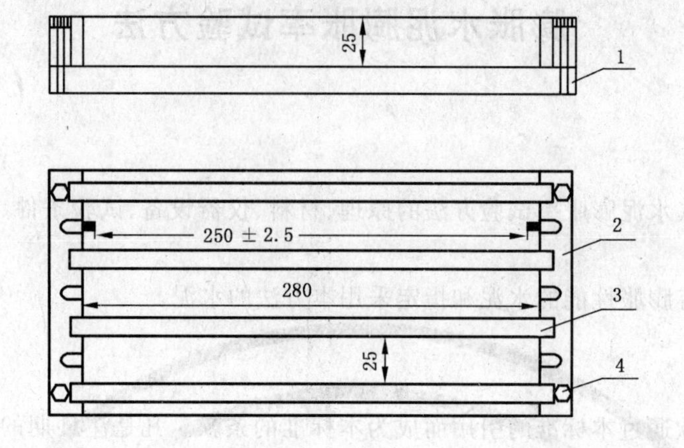

1——底座；

2——端板；

3——隔板；

4——M8六角螺栓。

图1　三联试模

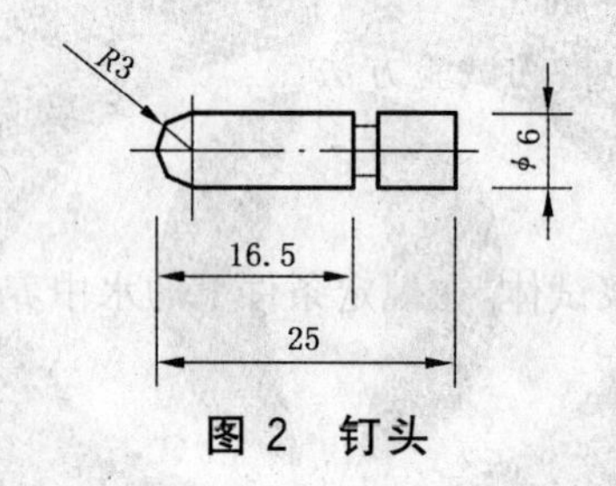

图2　钉头

6　试验条件

6.1　成型试验室温度应保持在20 ℃±2 ℃，相对湿度不低于50%。

6.2　湿气养护箱温度应保持在20 ℃±1 ℃，相对湿度不低于90%。

6.3　试体养护池水温应在20 ℃±1 ℃范围内。

6.4　试验室、养护箱温度和相对湿度及养护池水温在工作期间每天至少记录一次。

7　试件组成

7.1　水泥试样量

水泥膨胀率试验需成型一组三条25 mm×25 mm×280 mm试体。成型时需称取水泥试样1 200 g。

7.2　成型用水量

按GB/T 1346的规定测定水泥样品的水泥净浆标准稠度用水量，成型按标准稠度用水量加水。

8　试体成型

8.1　将试模擦净并装配好，内壁均匀地刷一层薄机油。然后将钉头插入试模端板上的小孔中，钉头插入深度为10 mm±1 mm，松紧适宜。

8.2　用量筒量取拌合用水量，并用天平称取水泥1 200 g。

8.3　用湿布将搅拌锅和搅拌叶擦拭，然后将拌合用水全部倒入搅拌锅中，再加入水泥，装上搅拌锅，开动搅拌机，按JC/T 681的自动程序进行搅拌(即慢拌60 s，快拌30 s，停90 s，再快拌60 s。)，用餐刀刮下粘在叶片上的水泥浆，取下搅拌锅。

8.4 将搅拌好的水泥浆均匀地装入试模内，先用餐刀插划试模内的水泥浆，使其填满试模的边角空间，再用餐刀以45°角由试模的一端向另一端压实水泥浆约10次，然后再向反方向返回压实水泥浆约10次，用餐刀在钉头两侧插实3次～5次，这一操作反复进行2遍，每一条试体都重复以上操作。再将水泥浆铺平。

8.5 一只手顶住试模的一端，用提手将试模另一端向上提起30 mm～50 mm，使其自由落下，振动10次，用同样操作将试模另一端振动10次。用餐刀将试体刮平并编号。从加水时起10 min内完成成型工作。

8.6 将成型好的试体连同试模水平放入湿气养护箱中进行养护。

9 试体脱模、养护和测量

9.1 试体自加水时间算起，养护24 h±2 h脱模。对于凝结硬化较慢的水泥，可以适当延长养护时间，以脱模时试体完整无缺为限，延长的时间应记录。有特殊要求的水泥脱模时间、试体养护条件及龄期由双方协商确定。

9.2 将脱模后的试体两端的钉头擦干净，并立即放入比长仪上测量试体的初始长度值L_1。比长仪使用前应在试验室中放置24 h以上，并用校正杆进行校准，确认零点无误后才能用于试体测量。测量结束后，应再用校正杆重新检查零点，如零点变动超过±0.01 mm，则整批试体应重新测定。

提示:零点是一个基准数，不一定是零。

9.3 试体初始长度值测量完毕后，立即放入水中进行养护。

9.4 试体水平放置刮平面朝上，放在不易腐烂的篦子上，并试体彼此间应保持一定间距，以让水与试体的六个面接触。养护期间试体之间间隔或试体上表面的水深不得小于5 mm。试体每次测量后立即放入水中继续养护至全部龄期结束。

每个养护池只养护同类型的水泥试体。最初用自来水装满养护池(或容器)，随后随时加水保持适当的恒定水位，不允许在养护期间全部换水。

9.5 试体的养护龄期按产品标准规定的要求进行。试体的养护龄期计算是从测量试体的初始长度值时算起。

9.6 在水中养护至相应龄期后，测量试体某龄期的长度值L_x，试体在比长仪中的上下位置应与初始测量时的位置一致。

9.7 测量读数时应旋转试体，使试体钉头和比长仪正确接触，指针摆动不得大于±0.02 mm，表针摆动时，取摆动范围内的平均值。读数应记录至0.001 mm。一组试体从脱模完成到测量初始长度应在10 min内完成。

9.8 任何到龄期的试体应在测量前15 min内从水中取出。揩去试体表面沉积物，并用湿布覆盖至测量试验为止。测量不同龄期试体长度值在下列时间范围内进行：

——1 d±15 min

——2 d±30 min

——3 d±45 min

——7 d±2 h

——14 d±4 h

——≥28 d±8 h

10 结果的计算及处理

10.1 水泥试体膨胀率的计算

水泥试体某龄期的膨胀率 E_x(%)按式(1)计算，计算至0.001%：

$$E_x=\frac{L_x-L_1}{250}\times 100 \qquad \cdots\cdots(1)$$

式中：

E_x——试体某龄期的膨胀率，单位为百分数(%)；

L_x——试体某龄期长度读数，单位为毫米(mm)；

L_1——试体初始长度读数，单位为毫米(mm)；

250——试体的有效长度250 mm。

10.2 结果处理

以三条试体膨胀率的平均值作为试样膨胀率的结果，如三条试体膨胀率最大极差大于0.010%时，取相接近的两条试体膨胀率的平均值作为试样的膨胀率结果。

备案号：14578—2004

中华人民共和国建材行业标准

JC/T 421—2004
代替 JC/T 421—1991(1996)

水泥胶砂耐磨性试验方法

Method of wear abrasion for harden mortar

2004-10-20 发布　　2005-04-01 实施

中华人民共和国国家发展和改革委员会　发布

前　言

本标准自实施日起代替 JC/T 421—1991《水泥胶砂耐磨性试验方法》。

本标准与 JC/T 421—1991 相比，主要变化如下：

——搅拌机采用 JC/T 681—1997 行星式水泥胶砂搅拌机(1991 年版的 4.5，本版的 4.5)；

——振动台采用 GB/T 17671—1999《水泥胶砂强度检验方法(ISO 法)》中代用振动台(1991 年版的 4.6，本版的 4.6)；

——试验用砂采用符合 GB/T17671—1999 规定的粒度范围在 0.5 mm～1.0 mm 的标准砂(1991 年版的 5.2，本版的 5.2)；

——胶砂振实后立即刮平(1991 年版的 6.6，本版的 8.3)；

——在 300 N 负荷下预磨、再磨(1991 年版的 7.1，本版的 9.2)。

本标准附录 A 为规范性附录。

本标准由中国建筑材料工业协会提出。

本标准由全国水泥标准化技术委员会(SAC/TC 184)归口。

本标准负责起草单位：中国建筑材料科学研究院。

本标准主要起草人：颜碧兰、江丽珍、宋立春、王旭芳、张大同、陈萍、席劲松。

本标准所代替的历次版本情况为 JC/T 421—1991，本次为第一次修订。

水泥胶砂耐磨性试验方法

1 范围

本标准规定了水泥胶砂耐磨性试验方法的原理、仪器设备、材料、试验室温度和湿度、胶砂组成、试体成型及养护、试体养护和磨损试验、结果计算及处理。

本标准适用于道路硅酸盐水泥及指定采用本标准的其他水泥。

2 规范性引用文件

下列文件中的条款通过本标准的引用而成为本标准的条款。凡是注日期的引用文件，其随后所有的修改单(不包括勘误的内容)或修订版均不适用于本标准，然而，鼓励根据本标准达成协议的各方研究是否可使用这些文件的最新版本。凡是不注日期的引用文件，其最新版本适用于本标准。

GB/T 17671—1999 水泥胶砂强度检验方法(ISO 法)(idt ISO 679:1989)

JC/T 681 行星式水泥胶砂搅拌机

3 原理

本方法以水泥、标准砂和水按规定组成制成的胶砂试体养护至规定龄期，按规定的磨损方式磨削，以试体磨损面上单位面积的磨损量来评定水泥的耐磨性。

4 仪器设备

4.1 水泥胶砂耐磨试验机

水泥胶砂耐磨试验机性能应符合附录 A(规范性附录)的要求。

4.2 试模

水泥胶砂耐磨性试验用试模由侧板、端板、底座、紧固装置及定位销组成，如图 1 所示。

各组件可以拆卸组装。试模模腔有效容积为 150 mm×150 mm× 30 mm。侧板与端板由 45 号钢制成，表面粗糙度 Ra 不大于 6.3，组装后模框上下面的平行度不大于 0.02 mm，模框应有成组标记。底座用 HT2—40 灰口铸铁加工，底座上表面粗糙度 Ra 不大于 6.3，平面度不大于 0.03 mm，底座非加工面经涂漆无流痕。侧板、端板与底座紧固后，最大翘起量应不大于 0.05 mm，其模腔对角线长度差不大于 0.1 mm。紧固装置应灵活，放松紧固装置时侧板应方便地从端板中取出或装入。试模总重:6 kg～6.5 kg。

单位为毫米

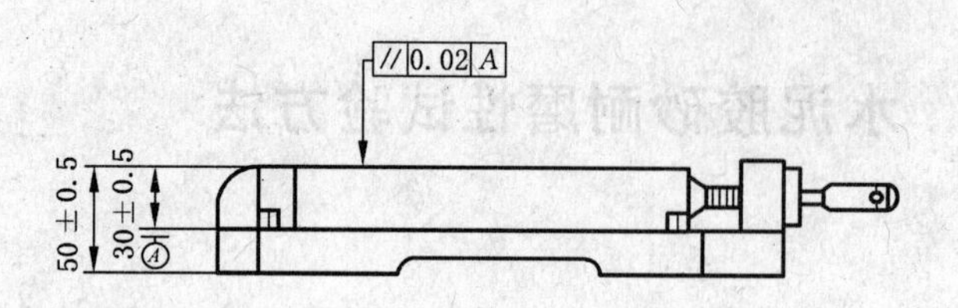

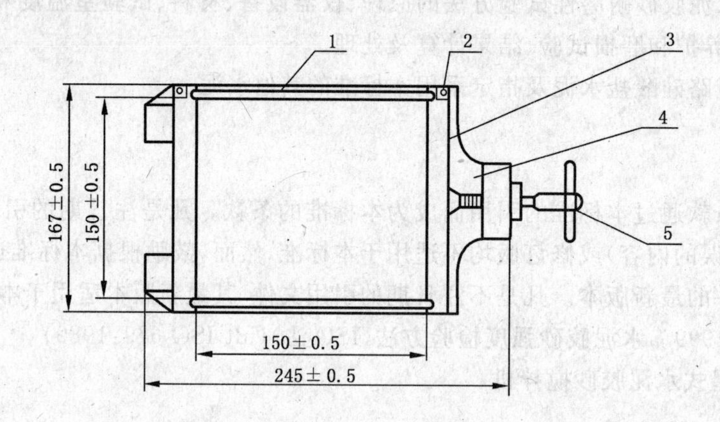

1——侧板；

2——定位销；

3——端板；

4——底座；

5——紧固装置。

图1 试模

4.3 模套

模套由普通钢制成。结构与尺寸如图2所示。

单位为毫米

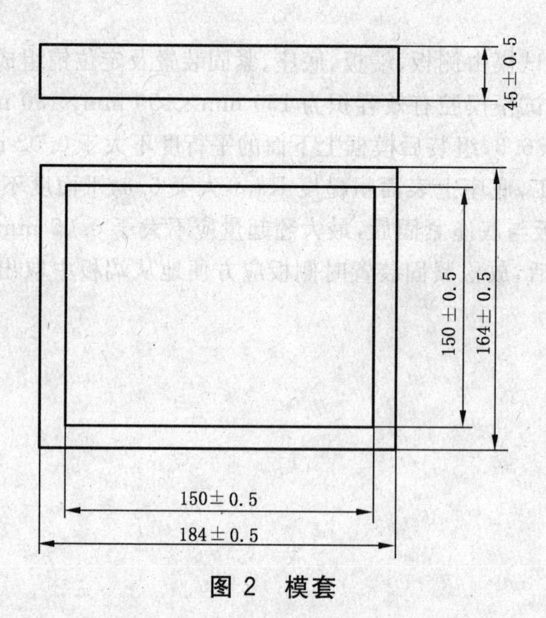

图2 模套

4.4 电热干燥箱

电热干燥箱，带有鼓风装置；控制温度60 ℃±5 ℃。

4.5 搅拌机

符合JC/T 681。

4.6 **振动台**

符合 GB/T 17671 中 11.7 条代用振动台的要求。

4.7 **天平**

天平称量不小于 2 000 g，最小分度值不大于 1 g。

5 材料

5.1 水泥试样应充分混合均匀。

5.2 试验用砂采用符合 GB/T 17671 规定的粒度范围在 0.5 mm～1.0 mm 的标准砂。

5.3 试验用水应是洁净的饮用水。有争议时采用蒸馏水。

6 试验室温度和湿度

试验室及养护条件应符合 GB/T 17671 有关规定，试验设备和材料温度应与试验室温度一致。

7 胶砂组成

7.1 **灰砂比**

水泥胶砂耐磨性试验应成型三块试体，灰砂比为 1：2.5。每成型一块试体宜称取水泥 400 g，试验用标准砂 1 000 g。

7.2 **胶砂用水量**

按水灰比 0.44 计算，每成型一块试体加水量为 176 mL。

8 试体成型及养护

8.1 成型前将试模擦净，模板与底座的接触面应涂黄干油，紧密装配，防止漏浆，内壁均匀刷上一薄层机油。

8.2 将称量好的试验材料按 GB/T 17671 中 6.3 条的程序进行搅拌。

8.3 在胶砂搅拌的同时，将试模及模套卡紧在振动台的台面中心位置，并将搅拌好的胶砂全部均匀地装入试模内，开动振动台，约 10 s 时，开始用小刀插划胶砂，横划 14 次，竖划 14 次，另外在试体四角分别用小刀插 10 次，整个插划工作在 60 s 内完成。插划胶砂方法如图 3 所示。振实 120 s±5 s 后自动停车。振毕，取下试模，去掉模套，刮平、编号，放入养护箱中养护至 24 h±0.25 h(从加水开始算起)，取出脱模。脱模时应防止试体的损伤。

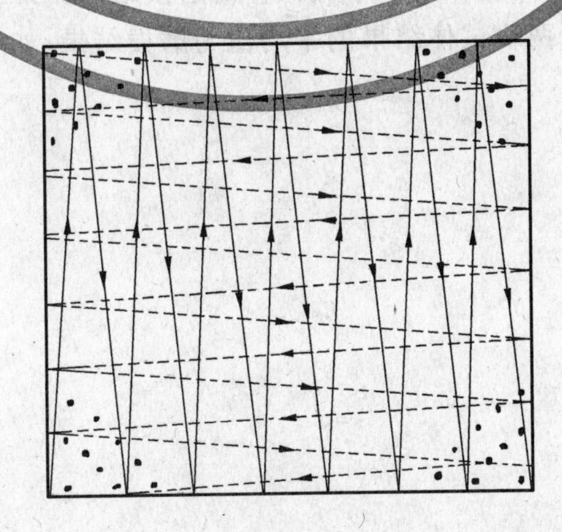

图 3 试件成型时小刀插划方法示意图

9 试体养护和磨损试验

9.1 试体养护

脱模后，将试体竖直放入水中养护，彼此间应留有间隙，水面至少高出试件 20 mm，试体在水中养护到 27 天龄期（从加水开始算起为 28 天）取出。试体从水中取出后，擦干立放，在空气中自然干燥 24 h，在 60 ℃±5 ℃的温度下烘干 4 h，然后自然冷却至试验室温度。

9.2 磨损试验

首先安装新的花轮片前应称取其质量，磨损试验后卸下花轮片称取质量，当花轮片质量损失达到 0.5 g 时应予淘汰，更换新的花轮片。取经干燥处理后的试体，将刮平面朝下，放至耐磨试验机的水平转盘上，作好定位标记，并用夹具轻轻固紧。接着在 300 N 负荷下预磨 30 转（可视试体的强度及表面的平整度增加转数），取下试体扫净粉粒称量，作为试体预磨后的质量 g_1（精确至 0.001 kg），然后再将试体放回到水平转盘原来位置上放平、固紧（注意试体与转盘之间不应有残留颗粒以免影响试体与磨头的接触），再磨 40 转，取下试体扫净粉粒称量，作为试体磨损后的质量 g_2（精确至 0.001 kg）。整个磨损过程应将吸尘器对准试体磨损面，使磨下的粉尘及时从磨损面吸走。花轮磨头与水平转盘作相反方向转动，磨头沿着试体表面环形轨迹磨削，使试体表面产生一个内径约为 30 mm，外径约为 130 mm 的环形磨损面。

10 结果计算及处理

10.1 结果计算

每一试体上单位面积的磨损量按式(1)计算，计算至 0.001 kg/m²：

$$G=\frac{g_1-g_2}{0.0125} \qquad (1)$$

式中：

G——单位面积上的磨损量，单位为千克每平方米（kg/m²）；

g_1——试体预磨后的质量，单位为千克（kg）；

g_2——试体磨损后的质量，单位为千克（kg）；

0.012 5——磨损面积，单位为平方米（m²）。

10.2 结果处理

以三块试体所得磨损量的平均值作为该水泥试样的磨损结果。其中磨损量超过平均值 15%时应予以剔除，剔除一块后，取余下两块试体结果的平均值为磨损结果；如有两块试体磨损量超过平均值 15%时，则本组试验作废。

附 录 A
（规范性附录）
水泥胶砂耐磨性试验机

本附录规定了水泥胶砂耐磨性试验机的结构和技术要求。

A.1 结构

水泥胶砂耐磨性试验机由直立主轴和水平转盘及传动机构、控制系统组成。主轴和转盘不在同一轴线上，同时按相反方向转动，主轴下端配有磨头连接装置，可以装卸磨头。

A.2 技术要求

A.2.1 主轴与水平转盘垂直度：测量长度 80 mm 时偏离度不大于 0.04 mm。水平转盘转速 17.55 r/min±0.5 r/min，主轴与转盘转速比为 35∶1。主轴与转盘的中心距为 40 mm±0.2 mm。负荷分为 200 N；300 N；400 N 三档，负荷误差不大于±1%。主轴升降行程不小于 80 mm，磨头最低点距水平转盘工作面不大于 25 mm。水平转盘上配有能夹紧试件的卡具，卡头单向行程为 150^{+4}_{-2} mm。卡夹宽度不小于 50 mm。夹紧试件后应保证试件不上浮或翘起。

A.2.2 花轮磨头由三组花轮组成，按星形排列成等分三角形。花轮与轴心最小距离为 16 mm，最大距离为 25 mm，如图 A.1 所示（图中长度、直径的公差都为±0.5 mm）。每组花轮由两片花轮片装配而成，其间距为 2.6 mm～2.8 mm。花轮片直径为 $\phi25^{+0.02}_{0}$ mm，厚度为 $3^{+0.02}_{0}$ mm，边缘上均匀分布 12 个矩形齿，齿宽为 3.3 mm，齿高为 3 mm，由不小于 HRC60 硬质钢制成。

单位为毫米

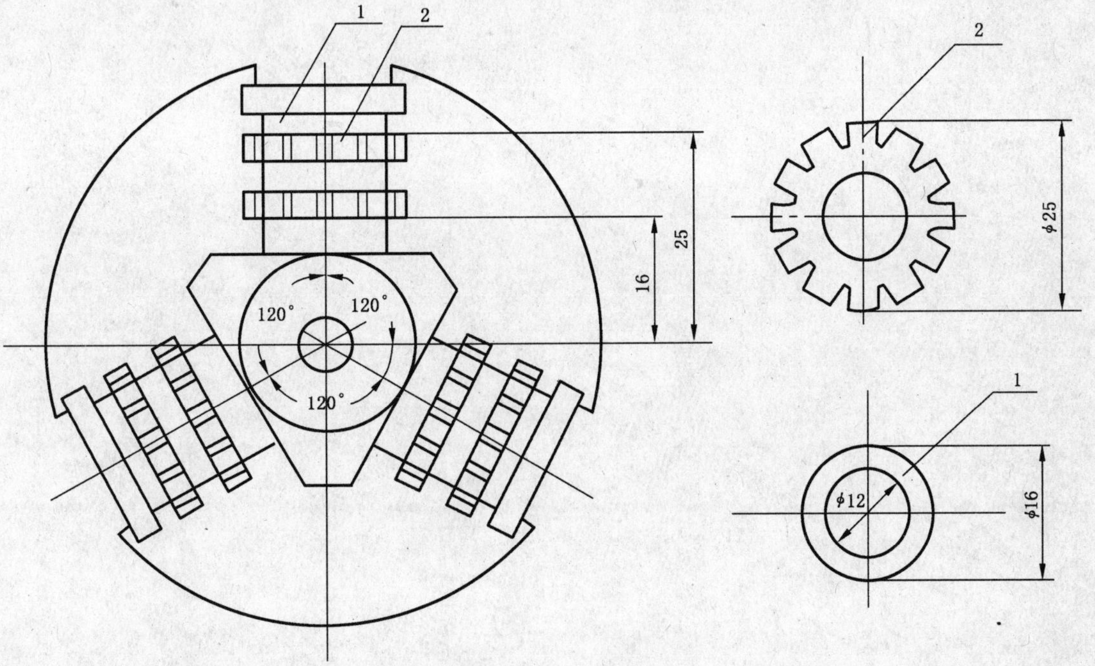

图 A.1 花轮磨头

A.2.3 机器上装有必要的电器控制器，具有 0～999 转盘数字自动控制显示装置，其转数误差小于 1/4 转，并装有电源电压监视表及停车报警装置，电器绝缘性能良好，噪音小于 90 dB。

A.2.4 吸尘装置：随时将磨下的粉尘吸走。

备案号：14579—2004

中华人民共和国建材行业标准

JC/T 453—2004
代替 JC/T 453—1992(1996)

自应力水泥物理检验方法

Method of physical test for self-stressing cement

2004-10-20 发布　　2005-04-01 实施

中华人民共和国国家发展和改革委员会　发布

前　言

本标准是对JC/T 453—92(1996)《自应力水泥物理检验方法》的修订。

本标准自实施之日起，代替JC/T 453—92(1996)。

本标准与JC/T 453—92(1996)相比主要修改有：

——自应力、自由膨胀率和强度试件测定用的标准砂改用ISO标准砂，成型方法按GB/T 17671—1999《水泥胶砂强度检验方法(ISO法)》进行，并重新确定了胶砂加水系数 K 值和脱模强度指标(92版的6.5，本版的6.5)；

——强度的测定以GB/T 17671—1999代替GB/T 177—1985《水泥胶砂强度检验方法》(92版的6.9，本板的6.8)；

——自由膨胀率测定用钉头改为台阶形(92版的6.1.5，本版的6.1.5)；

——将JC 715—1996《自应力硫铝酸盐水泥》和JC 437—1996《自应力铁铝酸盐水泥》中的28天自应力增进率测定方法附录归入本标准并作了修订(本版第7章)；

——原方法标准中的附录A纳入本方法标准正文(92版附录A，本版的6.4.2)。

本标准由中国建筑材料工业协会提出。

本标准由全国水泥标准化技术委员会(SAC/TC 184)归口。

本标准负责起草单位：中国建筑材料科学研究院。

本标准主要起草人：张秋英、张大同、郭俊萍、刁江京、王旭方。

本标准首次发布于1992年。本次为第一次修订。

自应力水泥物理检验方法

1 范围

本标准规定了自应力水泥物理检验方法的术语和定义、比表面积、细度、凝结时间、自由膨胀率、限制膨胀率、强度等检验方法以及28天自应力增进率的测定。

本标准适用于自应力硅酸盐水泥、自应力硫铝酸盐水泥、自应力铁铝酸盐水泥、自应力铝酸盐水泥及其他指定采用本标准的水泥物理性能检测。

2 规范性引用文件

下列文件中的条款通过本标准的引用而成为本标准的条款。凡是注日期的引用文件，其随后所有的修改单(不包括勘误的内容)或修订版均不适用于本标准，然而，鼓励根据本标准达成协议的各方研究是否可使用这些文件的最新版本。凡是不注日期的引用文件，其最新版本适用于本标准。

GB/T 208 水泥密度测定方法

GB/T 1345 水泥细度检验方法(80 μm 筛筛析法)

GB/T 1346 水泥标准稠度用水量、凝结时间、安定性检验方法(GB/T 1346—2002，eqv ISO 9597：1989)

GB 4357 碳素弹簧钢丝

GB/T 8074 水泥比表面积测定方法(勃氏法)

GB/T 17671—1999 水泥胶砂强度检验方法(ISO法)(idt ISO 679：1989)

JC/T 726—1996 水泥胶砂试模

3 术语和定义

下列术语和定义适用于本标准。

3.1

自由膨胀 free expansion

在无约束状态下，水泥水化硬化过程中的体积膨胀。

3.2

限制膨胀 restrained expansion

在约束状态下，水泥水化硬化过程中的体积膨胀。

3.3

自应力 self-stress

水泥水化硬化后的体积膨胀能使砂浆或混凝土在受约束条件下产生的应力。

4 水泥比表面积、细度检验方法

比表面积、细度分别按 GB 8074 和 GB 1345 进行检验，但水泥试样不进行烘干处理。

5 凝结时间检验方法

凝结时间按 GB 1346 进行检验。但初凝开始测定时间应不迟于产品标准规定的初凝时间前10 min。

6 自由膨胀率、限制膨胀率、强度检验方法

6.1 仪器设备

6.1.1 蒸汽养护箱

养护箱篦板与加热器之间的距离大于 50 mm，内外箱体之间应加保温材料隔热，箱的内层由不锈蚀的金属材料制成，箱口与箱盖之间用水封槽密封，箱盖内侧应成弓形，温度控制精度±2 ℃，试件放入后温度回升至控制温度所需时间最长应不大于 10 min，试验期间水位要低于篦板，高于加热器，并不需补充水量。

6.1.2 比长仪

比长仪由百分表和支架组成(图 1)，并带有基长标准杆。百分表最小刻度为 0.01 mm，支架底部应装有可调底座，用于调整测量基长。测量自由膨胀时基长为 176 mm，测量限制膨胀时基长为 156 mm，量程不小于 10 mm。在非仲裁检验中，允许使用精度符合上述要求的其它形式的测长仪。

单位为毫米

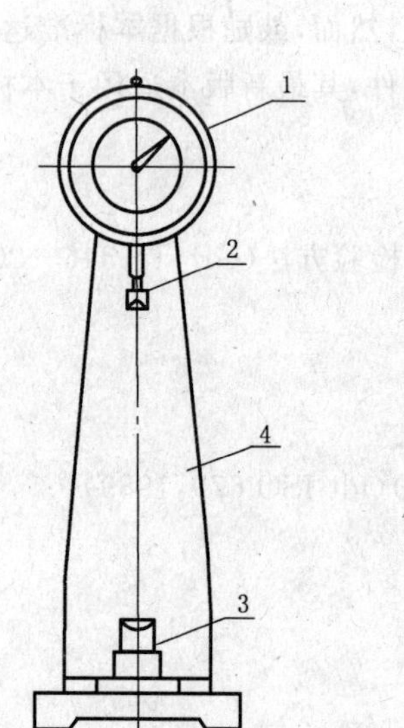

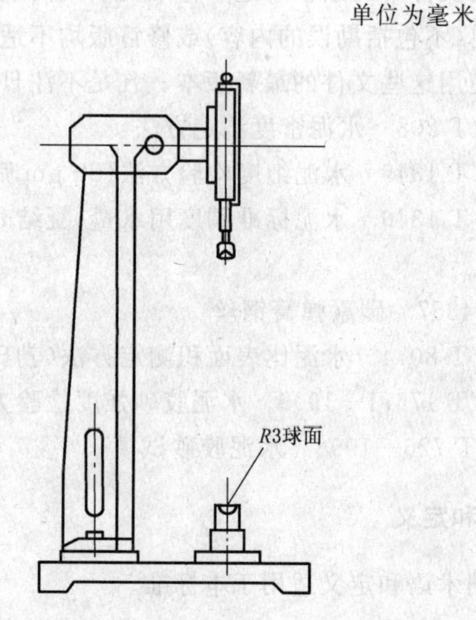

1——百分表；
2——上顶头；
3——可调下底座；
4——支架。

图 1 比长仪

6.1.3 限制钢丝骨架

限制钢丝骨架由直径 ϕ5 mm 钢丝与 4 mm 厚钢板铜焊制成，钢丝应符合 GB 4357 的要求。构造如图 2 所示。钢板与钢丝的垂直偏差不大于 5°。钢丝应平直，两端测点表面应用铜焊 1 mm～2 mm 厚，并使之呈球面。

钢丝极限抗拉强度应大于 1 200 MPa，铜焊处拉脱强度不低于 800 MPa。限制钢丝骨架可重复使用，但不应超过五次，当其受到损伤影响自应力值测定时，应及时更新。

单位为毫米

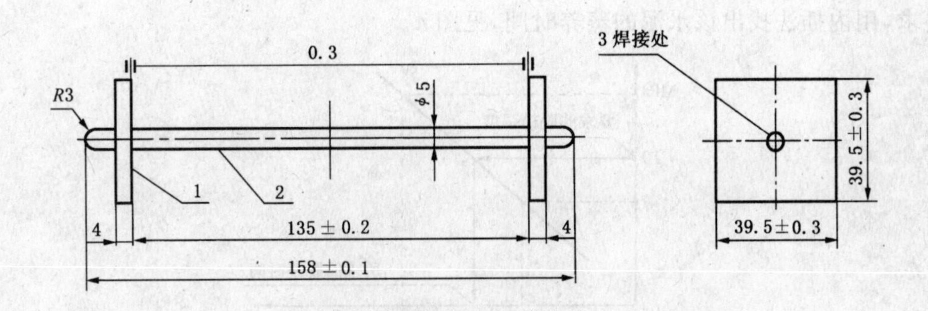

1——钢板；

2——钢丝。

图 2　限制钢丝骨架

6.1.4　试模

自由膨胀率、限制膨胀率、强度成型试模均采用符合 JC/T 726—1996 要求的 40 mm×40 mm×160 mm三联试模。其中自由膨胀试模应在两端板内侧中心钻孔，以安装测量钉头，孔的直径 $\phi6^{+0.03}_{0}$ mm，深 8 mm，小孔位置必须保证测量钉头在试件的中心线上，装测量钉头后内侧之间的长度为 135 mm。

6.1.5　测量钉头

测量钉头用铜材或不锈钢制成，尺寸见图 3。

单位为毫米

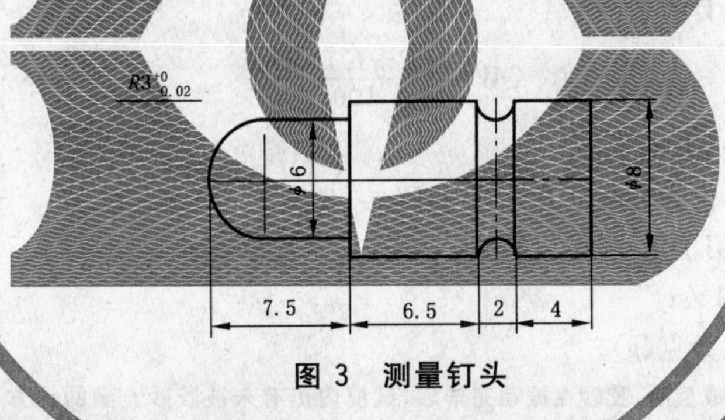

图 3　测量钉头

6.1.6　其他仪器设备

胶砂搅拌机、振实台、压力试验机和抗折机均应符合 GB/T 17671—1999 的有关规定。

6.2　试验条件及材料

6.2.1　试验室温度、湿度应符合 GB/T 17671—1999 的有关规定。

6.2.2　水泥试样应充分混合均匀。

6.2.3　标准砂应符合 GB/T 17671—1999 的有关要求。

6.2.4　试验用水应是洁净的淡水。

6.3　蒸养温度的规定

自应力水泥的蒸汽养护温度按品种规定为：

——自应力硅酸盐水泥，85 ℃±5 ℃；

——自应力硫铝酸盐水泥，42 ℃±2 ℃；

——自应力铁铝酸盐水泥，42 ℃±2 ℃；

——自应力铝酸盐水泥，42 ℃±2 ℃。

6.4　脱模强度的规定

6.4.1　自应力水泥的脱模强度规定为 10 MPa±2 MPa，要达到该脱模强度，应预先确定蒸养时间。

6.4.2 脱模强度蒸养时间的测定按 6.5.1～6.5.3 成型两组强度试件，按 6.5.4 要求进行蒸养。一组蒸养约 1 h，另一组蒸养约 2 h，分别脱模冷却测其强度，用两个时间的对应强度作一直线，根据水泥脱模强度的要求，用内插法找出该水泥的蒸养时间，见图 4。

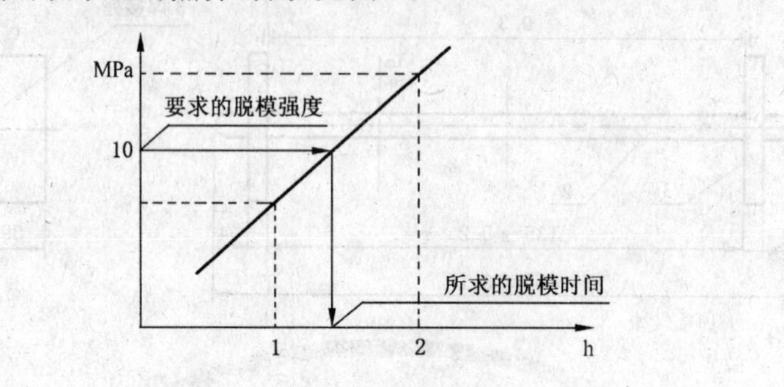

图 4 内插法找蒸养时间

6.5 试件的制备与养护

6.5.1 试件成型用试模

一个样品应成型自由膨胀试件三条，限制膨胀试件三条，强度试件九条；试模内表面涂上一薄层模型油或机油，试模模框与底座的接触面应涂上黄干油，防止漏浆；将涂有少许黄干油的测量钉头圆头插入自由膨胀试模的两端孔内，并敲击测量钉头到位，测量钉头接触水泥端不应沾有油污；在限制膨胀试模内，装入干净无油污的限制钢丝骨架。

6.5.2 胶砂组成

胶砂中水泥与砂的比例为 1∶2.0（质量比），每锅胶砂需称水泥 675 g，标准砂 1 350 g（1 袋）。

胶砂的用水量按式（1）计算：

$$W=\frac{(P+K)\times C}{100} \qquad \cdots\cdots(1)$$

式中：

W——胶砂加水量，单位为克或毫升（g 或 mL）；

P——水泥标准稠度用水量，%；

K——加水系数，取 11%；

C——水泥用量，单位为克（g）。

注：如按 K 值取 11% 加水成型时，胶砂在振动完毕后，试模内仍有未被胶砂充满的地方，则可提高 K 值，提高时以一个百分点的倍数，直至胶砂能充满整个试模为止。

6.5.3 成型操作

一个样品的全部试件应在 45 min 内完成成型、刮平和编号等成型操作，成型后的试件应在试验室中静置。具体操作按 GB/T 17671—1999 中第 7.1～7.2 条进行。

6.5.4 养护和脱模

当从同一样品的第一个试模成型加水时开始计时，达到 45 min 时，应将这个样品的全部试件带模移入已达蒸养温度的蒸养箱中的同一层篦板上。按预先确定的蒸养时间蒸养。蒸养时间从全部试件放入蒸养箱时开始计时，蒸养完毕取出试件立即脱模，脱模时应防止试件损伤，脱模后的试件摊开在非金属篦板上冷却，从脱模开始算起在 1 h～1.5 h 内检测脱模强度，按 6.6.2 测量自由膨胀和限制膨胀试件初始值，测量后连同强度试件放入 20 ℃±1 ℃水中养护。

每个养护水池只能养护同品种的水泥试件。

6.6 自由膨胀率的测定

6.6.1 龄期

分为 3 d、7 d、14 d、28 d 四个龄期。但可根据产品膨胀稳定期要求增加测量龄期。

6.6.2　**试件的测量**

测量前从养护水池中取出自由膨胀试件，擦去试件表面沉淀物，应将试件测量钉头擦净，在要求龄期±1 h内按一定的试件方向进行测长。测定值应记录至0.002 mm。每次测长前和测长结束时应用标准杆校准百分表零点，如结束时发现百分表零点相差一格以上时，整批试件应重新测长。

6.6.3　**计算**

自由膨胀率 ε_1 按式(2)计算，计算至0.001%：

$$\varepsilon_1=\frac{L_{X1}-L_1}{L_{O1}}\times 100 \qquad (2)$$

式中：

ε_1——所测龄期的自由膨胀率，%；

L_{X1}——所测龄期的自由膨胀试件测量值，单位为毫米(mm)；

L_1——脱模后自由膨胀试件测量值，单位为毫米(mm)；

L_{O1}——自由膨胀试件原始净长，135 mm。

6.6.4　**结果处理**

自由膨胀率以三条试件测定值的平均值来表示，当三个值中有超过平均值±10%的应予以剔除，余下的二个数值平均，不足两个数值时应重做试验。

6.7　**自应力的测定**

6.7.1　**自应力值**

自应力值是通过测定水泥砂浆的限制膨胀率计算得到。

6.7.2　**限制膨胀率龄期**

同6.6.1。

6.7.3　**限制膨胀率测量**

测量前从水中取出限制膨胀试件，接着按6.6.2自由膨胀率的操作进行测长。

6.7.4　**限制膨胀率计算**

限制膨胀率 ε_2 按式(3)计算，计算至0.001%：

$$\varepsilon_2=\frac{L_{X2}-L_2}{L_{O2}}\times 100 \qquad (3)$$

式中：

ε_2——所测龄期的限制膨胀率，%；

L_{X2}——所测龄期的限制膨胀试件测量值，单位为毫米(mm)；

L_2——脱模后限制膨胀试件测量值，单位为毫米(mm)；

L_{O2}——限制膨胀试件原始净长，135 mm。

6.7.5　**限制膨胀率取值**

限制膨胀率 ε_2 的取值按6.6.4的规定进行。

6.7.6　**自应力值的计算**

自应力值 σ 按式(4)计算，计算至0.01 MPa：

$$\sigma=\mu\cdot E\cdot\varepsilon_2 \qquad (4)$$

式中：

σ——所测龄期的自应力值，单位为兆帕(MPa)；

μ——配筋率，1.24×10^{-2}；

E——钢筋弹性模量，1.96×10^{5} MPa；

ε_2——所测龄期的限制膨胀率，%。

6.8 强度检验

6.8.1 龄期

分为脱模、7 d、28 d三个龄期或按各品种水泥标准规定。

6.8.2 强度试验

到龄期的试件应在±1 h内进行强度试验，试验时应在试验前15 min从水中取出、用湿布擦净。加荷速度应符合GB/T 17671—1999的规定。

6.8.3 计算与结果处理

抗折强度、抗压强度的计算与结果处理，按GB/T 17671—1999规定进行。

7 28天自应力增进率的测定

7.1 28天自应力增进率(K_{28})是采用出厂自应力值检测结果，按照25天至31天期间的日平均自应力值增长值来表示。

7.2 要测定28天自应力增进率时，只需将测自应力值的样品同时增加35天龄期的自应力值测定；若没有要求自应力值测定的样品，应按6.5的要求制备试件，并测定14天、21天、28天、35天的自应力值。

7.3 以龄期(X)和对应的自应力值(Y)作乘幂函数曲线，求对应的关系式，把25天(X_1)和31天(X_2)龄期代入乘幂函数关系式，求出对应的自应力值(Y_1)和(Y_2)，按式(5)计算，计算至0.001 MPa/d：

$$K_{28}=\frac{Y_2-Y_1}{X_2-X_1}=\frac{Y_2-Y_1}{6}(\mathrm{MPa/d}) \quad \cdots\cdots(5)$$

为了减少偏差最好用计算机进行作图和求乘幂函数关系式。

注：本项测定适用于自应力硫铝酸盐水泥和自应力铁铝酸盐水泥，其他自应力水泥采用时需研究本规定的适用性。

ICS
Q
备案号：27691—2010

中华人民共和国建材行业标准

JC/T 455—2009
代替 JC/T 455—1992

水泥生料球性能测定方法

Methods for performance-measuring of raw meal nodule of cement

2009-12-04 发布　　2010-06-01 实施

中华人民共和国工业和信息化部　发布

前言

本标准自实施之日起代替 JC/T 455—1992《水泥生料球性能测试方法》。

本标准与 JC/T 455—1992 相比，主要变化如下：

——增加了改制维卡仪料球耐压力测定方法(本版第 4.2.2 条)；

——增加料球级配测定中均匀性系数的计算(本版第 4.3.3 条)；

——增加了生料球性能评价(本版第 5 条)。

本标准由中国建筑材料联合会提出。

本标准由全国水泥标准化技术委员会(SAC/TC 184)归口。

本标准负责起草单位：中国建筑材料科学研究总院。

本标准参加起草单位：合肥水泥研究设计院、南京建通水泥技术开发有限公司、广西华宏水泥股份有限公司、云南大理弥渡庞威有限公司、湖南省洞口县为百水泥厂、内蒙古乌后旗祺祥建材有限公司、江苏科行集团、山东宏艺科技发展有限公司、北京炭宝科技发展有限公司、上海福丰电子有限公司、甘肃博石水泥技术工程公司、广西平果万佳水泥有限公司、江苏磊达水泥股份有限公司、黑龙江嫩江华夏水泥有限公司、宁夏建成建材有限公司、南京旋立集团。

本标准主要起草人：宋军华、顾惠元、赵慰慈、丁奇生、王金平、陈绍龙、陈新中、李永利、孙兆忠、张雪华、任林福、赵洪义、张朝发。

本标准 1992 年首次发布，本次为第一次修订。

水泥生料球性能测定方法

1 范围

本标准规定了水泥生料球的水分、料球级配、耐压力、堆积密度、表观密度、生料密度、堆积空隙率、孔隙率、高温爆破率、冲击破损率、干球磨损率、高温收缩率的测定方法和生料球性能评价。

本标准规定了料球强度仪和改制维卡仪两种测定料球强度的方法，有争议时以专用料球强度测定仪方法为准。

本标准适用于半干法水泥生产工艺中生料球性能的测定。

2 规范性引用文件

下列文件中的条款通过本标准的引用而成为本标准的条款。凡是注日期的引用文件，其随后所有的修改单(不包括勘误的内容)或修订版均不适用于本标准，然而，鼓励根据本标准达成协议的各方研究是否可使用这些文件的最新版本。凡是不注日期的引用文件，其最新版本适用于本标准。

GB/T 208 水泥密度测定方法

GB/T 1346 水泥标准稠度用水量、凝结时间、安定性检验方法(GB/T 1346—2001，eqv ISO 9597：1989)

GB 6003 试验筛

3 术语和定义

下列名词、术语适用于本标准。

3.1

水分 moisture content

生料球中所含水的质量与生料球质量之比，以 W 表示，单位为百分数(%)。

3.2

料球级配 expects the ball gradation

某一粒径范围生料球与全部生料球的质量比，以 B_i 表示，单位为百分数(%)。

3.3

耐压力 compression resistance

一定粒径范围料球所能承受的极限压力，以 F 表示，单位为牛顿(N)。

3.4

堆积密度 stack density

又称松散容重。料球在自然堆积状态下单位体积的质量，以 ρ_d 表示，单位为克每立方厘米(g/cm³)。

3.5

表观密度 apparent density

又称视密度。单位体积(包括内部封闭空隙)生料球的质量，以 ρ_b 表示，单位为克每立方厘米(g/cm³)。

3.6

生料密度 raw material density

生料球的实际密度，以 ρ_s 表示，单位为克每立方厘米(g/cm³)。

3.7

堆积空隙率　stack percentage of voids

生料球自然堆积状态下，球间空隙所占体积与堆积体的外观体积之比，以 P_d 表示，单位为百分数(%)。

3.8

孔隙率　factor of porosity

生料球内部孔隙及自由水所占的体积与生料球总体积之比，以 P_n 表示，单位为百分数(%)。

3.9

高温爆破率　high temperature demolition rate

以室温突然进入一定温度的高温炉中，生料球爆破的个数与样品个数之比，以 B_g 表示，单位为百分数(%)。

3.10

冲击破损率　impact breakage rate

在一定冲击力作用下，生料球破损的个数与样品个数之比，以 B_c 表示，单位为百分数(%)。

3.11

干球磨损率　dry ball rate of wear

生料球受磨损失去的质量占料球质量的百分数以 A 表示，单位为百分数(%)。

3.12

线收缩率　line shrinkage

高温收缩率的一种表达方式，生料球煅烧后直径的减小量与原直径之比，以 S_l 表示，单位为百分数(%)。

3.13

体积收缩率　volume shrinkage

高温收缩率的一种表达方式，生料球煅烧后体积的减小量与原体积之比，以 S_v 表示，单位为百分数(%)。

4　测定方法

4.1　取样

测定时取样应具有代表性，取入窑前的生料球装入试样桶中，加盖，其总质量应多于测量用量的1倍。取样后应立即进行测定。

4.2　水分的测定

4.2.1　仪器

a.　天平

分度值不大于 0.1 g，最大称量不小于 100 g。

b.　烘干设备

烘干箱(带有恒温控制装置)可控制温度不低于 110 ℃，最小分度值不大于 2 ℃。

也可使用红外线灯，功率不小于 250 W。

c.　盛料盘

由薄铁皮制成，直径约 100 mm，深约 10 mm。

d.　干燥器

4.2.2　测定步骤

从试样桶中取生料球约 100 g 捣碎至 5 mm 以下，用天平准确称取 50 g 料球倒入已知质量(m_1)的盛料盘中。然后置于 105 ℃～110 ℃的烘干箱中烘干 1 h，或置于红外线灯下 40 mm 处烘烤 20 min 后，立即移入干燥器内。冷却至室温后称量(m_2)。

4.2.3 计算

生料球水分按式(1)计算,结果计算保留至小数点后一位。

$$W=\frac{50+m_1-m_2}{50}\times 100 \quad \cdots\cdots(1)$$

式中:

W——生料球水分,单位为百分数(%);

50——烘干前生料球质量,单位为克(g);

m_2——烘干后生料球及盛料盘质量(g);

m_1——盛料盘质量,单位为克(g)。

4.3 料球级配的测定

4.3.1 仪器

a. 台秤

分度值不大于5 g,最大称量不小于5 000 g。

b. 圆孔套筛

符合GB 6003规定的系列套筛,其中筛框直径ϕ300 mm,高50 mm,筛孔直径为:

表1 料球级配筛孔直径

孔径代号	d_1	d_2	d_3	d_4	d_5	d_6	d_7	d_8	d_9
直径(mm)	3.0	5.0	7.1	9.0	11.2	13.2	16.0	19.0	22.4

4.3.2 测定步骤

称取试样桶中生料球1 000 g(m)装入套筛内进行分级,然后分别称量各筛上的筛余及底盘上的试样质量。

4.3.3 计算

4.3.3.1 生料球级配

按式(2)计算,计算结果精确至0.5%。

$$B_i=\frac{C_i}{m}\times 100\% \quad \cdots\cdots(2)$$

式中:

B_i——$d_i \sim d_{i+1}$级料球占总料球的质量百分含量,单位为百分数(%);

C_i——通过d_{i+1}筛未通过d_i筛上的生料球质量,单位为克(g);

m——试样总质量,单位为克(g)。

4.3.3.2 生料球算术平均粒径

按式(3)计算,d_i大于22.4 mm的球按小于25.0 mm计算。计算结果精确至0.5 mm。

$$d_0=\sum\frac{1}{2}(d_i+d_{i+1})B_i \quad \cdots\cdots(3)$$

式中:

d_0——生料球的算术平均粒径,单位为毫米(mm);

d_i——第i级筛的孔径,单位为毫米(mm);

d_{i+1}——第$i+1$级筛的孔径,单位为毫米(mm)。

4.3.3.3 生料球的特征粒径及均匀性系数

根据4.3.3.1生料球级配计算,计算粒径为D时的累计筛余结果R。

根据RRSB方程$R=100\, e^{-(\frac{D}{D_e})^N}$作图求出均匀性系数$n$,及$R=36.8\%$时的特征粒径$D_e$。

4.4 耐压力的测定

4.4.1 料球强度仪法(基准法)

4.4.1.1 仪器

a. 料球强度仪

主要由荷载、测量、显示三部分构成,如图1所示。测量精度1级,示值分度值不大于0.01 N,最大负荷分为30 N和150 N两档。

b. 陶瓷蒸发皿

60 mL。

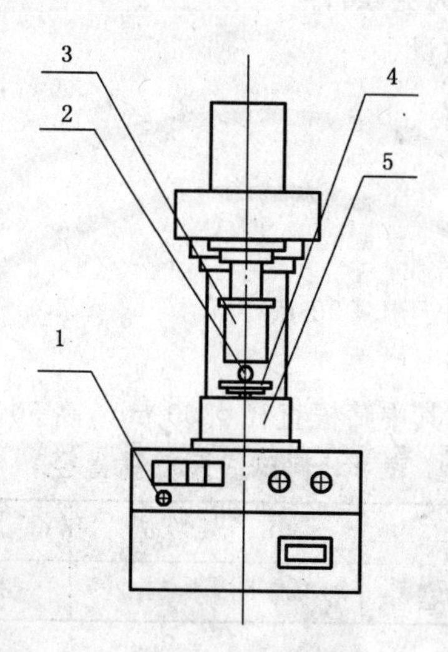

1——控制面板;

2——被测料球;

3——压头;

4——托样盘;

5——压力传感器。

图1 料球强度测定仪示意图

4.4.1.2 测定步骤

1) 测定前将料球强度测定仪调零。

2) 取5.0 mm~7.1 mm区间的生料球12个,分别置于陶瓷蒸发皿内,放在托样盘上,用料球强度仪测定各料球耐压力。

4.4.1.3 计算

剔除所测数据中的最大值和最小值,求出其余数据的算术平均值,并以该平均值来表征料球的耐压力。生料球的耐压力按式(4)计算,计算结果保留至小数点后两位。

$$F=\frac{1}{10}\sum_{i=1}^{10}F_i \qquad \cdots\cdots(4)$$

式中:

F——算术平均粒径区间生料球的耐压力,单位为牛顿(N);

F_i——剔除最大和最小两个数据后,存留的5.0 mm~7.1 mm区间生料球的耐压力,单位为牛顿(N)。

4.4.2 改制维卡仪法(代用法)

4.4.2.1 仪器

a. 改制维卡仪

该仪器是用符合GB/T 1346要求的用于测定水泥凝结时间的维卡仪改制而成。将维卡仪的试针取下,在活动的金属棒上端固定一个薄铁皮制作的锥斗,如图2所示。

b. 砝码

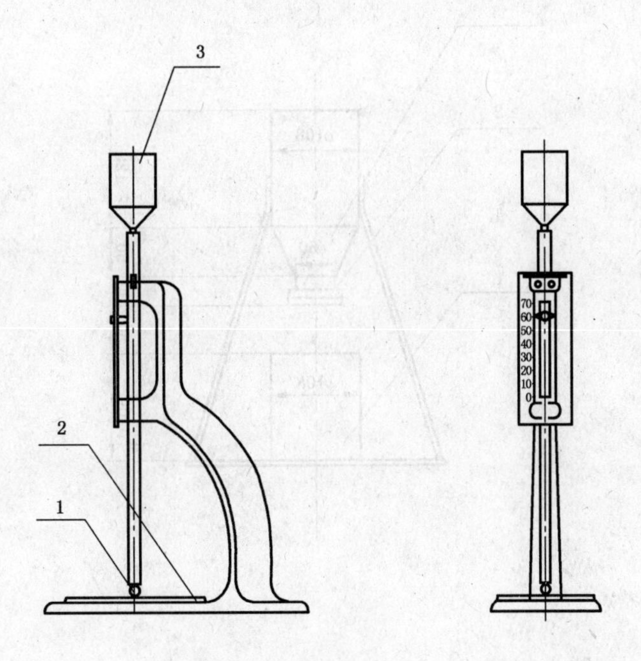

1——料球；

2——玻璃板；

3——锥斗。

图2 料球强度仪

4.4.2.2 测定步骤

取5.0 mm～7.1 mm区间的生料球10个，分别将料球置于改制维卡仪底座的中心上，放下金属圆棒，使其下端面压住料球，然后不断地向锥斗内加入砝码，直至料球出现裂纹时止，记录锥斗中的砝码重量。

4.4.2.3 计算

生料球的耐压力按式(5)计算。

$$F=\frac{9.8}{10}\sum_{i=1}^{10}F'_i \quad\cdots\cdots(5)$$

式中：

F——生料球的平均耐压力，单位为牛顿(N)；

F'_i——单个生料球的耐压力，单位为千克(kg)；

10——生料球的个数，单位为个。

4.5 堆积密度的测定

4.5.1 仪器

a. 台秤

分度值5 g，最大称量5 000 g。

b. 堆积密度测定仪

由立升筒、闸板和漏斗组成，如图3所示。具体要求如下：

——立升筒，内径108 mm，深109 mm，容积1 000 cm^3。

——漏斗，上口内径108mm，下口内径50 mm，直筒高120 mm，锥体高50 mm。

——刮尺，长150 mm，宽25 mm，厚4 mm，尺边磨圆。

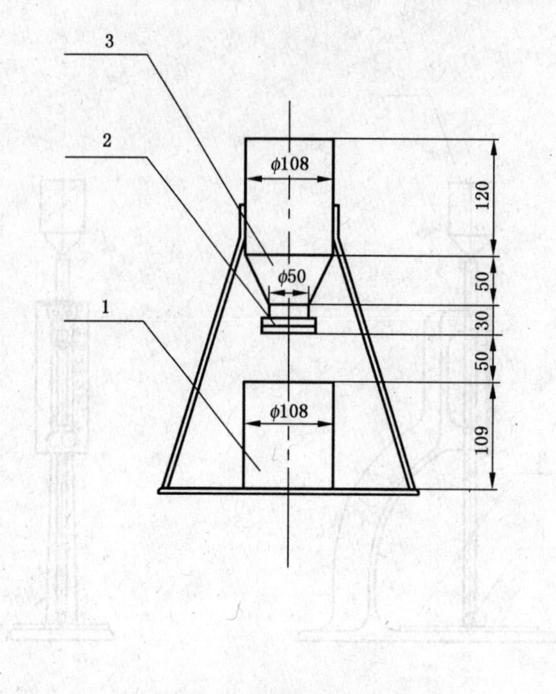

1——立升筒；
2——闸板；
3——漏斗。

图3　堆积密度仪

4.5.2　测定步骤

从试样桶中取生料球 2 000 g 置于漏斗中，然后拉开闸板，将试样卸入已知质量(m_{d_1})的立升筒内，堆满，用刮尺轻轻刮平(注意不要将生料球刮碎)。称量立升筒及其中生料球的总质量(m_{d_2})。

4.5.3　计算

生料球堆积密度按式(6)计算，计算结果保留至小数点后两位。

$$\rho_d = \frac{m_{d_2} - m_{d_1}}{1\ 000} \qquad \cdots\cdots(6)$$

式中：

ρ_d——生料球堆积密度，单位为克每立方厘米(g/cm³)；

m_{d_1}——立升筒质量，单位为克(g)；

m_{d_2}——生料球及立升筒的总质量，单位为克(g)。

4.6　表观密度的测定

4.6.1　仪器

a.　体积测定仪

主要由测量筒、水银介质、标尺、测微手柄、调零后柄组成，如图 4 所示。精度 3 级，分度值不大于 0.002 5 cm³，最大测量范围为 18 cm³。

b.　天平

分度值 0.001 g，最大称量 200 g。

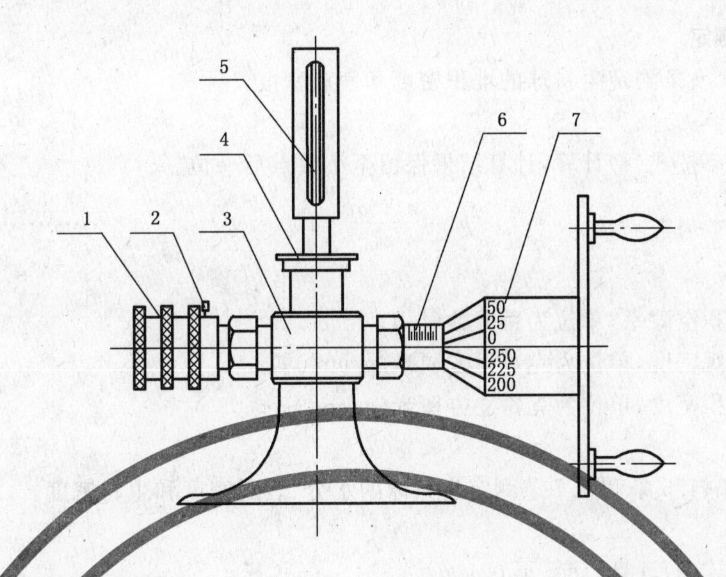

1——调零手柄；
2——固定螺栓；
3——量筒；
4——量筒盖；
5——玻璃标尺；
6——测量套；
7——测微手柄。

图4　体积测定仪

4.6.2　测定步骤

测定前，将体积测定仪放在搪瓷托盘内，将约 1 000 g 水银注入量筒内，拧紧量筒盖。旋动调零手柄和测微手柄，将测微手柄调至零点刻线处，停留 30 s，无零点飘移，即认为零点已调准，拧紧固定螺钉。每次测定前均须校准零点。零点校准之后，用天平称量 10 个算术平均粒径区间生料球的质量（m_b）。

全部旋出测微手柄，打开量筒盖，将用天平称量过的算术平均粒径区间的 10 个生料球装入量筒内，拧紧量筒盖（注意不要将料球挤碎）。旋进测微手柄，使水银液面的凸面顶端对准玻璃标尺上的刻线，停留 30 s，无零点飘移即可读数并记录（V_b）。

4.6.3　计算

生料球表观密度按式(7)计算，计算结果保留至小数点后两位。

$$\rho_b=\frac{m_b}{V_b} \qquad (7)$$

式中：

ρ_b——生料球表观密度，单位为克每立方厘米（g/cm^3）；

m_b——试样的质量，单位为克（g）；

V_b——试样的体积，单位为立方厘米（cm^3）。

4.7　生料密度的测定

4.7.1　仪器

a.　天平：分度值 0.001 g，最大称量 200 g。

b.　密度瓶：符合 GB/T 208 的规定。

c.　研钵。

4.7.2　试样处理

取生料球约 200 g，按 4.2.2 将其烘干。用研钵磨细并全部通过 0.080 mm 方孔筛。

4.7.3　生料密度的测定

生料密度 ρ_s 的测定按 GB/T 208 进行。

4.8 堆积空隙率的测定

4.8.1 按 4.5 条和 4.6 条测定生料球的堆积密度和表观密度。

4.8.2 计算

生料球堆积空隙率按式(8)计算,计算结果保留至小数点后一位。

$$p_d = \frac{\rho_b - \rho_d}{\rho_b} \times 100 \quad \cdots\cdots(8)$$

式中:

p_d——生料球堆积空隙率,单位为百分数(%);

ρ_b——生料球表观密度,单位为克每立方厘米(g/cm^3);

ρ_d——生料球堆积密度,单位为克每立方厘米(g/cm^3)。

4.9 孔隙率的测定

4.9.1 分别按 4.2 条、4.6 条和 4.7 条测定生料球的水分、表观密度和生料密度。

4.9.2 计算

生料球孔隙率按式(9)计算,计算至 0.1。

$$p_n = \left[1 - \frac{\rho_b}{\rho_1}\left(\frac{100-W}{100}\right)\right] \times 100 \quad \cdots\cdots(9)$$

式中:

p_n——生料球孔隙率,单位为百分数(%);

ρ_b——生料球的表观密度,单位为克每立方厘米(g/cm^3);

ρ_1——生料球的生料密度,单位为克每立方厘米(g/cm^3);

W——生料球的水分,单位为百分数(%)。

4.10 高温爆破率的测定

4.10.1 仪器

a. 高温炉:使用温度不低于 950 ℃,并带有恒温控制装置。

b. 陶瓷蒸发皿:60 mL。

4.10.2 测定步骤

从表 1 查出按 4.3.3.2 条得到的算术平均粒径所在筛余孔径区间,取该区间和 5.0 mm~7.1 mm 区间的湿生料球各 20 个,置于陶瓷蒸发皿内,迅速放入预先升温至 950 ℃的高温炉内,保持 5 min 后取出。料球呈现破裂、剥壳即视为爆破。记录爆破的生料球个数。

4.10.3 计算

4.10.3.1 算术平均粒径区间生料球的高温爆破率

按式(10)计算,计算结果保留整数。

$$B_g = \frac{n_g}{20} \times 100 \quad \cdots\cdots(10)$$

式中:

B_g——算术平均粒径区间生料球高温爆破率,单位为百分数(%);

n_g——算术平均粒径区间生料球高温爆破个数,单位为个;

20——所取生料球个数,单位为个。

4.10.3.2 5.0 mm~7.1 mm 生料球高温爆破率

按式(11)计算,计算结果保留整数。

$$B'_g = \frac{n'_g}{20} \times 100 \quad \cdots\cdots(11)$$

式中:

B'_g——5.0 mm~7.1 mm 生料球高温爆破率,单位为百分数(%);

n'_g——5.0 mm～7.1 mm 生料球高温爆破个数，单位为个；

20——所取生料球个数，单位为个。

4.11　冲击破损率的测定

4.11.1　测定步骤

取算术平均粒径所在粒度区间的生料球 20 个置于陶瓷蒸发皿内，迅速将其逐一自 1.5 m 高处自自由坠落到 6.0 mm 厚的平滑钢板上，观察并记录生料球的破损个数。料球呈现裂纹、摔破即视为破损。

4.11.2　计算

生料球冲击破损率按式(12)计算，结果取整数。

$$B_c = \frac{n_c}{20} \times 100 \quad \cdots\cdots\cdots\cdots (12)$$

式中：

B_c——生料球冲击破损率，单位为百分率(%)；

n_c——生料球冲击破损个数，单位为个；

20——所取生料球个数，单位为个。

4.12　干球磨损率的测定

4.12.1　仪器

a.　天平

分度值不大于 1 g，最大称量不小于 1 000 g。

b.　圆孔振动筛

筛框直径 300 mm，高 50 mm，圆孔径 2.8 mm，振幅 1.9 mm，频率 24.8 Hz。

4.12.2　试样处理

取 5.0 mm～7.1 mm 生料球约 200 g，置于 105 ℃～110 ℃的烘干箱中烘干。

4.12.3　测定步骤

称取烘干后的料球(95 g～105 g)放入圆孔筛内(m_{a_1})。筛析 10 min，称量筛上料球的质量(m_{a_2})。

4.12.4　计算

干球磨损率按式(13)计算，结果取整数。

$$A = \frac{m_{a_1} - m_{a_2}}{m_{a_1}} \quad \cdots\cdots\cdots\cdots (13)$$

式中：

A——干球磨损率，单位为百分数(%)；

m_{a_1}——磨损前试样总质量，单位为克(g)；

m_{a_2}——磨损后筛上料球的质量，单位为克(g)。

4.13　高温收缩率的测定

4.13.1　仪器

a.　体积测定仪

b.　高温炉

温度范围 0 ℃～1 600 ℃，并带有恒温控制装置。

c.　铂坩埚或石墨坩埚

外径约 80 mm，高约 25 mm，内径约 40 mm，深约 10 mm。

4.13.2　测定步骤

取算术平均粒径所在粒度区间的生料球 10 个，用 4.6.1 条体积测定仪测其体积(V_{s_1})。装入铂坩埚或石墨坩埚烘干后，置于事先已升到 1 100 ℃的高温炉中继续升温，升温速率约 150 ℃/h。炉温升到生料球的烧结温度(一般控制在 1 400 ℃)后，保温 20 min，取出，自然冷却至室温。用体积测定仪测定煅烧后料球的体积(V_{s_2})。

4.13.3 计算

生料球线收缩率按式(14)计算,结果保留至小数点后一位。

$$S_l=\left[1-\left(\frac{V_{S_2}}{V_{S_1}}\right)^{\frac{1}{3}}\right]\times 100 \qquad (14)$$

式中:

S_l——生料球线收缩率,单位为百分数(%);

V_{S_1}——煅烧前试样体积,单位为立方厘米(cm^3);

V_{S_2}——煅烧后试样体积,单位为立方厘米(cm^3)。

生料球体积收缩率按式(15)计算,结果保留至小数点后一位。

$$S_v=\left(1-\frac{V_{S_2}}{V_{S_1}}\right)\times 100 \qquad (15)$$

式中:

S_v——生料球体积收缩率,单位为百分数(%)。

5 料球性能评价

料球性能从水分、均匀性系数、堆积孔隙率、孔隙率及高温爆破率等5个方面来评价,分优等品、合格品和次品三个等级。其他指标如冲击破损率、线收缩率等可作补充叙述,表2为料球性能评价表。

表2 料球性能评价表

级别	水分 W(%)	堆积孔隙率 P_d(%)	孔隙率 P_n(%)	高温爆破率 B_g(%)	均匀性系数 n
优等品	≤11	≥40	≥40	≤5	≥0.9
合格品	11~13	35~40	35~40	5~15	0.8~0.9
次品	≥13	≤35	≤35	≥15	≤0.8

中华人民共和国建材行业标准

JC/T 543—94

烘干机热工测量方法与计算

1 主题内容与适用范围

本标准规定了水泥企业回转式烘干机热平衡、热效率的测定与计算方法。

本标准适用于生产水泥过程中各类型回转式烘干机的热工测量与热工计算。其他类型烘干机也可参考进行。

2 引用标准

GB 212 煤的工业分析方法

GB 213 煤的发热量测定方法

GB 4412 机械化水泥立窑热工测量方法

GB 8490 水泥回转窑热平衡测定方法

GB 10697 建筑材料窑炉热平衡术语

3 术语、符号及代号

3.1 本标准所用术语定义按 GB 10697 的规定。对其中未规定的术语,定义如下:

3.1.1 热平衡方框图:将体系所有热收入和热支出项目逐项示出的方框图。

3.1.2 湿料:等待进入烘干机的物料。

3.1.3 干料:经过烘干尚残留少量水分的物料。

3.1.4 烟气:经燃烧室加热的热气体。

3.2 本标准所采用的符号、代号见附录 A(补充件)

4 基准

4.1 物料平衡以 1 kg 干料为计算基准,热平衡计算以 273.15 K(0℃)为基准温度。

4.2 物料平衡计算与热平衡计算中支出部分中的其他项与总收入相差应不大于 5%,否则平衡计算无效。

5 测量前的准备

5.1 根据工厂具体情况制订测试计划,落实人员分工。测试所用仪器必须经过检定,并在有效期内。测试前对所用测试仪器、仪表进行检查、校正。

5.2 根据要求布置测点和开好测量孔,准备好必要的工具和劳动保护。

5.3 系统设备在测试前须进行检查,测试在烘干机系统运转正常代表日进行。

5.4 在进行正式测定前,必须经过预测,以便发现问题,加以解决。

6 测量时间、项目和周期

6.1 烘干机在正常生产状态下,连续测量时间不少于 6 h。

国家建筑材料工业局1994-03-26批准　　1994-12-01实施

6.2　测量项目、周期见表1。

表1　测量项目与周期

项目		测点和取样点	周期
燃料	a.工业分析 b.热值	燃烧室 喂煤口	在煤堆上取样缩分后测定
	c.水分 d.温度		测试期内1次/h
	e.质量		测试期内累计计量
炉渣	a.质量	燃烧室 排渣口	测试期内累计计量
	b.温度 c.含碳量		测试期内1次/h
湿料	a.质量	烘干机 喂料口	测试期内累计计量
	b.水分 c.温度		测试期内1次/h
干料	a.质量	烘干机 出料口	测试期内累计计量
	b.水分 c.温度		测试期内1次/h
鼓入燃烧室系统空气	a.温度 b.静压 c.动压	燃烧室 进风管	测试期内1次/h
漏风	a.温度 b.风量	系统漏风处	测试期内1次/2 h
烟气	a.温度 b.成分	燃烧室靠近烘干机 进口处测孔	测试期内1次/h
废气	a.温度 b.湿含量 c.静压 d.动压 e.成分	烟囱测孔	测试期内1次/2h
飞灰	a.飞灰浓度 b.温度	烟囱测孔	测试期内1次/2h
系统表面散热	a.温度 b.环境风速	燃烧室表面、烘干机 筒体表面及排风管表面	测试期内1次/h
大气和环境	a.温度 b.湿度 c.气压	系统周围2 m	测试期内1次/2h

7 测量方法

7.1 燃料成分与发热量的测定

按 GB 212、GB 213 进行。

7.2 各类物料量的计量

7.2.1 对湿料、干料、燃料、炉渣均应分别安装计量设备，单独计量暂未安装计量设备的可定时进行抽测或连续称量，抽测时每小时至少保证 4 次以上，按其算术平均值进行计算。

7.2.2 任何物料计量装置，均应以磅秤核对结果为准，并应使其相对误差小于 1%。

7.3 物料温度的测定

7.3.1 湿料、干料、炉渣可用玻璃水银温度计测量，使用时应将湿度计刻度部分全部插入被测物料或介质中，以减少产生测量误差。

7.3.2 飞灰的温度视同测点废气温度一致。

7.3.3 所用温度计的测量误差应小于 1%。

7.4 鼓入燃烧室空气及漏风

按 GB 8490 进行。

7.5 炉渣含碳量

按 GB 4412 附录 A(补充件)进行。

7.6 烟气

7.6.1 温度：采用热电偶高温计按 GB 8490 进行。

7.6.2 成分分析：按 GB 8490 进行。

7.7 烟囱废气

按 GB 8490 进行。

7.8 气体含尘浓度

按 GB 8490 进行。

7.9 系统表面散热

按 GB 8490 进行。

7.10 大气与环境

7.10.1 温度用玻璃温度计测量。

7.10.2 气压用大气压力计测量，也可用当地气象部门同期的测量数据。

7.10.3 风速用热球式电风速计、叶轮式或转杯式风速计进行测量。

8 物料平衡计算

8.1 物料平衡计算范围，见图 1。

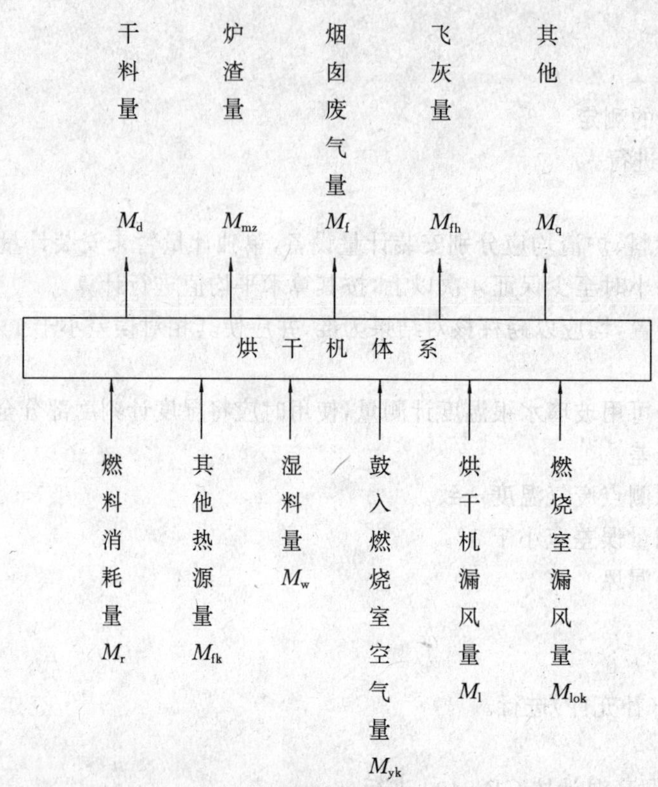

图1 物料平衡示意图

8.2 计算方法

8.2.1 物料收入

8.2.1.1 燃料消耗量 M_r

8.2.1.2 其他热源质量 M_{fk}

8.2.1.3 湿料量 M_w

如以干料计量定量时

$$M_w = M_d \times \frac{100 - W_2}{100 - W_1} \quad \cdots\cdots(1)$$

8.2.1.4 鼓入燃烧室空气质量

a. 入炉空气量 V_{yk}

b. 入炉空气质量

$$M_{yk} = \rho_{yk} V_{yk} \quad \cdots\cdots(2)$$

8.2.1.5 烘干机漏风量

8.2.1.5.1 根据进烘干机干气体成分与烟囱干废气成分计算漏风系数

a. CO_2 平衡法

$$n_{CO_2} = \frac{CO_{2,rg} - CO_{2,f}}{CO_{2,f}} \quad \cdots\cdots(3)$$

b. O_2 平衡法

$$n_{O_2} = \frac{O_{2,f} - O_{2,rg}}{21 - O_{2,f}} \quad \cdots\cdots(4)$$

c. 漏风系数

$$n=\frac{n_{CO_2}+n_{O_2}}{2} \quad \cdots\cdots(5)$$

注：$|n_{CO_2}-n_{O_2}|$绝对值不能>0.10，否则结果无效。

8·2·1·5·2 漏风量

$$V_1=V_f\times\frac{n}{n+1}\times\frac{100-H_2O^f}{100} \quad \cdots\cdots(6)$$

8·2·1·5·3 漏风质量

$$M_1=\rho_h V_1 \quad \cdots\cdots(7)$$

8·2·1·6 燃烧室漏风量

a. 漏风量

$$V_{lok}=V_f-V_{yk}-V_1 \quad \cdots\cdots(8)$$

b. 漏风质量

$$M_{lok}=\rho_h V_{lok} \quad \cdots\cdots(9)$$

8·2·1·7 物料总收入

$$M_{zs}=M_r+M_{lk}+M_w+M_{yk}+M_1+M_{lok} \quad \cdots\cdots(10)$$

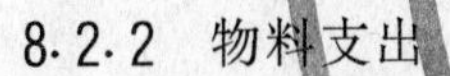

8·2·2 物料支出

8·2·2·1 干料量

$$M_d=1 \quad \cdots\cdots(11)$$

8·2·2·2 炉渣量 M_{mz}

8·2·2·3 烟囱废气量

a. 废气量 V_f

b. 废气质量

$$M_f=\rho_f\cdot V_f \quad \cdots\cdots(12)$$

8·2·2·4 飞灰量 M_{fh}

8·2·2·5 其他

$$M_q=M_{zs}-(M_d+M_{mz}+M_f+M_{fh}) \quad \cdots\cdots(13)$$

8·2·2·6 物料总支出

$$M_{zz}=M_d+M_{mz}+M_f+M_{fh}+M_q \quad \cdots\cdots(14)$$

8·2·3 物料平衡计算结果表(见表 2)

表 2　物料平衡计算结果表

序号	物料收入 项目	数值 kg/kg	百分数 %	物料支出 项目	数值 kg/kg	百分数 %
1	燃料消耗量 M_r			干料量 M_d		
2	其他热源量 M_{fk}			炉渣量 M_{mz}		
3	湿料量 M_w			烟囱废气量 M_f		
4	鼓入燃烧室空气质量 M_{yk}			飞灰量 M_{fh}		
5	烘干机漏风量 M_l			其他 M_q		
6	燃烧室漏风量 M_{lok}					
7	总收入 M_{zs}			总支出 M_{zz}		

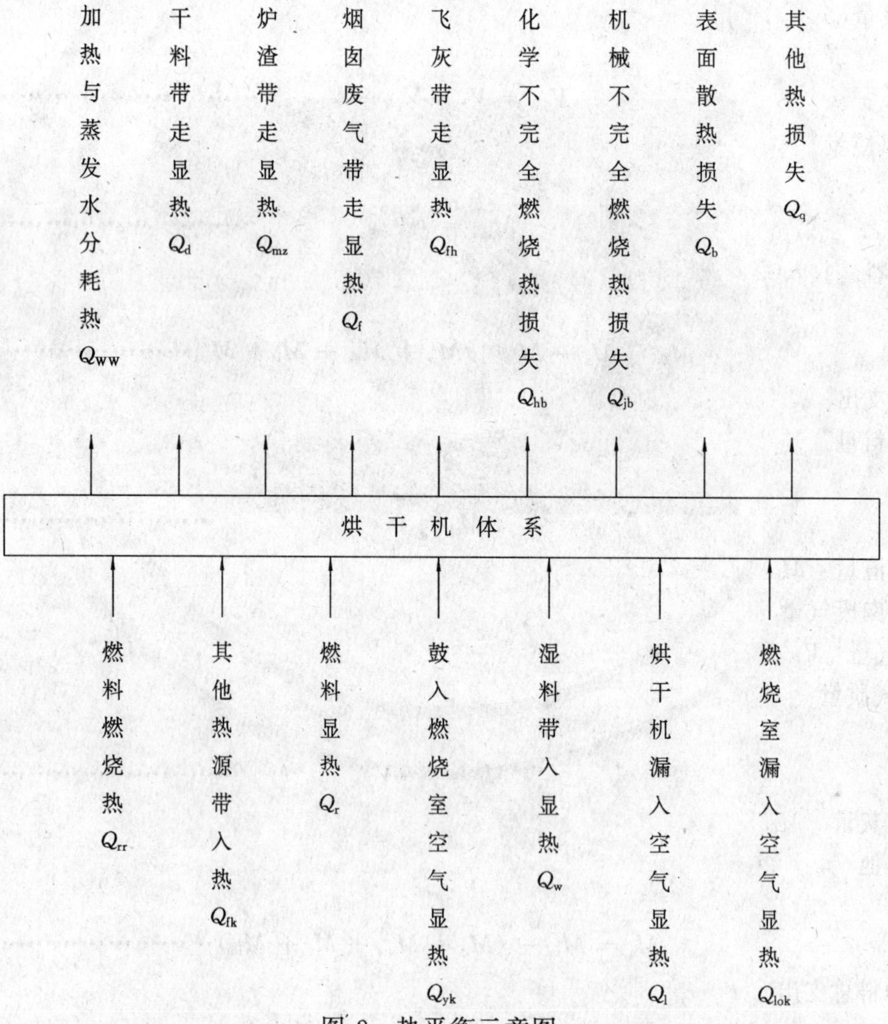

加热与蒸发水分耗热 Q_{ww}
干料带走显热 Q_d
炉渣带走显热 Q_{mz}
烟囱废气带走显热 Q_f
飞灰带走显热 Q_{fh}
化学不完全燃烧热损失 Q_{hb}
机械不完全燃烧热损失 Q_{jb}
表面散热损失 Q_b
其他热损失 Q_q

烘干机体系

燃料燃烧热 Q_{rr}
其他热源带入热 Q_{fk}
燃料显热 Q_r
鼓入燃烧室空气显热 Q_{yk}
湿料带入显热 Q_w
烘干机漏入空气显热 Q_l
燃烧室漏入空气显热 Q_{lok}

图 2　热平衡示意图

9　热平衡计算

9.1　热平衡计算范围，见图 2

9.2　计算方法

9.2.1　收入部分

9.2.1.1 燃料燃烧热

$$Q_{rr} = Q_{net,ay} \cdot M_r \quad \cdots\cdots (15)$$

9.2.1.2 其他热源带入热 Q_{fk}

9.2.1.3 燃料的显热

$$Q_r = C_r \cdot M_r \cdot t_r \quad \cdots\cdots (16)$$

9.2.1.4 湿料带入显热

$$Q_w = C_w \cdot M_w \cdot t_w \quad \cdots\cdots (17)$$

9.2.1.5 鼓入燃烧室空气带入显热

$$Q_{yk} = C_{yk} \cdot V_{yk} \cdot t_{yk} \quad \cdots\cdots (18)$$

9.2.1.6 烘干机漏风带入显热

$$Q_l = C_l \cdot V_l \cdot t_l \quad \cdots\cdots (19)$$

9.2.1.7 燃烧室漏风带入显热

$$Q_{lok} = C_{lok} \cdot V_{lok} \cdot t_{lok} \quad \cdots\cdots (20)$$

9.2.1.8 热量总收入

$$Q_{zs} = Q_{rr} + Q_{fk} + Q_r + Q_w + Q_{yk} + Q_l + Q_{lok} \quad \cdots\cdots (21)$$

9.2.2 支出部分

9.2.2.1 加热与蒸发水分耗热

$$Q_{ww} = (594.2 + 0.35t_f) \times 4.1868 \quad \cdots\cdots (22)$$

9.2.2.2 干料带走显热

$$Q_d = 1 \times C_d \cdot t_d \quad \cdots\cdots (23)$$

9.2.2.3 炉渣带走显热

$$Q_{mz} = C_{mz} \cdot M_{mz} \cdot t_{mz} \quad \cdots\cdots (24)$$

9.2.2.4 烟囱废气带走显热

$$Q_f = C_f \cdot V_f \cdot t_f \quad \cdots\cdots (25)$$

9.2.2.5 飞灰带走显热

$$Q_{fh} = C_{fh} \cdot M_{fh} \cdot t_{fh} \quad \cdots\cdots (26)$$

9.2.2.6 化学不完全燃烧热损失

$$Q_{hb} = 12\,632V_f \times CO_f \times \frac{100 - H_2O^f}{10\,000} \quad \cdots\cdots (27)$$

9.2.2.7 机械不完全燃烧热损失

$$Q_{jb}=33\ 874\times M_{mz}\times\frac{L_{mz}}{100} \quad \cdots\cdots(28)$$

9.2.2.8 表面散热损失

$$Q_b=Q_{rb}+Q_{yb}+Q_{cb} \quad \cdots\cdots(29)$$

9.2.2.9 其他热损失

$$Q_q=Q_{zs}-(Q_{ww}+Q_d+Q_{mz}+Q_f+Q_{fh}+Q_{hb}+Q_{jb}+Q_b) \quad \cdots\cdots(30)$$

9.2.2.10 热量总支出

$$Q_{zz}=Q_{ww}+Q_d+Q_{mz}+Q_f+Q_{fh}+Q_{hb}+Q_{jb}+Q_b+Q_q \quad \cdots\cdots(31)$$

9.3 热平衡计算结果表(见表 3)

表 3 热平衡计算结果表

热量收入				热量支出			
项目		数值 kJ/kg	百分比 %	项目		数值 kJ/kg	百分比 %
燃料燃热耗	Q_{rr}			加热与蒸发水分耗热	Q_{ww}		
热源带入热	Q_{fk}			干料带走显热	Q_d		
燃料显热	Q_r			炉渣废气带走显热	Q_{mz}		
鼓入燃烧室空气显热	Q_{yk}			烟囱废气带走显热	Q_f		
湿料带入显热	Q_w			飞灰带走显热	Q_{fh}		
燃烧室漏入空气带入显热	Q_{lok}			化学不完全燃烧热损失	Q_{hb}		
烘干机漏入空气带入显热	Q_l			机械不完全燃烧热损失	Q_{jb}		
				表面致热损失	Q_b		
				其他	Q_q		
总收入	Q_{zs}			总支出	Q_{zz}		

9.4 热效率计算

9.4.1 蒸发强度

$$A=\frac{100\ M_c(W_1-W_2)}{V(100-W_1)} \quad \cdots\cdots(32)$$

9.4.2 燃烧室热效率

$$\eta_{rs}=\frac{Q_{rr}-(Q_{jb}+Q_{hb}+Q_{mz}+Q_{rb})}{Q_{rr}}\times 100 \quad \cdots\cdots(33)$$

9.4.3 烘干机热效率

$$\eta_{hj}=\frac{Q_{ww}-(Q_d-Q_w)}{\eta_{rs}\cdot Q_{rr}}\times 100 \quad \cdots\cdots(34)$$

系统热效率

$$\eta = \eta_{rs} \cdot \eta_{hj} = \frac{Q_{ww} - (Q_d - Q_w)}{Q_{rr}} \times 100 \qquad \cdots\cdots(35)$$

若系统有其他热源进入

$$\eta = \frac{Q_{ww} - (Q_d - Q_w)}{Q_{rr} + Q_{fk}} \times 100 \qquad \cdots\cdots(36)$$

10 报告内容

10.1 文字说明

10.1.1 测试任务、内容、要求，测点布置图及所用仪器、计量装置。

10.1.2 参加测试单位、主要人员和负责人。

10.2 数据综合表

10.2.1 烘干机系统设备概况，见附录B(补充件)。

10.2.2 热工测量数据汇总，见附录C(补充件)。

10.2.3 物料平衡计算及物料平衡表。

10.2.4 热量平衡计算及热量平衡表。

10.3 热流图

10.4 综合分析意见

10.4.1 对该烘干机生产状态的评价和分析意见。

10.4.2 改进意见。

附 录 A
符 号 说 明 表
（补充件）

表 A1

符号	意　　义	单位
A	单位容积蒸发强度	kg/m³·h
C_f	废气比热	kJ/kg·℃
C_{fh}	飞灰比热	kJ/kg·℃
C_d	干料比热	kJ/kg·℃
C_w	湿料比热	kJ/kg·℃
C_{mz}	炉渣比热	kJ/kg·℃
C_{yk}	空气比热	kJ/kg·℃
C_r	燃料比热	kJ/kg·℃
CO_f	烟囱干废气中一氧化碳含量	%
$CO_{2,f}$	烟囱干废气中二氧化碳含量	%
CO_{rg}	进烘干机干烟气中一氧化碳含量	%
$CO_{2,rg}$	进烘干机干烟气中二氧化碳含量	%
H_2O^f	湿废气中的水汽含量	%
L_{mz}	炉渣烧失量	%
M_c	每小时干料量	kg/h
M_d	干料量	kg/kg
M_f	1 kg 干料相应的废气质量	kg/kg
M_{fk}	1 kg 干料相应的其他热源量	kg/kg
M_{fh}	1 kg 干料相应的飞灰量	kg/kg
M_l	1 kg 干料相应的烘干机系统漏入空气质量	kg/kg
M_{lok}	1 kg 干料相应的燃烧室系统漏入空气质量	kg/kg
M_{mz}	1 kg 干料相应的炉渣量	kg/kg
M_r	1 kg 干料相应的燃料量	kg/kg
M_w	1 kg 干料相应的湿料量	kg/kg

续表 A1

符号	意　　义	单位
M_q	1 kg 干料相应的其他物料支出量	kg/kg
M_{yk}	1 kg 干料相应的鼓入燃烧室系统空气质量	kg/kg
M_{zs}	1 kg 干料物料总收入量	kg/kg
$N_{2,f}$	烟囱干废气中氮气含量	%
$N_{2,rq}$	进烘干机干烟气中氮气含量	%
$O_{2,f}$	烟囱干废气中氧气含量	%
$O_{2,rq}$	进烘干机干烟气中氧气含量	%
Q_d	干料带出显热	kJ/kg
Q_f	烟囱废气带出显热	kJ/kg
Q_{fk}	其他热源带入热	kJ/kg
Q_{fh}	飞灰带出显热	kJ/kg
Q_{hb}	化学不完全燃烧热损失	kJ/kg
Q_{jb}	机械不完全燃烧热损失	kJ/kg
Q_l	烘干机漏风带入显热	kJ/kg
Q_{lok}	燃烧室漏风带入显热	kJ/kg
Q_{mz}	炉渣带出显热	kJ/kg
Q_r	燃料显热	kJ/kg
Q_{rb}	燃烧室表面散热损失	kJ/kg
Q_{rr}	燃料燃烧热	kJ/kg
Q_w	湿料带入显热	kJ/kg
Q_q	其他热损失	kJ/kg
Q_{yb}	烘干机筒体表面散热损失	kJ/kg
Q_{ww}	加热与蒸发水分耗热	kJ/kg
Q_{cb}	排风管及烟囱表面散热损失	kJ/kg
Q_{zs}	总收入热量	kJ/kg
Q_{zz}	总支出热量	kJ/kg
Q_b	系统表面散热损失	kJ/kg
Q_{yk}	鼓入燃烧室空气显热	kJ/kg

续表 A1

符号	意　　义	单位
n	漏风系数	
n_{CO_2}	以二氧化碳平衡法求得的漏风系数	
n_{O_2}	以氧平衡法求得的漏风系数	
t_d	干料温度	℃
t_f	烟囱废气温度	℃
t_k	环境温度	℃
t_{mz}	炉渣温度	℃
t_r	燃烧温度	℃
t_{rb}	燃烧室表面温度	℃
t_{yb}	烘干机筒体表面温度	℃
t_w	湿料温度	℃
t_y	热烟气温度	℃
t_{cb}	排风管及烟囱表面温度	℃
V_f	烟囱废气量	m^3/kg
V_{yk}	鼓入燃烧室空气量	m^3/kg
V_l	烘干机漏风量	m^3/kg
V_{lok}	燃烧室漏风量	m^3/kg
W_1	湿料水分	%
W_2	烘干料水分	%
ρ_f	烟囱废气密度	kg/m^3
W_k	环境风速	m/s
η_{rs}	燃烧室热效率	%
η_{hj}	烘干机热效率	%
η	系统热效率	%
ρ_h	大气密度	kg/m^3
ρ_{yk}	入炉空气密度	kg/m^3

附　录　B
烘干机系统设备概况表
（补充件）

表 B1

厂　　名				
烘干物料品种				
烘干物料方式				
名称		单位	数据	备注
烘干机	规格	m		
	胴体内容积	m^3		
	平均有效内径	m		
	有效长度	m		
	有效内表面积	m^2		
	有效内容积	m^3		
	斜度	%		
	转速	r/min		
	电机型号			
	电机功率	kW		
	扬料板			
烘干机设计指标	设计生产能力	kg/h		
	设计物料初水分	%		
	设计物料终水分	%		
	设计热耗	kJ/kgH_2O		
	单位体积蒸发强度	kg/m^3		
燃烧室	型式			
	尺寸	mm		
喂煤设备	型式			
	规格	mm		
	生产能力	kg/h		

续表 B1

厂　名					
烘干物料品种					
烘干物料方式					
名称			单位	数据	备注
喂料设备		型式			
		规格	mm		
		能力	kg/h		
排渣设备		型式			
		规格	mm		
		能力	kg/h		
鼓风机		型号			
		铭牌风压	Pa(mmH_2O)		
		铭牌风量	m^3/min		
		电机功率	kW		
收尘设备	一级	型式			
		规格	m^2		
		效率	%		
	二级	型式			
		规格	m^2		
		效率	%		
排风机		型号			
		铭牌风压	Pa(mmH_2O)		
		铭牌风量	m^3/min		
		电机功率	kW		
烟囱规格			m		

附 录 C
热工测量数据汇总表
（补充件）

测量时间：____年____月____日____时____分到____时____分

烘干物料名称：______________________

表 C1

天气情况		气候		
		气压,Pa		
		室外温度,℃		
		空气湿度,%		
测 量 项 目			单位	数值
燃料	工业分析	应用基水分 M_{ay}	%	
		分析基水分 M_{ad}	%	
		分析基挥发分 V_{ad}	%	
		分析基灰分 A_{ad}	%	
		应用基低位发热量 $Q_{net,ay}$	kJ	
		温度 t_r	℃	
		质量 M_r	kg/kg	
湿料		温度 t_w	℃	
		水分 W_1	%	
		质量 M_w	kg/kg	
干料		温度 t_d	℃	
		水分 W_2	%	
		质量 M_d	kg/kg	
炉渣		湿度 t_{mz}	℃	
		烧失量 L_{mz}	%	
		质量 M_{mz}	kg/kg	

续表 C1

<table>
<tr><td rowspan="4" colspan="2">天气情况</td><td colspan="3">气候</td></tr>
<tr><td colspan="3">气压,Pa</td></tr>
<tr><td colspan="3">室外温度,℃</td></tr>
<tr><td colspan="3">空气湿度,%</td></tr>
<tr><td colspan="3">测 量 项 目</td><td>单位</td><td>数值</td></tr>
<tr><td rowspan="5">进入系统空气</td><td rowspan="3">鼓风机鼓入燃烧室空气</td><td>容量 V_{yk}</td><td>m^3/kg</td><td></td></tr>
<tr><td>温度 t_{yk}</td><td>℃</td><td></td></tr>
<tr><td>静压 P_{yk}</td><td>Pa</td><td></td></tr>
<tr><td rowspan="2">系统漏风</td><td>容量 V_{lok}</td><td>m^3/kg</td><td></td></tr>
<tr><td>温度 t_{lok}</td><td>℃</td><td></td></tr>
<tr><td rowspan="8">烟囱废气</td><td colspan="2">容量 V_f</td><td>m^3/kg</td><td></td></tr>
<tr><td colspan="2">温度 t_f</td><td>℃</td><td></td></tr>
<tr><td colspan="2">静压 P_f</td><td>Pa</td><td></td></tr>
<tr><td rowspan="5">成分分析</td><td>$CO_{2,f}$</td><td>%</td><td></td></tr>
<tr><td>$O_{2,f}$</td><td>%</td><td></td></tr>
<tr><td>CO_f</td><td>%</td><td></td></tr>
<tr><td>$N_{2,f}$</td><td>%</td><td></td></tr>
<tr><td>过剩空气系数 α_f</td><td></td><td></td></tr>
<tr><td rowspan="6">烟气</td><td colspan="2">温度 t_y</td><td>℃</td><td></td></tr>
<tr><td rowspan="5">成分分析</td><td>$CO_{2,rg}$</td><td>%</td><td></td></tr>
<tr><td>$O_{2,rg}$</td><td>%</td><td></td></tr>
<tr><td>CO_{rg}</td><td>%</td><td></td></tr>
<tr><td>$N_{2,rg}$</td><td>%</td><td></td></tr>
<tr><td>过剩空气系数 α_{rg}</td><td></td><td></td></tr>
<tr><td rowspan="2">飞灰</td><td colspan="2">质量 M_{fh}</td><td>kg/kg</td><td></td></tr>
<tr><td colspan="2">烧失量 L_{fh}</td><td>%</td><td></td></tr>
</table>

续表 C1

测量项目			单位	数值
天气情况		气候		
		气压,Pa		
		室外温度,℃		
		空气湿度,%		
表面散热	烘干机筒体	表面积 F_{yb}	m^2	
		表面平均温度 t_{yb}	℃	
	燃烧室	表面积 F_{rb}	m^2	
		表面平均温度 t_{rb}	℃	
	排风管及烟囱	表面积 F_{cb}	m^2	
		表面平均温度 t_{cb}	℃	

附加说明：

本标准由全国水泥标准化技术委员会提出并归口。

本标准由中国建筑材料科学研究院水泥科学研究所负责起草。

本标准主要起草人赵慰慈、金宗振、陈光余。

ICS 91.100.10
Q 11
备案号：27692—2010

中华人民共和国建材行业标准

JC/T 578—2009
代替 JC/T 578—1995

评定水泥强度匀质性试验方法

Method for assessing the uniformity of cement strength

2009-12-04 发布　　2010-06-01 实施

中华人民共和国工业和信息化部　发布

前言

本标准是对JC/T 578—1995《评定水泥强度匀质性试验方法》的格式修订。

本标准自实施之日起代替JC/T 578—1995。

本标准附录A为规范性附录，附录B为资料性附录。

本标准由中国建筑材料联合会提出。

本标准由全国水泥标准化技术委员会(SAC/TC 184)归口。

本标准主要起草单位：建筑材料工业技术监督研究中心。

本标准主要起草人：甘向晨、赵婷婷、金福锦、陈斌。

本标准所代替标准的历次版本发布情况为：

——JC/T 578—1995。

评定水泥强度匀质性试验方法

1 范围

本标准规定了评定某一时期单一品种、单一强度等级水泥强度匀质性试验的取样、步骤、结果计算及评定准则和某一时期单一编号水泥强度均匀性试验的取样、步骤和结果计算。

本标准适用于通用水泥，中、低热水泥和抗硫硅酸盐水泥等具有 28 d 抗压强度的水泥以及规定采用本方法的其他品种和龄期的水泥。

2 规范性引用文件

下列文件中的条款通过本标准的引用而成为本标准的条款。凡是注日期的引用文件，其随后所有的修改单(不包括勘误的内容)或修订版均不适用于本标准，然而，鼓励根据本标准达成协议的各方研究是否可使用这些文件的最新版本。凡是不注日期的引用文件，其最新版本适用于本标准。

GB/T 12573 水泥取样方法

GB/T 17671 水泥胶砂强度检验方法(ISO 法)(GB/T 17671—1999 idt ISO 679:1989)

3 术语和定义

下列术语和定义适用于本标准。

3.1

匀质性 uniformity

某一时期单一品种、单一强度等级水泥 28 d 抗压强度的稳定程度。

3.2

均匀性 homogeniety

某一时期单一编号水泥 10 个分割样 28 d 抗压强度的均匀程度。

4 方法原理

统计在某一时期单一品种水泥、单一强度等级和某一时期单一编号水泥的 28 d 抗压强度，用标准偏差和变异系数表示该水泥的匀质性和均匀性。

5 取样

按 GB/T 12573 的规定进行取样。所有取样应由质量控制或检验人员执行。

6 步骤

6.1 强度试验

按 GB/T 17671 进行所有试样的强度试验。

6.2 匀质性试验

6.2.1 以月为单位，单一品种的任一强度等级水泥，每月应不少于 30 个连续编号，如不足 30 个编号，则与下月合并。以数理统计方法，统计水泥 28 d 抗压强度的平均值、最高、最低值、标准偏差和变异系数。

6.2.2 每 3 个(或 3 天)连续编号中至少有一个应做重复试验，直至有 10 个试样已重复试验为止。重复试验应与最初试验不是同一天。将重复试验的编号标记并记录结果，计算平均极差 $\bar{R}$，然后计算试验

的标准偏差 S_e 和试验的变异系数 C_e。

6.2.3 当试验的变异系数 C_e 不大于4.0%时，则减少重复试验的频数为每10个(或10天)连续编号做一个重复试验(每月至少做一次重复试验)。当试验的变异系数 C_e 大于4.0%时，则恢复每3个(或3天)连续编号做一个重复试验(至少做10个编号)。当试验的变异系数 C_e 大于5.5%时，则应充分检验仪器和试验步骤是否符合规定要求。

6.3 均匀性试验

单一编号水泥强度均匀性试验步骤和计算按附录A进行。

7 计算及结果表示

7.1 强度平均值

强度平均值 $\overline{X}$ 按公式(1)计算，结果保留至小数点后一位。

$$\overline{X}=\frac{X_1+X_2+\cdots+X_n}{n} \quad \cdots\cdots(1)$$

式中：

$\overline{X}$——全部试样28 d抗压强度平均值，单位为兆帕(MPa)；

X_1、$X_2\cdots X_n$——每一试样28 d抗压强度，单位为兆帕(MPa)；

n——试样数量。

7.2 总标准偏差

总标准偏差 S_t 按式(2)计算，结果保留至小数点后两位。

$$S_t=\sqrt{\frac{\sum_{i=1}^{n}(X_i-\overline{X})^2}{n-1}} \quad \cdots\cdots(2)$$

式中：

S_t——某一时期单一品种水泥的28 d抗压强度总标准偏差，单位为兆帕(MPa)；

X_i——每一试样28 d抗压强度，单位为兆帕(MPa)；

$\overline{X}$——全部试样28 d抗压强度平均值，单位为兆帕(MPa)；

n——试样数量。

7.3 总变异系数

总变异系数 C_t 按式(3)计算，结果保留至小数点后两位。

$$C_t=\frac{S_t}{\overline{X}}\times 100 \quad \cdots\cdots(3)$$

式中：

C_t——某一时期单一品种水泥的28 d抗压强度总变异系数，以百分数表示(%)；

S_t——某一时期单一品种水泥的28 d抗压强度总标准偏差，单位为兆帕(MPa)；

$\overline{X}$——全部试样28 d抗压强度平均值，单位为兆帕(MPa)。

7.4 重复试验

7.4.1 试验的标准偏差

试验的标准偏差 S_e 按式(4)计算，结果保留至小数点后两位。

$$S_e=0.886\overline{R} \quad \cdots\cdots(4)$$

式中：

S_e——根据重复试验计算的试验的标准偏差，单位为兆帕(MPa)；

$\overline{R}$——重复试验强度值极差的平均值，单位为兆帕(MPa)；

0.886——同一水泥试样重复试验的极差系数。

7.4.2 **试验的变异系数**

试验的变异系数 C_e 按式(5)计算,结果保留至小数点后两位。

$$C_e=\frac{S_e}{\overline{X}_e}\times 100 \quad\cdots\cdots(5)$$

式中:

C_e——根据重复试验计算的试验的变异系数,以百分数表示(%);

S_e——根据重复试验计算的试验的标准偏差,单位为兆帕(MPa);

$\overline{X}_e$——重复试验强度的平均值,单位为兆帕(MPa)。

7.5 **标准偏差和变异系数**

标准偏差 S_c 和变异系数 C_v 按式(6)和式(7)计算,结果保留至小数点后两位。

$$S_c=\sqrt{S_t^2-S_e^2} \quad\cdots\cdots(6)$$

$$C_v=\sqrt{C_t^2-C_e^2} \quad\cdots\cdots(7)$$

式中:

S_c——某一时期单一品种水泥的 28 d 抗压强度标准偏差,单位为兆帕(MPa);

S_t——某一时期单一品种水泥的 28 d 抗压强度总标准偏差,单位为兆帕(MPa);

S_e——根据重复试验计算的试验的标准偏差,单位为兆帕(MPa);

C_v——某一时期单一品种水泥的 28 d 抗压强度变异系数,以百分数表示(%);

C_t——某一时期单一品种水泥的 28 d 抗压强度总变异系数,以百分数表示(%);

C_e——根据重复试验计算的试验的变异系数,以百分数表示(%)。

8 评定报告

评定报告应至少包括以下内容:

——生产企业名称;

——水泥品种及强度等级;

——试验结果(平均强度、强度最大、最小值、标准偏差和变异系数);

——试验日期、化验室统计员和实验室负责人签字,实验室名称(盖章)。

9 评定准则

单一品种水泥以 28 d 抗压强度的标准偏差 S_c 和变异系数 C_v 作为评定水泥强度匀质性的依据,同时参考其他品质指标的情况。

单一编号水泥 10 个分割样强度均匀性应符合相关标准和规定的要求。

附　录　A
（规范性附录）
单一编号水泥强度均匀性试验

A.1　取样

按 GB/T 12573 进行取样。所有取样应由质量控制或检验人员进行。在正常生产情况下每季度取样一次，生产工艺或品种发生变化时，应改变取样周期。

A.2　步骤

每个品种水泥随机抽取一个编号，按 GB/T 12573 方法取 10 个分割样，在 2～3 天内按 GB/T 17671进行强度试验，并计算强度平均值、标准偏差和变异系数。

A.3　计算及结果表示

A.3.1　强度平均值

强度平均值 $\overline{X}_{分割样}$ 按式（A.1）计算，结果保留至小数点后一位。

$$\overline{X}_{分割样}=\frac{X_{分割样1}+X_{分割样2}+\cdots X_{分割样10}}{n} \qquad \cdots\cdots(A.1)$$

式中：

$\overline{X}_{分割样}$——10 个分割样 28 d 抗压强度的平均值，单位为兆帕（MPa）；

$X_{分割样1}$、$X_{分割样2}$、……、$X_{分割样10}$——每个分割样的 28 d 抗压强度值，单位为兆帕（MPa）；

n——分割样数量，$n=10$。

A.3.2　标准偏差

标准偏差 $S_{分割样}$ 按式（A.2）计算，结果保留至小数点后两位。

$$S_{分割样}=\sqrt{\frac{\sum_{i=1}^{n}(X_{分割样i}-\overline{X}_{分割样})^2}{n-1}} \qquad \cdots\cdots(A.2)$$

式中：

$S_{分割样}$——分割样 28 d 抗压强度标准偏差，单位为兆帕（MPa）；

$X_{分割样i}$——每个分割样的 28 d 抗压强度值，单位为兆帕（MPa）；

$\overline{X}_{分割样}$——10 个分割样 28 d 抗压强度平均值，单位为兆帕（MPa）；

n——分割样数量，$n=10$。

A.3.3　变异系数

变异系数 $C_{v分割样}$ 按式（A.3）计算，结果保留至小数点后两位。

$$C_{v分割样}=\frac{S_{分割样}}{\overline{X}_{分割样}}\times 100 \qquad \cdots\cdots(A.3)$$

式中：

$C_{v分割样}$——分割样 28 d 抗压强度变异系数，以百分数表示（%）；

$S_{分割样}$——分割样 28 d 抗压强度标准偏差，单位为兆帕（MPa）；

$\overline{X}_{分割样}$——10 个分割样 28 d 抗压强度平均值，单位为兆帕（MPa）。

附　录　B
（资料性附录）
重复试验计算示例

重复试验计算示例见表B.1。

表B.1　重复试验计算示例

日期	编号	28 d抗压强度/MPa		极差 R MPa
		试验	重复试验	
略	略	……		
		54.7	53.9	0.8
		53.2	53.6	0.4
		54.2	54.7	0.5
		52.1	52.6	0.5
		54.2	54.8	0.6
		53.1	54.3	1.2
		52.3	53.4	1.1
		52.4	52.1	0.3
		55.4	54.9	0.5
		53.0	52.2	0.8
		……		
平均值/MPa		—	$\bar{X}_e=53.7$	$\bar{R}=0.67$
试验的标准偏差 S_e/MPa		$S_e=0.886\bar{R}=0.886\times0.67=0.59$		
试验的变异系数 C_e/%		$C_e=\frac{S_e}{\bar{X}_e}\times100=0.59/53.7\times100=1.10$		

ICS 91.100.10
Q 11
备案号：27698—2010

中华人民共和国建材行业标准

JC/T 601—2009
代替 JC/T 601—1995

水泥胶砂含气量测定方法

Methods for determining air content in cement mortar

2009-12-04 发布　　2010-06-01 实施

中华人民共和国工业和信息化部　发布

前　言

本标准与 ASTMC 185—01《水硬性水泥含气量测定方法》的一致性程度为非等效。

本标准自实施之日起代替 JC/T 601—1995 标准。

与 JC/T 601—1995 标准相比，主要变化如下：

——胶砂搅拌机由“符合 GB 3350.1 要求的胶砂搅拌机”改为“符合 JC/T 681 的行星式水泥胶砂搅拌机”(1995 版标准第 4.1 条，本版标准第 4.3 条)；

——跳桌由符合 GB 2419 标准的跳桌改为“符合 JC/T 958 水泥胶砂流动度测定仪(跳桌)”(1995 版标准第 7.2 条，本版标准第 4.1 条)；

——跳桌跳动次数由“15 次”改为“12 次”(1995 版标准第 7.2 条，本版标准第 7.2 条)。

附录 A 为规范性附录。

本标准由中国建筑材料联合会提出。

本标准由全国水泥标准化技术委员会(SAC/TC 184)归口。

本标准起草单位：中国建筑材料科学研究总院、厦门艾思欧标准砂有限公司。

本标准参加起草单位：山东丛林集团有限公司、云南瑞安建材投资有限公司。

本标准主要起草人：江丽珍、颜碧兰、刘晨、李昌华、翟联金、马兆模。

本标准于 1995 年首次发布，本次为第一次修订。

水泥胶砂含气量的测定方法

1 范围

本标准规定了水泥胶砂含气量测定方法的方法原理、仪器设备、材料、试验室温度和湿度、胶砂组成、胶砂实际容重的测定、胶砂理论容重的计算、水泥胶砂含气量的计算。

本标准适用于硅酸盐水泥、普通硅酸盐水泥以及指定采用本标准的其他品种水泥。

2 规范性引用标准

下列文件中的条款通过本标准的引用而成为本标准的条款。凡是注日期的引用文件，其随后所有的修改单(不包括勘误的内容)或修订版均不适用于本标准，然而，鼓励根据本标准达成协议的各方研究是否可使用这些文件的最新版本。凡是不注日期的引用文件，其最新版本适用于本标准。

GB/T 208 水泥密度测定方法

GB/T 2419 水泥胶砂流动度测定方法

GB/T 6003.2 金属穿孔板试验筛

JC/T 681 行星式水泥胶砂搅拌机

JC/T 958 水泥胶砂流动度测定仪(跳桌)

3 方法原理

本方法通过计算水泥胶砂组分的密度和配比得到理论容重，与其实际容重的差值，确定水泥胶砂中的含气量。

4 仪器设备

4.1 跳桌

符合 JC/T 958 的要求。

4.2 天平

最大称量不小于 2 000 g，分度值不大于 1 g。

4.3 行星式水泥胶砂搅拌机

符合 JC/T 681 的规定。

4.4 容重圆筒

由不锈钢或铜质材料制成，内径约 76 mm，深度约 88 mm，容重圆筒容积为 400 mL。圆筒壁厚应均匀，壁厚和底厚不小于 2.9 mm，空容重圆筒重量不大于 900 g。

4.5 直刀

由不锈钢制成，形状和尺寸的示意图见图 1。

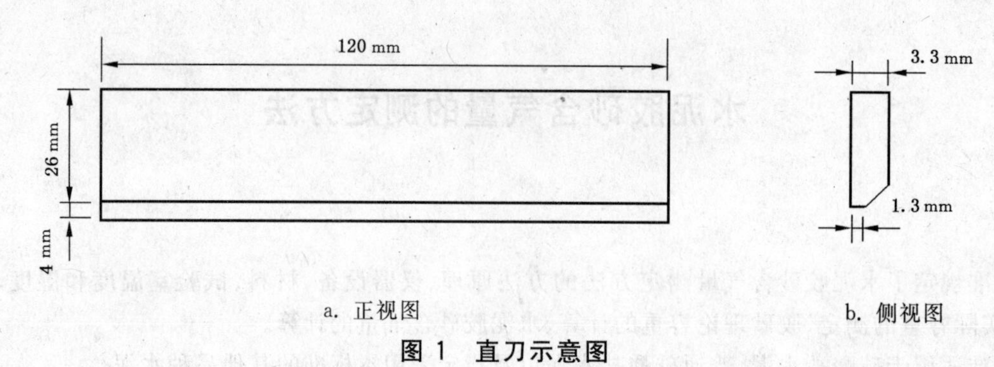

图1 直刀示意图

4.6 捣棒

捣棒由不吸水、耐磨损的硬质材料制成。捣棒头的断面为13 mm×13 mm,手柄长度120 mm~150 mm。

4.7 敲击棒

由硬木制成,直径约16 mm,长约152 mm。

4.8 玻璃板

尺寸约为100 mm×100 mm的玻璃板,板面光滑。

5 材料

5.1 玻璃珠

符合本标准附录A的规定。

5.2 试验用水

制备胶砂时可用饮用水。标定容重圆筒容积时(8.1条),宜使用20 ℃蒸馏水。

6 试验室温度和湿度

试验室温度为20 ℃±2 ℃,相对湿度大于50%。试验前水泥试样、玻璃珠、拌合水及容重圆筒等材料和仪器设备宜在试验室放置24 h。

7 胶砂组成

7.1 灰珠比

水泥胶砂由水泥与玻璃珠组成,其比例为1∶4。每次试验需称取水泥350 g,玻璃珠1 400 g。

7.2 胶砂用水量

按胶砂流动度达到160 mm±5 mm控制加水量,水泥胶砂搅拌程序按GB/T 17671—1999进行,水泥胶砂流动度试验方法按GB/T 2419进行,但用符合本标准附录A要求的玻璃珠替代标准砂。搅拌时,注意尽量使胶砂不要粘壁和锅底,搅拌时停拌90 s内用胶皮或料勺将叶片和锅壁上的胶砂刮入锅中。跳桌跳动次数为12次。每次进行流动度操作时,剩余胶砂放在搅拌锅中并用湿布盖好。若流动度符合要求,则用留在锅里的胶砂测定容重。

8 胶砂实际容重的测定

8.1 容重圆筒容积的标定

8.1.1 首先将容重圆筒清洗干净,晾干。盖上玻璃板,称重,准确至1 g(m_1)。取下玻璃板,加满20 ℃的蒸馏水。盖上玻璃板,将多余水排出。透过玻璃板应看不到气泡,证明容重圆筒已被水完全充满,否则应再添加水,直至完全充满。玻璃板与圆筒一同称重,注意称重时将容重圆筒外水擦干,准确至1 g(m_2)。

8.1.2 容重圆筒的容积按式(1)计算,精确至小数点后一位。

$$V=\frac{m_2-m_1}{0.99823} \quad \cdots\cdots(1)$$

式中:

V——容重圆筒容积,单位为立方厘米(cm^3);

m_1——容重圆筒和玻璃板盛水前的重量,单位为克(g);

m_2——容重圆筒和玻璃板盛水后的重量,单位为克(g);

0.998 23——蒸馏水在 20 ℃时的密度,单位为克每立方厘米(g/cm^3)。

8.2 胶砂容重测定

8.2.1 按第 7 章要求制成的水泥胶砂流动度达到 160 mm±5 mm 时,立即将测定流动度剩余在搅拌锅内的胶砂进行容重测定,不能使用测定流动度的那部分胶砂。

8.2.2 用料勺将搅拌好的胶砂分三次装入已称重的容重圆筒(m_3)中,每次装入的胶砂量大致相等,每层用捣棒沿圆筒内壁捣压 18 次,中心捣压 2 次。在捣压第一层时,捣压至圆筒底部 2 mm~3 mm。在捣压第二层和第三层时,使捣棒捣压至前一层即可。捣压完毕后,用敲击棒的端部在圆筒外以间隔相同的 5 个点轻轻敲击,排除胶砂裹住的附加气泡,然后用直刀的斜边紧贴圆筒顶部,将多余的胶砂刮去并抹平,刮平次数不超过 4 次。如发现有玻璃珠浮在表面,应再加少量胶砂重新刮平。

8.2.3 从装筒至刮平结束应不超过 90 s。擦去附在圆筒外壁上的胶砂和水,将装满胶砂的圆筒放到天平上称重,准确至 1 g(m_4)。

8.2.4 胶砂实际容重 γ_b 按式(2)计算,保留至小数点后两位。

$$\gamma_b=\frac{m_4-m_3}{V} \quad \cdots\cdots(2)$$

式中:

γ_b——胶砂实际容重,单位为克每立方厘米(g/cm^3);

m_3——空容重圆筒的重量,单位为克(g);

m_4——装满胶砂后容重圆筒的重量,单位为克(g)。

9 胶砂理论容重 γ_p 的计算

胶砂理论容重 γ_p 按式(3)计算,计算结果保留至小数点后两位。

$$\gamma_p=\frac{350+1\,400+350\times P}{\frac{350}{\rho_c}+\frac{1\,400}{\rho_g}+\frac{350\times P}{0.998\,23}} \quad \cdots\cdots(3)$$

式中:

γ_p——胶砂理论容重,单位为克每立方厘米(g/cm^3);

P——水泥胶砂达到规定流动度时的水灰比(%);

ρ_c——水泥密度,单位为克每立方厘米(g/cm^3);

ρ_g——玻璃珠密度,单位克每立方厘米(g/cm^3);

350——试验时称取的水泥重量,单位为克(g);

1 400——试验时称取的玻璃珠重量,单位为克(g);

10 水泥胶砂含气量的计算

水泥胶砂含气量的计算按式(4)进行,结果精确至小数点后一位。

$$A_c = (1 - \frac{\gamma_b}{\gamma_p}) \times 100 \quad \cdots\cdots\cdots\cdots (4)$$

式中：

A_c——水泥胶砂含气量(%)；

γ_b——胶砂实际容量，单位为克每立方厘米(g/cm^3)；

γ_p——胶砂理论容量，单位为克每立方厘米(g/cm^3)。

附 录 A
（规范性附录）
水泥胶砂含气量检验用玻璃珠

A.1 范围

本附录适用于进行胶砂含气量检验用玻璃珠。

A.2 指标要求

A.2.1 密度

应在 2.3 g/cm³～2.5 g/cm³ 之间。

A.2.2 漂浮物

不超过 0.1%。

A.2.3 圆球度

不应低于 80%。

A.2.4 粒度

应满足表 A.1 要求。

表 A.1 玻璃珠粒度要求

圆孔筛孔径/mm	累计筛余/%
1.18	0
0.85	<15
0.60	>95

A.3 仪器设备

A.3.1 圆孔筛

符合 GB/T 6003.2 要求的 1.18 mm、0.85 mm、0.60 mm 的圆孔筛。

A.3.2 烘干箱

可控制温度不低于 110 ℃，温度控制精度不大于 2 ℃。

A.3.3 投影仪

放大倍数至少 100 倍。

A.4 试验方法

A.4.1 密度的测定

按 GB/T 208 进行。

A.4.2 漂浮物含量的测定

称取具有代表性的玻璃珠 50 g，准确至 0.1 g(m_5)。将玻璃珠倒入烧杯中，注入蒸馏水，用有橡皮头的玻璃棒搅拌约 1 min，将浑浊的水小心倒出，如此重复，直至没有发现漂浮物为止。将玻璃珠在 110 ℃温度下烘干至恒重，冷却称量，准确至 0.1 g(m_6)。漂浮物量按式(A.1)计算，结果保留至小数点后第二位。

$$c=\frac{m_5-m_6}{m_5}\times 100 \qquad \cdots\cdots (A.1)$$

式中：

c——漂浮物含量，%；

m_5——玻璃珠试样重量，单位为克(g)；

m_6——清洗后玻璃珠试样重量，单位为克(g)。

A.4.3 圆球度的测定

取少量有代表性的不少于 200 粒的玻璃珠，放到投影仪下观察。计算颗粒的长径与短径的比，比值小于 1.2 的视为圆球。

圆球度按式(A.2)计算，结果保留整数。

$$B=\frac{N-N_1}{N}\times 100 \qquad \cdots\cdots (A.2)$$

式中：

B——玻璃珠圆球度(%)；

N——投影仪下所观察颗粒的总数，单位为个；

N_1——投影仪下所观察到的非圆球形颗粒数，单位为个。

A.4.4 粒度测定

取 100 g 具有代表性的玻璃珠分别放在 1.18 mm、0.85 mm、0.60 mm 的筛子上测定筛余。筛析时每分钟通过量不超过 0.5 g 时视为已完成筛分。筛余结果按式(A3)计算，结果保留整数。

$$R=\frac{R_t}{W}\times 100 \qquad \cdots\cdots (A3)$$

式中：

R——玻璃珠筛余百分数，单位为质量百分数(%)；

R_t——玻璃珠筛余物的质量，单位为克(g)；

W——玻璃珠试样的质量，单位为克(g)。

也可分别测定＞1.18 mm、0.85 mm～1.18 mm、0.60 mm～0.85 mm 各级的筛余，再计算累计筛余。

ICS 91.100.10
Q 11
备案号：27697—2010

中华人民共和国建材行业标准

JC/T 602—2009
代替 JC/T 602—1995

水泥早期凝固检验方法

Testing methed of the early stiffening of cement
（Paste Method and Mortar Method）

2009-12-04 发布　　2010-06-01 实施

中华人民共和国工业和信息化部　发布

前言

本标准与美国标准 ASTMC 451—07《水硬性水泥早期凝固试验方法(净浆法)》和 ASTMC 359—07《水硬性水泥早期凝固试验方法(砂浆法)》的一致性程度为修改采用。

本标准自实施之日起,代替 JC/T 602—1995。

与 JC/T 602—1995 相比,本标准主要变化如下:

——将"GB 3350.1 水泥物理检验仪器 胶砂搅拌机、GB 3350.6 水泥物理检验仪器 净浆标准稠度与凝结时间测定仪、GB 3350.8 水泥物理检验仪器 水泥净浆搅拌机"改为"JC/T 681 行星式水泥胶砂搅拌机、JC/T 727 水泥净浆标准稠度与凝结时间测定仪、JC/T 729 水泥净浆搅拌机"(1995 版第 2 章,本版第 2 章);

——砂浆法中将"标准砂"改为"符合 GB/T 17671—1999 规定的 0.5 mm～1.0 mm 的中级砂"(1995 版第 5.2 条,本版第 5.2 条);

——砂浆法中将水泥胶砂加水量由"硅酸盐水泥、普通硅酸盐水泥为 192 mL"改为"硅酸盐水泥、普通硅酸盐水泥为 185 mL,或按流动度达到 205 mm～215 mm 范围内确定加水量"(1995 版第 7.1 条,本版第 7.1 条);

——增加了早期凝固判定的一般原则(本版第 7 章)。

本标准由中国建筑材料联合会提出。

本标准由全国水泥标准化技术委员会(SAC/TC 184)归口。

本标准负责起草单位:中国建筑材料科学研究总院、河南红旗渠建设集团有限公司、厦门艾思欧标准砂有限公司。

本标准参加起草单位:云南瑞安建材投资有限公司、云南红塔滇西水泥股份有限公司。

本标准主要起草人:江丽珍、张秋英、刘晨、于法典、郝卫增、白显明、翟联金、郭伸。

本标准首次发布于 1995 年,本次为第一次修订。

水泥早期凝固检验方法

1 范围

本标准规定了水泥早期凝固检验方法的术语和定义、仪器设备、试验室温度和材料、操作、结果计算和试验报告。本标准试验方法有水泥净浆法和砂浆法两种，判定原则以水泥净浆法为准。

本标准适用于硅酸盐水泥、普通硅酸盐水泥及指定采用本标准的其他品种水泥。

2 规范性引用文件

下列文件中的条款通过本标准的引用而成为本标准的条款。凡是注日期的引用文件，其随后所有的修改单(不包括勘误的内容)或修订版均不适用于本标准，然而，鼓励根据本标准达成协议的各方研究是否可使用这些文件的最新版本。凡是不注日期的引用文件，其最新版本适用于本标准。

GB/T 1346 水泥标准稠度用水量、凝结时间、安定性检验方法(GB/T 1346—2002,eqv ISO 9597:1989)

GB/T 2419 水泥胶砂流动度测定方法

GB/T 17671—1999 水泥胶砂强度检验方法(ISO法)(idt ISO 679:1989)

JC/T 681 行星式水泥胶砂搅拌机

JC/T 727 水泥净浆标准稠度与凝结时间测定仪

JC/T 729 水泥净浆搅拌机

3 术语和定义

下列术语和定义适用于本标准。

3.1

早期凝固 early stiffening

水泥净浆或水泥砂浆加水搅拌后不久发生的异常凝结现象称为早期凝固。早期凝固分假凝和瞬凝。

3.2

假凝 false set

水泥净浆或水泥砂浆加水搅拌后不久，在没有放出大量热的情况下迅速变硬，不用另外加水重新搅拌后仍能恢复其塑性的现象称为假凝。

3.3

瞬凝 flash set

水泥净浆或水泥砂浆加水搅拌后不久，有大量热放出，同时迅速变硬，不另外加水重新搅拌也不能恢复其塑性的现象称为瞬凝，也称为"闪凝"。

3.4

针入度 penetration

衡量水泥净浆或水泥砂浆塑性状态的尺度，用规定横截面和重量的试杆沉入浆体内的深度来表示。

4 仪器设备

4.1 净浆法仪器设备

4.1.1 维卡仪

符合JC/T 727的规定。其中滑动部分总重量为300 g±0.5 g。

4.1.2 水泥净浆搅拌机

符合 JC/T 729 的规定。

4.1.3 圆模

符合 JC/T 727 的规定。

4.1.4 天平

最大量程为 2 000 g,分度值不大于 2 g。

4.1.5 量水器

符合 GB/T 1346 的有关规定。

4.1.6 秒表

量程为 60 min,分度值不大于 0.5 s。

4.1.7 小刀

刀口平直,长度大于 100 mm。

4.1.8 钢勺

木柄不锈钢勺。

4.2 砂浆法仪器设备

4.2.1 维卡仪

符合 JC/T 727 的规定。其中滑动部分总重量为 400 g±0.5 g。

4.2.2 行星式水泥胶砂搅拌机

符合 JC/T 681 的规定。

4.2.3 水泥胶砂流动度测定仪

符合 GB/T 2419 的规定。

4.2.4 试模

容积长、宽、高尺寸为 150 mm×50 mm×50 mm 的槽形上开口试模,用金属材料制成,试模不应漏水。

4.2.5 温度计

量程为(0~50)℃,分度值不大于 0.5 ℃。

4.2.5 天平

同 4.1.4。

4.2.6 量水器

同 4.1.5。

4.2.7 秒表

同 4.1.6。

4.2.8 小刀

同 4.1.7。

4.2.9 钢勺

同 4.1.8。

5 试验室条件和材料

5.1 试验室温度应保持在 20 ℃±2 ℃,相对湿度应不低于 50%。

5.2 水泥试样、标准砂及拌合水的温度应保持在 20 ℃±2 ℃。

5.3 标准砂应符合 GB/T 17671—1999 规定的 0.5 mm~1.0 mm 的中级砂。

6 试验步骤

6.1 净浆法

6.1.1 水泥净浆的制备

称取 500 g 水泥试样，放入用湿布擦过的净浆搅拌锅内，安放在净浆搅拌机上，把开关置于手动位置上，按照水泥试样标准稠度用水量加水，静置 30 s，开动搅拌机慢速运转 30 s，停转 15 s，在停止期间用小刀将粘在锅边上的净浆刮到锅中，再开动搅拌机快速运转 2 min 30 s。

6.1.2 试件成型

搅拌结束后，立即用钢勺将净浆装满圆模，用小刀插捣 2 次～3 次，在垫有胶皮的工作台上振动圆模两次，由中间向两边刮去高出圆模的净浆，抹平。锅内剩余的净浆用湿布覆盖。

6.1.3 初始针入度的测定

将装净浆的圆模放在维卡仪试杆下，试杆下端面对准圆模边缘直径的三分之一处，并与净浆表面接触，卡紧螺丝，在搅拌结束后 20 s 时，突然放松螺丝，试杆沉入净浆内，在此期间应避免对仪器的振动，在下沉 30 s 时，试杆下端面沉入净浆的深度(从净浆表面算起)为初始针入度(A)。

若初始针入度超出 32 mm±4 mm 范围时，应更换试样，改变加水量重新试验。

6.1.4 终期针入度的测定

在完成初始针入度测定之后，提起试杆擦净，将圆模换一个新的位置，按同样的操作，在搅拌结束后 5 min 时，突然放下试杆 30 s 时，试杆下端面沉入净浆的深度，即为终期针入度(B)。

6.1.5 再拌针入度的测定

完成终期针入度测定之后，将圆模内净浆倒回锅内，连同原剩余净浆，在搅拌机上一起快速搅拌 1 min，按本标准 6.2、6.3 条操作测得的针入度即为再拌针入度(E)。

6.1.6 水泥在初凝前发生的不正常凝结现象，有可能发生在本方法规定的测试时间之外，为判明其凝结性质可以改变终期针入度测定时间，进行试验，但在报告中要注明终期针入度测定的时间。

6.1.7 结果计算

水泥净浆终期针入度百分数(P)按下式计算，结果计算至 0.1%。

$$P = \frac{B}{A} \times 100 \qquad \cdots\cdots(1)$$

式中：

P——水泥净浆终期针入度百分数，单位为百分数(%)；

A——水泥净浆初始针入度，单位为毫米(mm)；

B——水泥净浆终期针入度，单位为毫米(mm)；

6.1.8 试验报告

试验报告应包括至少以下内容：

a) 水泥净浆初始针入度 A(mm)；

b) 水泥净浆终期针入度 B(mm)；

c) 水泥净浆终期针入度百分数 P(%)；

d) 水泥净浆再拌针入度 E(mm)。

6.2 砂浆法

6.2.1 试验材料

称取水泥试样 600 g、标准砂 600 g。水泥胶砂加水量按硅酸盐水泥、普通硅酸盐水泥为 185 mL，或按流动度达到 205 mm～215 mm 范围内确定加水量。流动度试验方法按 GB/T 2419 进行。试验材料及用具应在试验室内放置 4 h 以上，使其和试验室温度保持一致。

6.2.2 水泥胶砂制备

将称好的水泥试样、标准砂倒入用湿布擦过的胶砂搅拌锅内，放在行星式水泥胶砂搅拌机上，把开关置于手动位置，开动搅拌机慢速干拌 10 s 后徐徐加水，5 s 内将水加完，继续搅拌至 1 min(从加水开始算起)。

6.2.3 水泥胶砂温度测量

停止搅拌后，迅速将温度计插入胶砂中，保持 45 s 读出胶砂温度并记录，完成温度测量后，再继续搅拌 15 s。

6.2.4 试件成型

完成搅拌后，用钢勺将胶砂装满试模，用双手将试模提起约 80 mm，在工作台面上振动两次，用小刀沿试模长度相对方向做锯状运动，将高出试模的胶砂削去，抹平，锅内剩余的胶砂用湿布覆盖。

6.2.5 初始针入度的测定

将装胶砂的试模放在维卡仪试杆下，试杆下端面对准试模长度方向中心线，并与胶砂表面接触，卡紧螺丝，在距加水开始 3 min 时，突然放松螺丝，试杆沉入胶砂 10 s 后，试杆下端面与胶砂表面之间的距离为初始针入度(A)。一般地，初始针入度为维卡仪的读数；如果维卡仪试杆与容器底部接触，初始针入度应记录为 50^{+} mm。

6.2.6 5 min、8 min、11 min 针入度的测定

初始针入度测定完后，立即提起并擦净试杆，轻移试模，选择新的测试点，按同样的操作，在距加水 5 min、8 min、11 min 时分别测定针入度，其中 11 min 针入度测点应在初始和 5 min 针入度测点的中间。

6.2.7 再拌针入度的测定

完成 11 min 针入度测定后，将试模中胶砂倒入锅内，连同原剩余胶砂一起重新搅拌 1 min，按本标准 6.2.4、6.2.5 操作并在重新搅拌结束后 45 s 测定的针入度即为再拌针入度。

6.2.8 试验报告

试验报告应包括以下内容：

a) 水泥胶砂初始针入度 A(mm)；

b) 水泥胶砂 5 min 针入度 B(mm)；

c) 水泥胶砂 8 min 针入度 C(mm)；

d) 水泥胶砂 11 min 针入度 D(mm)；

e) 水泥胶砂再拌针入度 E(mm)；

f) 水泥胶砂温度(℃)。

7 早期凝固判定的一般原则

7.1 当水泥净浆终期针入度百分数 $P \geqslant 50\%$ 时，判定该水泥为正常凝固。

7.2 当水泥净浆终期针入度百分数 $P < 50\%$ 时，判定该水泥为早期凝固。

7.2.1 不另外加水，重新搅拌后测定再拌针入度，仍能恢复其塑性的现象判为假凝。

7.2.2 不另外加水，重新搅拌后测定再拌针入度，不能恢复其塑性的现象判为瞬凝，也称为“闪凝”。

备案号：14582—2004

中华人民共和国建材行业标准

JC/T 603—2004
代替 JC/T 603—1995

水泥胶砂干缩试验方法

Standard test method for drying shinkage of mortar

2004-10-20 发布　　2005-04-01 实施

中华人民共和国国家发展和改革委员会　发布

前 言

本标准参考 ASTM C596-01《水硬性水泥的干缩试验方法》进行修订。

本标准代替 JC/T 603—1995《水泥胶砂干缩试验方法》，与 JC/T 603—1995 相比，主要变化如下：

——胶砂搅拌机采用符合 JC/T 681 规定的行星式水泥胶砂搅拌机(1995 版的 4.1，本版的 4.1)；

——试验用砂为符合 GB/T 17671—1999 规定的粒度范围在 0.5 mm～1.0 mm 的标准砂(1995 版的 5.2，本版的 5.1)。

请注意本标准的某些内容有可能涉及专利。本标准的发布机构不应承担识别这些专利的责任。

本标准由中国建筑材料工业协会提出。

本标准由全国水泥标准化技术委员会(SAC/TC 184)归口。

本标准负责起草单位：中国建筑材料科学研究院。

本标准主要起草人：江丽珍、颜碧兰、刘晨、王旭芳、张大同、陈萍。

本标准所代替标准的历次版本情况为：

——GB 751—1965、GB 751—1981；

——JC/T 603—1995。

水泥胶砂干缩试验方法

1 范围

本标准规定了水泥胶砂干缩试验的原理、仪器设备、试验材料、试验室温度和湿度、胶砂组成、试体成型、试体养护、存放和测量、结果计算及处理。

本标准适用于道路硅酸盐水泥及指定采用本标准的其他品种水泥。

2 规范性引用文件

下列文件中的条款通过本标准的引用而成为本标准的条款。凡是注日期的引用文件，其随后所有的修改单(不包括勘误的内容)或修订版均不适用于本标准，然而，鼓励根据本标准达成协议的各方研究是否可使用这些文件的最新版本。凡是不注日期的引用文件，其最新版本适用于本标准。

GB/T 2419 水泥胶砂流动度测定方法

GB/T 17671—1999 水泥胶砂强度检验方法(ISO 法)(idt ISO 679:1989)

JC/T 681 行星式水泥胶砂搅拌机

3 原理

本方法是将一定长度、一定胶砂组成的试体，在规定温度、规定湿度的空气中养护，通过测量规定龄期的试体长度变化率来确定水泥胶砂的干缩性能。

4 仪器设备

4.1 胶砂搅拌机

符合 JC/T 681 的规定。

4.2 试模

4.2.1 试模为三联模，由互相垂直的隔板、端板、底座以及定位用螺丝组成，结构如图 1 所示。各组件可以拆卸，组装后每联内壁尺寸为 25 mm×25 mm×280 mm。端板有三个安置测量钉头的小孔，其位置应保证成型后试体的测量钉头在试体的轴线上。

单位为毫米

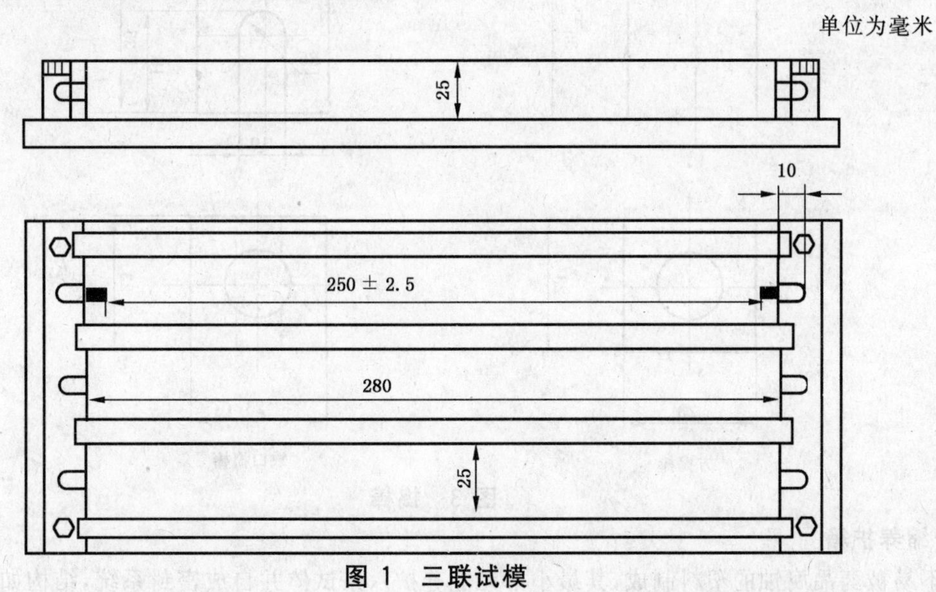

图 1 三联试模

4.2.2　隔板和端板用45号钢制成,表面粗糙度 Ra 不大于6.3。

4.2.3　底座用HT20-40灰口铸铁加工,底座上表面粗糙度Ra不大于6.3,底座非加工面涂漆无流痕。

4.3　钉头

测量钉头用不锈钢或铜制成,规格如图2所示。成型试体时测量钉头伸入试模端板的深度为10 mm~1 mm。

单位为毫米

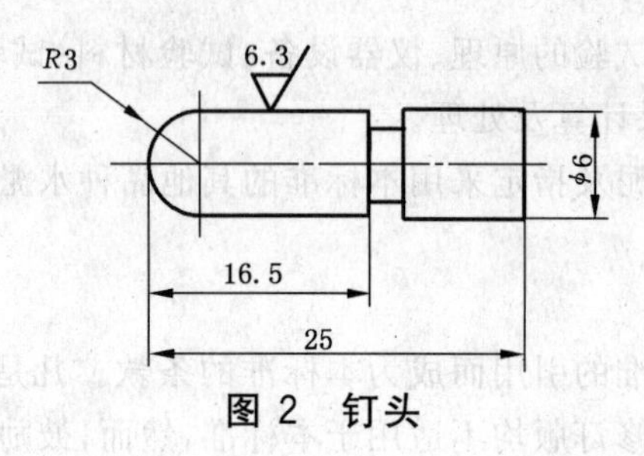

图2　钉头

4.4　捣棒

捣棒包括方捣棒和缺口捣棒两种,规格见图3,均由金属材料制成。方捣棒受压面积为23 mm×23 mm。缺口捣棒用于捣固测量钉头两侧的胶砂。

单位为毫米

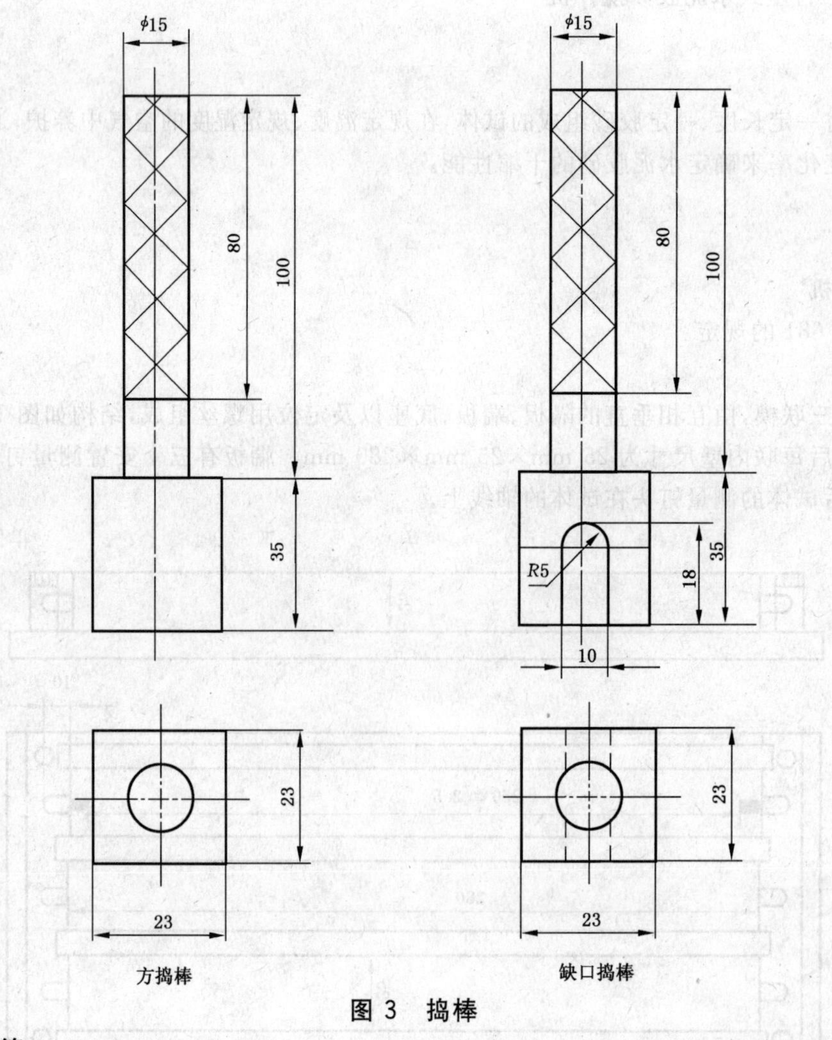

图3　捣棒

4.5　干缩养护箱

由不易被药品腐蚀的塑料制成,其最小单元能养护六条试体并自成密封系统,结构如图4所示。有效容积为 340 mm×220 mm×200 mm，有五根放置试体的蓖条，分为上、下两部分，蓖条宽 10 mm、高 15 mm、相互间隔 45 mm，蓖条上部放置试体的空间高为 65 mm。蓖条下部用于放置控制单元湿度用的药品盘，药品盘由塑料制成，大小应能从单元下部自由进出，容积约 2.5 L。

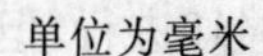
单位为毫米

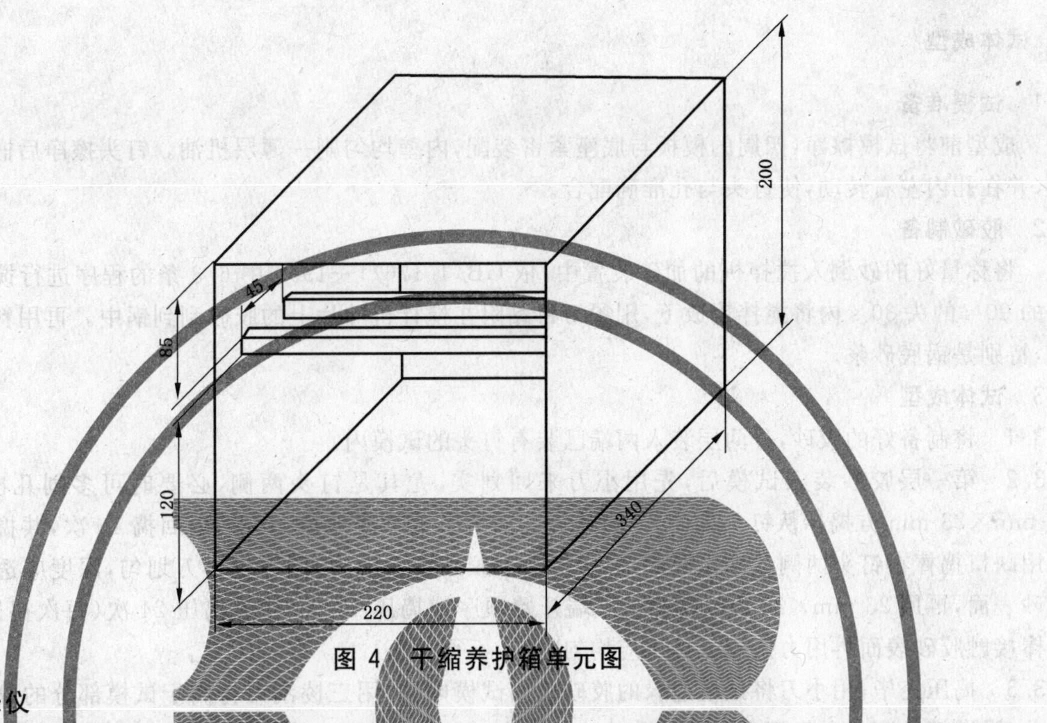

图 4　干缩养护箱单元图

4.6　比长仪

由百分表、支架及校正杆组成，百分表分度值为 0.01 mm，最大基长不小于 300 mm，量程为 10 mm。

允许用其他形式的测长仪，但精度必须符合上述要求，在仲裁检验时，应以比长仪为准。

4.7　天平

最大称量不小于 2 000 g，分度值不大于 2 g。

4.8　三棱刮刀

截面为边长 28 mm 的正三角形，钢制，有效长度为 26 mm。

5　试验材料

5.1　试验用砂为符合 GB/T 17671—1999 规定的粒度范围在 0.5 mm～1.0 mm 的标准砂。

5.2　试验用水应为饮用水。

6　试验室温度和湿度

6.1　成型试验室温度应保持在 20 ℃±2 ℃，相对湿度应不低于 50%。

6.2　试验设备和材料温度应与试验室温度一致。

6.3　带模养护的养护箱或雾室温度保持在 20 ℃±1 ℃，相对湿度不低于 90%。

6.4　养护池水温度应在 20 ℃±1 ℃范围内。

6.5　干缩养护箱温度 20 ℃±3 ℃，相对湿度 50%±4%。

7　胶砂组成

7.1　灰砂比

水泥胶砂的干缩试验需成型一组三条 25 mm×25 mm×280 mm 试体。胶砂中水泥与标准砂比例为1∶2(质量比)。成型一组三条试体宜称取水泥试样500 g,标准砂1 000 g。

7.2 胶砂用水量

胶砂的用水量,按制成胶砂流动度达到130 mm～140 mm来确定。胶砂流动度的测定按GB/T 2419进行,但称量应按7.1要求。

8 试体成型

8.1 试模准备

成型前将试模擦净,四周的模板与底座紧密装配,内壁均匀刷一薄层机油。钉头擦净后嵌入试模孔中,并在孔内左右转动,使钉头与孔准确配合。

8.2 胶砂制备

将称量好的砂倒入搅拌机的加砂装置中,依GB/T 17671—1999中6.3条的程序进行搅拌。在静停的90 s的头30 s内将搅拌锅放下,用餐刀将黏附在搅拌机叶片上的胶砂刮到锅中。再用料勺混匀砂浆,特别是锅底砂浆。

8.3 试体成型

8.3.1 将制备好的胶砂,分两层装入两端已装有钉头的试模内。

8.3.2 第一层胶砂装入试模后,先用小刀来回划实,尤其是钉头两侧,必要时可多划几次,然后用23 mm×23 mm方捣棒从钉头内侧开始,从一端向另一端顺序地捣10次,返回捣10次,共捣压20次,再用缺口捣棒在钉头两侧各捣压两次,然后将余下胶砂装入模内,同样用小刀划匀,深度应透过第一层胶砂表面,再用23 mm×23 mm捣棒从一端开始顺序地捣压12次,往返捣压24次(每次捣压时,先将捣棒接触胶砂表面再用力捣压。捣压应均匀稳定,不得冲压)。

8.3.3 捣压完毕,用小刀将试模边缘的胶砂拨回试模内,并用三棱刮刀将高于试模部分的胶砂断成几部分,沿试模长度方向将超出试模部分的胶砂刮去(刮平时不要松动已捣实的试体,必要时可以多刮几次),刮平表面后,编号。

8.3.4 将试体带模放入温度20 ℃±1 ℃,相对湿度不低于90%的养护箱或雾室内养护。

9 试体养护、存放和测量

9.1 试体自加水时算起,养护24 h±2 h后脱模。然后将试体放入水中养护。如脱模困难时,可延长脱模时间。所延长的时间应在试验报告中注明,并从水养时间中扣除。

9.2 试体在水中养护两天后,由水中取出,用湿布擦去表面水分和钉头上的污垢,用比长仪测定初始读数(L_0)。比长仪使用前应用校正杆进行校准,确认其零点无误情况下才能用于试体测量(零点是一个基准数,不一定是零)。测完初始读数后应用校正杆重新检查零点,如零点变动超过±0.01 mm,则整批试体应重新测定。

9.3 将试体移入干缩养护箱的蓖条上养护,试体之间应留有间隙,同一批出水试体可以放在一个养护单元里,最多可以放置两组同时出水的试体,药品盘上按每组0.5 kg放置控制相对湿度的药品一硫氰酸钾固体。关紧单元门使其密闭。

9.4 从试体放入干缩养护箱记时25天(即从成型时算起28天),取出测量试体长度(L_{28})。

注:引用本标准的除道路水泥外的其他品种水泥的干缩龄期可自行设定。

9.5 试体长度测量应在试验室内进行,比长仪应在试验室温度下恒温后才能使用。

9.6 每次测量时,试体在比长仪中的上下位置都相同。读数时应左右旋转试体,使试体钉头和比长仪正确接触,指针摆动不得大于0.02 mm。读数应记录至0.001 mm。

测量结束后,应用校正杆校准零点,当零点变动超过±0.01 mm,整批试体应重新测量。

10 结果计算及处理

10.1 结果计算

水泥胶砂试体28天龄期干缩率按式(1)计算,计算至0.001%。

$$S_{28} = \frac{(L_0 - L_{28}) \times 100}{250} \quad \cdots\cdots(1)$$

式中:

S_{28}——水泥胶砂试体28天龄期干缩率,%;

L_0——初始测量读数,单位为毫米(mm);

L_{28}——28天龄期的测量读数,单位为毫米(mm);

250——试体有效长度,单位为毫米(mm)。

10.2 结果处理

以上三条试体的干缩率的平均值作为试样的干缩结果,如有一条干缩率超过中间值15%时取中间值作为试样的干缩结果;当有两条试体超过中间值15%时应重新试验。

ICS 91.100.10
Q 11
备案号：27688—2010

中华人民共和国建材行业标准

JC/T 668—2009
代替 JC/T 668—1997

水泥胶砂中剩余三氧化硫含量的测定方法

Method for determining residue water-extractable sulfate in cement mortar

2009-12-04 发布　　2010-06-01 实施

中华人民共和国工业和信息化部　发布

前　言

本标准与 ASTMC 265—06《水化波特兰水泥胶砂中水溶性硫酸钙含量测试方法》的一致性程度为非等效。

本标准自实施之日起代替 JC/T 668—1997 标准。

本标准与 JC/T 668—1997 相比，主要变化如下：

——标准名称由“水化水泥胶砂中硫酸钙含量的测定方法”改为“水泥胶砂中剩余三氧化硫含量的测定方法”；

——原理中增加“本方法适用于测定已硬化的波特兰水泥砂浆中可溶于水的 SO_3。这一测量结果代表了残存在砂浆中未反应的游离石膏。”(1997 版标准第 3 章，本版标准第 3 章)；

——胶砂搅拌机由符合“JC/T 722 水泥物理检验仪器　胶砂搅拌机”改为符合“JC/T 681 行星式水泥胶砂搅拌机”(1997 版标准第 4.1 条，本版标准第 2 章)；

——试验用标准砂由“符合 GB 178 的规定”改为“符合 GB/T 17671—1999 的 0.5 mm～1.0 mm 的中级砂”(1997 版标准第 5.2 条，本版标准第 5.2 条)。

本标准由中国建筑材料联合会提出。

本标准由全国水泥标准化技术委员会(SAC/TC 184)归口。

本标准起草单位：中国建筑材料科学研究总院。

本标准参加起草单位：山东丛林集团有限公司、云南瑞安建材投资有限公司、中国建筑材料检验认证中心。

本标准主要起草人：刘晨、颜碧兰、江丽珍、李昌华、翟联金、温玉刚、王昕。

本标准首次发布时间为 1997 年 5 月，本标准为第一次修订。

水泥胶砂中剩余三氧化硫含量的测定方法

1 范围

本标准规定了水泥胶砂中剩余三氧化硫含量测定方法的原理、仪器设备、材料、试验室温度和湿度、试验胶砂制备和养护、水泥胶砂溶出液的制备、溶出液的分析、结果计算及结果处理。

本标准适用于硅酸盐水泥、普通硅酸盐水泥以及指定采用本标准的其他品种水泥。

2 规范性引用标准

下列文件中的条款通过本标准的引用而成为本标准的条款。凡是注日期的引用文件，其随后所有的修改单(不包括勘误的内容)或修订版均不适用于本标准，然而，鼓励根据本标准达成协议的各方研究是否可使用这些文件的最新版本。凡是不注日期的引用文件，其最新版本适用于本标准。

GB/T 176　水泥化学分析方法

GB 6003　试验筛

GB/T 6682　分析实验室用水规格和试验方法

GB/T 17671—1999　水泥胶砂强度检验方法(ISO 法)(neq ISO 689:1989)

JC/T 681　行星式水泥胶砂搅拌机

3 原理

本方法采用一定组成的胶砂在 23 ℃±0.5 ℃的水中养护 24 h±15 min 后抽出溶液，测定其中的 SO_3 含量。本方法适用于测定已硬化的波特兰水泥砂浆中可溶于水的 SO_3。这一测量结果代表了残存在砂浆中未反应的游离石膏。

4 仪器设备

4.1 天平

最大称量不小于 1 000 g，分度值不大于 1 g。

4.2 行星式水泥胶砂搅拌机

符合 JC/T 681 的规定。

4.3 聚乙烯塑料袋

容量为 1 L，厚度约为 0.10 mm，不漏水，洁净且干燥。

4.4 筛

符合 GB 6003 标准的 2.36 mm 的方孔筛。

4.5 研钵和研棒

铁或瓷质制成，容积约为 1.5 L。

4.6 布氏漏斗

G4。

4.7 抽滤瓶

不小于 1 000 mL。

4.8 烧杯

400 mL。

4.9 移液管

25.00 mL。

4.10 抽气泵

4.11 滤纸

ϕ10 cm 中速定量滤纸。

4.12 高温炉

满足 GB/T 176 要求的高温炉。应使用温度控制器准确控制炉温,可控制温度在 800 ℃±25 ℃范围内。

5 材料

5.1 水泥试样

应充分拌匀,通过 0.90 mm 的方孔筛并记录筛余物。

5.2 标准砂

符合 GB/T 17671—1999 要求的 0.5 mm～1.0 mm 的中级砂。

5.3 试验用水

采用符合 GB/T 6682 要求的Ⅲ级以上水。

5.4 甲基红溶液

将 0.2 g 甲基红溶于 100 mL 乙醇中。

5.5 HCl 溶液(1+1)

5.6 氯化钡

将 100 g 氯化钡溶于水中,加水稀释至 1 L。

5.7 硝酸银(5 g/L)

将 0.5 g 硝酸银溶于水中,加入 1 mL 硝酸,加水稀释至 100 mL,贮存于棕色瓶中。

6 试验室温度和湿度

试验室温度为 20 ℃～25 ℃,相对湿度大于 50%。养护水槽温度 23 ℃±0.5 ℃。

7 试验胶砂制备和养护

7.1 胶砂组成

每次试验需称取水泥 500 g±2 g,0.5 mm～1.0 mm 的中级砂 1 375 g±5 g,水 250 mL±1 mL。

7.2 胶砂的制备

按 GB/T 17671—1999 搅拌程序进行搅拌后,立即取出两份,每份约为 500 g,装入两只已编号的塑料袋中,袋口先用橡皮筋扎紧一道,然后将袋上部分折叠过来,再扎一道橡皮筋,并立即将两袋胶砂放入 23 ℃±0.5 ℃的水槽中养护。

8 水泥胶砂溶出液的制备

8.1 先将胶砂溶出液制备所需的布氏漏斗、抽滤瓶、搅拌锅、移液管、烧杯等用满足 5.3 条要求的水冲洗干净并烘干。

8.2 在水泥加水拌和后 24 h±15 min 内,把塑料袋逐个从水槽中取出,将已经硬化的胶砂从塑料袋中取出放入研钵中磨碎,磨至全部通过 2.36 mm 筛(如塑料袋有漏水现象应重新成型)。称取约 400 g 磨好的胶砂倒入洁净干燥的搅拌锅中,加 100 mL 满足 5.3 条要求的水,用不锈钢料勺快速搅匀,然后用胶砂搅拌机以公转速度 125 r/min 搅拌 2 min。所用的料勺、搅拌机叶片应预先用满足 5.3 条要求的水冲洗干净,并保持潮湿状态。

8.3　将搅拌完毕的浆体倒入一只洁净干燥的G4号布氏漏斗中抽吸过滤，漏斗中使用4.11条要求的滤纸，5 min～6 min内完成第一次过滤。不管滤液是否浑浊，用一张新的干净滤纸，在没有抽吸的情况下，进行第二次过滤，过滤完的清液倒入干燥洁净的玻璃烧杯中。如不立即进行溶液分析，应用塑料袋将烧杯口封好。第一次溶出液过滤应从加水拌和胶砂时开始在24 h+15 min内完成。

9　溶出液的分析

用移液管移取25.00 mL清液(8.3)，放入400 mL烧杯中，用蒸馏水稀释至150 mL，加2滴甲基红溶液(5.4)，用HCl(1+1)调至溶液呈酸性，然后继续加入HCl(1+1)10 mL，用蒸馏水调整溶液体积至200 mL～250 mL，加热煮沸，加热时玻璃棒底部压一小片定量滤纸，盖上表面皿，在微沸下从杯口缓慢逐滴加入10 mL热的氯化钡溶液(5.6)，继续微沸3 min以上使沉淀良好地形成，然后在常温下静置12 h～24 h或温热处静置至少4 h，此时溶液体积应保持在约200 mL。用慢速定量滤纸过滤，以温水洗涤，用数滴水淋洗漏斗的下端，用数毫升水洗涤滤纸和沉淀，将滤液收集在试管中，加几滴硝酸银溶液(5.7)，观察试管中溶液是否浑浊。如果浑浊，继续洗涤并检验，直至用硝酸银检验不再浑浊为止。

将沉淀及滤纸一并移入已灼烧恒量的瓷坩埚(m_2)中，灰化完全后，放入800 ℃的高温炉(4.11)内灼烧30 min，取出坩埚，置于干燥器中冷却至室温，称量。反复灼烧，直至恒量(m_1)。

10　结果计算

按式(1)计算SO_3含量，结果以g/L表示至小数点后二位。

$$X_{SO_3}=\frac{(m_1-m_2)\times 0.343}{0.025} \qquad (1)$$

式中：

X_{SO_3}——三氧化硫的含量，单位为克每升(g/L)；

m_1——坩埚及灼烧后沉淀物质量，单位为克(g)；

m_2——坩埚的质量，单位为克(g)；

0.343——硫酸钡对三氧化硫的换算系数；

0.025——吸取溶出液的体积，单位为升(L)。

11　结果处理

以两次结果的平均值作为水化水泥胶砂中SO_3含量，如两次结果差值超过0.20 g/L时应重新试验。

ICS
Q
备案号：17607—2006

中华人民共和国建材行业标准

JC/T 721—2006
代替 JC/T 721—1982(1996)

水泥颗粒级配测定方法 激光法

Testing method for particle size of cement
—Laser based methods

2006-05-06 发布 2006-10-01 实施

中华人民共和国国家发展和改革委员会 发布

前　言

本标准是对 JC/T 721—1982(1996)《水泥颗粒级配测定方法》的修订。

本标准自实施之日起，代替 JC/T 721—1982(1996)。

本标准与 JC/T 721—1982(1996)相比，主要变化如下：

——采用激光粒度分析法代替颗粒沉降法测定水泥颗粒级配。

——用激光粒度分析仪代替沉降天平(1982 版的第 1 条～第 8 条，本版的全部条文)。

本标准的附录 A 为规范性附录。

本标准由中国建筑材料工业协会提出。

本标准由全国水泥标准化技术委员会(SAC/TC 184)归口。

本标准负责起草单位：中国建筑材料科学研究院。

本标准参加起草单位：珠海欧美克科技有限公司、荷兰安米德有限公司、济南微纳公司。

本标准主要起草人：颜碧兰、陈萍、王文义、张福根、熊向军、任中京、朱晓玲、席劲松、刘晨、王昕。

本标准于 1982 年首次发布，本次为第一次修订。

水泥颗粒级配测定方法　激光法

1　范围

本标准规定了水泥颗粒级配测定方法的原理、仪器设备、试验条件、测试步骤、测试报告。

本标准适用于水泥及指定采用本标准的其他粉体材料。

2　规范性引用文件

下列文件中的条款通过本标准的引用而成为本标准的条款。凡是注日期的引用文件，其随后所有的修改单(不包括勘误的内容)或修订版均不适用于本标准，然而，鼓励根据本标准达成协议的各方研究是否可使用这些文件的最新版本。凡是不注日期的引用文件，其最新版本适用于本标准。

GB/T 6003.1—1997　金属丝编织网试验筛

GB/T 19077.1　粒度分析　激光衍射法

3　方法原理

一个有代表性的粉体试样，以适当浓度在液体或气体介质中良好分散(即颗粒之间相互分离，不团聚)后，通过激光束，光束将被试样颗粒散射或阻挡，产生变化了的光信号。该光信号的值与颗粒大小之间有对应关系，反映该关系的数据可事先存在与仪器配套的计算机中。该光信号被传感器接受后，转换成一组数字化的光电信号，再送入计算机。计算机可根据接收到的光信号，计算出被测试样的粒度分布。

以液体为介质输送并分散试样，称为湿法进样，以气体为介质输送并分散试样，称为干法进样。

4　术语和定义

下列术语和定义适用于本标准。

4.1

遮光比　obscuration

指测量用的照明光束被测量中的样品颗粒阻挡的部分与照明光的比值。

4.2

量程范围　ranger

仪器在一个量程档内，可以测量的粒度范围。

5　符号

下列符号适用于本标准。

D_{10}：表示在累计粒度分布曲线中，10%体积的颗粒直径比此值小，单位为 μm。

D_{50}：颗粒的中位径，为体积基准，即 50%体积的颗粒直径小于这个值，另 50%体积的颗粒直径大于这个值。单位为 μm。

D_{90}：表示在累计粒度分布曲线中，90%体积的颗粒直径比此值小，单位为 μm。

$D_{(4,3)}$：体积平均粒径，是粒径对体积的加权平均，单位为 μm。

$D_{(3,2)}$：表面积平均粒径，是粒径对表面积的加权平均，单位为 μm。

X_0：特征粒径，由 Rosin—Rammler—Bennet(简称 RRB 表达式)得到，特指筛余为 36.8%时所对应的颗粒粒径，单位为 μm。

n:均匀性系数,由 Rosin—Rammler—Bennet(简称 RRB 表达式)得到。表示粒度分布宽窄的参数。

6 仪器设备

6.1 激光粒度分析仪

应符合本标准附录 A(规范性附录)的规定。

6.2 0.50 mm 方孔筛

符合 GB/T 6003.1—1997 中表 2 的规定。

6.3 电热干燥箱

温度控制范围:室温～150 ℃,精度要求±2 ℃。

7 分散介质

7.1 无水乙醇

湿法采用无水乙醇为分散介质。无水乙醇中乙醇含量应符合色谱纯的要求,即含量大于 99.5%。

7.2 压缩空气

干法采用压缩空气为分散介质。压缩空气不应含水、油和微粒。压缩空气在接触水泥颗粒前宜通过一个带过滤网的干燥器。

8 试验条件和仪器校准

8.1 试验条件

室温在 10 ℃～30 ℃之间,相对湿度不大于 70%。室内空气中微粒含量较少,通风良好,无腐蚀性气体,避免阳光直射。

8.2 仪器校准

仪器的校准采用颗粒级配标准样品校验。校验的粒径点为 2 μm、8 μm、16 μm、32 μm、45 μm。在上述五个粒径点上,对应颗粒百分含量的测量值与标准值的绝对误差应小于 3%。

有下列情况之一者进行仪器校准:

——首次使用前;

——仪器维修后;

——测试 300 个样品后。

9 测试步骤

9.1 样品处理和样品要求

9.1.1 检验用水泥样品应通过 0.5 mm 方孔筛。

9.1.2 在 105 ℃～115 ℃的条件下烘干 1 h 后冷却至室温。

9.1.3 在进行水泥颗粒级配测量前将样品混匀。

9.2 开机

9.2.1 确认供电状况是否正常。

9.2.2 打开电源,使激光粒度分析仪预热 20 min 以上。

9.2.3 输入样品名称、样品编号等有关信息。

9.3 测试过程

9.3.1 在测试中,应保证遮光比控制在 5%～18%的范围内。当遮光比不在此范围内时要重新进行调试。

9.3.2 **湿法**

在样品池中加入适量的无水乙醇。按符合附录A要求的仪器有关规定进行试验操作。最后打印出分析结果,保存报告。

排出被测样品,将样品池清洗干净。

9.3.3 **干法**

开启空压机,压力表显示正常。

在进样料斗中加满待测的水泥样品。按符合附录A要求的仪器有关规定进行试验操作。最后打印出分析结果,保存报告。

9.3.4 无论是干法还是湿法在测试结果中至少应给出1 μm、3 μm、5 μm、8 μm、16 μm、24 μm、32 μm、45 μm、63 μm、80 μm、100 μm上的百分含量。

10 试验结果的重复性

采用一个水泥样品测量五次时,D_{10}、D_{50}和D_{90}对应粒度的重复性如下:对于任意粒度分布的中位粒径值D_{50}的变异系数应小于3%,D_{10}和D_{90}的变异系数应有一个不超过5%。

11 测试报告

测试报告应包括以下内容:

a) 样品
  1) 样品的名称、编号。

b) 介质
  1) 介质的名称、介质的折射率。

c) 激光粒度分析仪
  1) 仪器类型和编号;
  2) 最近校准仪器的日期;
  3) 遮光比;
  4) 超声波的功率和振动时间(湿法)。

d) 测试
  1) 测试日期、测试时间、测试人员;
  2) 粒度特征参数(包括以下几项):
    D_{10}、D_{50}、D_{90},
    $D_{(4,3)}$、$D_{(3,2)}$;
  3) RRB分布参数:特征粒径X_0和均匀性系数n;
  4) 粒度分布图;
  5) 粒径分布表。

附 录 A
（规范性附录）
激光粒度分析仪

A.1 技术要求和性能指标

A.1.1 消耗功率

测量单元 30 W

A.1.2 温、湿度

温度：10 ℃～30 ℃，湿度：≤70％。

A.1.3 光源

激光

A.1.4 量程范围

1.0 μm～100 μm。

A.1.5 校准

采用颗粒级配标准样品进行校准检验，最少校准粒径点为：2 μm、8 μm、16 μm、32 μm 和 45 μm。在上述五个粒径点上，对应颗粒百分含量的测量值与标准值的绝对误差应小于 3％。

A.1.6 测试报告内容

A.1.6.1 在测试结果中至少应给出 1 μm、3 μm、5 μm、8 μm、16 μm、24 μm、32 μm、45 μm、63 μm、80 μm、100 μm 上的累积百分含量。

A.1.6.2 仪器类型

A.1.6.3 测量系统参数

A.1.6.4 粒度特征参数

报告中应包括以下特征参数：

——表示边界粒径和中位粒径的参数，即 D_{10}、D_{50}、D_{90}；

——表示平均粒径的参数，即 $D_{(4,3)}$、$D_{(3,2)}$；

——RRB 分布参数，即特征粒径 x_0 和均匀性系数 n；

——粒度分布图；

——粒径分布表。

A.1.6.5 测试人员的姓名和样品名称、样品编号及测试日期等。

A.2 安装要求

A.2.1 对基础设施的要求

A.2.1.1 环境

仪器应安装在洁净、少尘、无烟、带空调的环境中。室温要稳定，没有明显的气流，没有直射阳光。空气湿度不可高于 70％。地面不能有明显的震动。

A.2.1.2 电力供应

要求 220 V，50 Hz/60 Hz，有三项插座且接地线良好，并且严禁将零线和地线合接。

A.2.2 对配套设备的要求

A.2.2.1 工作台

仪器的测量单元和计算机等应安装在坚实的工作台上。

A.2.2.2 空调机

仪器的工作环境要求温度在10 ℃～30 ℃，湿度低于70%。如果达不到上述要求，则要求配备功率足够大(与试验室面积有关)，且有抽湿功能的空调机。

A.3 安全注意事项

A.3.1 激光安全问题

虽然激光粒度分析仪的激光器功率并不高，只有3 mW以下。但激光束的亮度极高，直射人眼将会造成伤害。因此建议无经验者或未经训练者不要直接用眼睛对着激光束。

A.3.2 电器安全注意事项

仪器插电源线，或在仪器的各单元之间作电气或信号连接时，必须确保电源开关是断开的，否则有可能造成人体触电或仪器损坏。

ICS
Q
备案号：27698—2010

中华人民共和国建材行业标准

JC/T 731—2009
代替 JC/T 731—1996

机械化水泥立窑热工测量方法

Methods for heat-measuring of mechanical cement shaft kilns

2009-12-04 发布　　　　2010-06-01 实施

中华人民共和国工业和信息化部　发布

前言

本标准自实施之日起，代替 JC/T 731—1996《机械化水泥立窑热工测量方法》。

本标准与 JC/T 731—1996 相比，主要变化如下：

——将熟料冷却风、烟囱收尘器出口浓度等纳入测量范围(1996 年版的第 3 章，本版的 5.1.2)；

——对测量频次进行了修改(本版的第 5 章)；

——增加了腰风、熟料冷却风的测量项目(本版的 5.1.2)；

——对黑生料发热量的测量增加用“氧弹仪”方法测量(本版的 5.2.1)。

本标准附录 A 为规范性附录。

本标准由国家工业和信息化部提出。

本标准由全国水泥标准化技术委员会(SAC/TC 184)归口。

本标准负责起草单位：中国建筑材料科学研究总院。

本标准参加起草单位：合肥水泥研究设计院、国家建筑材料工业建筑材料节能检测评价中心、南京建通水泥技术开发有限公司、云南大理弥渡庞威有限公司、黑龙江嫩江华夏水泥有限公司、湖南省洞口县为百水泥厂、云南易门东源水泥有限公司、广西华宏水泥股份有限公司、广西平果万佳水泥有限公司、内蒙古乌后旗祺祥建材有限公司、山东宏艺科技发展有限公司、北京炭宝科技发展有限公司、南京宇科重型机械有限公司、江苏科行集团、浙江圣奥耐火材料有限公司、浙江锦诚耐火材料有限公司、上海福丰电子有限公司、甘肃博石水泥技术工程公司。

本标准主要起草人：赵慰慈、顾惠元、王雅明、丁奇生、缪建通、滕振旗、任光远、崔宝玲、曾维柏、周崇武、赵洪义、陈开明、范圣良、罗博、朱其良。

本标准于 1996 年首次发布，本次为第一次修订。

机械化水泥立窑热工测量方法

1 范围

本标准规定了生产硅酸盐水泥熟料的各类型机械化立窑系统(以下简称机立窑)的热工测量方法。

本标准适用于生产硅酸盐水泥熟料的各类机立窑系统的热工测量。

2 规范性引用文件

下列文件中的条款通过本标准的引用而成为本标准的条款。凡是注日期的引用文件,其随后所有的修改单(不包括勘误的内容)或修订版均不适用于本标准,然而,鼓励根据本标准达成协议的各方研究是否可使用这些文件的最新版本。凡是不注日期的引用文件,其最新版本适用于本标准。

GB/T 175 通用硅酸盐水泥

GB/T 176 水泥化学分析方法

GB/T 211 煤中全水分的测定方法

GB/T 212 煤的工业分析方法

GB/T 213 煤的发热量测定方法

GB/T 1574 煤灰成分分析方法

GB/T 2589 综合能耗计算通则

GB 16780 水泥单位产品能源消耗限额

GB/T 17671 水泥强度检验方法(GB/T 17671—1999,idt ISO 679:1989)

GB/T 21372 硅酸盐水泥熟料

JC/T 730 水泥回转窑热平衡、热效率、综合能耗计算方法

JC/T 732 机械化水泥立窑热工计算

JC/T 733 水泥回转窑热平衡测定方法

JC/T 1005 水泥黑生料发热量测定方法

3 术语和定义

下列术语和定义适用于本标准。

3.1

干白生料耗 dry raw meal consumption

生产 1 kg 熟料所消耗的不含燃料的干生料量,以 kg/kg 表示。

3.2

风量 air volume

生产过程中实际入窑的风量(折算成标准状态),以 m^3/kg 表示。

3.3

熟料产量 output of clinker

3.3.1

台时产量 output per hour of one shaft kiln

每台立窑每小时生产的熟料量,以 kg/h 表示。

3.3.2

立窑单位断面积产量　production per unit section area of shaft kiln

台时产量与紧靠喇叭口的直筒部分横断面积之比，以 kg/(m^2·h)表示。

3.3.3

立窑单位容积产量　production per unit volume of shaft kiln

台时产量与窑有效容积之比，以 kg/(m^3·h)表示。

3.4

烧成热耗　heat waste during firing

煅烧 1 kg 熟料实际消耗的热量，以 kJ/kg 表示。

3.5

煤耗　coal waste

3.5.1

实物煤耗　coal waste in kind

煅烧 1 kg 熟料实际消耗的煤量，以 kg/kg 表示。

3.5.2

标准煤耗　standard coal waste

煅烧 1 kg 熟料所消耗的标准煤量，以 kg/kg 表示。

4　测量前的准备

4.1　制定测量计划

4.1.1　每次测量确定负责人，制定测量计划。

4.1.2　测量计划的内容包括：任务、内容和要求、人员的组织分工、进度和注意事项等。

4.2　测量仪器、仪表、计量装置及窑系统设备的检查

4.2.1　测量仪器、仪表及计量装置应在校准有效期内。

4.2.2　立窑系统设备在测量前须进行检查，如有不正常现象应予以排除。

4.3　测点

根据要求，布置测点和开好测量孔。

4.4　试测

4.4.1　在窑系统运转正常时进行试验性测量。

4.4.2　试测和正式测量期间所用原料、燃料及生料成分应稳定。

4.4.3　所有测量项目应按 5.2 的要求进行试测。

5　测量要求和方法

5.1　测量时间和周期

5.1.1　在窑系统运转正常的情况下总的连续测量时间不小于 16 h(应含三个班次)。

5.1.2　各测量和分析项目的测量(采样)周期见表 1，测量(采样)点示意图见图 1。

表 1　各测量和分析项目的测量(采样)周期

项目		测量(采样)点	周期	备注
燃料	a) 工业分析	1. 入磨煤 在库底或磨头仓下喂料设备 2. 入窑煤(外加煤) 在配煤楼(站)煤仓下喂料设备 (窑面储煤料车)	1 h 取样一次，将测量期间取得的试样缩分后测定	
	b) 灰分化学成分			
	c) 热值		2 h	

表 1（续）

项目		测量(采样)点	周期	备注
燃料	d) 水分	1. 入磨煤 在库底或磨头仓下喂料设备 2. 入窑煤(外加煤) 在配煤楼(站)煤仓下喂料设备(窑面储煤料车)	1 h 测量流量一次，每次测量时间不少于 30 s，外加煤按实际用量过磅计量	
	e) 消耗量			
生料	a) 化学成分	配煤楼生料小仓或生料库底喂料设备	1 h 取样一次，将取得的试样缩分后测定	
	b) 水分		4 h	
	c) 含煤量		1 h 取样一次，4 h 一组试样混合测定一次	
	d) 消耗量		1 h 测量流量一次，每次测量时间不少于 10 s	
熟料	a) 化学成分	出料器下输送机	1 h 取样一次，将测量期间取得的试样缩分后测定	取样时应考虑熟料在窑内的停留时间
	b) 矿物组成和 f—CaO			
	c) 含煤量			
	d) 物理性能			
	e) 产量			
料球	a) 水分	成球盘出料口或皮带喂料机上	1 h	
	b) 温度		1 h 取样一次，4 h 一组试样混合测定一次	
	c) 含煤量			
烟囱废气	a) 温度	收尘器后烟囱测孔	1 h	装设双烟囱的立窑应轮流测量
	b) 成分			
	c) 湿含量			
	d) 静压			
	e) 动压			
	f) 含尘量		2 h	
窑面废气成分		窑面	2h	
窑体散热损失		窑壁、窑罩、烟囱表面	4 h	
出窑熟料温度		出料器	1 h	
出料器漏风温度		出料器	1 h	
入窑空气 熟料冷却风 腰风	a) 温度 b) 静压 c) 动压	入窑风管 熟料冷却风管 腰风管	1 h	
大气和环境	a) 温度 b) 气压	窑表面 2 m 周围	4 h	

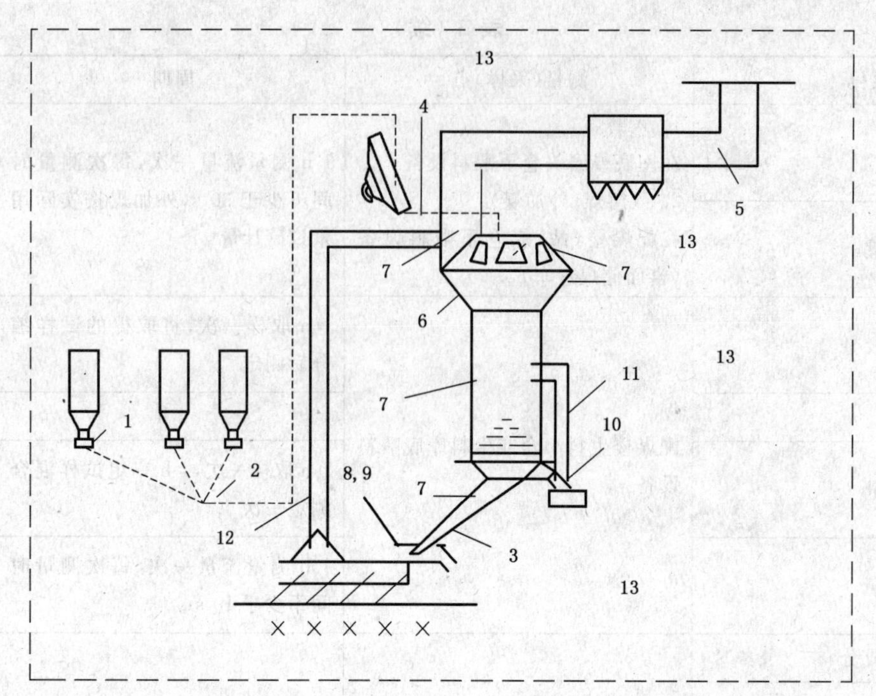

1——燃料；
2——生料；
3——熟料；
4——料球；
5——烟囱废气；
6——窑面废气成分；
7——窑体散热损失；
8——出窑熟料温度；
9——出料器漏风温度；
10——入窑空气；
11——腰风；
12——熟料冷却风；
13——大气和环境。

图 1　各测量项目的测量(采样)点

5.2　测量方法

5.2.1　燃料(煤)的测量

5.2.1.1　煤的工业分析

按 GB/T 212《煤的工业分析方法》进行；

5.2.1.2　灰分化学成分

按 GB/T 1574《煤灰成分分析方法》进行；

5.2.1.3　热值(发热量)

按 GB/T 213《煤的发热量测定方法》测定；

5.2.1.4　水分的测定

在计算实物煤耗的计量点取样，取样后立即粉碎至 3 mm 以下，按 GB/T 211《煤中全水分的测定方法》测定；

5.2.1.5　消耗量

可利用厂内原有的计量装置测定，但须经校正，使其相对误差小于 2%，也可根据生料球含煤量、生料消耗量进行计算，或根据熟料产量和飞灰量、料球含煤量进行反平衡计算。

5.2.2 生料检测

5.2.2.1 化学成分

按 GB/T 176《水泥化学分析方法》进行；

5.2.2.2 水分的测定

按《水泥化学分析》进行；

5.2.2.3 含煤量

可采用立窑生料中煤的掺入量测定仪测定结果计算，也可用烧失量和滴定值计算。

5.2.2.4 消耗量

可利用厂内原有的计量装置测定，但须经校正，使其相对误差小于 2%；也可根据料球含煤量、燃料消耗量进行计算，或根据熟料产量和飞灰量、料球发热量进行反平衡计算。

5.2.3 熟料检测

5.2.3.1 化学成分

按 GB/T 176《水泥化学分析方法》进行；

5.2.3.2 矿物组成和游离氧化钙量的测定

按 GB/T 176《水泥化学分析方法》进行；

5.2.3.3 含碳量的测定

按本标准附录 A 立窑水泥熟料含碳量的测定方法(规范性附录)进行；

5.2.3.4 物理性能

按 GB/T 21372《硅酸盐水泥熟料》中规定的检验方法进行；

5.2.3.5 产量的测定

可将测量期间的出窑熟料全部称量或通过料球水分、生料料耗等计算，或由生料和燃料消耗量、飞灰量计算。

5.2.4 料球检测

5.2.4.1 水分的测定

按 GB/T 176《水泥化学分析方法》进行；

5.2.4.2 温度的测量

采集不小于 3 kg 的料球盛入容器中，然后将半导体温度计插入料球中测量。所用半导体温度计的误差应小于 0.5 ℃；

5.2.4.3 含煤量

可采用立窑生料中煤的掺入量测定仪测定，也可用烧失量和滴定值计算。

5.2.5 烟囱废气检测

5.2.5.1 温度的测量

可采用铂热电阻温度计或铠状镍铬-考铜热电偶温度计或其他同精度(误差小于 1 ℃)的温度计，其时间常数应小于 15 s；

5.2.5.2 成分分析

使用气体全分析仪。当使用其他分析仪时，其相对误差应小于 5%；

5.2.5.3 湿含量的测量

按 JC/T 733《水泥回转窑热平衡测定方法》进行；

5.2.5.4 静压的测量

按 JC/T 733《水泥回转窑热平衡测定方法》进行；

5.2.5.5 动压的测量

按 JC/T 733《水泥回转窑热平衡测定方法》进行；

5.2.5.6 含尘量的测量

按 JC/T 733《水泥回转窑热平衡测定方法》进行。

5.2.6 窑面废气成分检测

5.2.6.1 窑面废气样的采集

按《水泥窑热工测量》进行；

5.2.6.2 气体成分

同 5.2.5.2，分析后将同一圆环相同编号点的成分平均值作为该编号点的平均废气成分。

5.2.7 窑体散热损失检测

5.2.7.1 测定项目

立窑系统热平衡范围内的所有热设备如立窑直筒部分、窑罩、烟气管道、卸料管、冷却风管和腰风管等及其彼此之间联结管道的表面散热量。

5.2.7.2 测点位置

各热设备表面。

5.2.7.3 测定仪器

热流计、红外测温仪、表面热电偶温度计、辐射温度计和半导体点温计以及玻璃温度计、热球式电风速仪、叶轮式或转杯式风速计。

5.2.7.4 测定方法

a) 用玻璃温度计测定环境空气温度。

b) 用热球式电风速计、叶轮式或转杯式风速计测定环境风速，并确定空气冲击角。

c) 用热流计测出各热设备的表面散热量。

无热流计时，用红外测温仪、表面热电偶温度计和半导体点温计等测定热设备的表面温度，计算散热量。测定方法如下：

将各种需要测定的热设备，按其本身的结构特点和表面温度的不同，划分成若干个区域，计算出每一区域表面积的大小；分别在每一区域里测出若干点的表面温度，同时测出周围环境温度、环境风速和空气冲击角；根据测定结果在相应表中查出散热系数，按下式计算热设备表面散热量：

$$Q_B = \sum Q_{Bi} = \sum [\alpha_{Bi}(t_{Bi} - t_k) \times F_{Bi}] \quad \cdots\cdots (1)$$

式中：

Q_B——设备表面散热量，kJ/h；

Q_{Bi}——各区域表面散热量，kJ/h；

α_{Bi}——表面散热系数，kJ/(m^2·h·℃)；

t_{Bi}——被测某区域的表面温度平均值，℃；

t_k——环境空气温度，℃；

F_{Bi}——各区域的表面积，m^2。

上式中 α_{Bi} 与温差和环境风速及空气冲击角有关，可由 JC/T 733 附录 C 查出。

5.2.8 出窑熟料温度测量

将出窑熟料（不少于 10 kg）迅速收集于一保温桶中，用铠装热电偶温度计插入测量。如出料器上已有出窑熟料温度测定装置，也可进行对比校正后用于出窑熟料温度测量。

5.2.9 出料器漏风温度测量

用误差小于 1.0 ℃的温度计测量。

5.2.10 入窑空气、腰风、熟料冷却风测量

5.2.10.1 温度

使用误差小于 1.0 ℃的温度计测量；

5.2.10.2 **静压**

用U型管压力计或不低于该设备水平的其他仪器进行测量;

5.2.10.3 **动压**

按JC/T 733《水泥回转窑热平衡测定方法》进行。

5.2.11 **大气和环境**

5.2.11.1 **温度**

用实验室玻璃温度计测量;

5.2.11.2 **气压**

用大气压力计测量,也可用气象部门同期的测量数据。

6 测量报告内容

6.1 文字说明

6.1.1 测量任务、内容和要求。

6.1.2 测量窑的规格尺寸、结构、加料、卸料、冷却等参数。

6.1.3 被测定窑所用原燃材料、配料组成等参数。

6.1.4 测点布置图及所用仪器仪表、计量装置、设备及测定人员。

6.1.5 测定的综合数据表。

6.1.6 综合分析意见。

6.2 数据综合表

按JC/T 732附录B规定的内容和格式填写。

6.3 综合分析意见

对立窑生产状态的评价和分析,并提出改进意见。

附　录　A
（规范性附录）
立窑水泥熟料含碳量的测定方法

A.1　原理

熟料中含有未燃烧尽的碳，在氧气或空气充足的情况下，燃烧成二氧化碳气体，以烧碱石棉吸收，由增加的重量计算碳的质量。反应中产生的水分用无水氯化钙吸收。

A.2　测定装置

测定装置示意见图 A.1。

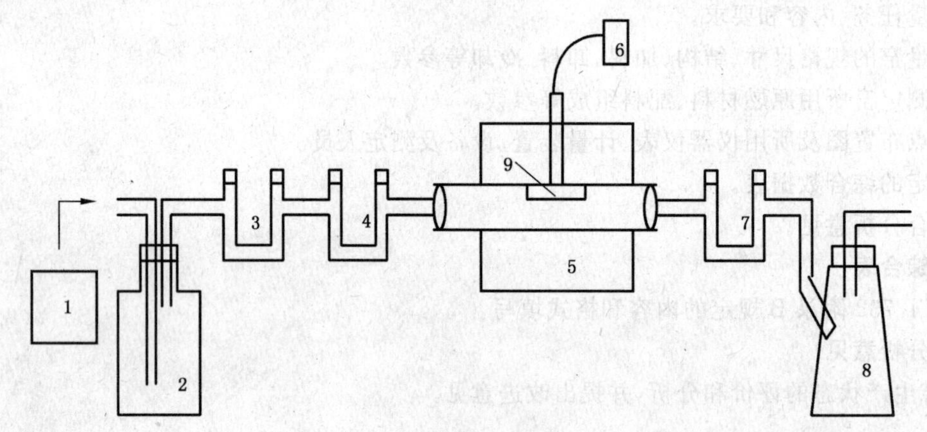

1——氧气瓶；
2——气体洗涤瓶；
3——气体洗涤器；
4——气体干燥器；
5——管式燃烧炉；
6——电子温度自动控制器；
7——气体干燥器；
8——气体吸收塔；
9——古氏坩埚。

图 A.1　测定含碳量的流程图

A.3　测量设备

氧气瓶、气体洗涤瓶（内装 500 g/L 氢氧化钾溶液以吸收气体中的二氧化碳）、气体洗涤器（内装烧碱石棉以吸收气体中的二氧化碳）、气体干燥器（内装无水氯化钙以吸收气体中的水分）、管式燃烧炉、电子温度自动控制器（0 ℃～1 000 ℃）、气体干燥器（内装无水氯化钙以吸收气体中的水分）、气体吸收塔（下部装烧碱石棉，上部装无水氯化钙）、古氏坩埚。

A.4　测定步骤

用万分之一天平称取 1.000 0 g 样品，粉碎后通过 4 900 孔筛的熟料试样加入 10 mL(1+4)盐酸加热，使其中的碳酸盐分解，然后用铺有酸洗石棉的古氏坩埚在吸气的情况下过滤，用水洗涤去氯根，将石棉和残渣一起小心地移入灼烧过的古氏坩埚中，在 105 ℃～110 ℃烘干至恒重。将瓷舟放于管式燃烧炉的高温带，与已恒重过的吸收塔等联接，同时通氧或空气将残渣灼烧 20 min～30 min，停止通入气体，取下吸收塔称重，然后在接上吸收塔通气体 5 min～10 min 后，再取下吸收塔称重，直至恒重时止。

A.5 要求

A.5.0 熟料中往往还含有碳酸盐，为此应在测定前用稀盐酸处理。

A.5.1 整套仪器在各接头的连接处不得有漏气。

A.5.2 在测定试样的含碳量前，必须测定吸收塔的空白值，即将吸收塔称重，然后在管式电炉中不放试样的情况下将系统按测定条件通气 20 min～30 min 后，再分别称重，其增重必须各小于 0.000 5 g 时才能使用，否则应增加对气体的干燥能力。

A.5.3 酸洗石棉也有一定的空白值，最好在测定后校正。即在管式电炉中只放酸洗石棉（不放试样）的情况下，将系统按测定条件通气 20 min～30 min，然后称量吸收塔，其增重即为酸洗石棉的空白值，这个数值要在测定含碳量后从 G_2 中扣除。

A.5.4 吸收塔及吸收塔周围环境应保持洁净。

A.5.5 瓷舟在使用前须在 950 ℃～1 000 ℃下灼烧 1 h。

A.6 计算公式

熟料中含碳量的计算按（A.1）式，计算结果宜保留小数点后 2 位。

$$C = \frac{m_2 - m_1}{m} \times 100 \times \frac{12}{44} \% \quad \cdots\cdots\cdots\cdots (A.1)$$

式中：

C——熟料中含碳量；

m_2——吸收塔吸收之后的质量，单位为克（g）；

m_1——吸收塔吸收之前的质量，单位为克（g）；

m——试样质量，单位为克（g）。

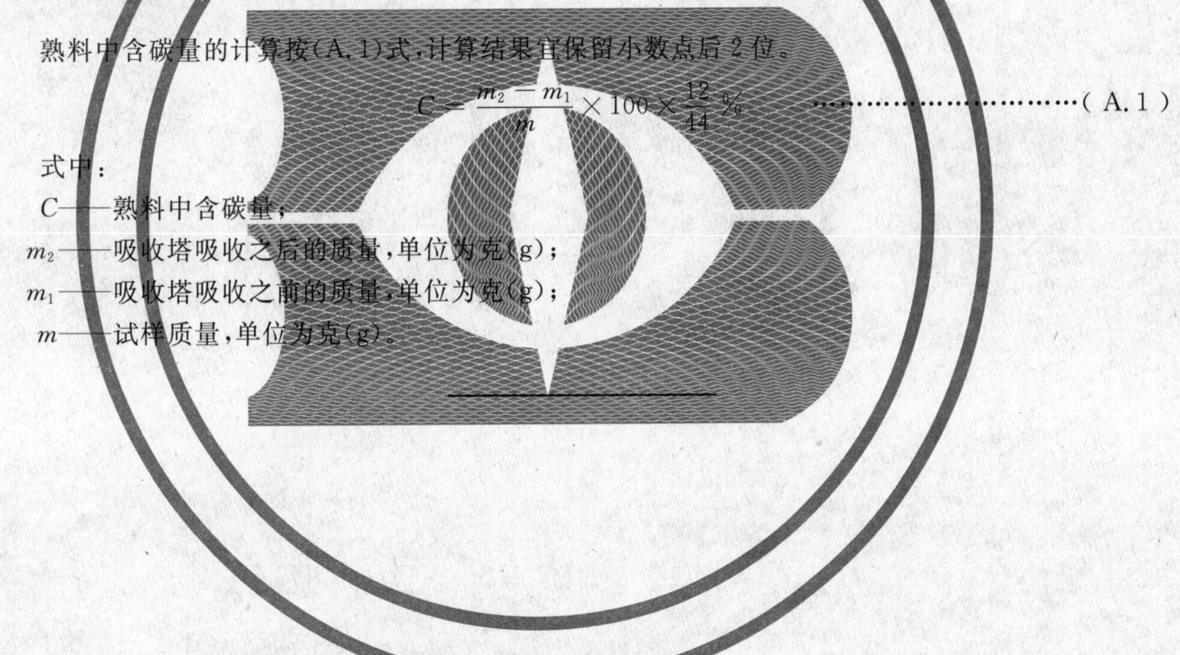

ICS
Q
备案号：27690—2010

中华人民共和国建材行业标准

JC/T 732—2009
代替 JC/T 732—1996

机械化水泥立窑热工计算

Calculation of heat balance for mechanical cement shaft kilns

2009-12-04 发布 2010-06-01 实施

中华人民共和国工业和信息化部 发布

前言

自本标准实施之日起，代替 JC/T 732—1996《机械化水泥立窑热工计算》。

本标准与 JC/T 732—1996 相比，主要变化如下：

——对平衡范围进行了修改，将熟料冷却风、腰风、烟囱收尘器出口浓度等纳入平衡计算范围(1996 年版的第 3 章，本版的第 4、5 章)；

——确定“氧弹仪”方法测得黑生料发热量数据在平衡计算中的应用(本版的第 4 章)。

本标准附录 A、B、C 为资料性附录。

本标准由国家工业和信息化部提出。

本标准由全国水泥标准化技术委员会(SAC/TC 184)归口。

本标准负责起草单位：中国建筑材料科学研究总院。

本标准参加起草单位：合肥水泥研究设计院、国家建筑材料工业建筑材料节能检测评价中心、南京建通水泥技术开发有限公司、广西华宏水泥股份有限公司、云南大理弥渡庞威有限公司、湖南省洞口县为百水泥厂、广西平果万佳水泥有限公司、黑龙江嫩江华夏水泥有限公司、云南易门东源水泥有限公司、内蒙古乌后旗祺祥建材有限公司、山东宏艺科技发展有限公司、北京炭宝科技发展有限公司、上海福丰电子有限公司、甘肃博石水泥技术工程公司、江苏科行集团、南京宇科重型机械有限公司、浙江圣奥耐火材料有限公司、浙江锦诚耐火材料有限公司。

本标准主要起草人：赵慰慈、顾惠元、萧瑛、丁奇生、夏瑾、周志明、范圣良、李银仙、梁家标、梁文赞、陈彬、朱国平、邹伟斌、赵介山。

本标准于 1996 年首次发布，本次为第一次修订。

机械化水泥立窑热工计算

1 范围

本标准规定了生产硅酸盐水泥熟料的各类型机械化立窑系统(以下简称机立窑)的热工计算方法。

本标准适用于生产硅酸盐水泥熟料的各类型机械化立窑系统的热工计算。普通立窑的热工计算也可参照本标准进行。

2 规范性引用文件

下列文件中的条款通过本标准的引用而成为本标准的条款。凡是注日期的引用文件,其随后所有的修改单(不包括勘误的内容)或修订版均不适用于本标准,然而,鼓励根据本标准达成协议的各方研究是否可使用这些文件的最新版本。凡是不注日期的引用文件,其最新版本适用于本标准。

GB 175 通用硅酸盐水泥

GB/T 213 煤的发热量测定方法

GB/T 2589 综合能耗计算通则

GB 16780 水泥单位产品能源消耗限额

GB/T 17671 水泥强度检验方法

JC/T 730 水泥回转窑热平衡、热效率、综合能耗计算方法

JC/T 1005 水泥黑生料发热量测定方法

3 物料平衡计算

3.1 计算范围

出料器熟料出口至烟囱收尘器出口测孔,见图1。

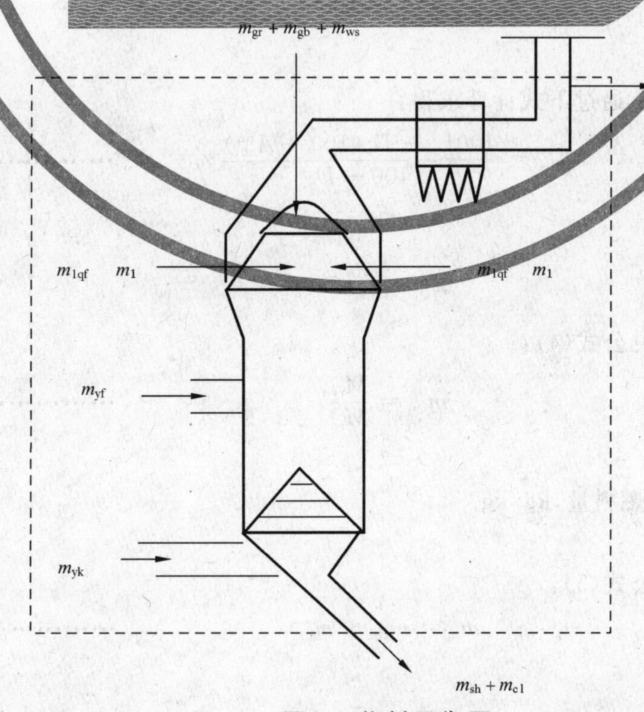

图1 物料平衡图

3.2 计算方法

3.2.1 物料收入

3.2.1.1 干燃料消耗量

1) 入磨煤消耗量

入磨煤消牦量计算方法见公式(1)：

$$m_{rm} = \frac{M_s D_s (100 - W_s)}{100 M_{sh} (100 - W_{ar}^{rm})} \quad \cdots\cdots(1)$$

式中：

m_{rm}——每千克熟料入磨燃料量，kg/kg；

M_s——测定期间，平均每小时生料消耗量，kg/h；

D_s——干生料含煤量，%；

W_s——生料水分，%；

M_{sh}——测定期间，平均每小时熟料产量，kg/h；

W_{ar}^{rm}——入磨煤的收到基水分，%。

其中，M_{sh}可通过下式计算求得。

$$M_{sh} = [M_s(100 - D_s)(100 - L_{bs})(100 - W_s) + M_s D_s (100 - W_s) A_{ad}^{rm} + 100 M_{ry} (100 - W_{ar}^{ry}) A_{ad}^{ry} - 100 \times 100 (100 - L_{fh}) M_{fh}] \div [100 \times 100 (100 - L_{sh})] \quad \cdots\cdots(2)$$

式中：

L_{bs}——干白生料烧失量，%；

A_{ad}^{rm}——入磨煤的干燥基灰分，%；

M_{ry}——测定期间，平均每小时入窑燃料消耗量，kg/h；

W_{ar}^{ry}——入窑煤的收到基水分，%；

A_{ad}^{ry}——入窑煤的干燥基灰分，%；

L_{fh}——飞灰烧失量，%；

M_{fh}——测定期间，平均每小时飞灰量，kg/kg；

L_{sh}——熟料烧失量，%。

其中，干白生料烧失量L_{bs}通过下式计算求得：

$$L_{bs} = \frac{100 L_s - D_s (100 - A_{ad}^{rm})}{100 - D_s} \% \quad \cdots\cdots(3)$$

式中：

L_s——干生料烧失量，%。

2) 入窑煤消耗量

入窑煤消耗量计算方法见公式(4)：

$$m_{ry} = \frac{M_{ry}}{M_{sh}} \quad \cdots\cdots(4)$$

式中：

m_{ry}——每千克熟料入窑燃料量，kg/kg。

3) 燃料消耗量

燃料消耗量计算方法见公式(5)：

$$m_r = m_{rm} + m_{ry} \quad \cdots\cdots(5)$$

式中：

m_r——每千克熟料燃料总消耗量，kg/kg。

① 根据料球含煤量计算燃料总消耗量

根据料球含煤量计算燃料总消耗量的方法见公式(6)：

$$m_{jr}=\frac{M_s D_{1q}(100-W_s)(100-D_s)}{100M_{sh}(100-D_{1q})(100-W_{ar}^{ry})} \quad \cdots\cdots(6)$$

式中：

m_{jr}——每千克熟料按料球含煤量计算的燃料量，kg/kg；

D_{1q}——料球含煤量，%。

注：当 m_r 与 m_{jr} 有差异时，以 m_{jr} 为准。

② 干燃料量

干燃料量计算方法见公式(7)：

$$m_{gr}=\frac{m_{rm}(100-W_{ar}^{rm})+m_{ry}(100-W_{ar}^{ry})}{100} \quad \cdots\cdots(7)$$

式中：

m_{gr}——每千克熟料干燃料总消耗量，kg/kg。

3.2.1.2 干白生料消耗量

1) 干白生料理论消耗量

干白生料理论消耗量计算方法见公式(8)：

$$m_{gbl}=\frac{10\,000-100L_{sh}-m_{rm}A_{ad}^{rm}(100-W_{ar}^{rm})-m_{ry}A_{ad}^{ry}(100-W_{ar}^{ry})}{100(100-L_{bs})} \quad \cdots\cdots(8)$$

式中：

m_{gbl}——每千克熟料干白生料理论消耗量，kg/kg。

2) 干白生料实际消耗量

干白生料实际消耗量计算方法见公式(9)：

$$m_{gb}=m_{gbl}+\frac{m_{fh}(100-L_{fh})}{100-L_{bs}} \quad \cdots\cdots(9)$$

式中：

m_{gb}——每千克熟料干白生料实际消耗量，kg/kg；

m_{fh}——每千克熟料飞灰量，kg/kg。

3) 白生料计算消耗量

白生料计算消耗量计算方法见公式(10)：

$$m_{bs}=\frac{100m_{gb}}{100-W_s} \quad \cdots\cdots(10)$$

式中：

m_{bs}——每千克熟料白生料计算消耗量，kg/kg。

4) 白生料实测消耗量

白生料实测消耗量计算方法见公式(11)：

$$m_{cb}=\frac{M_s(100-D_s)}{100M_{sh}} \quad \cdots\cdots(11)$$

式中：

m_{cb}——每千克熟料白生料实测消耗量，kg/kg。

注：当 m_{bs} 与 m_{cb} 有差异时，以 m_{bs} 为准。

3.2.1.3 料球物理水量

料球物理水量计算见公式(12)：

$$m_{ws} = \frac{W_{1q}(m_{gb} + m_{gr})}{100 - W_{1q}} \quad \cdots\cdots(12)$$

式中：

m_{ws}——每千克熟料生料球带入物理水量，kg/kg；

W_{1q}——料球水分，%。

3.2.1.4 入窑空气质量

入窑空气质量计算见公式(13)：

$$m_{yk} = 1.293V_{yk} \quad \cdots\cdots(13)$$

式中：

m_{yk}——每千克熟料鼓入窑空气质量，kg/kg；

V_{yk}——每千克熟料实测入窑空气量，m^3/kg。

3.2.1.5 入窑腰风质量

入窑腰风质量计算见公式(14)：

$$m_{yf} = 1.293V_{yf} \quad \cdots\cdots(14)$$

式中：

m_{yf}——每千克熟料鼓入窑腰风空气质量，kg/kg；

V_{yf}——每千克熟料实测入窑腰风空气量，m^3/kg。

3.2.1.6 窑罩门漏入空气质量

1) 由烟囱废气和窑面废气成分计算漏风系数

① 根据氧气平衡计算

$$n_{O_2} = \frac{O_2^g - O_2^{yg}}{21 - O_2^g} \quad \cdots\cdots(15)$$

式中：

n_{O_2}——按氧平衡计算的漏风系数；

O_2^g——干烟气中的氧气含量；

O_2^{yg}——窑面干废气中的氧气含量。

② 根据二氧化碳平衡计算

$$n_{CO_2} = \frac{CO_2^{yg} - CO_2^g}{CO_2^g} \quad \cdots\cdots(16)$$

式中：

n_{CO_2}——按二氧化碳平衡计算的漏风系数；

CO_2^{yg}——窑面干废气中的二氧化碳含量；

CO_2^g——干烟气中的二氧化碳含量。

以公式(15)和(16)分别计算的漏风系数的绝对值，两者相差不能大于0.10。

③ 漏风系数

$$n = \frac{n_{O_2} + n_{CO_2}}{2} \quad \cdots\cdots(17)$$

式中：

n——窑罩看火门漏风系数。

注：漏风系数系窑罩门漏入空气量与窑面废气量之比值。

2) 窑罩门漏入空气量

窑罩门漏入空气量计算见公式(18)：

$$V_l = \frac{V_f n(100 - H_2O^f)}{100(n+1)} \quad \cdots\cdots(18)$$

式中：

V_l——窑罩门漏入空气量，m^3/kg；

V_f——烟囱废气量每千克熟料；

H_2O^f——烟囱湿废气中的水汽含量。

3） 窑罩门漏入空气质量（kg/kg）

窑罩门漏入空气质量计算见公式（19）：

$$m_l = 1.293V_l \quad \cdots\cdots (19)$$

式中：

m_l——每千克熟料窑罩门漏入空气质量，m^3/kg。

3.2.1.7 熟料冷却风质量

熟料冷却风质量计算见公式（20）：

$$m_{lqf} = 1.293V_{lqf} \quad \cdots\cdots (20)$$

式中：

m_{lqf}——每千克熟料熟料冷却风空气质量，kg/kg；

V_{lqf}——每千克熟料实测熟料冷却风量，m^3/kg。

3.2.1.8 物料总收入

物料总收入计算见公式（21）：

$$m_{zs} = m_{gr} + m_{gb} + m_{ws} + m_{yk} + m_l + m_{yf} + m_{lqf} \quad \cdots\cdots (21)$$

式中：

m_{zs}——每千克熟料物料平衡中的物料总收入量，kg/kg。

3.2.2 物料支出

3.2.2.1 熟料量（m_{sh}），1 kg/kg

3.2.2.2 烟囱废气质量

烟囱废气质量计算见公式（22）：

$$m_f = V_f \rho f \quad \cdots\cdots (22)$$

式中：

m_f——每千克熟料烟囱废气质量，kg/kg；

ρ_f——烟囱废气的密度，kg/m^3。

3.2.2.3 飞灰量

飞灰量计算见公式（23）：

$$m_{fh} = K_f V_f (100 - H_2O^f) 10^{-5} \cdots (kg/kg) \quad \cdots\cdots (23)$$

式中：

K_f——干废气含干尘量，kg/m^3。

3.2.2.4 出料器漏风量

1） 根据燃料的收到基低（位）发热量 $Q_{net,ar}$ 计算燃料完全燃烧时理论空气需要量，计算见公式（24）：

$$V_{lk} = \frac{m_r(0.241Q_{net,ar} + 500)}{1\,000} \quad \cdots\cdots (24)$$

式中：

V_{lk}——每千克熟料燃料完全燃烧时理论空气需要量，m^3/kg；

$Q_{net,ar}$——燃料收到基低（位）发热量，kcal/kg。

2） 实际空气需要量（m^3/kg）

实际空气需要量计算见公式（25）：

$$V_{sk} = V_{lk}\alpha_{yf} \quad \cdots\cdots (25)$$

式中：

V_{sk}——燃料完全燃烧时实际空气需要量每千克熟料；

α_{yf}——窑面废气过剩空气系数。

3） 出料器漏风量(m^3/kg)

出料器漏风量计算见公式(26)：

$$V_{cl}=V_{yk}-V_{sk} \quad \cdots\cdots(26)$$

式中：

V_{cl}——出料器漏风量。

4） 出料器漏风质量

出料器漏风质量计算见公式(27)：

$$m_{cl}=1.293V_{cl} \quad \cdots\cdots(27)$$

式中：

m_{cl}——出料器漏风质量每千克熟料。

3.2.2.5 其他项

$$m_q=m_{zs}-(m_{sh}+m_f+m_{fh}+m_{cl}) \quad \cdots\cdots(28)$$

注：其他项值应为正值，占总收入值的比例应≤3%，否则本测量与计算结果无效。

式中：

m_q——每千克熟料物料平衡中的物料其他支出量，kg/kg。

3.3 物料平衡计算结果

物料平衡计算结果见表1。

表1 物料平衡表

项目		数值/(kg/kg)	%
收入	干燃料消耗量 m_{gr}		
	干白生料消耗量 m_{gb}		
	料球物理水量 m_{ws}		
	鼓入窑空气质量 m_{yk}		
	窑罩门漏入空气质量 m_l		
	入窑腰风质量 m_{yf}		
	熟料冷却风质量 m_{lqf}		
	总计 m_{zs}		
支出	出窑熟料量 m_{sh}		
	烟囱废气质量 m_f		
	飞灰量 m_{fh}		
	出料器漏风质量 m_{cl}		
	其他 m_q		
	总计 m_{zz}		

4 热平衡计算

4.1 平衡范围

出料器熟料出口至烟囱测孔，见图2。

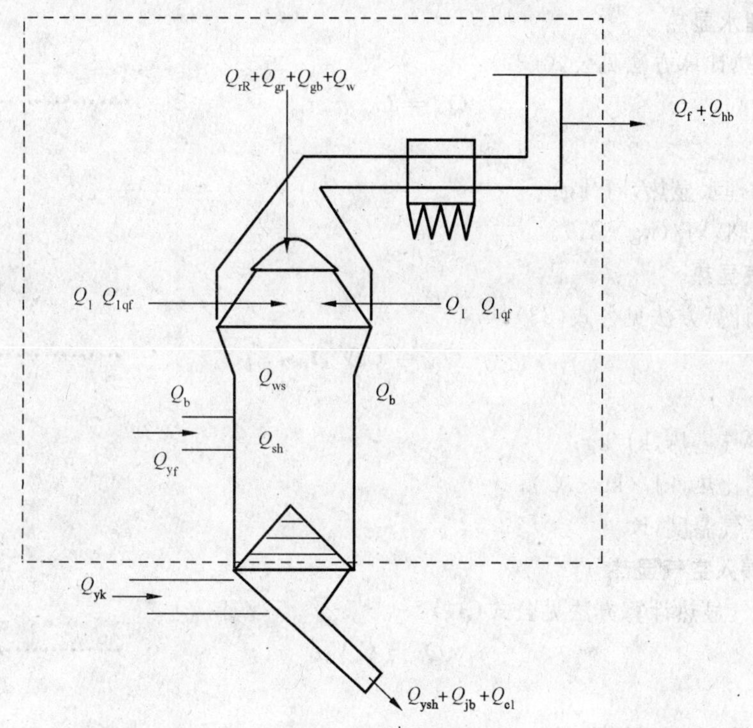

图 2　热平衡图

4.2　计算方法

4.2.1　收入热量

4.2.1.1　燃料燃烧热

燃料燃烧热计算方法见公式(29)：

$$Q_{rk}=Q_{net,ar}m_r \quad \cdots\cdots(29)$$

式中：

Q_{rk}——入窑空气显热，kJ/kg。

注：生料中含有燃料外的可燃物时，其发热量应计入。当采用立窑生料中煤的掺入量测定仪测定时，其结果应与计算求得燃料燃烧热误差不得超过2%。

4.2.1.2　干燃料显热

干燃料显热计算方法见公式(30)：

$$Q_{gr}=\frac{C_r m_r t_{1q}(100-W_{ar})}{100} \quad \cdots\cdots(30)$$

式中：

Q_{gr}——干燃料显热，kJ/kg；

C_r——燃料的比热，kJ/(kg·℃)；

t_{1q}——料球温度，K；

W_{ar}——燃料的收到基水分，%。

4.2.1.3　干白生料显热

干白生料显热计算方法见公式(31)：

$$Q_{gb}=C_{bs}m_{gb}t_{lq} \quad \cdots\cdots(31)$$

式中：

Q_{gb}——干白生料显热，kJ/kg；

C_{bs}——白生料的比热，kJ/(kg·℃)。

4.2.1.4 料球物理水显热

料球物理水显热计算方法见公式(32)：

$$Q_w = C_{ws} m_{ws} t_{1q} \quad \cdots\cdots (32)$$

式中：

Q_w——料球物理水显热，kJ/kg；

C_{ws}——水的比热，kJ/(kg·℃)。

4.2.1.5 入窑空气显热

入窑空气显热计算方法见公式(33)：

$$Q_{yk} = C_k V_{yk} t_{yk} \quad \cdots\cdots (33)$$

式中：

Q_{yk}——入窑空气显热，kJ/kg；

C_k——空气的比热，kJ/(kg·℃)；

t_{yk}——入窑空气温度，K。

4.2.1.6 窑罩门漏入空气显热

窑罩门漏入空气显热计算方法见公式(34)：

$$Q_l = C_k V_l t_l \quad \cdots\cdots (34)$$

式中：

Q_l——窑罩门漏入空气显热，kJ/kg；

t_l——窑罩门漏入空气温度，K。

4.2.1.7 热量总收入

热量总收入计算方法见公式(35)：

$$Q_{zs} = Q_{rR} + Q_{gr} + Q_{gb} + Q_w + Q_{yk} + Q_l \quad \cdots\cdots (35)$$

式中：

Q_{zs}——热量总收入，kJ/kg；

Q_{rR}——燃料燃烧热。

4.2.2 支出热量

4.2.2.1 理论热耗

1) 熟料形成中放出热量

① 熟料矿物形成时放出的热量

熟料矿物形成时放出的热量计算方法见公式(36)：

$$q_1 = 4.47C_3S + 6.02C_2S + 0.38C_3A + 1.09C_4AF \quad (kJ/kg) \quad \cdots\cdots (36)$$

② 熟料由 1 400 ℃冷却到 0 ℃放出的热量

熟料由 1 400 ℃冷却到 0 ℃放出的热量计算方法见公式(37)：

$$q_2 = 1\ 527 \quad (kJ/kg) \quad \cdots\cdots (37)$$

③ 生料化合水由 450 ℃冷却到 0 ℃放出的热量

生料化合水由 450 ℃冷却到 0 ℃放出的热量计算方法见公式(38)：

$$q_3 = 11.91 m_{gbl} Al_2O_3^{bs} \quad (kJ/kg) \quad \cdots\cdots (38)$$

其中：

$$Al_2O_3^{bs} = \frac{10\ 000 Al_2O_3^{s} - D_3 A_{ad}^{rm} Al_2O_3^{mh}}{100(100 - D_s)} \%$$

式中：

$Al_2O_3^{bs}$——干白生料的三氧化二铝含量，%；

$Al_2O_3^{s}$——干生料的三氧化二铝含量，%；

$Al_2O_3^{mh}$——煤灰的三氧化二铝含量，%。

④ 生料中的二氧化碳由 900 ℃冷却到 0 ℃放出的热量

生料中的二氧化碳由 900 ℃冷却到 0 ℃放出的热量计算方法见公式(39)：

$$q_4 = (7.57CaO^{bs} + 10.51MgO^{bs})m_{gbl} \quad (kJ/kg) \qquad \cdots\cdots(39)$$

其中：

$$CaO^{bs} = \frac{10\,000CaO^{s} - D_3 A_{rm}^{g} CaO^{mh}}{100(100 - D_s)}\%$$

$$MgO^{bs} = \frac{10\,000MgO^{s} - D_3 A_{rm}^{g} MgO^{mh}}{100(100 - D_s)}\%$$

式中：

CaO^{bs}——干白生料的氧化钙含量，%；

CaO^{s}——干生料的氧化钙含量，%；

CaO^{mh}——煤灰的氧化钙含量，%；

MgO^{bs}——白生料的氧化镁含量，%；

MgO^{s}——生料的氧化镁含量，%；

MgO^{mh}——煤灰的氧化镁含量，%。

⑤ 生成偏高岭土放出的热量

生成偏高岭土放出的热量计算方法见公式(40)：

$$q_5 = 6.5Al_2O_3^{sh} \quad (kJ/kg) \qquad \cdots\cdots(40)$$

式中：

$Al_2O_3^{sh}$——熟料的三氧化二铝含量，%。

2） 熟料形成中吸收热量(kJ/kg)

① 干生料由 0 ℃加热到 450 ℃所需热量

干生料由 0 ℃加热到 450 ℃所需热量计算方法见公式(41)：

$$q'_1 = 476m_{gbl} \cdots (kJ/kg) \qquad \cdots\cdots(41)$$

② 高岭土脱水所需热量

高岭土脱水所需热量计算方法见公式(42)：

$$q'_2 = 23.62m_{gbl}Al_2O_3^{bs} \cdots (kJ/kg) \qquad \cdots\cdots(42)$$

③ 脱水后的物料由 450 ℃加热到 900 ℃所需热量

脱水后的物料由 450 ℃加热到 900 ℃所需热量计算方法见公式(43)：

$$q'_3 = (533 - 1.88Al_2O_3^{bs})m_{gbl} \cdots (kJ/kg) \qquad \cdots\cdots(43)$$

④ 物料中的碳酸盐分解所需热量

物料中的碳酸盐分解所需热量计算方法见公式(44)：

$$q'_4 = (29.57CaO^{bs} + 17.06MgO^{bs})m_{gbl} \cdots (kJ/kg) \qquad \cdots\cdots(44)$$

⑤ 碳酸盐分解后物料由 900 ℃加热到 1 400 ℃所需热量

碳酸盐分解后物料由 900 ℃加热到 1 400℃所需热量计算方法见公式(45)：

$$q'_5 = (516 - 5.16L_{bs})m_{gbl} \cdots (kJ/kg) \qquad \cdots\cdots(45)$$

⑥ 液相形成所需热量

液相形成所需热量计算方法见公式(46)：

$$q'_6 = 250 \cdots (kJ/kg) \qquad \cdots\cdots(46)$$

3） 理论热耗

理论热耗计算方法见公式(47)：

$$Q_{sh} = (q'_1 + q'_2 + q'_3 + q'_4 + q'_5 + q'_6) - (q_1 + q_2 + q_3 + q_4 + q_5) \qquad \cdots\cdots(47)$$

式中：

Q_{sh}——理论热耗，kJ/kg。

4.2.2.2 蒸发料球物理水耗热

蒸发料球物理水耗热计算方法见公式(48)：

$$Q_{ws} = 2\ 488 m_{ws} \qquad (48)$$

式中：

Q_{ws}——蒸发料球物理水耗热量，kJ/kg。

4.2.2.3 熟料带走显热

熟料带走显热计算方法见公式(49)：

$$Q_{ysh} = C_{sh} t_{ysh} \qquad (49)$$

式中：

Q_{ysh}——出窑熟料含热量，kJ/kg；

C_{sh}——熟料的比热，kJ/(kg·℃)；

t_{ysh}——出窑熟料温度，K。

4.2.2.4 烟气带走显热

烟气带走显热计算方法见公式(50)：

$$Q_f = C_f V_f t_f \qquad (50)$$

其中：

$$C_f = \frac{CO_2^f \cdot C_{CO_2} + O_2^f \cdot CO_2 + CO^f \cdot C_{CO} + N_2^f \cdot C_{N_2}}{100} + \frac{H_2^f \cdot C_{H_2} + CH_4^f \cdot C_{CH_4} \cdot H_2O^f \cdot C_{H_2O}}{100} \quad kJ/m^3 \cdot ℃$$

式中：

Q_f——烟气带走显热，kJ/kg；

C_f——烟囱废气的比热，kJ/(kg·℃)；

CO_2^f——烟气中二氧化碳的百分含量，%；

C_{CO_2}——二氧化碳气体的比热，kJ/(kg·℃)；

O_2^f——烟气中氧气的百分含量，%；

C_{O_2}——氧气的比热，kJ/(kg·℃)；

CO^f——烟气中一氧化碳的百分含量，%；

C_{CO}——一氧化碳气体的比热，kJ/(kg·℃)；

N_2^f——烟气中氮气的百分含量，%；

C_{N_2}——氮气的比热，kJ/(kg·℃)；

H_2^f——烟气中氢气的百分含量，%；

C_{H_2}——氢气的比热，kJ/(kg·℃)；

CH_4^f——烟气中甲烷气的百分含量，%；

C_{CH_4}——甲烷气的比热，kJ/(kg·℃)；

C_{H_2O}——水蒸气的比热，kJ/(kg·℃)。

4.2.2.5 窑系统表面散热损失(Q_b)

Q_b 通过实测并换算成每千克熟料表面散热损失，kJ/kg。

4.2.2.6 机械不完全燃烧热损失

机械不完全燃烧热损失计算方法见公式(51)：

$$Q_{jb} = 338.71 D_{sh} \qquad (51)$$

式中：

Q_{jb}——机械不完全燃烧热损失，kJ/kg；

D_{sh}——熟料含碳量，%。

4.2.2.7 **化学不完全燃烧热损失**

化学不完全燃烧热损失计算方法见公式(52)：

$$Q_{hb} = 12\ 733V_{CO} + 10\ 747\ V_{H_2} + 36\ 087V_{CH_4} \qquad (52)$$

式中：

Q_{hb}——化学不完全燃烧热损失，kJ/kg；

V_{CO}——烟囱废气中 CO 的含量，%；

V_{H_2}——烟囱废气中 H_2 的含量，%；

V_{CH_4}——烟囱废气中 CH_4 的含量，%。

4.2.2.8 **水冷却热损失**

水冷却热损失计算方法见公式(53)：

$$Q_{ls} = 4.181\ 6m_{ls}(t_{cs} - t_{js}) \qquad (53)$$

式中：

Q_{ls}——水冷却热损失，kJ/kg；

m_{ls}——冷却水实际消耗量，kg/kg；

t_{cs}——水冷却出水温度，℃；

t_{js}——水冷却进水温度，℃。

4.2.2.9 **出料器漏风热损失**

出料器漏风热损失计算方法见公式(54)：

$$Q_{cl} = C_k C_{cl} t_{cl} \qquad (54)$$

式中：

Q_{cl}——出料器漏风带走热损失，kJ/kg；

t_{cl}——出料器漏风温度，K。

4.2.2.10 **其他项**

其他项计算方法见公式(55)：

$$Q_q = Q_{zs} - (Q_{sh} + Q_{ws} + Q_{ysh} + Q_f + Q_b + Q_{jb} + Q_{hb} + Q_{1s} + Q_{cl}) \qquad (55)$$

式中：

Q_q——其他项热损失，kJ/kg。

注：其他项值应为正值，占总收入值的比例应≤3%，否则本测量与计算结果无效。

4.3 热平衡计算结果

热平衡计算结果见表 2。

表 2 热平衡表

项目		数值		%
		国际单位 kJ/kg	工程单位 kcal/kg	
收入	燃料烯烧热 Q_{rR}			
	干燃料显热 Q_{gr}			
	干白生料显热 Q_{gb}			
	料球物理水显热 Q_w			

表 2（续）

<table>
<tr><td colspan="2" rowspan="2">项　目</td><td colspan="2">数　值</td><td rowspan="2">%</td></tr>
<tr><td>国际单位
kJ/kg</td><td>工程单位
kcal/kg</td></tr>
<tr><td rowspan="5">收入</td><td>入窑空气显热 Q_{yk}</td><td></td><td></td><td></td></tr>
<tr><td>窑罩门漏入空气显热 Q_{l}</td><td></td><td></td><td></td></tr>
<tr><td>入窑腰风显热 Q_{yf}</td><td></td><td></td><td></td></tr>
<tr><td>熟料冷却风显热 Q_{1qf}</td><td></td><td></td><td></td></tr>
<tr><td>总计 Q_{zs}</td><td></td><td></td><td></td></tr>
<tr><td rowspan="11">支出</td><td>理论热耗 Q_{sh}</td><td></td><td></td><td></td></tr>
<tr><td>蒸发料球物理水耗热 Q_{ws}</td><td></td><td></td><td></td></tr>
<tr><td>熟料带走显热 Q_{ysh}</td><td></td><td></td><td></td></tr>
<tr><td>烟气带走显热 Q_{f}</td><td></td><td></td><td></td></tr>
<tr><td>窑系统表面散热损失 Q_{b}</td><td></td><td></td><td></td></tr>
<tr><td>机械不完全燃烧热损失 Q_{jb}</td><td></td><td></td><td></td></tr>
<tr><td>化学不完全燃烧热损失 Q_{hb}</td><td></td><td></td><td></td></tr>
<tr><td>水冷却热损失 Q_{ls}</td><td></td><td></td><td></td></tr>
<tr><td>出料器漏风热损失 Q_{cl}</td><td></td><td></td><td></td></tr>
<tr><td>其他 Q_{q}</td><td></td><td></td><td></td></tr>
<tr><td>总计 Q_{zz}</td><td></td><td></td><td></td></tr>
<tr><td colspan="2">备　　注</td><td colspan="3"></td></tr>
</table>

5　热效率计算

机立窑热效率计算应按公式(56)计算：

$$\eta_{sc} = \frac{Q_{sh}}{Q_{rR}} \times 100\% \quad \cdots\cdots(56)$$

式中；

η_{sc}——热效率，%。

6　可比熟料综合标准煤耗计算

6.1　熟料综合标准煤耗

熟料综合标准煤耗应按公式(57)计算：

$$e_{cl} = \frac{P_c Q_{net,ar}}{Q_{bm} P_{cl}} - e_{he} - e_{hu} \quad \cdots\cdots(57)$$

式中：

e_{cl}——熟料综合标准煤耗，单位为千克每吨(kg/t)；

P_c——测量期内用于烧成熟料的入窑实物煤总量，单位为千克(kg)；

$Q_{net,ar}$——测量期内入窑实物煤的加权平均低位发热量，单位为千焦每千克(kJ/kg)；

Q_{bm}——每千克标准煤发热量，见 GB/T 2589，单位为千焦每千克(kJ/kg)；

P_{cl}——测量期内的熟料总产量，单位为吨(t)；

e_{he}——测量期内余热发电折算的单位熟料标准煤量，单位为千克每吨(kg/t)，本项数据为回转窑工艺所用，立窑工艺本项数据记为0；

e_{hu}——测量期内余热利用的热量折算的单位熟料标准煤量，单位为千克每吨(kg/t)，项数据为回转窑工艺所用，立窑工艺本项数据记为0。

6.2 可比熟料综合标准煤耗(kg/t)

可比熟料综合标准煤耗 Q 计算方法见公式(58)：

$$Q = aKe_{cl} = \sqrt[4]{\frac{52.5}{A}} \cdot \sqrt{\frac{P_H}{P_0}} \quad e_{cl} \qquad \cdots\cdots(58)$$

式中：

a——熟料强度等级修正系数；

K——海拔修正系数，水泥企业所在地海拔高度超过1 000 m时进行海拔修正；

A——统计期内熟料平均28 d抗压强度，单位为兆帕(MPa)；

52.5——统计期内熟料平均抗压强度修正到52.5 MPa；

P_0——海平面环境大气压，101 325帕(Pa)；

P_H——当地环境大气压，单位为帕(Pa)。

附　录　A
（资料性附录）
系统设备概况和热工测量数据汇总表

表 A.1　系统设备概况

<table>
<tr><td colspan="4">厂名</td><td colspan="2"></td></tr>
<tr><td colspan="4">厂址</td><td colspan="2"></td></tr>
<tr><td colspan="4">窑的编号</td><td colspan="2"></td></tr>
<tr><td colspan="4">煅烧工艺***</td><td colspan="2"></td></tr>
<tr><td colspan="4">设备名称</td><td>单　位</td><td></td></tr>
<tr><td rowspan="3">立窑</td><td colspan="3">规格</td><td>m</td><td></td></tr>
<tr><td colspan="3">喇叭口规格</td><td>m</td><td></td></tr>
<tr><td colspan="3">直筒部分规格</td><td>m</td><td></td></tr>
<tr><td colspan="3" rowspan="2">立窑外部尺寸</td><td>喇叭口</td><td>m</td><td></td></tr>
<tr><td>直筒部分</td><td>m</td><td></td></tr>
<tr><td colspan="4">烟囱规格</td><td>m</td><td></td></tr>
<tr><td rowspan="3">窑罩</td><td colspan="3">规格</td><td>m</td><td></td></tr>
<tr><td rowspan="2">看火门</td><td colspan="2">数量</td><td>个</td><td></td></tr>
<tr><td colspan="2">尺寸(上底×下底×高)</td><td>m</td><td></td></tr>
<tr><td rowspan="4">出料器</td><td colspan="3">进料口规格</td><td>m</td><td></td></tr>
<tr><td colspan="3">规格</td><td>mm</td><td></td></tr>
<tr><td colspan="3">与水平线夹角</td><td>度</td><td></td></tr>
<tr><td colspan="3">控制方式</td><td></td><td></td></tr>
<tr><td rowspan="4">卸料篦子</td><td colspan="3">形式</td><td></td><td></td></tr>
<tr><td rowspan="2">运转速度</td><td colspan="2">摆(转)动次数</td><td>rpm</td><td></td></tr>
<tr><td colspan="2">摆动角度</td><td>度</td><td></td></tr>
<tr><td colspan="3">油泵(电机)规格型号</td><td></td><td></td></tr>
<tr><td rowspan="7">鼓风机</td><td colspan="3">型号</td><td></td><td></td></tr>
<tr><td colspan="3">台数</td><td>台</td><td></td></tr>
<tr><td colspan="3">铭牌风量</td><td>m^3/min</td><td></td></tr>
<tr><td colspan="3">铭牌风压</td><td>Pa</td><td></td></tr>
<tr><td rowspan="2">电动机</td><td colspan="2">功率</td><td>kW</td><td></td></tr>
<tr><td colspan="2">转数</td><td>rpm</td><td></td></tr>
<tr><td colspan="3">送风方式</td><td></td><td></td></tr>
</table>

表 A.1（续）

成球盘	直径		m	
	边高		m	
	斜度		度	
	转数		rpm	
	电动机	功率	kW	
		转数	rpm	
喂料机	规格		mm	
	转数		rpm	
	电动机	功率	kW	
		转数	rpm	
煤料混合方法	生料计量	形式		
		计量设备规格		
		流量调节范围		
	煤计量	形式		
		计量设备规格		
		流量调节范围		

* * * 煅烧工艺是指采用的白生料法、半黑生料法、全黑生料法、包壳料球法、差热煅烧法或非差热煅烧法。

表 A.2　热工测量数据汇总

测量时间（　　年　　月　　日～　　月　　日）				
测量单位与参加人员				
天气情况	气候			
	气压/Pa(mmHg)			
	风速/(m/s)			
	室外温度/℃			
	空气湿度/%			
测量项目			单　位	
熟料	产量 M_{sh}		kg/h	
	化学成分	SiO_2^{sh}	%	
		$Al_2O_3^{sh}$	%	

表 A.2（续）

测量时间(　　年　　月　　日～　　月　　日)					
测量单位与参加人员					
天气情况	气候				
	气压/Pa(mmHg)				
	风速/(m/s)				
	室外温度/℃				
	空气湿度/%				
测量项目				单　位	
熟料	化学成分	$Fe_2O_3^{sh}$		%	
		CaO^{sh}		%	
		MgO^{sh}		%	
		L_{sh}		%	
	含碳量 D_{sh}			%	
	石灰饱和系数 KH/KH⁻				
	硅酸率 n				
	铝氧率 p				
	出窑熟料温度 t_{ysh}			K	
	矿物组成	C_3S			
		C_2S			
		C_3A			
		C_4AF			
	f-CaO				
	物理强度	抗折	3 d	MPa	
			28 d	MPa	
		抗压	3 d	MPa	
			28 d	MPa	
生料	用量 M_s			kg/h	
	水分 W_s			%	
	化学成分	L_s		%	
		SiO_2^s		%	
		$Al_2O_3^s$		%	
		$Fe_2O_3^s$		%	
		CaO^s		%	
		MgO^s		%	
		K_2O^s		%	
		Na_2O^s		%	

表 A.2（续）

测量时间（　　年　　月　　日～　　月　　日）					
测量单位与参加人员					
天气情况	气候				
	气压/Pa（mmHg）				
	风速/（m/s）				
	室外温度/℃				
	空气湿度/%				
测量项目			单　位		
料球	含煤量 D_s		%		
	水分 W_{lq}		%		
	温度 t_{lq}		K		
	含煤量 D_{1q}		%		
燃料	种　类			入磨煤	入窑煤
	产　地				
	工业分析	全水分 W^y	%		
		水分 W^f	%		
		灰分 A^f	%		
		挥分 V^f	%		
		固定碳 C^f	%		
	应用基低（位）发热量 Q^y_{DW}		kJ/kg		
	煤灰化学成分	SiO_2^{mh}	%		
		$Al_2O_3^{mh}$	%		
		$Fe_2O_3^{mh}$	%		
		CaO^{mh}	%		
		MgO^{mh}	%		
	用量	入磨煤 m_{rm}	kg/kg		
		入窑煤 m_{ry}	kg/kg		
		合计 m_r	kg/kg		
进入系统空气	鼓风机入窑空气	容量 V_{yk}	m^3/kg		
		温度 t_{yk}	K		
		压力 P_{yk}	Pa		
	漏入空气窑罩门	容量 V_l	m^3/kg		
		温度 t_l	K		

表 A.2（续）

测量时间(　　　年　　月　　日～　　月　　日)				
测量单位与参加人员				
天气情况	气候			
	气压/Pa(mmHg)			
	风速/(m/s)			
	室外温度/℃			
	空气湿度/%			
测量项目			单　位	
烟囱废气	容量 V_f		m^3/kg	
	温度 t_f		K	
	压力 P_f		Pa	
	成分	CO_2^g	%	
		O_2^g	%	
		CO^g	%	
		N_2^g	%	
		CH_4^g	%	
		H_2^g	%	
	过剩空气系数 a_f			
烟气飞灰	质量 m_{fh}		kg/kg	
	烧失量 L_{fh}		%	
窑面废气	成分	CO_2^{yg}	%	
		O_2^{yg}	%	
		CO^{yg}	%	
		N_2^{yg}	%	
	过剩空气系数 a_{yf}			
备　　注				

附 录 B
（资料性附录）
常用数据表

表 B.1 主要气体的常数

名称	分子式	分子量	密度 kg/m³		热值 kJ/m³	
			计算值	实测值	Q_{GW}	Q_{DW}
空气	—	29	1.292 2	1.292 8		
氧	O_2	32	1.427 6	1.428 95		
氢	H_2	2	0.089 94	0.089 94	12 755.1 (3 050)	10 789.6 (2 580)
氮	N_2	28	1.249 9	1.250 5		
一氧化碳	CO	28	1.249 5	1.250 0	12 629.6 (3 020)	12 629.6 (3 020)
二氧化碳	CO_2	44	1.963 4	1.976 8		
水蒸气	H_2O	18	—	0.804		
甲烷	CH_4	16	0.715 2	0.716 3	39 729.0 (9 500)	35 802.1 (8 561)

表 B.2 主要气体的平均比热

单位为 kJ/(m³ · ℃)[kcal/(m³ · ℃)]

t/℃	CO_2	H_2O	空气	CO	N_2	O_2	H_2	CH_4
0	1.606 (0.384)	1.489 (0.365)	1.296 (0.310)	1.296 (0.310)	1.296 (0.310)	1.305 (0.312)	1.280 (0.306)	1.539 (0.368)
100	1.736 (0.415)	1.497 (0.358)	1.301 (0.311)	1.301 (0.311)	1.301 (0.311)	1.313 (0.314)	1.292 (0.309)	1.614 (0.386)
200	1.802 (0.431)	1.514 (0.362)	1.309 (0.313)	1.305 (0.312)	1.305 (0.312)	1.334 (0.319)	1.296 (0.310)	1.752 (0.419)
300	1.878 (0.449)	1.535 (0.367)	1.317 (0.315)	1.317 (0.315)	1.313 (0.314)	1.355 (0.324)	1.301 (0.311)	1.886 (0.451)
400	1.940 (0.464)	1.556 (0.372)	1.330 (0.318)	1.330 (0.318)	1.322 (0.316)	1.376 (0.329)	1.301 (0.311)	2.007 (0.480)
500	2.007 (0.480)	1.581 (0.378)	1.342 (0.321)	1.342 (0.321)	1.334 (0.319)	1.397 (0.334)	1.305 (0.312)	2.129 (0.509)

表 B.3 煤的平均比热 单位为 kJ/(kg·℃)[kcal/(kg·℃)]

t/℃ \ 挥发分/% 比热	煤的挥发分/%					
	10	15	20	25	30	35
0	0.953 (0.228)	0.987 (0.236)	1.025 (0.245)	1.058 (0.253)	1.096 (0.262)	1.129 (0.270)
10	0.966 (0.231)	0.999 (0.239)	1.037 (0.248)	1.075 (0.257)	1.112 (0.266)	1.146 (0.274)
20	0.979 (0.234)	1.016 (0.243)	1.054 (0.252)	1.092 (0.261)	1.125 (0.269)	1.163 (0.278)
30	0.991 (0.237)	1.033 (0.247)	1.071 (0.256)	1.108 (0.265)	1.142 (0.273)	1.179 (0.282)
40	1.008 (0.241)	1.046 (0.250)	1.083 (0.259)	1.121 (0.268)	1.158 (0.277)	1.196 (0.286)
50	1.025 (0.245)	1.062 (0.254)	1.100 (0.263)	1.138 (0.272)	1.175 (0.281)	1.213 (0.290)
60	1.037 (0.248)	1.079 (0.258)	1.112 (0.266)	1.154 (0.276)	1.192 (0.285)	1.230 (0.294)

表 B.4 熟料的平均比热 单位为 kJ/(kg·℃)[kcal/(kg·℃)]

温度 t/℃	比热	温度 t/℃	比热
0	0.736 (0.176)	400	0.895 (0.214)
20	0.736 (0.176)	500	0.916 (0.219)
100	0.782 (0.187)	600	0.937 (0.224)
200	0.824 (0.197)	700	0.953 (0.228)
300	0.861 (0.206)	800	0.970 (0.232)

表 B.5 不同温差、风速的散热系数

单位为 kJ/(m² · h · ℃)[kcal/(m² · h · ℃)]

散热系数 α \ 风速 m/s 温差 Δt/℃	0	0.24	0.48	0.69	0.90	1.20	1.50	1.75	2.0
40	45.16 (10.8)	50.60 (12.1)	56.03 (13.4)	61.47 (14.7)	66.92 (16.0)	75.69 (18.1)	84.47 (20.2)	93.25 (22.3)	102.03 (24.4)
50	47.67 (11.4)	53.11 (12.7)	58.54 (14.0)	63.98 (15.3)	69.42 (16.6)	78.61 (18.8)	87.40 (20.9)	96.18 (23.0)	104.54 (25.0)
60	50.18 (12.0)	56.03 (13.4)	61.47 (14.7)	66.91 (16.0)	71.92 (17.2)	81.42 (19.4)	89.90 (21.5)	98.69 (23.6)	107.47 (25.7)
70	52.69 (12.6)	58.54 (14.0)	64.40 (15.4)	69.83 (16.7)	74.85 (17.9)	84.05 (20.1)	92.83 (22.2)	101.61 (24.3)	110.39 (26.4)
80	54.78 (13.1)	61.05 (14.6)	66.91 (16.0)	72.34 (17.3)	77.36 (18.5)	86.56 (20.7)	95.34 (22.8)	104.12 (24.9)	112.90 (27.0)
90	57.29 (13.7)	63.56 (15.2)	69.42 (16.6)	74.85 (17.9)	79.87 (19.1)	89.07 (21.3)	97.85 (23.4)	106.63 (25.5)	115.83 (27.7)
100	59.80 (14.3)	66.07 (15.8)	72.34 (17.3)	77.78 (18.6)	82.80 (19.8)	92.00 (22.0)	100.78 (24.1)	109.56 (26.2)	118.34 (28.3)

附 录 C
（资料性附录）
原始数据记录表

表 C.1 煤的工业分析结果与发热量

编号	煤种	产地	工业分析结果/%						发热量/(kJ/kg)或(kcal/kg)	
			W^y	W^f	V^f	A^f	A^g	C^f	Q_{DW}^f	Q_{DW}^y

表 C.2 煤灰化学成分 %

编号	SiO_2	Al_2O_3	Fe_2O_3	CaO	MgO	其他	总和

表 C.3 煤消耗量抽测记录

时间 h:min	抽测秒数/s	煤质量/kg	平均流量/(kg/s)	备 注

表 C.4 生料化学成分 %

编号	烧失量 L_{sh}	SiO_2	Al_2O_3	Fe_2O_3	CaO	MgO	其他	总和

表 C.5 生料水分与含煤量(发热量)测定记录

编　号	水分 W_s/%	含煤量 D_s/% 发热量 Q/(kJ/kg)	备　注

表 C.6 生料消耗量抽测记录

时间 h:min	抽测秒数/s	生料质量/kg	平均流量/(kg/s)	备　注

表 C.7 熟料成分和含碳量测定记录

%

编号	烧失量 L_{sh}	SiO_2	Al_2O_3	Fe_2O_3	CaO	MgO	MgO	其他	总和	含碳量 D_{sh}

表 C.8 熟料矿物组成和率值

编号	f-CaO/%	C_3S/%	C_2S/%	C_3A/%	C_4AF/%	KH	KH^-	n	p

表 C.9 熟料物料性能测定记录

编号	标准稠度	凝结时间 h:min		安定性	强度/MPa					
					抗 折			抗 压		
		初凝	终凝		3 d	7 d	28 d	3 d	7 d	28 d

表 C.10 料球温度、水分和含煤量的测定记录

编 号	水 分 W_{lq}/%	温 度 t_{lq}/℃	含煤量 D_{lq}/%	备 注

表 C.11 烟囱废气温度和湿含量的测定记录

时:分 h:min	烟囱号	废气温度/℃	干球温度/℃	湿球温度/℃	相对湿度/%	湿含量/(kg/kg)

表 C.12 烟囱、窑面废气成分分析

时:分 h:min	取样点	球胆号	含 量/%						α
			CO_2	O_2	CO	H_2	CH_4	N_2	

表 C.13 烟囱废气、入窑空气动静压的测定记录 压力计倾斜系数 K=________

时:分 h:min	初读数/ mmH_2O	气体温度/℃	静压/ mmH_2O	动压/mmH_2O								
				1	2	3	4	5	6	7	8	备注

表 C.14 烟囱废气含尘量的测定记录

抽气时间 h:min~h:min	流量计控制流量 L/m	抽气系数		抽气量/ m^3	滤筒质量/g		尘质量/g	含尘率/ (mg/m^3)
		温度/℃	负压/ mmHg		原质量	集尘后质量		

表 C.15 窑体表面温度的测量记录 ℃

时:分 h:min	测点									
	1	2	3	4	5	6	7	8	9	10

表 C.16 出窑熟料、出料器漏风温度的测量记录

时:分 h:min	出窑熟料温度/℃	出料器漏风温度/℃	备注

表 C.17 大气和环境温度、气压的记录

时:分 h:min	环境温度/℃	大气压/Pa	备 注

备案号：14584—2004

中华人民共和国建材行业标准

JC/T 738—2004
代替 JC/T 738—1986(1996)

水泥强度快速检验方法

Accelerated test method for cement strength

2004-10-20 发布　　2005-04-01 实施

中华人民共和国国家发展和改革委员会　发布

前　言

本标准代替JC/T 738—86(1996)《水泥强度快速检验方法》。

本标准与JC/T 738—86(1996)相比,主要变化如下:

——在本标准适用范围中,增加了复合硅酸盐水泥(本版第1章);

——对标准砂、试验室温湿度控制要求,改为"应符合GB/T 17671—1999《水泥胶砂强度检验方法(ISO法)》有关要求"(1986版的1.1;本版的4.1);

——试体成型,改为"按GB/T 17671—1999《水泥胶砂强度检验方法(ISO法)》规定进行"(1986版第4章;本版第7章);

——试体成型后养护制度改为"预养4 h±15 min"(1986版的5.1;本版的8.1);

——增加了检验方法精确性要求(本版附录A.3.1)和对28天预测精度的计算(本版附录A.4)。

本标准附录A为规范性附录,附录B为资料性附录。

本标准由中国建筑材料工业协会提出。

本标准由全国水泥标准化技术委员会(SAC/TC 184)归口。

本标准负责起草单位:中国建筑材料科学研究院。

本标准参加起草单位:云南开远水泥股份有限公司、福建省水泥质量监督检验站、深圳市建设工程质量检测中心。

本标准主要起草人:白显明、江丽珍、王昕、霍春明、张明珊、苏怀锋。

本标准于1986年首次发布,本次为第一次修订。

水泥强度快速检验方法

1 范围

本标准规定了水泥强度快速检验方法的原理、仪器、材料、试验室温、湿度、试体成型、养护制度、抗压强度试验以及水泥28天抗压强度的预测方法。

本标准适用于硅酸盐水泥、普通硅酸盐水泥、矿渣硅酸盐水泥、火山灰硅酸盐水泥、粉煤灰硅酸盐水泥和复合硅酸盐水泥的水泥强度的快速检验以及28天水泥抗压强度的预测。

本方法可用于水泥生产和使用的质量控制，但不作为水泥品质鉴定的最终结果。

2 规范性引用文件

下列文件中的条款通过本标准的引用而成为本标准的条款。凡是注日期的引用文件，其随后所有的修改革(不包括勘误的内容)或修订版均不适用于本标准，然而，鼓励根据本标准达成协议的各方研究是否可使用这些文件的最新版本。凡是不注日期的引用文件，其最新版本适用于本标准。

GB/T 17671—1999 水泥胶砂强度检验方法(ISO法)(idt ISO 679:1989)

3 原理

本方法是按GB/T 17671—1999《水泥胶砂强度检验方法(ISO法)》有关要求制备40 mm×40 mm×160 mm胶砂试体，采用55℃湿热养护加速水泥水化24 h后进行抗压强度试验，从而获得水泥快速强度。通过水泥快速强度，预测标准养护条件下水泥28 d抗压强度。

4 仪器

4.1 水泥胶砂搅拌机、振实台(振动台)、试模、下料漏斗、刮平刀、抗折试验机、抗压试验机及抗压夹具均应符合GB/T 17671—1999的规定。

4.2 湿热养护箱(见图1)，由箱体和温度控制装置组成。箱体内腔尺寸650 mm×350 mm×260 mm；腔内装有试体架，试体架距箱底高度为150 mm；箱顶有密封的箱盖；箱壁内填有良好的保温材料。养护箱通常用1 kW电热管加热。温度控制装置由感温计及定时控制器组成。湿热养护箱温度精度应不大于±2℃，相对湿度大于90%。

单位为毫米

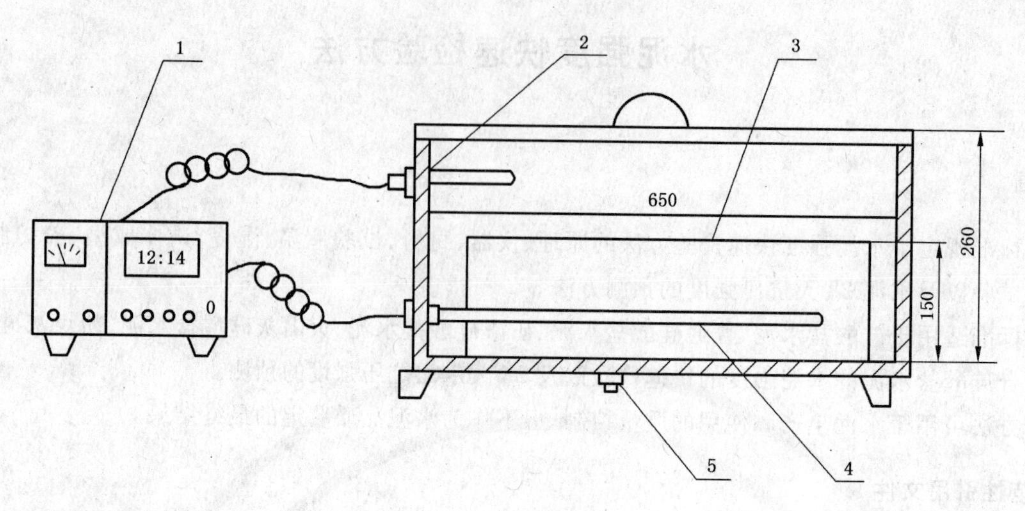

1——恒温定时控制器；
2——感温探头；
3——试体架；
4——电热管；
5——放水阀。

图 1　湿热养护箱示意图

4.3　常温养护箱温度控制应为 20℃±1℃，相对湿度大于 90%。

5　材料

5.1　水泥样品应充分混合均匀。

5.2　标准砂应符合 GB/T 17671—1999 的有关要求。

5.3　试验用水应是洁净的饮用水。

6　试验室温、湿度

试验室温度、湿度，应符合 GB/T 17671—1999 的有关规定。

7　试体成型

应符合 GB/T 17671—1999 的规定。

8　养护制度

8.1　试体成型后，立即连同试模放入常温养护箱内预养 4 h±15 min。

8.2　将带模试体放入湿热养护箱内的试体架上，盖好箱盖。从室温开始加热，在 1.5 h±10 min 内等速升温至 55℃，并在 55℃±2℃下恒温 18 h±10 min 后停止加热。

8.3　打开箱盖，取出试模，在试验室中冷却 50 min±10 min 后脱模。

8.4　每次试验从试体养护到脱模的总体时间相差，不宜超过±30 min。

9　抗压强度试验

按第 8 章要求完成试体养护并脱模后的试体，应立即按 GB/T 17671—1999 的有关规定进行抗压强度试验，得到水泥快速强度 $R_{快}$。

10 水泥28天抗压强度的预测

水泥28 d抗压强度的预测按式(1)计算,计算结果保留至一位小数:

$$R_{28预} = a \times R_{快} + b \qquad \cdots\cdots(1)$$

式中:

$R_{28预}$——预测的水泥28天抗压强度,单位为兆帕(MPa);

$R_{快}$——水泥快速抗压强度,单位为兆帕(MPa);

a、b——待定系数。

预测公式的建立方法和a、b的确立见附录A,计算实例参见附录B。

附 录 A
（规范性附录）
水泥28天抗压强度预测公式的建立方法

A.1 预测待定系数 a、b 的确立

常数 a、b 按以下公式计算，计算结果保留至小数点后两位：

$$a=\frac{\sum_{i=1}^{n}R_{28实i}\times R_{快i}-(\sum_{i=1}^{n}R_{28实i})\times(\sum_{i=1}^{n}R_{快i})/n}{\sum_{i=1}^{n}R_{快i}^{2}-(\sum_{i=1}^{n}R_{快i})^{2}/n} \quad\cdots\cdots(A.1)$$

$$b=\bar{R}_{28实}-a\times\bar{R}_{快} \quad\cdots\cdots(A.2)$$

$$\bar{R}_{28实}=(\sum_{i=1}^{n}R_{28实i})/n \quad\cdots\cdots(A.3)$$

$$\bar{R}_{快}=(\sum_{i=1}^{n}R_{快i})/n \quad\cdots\cdots(A.4)$$

式中：

n——试验组数；

$R_{28实i}$——第 i 个水泥样品28天标准养护实测抗压强度，单位为兆帕（MPa）；

$R_{快i}$——第 i 个水泥样品快速抗压强度，单位为兆帕（MPa）；

$\bar{R}_{28实}$——n 个水泥样品28天标准养护实测抗压强度平均值，单位为兆帕（MPa）；

$\bar{R}_{快}$——n 个水泥样品快速抗压强度平均值，单位为兆帕（MPa）。

为了提高预测结果的准确性，a、b 值应由标准使用单位根据试验数据确定，其试验组数应不小于30组。不同单位的 a、b 值允许不同。a、b 值的计算，也可借助计算机统计分析作图功能通过建立的线性关系图直接求取。

A.2 水泥28天强度预测公式的建立

a、b 值确定后，代入预测公式 $R_{28预}=a\times R_{快}+b$ 中，即可获得本单位使用的专用式。根据使用情况，必要时可修正 a、b 值。

A.3 预测公式的可靠性

A.3.1 检验方法的精确性

水泥28 d标准养护实测抗压强度检验方法的精确性，应符合GB/T 17671—1999的有关规定，即同一试验室的重复性试验，28 d抗压强度变异系数应在1%～3%之间；不同试验室间再现性试验，28 d抗压强度变异系数应不超过6%。

水泥快速强度方法的精确性，同一试验室按本标准得出的水泥快速强度值变异系数应不大于3%。

A.3.2 相关系数 r 和剩余标准偏差S的计算

为了保证预测结果的可靠性，预测公式建立后应按公式（A.5）和（A.6）计算相关系数 r 和剩余标准偏差S，计算结果保留至小数点后两位：

$$r=\frac{\sum_{i=1}^{n}R_{28实i}\times R_{快i}-(\sum_{i=1}^{n}R_{28实i})\times(\sum_{i=1}^{n}R_{快i})/n}{\sqrt{\left[\sum_{i=1}^{n}R_{28实i}^{2}-(\sum_{i=1}^{n}R_{28实i})^{2}/n\right]\left[\sum_{i=1}^{n}R_{快i}^{2}-(\sum_{i=1}^{n}R_{快i})^{2}/n\right]}} \quad\cdots\cdots(A.5)$$

$$S=\sqrt{\frac{(1-r^2)\times\left[\sum_{i=1}^{n}R_{28实i}^2-\frac{1}{n}\left(\sum_{i=1}^{n}R_{28实i}\right)^2\right]}{n-2}} \qquad \cdots\cdots\cdots\cdots(\text{A.6})$$

式中：

$R_{28实i}$——第 i 个水泥 28 天标准养护实测抗压强度，单位为兆帕(MPa)；

$R_{快i}$——第 i 个水泥快速抗压强度，单位为兆帕(MPa)；

n——试验组数。

相关系数 r 应不小于 0.75(单一强度等级时不作规定)，且越接近 1 越好。相关系数 r 的计算，也可借助计算机统计分析功能通过建立的线性关系图直接求取。

同时，还要求公式(1)的剩余标准偏差 S 愈小愈好，要求 S 应不大于所用全部水泥样品 28 d 实测抗压强度平均值 $\bar{R}_{28实}$ 的 7.0%。

A.4 预测结果的精度

将任一快速强度值 $R_{快0}$ 代入预测公式，即可得到相应的 28 d 预测抗压强度值 $R_{28预}$。预测结果的置信区间，可以表示为$[R_{28预}-2S_x, R_{28预}+2S_x]$，即所预测到的强度值有 95%的概率在此区间内。其中，R_{28} 为预测 28 d 抗压强度；S_x 为实验标准差，可按公式(A.7)计算，计算结果保留至小数点后一位。

$$S_x=S\times\sqrt{1+\frac{1}{n}+\frac{(R_{快0}-\bar{R}_{快})^2}{\sum_{i=1}^{n}(R_{快i}-\bar{R}_{快})^2}} \qquad \cdots\cdots\cdots\cdots(\text{A.7})$$

式中：

S——剩余标准偏差；

n——确立预测常数时水泥样品的试验组数；

$R_{快0}$——新输入的快速强度值，单位为兆帕(MPa)；

$\bar{R}_{快}$——确立预测常数时水泥样品快速强度平均值，单位为兆帕(MPa)；

$R_{快i}$——确立预测常数时的第 i 个水泥样品快速强度值，单位为兆帕(MPa)。

附 录 B
（资料性附录）
建立水泥28天抗压强度预测公式的应用实例

某试验室用不同品种、不同标号的水泥进行了38组水泥强度试验，试验结果见表(B.1)。

表 B.1 试验及计算结果

序号	品种	$R_{快}$	$R_{28实}$	$R_{快}^2$	$R_{28实}^2$	$R_{快}\cdot R_{28实}$	$R_{28预}$	$R_{28预}-R_{28实}$	相对误差/%
1	PO42.5	32.4	55.5	1 049.80	3 080.25	1 798.20	55.8	0.3	0.55
2	PO42.5R	27.6	56.5	761.76	3 192.25	1 559.40	50.6	−5.9	−10.39
3	PO42.5R	31.3	58.3	979.69	3 398.89	1 824.79	54.6	−3.7	−6.31
4	PO32.5	23.1	44.6	533.61	1 989.16	1 030.26	45.8	1.2	2.65
5	PII42.5	29.9	53.9	894.01	2 905.21	1 611.61	53.1	−0.8	−1.47
6	PS32.5	22.5	44.5	506.25	1 980.25	1 001.25	45.1	0.6	1.43
7	PO42.5	30.9	56.5	954.81	3 192.25	1 745.85	54.2	−2.3	−4.09
8	PO42.5	31.7	50.0	1004.9	2 500.00	1 585.00	55.0	5.0	10.10
9	PS32.5	21.3	43.7	453.69	1 909.69	930.81	43.8	0.1	0.33
10	PF32.5	24.2	44.8	585.64	2 007.04	1 084.16	47.0	2.2	4.84
11	PO32.5	29.5	52.9	870.25	2 798.41	1 560.55	52.7	−0.2	−0.42
12	PS32.5	23.8	46.8	566.44	2 190.24	1 113.84	46.5	−0.3	−0.56
13	PS32.5	26.7	52.5	712.89	2 756.25	1 401.75	49.7	−2.8	−5.41
14	PS32.5	21.2	39.9	449.44	1 592.01	845.88	43.7	3.8	9.61
15	PO42.5	30.6	54.4	936.36	2959.36	1664.64	53.9	−0.5	−0. 98
16	PO52.5R	35.4	64	1 253.20	4 096.00	2 265.60	59.0	−5.0	−7.75
17	PO32.5	22.0	43.1	484.00	1 857.61	948.20	44.6	1.5	3.47
18	PS32.5	26.4	48.6	696.96	2 361.96	1 283.04	49.3	0.7	1.52
19	PII42.5	38.4	55.2	1 474.60	3 047.04	2 119.68	62.3	7.1	12.81
20	PO42.5R	33.7	57.9	1 135.70	3 352.41	1 951.23	57.2	−0.7	−1.20
21	PS32.5	26.5	51.7	702.25	2 672.89	1 370.05	49.4	−2.3	−4. 36
22	PO42.5	30.0	50.9	900.00	2 590.81	1 527.00	53.2	2.3	4.55
23	PII62.5R	50.4	70.0	2 540.20	4 900.00	3 528.00	75.2	5.2	7.43
24	PII52.5R	33.7	56.1	1 135.7	3 147.21	1 890.57	57.2	1.1	1.97
25	PO32.5R	23.5	42.2	552.25	1 780.84	991.70	46.2	4.0	9.51
26	PO42.5	25.9	48.6	670.81	2 361.96	1 258.74	48.8	0.2	0.41
27	PO32.5R	18.9	42.4	357.21	1 797.76	801.36	41.3	−1.1	−2.70
28	PS32.5	20.2	39.8	408.04	1 584.04	803.96	42.7	2.9	7.18
29	PII42.5	30.4	54.6	924.16	2 981.16	1 659.84	53.6	−1.0	−1.74
30	PO42.5	29.6	48.6	876.16	2 361.96	1 438.56	52.8	4.2	8.62

表 B.1（续）

序号	品种	$R_{快}$	$R_{28实}$	$R_{快}^2$	$R_{28实}^2$	$R_{快}\cdot R_{28实}$	$R_{28预}$	$R_{28预}-R_{28实}$	相对误差/%
31	PO42.5	24.7	50.2	610.09	2 520.04	1 239.94	47.5	−2.7	−5.37
32	PⅡ42.5	32.9	58.9	1 082.4	3 469.21	1 937.81	56. 3	−2.6	−4.34
33	PF32.5	22.9	43.4	524.41	1 883.56	993.86	45.6	2.2	4.99
34	PP32.5	21.1	42.9	445.21	1 840.41	905.19	43.6	0.7	1.70
35	PF42.5	34.7	64.1	1 204.10	4 108.81	2 224.27	58.3	−5.8	−9.08
36	PF42.5	38.3	66.5	1 466.90	4 422.25	2 546.95	62.2	−4.3	−6.52
37	PF32.5	23.6	49.6	556.96	2 460.16	1 170.56	46.3	−3.3	−6.61
38	PF32.5	24.3	47.3	590.49	2 237.29	1 149.39	47.1	−0.2	−0.47
Σ		1 074.2	1 951.4	31 851	102 287	56 763.49	1 951.4	—	—
平均		28.3	51.4	838.19	2 691.75	1 493.78	51.4	2.4	4.6
注 1：表中 $R_{快}$ 指水泥快速强度值，$R_{28实}$ 指水泥 28 天标准养护条件下实测强度值，$R_{28预}$ 指预测强度值。									
注 2：表中相对误差，指水泥 28 天预测值与实测值间相对误差。									

示例：

1　按公式 A.1～公式 A.4 计算预测公式待定系数。

$$a=\frac{\sum_{i=1}^{n}R_{28实i}\times R_{快i}-\left(\sum_{i=1}^{n}R_{28实i}\right)\times\left(\sum_{i=1}^{n}R_{快i}\right)/n}{\sum_{i=1}^{n}R_{快i}^2-\left(\sum_{i=1}^{n}R_{快i}\right)^2/n}=\frac{56\ 763.49-1\ 951.4\times1\ 074.2/38}{31\ 851-(1\ 074.2)^2/38}=1.08$$

$b=\bar{R}_{28实}-a\times\bar{R}_{快}=51.4-1.08\times28.3=20.84$

2　建立预测方程。

由 a、b 值得出快速强度与 28 d 强度的预测关系式如下：

$R_{28预}=a\times R_{快}+b=1.08\times R_{快}+20.84$

3　方法可靠性的评定。

根据公式(A.5)和(A.6)计算预测方程相关系数和剩余标准偏差，如下：

$$r=\frac{56\ 763.49-1\ 951.4\times1\ 074.2/38}{\sqrt{[102\ 287-(1\ 951.4)^2/38]\times[31\ 851-(1\ 074.2)^2/38]}}=0.91$$

$$S=\sqrt{\frac{(1-r^2)\left[\sum_{i=1}^{n}R_{28实i}^2-\frac{1}{n}(R_{28实i})^2\right]}{n-2}}=3.13\ \text{MPa}$$

$\frac{S}{R_{28实}}\times100=6.1\%$

由于相关系数 r 为 0.91，且剩余标准偏差 S 与强度平均值 $\bar{R}_{28实}$ 的相对百分数为 6.1%（小于 7.0%），故所建立的预测方程可以使用。

4　预测结果的精度。

设某样品测定快速强度 $R_{快0}=35$ MPa，代入预测公式可得 $R_{28预}=58$ MPa。按公式 A.7 计算实验标准差 S_x 如下：

$$S_x=S\times\sqrt{1+\frac{1}{n}+\frac{(R_{快0}-R_{快})^2}{\sum_{i=1}^{n}(R_{快i}-\bar{R}_{快})^2}}=3.13\times1.029=3.2\ \text{MPa}$$

则 28 d 水泥强度预测结果有 95% 的概率在[58−2×3.2，58+2×3.2]内。

ICS
Q
备案号：27686—2010

中华人民共和国建材行业标准

JC/T 850—2009
代替 JC/T 850—1999

水泥用铁质原料化学分析方法

Methods of chemical analysis of iron raw materials for cement industry

2009-12-04 发布 2010-06-01 实施

中华人民共和国工业和信息化部 发布

前言

本标准自实施之日起，代替 JC/T 850—1999《水泥用铁质原料化学分析方法》。

与 JC/T 850—1999 相比，本标准主要变化如下：

——增加了三氧化硫的测定——燃烧-库仑滴定法(代用法)(本版第 17 章)。

本标准附录 A 是规范性附录。

本标准由中国建筑材料联合会提出。

本标准由全国水泥标准化技术委员会(SAC/TC 184)归口。

本标准负责起草单位：中国建筑材料科学研究总院。

本标准主要起草人：刘玉兵、赵鹰立、游良俭、黄小楼。

本标准于 1999 年 6 月首次发布，本次为第一次修订。

水泥用铁质原料化学分析方法

1 范围

本标准规定了配制水泥生料用铁质校正原料的化学分析方法。本标准中对二氧化硅、三氧化二铁、三氧化二铝和三氧化硫等四种化学成分的测定包含基准法和代用法两种方法，可根据实际情况任选。在有争议时，以基准法为准。

本标准适用于水泥生产用铁矿石、硫酸渣等铁质校正原料的化学分析。

2 规范性引用文件

下列文件中的条款通过本标准的引用而成为本标准的条款。凡是注日期的引用文件，其随后所有的修改单(不包括勘误的内容)或修订版均不适用于本标准，然而，鼓励根据本标准达成协议的各方研究是否可使用这些文件的最新版本。凡是不注日期的引用文件，其最新版本适用于本标准。

GB/T 212　煤的工业分析方法

GB/T 6682　分析实验室用水规格和试验方法

GB/T 6730.1　分析用预干燥试样的制备

GB 8170　数值修约规则

3 试剂和材料

分析过程中，所用水应符合 GB/T 6682 中规定的三级水要求；所用试剂应为分析纯或优级纯试剂；用于标定与配制标准溶液的试剂，除另有说明外应为基准试剂。

除另有说明外，%表示“质量分数”。本标准使用的市售液体试剂具有下列密度(ρ)(20 ℃，单位 g/cm^3)或%(质量分数)：

——盐酸(HCl)　1.18～1.19(ρ)或 36%～38%

——氢氟酸(HF)　1.13(ρ)或 40%

——硝酸(HNO_3)　1.39～1.41(ρ)或 65%～68%

——硫酸(H_2SO_4)　1.84(ρ)或 95%～98%

——冰乙酸(CH_3COOH)　1.049(ρ)或 99.8%

——氨水($NH_3 \cdot H_2O$)　0.90～0.91(ρ)或 25%～28%

在化学分析中，所用酸或氨水，凡未注浓度者均指市售的浓酸或浓氨水。用体积比表示试剂稀释程度，例如：盐酸(1+1)表示 1 份体积的浓盐酸与 1 份体积的水相混合。

3.1　盐酸(1+1)；(1+5)；(1+9)；(1+99)

3.2　硝酸(1+1)

3.3　氨水(1+1)

3.4　氢氧化钠(NaOH)

3.5　氢氧化钾(KOH)

3.6　氢氧化钾溶液(200 g/L)

将 200 g 氢氧化钾(3.5)溶于水中，加水稀释至 1 L，贮存于塑料瓶中。

3.7　无水碳酸钠(Na_2CO_3)

3.8　无水硼砂($Na_2B_4O_7$)

3.9 碳酸钠-硼砂混合熔剂

将2份质量的无水碳酸钠(3.7)与1份质量的无水硼砂(3.8)混合研细。

3.10 焦硫酸钾($K_2S_2O_7$)

3.11 氯化亚锡溶液(60 g/L)

将60 g氯化亚锡($SnCl_2 \cdot 2H_2O$)溶于200 mL热盐酸中,用水稀释至1 L,混匀。

3.12 钨酸钠溶液(250 g/L)

将250 g钨酸钠($Na_2WO_4 \cdot 2H_2O$)溶于适量水中(若浑浊需过滤),加5 mL磷酸,加水稀释至1 L,混匀。

3.13 硫磷混酸

将200 mL硫酸在搅拌下缓慢注入500 mL水中,再加入300 mL磷酸,混匀。

3.14 三氯化钛溶液(1+19)

取三氯化钛溶液(15%～20%)100 mL,加盐酸(1+1)1 900 mL混匀,加一层液体石蜡保护。

3.15 氯化钡溶液(100 g/L)

将100 g二水氯化钡($BaCl_2 \cdot 2H_2O$)溶于水中,加水稀释至1 L。

3.16 pH 4.3的缓冲溶液

将42.3 g无水乙酸钠(CH_3COONa)溶于水中,加80 mL冰乙酸(CH_3COOH),用水稀释至1 L,摇匀。

3.17 pH 6的缓冲溶液

将200 g无水乙酸钠(CH_3COONa)溶于水中,加20 mL冰乙酸(CH_3COOH),用水稀释至1 L,摇匀。

3.18 pH 10的缓冲溶液

将67.5 g氯化铵(NH_4Cl)溶于水中,加570 mL氨水,加水稀释至1 L。

3.19 三乙醇胺[$N(CH_2CH_2OH)_3$](1+2)

3.20 酒石酸钾钠溶液(100 g/L)

将100 g酒石酸钾钠($C_4H_4KNaO_6 \cdot 4H_2O$)溶于水中,稀释至1 L。

3.21 苦杏仁酸溶液(50 g/L)

将50 g苦杏仁酸(苯羟乙酸)[$C_6H_5CH(OH)COOH$]溶于1 L热水中,并用氨水(1+1)调节pH约至4(用pH试纸检验)。

3.22 氟化铵溶液(100 g/L)

称取100 g氟化铵($NH_4F \cdot 2H_2O$)于塑料杯中,加水溶解后,用水稀释至1 L,贮存于塑料瓶中。

3.23 氯化钾(KCl)

3.24 氟化钾溶液(150 g/L)

称取150 g氟化钾($KF \cdot 2H_2O$)于塑料杯中,加水溶解后,用水稀释至1 L,贮存于塑料瓶中。

3.25 氯化钾溶液(50 g/L)

将50 g氯化钾(3.23)溶于水中,用水稀释至1 L。

3.26 氯化钾-乙醇溶液(50 g/L)

将5 g氯化钾(3.23)溶于50 mL水中,加入50 mL 95%乙醇(C_2H_5OH),混匀。

3.27 碳酸铵溶液(100 g/L)

将10 g碳酸铵[$(NH_4)_2CO_3$]溶于100 mL水中,用时现配。

3.28 氧化钾(K_2O)、氧化钠(Na_2O)标准溶液

3.28.1 氧化钾标准溶液的配制

称取0.792 g已于130 ℃～150 ℃烘过2 h的氯化钾(KCl),精确至0.000 1 g,置于烧杯中,加水溶解后,移入1 000 mL容量瓶中,用水稀释至标线,摇匀,贮存于塑料瓶中。此标准溶液每毫升相当于0.5 mg氧化钾。

3.28.2 氧化钠标准溶液的配制

称取0.943 g已于130 ℃～150 ℃烘过2 h的氯化钠(NaCl),精确至0.000 1 g,置于烧杯中,加水溶解后，移入 1 000 mL 容量瓶中，用水稀释至标线，摇匀，贮存于塑料瓶中。此标准溶液每毫升相当于 0.5 mg 氧化钠。

3.28.3 氧化钾(K_2O)、氧化钠(Na_2O)系列标准溶液的配制

吸取按 3.28.1 配制的每毫升相当于 0.5 mg 氧化钾的标准溶液 0；1.00；2.00；4.00；6.00；8.00；10.00；12.00(mL)和按 3.28.2 配制的每毫升相当于 0.5 mg 氧化钠的标准溶液 0；1.00；2.00；4.00；6.00；8.00；10.00；12.00(mL)以一一对应的顺序，分别放入 100 mL 容量瓶中，用水稀释至标线，摇匀。所得氧化钾(K_2O)、氧化钠(Na_2O)系列标准溶液的浓度分别为 0.00；0.005；0.010；0.020；0.030；0.040；0.050；0.060(mg/mL)。

3.29 碳酸钙标准溶液[$c(CaCO_3)=0.024$ mol/L]

称取 0.6 g(m_1)已于 105 ℃～110 ℃烘过 2 h 的碳酸钙($CaCO_3$)，精确至 0.000 1 g，置于 400 mL 烧杯中，加入约 100 mL 水，盖上表面皿，沿杯口缓慢加入 5 mL～10 mL 盐酸(1＋1)，加热煮沸数分钟。将溶液冷至室温，移入 250 mL 容量瓶中，用水稀释至标线，摇匀。

3.30 EDTA 标准滴定溶液[$c(EDTA)=0.015$ mol/L]

3.30.1 标准滴定溶液的配制

称取约 5.6 g EDTA(乙二胺四乙酸二钠盐)置于烧杯中，加入约 200 mL 水，加热溶解，过滤，用水稀释至 1 L。

3.30.2 EDTA 标准滴定溶液浓度的标定

吸取 25.00 mL 碳酸钙标准溶液(3.29)于 400 mL 烧杯中，加水稀释至约 200 mL，加入适量的 CMP 混合指示剂(3.42)，在搅拌下加入氢氧化钾溶液(3.6)至出现绿色荧光后再过量 2 mL～3 mL，以 EDTA 标准滴定溶液滴定至绿色荧光消失并呈现红色。

EDTA 标准滴定溶液的浓度按式(1)计算：

$$c(EDTA)=\frac{m_1}{V_1\times 1.000\ 9} \quad \cdots\cdots(1)$$

式中：

$c(EDTA)$——EDTA 标准滴定溶液的浓度，单位为摩尔每升(mol/L)；

V_1——滴定时消耗 EDTA 标准滴定溶液的体积，单位为毫升(mL)；

m_1——按 3.29 配制碳酸钙标准溶液的碳酸钙的质量，单位为克(g)。

3.30.3 EDTA 标准滴定溶液对各氧化物滴定度的计算

EDTA 标准滴定溶液对三氧化二铁、三氧化二铝、氧化钙、氧化镁的滴定度分别按式(2)、(3)、(4)、(5)计算：

$$T_{Fe_2O_3}=c(EDTA)\times 79.84 \quad \cdots\cdots(2)$$

$$T_{Al_2O_3}=c(EDTA)\times 50.98 \quad \cdots\cdots(3)$$

$$T_{CaO}=c(EDTA)\times 56.08 \quad \cdots\cdots(4)$$

$$T_{MgO}=c(EDTA)\times 40.31 \quad \cdots\cdots(5)$$

式中：

$T_{Fe_2O_3}$——每毫升 EDTA 标准滴定溶液相当于三氧化二铁的毫克数，单位为毫克每毫升(mg/mL)；

$T_{Al_2O_3}$——每毫升 EDTA 标准滴定溶液相当于三氧化二铝的毫克数，单位为毫克每毫升(mg/mL)；

T_{CaO}——每毫升 EDTA 标准滴定溶液相当于氧化钙的毫克数，单位为毫克每毫升(mg/mL)；

T_{MgO}——每毫升 EDTA 标准滴定溶液相当于氧化镁的毫克数，单位为毫克每毫升(mg/mL)；

$c(EDTA)$——EDTA 标准滴定溶液的浓度，单位为摩尔每升(mol/L)；

79.84——1/2 Fe_2O_3 的摩尔质量，单位为克每摩尔(g/mol)；

50.98——1/2 Al_2O_3 的摩尔质量，单位为克每摩尔(g/mol)；

56.08——CaO 的摩尔质量，单位为克每摩尔(g/mol)；

40.31——MgO 的摩尔质量，单位为克每摩尔(g/mol)。

3.31 硫酸铜标准滴定溶液[$c(CuSO_4)=0.015$ mol/L]

3.31.1 标准滴定溶液的配制

将 3.7 g 硫酸铜($CuSO_4\cdot 5H_2O$)溶于水中，加 4～5 滴硫酸(1+1)，用水稀释至 1 L，摇匀。

3.31.2 EDTA 标准滴定溶液与硫酸铜标准滴定溶液体积比的标定

从滴定管缓慢放出 10 mL～15 mL[c(EDTA)=0.015 mol/L]EDTA 标准滴定溶液(3.30)于 400 mL烧杯中，用水稀释至约 150 mL，加 15 mL pH 4.3 的缓冲溶液(3.16)，加热至沸，取下稍冷，加 5～6滴 PAN 指示剂溶液(3.41)，以硫酸铜标准滴定溶液滴定至亮紫色。EDTA 标准滴定溶液与硫酸铜标准滴定溶液的体积比按式(6)计算：

$$K_1=\frac{V_2}{V_3} \qquad \cdots\cdots(6)$$

式中：

K_1——每毫升硫酸铜标准滴定溶液相当于 EDTA 标准滴定溶液的毫升数；

V_2——EDTA 标准滴定溶液的体积，单位为毫升(mL)；

V_3——滴定时消耗硫酸铜标准滴定溶液的体积，单位为毫升(mL)。

3.32 硝酸铋标准滴定溶液[$c(Bi(NO_3)_3=0.015$ mol/L]

3.32.1 标准滴定溶液的配制

将 7.3 g 硝酸铋($Bi(NO_3)_3\cdot 5H_2O$)溶于 1 L 0.3 mol/L 硝酸中，摇匀。

3.32.2 EDTA 标准滴定溶液与硝酸铋标准滴定溶液体积比的标定

从滴定管缓慢放出 5 mL～10 mL[c(EDTA)=0.015 mol/L]EDTA 标准滴定溶液(3.30)于 300 mL烧杯中，用水稀释至约 150 mL，用硝酸(1+1)及氨水(1+1)调整 pH 值 1～1.5，加 2 滴半二甲酚橙指示剂溶液(3.40)，以硝酸铋标准滴定溶液滴定至红色。EDTA 标准滴定溶液与硝酸铋标准滴定溶液的体积比按式(7)计算：

$$K_2=\frac{V_4}{V_5} \qquad \cdots\cdots(7)$$

式中：

K_2——每毫升硝酸铋标准滴定溶液相当于 EDTA 标准滴定溶液的毫升数；

V_4——EDTA 标准滴定溶液的体积，单位为毫升(mL)；

V_5——滴定时消耗硝酸铋标准滴定溶液的体积，单位为毫升(mL)。

3.33 乙酸铅标准滴定溶液[$c(Pb(CH_3COO)_2=0.015$ mol/L]

3.33.1 标准滴定溶液的配制

将 5.7 g 乙酸铅($Pb(CH_3COO)_2\cdot 3H_2O$)溶于 1 L 水中，加 5 mL 冰乙酸，摇匀。

3.33.2 EDTA 标准滴定溶液与乙酸铅标准滴定溶液体积比的标定

从滴定管缓慢放出 10 mL～15 mL[c(EDTA)=0.015 mol/L]EDTA 标准滴定溶液(3.30)于 300 mL烧杯中，用水稀释至约 150 mL，加入 10 mL pH6 的缓冲溶液(3.17)及 7～8 滴半二甲酚橙指示剂溶液(3.40)，以乙酸铅标准滴定溶液滴定至红色。EDTA 标准滴定溶液与乙酸铅标准滴定溶液的体积比按式(8)计算：

$$K_3=\frac{V_6}{V_7} \qquad \cdots\cdots(8)$$

式中：

K_3——每毫升乙酸铅标准滴定溶液相当于 EDTA 标准滴定溶液的毫升数；

V_6——EDTA 标准滴定溶液的体积，单位为毫升(mL)；

V_7——滴定时消耗乙酸铅标准滴定溶液的体积，单位为毫升(mL)。

3.34 氢氧化钠标准滴定溶液[$c(NaOH)=0.15$ mol/L]

3.34.1 标准滴定溶液的配制

将 60 g 氢氧化钠(NaOH)溶于 10 L 水中，充分摇匀，贮存于带胶塞(装有钠石灰干燥管)的硬质玻璃瓶或塑料瓶内。

3.34.2 氢氧化钠标准滴定溶液浓度的标定

称取约 0.8 g(m_2)苯二甲酸氢钾($C_8H_5KO_4$)，精确至 0.000 1 g，置于 400 mL 烧杯中，加入约 150 mL新煮沸过的已用氢氧化钠溶液中和至酚酞呈微红色的冷水，搅拌使其溶解，加入 6～7 滴酚酞指示剂溶液(3.44)，用氢氧化钠标准滴定溶液滴定至微红色。

氢氧化钠标准滴定溶液的浓度按式(9)计算：

$$c(NaOH)=\frac{m_2\times 1\,000}{V_8\times 204.2} \quad \cdots\cdots(9)$$

式中：

$c(NaOH)$——氢氧化钠标准滴定溶液的浓度，单位为摩尔每升(mol/L)；

V_8——滴定时消耗氢氧化钠标准滴定溶液的体积，单位为毫升(mL)；

m_2——苯二甲酸氢钾的质量，单位为克(g)；

204.2——苯二甲酸氢钾的摩尔质量，单位为克每摩尔(g/mol)。

3.34.3 氢氧化钠标准滴定溶液对二氧化硅的滴定度按式(10)计算：

$$T_{SiO_2}=c(NaOH)\times 15.02 \quad \cdots\cdots(10)$$

式中：

T_{SiO_2}——每毫升氢氧化钠标准滴定溶液相当于二氧化硅的毫克数，单位为毫克每毫升(mg/mL)；

$c(NaOH)$——氢氧化钠标准滴定溶液的浓度，单位为毫克每毫升(mg/mL)；

15.02——1/4 SiO_2 的摩尔质量，单位为克每摩尔(g/mol)。

3.35 重铬酸钾标准滴定溶液[$c1/6(K_2Cr_2O_7)=0.05$ mol/L]

称取预先在 150 ℃烘干 1 h 的重铬酸钾 2.451 5 g 溶于水，移入 1 000 mL 容量瓶中，用水稀释到刻度，混匀。

3.36 硫酸亚铁铵溶液[$c((NH_4)_2Fe(SO_4)_2\cdot 6H_2O)=0.05$ mol/L]

称取 19.7 g 硫酸亚铁铵溶于硫酸(5＋95)中，移入 1 000 mL 容量瓶中，用硫酸(5＋95)稀释至刻度，混匀。

3.37 二苯胺磺酸钠指示剂溶液

将 0.2 g 二苯胺磺酸钠溶于 100 mL 水中。

3.38 甲基红指示剂溶液

将 0.2 g 甲基红溶于 100 mL 95％乙醇中。

3.39 磺基水杨酸钠指示剂溶液

将 10 g 磺基水杨酸钠溶于水中，加水稀释至 100 mL。

3.40 半二甲酚橙指示剂溶液

将 0.5 g 半二甲酚橙溶于 100 mL 水中。

3.41 PAN[1-(2-吡啶偶氮)-2-萘酚]指示剂溶液

将 0.2 gPAN 溶于 100 mL95％乙醇中。

3.42 CMP 混合指示剂

称取 1.000 g 钙黄绿素、1.000 g 甲基百里香酚蓝、0.200 g 酚酞与 50 g 已在 105 ℃～110 ℃烘干过的硝酸钾(KNO_3)混合研细，保存在磨口瓶中。

3.43 **K-B 混合指示剂**

称取 1.000 g 酸性铬蓝 K 与 2.5 g 萘酚绿 B 和 50 g 已在 105 ℃～110 ℃烘干过的硝酸钾(KNO_3)混合研细,保存在磨口瓶中。

3.44 **酚酞指示剂溶液**

将 1 g 酚酞溶于 100 mL 95%乙醇中。

3.45 **电解液**

将 6 g 碘化钾(KI)和 6 g 溴化钾(KBr)溶于 300 mL 水中,加入 10 mL 冰乙酸(CH_3COOH)。

4 仪器与设备

4.1 **测定二氧化硅的仪器装置**

测定二氧化硅的仪器装置如图 1 所示。

4.2 **灰皿**

应符合 GB/T 212 中对灰皿的要求。

4.3 **火焰光度计**

4.4 **库仑积分测硫仪**

主要由管式电热炉和库仑积分仪组成。

4.5 **化验室通用仪器、设备**

主要包括分析天平、高温炉、容量瓶、移液管和滴定管等。

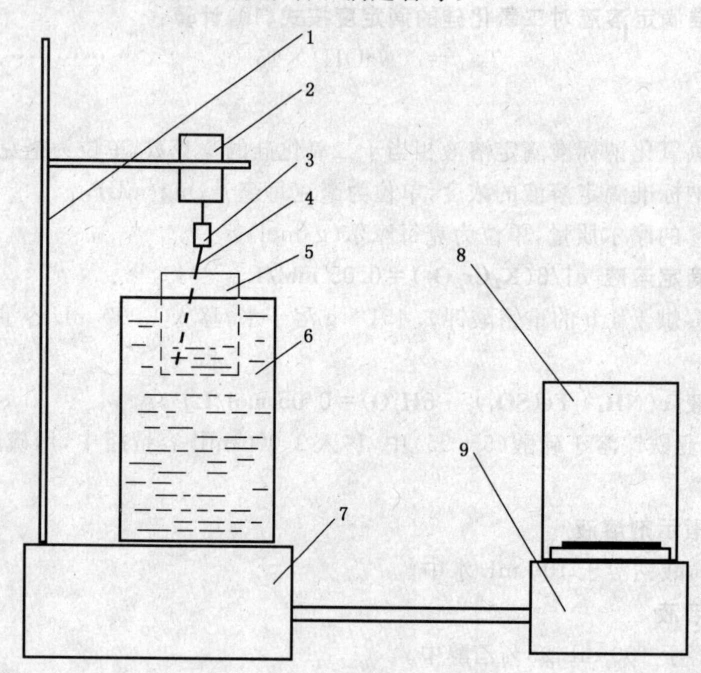

1——支撑杆;
2——搅拌电机;
3——搅棒接头,可将塑料搅棒与搅拌电机连接或分开;
4——塑料搅棒,φ6×160 mm;
5——400 mL 塑料杯;
6——冷却水桶,内盛 25 ℃以下冷却水;
7——控制箱,可控制、调节搅拌速度和高温熔样电炉的温度;
8——保温罩;
9——高温熔样电炉,工作温度 600 ℃～700 ℃。

图 1 仪器装置示意图

5 试样的制备

试样的制备按 GB/T 6730.1 进行。

6 烧失量的测定

6.1 方法提要

试样在 950 ℃～1 000 ℃的氧化气氛下，除去水分和二氧化碳，低价硫、铁等元素被氧化成高价，烧失量是试样挥发损失与吸氧增重的代数和。

6.2 分析步骤

称取约 1 g(m_3)试样，精确至 0.000 1 g，置于已灼烧恒重的灰皿(4.2)中，放入已升温至 950 ℃～1 000 ℃的高温炉中，灼烧 60 min，取出灰皿(4.2)置于干燥器中冷却至室温，称量。

6.3 结果的计算与表示

烧失量的质量分数 X_{LOI}按式(11)计算：

$$X_{LOI}=\frac{m_3-m_4}{m_3}\times 100 \quad \cdots\cdots(11)$$

式中：

X_{LOI}——烧失量的质量分数，%；

m_3——试料的质量，单位为克(g)；

m_4——灼烧后试料的质量，单位为克(g)。

7 二氧化硅的测定(基准法)

7.1 方法提要

在适量的氟离子和过饱和氯化钾存在的条件下，使硅酸形成氟硅酸钾沉淀，经过滤、洗涤后用小体积中和液中和残余酸，加沸水使氟硅酸钾沉淀水解生成等物质量的氢氟酸，然后用氢氧化钠标准滴定溶液对所生成的氢氟酸进行滴定。

7.2 溶液的制备

称取约 0.3 g 试样(m_5)，精确至 0.000 1 g，置于银坩埚中，在 750 ℃的高温炉中灼烧 20 min～30 min，取出，放冷。加入 10 g 氢氧化钠熔剂(3.4)，在 750 ℃的高温下熔融 40 min，取出，放冷。在 300 mL烧杯中，加入 100 mL 水，加热至沸，然后将坩埚放入烧杯中，盖上表面皿，加热，待熔块完全浸出后，取出坩埚用盐酸(1+5)及水洗净，在搅拌下加入 20 mL 硝酸溶液，加热使溶液澄清，冷却至室温后，移入 250 mL 容量瓶中，用水稀释至标线，摇匀。此溶液供测定二氧化硅、三氧化二铝、三氧化二铁、氧化钙、氧化镁用。

7.3 分析步骤

吸取 50.00 mL 溶液(7.2)，放入 300 塑料杯中，加 10 mL～15 mL 硝酸，冷却。加入 10 mL 氟化钾溶液(3.24)，搅拌。加入固体氯化钾(3.23)，搅拌并压碎未溶颗粒，直至饱和并过量 1 g～2 g，冷却并静置 15 min，用中速滤纸过滤，用氯化钾溶液(3.25)冲洗塑料杯并沉淀 2～3 次。

将滤纸连同沉淀取下，置于原塑料杯中，沿杯壁加入 10 mL 氯化钾-乙醇溶液(3.26)及 1 mL 酚酞指示剂溶液(3.44)，用氢氧化钠标准滴定溶液(3.34)中和未洗尽的酸，仔细搅动滤纸并随之擦洗杯壁，直至溶液呈现红色。向杯中加入约 200 mL 已中和至使酚酞指示剂微红的沸水，用氢氧化钠标准滴定溶液(3.34)滴定至微红色。

7.4 结果的计算与表示

二氧化硅的质量分数 X_{SiO_2} 按式(12)计算：

$$X_{SiO_2}=\frac{T_{SiO_2}\times V_9\times 5}{m_5\times 1\ 000}\times 100 \qquad \cdots\cdots(12)$$

式中：

X_{SiO_2}——二氧化硅的质量分数，%；

T_{SiO_2}——每毫升氢氧化钠标准滴定溶液相当于二氧化硅的毫克数，单位为毫克每毫升(mg/mL)；

V_9——滴定时消耗氢氧化钠标准滴定溶液的体积，单位为毫升(mL)；

m_5——试料的质量，单位为克(g)。

8 三氧化二铁的测定(基准法)

8.1 方法提要

试样用盐酸和氯化亚锡分解、过滤，滤液作为主液保存；残渣以氢氟酸处理，焦硫酸钾熔融，酸浸取后合并入主液。以钨酸钠为指示剂，用三氯化钛将高价铁还原成低价至生成“钨蓝”，再用重铬酸钾氧化至蓝色消失，加入硫磷混酸，以二苯胺磺酸钠为指示剂，用重铬酸钾标准滴定溶液滴定，借此测定铁量。

8.2 测定步骤

称取约 0.2 g(m_6)试样精确至 0.000 1 g，置于 250 mL 烧杯中，加 30 mL 盐酸(1+9)，低温加热 10 min～20 min，滴加氯化亚锡溶液(3.11)至浅黄色，继续加热 10 min(体积 10 mL)左右，取下。加 20 mL温水，用中速滤纸过滤，滤液收集于 400 mL 烧杯中，用擦棒擦净杯壁，用盐酸(1+99)洗烧杯 2～3 次，残渣 7～8 次再用热水洗残渣 6～7 次，滤液作为主液保存。

将残渣连同滤纸移入铂坩埚中，灰化，在 800 ℃左右灼烧 20 min，冷却，加水润湿残渣，加 4 滴硫酸(1+1)，加 5 mL 氢氟酸，低温加热蒸发至三氧化硫白烟冒尽，取下，加 2 g 焦硫酸钾(3.10)，在 650 ℃左右熔融约 5 min，冷却。将坩埚放入原 250 mL 烧杯中，加 5 mL 盐酸(1+9)，加热浸取熔融物，溶解后，用水洗出坩埚，合并入主液。

调整溶液体积至 150 mL～200 mL，加 5 滴钨酸钠溶液(3.12)，用三氯化钛(3.14)滴到呈蓝色，再滴加重铬酸钾标准滴定溶液(3.35)到无色(不计读数)，立即加 10 mL 硫磷混酸(3.13)、5 滴二苯胺磺酸钠指示剂(3.37)，用重铬酸钾标准滴定溶液滴定至稳定的紫色。

8.3 结果的计算与表示

三氧化二铁的质量分数 $X_{Fe_2O_3}$ 按式(13)计算：

$$X_{Fe_2O_3}=\frac{79.84\times c(1/6\ K_2Cr_2O_7)\times V_{10}}{m_6\times 1\ 000}\times 100 \qquad \cdots\cdots(13)$$

式中：

$X_{Fe_2O_3}$——三氧化二铁的质量分数，%；

$c(1/6\ K_2Cr_2O_7)$——重铬酸钾标准滴定溶液浓度，单位为摩尔每升(mol/L)；

V_{10}——测定时消耗重铬酸钾标准滴定溶液的体积，单位为毫升(mL)；

m_6——试料的质量，单位为克(g)；

79.84——1/2 Fe_2O_3 的摩尔质量，单位为克每摩尔(g/mol)。

9 三氧化二铝的测定(基准法)

9.1 方法提要

在 EDTA 存在下，调溶液 pH 6.0，煮沸使铝及其他金属离子和 EDTA 络合，以半二甲酚橙为指示剂，用铅溶液回滴过量的 EDTA，再加入氟化铵，煮沸置换铝-EDTA 络合物中的 EDTA，用铅标准溶液滴定置换出的 EDTA，借此测定铝量。

9.2 测定步骤

吸取 25.00 mL 溶液(7.2)，用水稀释至约 150 mL，加 15 mL 苦杏仁酸溶液(3.21)，然后加入对铁、铝过量 10 mL～15 mL EDTA 标准滴定溶液，用氨水(1＋1)调整溶液 pH 至 4 左右(pH 试纸检验)，然后将溶液加热至 70 ℃～80 ℃，再加入 10 mL pH 6 的缓冲溶液(3.17)，并加热煮沸 3 min～5 min，取下，冷却至室温，加 7～8 滴半二甲酚橙指示剂溶液(3.40)，用乙酸铅标准滴定溶液(3.33)滴定至由黄色至橙红色(不记读数)，然后立即向溶液中加入 10 mL 氟化铵溶液，并加热煮沸 1 min～2 min，取下，冷却至室温，补加 2～3 滴半二甲酚橙指示剂溶液(3.40)，用乙酸铅标准滴定溶液(3.33)滴定至由黄色至橙红色(记读数)。

9.3 结果的计算与表示

三氧化二铝的质量分数 $X_{Al_2O_3}$ 按式(14)计算：

$$X_{Al_2O_3}=\frac{T_{Al_2O_3}\times K_3\times V_{11}\times 10}{m_5\times 1\,000}\times 100 \qquad \cdots\cdots(14)$$

式中：

$X_{Al_2O_3}$——三氧化二铝的质量分数，%；

$T_{Al_2O_3}$——每毫升 EDTA 标准滴定溶液相当于三氧化二铝的毫克数，单位为毫克每毫升(mg/mL)；

K_3——每毫升乙酸铅标准滴定溶液相当于 EDTA 标准滴定溶液的毫升数；

V_{11}——测定时消耗乙酸铅标准滴定溶液的体积，单位为毫升(mL)；

m_5——试料的质量，单位为克(g)。

10 氧化钙的测定

10.1 方法提要

用氨水沉淀分离大部分铁、铝后，在 pH 13 以上的强碱溶液中，以三乙醇胺掩蔽残余的铁、铝等干扰元素，用 CMP 混合指示剂为指示剂，用 EDTA 标准滴定溶液滴定。

10.2 分析步骤

吸取 50.00 mL 溶液(7.2)，放入 300 mL 烧杯中，加水稀释至约 100 mL，加入少许滤纸浆，加热至沸，加氨水(1＋1)至氢氧化铁沉淀析出，再过量约 1 mL，用快速滤纸过滤，用热水洗涤烧杯 3 次，洗涤沉淀 5 次。将滤液收集于 400 mL 烧杯中，冷却至 30 ℃以下，加 5 mL 三乙醇胺(3.19)及少许 CMP 混合指示剂(3.42)，在搅拌下加入氢氧化钾溶液(3.6)至出现绿色荧光后再过量 12 mL～15 mL，此时溶液 pH 应在 13 以上，用 EDTA 标准滴定溶液(3.30)滴定到绿色荧光消失并呈现红色。

10.3 结果的计算与表示

氧化钙的质量分数 X_{CaO} 按式(15)计算：

$$X_{CaO}=\frac{T_{CaO}\times V_{12}\times 5}{m_5\times 1\,000}\times 100 \qquad \cdots\cdots(15)$$

式中：

X_{CaO}——氧化钙的质量分数，%；

T_{CaO}——每毫升 EDTA 标准滴定溶液相当于氧化钙的毫克数，单位为毫克每毫升(mg/mL)；

V_{12}——测定时消耗 EDTA 标准滴定溶液的体积，单位为毫升(mL)；

m_5——7.2 中试料的质量，单位为克(g)。

11 氧化镁的测定

11.1 方法提要

用氨水沉淀分离大部分铁、铝后，在 pH 10 的氨性溶液中，以酒石酸钾钠和三乙醇胺联合掩蔽残余的铁、铝等干扰元素，用 K-B 指示剂为指示剂，用 EDTA 标准滴定溶液滴定钙、镁合量，用差减法求得氧化镁含量。

11.2 分析步骤

吸取50.00 mL溶液(7.2),放入300 mL烧杯中,加水稀释至约100 mL,加入少许滤纸浆,加热至沸,加氨水(1+1)至氢氧化铁沉淀析出,再过量约1 mL,用快速滤纸过滤,用热水洗涤烧杯三次,洗涤沉淀5次。将滤液收集于400 mL烧杯中,冷却至30 ℃以下,加1 mL酒石酸钾钠(3.20),5 mL三乙醇胺(3.19),用氨水(1+1)调溶液pH约为10,然后加入20 mL pH10缓冲溶液(3.18)及少许K-B指示剂(3.43),用EDTA标准滴定溶液(3.30)滴定到纯蓝色。

11.3 结果的计算与表示

氧化镁的质量分数X_{MgO}按式(16)计算:

$$X_{MgO}=\frac{T_{MgO}\times(V_{13}-V_{12})\times 5}{m_5\times 1\ 000}\times 100 \qquad \cdots\cdots(16)$$

式中:

X_{MgO}——氧化镁的质量分数,%;

T_{MgO}——每毫升EDTA标准滴定溶液相当于氧化镁的毫克数,单位为毫克每毫升(mg/mL);

V_{13}——测定时消耗EDTA标准滴定溶液的体积,单位为毫升(mL);

V_{12}——测定氧化钙时消耗EDTA标准滴定溶液的体积[式(14)],单位为毫升(mL);

m_5——7.2中试料的质量,单位为克(g)。

12 三氧化硫的测定(基准法)

12.1 方法提要

在酸性溶液中,用氯化钡溶液沉淀硫酸盐,经过滤、灼烧后,以硫酸钡形式称量。测定结果以三氧化硫计。

12.2 分析步骤

称取约0.2 g试样(m_7),精确至0.000 1 g,置于镍坩埚中,加入4 g~5 g氢氧化钾(3.5),在电炉上熔融至试样溶解,取下,冷却,放入盛有100 mL热水的300 mL烧杯中,待熔体全部浸出后,用盐酸溶解;加入少许滤纸浆,加热至沸,加氨水(1+1)至氢氧化铁沉淀析出,再过量约1 mL,用快速滤纸过滤,用热水洗涤烧杯3次,洗涤沉淀5次。将滤液收集于400 mL烧杯中,加2滴甲基红指示剂溶液(3.38),用盐酸(1+1)中和至溶液变红,再过量2 mL,加水稀释至约200 mL,煮沸,在搅拌下滴加10 mL氯化钡溶液(3.15),继续煮沸数分钟,然后移至温热处静置4 h或过夜(此时溶液的体积应保持在200 mL)。用慢速滤纸过滤,用温水洗涤,直至检验无氯离子为止。将沉淀及滤纸一并移入已灼烧恒量的瓷坩埚中,灰化后在800 ℃的高温炉内灼烧30 min,取出坩埚置于干燥器中冷却至室温,称量。反复灼烧,直至恒量。

12.3 结果的计算与表示

三氧化硫的质量分数X_{SO_3}按式(17)计算:

$$X_{SO_3}=\frac{0.343\times m_8}{m_7}\times 100 \qquad \cdots\cdots(17)$$

式中:

X_{SO_3}——三氧化硫的质量分数,%;

m_8——灼烧后沉淀的质量,单位为克(g);

m_7——试料的质量,单位为克(g);

0.343——硫酸钡对三氧化硫的换算系数。

13 氧化钾和氧化钠的测定

13.1 方法提要

试样经氢氟酸-硫酸蒸发处理除去硅,用热水浸取残渣。以氨水和碳酸铵分离铁、铝、钙、镁。滤液中的钾、钠用火焰光度计进行测定。

13.2 分析步骤

称取约 0.2 g 试样(m_9),精确至 0.000 1 g,置于铂皿中,用少量水润湿,加 5 mL～7 mL 氢氟酸及 15～20 滴硫酸(1+1),置于低温电热板上蒸发。近干时摇动铂皿,以防溅失,待氢氟酸驱尽后逐渐升高温度,继续将三氧化硫白烟赶尽。取下放冷,加入 50 mL 热水,压碎残渣使其溶解,加 1 滴甲基红指示剂溶液(3.38),用氨水(1+1)中和至黄色,加入 10 mL 碳酸铵溶液(3.27),搅拌,置于电热板上加热 20 min～30 min。用快速滤纸过滤,以热水洗涤,滤液及洗液盛于 100 mL 容量瓶中,冷却至室温。用盐酸(1+1)中和至溶液呈微红色,用水稀释至标线,摇匀。

在火焰光度计上,以氧化钾(K_2O)、氧化钠(Na_2O)系列标准溶液为基准,按仪器使用规程测定试液中氧化钾和氧化钠的含量。

13.3 结果的计算与表示

氧化钾和氧化钠的质量分数 X_{K_2O} 和 X_{Na_2O} 按式(18)和式(19)计算:

$$X_{K_2O}=\frac{cK_2O\times10}{m_9} \qquad \cdots\cdots\cdots\cdots(18)$$

$$X_{Na_2O}=\frac{cNa_2O\times10}{m_9} \qquad \cdots\cdots\cdots\cdots(19)$$

式中:

X_{K_2O}——氧化钾的质量分数,%;

X_{Na_2O}——氧化钠的质量分数,%;

cK_2O——测定溶液中氧化钾的含量,单位为毫克每毫升(mg/mL);

cNa_2O——测定溶液中氧化钠的含量,单位为毫克每毫升(mg/mL);

m_9——试料的质量,单位为克(g)。

14 二氧化硅的测定(代用法)

14.1 方法提要

在适量的氟离子和钾离子存在的条件下,使硅酸形成氟硅酸钾沉淀,经过滤、洗涤后,为易化中和残余酸的操作,以较大的中和液体积中和残余酸,加沸水使氟硅酸钾沉淀水解生成等物质量的氢氟酸,然后用氢氧化钠标准滴定溶液对所生成的氢氟酸进行滴定。

14.2 分析步骤

称取约 0.1 g 试样(m_{10}),精确至 0.000 1 g,置于 50 mL 镍坩埚中,加入 4 g～5 g 氢氧化钾(3.5),在 600～700 ℃的高温熔样电炉上熔融 6 min～10 min,取下,冷却,向坩埚中加入约 20 mL 水,使熔体全部浸出后,转移到塑料杯中,用 20 mL 硝酸溶解,加 10 mL 氟化钾溶液(3.24),用盐酸(1+5)将坩埚洗净,保持杯中溶液体积 70 mL～80 mL,根据室温按表 1 加入适量的氯化钾(3.23),将塑料杯放到二氧化硅测定装置(4.1)上,搅拌 5 min,取下塑料杯,用中速滤纸过滤,用氯化钾溶液(3.25)冲洗塑料杯 1 次,冲洗滤纸 2 次,将滤纸连同沉淀取下,置于原塑料杯中,沿杯壁加入 20 mL～30 mL 氯化钾-乙醇溶液(3.26)及 2 滴甲基红指示剂溶液(3.38),用氢氧化钠标准滴定溶液(3.34)中和至溶液由红刚刚变黄。向杯中加入约 300 mL 已中和至使酚酞指示剂微红的沸水及 1 mL 酚酞指示剂溶液(3.44),用氢氧化钠标准滴定溶液(3.34)滴定到溶液由红变黄,再至微红色。

表 1 氯化钾加入量表

实验室温度/℃	<20	20～25	25～30	>30
氯化钾加入量/g	3	5	7	10

14.3 结果的计算与表示

二氧化硅的质量分数 X_{SiO_2} 按式(20)计算:

$$X_{SiO_2}=\frac{T_{SiO_2}\times V_{14}}{m_{10}\times 1\,000}\times 100 \quad\cdots\cdots(20)$$

式中：

X_{SiO_2}——二氧化硅的质量分数，%；

T_{SiO_2}——每毫升氢氧化钠标准滴定溶液相当于二氧化硅的毫克数，单位为毫克每毫升(mg/mL)；

V_{14}——滴定时消耗氢氧化钠标准滴定溶液的体积，单位为毫升(mL)；

m_{10}——试料的质量，单位为克(g)。

15 三氧化二铁的测定(代用法)

15.1 方法提要

在试液 pH 1～1.5 的酸度下，加入对于铁过量的 EDTA 标准滴定溶液，使铁与 EDTA 完全络合，以半二甲酚橙为指示剂，用硝酸铋标准滴定溶液回滴过量的 EDTA。

15.2 分析步骤

吸取 25.00 mL 溶液(7.2)，放入 300 mL 烧杯中，加水至约 150 mL，用硝酸(1+1)和氨水(1+1)调整溶液 pH 至 1～1.5(以精密 pH 试纸检验)。加入 2 滴磺基水杨酸钠指示剂溶液(3.39)，在搅拌下用 EDTA 标准滴定溶液(3.30)滴定到红色消失后，再过量 1 mL～2 mL，搅拌并放置 1 min。加入 2～3 滴半二甲酚橙指示剂溶液(3.40)，立即用硝酸铋标准滴定溶液缓慢滴定至溶液由黄变为橙红色。

15.3 结果的计算与表示

三氧化二铁的质量分数 $X_{Fe_2O_3}$ 按式(21)计算：

$$X_{Fe_2O_3}=\frac{T_{Fe_2O_3}\times(V_{15}-K_2\times V_{16})\times 10}{m_5\times 1\,000}\times 100 \quad\cdots\cdots(21)$$

式中：

$X_{Fe_2O_3}$——三氧化二铁的质量分数，%；

$T_{Fe_2O_3}$——每毫升 EDTA 标准滴定溶液相当于三氧化二铁的毫克数，单位为毫克每毫升(mg/mL)；

K_2——每毫升硝酸铋标准滴定溶液相当于 EDTA 标准滴定溶液的毫升数；单位为毫升(mL)；

V_{15}——加入 EDTA 标准滴定溶液的体积，单位为毫升(mL)；

V_{16}——测定时消耗硝酸铋标准滴定溶液的体积，单位为毫升(mL)；

m_5——7.2 中试料的质量，单位为克(g)。

16 三氧化二铝的测定(代用法)

16.1 方法提要

试样用氢氧化钠熔融后，用热水溶解铝酸盐，过滤使铝与铁、钛等元素分离。将滤液酸化后，在 pH1.8的酸度下用 EDTA 标准滴定溶液滴定残余的铁，用铜盐回滴法测定铝。

16.2 分析步骤

称取约 0.1 g 试样(m_{11})，精确至 0.000 1 g，置于银坩埚中，加入 4 g～5 g 氢氧化钠(3.4)，在 750 ℃的高温下熔融 40 min，取出，放冷。在 300 mL 烧杯中，加入 100 mL 水加热至沸，然后将坩埚放入烧杯中，盖上表面皿，使熔块溶解。取出坩埚用水洗净，用快速滤纸过滤，用热水洗涤烧杯及沉淀 3 次，滤液及洗涤液收于 400 mL 烧杯中。将滤液用盐酸酸化，并用氨水(1+1)和盐酸(1+1)调整溶液 pH 1.8，加热溶液至 70 ℃，加 10 滴磺基水杨酸钠指示剂溶液(3.39)，用 EDTA 标准滴定溶液(3.30)滴定到亮黄色，然后加入 EDTA 标准滴定溶液(3.30)至使铝完全络合并过量 10 mL～15 mL，将溶液加热至 70 ℃～80 ℃后，加数滴氨水(1+1)使溶液 pH 值在 3.0～3.5，加 15 mL pH 4.3 的缓冲溶液(3.16)，煮沸1 min～2 min，取下，加入 4～5 滴 PAN 指示剂溶液(3.41)，以硫酸铜标准滴定溶液(3.31)滴定到亮紫色。

将滤纸及沉淀放回原 300 mL 烧杯中加入 50 mL 水及 5 mL～10 mL 盐酸(1+1)加热煮沸，使沉淀溶解，加氢氧化钾溶液(3.6)至产生氢氧化铁沉淀，再过量 7 mL～8 mL，搅拌并放置 2 min，用快速滤纸过滤，用热水洗涤烧杯及沉淀 3 次，滤液及洗涤液收于 400 mL 烧杯中。将滤液用盐酸酸化，并用氨水(1+1)和盐酸(1+1)调整溶液 pH1.8，加热溶液至 70 ℃，加 10 滴磺基水杨酸钠指示剂溶液(3.39)，用 EDTA 标准滴定溶液(3.30)滴定到亮黄色，然后加入 EDTA 标准滴定溶液(3.30)10 mL～15 mL，将溶液加热至 70 ℃～80 ℃后，加数滴氨水(1+1)使溶液 pH 值在 3.0～3.5，加 15 mL pH 4.3 的缓冲溶液(3.16)，煮沸 1 min～2 min，取下，加入 4～5 滴 PAN 指示剂溶液(3.41)，以硫酸铜标准滴定溶液(3.31)滴定到亮紫色。

16.3 结果的计算与表示

三氧化二铝的质量分数 $X_{Al_2O_3}$ 按式(22)计算：

$$X_{Al_2O_3}=\frac{T_{Al_2O_3}\times(V_{17}-K_1\times V_{18})}{m_{11}\times 1\,000}\times 100 \quad \cdots\cdots(22)$$

式中：

$X_{Al_2O_3}$——三氧化二铝的质量分数，%；

$T_{Al_2O_3}$——每毫升 EDTA 标准滴定溶液相当于三氧化二铝的毫克数，单位为毫克每毫升(mg/mL)；

K_1——每毫升硫酸铜标准滴定溶液相当于 EDTA 标准滴定溶液的毫升数；

V_{17}——两次测定加入 EDTA 标准滴定溶液的总体积，单位为毫升(mL)；

V_{18}——两次测定时消耗硫酸铜标准滴定溶液的总体积，单位为毫升(mL)；

m_{11}——试料的质量，单位为克(g)。

17 三氧化硫的测定(代用法)

17.1 方法提要

试样中的硫在助剂五氧化二钒存在条件下，于 1 200 ℃以上的高温可生成二氧化硫气体。以铂电极为电解电极，用库仑积分仪电解碘进行跟踪滴定，用另一对铂电极为指示电极指示滴定终点，根据法拉第定律($Q=nFZ$)，由电解碘时电量消耗值确定碘的生成量，进而确定样品中的硫含量。

17.2 分析步骤

17.2.1 仪器工作状态的调整

将库仑积分测硫仪的管式电热炉升温至 1 200 ℃以上，并控制其恒温，按照说明书在仪器的电解池中加入适量的电解液(3.45)，打开仪器开关，取约 0.05 g 三氧化硫含量为 1%～3%的样品于瓷舟中，在样品上加盖一层五氧化二钒，然后送入管式电热炉中，样品在恒温区数分钟内能启动电解碘的生成，说明仪器工作正常，待此样品测定完毕后可开始试样的测定。

17.2.2 试样测定

称取约 0.05 g 试样(m_{12})，精确至 0.000 1，将试样均匀地平铺于瓷舟中，在试样上加盖一层五氧化二钒，送入管式电热炉中进行测定，仪器显示结果为试样中三氧化硫的毫克数(m_{13})。

17.3 结果的计算与表示

三氧化硫的质量分数 X_{SO_3} 按式(23)计算：

$$X_{SO_3}=\frac{m_{13}}{m_{12}\times 1\,000}\times 100 \quad \cdots\cdots(23)$$

式中：

X_{SO_3}——三氧化硫的质量分数，%；

m_{12}——试料的质量，单位为克(g)；

m_{13}——仪器显示的三氧化硫毫克数,单位为毫克(mg)。

18 分析结果的数据处理

18.1 分析值的验收

当平行分析同类型标准试样所得的分析值与标准值之差不大于表2所列允许差时,则试样分析值有效,否则无效。分析值是否有效,首先取决于平行分析的标准试样的分析值是否与标准值一致。当所得的两个有效分析值之差,不大于表2所列允许差,可予以平均,计算为最终分析结果。如二者之差大于允许差时,则应按附录A的规定,进行追加分析和数据处理。

18.2 最终结果的计算

试样有效分析值的算术平均值为最终分析结果。平均值计算至小数第四位,并按GB 8170数值修约规则的规定修约到小数第二位。

19 允许差

各成分的允许差见表2。

表2 测定结果允许差

化学成分	标样允许差/%	试样实验室内允许差/%	试样实验室间允许差/%
烧失量	±0.20	0.25	0.40
SiO_2	±0.30	0.40	0.60
Fe_2O_3	±0.20	0.25	0.40
Al_2O_3	±0.20	0.25	0.40
CaO	±0.20	0.25	0.40
MgO	±0.20	0.25	0.40
SO_3	±0.20	0.25	0.40
K_2O	±0.07	0.10	0.14
Na_2O	±0.05	0.08	0.10

附　录　A
（规范性附录）
验收试样分析值程序

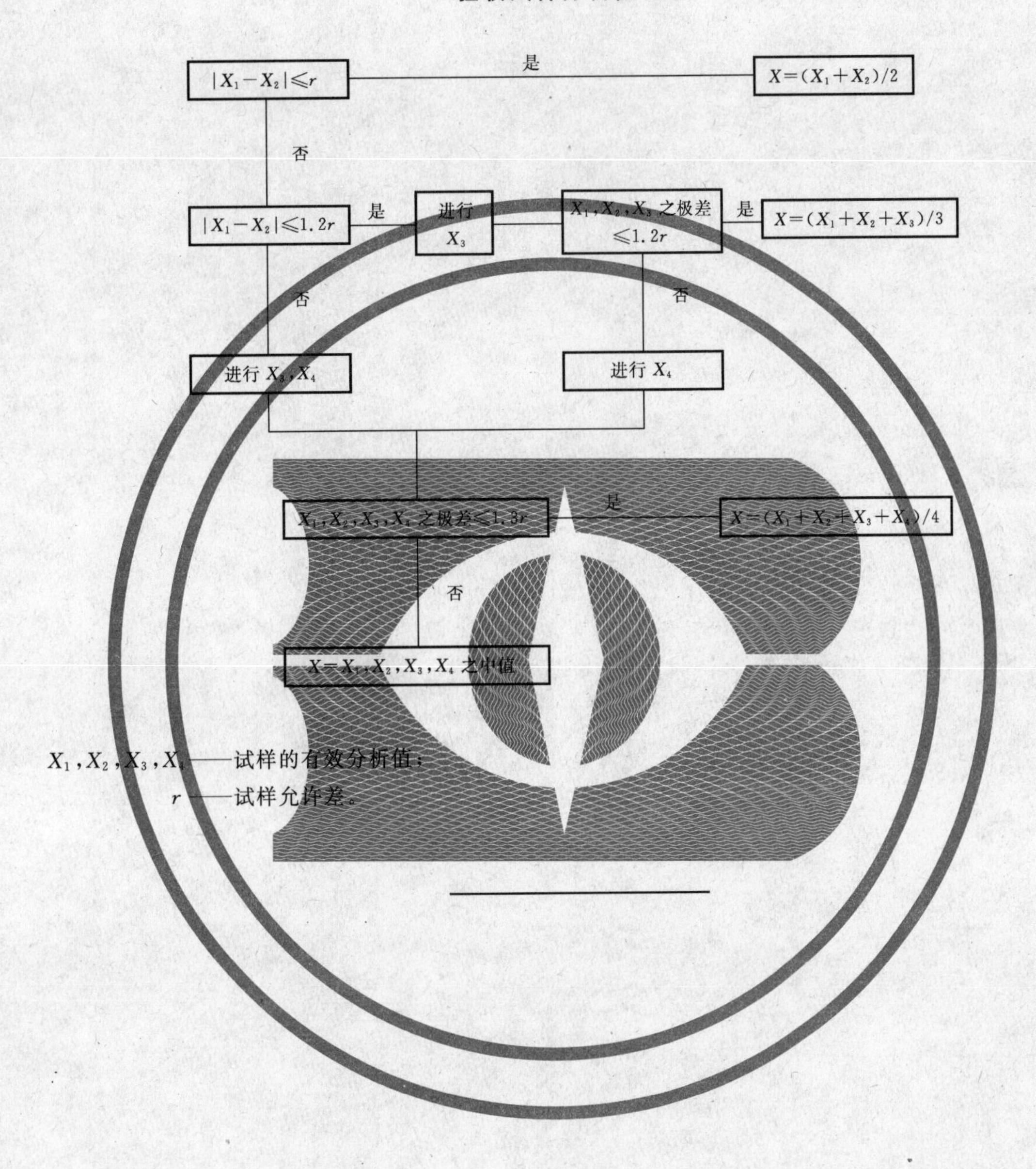

X_1,X_2,X_3,X_4——试样的有效分析值；

r——试样允许差。

ICS
Q
备案号：27687—2010

中华人民共和国建材行业标准

JC/T 874—2009
代替 JC/T 874—2000

水泥用硅质原料化学分析方法

Methods of chemical analysis of silicious raw materials for cement industry

2009-12-04 发布　　2010-06-01 实施

中华人民共和国工业和信息化部　发布

前　言

本标准自实施之日起，代替 JC/T 874—2000《水泥用硅质原料化学分析方法》。

与 JC/T 874—2000 相比，本标准主要变化如下：

——增加了三氧化硫的测定——燃烧-库仑滴定法(代用法)(本版第 23 章)。

本标准附录 A 是规范性附录。

本标准由中国建筑材料联合会提出。

本标准由全国水泥标准化技术委员会(SAC/TC 184)归口。

本标准负责起草单位：中国建筑材料科学研究总院。

本标准主要起草人：刘玉兵、赵鹰立、游良俭、黄小楼。

本标准于 2000 年 12 月首次发布，本次为第一次修订。

水泥用硅质原料化学分析方法

1 范围

本标准规定了配制水泥生料用硅质原料的化学分析方法。本标准中除氧化钾和氧化钠的测定外，其他化学成分的测定包含基准法和代用法两种方法，可根据实际情况任选。在有争议时，以基准法为准。

本标准适用于配制水泥生料用硅质原料的化学分析。

2 规范性引用文件

下列文件中的条款通过本标准的引用而成为本标准的条款。凡是注日期的引用文件，其随后所有的修改单(不包括勘误的内容)或修订版均不适用于本标准，然而，鼓励根据本标准达成协议的各方研究是否可使用这些文件的最新版本。凡是不注日期的引用文件，其最新版本适用于本标准。

GB/T 6682　分析实验室用水规格和试验方法

GB/T 8170　数值修约规则

3 术语和定义

下列术语和定义适用于本标准。

3.1

硅质原料　silicious materials

用于配制水泥生料，化学组成以二氧化硅为主，铝含量(以三氧化二铝计)在20%以下，铁含量(以三氧化二铁计)在10%以下的水泥生产原料，称为硅质原料。

4 试剂和材料

分析过程中，所用水应符合GB/T 6682中规定的三级水要求；所用试剂应为分析纯或优级纯试剂；用于标定与配制标准溶液的试剂，除另有说明外应为基准试剂。

除另有说明外，%表示“质量分数”。本标准使用的市售液体试剂具有下列密度(ρ)(20 ℃，单位 g/cm^3)或%(质量分数)：

——盐酸(HCl)　　1.18～1.19(ρ)或36%～38%

——氢氟酸(HF)　　1.13(ρ)或40%

——硝酸(HNO_3)　　1.39～1.41(ρ)或65%～68%

——硫酸(H_2SO_4)　　1.84(ρ)或95%～98%

——冰乙酸(CH_3COOH)　　1.049(ρ)或99.8%

——氨水($NH_3 \cdot H_2O$)　　0.90～0.91(ρ)或25%～28%

在化学分析中，所用酸或氨水，凡未注浓度者均指市售的浓酸或浓氨水。用体积比表示试剂稀释程度，例如：盐酸(1+1)表示1份体积的浓盐酸与1份体积的水相混合。

4.1 **盐酸**(1+1)；(1+5)；(1+9)；(3+97)

4.2 **硫酸**(1+1)；(1+9)

4.3 **氨水**(1+1)

4.4 **氢氧化钠(NaOH)**

4.5 **氢氧化钾(KOH)**

4.6 无水碳酸钠(Na_2CO_3)

4.7 氢氧化钾溶液(200 g/L)

将200 g氢氧化钾(4.5)溶于水中,加水稀释至1 L,贮存于塑料瓶中。

4.8 氯化铵(NH_4Cl)

4.9 焦硫酸钾($K_2S_2O_7$)

4.10 氯化亚锡溶液(60 g/L)

将60 g氯化亚锡($SnCl_2 \cdot 2H_2O$)溶于200 mL热盐酸中,用水稀释至1 L,混匀。

4.11 钨酸钠溶液(250 g/L)

将250 g钨酸钠($Na_2WO_4 \cdot 2H_2O$)溶于适量水中(若浑浊需过滤),加5 mL磷酸,加水稀释至1 L,混匀。

4.12 硫磷混酸

将200 mL硫酸在搅拌下缓慢注入500 mL水中,再加入300 mL磷酸,混匀。

4.13 三氯化钛溶液(1+19)

取三氯化钛溶液(15%~20%)100 mL,加盐酸(1+1)1 900 mL混匀,加一层液体石蜡保护。

4.14 氯化钡溶液(100 g/L)

将100 g二水氯化钡($BaCl_2 \cdot 2H_2O$)溶于水中,加水稀释至1 L。

4.15 硝酸银溶液(5 g/L)

将5 g硝酸银($AgNO_3$)溶于水中,加10 mL硝酸(HNO_3),用水稀释至1 L。

4.16 pH 4.3的缓冲溶液

将42.3 g无水乙酸钠(CH_3COONa)溶于水中,加80 mL冰乙酸(CH_3COOH),用水稀释至1 L,摇匀。

4.17 pH 10的缓冲溶液

将67.5 g氯化铵(NH_4Cl)溶于水中,加570 mL氨水,加水稀释至1 L。

4.18 三乙醇胺[$N(CH_2CH_2OH)_3$](1+2)

4.19 酒石酸钾钠溶液(100 g/L)

将100 g酒石酸钾钠($C_4H_4KNaO_6 \cdot 4H_2O$)溶于水中,稀释至1 L。

4.20 钼酸铵溶液(50 g/L)

将5 g钼酸铵[$(NH_4)_6Mo_7O_{24} \cdot 4H_2O$]溶于水中,加水稀释至100 mL,过滤后贮存于塑料瓶中。此溶液可保存约一周。

4.21 抗坏血酸溶液(5 g/L)

将0.5 g抗坏血酸(Vc)溶于100 mL水中,过滤后使用。用时现配。

4.22 二安替比林甲烷溶液(30 g/L)

将15 g二安替比林甲烷($C_{23}H_{24}N_4O_2$)溶于500 mL盐酸(1+11)中,过滤后使用。

4.23 氯化钾(KCl)

4.24 氟化钾溶液(150 g/L)

称取150 g氟化钾($KF \cdot 2H_2O$)于塑料杯中,加水溶解后,用水稀释至1 L,贮存于塑料瓶中。

4.25 氯化钾溶液(50 g/L)

将50 g氯化钾(4.23)溶于水中,用水稀释至1 L。

4.26 氯化钾-乙醇溶液(50 g/L)

将5 g氯化钾(4.23)溶于50 mL水中,加入50 mL 95%乙醇(C_2H_5OH),混匀。

4.27 碳酸铵溶液(100 g/L)

将10 g碳酸铵[$(NH_4)_2CO_3$]溶于100 mL水中,用时现配。

4.28　二氧化硅(SiO_2)标准溶液

4.28.1　标准溶液的配制

称取0.200 0 g于1 000 ℃～1 100 ℃下新灼烧过30 min以上的二氧化硅(SiO_2)，精确至0.000 1 g，置于铂坩埚中，加入2 g无水碳酸钠(4.6)，搅拌均匀，在1 000 ℃～1 100 ℃高温下熔融15 min。冷却，用热水将熔块浸出于盛有热水的300 mL塑料杯中，待全部溶解后冷却至室温，移入1 000 mL容量瓶中，用水稀释至标线，摇匀，移入塑料瓶中保存。此标准溶液每毫升含有0.2 mg二氧化硅。吸取10.00 mL上述标准溶液于100 mL容量瓶中，用水稀释至标线，摇匀，移入塑料瓶中保存。此标准溶液每毫升含有0.02 mg二氧化硅。

4.28.2　工作曲线的绘制

吸取每毫升含有0.02 mg二氧化硅的标准溶液0;2.00;4.00;5.00;6.00;8.00;10.00(mL)分别放入100 mL容量瓶中，加水稀释至约40 mL，依次加入5 mL盐酸(1+11)、8 mL 95%(体积分数)乙醇、6 mL钼酸铵溶液(4.20)。放置30 min后，加入20 mL盐酸(1+1)、5 mL抗坏血酸溶液(4.21)，用水稀释至标线，摇匀。放置1 h后，使用分光光度计，10 mm比色皿，以水作参比，于660 nm处测定溶液的吸光度。用测得的吸光度作为相对应的二氧化硅含量的函数，绘制工作曲线。

4.29　二氧化钛(TiO_2)标准溶液

4.29.1　标准溶液的配制

称取0.100 0 g经高温灼烧过的二氧化钛(TiO_2)，精确至0.000 1 g，置于铂(或瓷)坩埚中，加入2 g焦硫酸钾(4.9)，在500 ℃～600 ℃下熔融至透明。熔块用硫酸(1+9)浸出，加热至50 ℃～60 ℃使熔块完全溶解，冷却后移入1 000 mL容量瓶中，用硫酸(1+9)稀释至标线，摇匀。此标准溶液每毫升含有0.1 mg二氧化钛。

吸取100.00 mL上述标准溶液于500 mL容量瓶中，用硫酸(1+9)稀释至标线，摇匀，此标准溶液每毫升含有0.02 mg二氧化钛。

4.29.2　工作曲线的绘制

吸取每毫升含有0.02 mg二氧化钛的标准溶液0;2.50;5.00;7.50;10.00;12.50;15.00(mL)分别放入100 mL容量瓶中，依次加入10 mL盐酸(1+2)、10 mL抗坏血酸溶液(4.21)、20 mL二安替比林甲烷溶液(4.22)，用水稀释至标线，摇匀。放置40 min后，使用分光光度计，10 mm比色皿，以水作参比，于420 nm处测定溶液的吸光度。用测得的吸光度作为相对应的二氧化钛含量的函数，绘制工作曲线。

4.30　氧化钾(K_2O)、氧化钠(Na_2O)标准溶液

4.30.1　氧化钾标准溶液的配制

称取0.792 g已于130 ℃～150 ℃烘过2 h的氯化钾(KCl)，精确至0.000 1 g，置于烧杯中，加水溶解后，移入1 000 mL容量瓶中，用水稀释至标线，摇匀，贮存于塑料瓶中。此标准溶液每毫升相当于0.5 mg氧化钾。

4.30.2　氧化钠标准溶液的配制

称取0.943 g已于130 ℃～150 ℃烘过2 h的氯化钠(NaCl)，精确至0.000 1 g，置于烧杯中，加水溶解后，移入1 000 mL容量瓶中，用水稀释至标线，摇匀。贮存于塑料瓶中。此标准溶液每毫升相当于0.5 mg氧化钠。

4.30.3　氧化钾(K_2O)、氧化钠(Na_2O)系列标准溶液的配制

吸取按4.30.1配制的每毫升相当于0.5 mg氧化钾的标准溶液0;1.00;2.00;4.00;6.00;8.00;10.00;12.00(mL)和按4.30.2配制的每毫升相当于0.5 mg氧化钠的标准溶液0;1.00;2.00;4.00;6.00;8.00;10.00;12.00(mL)以一一对应的顺序，分别放入100 mL容量瓶中，用水稀释至标线，摇匀。所得氧化钾(K_2O)、氧化钠(Na_2O)系列标准溶液的浓度分别为0.00;0.005;0.010;0.020;0.030;0.040;0.050;0.060(mg/mL)。

4.31 碳酸钙标准溶液[$c(CaCO_3)=0.024$ mol/L]

称取 0.6 g(mL)已于 105 ℃～110 ℃烘过 2 h 的碳酸钙($CaCO_3$)，精确至 0.000 1 g，置于 400 mL 烧杯中，加入约 100 mL 水，盖上表面皿，沿杯口缓慢加入 5 mL～10 mL 盐酸(1+1)，加热煮沸数分钟。将溶液冷至室温，移入 250 mL 容量瓶中，用水稀释至标线，摇匀。

4.32 EDTA 标准滴定溶液[$c(EDTA)=0.015$ mol/L]

4.32.1 标准滴定溶液的配制

称取约 5.6 g EDTA(乙二胺四乙酸二钠盐)置于烧杯中，加入约 200 mL 水，加热溶解，过滤，用水稀释至 1 L。

4.32.2 EDTA 标准滴定溶液浓度的标定

吸取 25.00 mL 碳酸钙标准溶液(4.31)于 400 mL 烧杯中，加水稀释至约 200 mL，加入适量的 CMP 混合指示剂(4.42)，在搅拌下加入氢氧化钾溶液(4.7)至出现绿色荧光后再过量 2 mL～3 mL，以 EDTA 标准滴定溶液滴定至绿色荧光消失并呈现红色。

EDTA 标准滴定溶液的浓度按式(1)计算：

$$c(\mathrm{EDTA})=\frac{m_1}{V_1\times 1.000\ 9} \qquad \cdots\cdots(1)$$

式中：

$c(\mathrm{EDTA})$——EDTA 标准滴定溶液的浓度，单位为摩尔每升(mol/L)；

m_1——按 4.31 配制碳酸钙标准溶液的碳酸钙的质量，单位为克(g)；

V_1——滴定时消耗 EDTA 标准滴定溶液的体积，单位为毫升(mL)。

4.32.3 EDTA 标准滴定溶液对各氧化物滴定度的计算

EDTA 标准滴定溶液对三氧化二铁、三氧化二铝、氧化钙、氧化镁的滴定度分别按式(2)、(3)、(4)、(5)计算：

$$T_{Fe_2O_3}=c(\mathrm{EDTA})\times 79.84 \qquad \cdots\cdots(2)$$

$$T_{Al_2O_3}=c(\mathrm{EDTA})\times 50.98 \qquad \cdots\cdots(3)$$

$$T_{CaO}=c(\mathrm{EDTA})\times 56.08 \qquad \cdots\cdots(4)$$

$$T_{MgO}=c(\mathrm{EDTA})\times 40.31 \qquad \cdots\cdots(5)$$

式中：

$T_{Fe_2O_3}$——每毫升 EDTA 标准滴定溶液相当于三氧化二铁的毫克数，单位为毫克每毫升(mg/mL)；

$T_{Al_2O_3}$——每毫升 EDTA 标准滴定溶液相当于三氧化二铝的毫克数，单位为毫克每毫升(mg/mL)；

T_{CaO}——每毫升 EDTA 标准滴定溶液相当于氧化钙的毫克数，单位为毫克每毫升(mg/mL)；

T_{MgO}——每毫升 EDTA 标准滴定溶液相当于氧化镁的毫克数，单位为毫克每毫升(mg/mL)；

$c(\mathrm{EDTA})$——EDTA 标准滴定溶液的浓度，单位为摩尔每升(mol/L)；

79.84——1/2 Fe_2O_3 的摩尔质量，单位为克每摩尔(g/mol)；

50.98——1/2 Al_2O_3 的摩尔质量，单位为克每摩尔(g/mol)；

56.08——CaO 的摩尔质量，单位为克每摩尔(g/mol)；

40.31——MgO 的摩尔质量，单位为克每摩尔(g/mol)。

4.33 硫酸铜标准滴定溶液[$c(CuSO_4)=0.015$ mol/L]

4.33.1 标准滴定溶液的配制

将 4.7 g 硫酸酮($CuSO_4\cdot 5H_2O$)溶于水中，加 4～5 滴硫酸(1+1)，用水稀释至 1 L，摇匀。

4.33.2 EDTA 标准滴定溶液与硫酸铜标准滴定溶液体积比的标定

从滴定管缓慢放出 10 mL～15 mL[$c(EDTA)=0.015$ mol/L]EDTA 标准滴定溶液(4.32)于 400 mL烧杯中，用水稀释至约 150 mL，加 15 mL pH 4.3 的缓冲溶液(4.16)，加热至沸，取下稍冷，加 5～6滴 PAN 指示剂溶液(4.41)，以硫酸铜标准滴定溶液滴定至亮紫色。EDTA 标准滴定溶液与硫酸铜标准滴定溶液的体积比按式(6)计算：

$$K=\frac{V_2}{V_3} \qquad (6)$$

式中：

K——每毫升硫酸铜标准滴定溶液相当于EDTA标准滴定溶液的毫升数；

V_2——EDTA标准滴定溶液的体积，单位为毫升(mL)；

V_3——滴定时消耗硫酸铜标准滴定溶液的体积，单位为毫升(mL)。

4.34 氢氧化钠标准滴定溶液[$c(NaOH)=0.15$ mol/L]

4.34.1 标准滴定溶液的配制

将60 g氢氧化钠(NaOH)溶于10 L水中，充分摇匀，贮存于带胶塞(装有钠石灰干燥管)的硬质玻璃瓶或塑料瓶内。

4.34.2 氢氧化钠标准滴定溶液浓度的标定

称取约0.8 g(m_2)苯二甲酸氢钾($C_8H_5KO_4$)，精确至0.000 1 g，置于400 mL烧杯中，加入约150 mL新煮沸过的已用氢氧化钠溶液中和至酚酞呈微红色的冷水，搅拌使其溶解，加入6～7滴酚酞指示剂溶液(4.40)，用氢氧化钠标准滴定溶液滴定至微红色。

氢氧化钠标准滴定溶液的浓度按式(7)计算：

$$c(NaOH)=\frac{m_2\times 1\,000}{V_4\times 204.2} \qquad (7)$$

式中：

$c(NaOH)$——氢氧化钠标准滴定溶液的浓度，单位为摩尔每升(mol/L)；

V_4——滴定时消耗氢氧化钠标准滴定溶液的体积，单位为毫升(mL)；

m_2——苯二甲酸氢钾的质量，单位为克(g)；

204.2——苯二甲酸氢钾的摩尔质量，单位为克每摩尔(g/mol)。

4.34.3 氢氧化钠标准滴定溶液对二氧化硅的滴定度按式(8)计算：

$$T_{SiO_2}=c(NaOH)\times 15.02 \qquad (8)$$

式中：

T_{SiO_2}——每毫升氢氧化钠标准滴定溶液相当于二氧化硅的毫克数，单位为毫克每毫升(mg/mL)；

$c(NaOH)$——氢氧化钠标准滴定溶液的浓度，单位为摩尔每升(mol/L)；

15.02——1/4 SiO_2的摩尔质量，单位为克每摩尔(g/mol)。

4.35 重铬酸钾标准滴定溶液[$c(1/6\ K_2Cr_2O_7)=0.05$ mol/L]

称取预先在150 ℃烘干1 h的重铬酸钾2.451 5 g溶于水，移入1 000 mL容量瓶中，用水稀释到刻度，混匀。

4.36 氟化钾溶液(20 g/L)

称取20 g氟化钾($KF\cdot 2H_2O$)于塑料杯中，加水溶解后，用水稀释至1 L，贮存于塑料瓶中。

4.37 二苯胺磺酸钠指示剂溶液

将0.2 g二苯胺磺酸钠溶于100 mL水中。

4.38 甲基红指示剂溶液

将0.2 g甲基红溶于100 mL 95%乙醇中。

4.39 磺基水杨酸钠指示剂溶液

将10 g磺基水杨酸钠溶于水中，加水稀释至100 mL。

4.40 酚酞指示剂溶液

将1 g酚酞溶于100 mL 95%乙醇中。

4.41 PAN[1-(2-吡啶偶氮)-2-萘酚]指示剂溶液

将0.2 g PAN溶于100 mL95%乙醇中。

4.42 **CMP 混合指示剂**

称取 1.000 g 钙黄绿素、1.000 g 甲基百里香酚蓝、0.200 g 酚酞与 50 g 已在 105 ℃～110 ℃烘干过的硝酸钾(KNO_3)混合研细，保存在磨口瓶中。

4.43 **K-B 混合指示剂**

称取 1.000 g 酸性铬蓝 K 与 2.5 g 萘酚绿 B 和 50 g 已在 105 ℃～110 ℃烘干过的硝酸钾(KNO_3)混合研细，保存在磨口瓶中。

4.44 **电解液**

将 6 g 碘化钾(KI)和 6 g 溴化钾(KBr)溶于 300 水中，加入 10 mL 冰乙酸(CH_3COOH)。

5 仪器与设备

5.1 **搅拌器**

磁力搅拌器(搅拌子带聚四氟乙烯保护层)或如图 1 所示的搅拌装置。

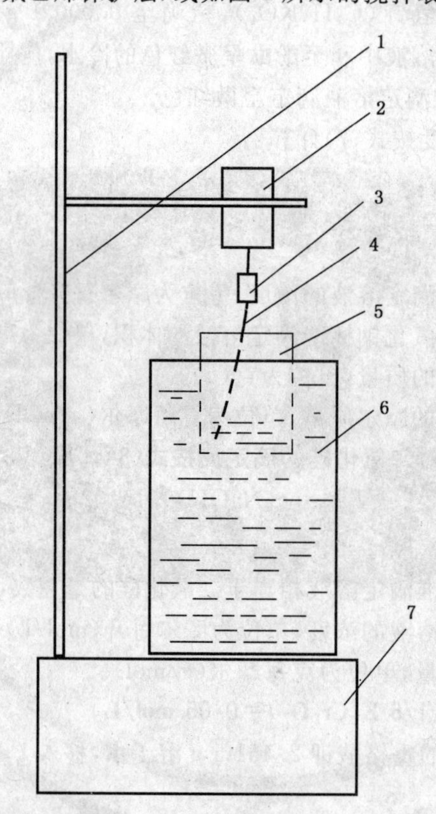

1——支撑杆；

2——搅拌电机；

3——搅棒接头，可将塑料搅棒与搅拌电机连接或分开；

4——塑料搅棒，Φ6×160 mm；

5——400 mL 塑料杯；

6——冷却水桶，内盛 25 ℃以下冷却水；

7——控制箱，可控制、调节搅拌速度和高温熔样电炉的温度。

图 1 搅拌装置示意图

5.2 **高温炉**

最高工作温度为 1 200 ℃。

5.3 **火焰光度计**

5.4 **库仑积分测硫仪**

主要由管式电热炉和库仑积分仪组成。

5.5　化验室通用仪器、设备

主要包括分析天平、干燥箱、容量瓶、移液管和滴定管等。

6　试样的制备

试样必须具有代表性和均匀性。由大样缩分后的试样不得少于 100 g，试样通过 80 μm 方孔筛时的筛余不应超过 15%。再以四分法或缩分器将试样缩减至约 25 g，然后磨细至全部通过 80 μm 方孔筛，装入试样瓶中，供分析用。其余作为原样保存备用。

7　烧失量的测定(基准法)

7.1　方法提要

试样在 1 100 ℃高温下，灼烧以除去水分和二氧化碳。

7.2　分析步骤

称取约 2 g(m_3)试样，精确至 0.000 1 g，置于已灼烧恒量的瓷坩埚中，将坩埚放在高温炉中从低温开始逐渐升高温度，在 1 100 ℃的温度下，灼烧 30 min～60 min，取出坩埚置于干燥器中，冷却至室温，称量。反复灼烧，直至恒量。

7.3　结果的计算与表示

烧失量的质量分数 X_{LOI} 按式(9)计算：

$$X_{LOI}=\frac{m_3-m_4}{m_3}\times 100 \quad\cdots\cdots\cdots(9)$$

式中：

X_{LOI}——烧失量的质量分数，%；

m_3——试料的质量，单位为克(g)；

m_4——灼烧后试料的质量，单位为克(g)。

8　二氧化硅的测定(基准法)

8.1　方法提要

试样以无水碳酸钠熔融，盐酸溶解，于沸水浴上进行二次加热蒸发使硅酸凝聚。滤出的沉淀用氢氟酸处理后，失去的质量即为二氧化硅量，加上滤液中比色回收的二氧化硅量即为总二氧化硅量。

8.2　分析步骤

8.2.1　胶凝性二氧化硅的测定

称取约 0.5 g 试样(m_5)，精确至 0.000 1 g，置于铂坩埚中，加入 4 g 无水碳酸钠(4.6)，混匀，再将 1 g无水碳酸钠(4.6)盖在上面。盖上坩埚盖并留有缝隙，从低温加热，逐渐升高温度至 950 ℃～1 000 ℃，熔融至透明的熔体，旋转坩埚，使熔体附于坩埚壁上，放冷。将熔体用热水溶出后，移入瓷蒸发皿中，盖上表面皿，从皿口滴入 10 mL 盐酸及 2～3 滴硝酸，待反应停止后取下表面皿，用平头玻璃棒压碎块状物使分解完全，用热盐酸(1+1)清洗坩埚数次，洗液合并于蒸发皿中。将蒸发皿置于沸水浴上，皿上放一玻璃三角架，再盖上表面皿，蒸发至干。取下蒸发皿，加入 10 mL～20 mL 热盐酸(3+97)，搅拌使可溶性盐类溶解。用中速滤纸过滤，用胶头扫棒以热盐酸(3+97)擦洗玻璃棒及蒸发皿，并洗涤沉淀 3～4 次，然后用热水充分洗涤沉淀，直至用硝酸银溶液(4.15)检验无氯离子为止。在沉淀上加 6 滴硫酸(1+4)，滤液及洗液保存在 300 mL 烧杯中。

将烧杯中的滤液移到原蒸发皿中，在水浴上蒸发至干后，取下放入烘箱中，于 110 ℃左右的温度下烘 60 min，取出，放冷。加入 10 mL～20 mL 热盐酸(3+97)，搅拌使可溶性盐类溶解。用中速滤纸过滤，用胶头扫棒以热盐酸(3+97)擦洗玻棒及蒸发皿，并洗涤沉淀 3～4 次，然后用热水充分洗涤沉淀，直至用硝酸银溶液(4.15)检验无氯离子为止。滤液及洗液保存在 250 mL 容量瓶中。在沉淀上加 3 滴硫酸(1+4),然后将二次所得二氧化硅沉淀连同滤纸一并移入铂坩埚中,烘干并灰化后放入1 200 ℃的高温炉内灼烧20 min~40 min,取出坩埚置于干燥器中冷却至室温,称量(m_6)。

向坩埚中加数滴水润湿沉淀,加6滴硫酸(1+4)和10 mL氢氟酸,放入通风橱内电热板上缓慢蒸发至干,升高温度继续加热至三氧化硫白烟完全逸尽。将坩埚放入1 100 ℃~1 150 ℃的高温炉内灼烧10 min,取出坩埚置于干燥器中冷却至室温,称量(m_7)。

经过氢氟酸处理后得到的残渣中加入0.5 g焦硫酸钾(4.10)熔融,熔块用热水和数滴盐酸(1+1)溶解,溶液并入分离二氧化硅后得到的滤液和洗液中。用水稀释至标线,摇匀。此溶液A供测定滤液中残留的胶溶性二氧化硅、三氧化二铝、氧化钙、氧化镁、二氧化钛用。

8.2.2 胶溶性二氧化硅的测定

从溶液A中吸取25.00 mL溶液放入100 mL容量瓶中,用水稀释至40 mL,依次加入5 mL盐酸(1+11)、8 mL95%乙醇、6 mL钼酸铵溶液(4.20),放置30 min后加入20 mL盐酸(1+1)、5 mL抗坏血酸溶液(4.21),用水稀释至标线,摇匀。放置1 h后,使用分光光度计,10 mm比色皿,以水作参比,于660 nm处测定溶液的吸光度。在工作曲线(4.28.2)上查出二氧化硅的含量(m_8)。

8.2.3 结果的计算与表示

8.2.3.1 胶凝性二氧化硅的质量分数$X_{胶凝SiO_2}$按式(10)计算:

$$X_{胶凝SiO_2}=\frac{m_6-m_7}{m_5}\times 100 \qquad \cdots\cdots(10)$$

式中:

$X_{胶凝SiO_2}$——胶凝性二氧化硅的质量分数,%;

m_6——灼烧后未经氢氟酸处理的沉淀及坩埚的质量,单位为克(g);

m_7——用氢氟酸处理并经灼烧后的残渣及坩埚的质量,单位为克(g);

m_5——试料的质量,单位为克(g)。

8.2.3.2 胶溶性二氧化硅的质量分数$X_{胶溶SiO_2}$按式(11)计算:

$$X_{胶溶SiO_2}=\frac{m_8}{m_5} \qquad \cdots\cdots(11)$$

式中:

$X_{胶溶SiO_2}$——胶溶性二氧化硅的质量分数,%;

m_8——测定的100 mL溶液中二氧化硅的含量,单位为毫克(mg);

m_5——试液A中试料的质量,单位为克(g)。

8.2.3.3 二氧化硅的质量分数X_{SiO_2}按式(12)计算:

$$X_{SiO_2}=X_{胶凝SiO_2}+X_{胶溶SiO_2} \qquad \cdots\cdots(12)$$

式中:

X_{SiO_2}——二氧化硅的质量分数,%;

$X_{胶凝SiO_2}$——胶凝性二氧化硅的质量分数,%;

$X_{胶溶SiO_2}$——胶溶性二氧化硅的质量分数,%。

9 三氧化二铁的测定(基准法)

9.1 方法提要

试样用氢氟酸处理,用盐酸溶解残渣。大部分高价铁用氯化亚锡还原后,以钨酸钠为指示剂,用三氯化钛将剩余高价铁还原成低价至生成"钨蓝",再用重铬酸钾氧化至蓝色消失,加入硫磷混酸,以二苯胺磺酸钠为指示剂,用重铬酸钾标准滴定溶液滴定,借此测定铁量。

9.2 测定步骤

称取约0.5 g(m_9)试样精确至0.000 1 g,置于铂皿中,加水润湿试料,加10滴硫酸(1+1)、10 mL

氢氟酸，低温加热蒸发至三氧化硫白烟冒尽，加入 20 mL HCl(1+1)，继续加热使可溶性残渣溶解。将溶液移入 400 mL 烧杯中，洗净铂皿。加热至近沸，在搅拌下慢慢滴加氯化亚锡溶液(4.10)至溶液呈浅黄色，迅速将烧杯放在水槽中冷却。

调整溶液体积至 150 mL～200 mL，加 5 滴钨酸钠溶液(4.11)，用三氯化钛(4.13)滴到呈蓝色，再滴加重铬酸钾标准滴定溶液(4.35)到无色(不计读数)，立即加 10 mL 硫磷混酸(4.12)、5 滴二苯胺磺酸钠指示剂(4.37)，用重铬酸钾标准滴定溶液滴定至稳定的紫色。

9.3 结果的计算与表示

三氧化二铁的质量分数 $X_{Fe_2O_3}$ 按式(13)计算：

$$X_{Fe_2O_3}=\frac{79.84\times c(1/6\ K_2Cr_2O_7)\times V_5}{m_9\times 1\,000}\times 100 \qquad \cdots\cdots(13)$$

式中：

$X_{Fe_2O_3}$——三氧化二铁的质量分数，%；

$c(1/6\ K_2Cr_2O_7)$——重铬酸钾标准滴定溶液浓度，单位为摩尔每升(mol/L)；

V_5——测定时消耗重铬酸钾标准滴定溶液的体积，单位为毫升(mL)；

m_9——试料的质量，单位为克(g)；

79.84——1/2 Fe_2O_3 的摩尔质量，单位为克每摩尔(g/mol)。

10 二氧化钛的测定(基准法)

10.1 方法提要

在酸性溶液中 TiO^{2+} 与二安替比林甲烷生成黄色配合物，于波长 420 nm 处测定其吸光度，用抗坏血酸消除三价铁离子的干扰。

10.2 分析步骤

从溶液 A 吸取 10.00 mL 溶液放入 100 mL 容量瓶中，加入 10 mL 盐酸(1+2)及 10 mL 抗坏血酸溶液(4.21)，放置 5 min。加 20 mL 二安替比林甲烷溶液(4.22)，用水稀释至标线，摇匀。放置 40 min 后，使用分光光度计，10 mm 比色皿，以水作参比，于 420 nm 处测定溶液的吸光度。在工作曲线(4.29.2)上查出二氧化钛的含量(m_{10})。

10.3 结果的计算与表示

二氧化钛的质量分数 X_{TiO_2} 按式(14)计算：

$$X_{TiO_2}=\frac{m_{10}\times 25}{m_5\times 1\,000}\times 100 \qquad \cdots\cdots(14)$$

式中：

X_{TiO_2}——二氧化钛的质量分数，%；

m_{10}——100 mL 测定溶液中二氧化钛的含量，单位为毫克(mg)；

m_5——试料的质量，单位为克(g)。

11 三氧化二铝的测定(基准法)

11.1 方法提要

用对于铁、铝、钛过量的 EDTA 标准滴定溶液，于 pH 3.8～4.0 使铁铝钛与 EDTA 完全络合，以 PAN 为指示剂，用硫酸铜标准滴定溶液回滴过量的 EDTA。

11.2 分析步骤

从溶液 A 中吸取 25.00 mL 溶液放入 300 mL 烧杯中，加水稀释至约 100 mL，用氨水(1+1)和盐酸(1+1)调节溶液 pH 值在 1.8～2.0 之间(用精密 pH 试纸检验)。将溶液加热至 70 ℃，加入[c(EDTA)=0.015 mol/L]EDTA 标准滴定溶液(4.32)至过量 10 mL～15 mL(对铁、铝、钛合量而言)，用水稀释至 150 mL～200 mL。

加数滴氨水(1+1),使溶液 pH 值在 3.0～3.5 之间,加 15 mL pH 4.3 的缓冲溶液(4.16),煮沸 1 min～2 min,取下稍冷,加入 4～5 滴 PAN 指示剂溶液(4.41),以[$c(CuSO_4)$=0.015 mol/L]硫酸铜标准滴定溶液(4.33)滴定至亮紫色。

11.3 **结果的计算与表示**

三氧化二铝的质量分数 $X_{Al_2O_3}$ 按式(15)计算:

$$X_{Al_2O_3}=\frac{T_{Al_2O_3}\times(V_6-K\times V_7)\times 10}{m_5\times 1\,000}\times 100-0.638\,5\times X_{Fe_2O_3}-0.64\times X_{TiO_2} \quad \cdots\cdots(15)$$

式中:

$X_{Al_2O_3}$——三氧化二铝的质量分数,%;

X_{TiO_2}——二氧化钛的质量分数,%;

$X_{Fe_2O_3}$——三氧化二铁的质量分数,%;

$T_{Al_2O_3}$——每毫升 EDTA 标准滴定溶液相当于三氧化二铝的毫克数,单位为毫克每毫升(mg/mL);

V_6——加入 EDTA 标准滴定溶液的体积,单位为毫升(mL);

V_7——滴定时消耗硫酸铜标准滴定溶液的体积,单位为毫升(mL);

K——每毫升硫酸铜标准滴定溶液相当于 EDTA 标准滴定溶液的毫升数;

m_5——试料的质量,单位为克(g);

0.64——二氧化钛对三氧化二铝的换算系数;

0.638 5——三氧化二铁对三氧化二铝的换算系数。

12 氧化钙的测定(基准法)

12.1 方法提要

将分离硅后的试液稀释后,以三乙醇胺掩蔽铁、铝等干扰元素,调溶液 pH 13 以上,用 CMP 混合指示剂为指示剂,用 EDTA 标准滴定溶液滴定。

12.2 分析步骤

从溶液 A 中吸取 50.00 mL 溶液放入 300 mL 烧杯中,加水稀释至约 200 mL,加 5 mL 三乙醇胺(1+2)及少许的 CMP 指示剂(4.42),在搅拌下加入氢氧化钾溶液(4.7)至出现绿色荧光后再过量 5 mL～8 mL,此时溶液 pH 约为 13 以上,用[c(EDTA)=0.015 mol/L]EDTA 标准滴定溶液(4.32)滴定至绿色荧光消失并呈现红色。

12.3 结果的计算与表示

氧化钙的质量分数 X_{CaO} 按式(16)计算:

$$X_{CaO}=\frac{T_{CaO}\times V_8\times 5}{m_5\times 1\,000}\times 100 \quad \cdots\cdots(16)$$

式中:

X_{CaO}——氧化钙的质量分数,%;

T_{CaO}——每毫升 EDTA 标准滴定溶液相当于氧化钙的毫克数,单位为毫克每毫升(mg/mL);

V_8——滴定时消耗 EDTA 标准滴定溶液的体积,单位为毫升(mL);

m_5——试料的质量,单位为克(g)。

13 氧化镁的测定(基准法)

13.1 方法提要

在分离硅后的 pH 10 氨性溶液中,以酒石酸钾钠和三乙醇胺联合掩蔽残余的铁、铝等干扰元素,用 K-B 指示剂为指示剂,用 EDTA 标准滴定溶液滴定钙、镁合量,用差减法求得氧化镁含量。

13.2 分析步骤

从溶液A中吸取50.00 mL溶液放入400 mL烧杯中，加水稀释至约200 mL，加1 mL酒石酸钾钠溶液(4.19)，5 mL三乙醇胺(1+2)，搅拌，然后加入25 mL pH 10缓冲溶液(4.17)及少许酸性铬蓝K-萘酚绿B混合指示剂(4.43)，用[c(EDTA)=0.015 mol/L]EDTA标准滴定溶液(4.32)滴定，近终点时应缓慢滴定至纯蓝色。

13.3 结果的计算与表示

氧化镁的质量分数X_{MgO}按式(17)计算：

$$X_{MgO}=\frac{T_{MgO}\times(V_9-V_8)\times5}{m_5\times1\,000}\times100 \qquad \cdots\cdots(17)$$

式中：

X_{MgO}——氧化镁的质量分数，%；

T_{MgO}——每毫升EDTA标准滴定溶液相当于氧化镁的毫克数，单位为毫克每毫升(mg/mL)；

V_9——滴定钙、镁含量时消耗EDTA标准滴定溶液的体积，单位为毫升(mL)；

V_8——测定氧化钙时消耗EDTA标准滴定溶液的体积，单位为毫升(mL)；

m_5——试料的质量，单位为克(g)。

14 三氧化硫的测定(基准法)

14.1 方法提要

在酸性溶液中，用氯化钡溶液沉淀硫酸盐，经过滤灼烧后，以硫酸钡形式称量。测定结果以三氧化硫计。

14.2 分析步骤

称取约0.5 g试样(m_{11})，精确至0.000 1 g，置于镍坩埚中，加入4 g～5 g氢氧化钾(4.5)，在电炉上熔融至试样溶解，取下，冷却，放入盛有100 mL热水的300 mL烧杯中，待熔体全部浸出后，用盐酸溶解；加入少许滤纸浆，加热至沸，加氨水(1+1)至氢氧化铁沉淀析出，再过量约1 mL，用快速滤纸过滤，用热水洗涤烧杯3次，洗涤沉淀5次。将滤液收集于400 mL烧杯中，加2滴甲基红指示剂溶液(4.38)，用盐酸(1+1)中和至溶液变红，再过量2 mL，加水稀释至约200 mL，煮沸，在搅拌下滴加10 mL氯化钡溶液(4.14)，继续煮沸数分钟，然后移至温热处静置4 h或过夜(此时溶液的体积应保持在200 mL)。用慢速滤纸过滤，用温水洗涤，直至检验无氯离子为止。将沉淀及滤纸一并移入已灼烧恒量的瓷坩埚中，灰化后在800 ℃的高温炉内灼烧30 min，取出坩埚置于干燥器中冷却至室温，称量。反复灼烧，直至恒量。

14.3 结果的计算与表示

三氧化硫的质量分数X_{SO_3}按式(18)计算：

$$X_{SO_3}=\frac{0.343\times m_{12}}{m_{11}}\times100 \qquad \cdots\cdots(18)$$

式中：

X_{SO_3}——三氧化硫的质量分数，%；

m_{12}——灼烧后沉淀的质量，单位为克(g)；

m_{11}——试料的质量，单位为克(g)；

0.343——硫酸钡对三氧化硫的换算系数。

15 氧化钾和氧化钠的测定(基准法)

15.1 方法提要

试样经氢氟酸-硫酸蒸发处理除去硅，用热水浸取残渣。以氨水和碳酸铵分离铁、铝、钙、镁。滤液中的钾、钠用火焰光度计进行测定。

15.2 分析步骤

称取约 0.1 g 试样(m_{13}),精确至 0.000 1 g,置于铂皿中,用少量水润湿,加 5 mL～7 mL 氢氟酸及 15～20 滴硫酸(1+1),置于低温电热板上蒸发。近干时摇动铂皿,以防溅失,待氢氟酸驱尽后逐渐升高温度,继续将三氧化硫白烟赶尽。取下放冷,加入 50 mL 热水,压碎残渣使其溶解,加 1 滴甲基红指示剂溶液(4.38),用氨水(1+1)中和至黄色,加入 10 mL 碳酸铵溶液(4.27),搅拌,置于电热板上加热 20 min～30 min。用快速滤纸过滤,以热水洗涤,滤液及洗液盛于 250 mL 容量瓶中,冷却至室温。用盐酸(1+1)中和至溶液呈微红色,用水稀释至标线,摇匀。

在火焰光度计上,以氧化钾(K_2O)、氧化钠(Na_2O)系列标准溶液为基准,按仪器使用规程测定试液中氧化钾和氧化钠的含量。

15.3 结果的计算与表示

氧化钾和氧化钠的质量分数 X_{K_2O} 和 X_{Na_2O} 按式(19)和式(20)计算:

$$X_{K_2O}=\frac{C_{K_2O}\times 250}{m_{13}\times 1\,000}\times 100 \qquad \cdots\cdots(19)$$

$$X_{Na_2O}=\frac{C_{Na_2O}\times 250}{m_{13}\times 1\,000}\times 100 \qquad \cdots\cdots(20)$$

式中:

X_{K_2O}——氧化钾的质量分数,%;

X_{Na_2O}——氧化钠的质量分数,%;

C_{K_2O}——测定溶液中氧化钾的含量,单位为毫克每毫升(mg/mL);

C_{Na_2O}——测定溶液中氧化钠的含量,单位为毫克每毫升(mg/mL);

m_{13}——试料的质量,单位为克(g);

250——试样溶液的体积,单位为毫升(mL)。

16 烧失量的测定(代用法)

16.1 方法提要

试样在 950 ℃高温下灼烧至恒量。

16.2 分析步骤

称取约 1 g(m_{14})试样,精确至 0.000 1 g,置于已灼烧恒量的瓷坩埚中,将坩埚放在高温炉中从低温开始逐渐升高温度,在 950 ℃的温度下,灼烧 30 min～60 min,取出坩埚置于干燥器中,冷却至室温,称量。反复灼烧,直至恒量。

16.3 结果的计算与表示

烧失量的质量分数 X_{LOI} 按式(21)计算:

$$X_{LOI}=\frac{m_{14}-m_{15}}{m_{14}}\times 100 \qquad \cdots\cdots(21)$$

式中:

X_{LOI}——烧失量的质量分数,%;

m_{14}——试料的质量,单位为克(g);

m_{15}——灼烧后试料的质量,单位为克(g)。

17 二氧化硅的测定(代用法)

17.1 方法提要

在适量的氟离子和钾离子存在的条件下,使硅酸形成氟硅酸钾沉淀,经过滤、洗涤及中和残余酸后,加沸水使氟硅酸钾沉淀水解生成等物质量的氢氟酸，然后用氢氧化钠标准滴定溶液对所生成的氢氟酸进行滴定。

17.2 分析步骤

称取约 0.5 g 试样(m_{16})，精确至 0.000 1 g，置于银坩埚中，加入 6 g～7 g 氢氧化钠熔剂(4.4)，在 650 ℃～700 ℃的高温下熔融 30 min～40 min。取出，放冷。在 300 mL 烧杯中，加入 100 mL 水，加热至沸，然后将坩埚放入烧杯中，盖上表面皿，加热，待熔块完全浸出后，取出坩埚，在搅拌下加入 25 mL 盐酸和 1 mL 硝酸，加热使溶液澄清，用盐酸(1＋5)及水将坩埚洗净，冷至室温后，移入 250 mL 容量瓶中，用水稀释至标线，摇匀。此溶液 B 供测定二氧化硅、三氧化二铁、三氧化二铝、二氧化钛、氧化钙、氧化镁用。

吸取 50.00 mL 溶液 B，放入 300 塑料杯中，加 10 mL～15 mL 硝酸、10 mL 氟化钾溶液(4.24)，搅拌。根据室温按表 1 加入适量的氯化钾(4.23)，用搅拌器(5.1)搅拌 10 min(用磁力搅拌器搅拌时应预先将塑料杯在 25 ℃以下的水中冷却 5 min)，取下塑料杯，用中速滤纸过滤，用氯化钾溶液(4.25)冲洗塑料杯 1 次，冲洗滤纸 2 次，将滤纸连同沉淀取下，置于原塑料杯中，沿杯壁加入 20 mL～30 mL 氯化钾-乙醇溶液(4.26)及 2 滴甲基红指示剂溶液(4.38)，用氢氧化钠标准滴定溶液(4.34)中和至溶液由红刚刚变黄。向杯中加入约 300 mL 已中和至使酚酞指示剂微红的沸水及 1 mL 酚酞指示剂溶液(4.40)，用氢氧化钠标准滴定溶液(4.34)滴定到溶液由红变黄，再至微红色。

表 1 氯化钾加入量表

实验室温度/℃	<15	15～20	21～25	26～30	>30
氯化钾加入量/g	5	8	10	13	16

17.3 结果的计算与表示

二氧化硅的质量分数 X_{SiO_2} 按式(22)计算：

$$X_{SiO_2}=\frac{T_{SiO_2}\times V_{10}\times 5}{m_{16}\times 1\,000}\times 100 \qquad \cdots\cdots(22)$$

式中：

X_{SiO_2}——二氧化硅的质量分数，%；

T_{SiO_2}——每毫升氢氧化钠标准滴定溶液相当于二氧化硅的毫克数，单位为毫克每毫升(mg/mL)；

V_{10}——滴定时消耗氢氧化钠标准滴定溶液的体积，单位为毫升(mL)；

m_{16}——试料的质量，单位为克(g)。

18 三氧化二铁的测定(代用法)

18.1 方法提要

在 pH 1.8～2.0 温度为 60 ℃～70 ℃的溶液中，以磺基水杨酸钠为指示剂，用 EDTA 标准滴定溶液滴定。

18.2 分析步骤

从溶液 B 中吸取 25.00 mL 溶液放入 300 mL 烧杯中，加水稀释至约 100 mL，用氨水(1＋1)和盐酸(1＋1)调节溶液 pH 值在 1.8～2.0 之间(用精密 pH 试纸检验)。将溶液加热至 70 ℃，加 10 滴磺基水杨酸钠指示剂溶液(3.39)，用[c(EDTA)＝0.015 mol/L]EDTA 标准滴定溶液(4.32)缓慢地滴定至亮黄色(终点时溶液温度应不低于 60 ℃)。

18.3 结果的计算与表示

三氧化二铁的质量分数 $X_{Fe_2O_3}$ 按式(23)计算：

$$X_{Fe_2O_3}=\frac{T_{Fe_2O_3}\times V_{11}\times 5}{m_{16}\times 1\,000}\times 100 \qquad \cdots\cdots(23)$$

式中：

$X_{Fe_2O_3}$——三氧化二铁的质量分数，%；

$T_{Fe_2O_3}$——每毫升 EDTA 标准滴定溶液相当于三氧化二铁的毫克数，单位为毫克每毫升(mg/mL)；

V_{11}——滴定时消耗 EDTA 标准滴定溶液的体积，单位为毫升(mL)；

m_{16}——试料的质量，单位为克(g)。

19　二氧化钛的测定(代用法)

19.1　方法提要

在酸性溶液中 TiO^{2+} 与二安替比林甲烷生成黄色配合物，于波长 420 nm 处测定其吸光度，用抗坏血酸消除三价铁离子的干扰。

19.2　分析步骤

从溶液 B 吸取 10.00 mL 溶液放入 100 mL 容量瓶中，加入 10 mL 盐酸(1+2)及 10 mL 抗坏血酸溶液(4.21)，放置 5 min。加 5 mL 95%乙醇、20 mL 二安替比林甲烷溶液(4.22)，用水稀释至标线，摇匀。放置 40 min 后，使用分光光度计，10 mm 比色皿，以水作参比，于 420 nm 处测定溶液的吸光度。在工作曲线(4.29.2)上查出二氧化钛的含量(m_{17})。

19.3　结果的计算与表示

二氧化钛的质量分数 X_{TiO_2} 按式(24)计算：

$$X_{TiO_2}=\frac{m_{17}\times 25}{m_{16}\times 1\,000}\times 100 \qquad (24)$$

式中：

X_{TiO_2}——二氧化钛的质量分数，%；

m_{17}——100 mL 测定溶液中二氧化钛的含量，单位为毫克(mg)；

m_{16}——试料的质量，单位为克(g)。

20　三氧化二铝的测定(代用法)

20.1　方法提要

在滴定铁后的溶液中，加入用对于铝、钛过量的 EDTA 标准滴定溶液，于 pH 3.8～4.0 使铁铝钛与 EDTA 完全络合，以 PAN 为指示剂，用硫酸铜标准滴定溶液回滴过量的 EDTA。

20.2　分析步骤

向滴完铁后的溶液中加入[c(EDTA)=0.015 mol/L]EDTA 标准滴定溶液(4.32)至过量 10 mL～15 mL(对铝、钛合量而言)，用水稀释至 150 mL～200 mL。将溶液加热至 70 ℃～80 ℃后，加数滴氨水(1+1)，使溶液 pH 值在 3.0～3.5 之间，加 15 mL pH 4.3 的缓冲溶液(4.16)，煮沸 1 min～2 min，取下稍冷，加入 4～5 滴 PAN 指示剂溶液(4.41)，以[$c(CuSO_4)$=0.015 mol/L]硫酸铜标准滴定溶液(4.33)滴定至亮紫色。

20.3　结果的计算与表示

三氧化二铝的质量分数 $X_{Al_2O_3}$ 按式(25)计算：

$$X_{Al_2O_3}=\frac{T_{Al_2O_3}\times(V_{12}-K\times V_{13})\times 10}{m_{16}\times 1\,000}\times 100-0.64\times X_{TiO_2} \qquad (25)$$

式中：

$X_{Al_2O_3}$——三氧化二铝的质量分数，%；

$T_{Al_2O_3}$——每毫升 EDTA 标准滴定溶液相当于三氧化二铝的毫克数，单位为毫克每毫升(mg/mL)；

V_{12}——加入 EDTA 标准滴定溶液的体积，单位为毫升(mL)；

V_{13}——滴定时消耗硫酸铜标准滴定溶液的体积，单位为毫升(mL)；

K——每毫升硫酸铜标准滴定溶液相当于 EDTA 标准滴定溶液的毫升数；

X_{TiO_2}——二氧化钛的质量分数；

m_{16}——试料的质量，单位为克(g)；

0.64——二氧化钛对三氧化二铝的换算系数。

21 氧化钙的测定(代用法)

21.1 方法提要

在 pH 13 以上的强碱溶液中，以氟化钾掩蔽硅，三乙醇胺掩蔽铁、铝等干扰元素，用 CMP 混合指示剂为指示剂，用 EDTA 标准滴定溶液滴定。

21.2 分析步骤

从溶液 B 中吸取 25.00 mL 溶液放入 400 mL 烧杯中，加入 15 mL 氟化钾溶液(4.36)，搅拌并放置 2 min 以上，加水稀释至约 200 mL，加 5 mL 三乙醇胺(1+2)及少许的 CMP 指示剂(4.42)，在搅拌下加入氢氧化钾溶液(4.7)至出现荧光绿后，再过量 5 mL～7 mL，此时溶液 pH 应为大于 13，用[c(EDTA)=0.015 mol/L]EDTA 标准滴定溶液(4.32)滴定至绿色荧光消失(呈微红色)。

21.3 结果的计算与表示

氧化钙的质量分数 X_{CaO} 按式(26)计算：

$$X_{CaO}=\frac{T_{CaO}\times V_{14}\times 10}{m_{16}\times 1\,000}\times 100 \qquad (26)$$

式中：

X_{CaO}——氧化钙的质量分数，%；

T_{CaO}——每毫升 EDTA 标准滴定溶液相当于氧化钙的毫克数，单位为毫克每毫升(mg/mL)；

V_{14}——滴定时消耗 EDTA 标准滴定溶液的体积，单位为毫升(mL)；

m_{16}——试料的质量，单位为克(g)。

22 氧化镁的测定(代用法)

22.1 方法提要

在 pH 10 的氨性溶液中，用氟化钾掩蔽硅，以酒石酸钾钠和三乙醇胺联合掩蔽铁、铝等干扰元素，用 K-B 指示剂为指示剂，用 EDTA 标准滴定溶液滴定钙、镁合量，用差减法求得氧化镁含量。

22.2 分析步骤

从溶液 B 中吸取 25.00 mL 溶液放入 400 mL 烧杯中，加入 15 mL 氟化钾溶液(3.36)，搅拌并放置 2 min 以上，加水稀释至约 200 mL，加 1 mL 酒石酸钾钠溶液(4.19)，5 mL 三乙醇胺(1+2)，搅拌，然后加入 25 mL pH 10 缓冲溶液(4.17)及少许酸性铬蓝 K-萘酚绿 B 混合指示剂(4.43)，用[c(EDTA)=0.015 mol/L]EDTA 标准滴定溶液(4.32)滴定，近终点时应缓慢滴定至纯蓝色。

22.3 结果的计算与表示

氧化镁的质量分数 X_{MgO} 按式(27)计算：

$$X_{MgO}=\frac{T_{MgO}\times (V_{15}-V_{14})\times 10}{m_{16}\times 1\,000}\times 100 \qquad (27)$$

式中：

X_{MgO}——氧化镁的质量分数，%；

T_{MgO}——每毫升 EDTA 标准滴定溶液相当于氧化镁的毫克数，单位为毫克每毫升(mg/mL)；

V_{15}——滴定钙、镁合量时消耗 EDTA 标准滴定溶液的体积，单位为毫升(mL)；

V_{14}——测定氧化钙时消耗 EDTA 标准滴定溶液的体积，单位为毫升(mL)；

m_{16}——试料的质量，单位为克(g)。

23 三氧化硫的测定(代用法)

23.1 方法提要

试样中的硫在助熔剂五氧化二钒存在条件下,于1 200 ℃以上的高温可生成二氧化硫气体。以铂电极为电解电极,用库仑积分仪电解碘进行跟踪滴定,用另一对铂电极为指示电极指示滴定终点,根据法拉第定律($Q=nFZ$),由电解碘时电量消耗值确定碘的生成量,进而确定样品中的硫含量。

23.2 分析步骤

23.2.1 仪器正常工作状态调整

将库仑积分测硫仪的管式电热炉升温至1 200 ℃以上,并控制其恒温,按照说明书在仪器的电解池中加入适量的电解液(4.44),打开仪器开关后,用约0.05 g三氧化硫含量为1%～3%的样品于瓷舟中,在样品上加盖一层五氧化二钒,然后送入管式电热炉中,样品在恒温区数分钟内能启动电解碘的生成,说明仪器工作正常,待此样品测定完毕后可开始试样的测定。

23.2.2 试样测定

称取约0.05 g试样(m_{18}),精确至0.000 1,将试样均匀地平铺于瓷舟中,在试样上加盖一层五氧化二钒,送入管式电热炉中进行测定,仪器显示结果为试样中三氧化硫的毫克数(m_{19})。

23.3 结果的计算与表示

三氧化硫的质量分数X_{SO_3}按式(28)计算:

$$X_{SO_3}=\frac{m_{19}}{m_{18}\times 1\,000}\times 100 \qquad \cdots\cdots(28)$$

式中:

X_{SO_3}——三氧化硫的质量分数,%;

m_{18}——试料的质量,单位为克(g);

m_{19}——仪器显示的三氧化硫毫克数,单位为毫克(mg)。

24 分析结果的数据处理

24.1 分析值的验收

当平行分析同类型标准试样所得的分析值与标准值之差不大于表2所列允许差时,则试样分析值有效,否则无效。分析值是否有效,首先取决于平行分析的标准试样的分析值是否与标准值一致。当所得的两个有效分析值之差,不大于表2所列允许差,可予以平均,计算为最终分析结果。如二者之差大于允许差时,则应按附录A的规定,进行追加分析和数据处理。

24.2 最终结果的计算

试样的有效分析值的算术平均值为最终分析结果。平均值计算至小数第四位,并按GB 8170数值修约规则的规定修约至小数第二位。

25 允许差

各成分的允许差见表2。

表2 测定结果允许差

化学成分	标样允许差/%	试样实验室内允许差/%	试样实验室间允许差/%
烧失量	±0.20	0.25	0.40
SiO_2	±0.30	0.40	0.60
Fe_2O_3	±0.20	0.25	0.40
Al_2O_3	±0.20	0.25	0.40
CaO	±0.20	0.25	0.40

表 2（续）

化学成分	标样允许差/%	试样实验室内允许差/%	试样实验室间允许差/%
MgO	±0.20	0.25	0.40
SO_3	±0.20	0.25	0.40
K_2O	±0.07	0.10	0.14
Na_2O	±0.05	0.08	0.10

附 录 A
（规范性附录）
验收试样分析值程序

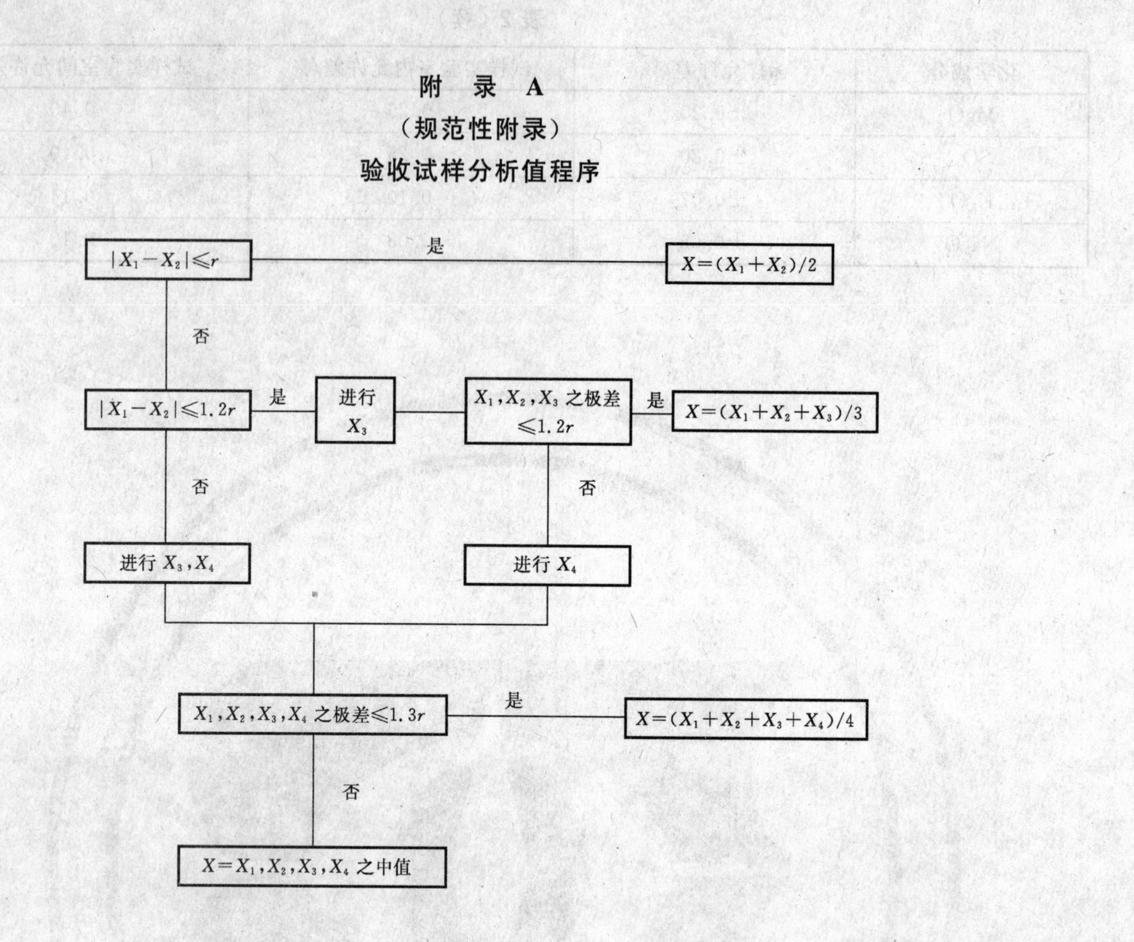

X_1, X_2, X_3, X_4——试样的有效分析值；

r——试样允许差。

ICS 91.100.10
Q 27
备案号:12758—2003

中华人民共和国建材行业标准

JC/T 911—2003

建材用萤石化学分析方法

Methods for chemical analysis of fluorspar for building materials industry

2003-09-20 发布　　2003-12-01 实施

中华人民共和国国家发展和改革委员会　发布

前　言

本标准参考 ISO 680:1990E《水泥试验方法—化学分析》和 GB 5195—1985《氟石化学分析方法》有关内容进行制定的。

本标准结合我国建材行业的化学分析现状，将萤石主成分氟化钙的测定分为“标准法”和“代用法”并分别列章，便于在实际中选择应用。在有争议时，以标准法为准。

本标准在附录中提供烧失量的测定方法，供水泥企业配料时采用。

本标准的附录 A 为资料性附录。

本标准由全国水泥标准化技术委员会提出并归口。

本标准起草单位：中国建筑材料科学研究院水泥科学与新型建筑材料研究所。

本标准主要起草人：王欣然、黄小楼、辛志军、郑朝华、王团云、王瑞海。

本标准为首次发布。

本标准委托中国建筑材料科学研究院水泥科学与新型建筑材料研究所负责解释。

建材用萤石化学分析方法

1 范围

本标准规定了建材用萤石化学分析方法。本标准适用于建材用萤石的化学分析。

2 规范性引用文件

下列文件中的条款通过本标准的引用而成为本标准的条款。凡是注日期的引用文件，其随后所有的修改单(不包括勘误的内容)或修订版均不适用于本标准，然而，鼓励根据本标准达成协议的各方研究是否可使用这些文件的最新版本。凡是不注日期的引用文件，其最新版本适用于本标准。

GB/T 176—1996 水泥化学分析方法

GB/T 2007.1—1987 散装矿产品取样、制样通则 手工取样

3 试验的基本要求

3.1 试验次数与要求

每项测定的试验次数规定为两次。用两次试验平均值表示测定结果。

分析前试样应于 105 ℃～110 ℃烘 2 小时(h)，然后贮存于干燥器中，冷却至室温后称样。

在进行化学分析时，除烧失量的测定外，其他各项测定应同时进行空白试验，并对所测结果加以校正。

3.2 质量、体积、体积比、滴定度和结果的表示

用“克”(g)表示质量，精确至 0.000 1 g。滴定管体积用“毫升”(mL)表示，精确至 0.05 mL。滴定度单位用毫克/毫升(mg/mL)表示；溶液的体积比以三次测定平均值表示，滴定度和体积比经修约后保留有效数字四位。各项分析结果均以百分数计，表示至小数二位。

3.3 允许差

本标准所列允许差均为绝对偏差，用百分数表示。

同一试验室的允许差是指：同一分析试验室同一分析人员(或两个分析人员)，采用本标准方法分析同一试样时，两次分析结果应符合允许差规定。如超出允许范围，应在短时间内进行第三次测定(或第三者的测定)，测定结果与前两次或任一次分析结果之差值符合允许差规定时，则取其平均值，否则，应查找原因，重新按上述规定进行分析。

不同试验室的允许差是指：两个试验室采用本标准方法对同一试样各自进行分析时，所得分析结果的平均值之差应符合允许差规定。如有争议应商定另一单位按本标准进行仲裁分析。以仲裁单位报出的结果为准，与原分析结果比较，若两个分析结果之差值符合允许差规定，则认为原分析结果无误。

4 试剂和材料

分析过程中，只应使用蒸馏水或同等纯度的水；所用试剂应为分析纯或优级纯试剂。用于标定与配制标准溶液的试剂，除另有说明外应为基准试剂。所用酸或氨水，凡未注浓度者均指市售的浓酸或浓氨水。

4.1 盐酸(HCl)：1.18 g/cm^3～1.19 g/cm^3 或 36%～38%。

4.2 氢氟酸(HF)：1.13 g/cm^3 或 40%。

4.3 硝酸(HNO_3)：1.39 g/cm^3～1.41 g/cm^3 或 65%～68%。

4.4 硫酸(H_2SO_4)：1.84 g/cm^3 或 95%～98%。

4.5 冰乙酸(CH_3COOH):1.049 g/cm³ 或 99.8%。

4.6 氨水($NH_3 \cdot H_2O$):0.90 g/cm³～0.91 g/cm³ 或 25%～28%。

4.7 盐酸(1+1);(1+5)。

4.8 硫酸(1+1)。

4.9 乙酸(1+9)。

4.10 氨水(1+1)。

4.11 乙醇(C_2H_5OH):无水或 95%(V/V)。

4.12 氢氧化钠(NaOH)。

4.13 氢氧化钾溶液(200 g/L):将 200 g 氢氧化钾(KOH)溶于水中,加水稀释至 1 L。贮存于塑料瓶中。

4.14 含钙乙酸溶液:

称取 1.5 g 碳酸钙($CaCO_3$),置于 400 mL 烧杯中,盖上表面皿,加入 150 mL 乙酸溶液(1+9),加热至沸腾,驱尽二氧化碳,冷至室温,再用乙酸溶液(1+9)稀释至 500 mL,摇匀。

4.15 碳酸铵溶液(100 g/L):将 10 g 碳酸铵〔$(NH_4)_2CO_3$〕溶解于 100 mL 水中。用时现配。

4.16 EDTA—Cu 溶液:按 EDTA 标准滴定溶液〔c(EDTA)=0.015 mol/L〕(见 4.29)与硫酸铜标准滴定溶液〔$c(CuSO_4)$=0.015 mol/L〕(4.30)的体积比(4.30.2),准确配制成等浓度的混合溶液。

4.17 pH3.0 的缓冲溶液:将 3.2 g 无水乙酸钠(CH_3COONa)溶于水中,加 120 mL 冰乙酸(CH_3COOH),用水稀释至 1 L,摇匀。

4.18 pH4.3 的缓冲溶液:将 42.3 g 无水乙酸钠(CH_3COONa)溶于水中,加 80 mL 冰乙酸(CH_3COOH),用水稀释至 1 L,摇匀。

4.19 pH10 的缓冲溶液:将 67.5 g 氯化铵(NH_4Cl)溶于水中,加 570 mL 氨水($NH_3 \cdot H_2O$),用水稀释至 1 L,摇匀。

4.20 三乙醇胺〔$N(CH_2CH_2OH)_3$〕:(1+2)。

4.21 酒石酸钾钠溶液(100 g/L):将 100 g 酒石酸钾钠($C_4H_4KNaO_6 \cdot 4H_2O$)溶于水中,稀释至 1 L。

4.22 氯化钾(KCl):颗粒粗大时,应研细后使用。

4.23 氟化钾溶液(150 g/L):称取 150 g 氟化钾($KF \cdot 2H_2O$)于塑料杯中,加水溶解后,用水稀释至 1 L,贮存于塑料瓶中。

4.24 氯化钾溶液(50 g/L):称取 50 g 氯化钾(KCl)溶于水中,用水稀释至 1 L。

4.25 氯化钾—乙醇溶液(50 g/L):将 5 g 氯化钾(KCl)溶于 50 mL 水中,加入 50 mL 95%(V/V)乙醇(C_2H_5OH),混匀。

4.26 混合酸:

称取 12.5 g 硼酸(HBO_3),置于 1 000 mL 烧杯中,加入约 100 mL 水,徐徐加入 25 mL 硫酸,加热使其溶解,稍冷再加入 250 mL 盐酸,用水稀释至 1 000 mL。

4.27 氧化钾(K_2O),氧化钠(Na_2O)标准溶液。

4.27.1 氧化钾,氧化钠标准溶液的配制

称取 0.792 g 已于 130 ℃～150 ℃烘过 2 h 的氯化钾(KCl)及 0.943 g 已于 130 ℃～150 ℃烘过 2 h 的氯化钠(NaCl),精确至 0.000 1 g,置于 300 mL 烧杯中,加水完全溶解后,移入 1 000 mL 容量瓶中,用水稀释至标线,摇匀。贮存于塑料瓶中。此标准溶液每毫升相当于 0.5 mg 氧化钾及 0.5 mg 氧化钠。

4.27.2 工作曲线的绘制

吸取每毫升含有 0.5 mg 氧化钾及 0.5 mg 氧化钠的标准溶液 0;1.00;2.00;4.00;6.00;8.00;10.00;12.00 mL,分别放入 100 mL 容量瓶中,用水稀释至标线,摇匀。将火焰光度计调节至最佳工作状态,按仪器使用规程进行测定。用测得的检流计读数作为相对应的氧化钾和氧化钠含量的函数,绘制

工作曲线。

4.28 碳酸钙标准溶液〔$c(CaCO_3)=0.024$ mol/L〕

称取0.6 g(m_1)已于105 ℃～110 ℃烘过2 h的碳酸钙($CaCO_3$),精确至0.000 1 g,置于400 mL烧杯中,加入约100 mL水,盖上表面皿,沿杯口滴加盐酸(1+1)至碳酸钙全部溶解,加热煮沸数分钟。将溶液冷却至室温,移入250 mL容量瓶中,用水稀释至标线,摇匀。

4.29 EDTA标准滴定溶液〔$c(EDTA)=0.015$ mol/L〕

4.29.1 标准滴定溶液的配制

称取约5.6 g EDTA(乙二胺四乙酸二钠盐)置于烧杯中,加入约200 mL水,加热溶解,过滤,用水稀释至1 L,摇匀。

4.29.2 EDTA标准滴定溶液浓度的标定

吸取25.00 mL碳酸钙标准溶液(4.28)于400 mL烧杯中,加入约200 mL水,加入适量的CMP混合指示剂(4.35),在搅拌下加入氢氧化钾溶液(4.13)至出现绿色荧光后再过量2 mL～3 mL,以EDTA标准滴定溶液滴定至绿色荧光消失并呈现红色。

EDTA标准滴定溶液的浓度按式(1)计算:

$$c(EDTA)=\frac{m_1\times 25\times 1\,000}{250\times V_1\times 100.09}=\frac{m_1}{V_1}\times\frac{1}{1.000\,9} \qquad (1)$$

式中:

$c(EDTA)$——EDTA标准滴定溶液的浓度,单位为摩尔每升(mol/L);

V_1——滴定时消耗EDTA标准滴定溶液的体积,单位为毫升(mL);

m_1——按4.28配制碳酸钙标准溶液的碳酸钙的质量,单位为克(g);

100.09——$CaCO_3$的摩尔质量,单位为克每摩尔(g/mol)。

4.29.3 EDTA标准滴定溶液对各化学成分滴定度的计算

EDTA标准滴定溶液对三氧化二铁、三氧化二铝、氧化钙、氧化镁、氟化钙的滴定度分别按式(2)、(3)、(4)、(5)、(6)计算:

$$T_{Fe_2O_3}=c(EDTA)\times 79.84 \qquad (2)$$

$$T_{Al_2O_3}=c(EDTA)\times 50.98 \qquad (3)$$

$$T_{CaO}=c(EDTA)\times 56.08 \qquad (4)$$

$$T_{MgO}=c(EDTA)\times 40.31 \qquad (5)$$

$$T_{CaF_2}=c(EDTA)\times 78.08 \qquad (6)$$

式中:

$T_{Fe_2O_3}$——每毫升EDTA标准滴定溶液相当于三氧化二铁的毫克数,单位为毫克每毫升(mg/mL);

$T_{Al_2O_3}$——每毫升EDTA标准滴定溶液相当于三氧化二铝的毫克数,单位为毫克每毫升(mg/mL);

T_{CaO}——每毫升EDTA标准滴定溶液相当于氧化钙的毫克数,单位为毫克每毫升(mg/mL);

T_{MgO}——每毫升EDTA标准滴定溶液相当于氧化镁的毫克数,单位为毫克每毫升(mg/mL);

T_{CaF_2}——每毫升EDTA标准滴定溶液相当于氟化钙的毫克数,单位为毫克每毫升(mg/mL);

$c(EDTA)$——EDTA标准滴定溶液的浓度,单位为摩尔每升(mol/L);

79.84——($1/2Fe_2O_3$)的摩尔质量,单位为克每摩尔(g/mol);

50.98——($1/2Al_2O_3$)的摩尔质量,单位为克每摩尔(g/mol);

56.08——CaO的摩尔质量,单位为克每摩尔(g/mol);

40.31——MgO的摩尔质量,单位为克每摩尔(g/mol);

78.08——CaF_2的摩尔质量,单位为克每摩尔(g/mol)。

4.30 硫酸铜标准滴定溶液〔$c(CuSO_4)$〕=0.015(mol/L)

4.30.1 标准滴定溶液的配制。

称取约3.7 g硫酸铜($CuSO_4 \cdot 5H_2O$),置于400 mL烧杯中,加入约200 mL水,使之溶解,再加4~5滴硫酸(1+1),用水稀释至1 L,摇匀。

4.30.2 EDTA标准滴定溶液与硫酸铜标准滴定溶液体积比的标定

从滴定管中缓慢放出10 mL~15 mL EDTA标准滴定溶液〔c(EDTA)=0.015 mol/L〕(4.29)于400 mL烧杯中,用水稀释至约150 mL,加15 mL pH4.3的缓冲溶液(见4.18),加热煮沸,取下稍冷,加5~6滴PAN指示剂溶液(见4.32),以硫酸铜标准滴定溶液滴定至亮紫色。

EDTA标准滴定溶液与硫酸铜标准滴定溶液的体积比按式(7)计算:

$$K = \frac{V_2}{V_3} \qquad \cdots\cdots(7)$$

式中:

K——每毫升硫酸铜标准滴定溶液相当于EDTA标准滴定溶液的毫升数;

V_2——EDTA标准滴定溶液的体积,单位为毫升(mL);

V_3——滴定时消耗硫酸铜标准滴定溶液的体积,单位为毫升(mL)。

4.31 氢氧化钠标准滴定溶液〔$c(NaOH)$=0.15 mol/L〕

4.31.1 标准滴定溶液的配制

将60 g氢氧化钠(NaOH)溶于10 L水中,充分摇匀,贮存于带胶塞(装有钠石灰干燥管)的硬质玻璃瓶或塑料瓶内。

4.31.2 氢氧化钠标准滴定溶液浓度的标定

称取约0.8 g(m_2)苯二甲酸氢钾($C_8H_5KO_4$),精确至0.000 1 g,置于400 mL烧杯中,加入约150 mL新煮沸过的已用氢氧化钠溶液中和至酚酞呈微红色的冷水,搅拌使其溶解,加入6~7滴酚酞指示剂溶液(4.37)。用氢氧化钠标准滴定溶液滴定至微红色。

氢氧化钠标准滴定溶液的浓度按式(8)计算:

$$c(NaOH) = \frac{m_2 \times 1\,000}{V_4 \times 204.2} \qquad \cdots\cdots(8)$$

式中:

$c(NaOH)$——氢氧化钠标准滴定溶液的浓度,单位为摩尔每升(mol/L);

V_4——滴定时消耗氢氧化钠标准滴定溶液的体积,单位为毫升(mL);

m_2——苯二甲酸氢钾的质量,单位为克(g);

204.2——苯二甲酸氢钾的摩尔质量,单位为克每摩尔(g/mol)。

4.31.3 氢氧化钠标准滴定溶液对二氧化硅的滴定度按式(9)计算:

$$T_{SiO_2} = c(NaOH) \times 15.02 \qquad \cdots\cdots(9)$$

式中:

T_{SiO_2}——每毫升氢氧化钠标准滴定溶液相当于二氧化硅的毫克数,单位为毫克每毫升(mg/mL);

$c(NaOH)$——NaOH标准滴定溶液的浓度,单位为摩尔每升(mol/L);

15.02——($1/4SiO_2$)的摩尔质量,单位为克每摩尔(g/mol)。

4.32 1-(2-吡啶偶氮)-2-萘酚(PAN)指示剂溶液(2 g/L):将0.2 g PAN溶于100 mL 95%(V/V)乙醇(C_2H_5OH)中。

4.33 甲基红指示剂溶液(2 g/L):将0.2 g甲基红溶于100 mL 95%(V/V)乙醇(C_2H_5OH)中。

4.34 磺基水杨酸钠指示剂溶液:将10 g磺基水杨酸钠($C_7H_5O_6SNa \cdot 2H_2O$)溶于水中,加水稀释至100 mL。

4.35 钙黄绿素—甲基百里香酚蓝—酚酞混合指示剂(简称CMP混合指示剂):称取1.000 g钙黄绿

素、1.000 g 甲基百里香酚蓝、0.200 g 酚酞与 50 g 已在 105 ℃烘干过的硝酸钾(KNO_3)混合研细，保存在磨口瓶中。

4.36　酸性铬蓝 K—萘酚绿 B 混合指示剂：称取 1.000 g 酸性铬蓝 K、2.500 g 萘酚绿 B 与 50 g 已在 105 ℃烘干过的硝酸钾(KNO_3)混合研细，保存在磨口瓶中。

4.37　酚酞指示剂溶液：将 1 g 酚酞溶于 100 mL 95%(V/V)乙醇(C_2H_5OH)中。

4.38　溴酚蓝指示剂溶液：将 0.2 g 溴酚蓝溶于 100 mL 乙醇(1+4)中。

5　仪器与设备

5.1　天平：不应低于四级，精确至 0.000 1 g。

5.2　银、瓷坩埚：带盖，容量 15 mL～30 mL。

5.3　铂皿：容量 50 mL～100 mL。

5.4　马弗炉：隔焰加热炉，在炉膛外围进行电阻加热。应使用温度控制器，准确控制炉温，并定期进行校验。

5.5　滤纸：无灰的快速、中速、慢速三种型号滤纸。

5.6　玻璃容量器皿：滴定管、容量瓶、移液管。

5.7　火焰光度计：带有 768 nm 和 589 nm 的干涉滤光片。

6　试样的制备

试样必须具有代表性和均匀性。取样按 GB/T 2007.1—1987 进行。由试验室样品缩分后的试样不得少于 100 g，试样通过 0.08 mm 方孔筛时的筛余不应超过 15%。再以四分法或缩分器将试样缩减至约 25 g，然后研磨至全部通过孔径为 0.08 mm 方孔筛。充分混匀后，装入试样瓶中，供分析用。其余作为原样保存备用。

7　氧化钙的测定(标准法)

7.1　方法提要

试样用含定量钙的乙酸溶液处理，使碳酸钙和硫酸钙溶解，经过滤分离后，溶液加氢氧化钾溶液使 pH 值至 13 以上，以三乙醇胺为掩蔽剂，用 CMP 混合指示剂，用 EDTA 标准滴定溶液滴定，此为碳酸钙和硫酸钙中氧化钙的含量。

7.2　分析步骤

准确称取约 0.25 g 试样(m_3)，精确至 0.000 1 g，置于 100 mL 烧杯中，加入 1 mL 乙醇(见 4.11)润湿，准确加入 10.00 mL 含钙乙酸溶液(见 4.14)。盖上表面皿，摇动烧杯，使其分散。加热沸腾 3 min，保温 2 min，立即用慢速滤纸过滤于 300 mL 烧杯中，用温水冲洗烧杯和不溶渣 4 次，洗涤至溶液总体积 40 mL～50 mL，滤液供测定氧化钙用，弃去滤纸和不溶渣。

将烧杯中的溶液以水稀释至约 250 mL，加入 5 mL 三乙醇胺(1+2)及适量的 CMP 混合指示剂(见 4.35)。在搅拌下加入氢氧化钾溶液(见 4.13)，至出现绿色荧光后再过量 5 mL～8 mL，用 EDTA 标准滴定溶液(见 4.29)滴定至绿色荧光消失并呈现红色。

随同试样做两份空白实验，取其平均值。若两份空白溶液所消耗的 EDTA 标准滴定溶液的差值大于 0.10 mL，需进行第三次空白实验。

7.3　结果表示

氧化钙的质量分数 X_{CaO} 按式(10)计算：

$$X_{CaO}=\frac{T_{CaO}\times(V_5-V_6)}{m_3\times 1\,000}\times 100=\frac{T_{CaO}\times(V_5-V_6)}{m_3\times 10} \qquad\cdots\cdots(10)$$

式中：

X_{CaO}——氧化钙的质量分数，%；

T_{CaO}——每毫升 EDTA 标准滴定溶液相当于氧化钙的毫克数，单位为毫克每毫升(mg/mL)；

V_5——滴定时消耗 EDTA 标准滴定溶液的体积，单位为毫升(mL)；

V_6——滴定随同试样所做二份空白试验消耗的 EDTA 标准滴定溶液的平均值，单位为毫升(mL)；

m_3——试料的质量，单位为克(g)。

7.4 允许差

同一试验室的允许差为：0.20%；

不同试验室的允许差为：0.25%。

8 氟化钙的测定(标准法)

8.1 方法提要

试样以氢氟酸—硫酸混合酸蒸发处理，溶解过滤后，滤液加氢氧化钾溶液使 pH 值为 13 以上，以三乙醇胺为掩蔽剂，用 CMP 混合指示剂，用 EDTA 标准滴定溶液滴定总钙量，差减氧化钙的量，计算氟化钙的质量分数。

8.2 分析步骤

准确称取约 0.5 g 试样(m_4)，精确至 0.000 1 g，置于铂皿中，加入 2 mL 硫酸(1+1)及 5 mL 氢氟酸，置于低温电炉上加热至三氧化硫白烟出现，近干时摇动铂皿，以防溅失。然后再加入 2 mL 硫酸(1+1)，重新慢慢蒸发至三氧化硫白烟基本冒尽。加入 30 mL HCl(1+1)，加热 10 min，将不溶渣用热水洗入 400 mL 烧杯中，仔细用胶头擦棒擦洗净铂皿，加水稀释至约 150 mL，然后将溶液加热煮沸 10 min～15 min，再加入 50 mL 水，加热搅拌使不溶渣溶解。稍冷后，用中速滤纸过滤于 250 mL 容量瓶中，用热水洗涤 8～10 次。冷却至室温后，加水稀释至标线，摇匀。弃去滤纸和不溶渣(不溶渣一般含有少量钡、铅的硫酸盐，可忽略不计)。此溶液供测定氟化钙、三氧化二铁(9.2)、三氧化二铝(10.2)、氧化镁(11.2)用。

吸取 25.00 mL 试验溶液，放入 400 mL 烧杯中，用水稀释至 250 mL，加入 5 mL 三乙醇胺(1+2)，及适量 CMP 混合指示剂(见 4.35)，在搅拌下加入氢氧化钾溶液(见 4.13)，至出现绿色荧光后过量 5 mL～8 mL，用 EDTA 标准滴定溶液(见 4.29)滴定至绿色荧光消失，并呈现红色。

8.3 结果表示

氟化钙的质量分数 X_{CaF_2} 按式(11)计算：

$$X_{CaF_2}=\frac{T_{CaF_2}\times V_7\times 10}{m_4\times 1\,000}\times 100-X_{CaO_2}\times 1.392\,3$$

$$=\frac{T_{CaF_2}\times V_7}{m_4}-X_{CaO}\times 1.392\,3 \qquad \cdots\cdots(11)$$

式中：

X_{CaF_2}——氟化钙的质量分数，%；

T_{CaF_2}——EDTA 标准滴定溶液对氟化钙的滴定度，单位为毫克每毫升(mg/mL)；

V_7——滴定时消耗 EDTA 标准滴定溶液的体积，单位为毫升(mL)；

m_4——试料的质量，单位为克(g)；

X_{CaO}——试样中氧化钙的质量分数(见 7.3)，%；

1.392 3——氧化钙对氟化钙的换算系数；

10——全部试验溶液与分取试验溶液的体积比。

8.4 允许差

同一试验室的允许差为：0.30%；

不同试验室的允许差为:0.40%。

9 三氧化二铁的测定(标准法)

9.1 方法提要

在pH1.8～pH2.0、温度为60 ℃～70 ℃的溶液中,以磺基水杨酸钠为指示剂,用EDTA标准滴定溶液滴定。

9.2 分析步骤

从8.2试验溶液中,吸取50.00 mL溶液放入300 mL烧杯中,加水稀释至约100 mL,用氨水(1+1)和盐酸(1+1)调节溶液pH值在1.8～2.0之间(用精密pH试纸检验)。将溶液加热至70 ℃,加10滴磺基水杨酸钠指示剂溶液(见4.34),以EDTA标准滴定溶液(见4.29)缓慢地滴定至亮黄色(终点时溶液温度应不低于60 ℃)。保留此溶液供测定三氧化二铝(10.2)用。

9.3 结果表示

三氧化二铁的质量分数 $X_{Fe_2O_3}$ 按式(12)计算:

$$X_{Fe_2O_3} = \frac{T_{Fe_2O_3} \times V_8 \times 5}{m_4 \times 1\,000} \times 100 = \frac{T_{Fe_2O_3} \times V_8 \times 0.5}{m_4} \quad \cdots\cdots\cdots\cdots(12)$$

式中:

$X_{Fe_2O_3}$——三氧化二铁的质量分数,%;

$T_{Fe_2O_3}$——每毫升EDTA标准滴定溶液相当于三氧化二铁的毫克数,单位为毫克每毫升(mg/mL);

V_8——滴定时消耗EDTA标准滴定溶液的体积,单位为毫升(mL);

m_4——8.2中试料的质量,单位为克(g);

5——全部试验溶液与分取试验溶液的体积比。

9.4 允许差

同一试验室的允许差为:0.15%;

不同试验室的允许差为:0.20%。

10 三氧化二铝的测定(标准法)

10.1 方法提要

于滴定铁后的溶液中,调整pH至3.0,在煮沸下以EDTA—Cu和PAN为指示剂,用EDTA标准滴定溶液滴定。

10.2 分析步骤

向9.2中测完铁的溶液中加水稀释至约200 mL,加入1～2滴溴酚蓝指示剂(见4.38),滴加氨水(1+1)至溶液出现蓝紫色,再滴加盐酸(1+1)至溶液出现黄色。加入15 mL pH3.0的缓冲溶液(见4.17),加热煮沸并保持1 min,加入10滴EDTA—Cu溶液(见4.16)及2～3滴PAN指示剂溶液(见4.26),用EDTA标准滴定溶液(见4.29)滴定至红色消失。继续煮沸,滴定,直至溶液经煮沸后,红色不再出现,呈稳定的亮黄色为止。

10.3 结果表示

三氧化二铝的质量分数 $X_{Al_2O_3}$ 按式(13)计算:

$$X_{Al_2O_3} = \frac{T_{Al_2O_3} \times V_9 \times 5}{m_4 \times 1\,000} \times 100 = \frac{T_{Al_2O_3} \times V_9 \times 0.5}{m_4} \quad \cdots\cdots\cdots\cdots(13)$$

式中:

$X_{Al_2O_3}$——三氧化二铝的质量分数,%;

$T_{Al_2O_3}$——每毫升EDTA标准滴定溶液相当于三氧化二铝的毫克数,单位为毫克每毫升(mg/mL);

V_9——滴定时消耗 EDTA 标准滴定溶液的体积，单位为毫升(mL)；

m_4——8.2 中试料的质量，单位为克(g)；

5——全部试验溶液与分取试验溶液的体积比。

10.4 允许差

同一试验室的允许差为：0.20%；

不同试验室的允许差为：0.25%。

11 氧化镁的测定(标准法)

11.1 方法提要

在 pH10 的溶液中，以三乙醇胺、酒石酸钾钠为掩蔽剂，用酸性铬蓝 K—萘酚绿 B 混合指示剂，以 EDTA 标准滴定溶液滴定。

11.2 分析步骤

从 8.2 试验溶液中吸取 25.00 mL 溶液放入 400 mL 烧杯中，加水稀释至约 200 mL，依次加入1 mL 酒石酸钾钠(见 4.21)和 5 mL 三乙醇胺(1+2)，搅拌。然后加入 25 mL pH10 缓冲溶液(见 4.19)及适量的酸性铬蓝 K—萘酚绿 B 混合指示剂(见 4.36)，以 EDTA 标准滴定溶液(见 4.29)滴定，近终点时应缓慢滴定至纯蓝色。

11.3 结果表示

氧化镁的质量分数 X_{MgO} 按式(14)计算：

$$X_{MgO}=\frac{T_{MgO}\times(V_{10}-V_7)\times 10}{m_4\times 1\,000}\times 100=\frac{T_{MgO}\times(V_{10}-V_7)}{m_4} \quad\cdots\cdots\cdots(14)$$

式中：

X_{MgO}——氧化镁的质量分数，%；

T_{MgO}——每毫升 EDTA 标准滴定溶液相当于氧化镁的毫克数，单位为毫克每毫升(mg/mL)；

V_7——按 8.2 测定氟化钙时消耗 EDTA 标准滴定溶液的体积，单位为毫升(mL)；

V_{10}——滴定钙、镁总量时消耗 EDTA 标准滴定溶液的体积(8.2)，单位为毫升(mL)；

m_4——8.2 中试料的质量，单位为克(g)；

10——全部试验溶液与分取试验溶液的体积比。

11.4 允许差

同一试验室的允许差为：含量<2%时，0.15%；

含量>2%时，0.20%。

不同试验室的允许差为：含量<2%时，0.25%；

含量>2%时，0.30%。

12 二氧化硅的测定(标准法)

12.1 方法提要

在有过量的氟、钾离子存在的强酸性溶液中，使硅酸形成氟硅酸钾(K_2SiF_6)沉淀。经过滤、洗涤及中和残余酸后，加沸水使氟硅酸钾沉淀水解生成等物质的量的氢氟酸。然后以酚酞为指示剂，用氢氧化钠标准滴定溶液进行滴定。

12.2 分析步骤

准确称取约 0.5 g 试样(m_5)，置于银坩埚中，加入 6 g～7 g 氢氧化钠，盖上坩埚盖并稍留缝隙。放入高温炉中，由低温升至 650 ℃～700 ℃，熔融 15 min。取出后立即用坩埚钳夹持坩埚摇动并旋转，使熔融物均匀地附着于坩埚内壁。稍冷后立即将坩埚置于 300 mL 的塑料烧杯中，加入 100 mL 沸水，盖上表面皿。待熔块完全浸出后，用热水洗净坩埚，然后在搅拌下加入 25 mL～30 mL 盐酸和 1 mL 硝酸。用热盐酸溶液(1+5)洗净坩埚和盖。溶液冷却至室温。

将溶液转移入 250 mL 容量瓶后，迅速用水稀释至标线并摇匀，立即将溶液倒入另一干燥塑料烧杯中。吸取 50.00 mL 制备的试验溶液，放入 300 mL 塑料烧杯中，加入 10 mL～15 mL 硝酸，搅拌，冷却至 30 ℃以下。然后加入 10 mL 氟化钾(见 4.23)，加入固体氯化钾(见 4.22)，仔细搅拌至饱和并有约 1 g～2 g 氯化钾析出。放置 15 min～20 min，用中速滤纸过滤，塑料杯及沉淀用氯化钾水溶液(见 4.24)洗涤 3 次。将滤纸连同沉淀取下，置于原塑料杯中，沿杯壁加入 10 mL 氯化钾—乙醇溶液(见 4.25)及 1 mL 酚酞指示剂(见 4.37)，用氢氧化钠溶液(见 4.31)中和未洗净的酸，仔细搅拌滤纸并随之擦洗杯壁直至溶液呈红色。然后加入 200 mL 沸水(煮沸并用氢氧化钠溶液中和至酚酞呈微红色)，用氢氧化钠标准滴定溶液(见 4.31)滴定至微红色。

12.3 结果表示

二氧化硅的质量分数 X_{SiO_2} 按式(15)计算：

$$X_{SiO_2}=\frac{T_{SiO_2}\times V_{11}\times 5}{m_5\times 1\ 000}\times 100=\frac{T_{SiO_2}\times V_{11}\times 0.5}{m_5} \qquad \cdots\cdots(15)$$

式中：

X_{SiO_2}——二氧化硅的质量分数，%；

T_{SiO_2}——每毫升氢氧化钠标准滴定溶液相当于二氧化硅的毫克数，单位为毫克每毫升(mg/mL)；

V_{11}——滴定时消耗氢氧化钠标准滴定溶液的体积，单位为毫升(mL)；

m_5——试料的质量，单位为克(g)；

5——全部试验溶液与分取试验溶液的体积比。

12.4 允许差

同一试验室的允许差为：0.20%；

不同试验室的允许差为：0.25%。

13 氧化钾和氧化钠的测定(标准法)

13.1 方法提要

试样经氢氟酸—硫酸蒸发处理除去硅，用热水浸取残渣，以氨水和碳酸铵分离铁、铝、钙、镁。滤液中的钾、钠用火焰光度计进行测定。

13.2 分析步骤

称取约 0.2 g 试样(m_6)，精确至 0.000 1 g，置于铂皿中，加少量水润湿，加入 5 mL～7 mL 氢氟酸和 15～20 滴硫酸(1+1)，放入通风橱内电炉上缓慢加热，蒸发至干，近干时摇动铂皿以防溅失，至白色浓烟完全逸尽后，取下冷却至室温。加入适量热水，压碎残渣使其溶解，加 1 滴甲基红指示剂溶液(见 4.33)，用氨水(1+1)中和至黄色，再加入 10 mL 碳酸铵溶液(见 4.15)，搅拌，然后放入通风橱内电炉上低温加热 20 min～30 min。用快速滤纸过滤，以热水洗涤，滤液及洗液盛于 100 mL 容量瓶中，冷却至室温。用盐酸(1+1)中和至溶液呈微红色，用水稀释至标线，摇匀。将火焰光度计调节至最佳工作状态，按仪器使用规程进行测定。在工作曲线(见 4.27.2)上分别查出每 100 mL 试验溶液中氧化钾和氧化钠的质量(m_7)和(m_8)。

13.3 结果表示

氧化钾和氧化钠的质量分数 X_{K_2O} 和 X_{Na_2O} 按式(16)和(17)计算：

$$X_{K_2O}=\frac{m_7}{m_6\times 1\ 000}\times 100=\frac{m_7\times 0.1}{m_6} \qquad \cdots\cdots(16)$$

$$X_{Na_2O}=\frac{m_8}{m_6\times 1\ 000}\times 100=\frac{m_8\times 0.1}{m_6} \qquad \cdots\cdots(17)$$

式中：

X_{K_2O}——氧化钾的质量分数，%；

X_{Na_2O}——氧化钠的质量分数，%；

m_6——试料的质量，单位为克(g)；

m_7——100 mL 测定溶液中氧化钾的质量，单位为毫克(mg)；

m_8——100 mL 测定溶液中氧化钠的质量，单位为毫克(mg)。

13.4 允许差

同一试验室的允许差为：氧化钾与氧化钠均为 0.10%；

不同试验室的允许差为：氧化钾与氧化钠均为 0.15%。

14 氟化钙的测定(代用法)

14.1 方法提要

试样用含钙乙酸溶液处理，使碳酸钙和硫酸钙溶解，经过滤分离后，不溶渣用盐酸—硼酸—硫酸混合酸溶解，过滤后，加氢氧化钾溶液使 pH 值至 13 以上，以三乙醇胺为掩蔽剂，用 CMP 混合指示剂，用 EDTA 标准滴定溶液滴定。

14.2 分析步骤

准确称取 0.25 g 试样(m_9)，放入 300 mL 烧杯中，加入 1 mL 乙醇(见 4.11)润湿，加入 10 mL 含钙乙酸溶液(见 4.14)。盖上表面皿，摇动烧杯，使其分散。加热沸腾 3 min，保温 2 min，立即用慢速滤纸过滤于 300 mL 烧杯中，用温水冲洗烧杯和不溶渣 4 次，洗涤至溶液总体积为 40 mL～50 mL，弃去滤液。

将滤纸和不溶渣放入原烧杯中，用水冲洗烧杯壁后，加入 50 mL 混合酸(见 4.26)，盖上表面皿加热至微沸 30 min(每隔 5 min 摇动一次)。取下，用水冲洗表面皿和杯壁，并稀释至 100 mL，继续加热至微沸后，用中速滤纸过滤于 250 mL 容量瓶中，用热水洗涤 8～10 次，冷至室温，加水稀释至标线，摇匀。

吸取 50.00 mL 试验溶液，放入 400 mL 烧杯中，用水稀释至 250 mL。加 5 mL 三乙醇胺(1+2)及适量 CMP 混合指示剂(见 4.35)，在搅拌下加入氢氧化钾溶液(见 4.13)，至出现绿色荧光后过量 5 mL～8 mL，用 EDTA 标准滴定溶液(见 4.29)滴定至绿色荧光消失，并呈现红色。

14.3 结果表示

氟化钙的质量分数 X_{CaF_2} 按式(18)计算：

$$X_{CaF_2}=\frac{T_{CaF_2}\times V_{12}\times 5}{m_9\times 1\,000}\times 100=\frac{T_{CaF_2}\times V_{12}\times 0.5}{m_9} \quad \cdots\cdots(18)$$

式中：

X_{CaF_2}——氟化钙的质量分数，%；

T_{CaF_2}——EDTA 标准滴定溶液对氟化钙的滴定度，单位为毫克每毫升(mg/mL)；

V_{12}——滴定时消耗 EDTA 标准滴定溶液的体积，单位为毫升(mL)；

m_9——试料的质量，单位为克(g)；

5——全部试验溶液与分取试验溶液的体积比。

14.4 允许差

同一试验室的允许差为：0.30%；

不同试验室的允许差为：0.40%。

附　录　A
（资料性附录）
烧失量的测定

A.1　方法提要

试样中所含水分、碳酸盐及其他易挥发性物质，经高温灼烧即分解逸出，灼烧所减少的质量占试料的质量百分数即为烧失量。

A.2　分析步骤

准确称取约 1 g 试样(m_1)，精确至 0.000 1 g，置于已灼烧恒量的瓷坩埚中，将盖斜置于坩埚上。放在马弗炉内，从低温开始逐渐升高温度，在 800 ℃下灼烧 1 h，取出，置于干燥器中冷却至室温后，称量。

A.3　结果表示

烧失量的质量百分数 X_{LOI} 按式(A1)计算：

$$X_{LOI}=\frac{m_1-m_2}{m_1}\times 100 \qquad \cdots\cdots(A1)$$

式中：

X_{LOI}——烧失量的质量百分数，%；

m_1——试料的质量，单位为克(g)；

m_2——灼烧后试料的质量，单位为克(g)。

A.4　允许差

同一试验室的允许差为：0.20%。

ICS
Q
备案号：17601—2006

中华人民共和国建材行业标准

JC/T 1005—2006

水泥黑生料发热量测定方法

Determination of calorific value of cement black raw meal

2006-05-06 发布　　2006-10-01 实施

中华人民共和国国家发展和改革委员会　发布

前言

本标准是根据我国立窑水泥生产的需要、合理利用煤炭资源和保护环境质量的基础上提出的。

本标准由中国建筑材料工业协会提出。

本标准由全国水泥标准化技术委员会(SAC/TC 184)归口。

本标准负责起草单位:中国建筑材料科学研究院。

本标准参加起草单位:长沙开元仪器有限公司。

本标准主要起草人:张玉昌、倪竹君、崔恩书、郑朝华、罗华东。

本标准为首次发布。

水泥黑生料发热量测定方法

1 范围

本标准规定了水泥黑生料发热量的两种测定方法。

本标准方法A(酸处理法)和方法B(包纸法)适用于水泥黑生料发热量的测定。其中,方法B仅限于水泥黑生料中的原材料和配料方案比较稳定的生产企业使用。

2 规范性引用文件

下列文件中的条款通过本标准的引用而成为本标准的条款。凡是注日期的引用文件,其随后所有的修改单(不包括勘误的内容)或修订版均不适用于本标准,然而,鼓励根据本标准达成协议的各方研究是否可使用这些文件的最新版本。凡是不注日期的引用文件,其最新版本适用于本标准。

GB/T 483 煤炭分析试验方法一般规定

GB/T 6682 分析实验室用水规格和试验方法

3 术语和定义

下列术语和定义适用于本标准。

3.1

弹筒发热量 bomb calorific value

单位质量的试样在充有过量氧气的氧弹内燃烧,其燃烧产物组成为氧气、氮气、二氧化碳、硝酸和硫酸、液态水以及固态灰时放出的热量称为弹筒发热量。测定结果以兆焦每千克(MJ/kg)或焦耳每克(J/g)表示。

3.2

恒容高位发热量 gross calorific value at constant volume

单位质量的试样在充有过量氧气的氧弹内燃烧,其燃烧产物组成为氧气、氮气、二氧化碳、二氧化硫、液态水以及固态灰时放出的热量。测定结果以兆焦每千克(MJ/kg)或焦耳每克(J/g)表示。

恒容高位发热量即由弹筒发热量减去硝酸生成热和硫酸校正热后得到的发热量。

4 仪器

发热量测定仪是由氧弹、内筒、外筒、搅拌器、温度传感器、试样点火装置、温度测量和控制系统以及水构成。发热量测定仪恒温筒结构示意图见图1。

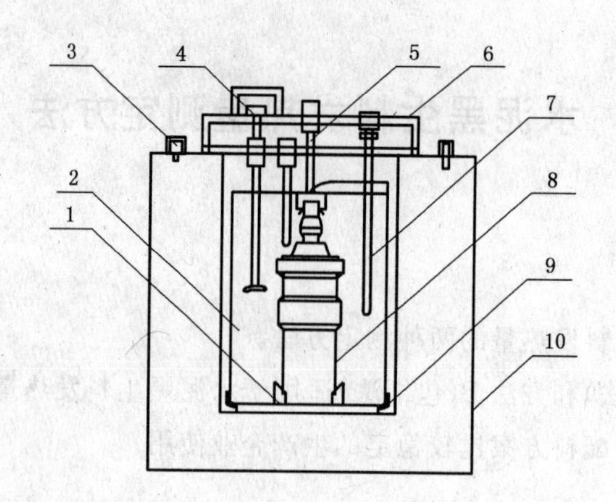

1——氧弹支架；

2——内筒；

3——进出水孔；

4——搅拌电机；

5——点火电极；

6——翻盖；

7——探头；

8——氧弹；

9——内桶支架；

10——外筒。

图 1

5 试剂和材料

5.1 氧气 99.5%纯度，不含可燃成分，不应使用电解氧。

5.2 苯甲酸 基准量热物质，经计量机关检定，并标明标准热值。

5.3 盐酸(1+4)。

5.4 氢氧化钠标准滴定溶液 $c(NaOH)\approx 0.1$ mol/L。

称取氢氧化钠 4 g，溶解于 1 000 mL 经煮沸冷却后的水中，混合均匀，装入塑料瓶中。用苯二甲酸氢钾基准试剂进行标定。

5.5 甲基红指示剂 2 g/L。

称取 0.2 g 甲基红，溶解于 100 mL 乙醇中。

5.6 抽滤瓶 500 mL。

5.7 点火丝 直径 0.1 mm 左右的镍铬丝或其他已知热值的金属丝或棉线，如使用棉线，应使用粗细均匀，不涂腊的白棉线。

5.8 慢速定量滤纸 使用前先测出燃烧热，准确称取滤纸约 1 g，精确至 0.1 mg。团紧，放入燃烧皿中，按常规方法测定发热量。取 3 次结果的平均值作为滤纸热值。

5.9 所用试剂不低于分析纯，所用水符合 GB/T 6682 中规定的三级水要求。

6 方法 A(酸处理法)

6.1 方法提要

用稀酸将黑生料处理后，经过滤、烘干，进行发热量测定。

6.2 测定步骤

准确称取试样 1.4 g～1.6 g，精确至 0.1 mg，置于 300 mL 烧杯中，加水润湿试样。加入 25 mL 盐酸(见 5.3)，盖上表面皿，加热微沸 1 min～2 min。取下稍冷后，用一张慢速定量滤纸(见 5.8)以抽气法过滤,用热水洗涤至无氯离子为止。将沉淀及滤纸取出,放入烘箱中烘干,取出后放入燃烧皿中。然后可按恒温式或绝热式发热量测定仪法要求分别进行。

6.3 恒温式发热量测定仪法

6.3.1 取一段已知质量的点火丝,把两端分别接在两个电极柱上,弯曲点火丝接近试样,注意与试样保持良好接触。

往氧弹中加入 10 mL 蒸馏水。小心拧紧氧弹盖,往氧弹中缓缓充入氧气,直到压力到 2.8 MPa～3.0 MPa,充氧时间不得少于 15 s,当钢瓶中氧气压力降到 5.0 MPa 以下时,充氧时间应酌量延长,压力降到 4.0 MPa 以下时,应更换新的钢瓶氧气。

6.3.2 水量用称量法测定。如用容量法,则需对温度变化进行补正。

6.3.3 把氧弹放入装好水的内筒中,然后接上点火电极插头,装上搅拌器和量热温度计,并盖上外筒的盖子。靠近量热温度计的露出水银柱的部位,应另悬一支普通温度计,用以测定露出柱的温度。

6.3.4 开动搅拌器,5 min 后开始计时和读取内筒温度(t_0)并立即通电点火。随后记下外筒温度(t_j)和露出柱温度(t_e)。外筒温度至少读到 0.05 K,内筒温度借助放大镜读到 0.001 K。读取温度时,视线、放大镜中线和水银柱顶端应位于同一水平上,以免视差对读数的影响。每次读数前,应开动振荡器振动 3 s～5 s。

6.3.5 观察内筒温度,如在 30 s 内温度急剧上升,则表明点火成功。点火后 1′40″读取一次内筒温度($t_{1'40''}$),读到 0.01 K 即可。

6.3.6 接近终点时,开始按 1 min 间隔读取内筒温度。读温前开动振荡器,读准到 0.001 K。以第一个下降温度作为终点温度(t_n)。试验主阶段至此结束。

6.3.7 停止搅拌,取出内筒和氧弹,开启放气阀,放出燃烧废气。打开氧弹,用蒸馏水充分冲洗氧弹内各部分、放气阀,燃烧皿内外和燃烧残渣。把全部洗液收集在一个烧杯中供测硫使用。

6.4 绝热式发热量测定仪法

6.4.1 按本标准 6.3.1 步骤准备氧弹。

6.4.2 按本标准 6.3.2 步骤称出内筒中所需的水。

6.4.3 按本标准 6.3.3 步骤安放内筒、氧弹、搅拌器和温度计。

6.4.4 开动搅拌器和外筒循环水泵,开通外筒冷却水和加热器。当内筒温度趋于稳定后,调节冷却水流速,使外筒加热器每分钟自动接通 3 次～5 次。

调好冷却水后,开始读取内筒温度,借助放大镜读到 0.001 K,每次读数前,开动振荡器振动 3 s～5 s。当以 1 min 为间隔连续 3 次读数极差不超过 0.001 K,即可通电点火,此时温度即为点火温度 t_0。否则调节电桥平衡钮,直到内筒温度达到稳定,再行点火。

点火后 6 min～7 min,再以 1 min 间隔读取内筒温度,直到续 3 次读数极差不超过 0.001 K 为止。取最高的一次读数为终点温度 t_n。

6.4.5 关闭搅拌器和加热器,然后按本标准 6.3.7 步骤结束试验。

6.5 自动发热量测定仪法

6.5.1 按本标准 6.3.1 步骤准备氧弹。

6.5.2 按仪器操作说明书进行其余步骤的试验,然后按本标准 6.3.7 步骤结束试验。

6.5.3 试验结果弹筒发热量 $Q_{b,ad}$ 可直接打印或显示。

6.6 测定结果的计算

6.6.1 空气干燥试样的弹筒发热量 $Q_{b,ad}$ 按式(1)式计算:

$$Q_{b,ad}=\frac{EH[(t_n+h_n)-(t_0+h_0)+C]-(q_1+q_2)}{m} \qquad \cdots\cdots(1)$$

式中:

$Q_{b,ad}$——空气干燥试样的弹筒发热量,单位为焦耳每克(J/g);

E——发热量测定仪的热容量,单位为焦耳每开尔文(J/K);

H——贝克曼温度计的平均分度值;使用数字显示温度计时,$H=1$;

h_n——t_n 的毛细孔径修正值,使用数字显示温度计时,$h_n=0$。

h_0——t_0 的毛细孔径修正值,使用数字显示温度计时,$h_0=0$;

C——冷却校正值,单位为开尔文(K),(注:绝热式发热量测定仪:$C=0$);

q_1——点火热,单位为焦耳(J);

q_2——如包纸等产生的总热量,单位为焦耳(J);

m——试样质量,单位为克(g)。

注:绝热式发热量测定仪:$C=0$

6.6.2 空气干燥试样的恒容高位发热量 $Q_{gr,ad}$ 按式(2)计算:

$$Q_{gr,ad}=Q_{b,ad}-(94.1S_{b,ad}+\alpha Q_{b,ad}) \quad \cdots\cdots(2)$$

式中:

$Q_{gr,ad}$——空气干燥试样的恒容高位发热量,单位为焦耳每克(J/g);

$Q_{b,ad}$——空气干燥试样的弹筒发热量,单位为焦耳每克(J/g);

$S_{b,ad}$——由弹筒洗液测得的试样的含硫量,单位为百分数(%);

94.1——空气干燥试样中每 1.00%硫的校正值,单位为焦耳(J);

α——硝酸生成热校正系数,$\alpha=0.0010$。

在需要测定弹筒洗液(见 6.3.7)中硫 $S_{b,ad}$ 的情况下,把洗液煮沸 2 min~3 min,取下稍冷后,以甲基红(见 5.5)为指示剂,用氢氧化钠标准滴定溶液(见 5.4)滴定,以求出洗液中的总酸量,然后按式(3)计算出弹筒洗液硫 $S_{b,ad}$(%):

$$S_{b,ad}=(c\times V/m-\alpha Q_{b,ad}/60)\times 1.6 \quad \cdots\cdots(3)$$

式中:

c——氢氧化钠标准滴定溶液的物质的量的浓度,单位为摩尔每升(mol/L);

V——滴定用去的氢氧化钠标准滴定溶液体积,单位为毫升(mL);

60——相当 1 mmol 硝酸的生成热,单位为焦耳(J);

m——称取的试样质量,单位为克(g);

1.6——(1/2 H_2SO_4)对硫的换算系数。

6.7 结果的表述

弹筒发热量和高位发热量的结果计算到 1 J/g,取高位发热量的两次重复测定的平均值,按 GB/T 483 数字修约规则修约到最接近的 10 J/g 的倍数,按 J/g 或 MJ/kg 的形式报出。

6.8 方法的精密度

发热量测定的重复性和再现性见表 1。

表 1

高位发热量 $Q_{gr,M}$(折算到同一水分基)/(J/g)	重复性	再现性
	100	130

6.9 基准的换算

干燥基试样的恒容高位发热量按式(4)换算:

$$Q_{gr,d}=Q_{gr,ad}\times\frac{100}{100-M_{ad}} \quad \cdots\cdots(4)$$

式中:

$Q_{gr,d}$——干燥基试样的恒容高位发热量,单位为焦耳每克(J/g);

M_{ad}——空气干燥基试样的水分,单位为百分数(%)。

7 方法B(包纸法)

7.1 方法提要

用已知热量的滤纸将黑生料包住,直接测定发热量。

7.2 测定步骤

准确称取试样1.9 g～2.1 g,精确至0.1 mg,置于一张慢速定量滤纸(见5.8)上,用纸将试样团紧,将包着试样的纸团放入燃烧皿中。下面操作步骤按本标准6.3、6.4、6.5要求进行。

7.3 测定结果的计算

7.3.1 空气干燥试样的弹筒发热量 $Q_{b,ad}$ 按本标准6.6.1中式(1)计算:

7.3.2 弹筒发热量的修正

空气干燥试样的弹筒发热量 $Q_{b,ad}$(修正)按式(5)计算:

$$Q_{b,ad}(\text{修正}) = K \times Q_{b,ad} \quad \cdots\cdots(5)$$

修正系数按式(6)计算:

$$K = Q_{b,ad}(A)/Q_{b,ad}(B) \quad \cdots\cdots(6)$$

式中:

$Q_{b,ad}$(修正)——用方法B所得空气干燥试样弹筒发热量的修正值,单位为焦耳每克(J/g);

K——修正系数;

$Q_{b,ad}(A)$——同一试样用方法A所得空气干燥试样的弹筒发热量,单位为焦耳每克(J/g);

$Q_{b,ad}(B)$——同一试样用方法B所得空气干燥试样的弹筒发热量,单位为焦耳每克(J/g)。

7.3.3 空气干燥试样的恒容高位发热量 $Q_{gr,ad}$ 按本标准6.6.2中式(2)计算:

7.3.4 高位发热量的修正

空气干燥试样的恒容高位发热量 $Q_{gr,ad}$(修正)按式(7)计算:

$$Q_{gr,ad}(\text{修正}) = K \times Q_{gr,ad} \quad \cdots\cdots(7)$$

式中:

$Q_{gr,ad}$(修正)——用方法B所得空气干燥试样的恒容高位发热量的修正值,单位为焦耳每克(J/g)。

7.4 结果的表述

弹筒发热量和高位发热量的结果计算到1 J/g,取高位发热量的两次重复测定的平均值,按GB/T 483数字修约规则修约到最接近的10 J/g的倍数,按J/g或MJ/kg的形式报出。

7.5 方法的精密度

发热量测定的重复性和再现性见表2。

表2

	重复性	再现性
高位发热量 $Q_{gr,M}$(折算到同一水分基)/(J/g)	120	150

ICS
Q
备案号：24200—2008

中华人民共和国建材行业标准

JC/T 1083—2008

水泥与减水剂相容性试验方法

Test method for compatibility of cement and water-reducing agent

2008-06-16 发布

2008-12-01 实施

中华人民共和国国家发展和改革委员会　　发布

前　言

本标准附录 A 为规范性附录。

本标准由中国建筑材料联合会提出。

本标准由全国水泥标准化技术委员会(SAC/TC 184)归口。

本标准主要起草单位:中国建筑材料科学研究总院。

本标准参加起草单位:天津市雍阳减水剂厂、河北科析仪器设备有限公司、烟台山水水泥有限公司、厦门市路桥建材公司海沧分公司。

本标准起草人:肖忠明、郭俊萍、张文和、苑立平。

本标准为首次发布。

水泥与减水剂相容性试验方法

1 范围

本标准规定了水泥与减水剂相容性试验方法的术语和定义、方法原理、实验室和设备、水泥浆体的组成、试验步骤、数据处理、结果表示、试验报告。

本标准适用于评价水泥与减水剂的相容性。

2 规范性引用文件

下列文件中的条款通过本标准的引用而成为本标准的条款。凡是注日期的引用文件，其随后所有的修改单(不包括勘误的内容)或修订版均不适用于本标准，然而，鼓励根据本标准达成协议的各方研究是否可使用这些文件的最新版本。凡是不注日期的引用文件，其最新版本适用于本标准。

GB/T 8077 混凝土外加剂匀质性试验方法

JC/T 729 水泥净浆搅拌机

3 术语和定义

下列术语和定义适用于本标准。

3.1

水泥与减水剂相容性 compatibility of cement and water-reducing agent

使用相同减水剂或水泥时，由于水泥或减水剂的质量而引起水泥浆体流动性、经时损失的变化程度以及获得相同的流动性减水剂用量的变化程度。

3.2

基准减水剂 control water-reducing agent

用于评价水泥与减水剂相容性的减水剂。

3.3

初始 Marsh(马歇尔)时间(T_{in}) initial Marsh time

新拌水泥浆体通过 Marsh 筒注满 200 mL 烧杯所用时间。

3.4

60 min Marsh(马歇尔)时间(T_{60}) Marsh time in 60 min

将水泥浆体放置 60 min 后，重新搅拌后注满 200 mL 烧杯所用时间。

3.5

初始流动度(F_{in}) initial fluidity

固定量的新拌水泥浆体的最大扩展直径。

3.6

60 min 流动度(F_{60}) fluidity in 60 min

将水泥浆体放置 60 min 后，重新搅拌后所测定的最大扩展直径。

3.7

减水剂饱和掺量点(简称饱和掺量点) saturation point of water-reducing agent

当 Marsh 时间不再随减水剂掺量的增加而明显减少时或浆体流动度不再随减水剂掺量的增加而明显增加时所对应的减水剂掺量。

3.8

流动性经时损失率(简称经时损失率,*FL*) loss rate of fluidity as time

经 60 min 后,水泥浆体流动性的损失比率。

4 方法原理

4.1 马歇尔法(简称 Marsh 筒法,标准法)

Marsh 筒为下带圆管的锥形漏斗,最早用于测定钻井泥浆液的流动性,后由加拿大 Sherbrooke 大学提出用于测定添加减水剂水泥浆体的流动性,以评价水泥与减水剂适应性。具体方法为让注入漏斗中的水泥浆体自由流下,记录注满 200 mL 容量筒的时间,即 Marsh 时间,此时间的长短反映了水泥浆体的流动性。

4.2 净浆流动度法(代用法)

将制备好的水泥浆体装入一定容量的圆模后,稳定提起圆模,使浆体在重力作用下在玻璃板上自由扩展,稳定后的直径即流动度,流动度的大小反映了水泥浆体的流动性。

4.3 当有争议时,以标准法为准。

5 实验室和设备

5.1 实验室

实验室的温度应保持在 20 ℃±2 ℃,相对湿度应不低于 50%。

5.2 设备

5.2.1 水泥净浆搅拌机 符合 JC/T 729 的要求,配备 6 只搅拌锅。

5.2.2 圆模 圆模的上口直径 36 mm、下口直径 60 mm、高度 60 mm,内壁光滑无暗缝的金属制品。

5.2.3 玻璃板 ϕ400 mm×5 mm。

5.2.4 刮刀。

5.2.5 卡尺 量程 300 mm,分度值 1 mm。

5.2.6 秒表 分度值 0.1 s。

5.2.7 天平 量程 100 g,分度值 0.01 g;量程 1 000 g,分度值 1 g。

5.2.8 烧杯 400 mL。

5.2.9 Marsh 筒 直管部分由不锈钢材料制成,锥形漏斗部分由不锈钢或由表面光滑的耐锈蚀材料制成,机械要求见图 1 所示。

5.2.10 量筒 250 mL,分度值 1 mL。

6 水泥浆体的组成

6.1 水泥

试验前,应将水泥过 0.9 mm 方孔筛并混合均匀。当试验水泥从取样至试验要保持 24 h 以上时,应将水泥贮存在气密的容器中,该容器材料不应与水泥起反应。

6.2 水

洁净的饮用水。

6.3 基准减水剂

应符合附录 A 的规定。当试验者自行选择基准减水剂时,应保证减水剂的质量稳定、均匀。

6.4 水泥、水、减水剂和试验用具的温度与试验室温度一致。

单位为毫米

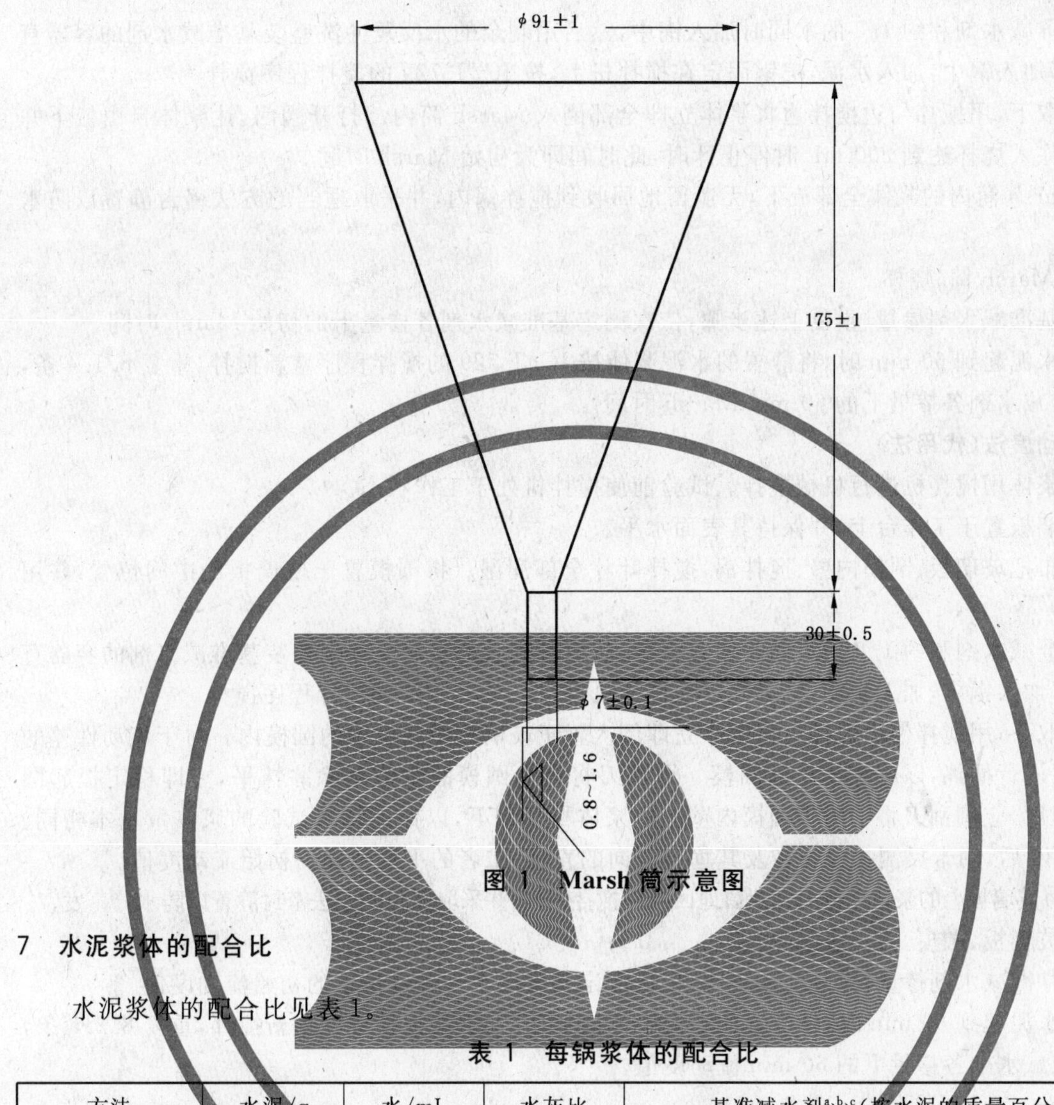

图1 Marsh 筒示意图

7 水泥浆体的配合比

水泥浆体的配合比见表1。

表1 每锅浆体的配合比

方法	水泥/g	水/mL	水灰比	基准减水剂[a,b,c](按水泥的质量百分比)/%
Marsh 筒法	500±2	175±1	0.35	0.4 0.6 0.8
流动度法	500±2	145±1	0.29	1.0 1.2 1.4

a 可以购买附录A所规定的基准减水剂,也可以由试验者自行选择。

b 根据水泥和减水剂的实际情况,可以增加或减少基准减水剂的掺量点。

c 减水剂掺量按固态粉剂计算。当使用液态减水剂时,应按减水剂含固量折算为固态粉剂含量,同时在加水量中减去液态减水剂的含水量。

8 试验步骤

8.1 Marsh 筒法(标准法)

8.1.1 每锅浆体用搅拌机进行机械搅拌。试验前使搅拌机处于工作状态。

8.1.2 用湿布将 Marsh 筒、烧杯、搅拌锅、搅拌叶片全部润湿。将烧杯置于 Marsh 筒下料口的下面中间位置，并用湿布覆盖。

8.1.3 将基准减水剂和约 1/2 的水同时加入锅中，然后用剩余的水反复冲洗盛装基准减水剂的容器直至干净并全部加入锅中，加入水泥，把锅固定在搅拌机上，按 JC/T 729 的搅拌程序搅拌。

8.1.4 将锅取下，用搅拌勺边搅拌边将浆体立即全部倒入 Marsh 筒内。打开阀门，让浆体自由流下并计时，当浆体注入烧杯达到 200 mL 时停止计时，此时间即为初始 Marsh 时间。

8.1.5 让 Marsh 筒内的浆体全部流下，无遗留地回收到搅拌锅内，并采取适当的方法密封静置以防水分蒸发。

8.1.6 清洁 Marsh 筒、烧杯。

8.1.7 调整基准减水剂掺量，重复上述步骤，依次测定基准减水剂各掺量下的初始 Marsh 时间。

8.1.8 自加水泥起到 60 min 时，将静置的水泥浆体按 JC/T 729 的搅拌程序重新搅拌，重复 8.1.4 条，依次测定基准减水剂各掺量下的 60 min Marsh 时间。

8.2 净浆流动度法（代用法）

8.2.1 每锅浆体用搅拌机进行机械搅拌。试验前使搅拌机处于工作状态。

8.2.2 将玻璃板置于工作台上，并保持其表面水平。

8.2.3 用湿布把玻璃板、圆模内壁、搅拌锅、搅拌叶片全部润湿。将圆模置于玻璃板的中间位置，并用湿布覆盖。

8.2.4 将基准减水剂和约 1/2 的水同时加入锅中，然后用剩余的水反复冲洗盛装基准减水剂的容器直至干净并全部加入锅中，加入水泥，把锅固定在搅拌机上，按 JC/T 729 的搅拌程序搅拌。

8.2.5 将锅取下，用搅拌勺边搅拌边将浆体立即倒入置于玻璃板中间位置的圆模内。对于流动性差的浆体要用刮刀进行插捣，以使浆体充满圆模。用刮刀将高出圆模的浆体刮除并抹平，立即稳定提起圆模。圆模提起后，应用刮刀将粘附于圆模内壁上的浆体尽量刮下，以保证每次试验的浆体量基本相同。提取圆模 1 min 后，用卡尺测量最长径及其垂直方向的直径，二者的平均值即为初始流动度值。

8.2.6 快速将玻璃板上的浆体用刮刀无遗留地回收到搅拌锅内，并采取适当的方法密封静置以防水分蒸发。

8.2.7 清洁玻璃板、圆模。

8.2.8 调整基准减水剂掺量，重复上述步骤，依次测定基准减水剂各掺量下的初始流动度值。

8.2.9 自加水泥起到 60 min 时，将静置的水泥浆体按 JC/T 729 的搅拌程序重新搅拌，重复 8.2.5 条，依次测定基准减水剂各掺量下的 60 min 流动度值。

9 数据处理

9.1 经时损失率的计算

经时损失率用初始流动度或 Marsh 时间与 60 min 流动度或 Marsh 时间的相对差值表示，即

$$FL = \frac{T_{60} - T_{in}}{T_{in}} \times 100 \qquad \cdots\cdots(1)$$

或

$$FL = \frac{F_{in} - F_{60}}{T_{in}} \times 100 \qquad \cdots\cdots(2)$$

式中：

FL——经时损失率，单位为百分数（%）；

T_{in}——初始 Marsh 时间，单位为秒（s）；

T_{60}——60 min Marsh 时间，单位为秒（s）；

F_{in}——初始流动度，单位为毫米（mm）；

F_{60}——60 min 流动度，单位为毫米（mm）。

结果保留到小数点后一位。

9.2　饱和掺量点的确定

以减水剂掺量为横坐标、净浆流动度或 Marsh 时间为纵坐标做曲线图，然后做两直线段曲线的趋势线，两趋势线的交点的横坐标即为饱和掺量点。处理方法示例于图 2。

减水剂掺量与 Marsh 时间的关系

Marsh 时间，s

50
45
40
35
30
25
20
15
10

0.4　0.6　0.8　1　1.2

减水剂掺量，%

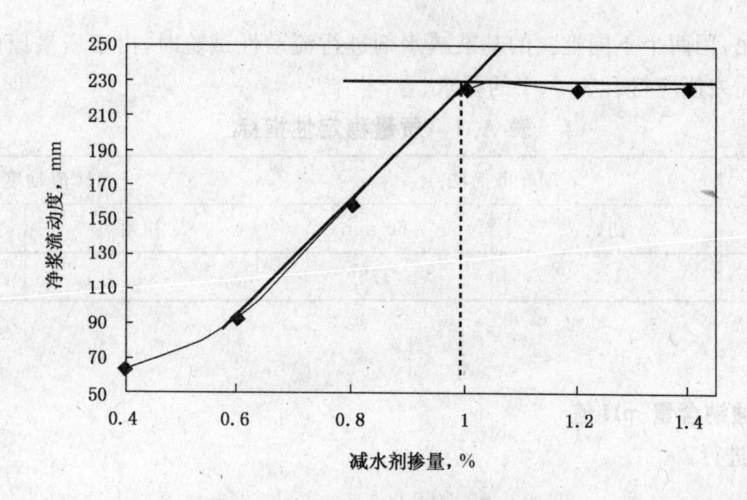

图 2　饱和掺量点确定示意图

10　结果表示

水泥与减水剂相容性用下列参数表示：

——饱和掺量点；

——基准减水剂 0.8% 掺量时的初始 Marsh 时间或流动度；

——基准减水剂 0.8% 掺量时的经时损失率。

11　试验报告

试验报告宜给出如下信息：

——水泥品种、生产单位、生产批号；

——基准减水剂信息；

——试验方法；

——饱和掺量点；

——基准减水剂 0.8% 掺量下的初始 Marsh 时间或流动度；

——基准减水剂 0.8% 掺量时的经时损失率。

附 录 A
（规范性附录）
水泥与减水剂相容性试验用基准减水剂技术条件

A.1 总则

基准减水剂是检验水泥与减水剂相容性的基准材料，本标准推荐由符合下列品质指标和质量稳定性指标制备而成的萘系减水剂。

A.2 品质指标

A.2.1 含固量：92.5%±0.5%。
A.2.2 硫酸钠：15.8%±0.5%。
A.2.3 pH 值：8.7±0.5。

A.3 质量稳定性指标

当采用任一水泥，用两个不同批次的基准减水剂进行流动性试验时，由于质量原因造成的基准减水剂各掺量点的流动性差值应符合表 A.1 的要求。

表 A.1 质量稳定性指标

项 目	Marsh 筒法/s		净浆流动度法/mm	
	初始	60 min	初始	60 min
最大差值	1.5	1.5	4	4

A.4 试验方法

A.4.1 含固量、硫酸钠含量、pH 值

按 GB/T 8077 进行。

A.4.2 质量稳定性

按本标准正文进行。用 0.8%的减水剂掺量进行试验。试验前，应将水泥混合均匀。

ICS
Q
备案号:24201—2008

中华人民共和国建材行业标准

JC/T 1084—2008

中国ISO标准砂化学分析方法

Methods for chemical analysis of China ISO standard sand

2008-06-16 发布 2008-12-01 实施

中华人民共和国国家发展和改革委员会 发布

前 言

本标准参考ISO 680:1990《水泥试验—化学分析方法》标准。

本标准由中国建筑材料联合会提出。

本标准由全国水泥标准化技术委员会(SAC/TC 184)归口。

本标准起草单位:中国建筑材料科学研究总院,厦门艾思欧标准砂有限公司。

本标准主要起草人:刘文长、倪竹君、黄小楼、崔健、张亚珍、温玉刚。

本标准为首次发布。

中国 ISO 标准砂化学分析方法

1 范围

本标准规定了中国 ISO 标准砂化学分析方法的基本要求、试剂和材料、仪器与设备、试样的制备、烧失量的测定等。

本标准适用于中国 ISO 标准砂。

2 规范性引用标准

下列文件中的条款通过本标准的引用而成为本标准的条款。凡是注日期的引用文件，其随后所有的修改单(不包括勘误的内容)或修订版均不适用于本标准，然而，鼓励根据本标准达成协议的各方研究是否可使用这些文件的最新版本。凡是不注日期的引用文件，其最新版本适用于本标准。

GB/T 6682　分析试验室用水规格和试验方法

3 基本要求

3.1 试验次数与要求

每项测定的试验次数规定为两次，用两次试验平均值表示测定结果。

在进行化学分析时，除另有说明外，必须同时做烧失量的测定。其他各项测定应同时进行空白试验，并对所测结果加以校正。

3.2 质量、体积、体积比、滴定度和结果的表示

用"克"(g)表示质量，精确至 0.000 1 g；滴定管体积用"毫升"(mL)表示，精确至 0.05 mL；滴定度单位用"毫克/毫升"(mg/mL)表示；滴定度和体积比经修约后保留有效数字四位。各项分析结果均以质量分数计，附着氯离子数值以%表示至小数点后四位，其他成分数值以%表示至小数点后二位。

3.3 允许差

本标准所列允许差均为绝对偏差。

同一试验室的允许差是指：同一试验室同一分析人员(或两个分析人员)，采用本标准方法分析同一试样时，两次分析结果应符合本标准相关的允许差规定。如超出允许范围，应在短时间内进行第三次测定(或第三者的测定)，测定结果与前两次或任一次分析结果之差值符合本标准相关允许差的规定时，则取其平均值。否则，应查找原因，重新进行试验。

不同试验室的允许差是指：不同试验室采用本标准方法对同一试样各自进行分析时，所得分析结果的允许差应符合本标准相关的允许差规定。

3.4 灼烧

将滤纸和沉淀放入预先已灼烧并恒量的坩埚中，烘干。在氧化性气氛中慢慢灰化，不得有火焰产生，灰化至无黑色颗粒后，放入高温炉中，在规定的温度下灼烧。在干燥器中冷却至室温，称量。

3.5 恒量

经第一次灼烧、冷却、称量后，通过连续对每次 15 min 的灼烧，然后冷却、称量的方法来检查恒定的质量，当连续两次称量之差小于 0.000 5 g 时，即达到恒量。

3.6 空白试验

使用相同量的试剂，不加入试样，按照相同的测定步骤进行试验，对得到的测定结果进行校正。

4 试剂和材料

分析过程中，所用水符合 GB/T 6682 规定的三级水要求；所有试剂应为分析纯或优级纯试剂；用于

标定与配制标准溶液的试剂，除另有说明外应为基准试剂。在化学分析中，所用酸或氨水，凡未注明浓度者均指市售的浓酸或氨水。用体积比表示试剂稀释程度，例如：盐酸（1+2）表示1份体积的浓盐酸与2份体积的水相混合。

除另有说明外，%表示“质量分数”。本标准使用的市售浓液体试剂具有下列密度（ρ），单位为克每立方厘米（g/cm^3）。

4.1 盐酸（HCl）

密度（ρ）1.18 g/cm^3～1.19 g/cm^3，质量分数36%～38%。

4.2 氢氟酸（HF）

密度（ρ）1.13 g/cm^3，质量分数40%。

4.3 硝酸（HNO_3）

密度（ρ）1.39 g/cm^3～1.41 g/cm^3，质量分数65%～68%。

4.4 硫酸（H_2SO_4）

密度（ρ）1.84 g/cm^3，质量分数95%～98%。

4.5 冰乙酸（CH_3COOH）

密度（ρ）1.049 g/cm^3，质量分数99.8%。

4.6 氨水（$NH_3 \cdot H_2O$）

密度（ρ）0.90 g/cm^3～0.91 g/cm^3，质量分数25%～28%。

4.7 乙醇（C_2H_5OH）

体积分数95%或无水乙醇。

4.8 盐酸（1+1）；（1+2）；（1+5）

4.9 硫酸（1+1）；（1+4）

4.10 氨水（1+1）；（1+2）

4.11 氢氧化钾溶液（200 g/L）

将200 g氢氧化钾溶于水中，加水稀释至1 L。贮存于塑料瓶中。

4.12 硝酸银溶液（5 g/L）

将5 g硝酸银溶于水中，加10 mL硝酸（4.3），用水稀释至1 L。

4.13 焦硫酸钾（$K_2S_2O_7$）

将市售焦硫酸钾在瓷蒸发皿中于电炉上加热熔化，待气泡停止发生后，冷却、敲碎、贮存于磨口瓶中。

4.14 EDTA-铜溶液

按[c(EDTA)=0.010 mol/L]EDTA标准滴定溶液（4.28）与[$c(CuSO_4)$=0.010 mol/L]硫酸铜标准滴定溶液（4.29）的体积比（4.29.2），准确配制成等物质的量浓度的混合溶液。

4.15 pH3的缓冲溶液

将3.2 g无水乙酸钠（CH_3COONa）溶于水中，加120 mL冰乙酸（4.5），用水稀释至1 L，摇匀。

4.16 pH4.3的缓冲溶液

将42.3 g无水乙酸钠（CH_3COONa）溶于水中，加80 mL冰乙酸（4.5），用水稀释至1 L，摇匀。

4.17 pH10的缓冲溶液

将67.5 g氯化铵（NH_4Cl）溶于水中，加570 mL氨水（4.6），加水稀释至1 L，摇匀。

4.18 三乙醇胺溶液[$N(CH_2CH_2OH)_3$]（1+2）

4.19 酒石酸钾钠溶液（100 g/L）

将100 g酒石酸钾钠（$C_4H_4O_6KNa \cdot 4H_2O$）溶于水中，稀释至1 L。

4.20 氢氧化钠溶液[c(NaOH)=0.5 mol/L]

将2 g氢氧化钠（NaOH）溶于100 mL水中。

4.21 硝酸溶液[$c(HNO_3)=0.5$ mol/L]

取 3 mL 硝酸(4.3),用水稀释至 100 mL。

4.22 氯化钾溶液(50 g/L)

称取 50 g 氯化钾(KCl)溶于水中,稀释至 1 L。

4.23 氟化钾溶液(150 g/L)

称取 150 g 氟化钾($KF \cdot 2H_2O$)溶于水中,稀释至 1 L,贮存于塑料瓶中。

4.24 氯化钾-乙醇溶液(50 g/L)

将 5 g 氯化钾(KCl)溶于 50 mL 水中,加入 50 mL 95%(体积分数)乙醇(C_2H_5OH),混匀。

4.25 氯离子标准溶液

准确称取 0.329 7 g 已在 105 ℃~110 ℃烘过 2 h 的氯化钠(NaCl),溶于少量水中,然后移入 1 L 容量瓶中,用水稀释至标线,摇匀。1 mL 此溶液含 0.2 mg 氯离子。

吸取上述溶液 50.00 mL,注入 250 mL 容量瓶中,用水稀释至标线,摇匀。1 mL 此溶液含 0.04 mg 氯离子。

4.26 硝酸汞[$Hg(NO_3)_2$]标准滴定溶液

4.26.1 硝酸汞标准滴定溶液[$c(Hg(NO_3)_2)=0.001$ mol/L]的配制

称取 0.34 g 硝酸汞[$Hg(NO_3)_2 \cdot \frac{1}{2}H_2O$],溶于 10 mL 硝酸(4.3)中,移入 1 L 容量瓶内,用水稀释至标线,摇匀。

4.26.2 硝酸汞标准滴定溶液的标定

用微量滴定管准确加入 0.20 mg(m_1)氯离子标准溶液于 50 mL 锥形瓶中,加入 20 mL 乙醇(4.7)及 1~2 滴溴酚蓝指示剂溶液(4.33),用氢氧化钠溶液(4.20)调至溶液呈蓝色,然后用硝酸溶液(4.21)调至溶液刚好变黄,再过量 1 滴(pH 约为 3.5),加入 10 滴二苯偶氮碳酰肼指示剂溶液(4.31),用硝酸汞标准滴定溶液滴定至紫红色出现。

同时进行空白试验,记录消耗的硝酸汞标准滴定溶液的体积为 V_1,单位为毫升(mL)。

硝酸汞标准滴定溶液对氯离子的滴定度,按式(1)计算:

$$T_{cl^-}=\frac{m_1}{V_2-V_1} \qquad \cdots\cdots(1)$$

式中:

T_{cl^-}——每毫升硝酸汞标准滴定溶液相当于氯离子的毫克数,单位为毫克每毫升(mg/mL);

m_1——加入氯离子标准溶液中氯离子的质量,单位为毫克(mg);

V_2——标定时消耗硝酸汞标准溶液的体积,单位为毫升(mL);

V_1——空白试验消耗硝酸汞标准滴定溶液的体积,单位为毫升(mL)。

4.27 碳酸钙标准溶液[$c(CaCO_3)=0.016$ mol/L]

称取 0.4 g(m_2)已于 105 ℃~110 ℃烘过 2 h 的碳酸钙($CaCO_3$),精确至 0.000 1 g,置于 400 mL 烧杯中,加入约 100 mL 水,盖上表面皿,沿杯口滴加盐酸(1+1)至碳酸钙全部溶解,加热煮沸数分钟将溶液冷至室温,移入 250 mL 容量瓶中,用水稀释至标线,摇匀。

4.28 EDTA 标准滴定溶液[$c(EDTA)=0.010$ mol/L]

4.28.1 标准滴定溶液的配制

称取约 3.74 gEDTA(乙二胺四乙酸二钠盐)置于烧杯中,加约 200 mL 水,加热溶解、过滤,用水稀释至 1 L,摇匀。

4.28.2 EDTA 标准滴定溶液浓度的标定

吸取 25.00 mL 碳酸钙标准溶液(4.27)于 400 mL 烧杯中,加水稀释至约 200 mL,加入适量 CMP 混合指示剂(4.35),在搅拌下加入氢氧化钾溶液(4.11)至出现绿色荧光后再过量 2~3 mL,以 EDTA

标准滴定溶液滴定至绿色荧光消失并呈现红色。

EDTA 标准滴定溶液的浓度按式(2)计算：

$$c(\mathrm{EDTA}) = \frac{m_2 \times 25 \times 1\,000}{250 \times V_3 \times 100.09} \quad \cdots\cdots (2)$$

式中：

$c(\mathrm{EDTA})$——EDTA 标准滴定溶液的浓度，单位为摩尔每升(mol/L)；

V_3——滴定时消耗 EDTA 标准滴定溶液的体积，单位为毫升(mL)；

m_2——按 4.27 配制碳酸钙标准溶液的碳酸钙的质量，单位为克(g)；

100.09——$CaCO_3$ 的摩尔质量，单位为克每摩尔(g/mol)。

4.28.3 EDTA 标准滴定溶液对各氧化物滴定度的计算

EDTA 标准滴定溶液对三氧化二铁、三氧化二铝、氧化钙、氧化镁的滴定度分别按式(3)、式(4)、式(5)、式(6)计算：

$$T_{Fe_2O_3} = c(\mathrm{EDTA}) \times 79.84 \quad \cdots\cdots (3)$$

$$T_{Al_2O_3} = c(\mathrm{EDTA}) \times 50.98 \quad \cdots\cdots (4)$$

$$T_{CaO} = c(\mathrm{EDTA}) \times 56.08 \quad \cdots\cdots (5)$$

$$T_{MgO} = c(\mathrm{EDTA}) \times 40.31 \quad \cdots\cdots (6)$$

式中：

$T_{Fe_2O_3}$——每毫升 EDTA 标准滴定溶液相当于三氧化二铁的毫克数，单位为毫克每毫升(mg/mL)；

$T_{Al_2O_3}$——每毫升 EDTA 标准滴定溶液相当于三氧化二铝的毫克数，单位为毫克每毫升(mg/mL)；

T_{CaO}——每毫升 EDTA 标准滴定溶液相当于氧化钙的毫克数，单位为毫克每毫升(mg/mL)；

T_{MgO}——每毫升 EDTA 标准滴定溶液相当于氧化镁的毫克数，单位为毫克每毫升(mg/mL)；

$c(\mathrm{EDTA})$——EDTA 标准滴定溶液的浓度，单位为摩尔每升(mol/L)；

79.84——($\frac{1}{2}Fe_2O_3$)的摩尔质量，单位为克每摩尔(g/mol)；

50.98——($\frac{1}{2}Al_2O_3$)的摩尔质量，单位为克每摩尔(g/mol)；

56.08——CaO 的摩尔质量，单位为克每摩尔(g/mol)；

40.31——MgO 的摩尔质量，单位为克每摩尔(g/mol)。

4.29 硫酸铜标准滴定溶液[$c(CuSO_4)$=0.010 mol/L]

4.29.1 标准滴定溶液的配制

将 2.47 g 硫酸铜($CuSO_4 \cdot 5H_2O$)溶于水中，加 4～5 滴硫酸(1+1)，用水稀释至 1 L，摇匀。

4.29.2 EDTA 标准滴定溶液与硫酸铜标准滴定溶液体积比的标定

从滴定管缓慢放出 10～15 mL EDTA 标准滴定溶液(4.28)于 400 mL 烧杯中，用水稀释到约 150 mL，加入 15 mL pH4.3 的缓冲溶液(4.16)，加热至沸，取下稍冷，加入 5～6 滴 PAN 指示剂溶液(4.34)，以硫酸铜标准滴定溶液滴定至亮紫色。

EDTA 标准滴定溶液与硫酸铜标准滴定溶液的体积比按式(7)计算：

$$K = \frac{V_4}{V_5} \quad \cdots\cdots (7)$$

式中：

K——EDTA 标准滴定溶液与硫酸铜标准滴定溶液的体积比；

V_4——EDTA 标准滴定溶液的体积，单位为毫升(mL)；

V_5——滴定时消耗硫酸铜标准滴定溶液的体积，单位为毫升(mL)。

4.30 氢氧化钠标准滴定溶液[$c(\mathrm{NaOH})=0.20\ \mathrm{mol/L}$]

4.30.1 氢氧化钠标准滴定溶液[$c(\mathrm{NaOH})=0.20\ \mathrm{mol/L}$]的配制

将 80 g 氢氧化钠(NaOH)溶于 10 L 水中，充分摇匀，贮存于带胶塞(装有钠石灰干燥管)的硬质玻璃瓶或塑料瓶内。

4.30.2 氢氧化钠标准滴定溶液浓度的标定

称取约 1.0 g(m_3)苯二甲酸氢钾($C_8H_5KO_4$)，精确至 0.000 1 g，置于 400 mL 烧杯中，加入约 150 mL新煮沸过的已用氢氧化钠溶液中和至酚酞呈微红色的冷水，搅拌使其溶解，加入 6～7 滴酚酞指示剂溶液(4.38)，用氢氧化钠标准滴定溶液滴定至微红色。

氢氧化钠标准滴定溶液的浓度按式(8)计算：

$$c(\mathrm{NaOH})=\frac{m_3\times 1\,000}{V_6\times 204.2} \qquad \cdots\cdots(8)$$

式中：

$c(\mathrm{NaOH})$——氢氧化钠标准滴定溶液的浓度，单位为摩尔每升(mol/L)；

V_6——滴定时消耗氢氧化钠标准滴定溶液的体积，单位为毫升(mL)；

m_3——苯二甲酸氢钾的质量，单位为克(g)；

204.2——苯二甲酸氢钾的摩尔质量，单位为克每摩尔(g/mol)。

氢氧化钠标准滴定溶液对二氧化硅的滴定度按式(9)计算：

$$T_{\mathrm{SiO_2}}=c(\mathrm{NaOH})\times 15.02 \qquad \cdots\cdots(9)$$

式中：

$T_{\mathrm{SiO_2}}$——每毫升氢氧化钠标准滴定溶液相当于二氧化硅的毫克数，单位为毫克每毫升(mg/mL)；

$c(\mathrm{NaOH})$——氢氧化钠标准滴定溶液的浓度，单位为摩尔每升(mol/L)；

15.02——($\frac{1}{4}\mathrm{SiO_2}$)的摩尔质量，单位为克每摩尔(g/mol)。

4.31 二苯偶氮碳酰肼溶液(10 g/L)

将 1 g 二苯偶氮碳酰肼溶于 100 mL 乙醇(4.7)中。

4.32 磺基水杨酸钠指示剂溶液(100 g/L)

将 10 g 磺基水杨酸钠溶于水中，加水稀释至 100 mL。

4.33 溴酚蓝指示剂溶液(2 g/L)

将 0.2 g 溴酚蓝溶于 100 mL 乙醇(4.7)中。

4.34 1-(2-吡啶偶氮)-2-萘酚指示剂溶液(2 g/L)(简称 PAN)

将 0.2 g PAN 溶于 100 mL 乙醇(4.7)中。

4.35 钙黄绿素-甲基百里香酚蓝-酚酞混合指示剂(简称 CMP 混合指示剂)

称取 1.000 g 钙黄绿素、1.000 g 甲基百里香酚蓝、0.200 g 酚酞与 50 g 已在 105 ℃～110 ℃烘干过的硝酸钾(KNO_3)混合研细，保存在磨口瓶中。

4.36 酸性铬蓝 K-萘酚绿 B 混合指示剂

称取 1.000 g 酸性铬蓝 K 与 2.500 g 萘酚绿 B 和 50 g 已在 105 ℃～110 ℃烘干过的硝酸钾(KNO_3)，混合研细，保存在磨口瓶中。

4.37 对硝基酚($C_6H_4O_2OH$)指示剂溶液(2.5 g/L)

称取 0.25 g 对硝基酚溶于 100 mL 水中。

4.38 酚酞指示剂溶液(10 g/L)

将 1 g 酚酞溶于 100 mL 乙醇(4.7)中。

5 仪器与设备

5.1 分析天平：感量为 0.000 1 g。

5.2　天平:感量为 0.1 g。

5.3　铂坩埚:带盖,容量 30 mL。

5.4　酒精喷灯。

5.5　滤纸:快速定量滤纸。

5.6　高温炉:隔焰加热炉,在炉膛外围进行电阻加热。应使用温度控制器,准确控制炉温。

5.7　电炉:功率为 1 500 W,电压可调。

5.8　缩分器。

6　试样的制备

将被检样品采用缩分器(5.8)缩减至约 100 g,经玛瑙研钵研磨后使其全部通过 0.045 mm 方孔筛。将样品充分混匀后,装入带有磨口塞的瓶中并密封。分析前试样应于 105 ℃～110 ℃烘 2 h,然后贮存于干燥器中,冷却至室温后称样。

7　烧失量的测定

7.1　方法提要

试样在 950 ℃～1 000 ℃的高温炉中灼烧,驱除水分和二氧化碳,同时将存在的易氧化元素氧化。

7.2　分析步骤

称取约 1 g(m_4)经过 105 ℃～110 ℃烘干 2 h 并在干燥器中冷却至室温的试料,精确至 0.000 1 g,置于已灼烧恒量的铂坩埚中,将盖斜置于铂坩埚上,放在高温炉(5.6)内在 950 ℃～1 000 ℃下灼烧1 h,取出铂坩埚置于干燥器中冷却至室温,称量。反复灼烧,直至恒量(m_5)。保留恒量试料,用于基准法二测定氧化硅的测定。

7.3　结果表示

烧失量的质量分数 W_{LOI}按式(10)计算:

$$W_{LOI}=\frac{m_4-m_5}{m_4}\times 100 \qquad \cdots\cdots\cdots\cdots(10)$$

式中:

W_{LOI}——烧失量的质量分数,%;

m_4——试料的质量,单位为克(g);

m_5——灼烧后试料的质量,单位为克(g)。

7.4　允许差

同一试验室的允许差为 0.10%。

8　二氧化硅的测定(基准法)

8.1　方法提要

烧失量测定后的恒量试料,经过氢氟酸处理,使试料中的二氧化硅与氢氟酸生成四氟化硅气体,剩余残渣经过高温灼烧恒量,失去的质量即为二氧化硅的质量分数。

8.2　分析步骤

向烧失量测定后的恒量试料中加数滴水使试料润湿,防止试料溅失,然后加入 5 滴硫酸(1+1)和 10 mL 氢氟酸(4.2),在电炉上蒸发至近干,取下坩埚,冷却后用少量水洗涤坩埚壁,然后再加入 5 mL 氢氟酸(4.2),于低温电炉上蒸发近干,用少量水洗涤坩埚壁,再次蒸干后,升高电炉温度驱尽二氧化硫,直到白烟赶尽。加入 10 滴对硝基酚指示剂溶液(4.37),用氨水(1+1)调节变黄色,继续低温加热蒸干。

冷却后,用湿滤纸擦净铂坩埚外壁,放在高温炉(5.6)内在 950 ℃～ 1000 ℃下灼烧 30 min,取出铂坩埚置于干燥器中冷却至室温,称量。反复灼烧,直至恒量(m_6)。保留铂坩锅中的残渣,用于三氧化二铁、三氧化二铝、氧化钙和氧化镁的测定。

同时进行空白试验。空白试验中的残渣质量为 m_0，单位为克(g)。

8.3 结果表示

二氧化硅的质量分数 W_{SiO_2} 按式(11)计算：

$$W_{SiO_2} = \frac{m_4 - m_8 + m_0}{m_4} \times 100 \quad \cdots\cdots(11)$$

式中：

W_{SiO_2}——二氧化硅的质量分数，%；

m_4——试料的质量，单位为克(g)；

m_6——灼烧后试料的质量，单位为克(g)；

m_0——空白试验残渣的质量，单位为克(g)。

8.4 允许差

同一试验室的允许差为 0.20%；

不同试验室的允许差为 0.30%。

9 系统分析溶液的制备

向保留在铂坩埚中的残渣中加入 4 g 焦硫酸钾固体(4.13)，在酒精喷灯(5.4)上加热熔融，5 min 后，将熔融物均匀地附着在铂坩埚内壁上，取下冷却至室温。将铂坩埚放入已盛有 100 mL 近沸腾水的烧杯中，盖上表面皿，于电炉上适当加热。待熔块完全浸出后，取出坩埚，边搅拌边一次性加入 25～30 mL盐酸(4.1)，再加入 1 mL 硝酸(4.3)。用热盐酸溶液(1+5)洗净铂坩埚和盖，将溶液加热至沸。冷却，然后移入 250 mL 容量瓶中，用水稀释至标线，摇匀。供测定三氧化二铁、三氧化二铝、氧化钙、氧化镁用。

10 三氧化二铁的测定

10.1 方法提要

在 pH1.8～2.0、温度为 60 ℃～70 ℃的溶液中，以磺基水杨酸钠为指示剂，用 EDTA 标准滴定溶液滴定。

10.2 分析步骤

从溶液(9)中吸取 50.00 mL 溶液放入 300 mL 烧杯中，加水稀释至约 100 mL，用氨水(1+1)和盐酸(1+1)调节溶液 pH 值在 1.8～2.0 之间(用精密 pH 试纸检验)。将溶液加热至 70 ℃，加入 10 滴磺基水杨酸钠指示剂溶液(4.32)，用 EDTA 标准滴定溶液(4.28)缓慢地滴定至亮黄色或无色(终点时溶液温度不低于 60 ℃)。保留此溶液供测定三氧化二铝用。

10.3 结果表示

三氧化二铁的质量分数 $W_{Fe_2O_3}$ 按式(12)计算：

$$W_{Fe_2O_3} = \frac{T_{Fe_2O_3} \times V_7 \times 5}{m_4 \times 1\,000} \times 100 \quad \cdots\cdots(12)$$

式中：

$W_{Fe_2O_3}$——三氧化二铁的质量分数，%；

$T_{Fe_2O_3}$——每毫升 EDTA 标准滴定溶液相当于三氧化二铁的毫克数，单位为毫克每毫升(mg/mL)；

V_7——滴定时消耗 EDTA 标准滴定溶液的体积，单位为毫升(mL)；

5——全部试样溶液与所分取试样溶液的体积比；

m_4——试料的质量，单位为克(g)。

10.4 允许差

同一试验室的允许差为0.05%。

不同试验室的允许差为0.10%。

11 三氧化二铝的测定

11.1 方法提要

将滴定三氧化二铁后的溶液pH调整至3，在煮沸下以EDTA-铜和PAN为指示剂，用EDTA标准滴定溶液滴定。

11.2 分析步骤

将测完三氧化二铁的溶液(10.2)用水稀释至约200 mL，加1～2滴溴酚蓝指示剂溶液(4.33)，滴加氨水(1+2)至溶液出现蓝紫色，再滴加盐酸(1+2)至黄色，加入15 mL pH3的缓冲溶液(4.15)。加热至微沸并保持1 min，加入10滴EDTA-铜溶液(4.14)及2～3滴PAN指示剂溶液(4.34)，用EDTA标准滴定溶液(4.28)滴定到红色消失。继续煮沸，滴定，直至溶液经煮沸后红色不再出现呈稳定的亮黄色为止。

11.3 结果表示

三氧化二铝的质量分数$W_{Al_2O_3}$按式(11)计算：

$$W_{Al_2O_3}=\frac{T_{Al_2O_3}\times V_8\times 5}{m_4\times 1\,000}\times 100 \quad \cdots\cdots(11)$$

式中：

$W_{Al_2O_3}$——三氧化二铝的质量分数，%；

$T_{Al_2O_3}$——每毫升EDTA标准滴定溶液相当于三氧化二铝的毫克数，单位为毫克每毫升(mg/mL)；

V_8——滴定时消耗EDTA标准滴定溶液的体积，单位为毫升(mL)；

5——全部试样溶液与所分取试样溶液的体积比；

m_4——试料的质量，单位为克(g)。

11.4 允许差

同一试验室的允许差为0.15%；

不同试验室的允许差为0.20%。

12 氧化钙的测定

12.1 方法提要

在pH13以上的强碱性溶液中，以三乙醇胺为掩蔽剂，钙黄绿素-甲基百里香酚蓝-酚酞为混合指示剂，用EDTA标准滴定溶液滴定。

12.2 分析步骤

从溶液(9)中吸取50.00 mL溶液放入400 mL烧杯中，加水稀释至约200 mL，加5 mL三乙醇胺(4.18)及适量CMP混合指示剂(4.35)，在搅拌下加入氢氧化钾溶液(4.11)至出现绿色荧光后，再过量7～8 mL(此时溶液pH>13)，用EDTA标准滴定溶液(4.28)滴定至绿色荧光消失并呈红色。

12.3 结果表示

氧化钙的质量分数W_{CaO}按式(12)计算：

$$W_{CaO}=\frac{T_{CaO}\times V_9\times 5}{m_4\times 1\,000}\times 100 \quad \cdots\cdots(12)$$

式中：

W_{CaO}——氧化钙的质量分数，%；

T_{CaO}——每毫升EDTA标准滴定溶液相当于氧化钙的毫克数，单位为毫克每毫升(mg/mL)；

V_9——滴定时消耗 EDTA 标准滴定溶液的体积，单位为毫升(mL)；

5——全部试样溶液与所分取试样溶液的体积比；

m_4——试料的质量，单位为克(g)。

12.4 允许差

同一试验室的允许差为 0.10%；

不同试验室的允许差为 0.15%。

13 氧化镁的测定

13.1 方法提要

在 pH10 的溶液中，以三乙醇胺、酒石酸钾钠为掩蔽剂，酸性铬蓝 K-萘酚绿 B 为混合指示剂，用 EDTA 标准滴定溶液滴定。

13.2 分析步骤

从溶液(9)中吸取 50.00 mL 溶液放入 400 mL 烧杯中，加水稀释至约 200 mL，加 1 mL 酒石酸钾钠溶液(4.19)、5 mL 三乙醇胺(4.18)。在搅拌下，用氨水(1+1)调整溶液 pH 在 9 左右(用精密 pH 试纸检验)。然后加入 25 mL pH10 缓冲溶液(4.17)及少许酸性铬蓝 K-萘酚绿 B 混合指示剂(4.36)，用 EDTA 标准滴定溶液(4.28)滴定，近终点时，应缓慢滴定至纯蓝色。

13.3 结果表示

氧化镁的质量分数 W_{MgO} 按式(13)计算：

$$W_{MgO}=\frac{T_{MgO}\times(V_{10}-V_9)\times 5}{m_4\times 1\,000}\times 100 \qquad \cdots\cdots(13)$$

式中：

W_{MgO}——氧化镁的质量分数，%；

T_{MgO}——每毫升 EDTA 标准滴定溶液相当于氧化镁的毫克数，单位为毫克每毫升(mg/mL)；

V_9——滴定氧化钙时消耗 EDTA 标准滴定溶液的体积，单位为毫升(mL)；

V_{10}——滴定钙、镁总量时消耗 EDTA 标准滴定溶液的体积，单位为毫升(mL)；

5——全部试样溶液与所分取试样溶液的体积比；

m_4——试料的质量，单位为克(g)。

13.4 允许差

同一试验室的允许差为 0.10%；

不同试验室的允许差为 0.15%。

14 附着氯离子含量的测定

14.1 方法提要

在硝酸介质中，加入适量的乙醇，在 pH3.5 左右，以二苯偶氮碳酰肼为指示剂，用硝酸汞标准滴定溶液滴定。

14.2 分析步骤

准确称取 15.0 g(m_7)未经粉磨的原标准砂样，精确至 0.1 g，置于 300 mL 烧杯中，加 100 mL 沸水，将烧杯放在电炉上加热煮沸 2 min，在加热期间应不断地搅拌。取下，用慢速滤纸过滤，用热水洗涤试样 7～8 次，将滤液及洗液收集于 500 mL 烧杯中，加入 5 滴硝酸溶液(4.21)，调整溶液体积至 300 mL 左右，加 2～3 滴溴酚蓝指示剂溶液(4.33)，用氢氧化钠溶液(4.20)调整至蓝色，再滴加硝酸溶液(4.21)至呈黄色并过量 6 滴，加入 50 mL 乙醇(4.7)，加入 1 mL 二苯偶氮碳酰肼指示剂溶液(4.31)，用硝酸汞标准滴定溶液(4.26)滴定至溶液由黄色变为紫红色即为终点。

同时进行空白试验，空白试验所消耗硝酸汞标准滴定溶液的体积为 V_{11}，单位为毫升(mL)。

14.3 结果表示

附着氯离子的质量分数 W_{cl^-} 按式(14)计算：

$$W_{cl^-}=\frac{T_{cl^-}\times(V_{12}-V_{11})}{m_7\times 1\,000}\times 100 \quad\cdots\cdots(14)$$

式中：

W_{cl^-}——附着氯离子的质量分数，%；

T_{cl^-}——每毫升硝酸汞标准滴定溶液相当于附着氯离子的毫克数，单位为毫克每毫升(mg/mL)；

V_{12}——滴定所消耗硝酸汞标准滴定溶液的体积，单位为毫升(mL)；

V_{11}——空白试验所消耗硝酸汞标准滴定溶液的体积，单位为毫升(mL)；

m_7——试料的质量，单位为克(g)。

14.4 允许差

同一试验室的允许差为 0.000 2%；

不同试验室的允许差为 0.000 4%。

15 二氧化硅的测定(代用法)

15.1 方法提要

在有过量的氟离子和钾离子存在的强酸性溶液中，使硅酸形成氟硅酸钾(K_2SiF_6)沉淀，经过滤、洗涤及中和残余酸后，加沸水使氟硅酸钾沉淀水解生成等物质的量的氢氟酸，然后以酚酞为指示剂，用氢氧化钠标准滴定溶液进行滴定。

15.2 分析步骤

称取 0.1 g(m_8)经过 105 ℃～110 ℃烘干 2 h 并在干燥器中冷却至室温的试料，精确至 0.000 1 g，置于 50 mL 的镍坩埚中，加入 2 g～3 g 固体氢氧化钾，盖上镍坩埚盖，在电炉上加热熔融 5 min，取下冷却。用少量蒸馏水浸取熔块于 400 mL 塑料杯中，加数滴稀硝酸(1＋15)清洗镍坩埚及盖子，再用水冲洗干净，控制塑料杯中溶液总体积不超过 50 mL。在搅拌下一次快速加入 15 mL 硝酸(4.3)，冷却至 30 ℃以下。加入固体氯化钾，仔细搅拌至溶液饱和并有少量氯化钾析出，过量 2 g。加入 10 mL 氟化钾溶液(4.23)，放置 15 min，用中速定量滤纸过滤。用氯化钾溶液(4.22)洗涤滤纸及沉淀 3 次，将滤纸连同沉淀取下，置于原塑料杯中，沿杯壁加入 15 mL 30 ℃以下的氯化钾-乙醇溶液(4.24)及 1 mL 酚酞指示剂溶液(4.38)，用氢氧化钠标准滴定溶液(4.30)中和未洗尽的酸，仔细搅动滤纸并随之擦洗杯壁直至溶液呈红色。向杯中加入 300 mL 沸水(煮沸并用氢氧化钠溶液中和至酚酞指示剂呈微红色)，用氢氧化钠标准滴定溶液(4.30)滴定至微红色。

15.3 结果表示

二氧化硅的质量百分数 W_{SiO_2} 按式(15)计算：

$$W_{SiO_2}=\frac{T_{SiO_2}\times V_{13}}{m_8\times 1\,000}\times 100 \quad\cdots\cdots(15)$$

式中：

W_{SiO_2}——二氧化硅的质量分数，%；

T_{SiO_2}——每毫升氢氧化钠标准滴定溶液相当于二氧化硅的毫克数，单位为毫克每毫升(mg/mL)；

V_{13}——滴定时消耗氢氧化钠标准滴定溶液的体积，单位为毫升(mL)；

m_8——试料的质量，单位为克(s)。

15.4 允许差

同一试验室的允许差为 0.25%；

不同试验室的允许差为 0.35%。

ICS
Q
备案号：24203—2008

中华人民共和国建材行业标准

JC/T 1086—2008

水泥氯离子扩散系数检验方法

The method for determining the chloride diffusion coefficient for cement

2008-06-16 发布

2008-12-01 实施

中华人民共和国国家发展和改革委员会 发布

前　言

本标准是在混凝土氯离子扩散系数快速检测方法(Nel 法)原理基础上提出的水泥氯离子扩散系数的快速检测方法。

本标准附录 A 为规范性附录。

本标准由中国建筑材料联合会提出。

本标准由全国水泥标准化技术委员会(SAC/TC 184)归口。

本标准起草单位:中国建筑材料科学研究总院、宁波科环新型建材有限公司。

本标准主要起草人:王昕、马国宁、叶晓林、施浩洋、江丽珍、刘晨、张晶。

本标准主要协作单位:北京耐尔仪器设备有限公司。

本标准为首次发布。

水泥氯离子扩散系数检验方法

1 范围

本标准规定了水泥氯离子扩散系数检验方法的原理、仪器设备、材料、试验室条件、试体成型、养护条件等。

本标准适用于硅酸盐水泥、普通硅酸盐水泥、矿渣硅酸盐水泥、火山灰质硅酸盐水泥、粉煤灰硅酸盐水泥、复合硅酸盐水泥及其他指定采用本标准的水泥氯离子扩散系数的检测与评价。

2 规范性引用文件

下列文件中的条款通过本标准的引用而成为本标准的条款。凡是注日期的引用文件，其随后所有的修改单(不包括勘误的内容)或修订版均不适用于本标准，然而，鼓励根据本标准达成协议的各方研究是否可使用这些文件的最新版本。凡是不注日期的引用文件，其最新版本适用于本标准。

GB/T 17671 水泥胶砂强度检验方法(ISO 法)(GB/T 17671—1999,idt ISO 679:1989)

JC/T 681 行星式水泥胶砂搅拌机

JC/T 723 水泥胶砂振动台

JC/T 726 水泥胶砂试模

3 原理

本方法是将水泥胶砂试件在淡水中养护至 28 d，然后在真空环境下用 NaCl 溶液使试体充分饱盐，通过检测电导率由 Nernst-Einstein 方程(公式 1)计算出水泥氯离子扩散系数，并根据扩散系数高低对水泥抗氯离子渗透能力进行评价。

$$D_i = \frac{RT\sigma_i}{Z_i^2 F^2 C_i} \qquad \cdots\cdots(1)$$

式中：

D_i——氯离子扩散系数，即单位时间单位面积上氯离子通过数量，单位为平方米每秒(m^2/s)；

R——气体常数，取 8.314 焦耳每摩尔开(J/mol·K)；

T——绝对温度，单位为开(K)；

σ_i——粒子偏电导率，单位为西门子每米(S/m)；

Z_i——粒子电荷数或价数；

F——Faraday 常数，取 96 500 库每摩尔(c/moL)；

C_i——粒子浓度，即所用盐溶液氯离子浓度，单位为摩尔每升(mol/L)。

4 仪器设备

4.1 水泥胶砂搅拌机

应符合 JC/T 681 中相关规定。

4.2 振动台

应符合 JC/T 723 中相关规定。

4.3 试模

试模主要由隔板、端板、底板、紧固装置及定位销组成(如图 1)，可同时成型三条 100 mm×100 mm×50 mm 试体，并能拆卸。试模总质量为 8.75 kg±0.25 kg，其他技术要求应符合 JC/T 726 相关规定。

单位:毫米

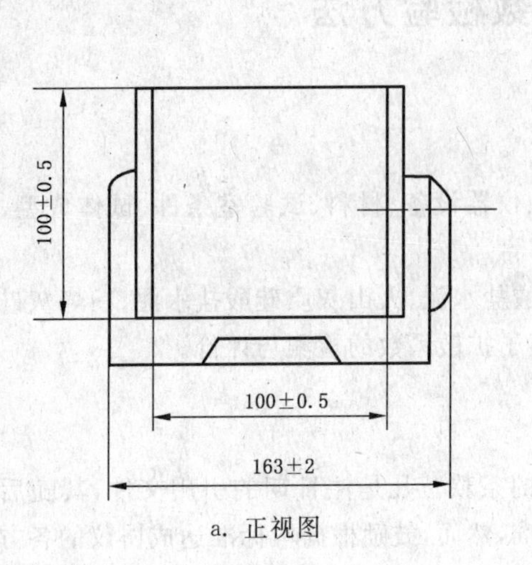

a. 正视图

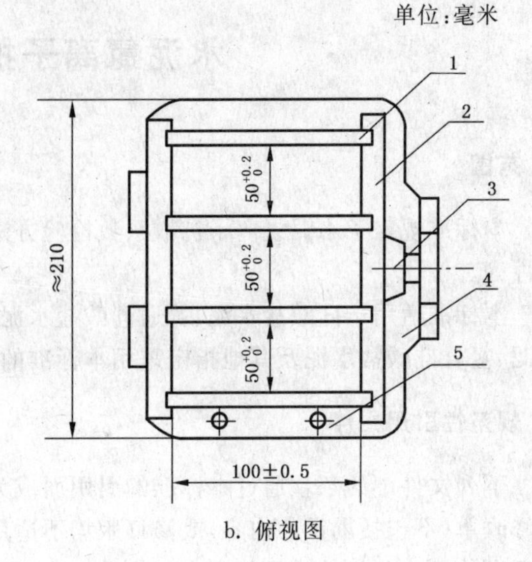

b. 俯视图

1——隔板;

2——端板;

3——紧固装置;

4——底座;

5——定位销。

图1 水泥胶砂试模结构示意图

4.4 下料漏斗

下料漏斗结构和规格要求,如图2所示。

单位:毫米

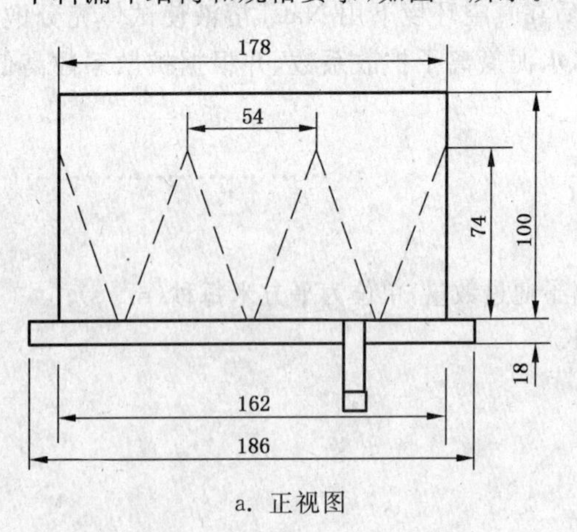

a. 正视图

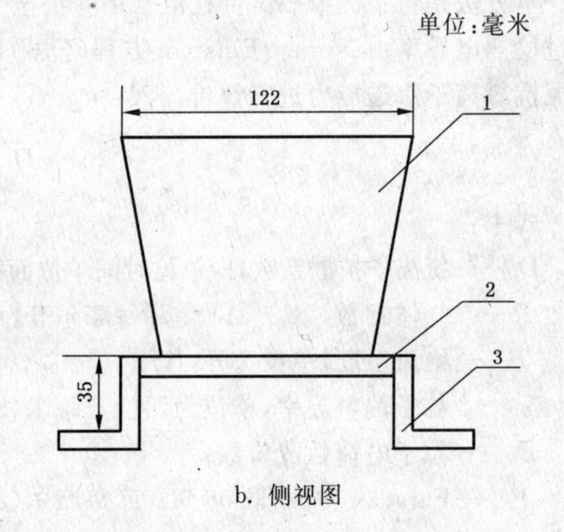

b. 侧视图

1——漏斗;

2——模套;

3——紧固卡臂。

图2 下料漏斗结构示意图

4.5 天平

最大量程不小于2 000 g,分度值不大于2 g。

4.6 量筒

量程为250 mL,分度值为1 mL。

4.7 真空饱盐设备

4.7.1 基本结构

真空饱盐装置主要由饱盐容器和真空泵及其控制装置等部分组成,其基本结构如图3所示。

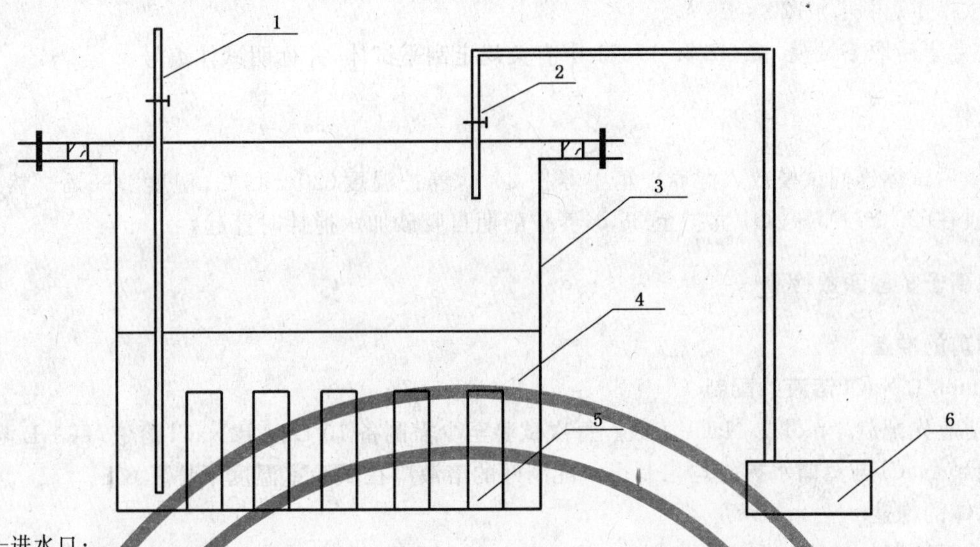

1——进水口；
2——抽气口；
3——饱盐容器；
4——NaCl溶液；
5——水泥试体；
6——真空泵及其控制装置。

图3 真空饱盐装置结构示意图

4.7.2 **饱盐容器**

容器材质应为304等级以上的不锈钢或玻璃材质，且容器的密封性应良好，并与真空泵相连。

4.7.3 **真空泵及其控制装置**

应能够保证饱盐容器内部维持0.08 MPa负压。

4.8 水泥氯离子扩散系数测定装置

应符合本标准附录A有关要求。

5 材料

5.1 标准砂

符合GB/T 17671相关要求的中国ISO标准砂。

5.2 试验用水

成型试验用水宜为洁净的饮用水。

5.3 NaCl溶液

用分析纯NaCl和蒸馏水配制，溶液浓度为4 mol/L。

6 试验室条件

试验室的温度和湿度，应符合GB/T 17671的有关规定。

7 试体成型

7.1 水泥胶砂配比应符合GB/T 17671中有关要求，即灰砂比为1∶3，水灰比为0.5。试验时，每组胶砂需准确称取水泥样品(900±2)g，中国ISO标准砂(2 700±10)g(两小袋)，水(450±1)mL。

7.2 水泥胶砂的搅拌应符合GB/T 17671中相关规定。

7.3 搅拌完成后，立即进行试体成型。先将试模和下料漏斗卡紧在振动台的中心，然后将搅拌好的胶砂分两次填入试模中。第一次先将约一半物料填入试模中，开启振动台振动120 s±5 s；然后再将余下物料加入试模中,再振动 120 s±5 s。

7.4 振动完毕后取下试模,按 GB/T 17671 中有关规定刮平试体,并标明试体编号。

8 养护条件

将成型后试体连同试模放入湿养护箱中养护 24 h,养护温度(20±1)℃、湿度≥90%。然后脱模,并将试体放在(20±1)℃淡水中养护至 28 d,养护龄期自胶砂加水搅拌时算起。

9 水泥氯离子扩散系数检测

9.1 检测前的准备

9.1.1 4 mol/L NaCl 溶液的配制

检测前应先配制 4 mol/L NaCl 溶液。每次试验至少需制备 10 L 以上 NaCl 溶液,每 1 L 溶液是将 234 g 分析纯 NaCl 与蒸馏水搅拌均匀制得。配制好的溶液应在试验室温度下静置 8 h。

9.1.2 试体的饱盐

将养护至龄期的试体放入饱盐容器中,开启真空泵让试体在 0.08 MPa 负压下抽吸 4 h。然后由进水口加入配制好的 NaCl 溶液,液面距试体上表面的高度应不少于 2 cm,并在 0.08 MPa 负压下再抽吸 2 h。此后保持 0.08 MPa 负压不变,让试体在 NaCl 溶液中静止 18 h,使其达到充分饱盐状态。

9.1.3 表面处理

检测前应擦去试体表面多余溶液。

9.2 氯离子扩散系数的检测

试验时开启氯离子扩散系数测定装置,并立即将待测水泥试体放在测试电极中间进行检测。在整个检测过程中测定装置将在 0～10 V 电压范围内,以每 1 min 测试电压增大 1 V 频率检测不同电压下通过试体的电流值,测试点不少于 5 个,且不同测试点处电压与电流间应具有良好的线性关系。通过系统数据采集与处理,并按公式(1)计算氯离子扩散系数。每块试体检测宜在 15 min 内完成。

10 试验结果与处理

10.1 试验结果

水泥氯离子扩散系数检测结果,可由测试装置数据处理系统直接计算出来。计算结果精确至 $1\times10^{-14}\ m^2/s$,且保留至整数位。

10.2 结果处理

每块试体的氯离子扩散系数,是检测数据中与平均值偏差在 5%以内数据进行平均作为检测结果;以三块平行试体中相对偏差在 15%以内的检测结果平均值,作为该水泥样品氯离子扩散系数最终检测结果。若三块试体中有两组试体检测结果与平均值偏差大于 15%,则需重新进行检测。

11 检测方法允许偏差

11.1 复演性

同一样品由同一试验室、同一操作人员用相同的设备检测结果的允许偏差,应不超过 6%。

11.2 再现性

同一样品由不同试验室、不同人员用不同设备检测结果的允许偏差,应不超过 15%。

12 水泥氯离子渗透性评价

水泥胶砂试体氯离子的渗透性,可按表 1 进行评价。

表 1　水泥氯离子渗透性评价指标

单位为 m^2/s

氯离子扩散系数，$\times 10^{-14}$	水泥氯离子渗透性评价
>500	很高
>250～500	高
>100～250	中
>50～100	低
≤50	很低

附 录 A
（规范性附录）
氯离子扩散系数测定装置(Nel 法)

A.1 范围

本标准规定的测定装置适用于水泥和混凝土氯离子扩散系数的快速检测(即 Nel 法)。

A.2 测定装置基本结构

测定装置主要由测试电极、直流稳压电源、电压和电流数据采集与处理系统几部分组成，其基本结构如图 A.1 所示。

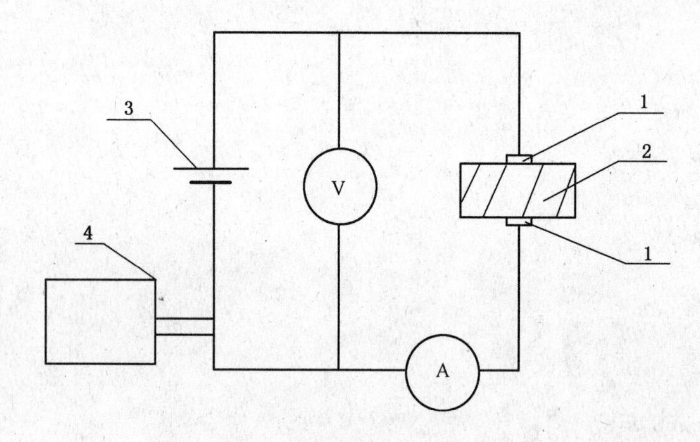

1——电极；
2——饱盐试体；
3——直流稳压电源；
4——数据采集与处理。

图 A.1 氯离子扩散系数测定装置结构示意图

A.3 技术要求

A.3.1 测试电极

测试电极应为紫铜材料制成，表面需经抛光处理。其直径为 Φ(50±0.1)mm，厚度(25±0.5)mm。

A.3.2 直流稳压电源

直流稳压电源 0～10 V，电压可根据需要自动进行调节。

A.3.3 测试电压

测试电极两端电压，应精确到±0.1 V。

A.3.4 测试电流

测试电流范围 0～300 mA，且应精确到±1 mA。

A.3.5 数据采集与处理系统

应能自动采集测试电压与电流数据，并按公式(1)准确计算出试体氯离子扩散系数，且能显示计算结果。

A.3.6 仪器校准与测量精度

将电极两端接入精度为万分之一的电阻，标称阻值分别为：300 Ω、1 000 Ω、2 000 Ω，测量精度应高于 0.5%。

ICS
Q
备案号:24205—2008

中华人民共和国建材行业标准

JC/T 1088—2008

粒化电炉磷渣化学分析方法

Methods for chemical analysis of granulated electric furnace phosphorous slag

2008-06-16 发布　　2008-12-01 实施

中华人民共和国国家发展和改革委员会　发布

前言

本标准与 EN 196-2:2005《水泥试验方法—水泥化学分析方法》和 ASTM C 114:2005《水泥化学分析方法》一致性程度为非等效。

本标准由中国建筑材料联合会提出。

本标准由全国水泥标准化技术委员会(SAC/TC 184)归口。

本标准起草单位:中国建筑材料科学研究总院、中国建筑材料检验认证中心。

本标准主要起草人:闫伟志、王瑞海、王冠杰、温玉刚、黄小楼。

本标准为首次发布。

粒化电炉磷渣化学分析方法

1 范围

本标准规定了粒化电炉磷渣化学分析方法的基准法和代用法。在有争议时，以基准法为准。

本标准适用于建筑材料行业用粒化电炉磷渣及指定采用本标准的其他材料。

2 规范性引用文件

下列文件中的条款通过本标准的引用而成为本标准的条款。凡是注日期的引用文件，其随后所有的修改单(不包括勘误的内容)或修订版均不适用于本标准，然而，鼓励根据本标准达成协议的各方研究是否可使用这些文件的最新版本。凡是不注日期的引用文件，其最新版本适用于本标准。

GB/T 176—2008　水泥化学分析方法

GB/T 2007.1　散装矿产品取样、制样通则　手工取样方法

GB/T 6682　分析实验室用水规格和试验方法

3 术语和定义

GB/T 15000 系列标准确立的以及下列术语和定义适用于本标准。

3.1

重复性条件　repeatability conditions

在同一实验室，由同一操作员使用相同的设备，按相同的测试方法，在短时间内对同一被测对象相互独立进行的测试条件。

3.2

再现性条件　reproducibility conditions

在不同的实验室，由不同的操作员使用不同设备，按相同的测试方法，对同一被测对象相互独立进行的测试条件。

3.3

重复性限　repeatability limit

一个数值，在重复性条件(3.1)下，两个测试结果的绝对差小于或等于此数的概率为 95%。

3.4

再现性限　reproducibility limit

一个数值，在再现性条件(3.2)下，两个测试结果的绝对差小于或等于此数的概率为 95%。

4 试验的基本要求

4.1 试验次数与要求

每项测定的试验次数规定为两次。用两次试验平均值表示测定结果。

分析前试样应于 105 ℃～110 ℃烘 2 h，于干燥器中冷却至室温后称样。

在进行化学分析时，除另有说明外，必须同时做烧失量的测定；其他各项测定应同时进行空白试验，并对所测结果加以校正。

4.2 质量、体积和结果的表示

用“克(g)”表示质量，精确至 0.000 1 g。滴定管体积用“毫升(mL)”表示，精确至 0.05 mL。滴定度单位用“毫克每毫升(mg/mL)”表示。

硝酸汞标准滴定溶液对氯离子的滴定度经修约后保留有效数字三位，其他标准滴定溶液的滴定度和体积比经修约后保留有效数字四位。

除另有说明外，各项分析结果均以质量分数计。氯离子分析结果以%表示至小数点后三位，其他各项分析结果以%表示至小数点后二位。

4.3 空白试验

使用相同量的试剂，不加入试样，按照相同的测定步骤进行试验，对得到的测定结果进行校正。

4.4 灼烧

将滤纸和沉淀放入预先已灼烧并恒量的坩埚中，为避免产生火焰，在氧化性气氛中缓慢干燥、灰化，灰化至无黑色炭颗粒后，放入高温炉(6.4)中，在规定的温度下灼烧。在干燥器(6.3)中冷却至室温，称量。

4.5 恒量

经第一次灼烧、冷却、称量后，通过连续对每次 15 min 的灼烧，然后冷却、称量的方法来检查恒定质量，当连续两次称量之差小于 0.000 5 g 时，即达到恒量。

5 试剂和材料

除另有说明外，所用试剂应不低于分析纯。所用水应符合 GB/T 6682 中规定的三级水要求。

本标准所列市售浓液体试剂的密度指 20 ℃的密度(ρ)，单位为克每立方厘米(g/cm^3)。在化学分析中，所用酸或氨水，凡未注浓度者均指市售的浓酸或浓氨水。用体积比表示试剂稀释程度，例如：盐酸(1+2)表示 1 份体积的浓盐酸与 2 份体积的水相混合。

5.1 盐酸(HCl)

1.18 g/cm^3～1.19 g/cm^3，质量分数 36%～38%。

5.2 氢氟酸(HF)

1.15 g/cm^3～1.18 g/cm^3，质量分数 40%。

5.3 硫酸(H_2SO_4)

1.84 g/cm^3，质量分数 95%～98%。

5.4 三乙醇胺[$N(CH_2CH_2OH)_3$]

1.12 g/cm^3，质量分数 99%。

5.5 盐酸(1+1)；(1+10)

5.6 硫酸(1+1)；

5.7 三乙醇胺(1+2)

5.8 氢氧化钠(NaOH)

5.9 无水碳酸钠

将无水碳酸钠(Na_2CO_3)用玛瑙研钵研细至粉末状保存。

5.10 碳酸钠-硼砂混合熔剂(2+1)

将 2 份质量的无水碳酸钠(Na_2CO_3)与 1 份质量的无水硼砂($Na_2B_4O_7$)混匀研细，贮存于密封瓶中。

5.11 氢氧化钠溶液(200 g/L)

将 20 g 氢氧化钠(NaOH)溶于水中，加水稀释至 100 mL。贮存于塑料瓶中。

5.12 氢氧化钾溶液(200 g/L)

将 200 g 氢氧化钾(KOH)溶于水中，加水稀释至 1 L。贮存于塑料瓶中。

5.13 钼酸铵溶液(15 g/L)

将 3 g 钼酸铵[$(NH_4)_6Mo_7O_{24}\cdot 4H_2O$]溶于 100 mL 热水中，加入 60 mL 硫酸(1+1)摇匀。冷却后加水稀释至 200 mL，将此溶液保存于塑料瓶中。此溶液在一周内使用。

5.14 抗坏血酸溶液(50 g/L)

将5 g抗坏血酸(V.C)溶于100 mL水中,必要时过滤后使用。用时现配。

5.15 pH10的缓冲溶液

将67.5 g氯化铵(NH_4Cl)溶于水中,加入570 mL氨水($NH_3 \cdot H_2O$),加水稀释至1 L。

5.16 酒石酸钾钠溶液(100 g/L)

将10 g酒石酸钾钠($C_4H_4KNaO_6 \cdot 4H_2O$)溶于水中,加水稀释至100 mL。

5.17 氟化钾溶液(20 g/L)

将20 g氟化钾($KF \cdot 2H_2O$)溶于水中,加水稀释至1 L,贮存于塑料瓶中。

5.18 五氧化二磷(P_2O_5)标准溶液

5.18.1 五氧化二磷标准溶液的配制

称取0.191 7 g已于105 ℃~110 ℃烘过2 h的磷酸二氢钾(KH_2PO_4,基准试剂),精确至0.000 1 g,置于300 mL烧杯中,加水溶解后,移入1 000 mL容量瓶中,用水稀释至标线,摇匀。此标准溶液每毫升含0.1 mg五氧化二磷。

吸取50.00 mL上述标准溶液放入500 mL容量瓶中,用水稀释至标线,摇匀。此标准溶液每毫升含0.01 mg五氧化二磷。

5.18.2 工作曲线的绘制

吸取每毫升含0.01 mg五氧化二磷的标准溶液0 mL、2.00 mL、4.00 mL、6.00 mL、8.00 mL、10.00 mL、15.00 mL、20.00 mL、25.00 mL分别放入200 mL烧杯中,加水稀释至50 mL,加入10 mL钼酸铵溶液(5.13)和2 mL抗坏血酸溶液(5.14),加热微沸(1.5±0.5)min,须冷却至室温后,移入100 mL容量瓶中,用盐酸(1+10)洗涤烧杯并用盐酸(1+10)稀释至标线,摇匀。用分光光度计,10 mm比色皿,以水作参比,于波长730 nm处测定溶液的吸光度。用测得的吸光度作为相对应的五氧化二磷含量的函数,绘制工作曲线。

5.19 碳酸钙标准溶液[$c(CaCO_3)=0.024$ mol/L]

称取0.6 g(m_1)已于105 ℃~110 ℃烘过2 h的碳酸钙($CaCO_3$,基准试剂),精确至0.000 1 g,置于400 mL烧杯中,加入约100 mL水,盖上表面皿,沿杯口慢慢加入5 mL~10 mL盐酸(1+1),搅拌至碳酸钙全部溶解,将溶液加热煮沸。冷却至室温,移入250 mL容量瓶中,用水稀释至标线,摇匀。

5.20 EDTA标准滴定溶液[$c(EDTA)=0.015$ mol/L]

5.20.1 EDTA标准滴定溶液的配制

称取约5.6 g EDTA(乙二胺四乙酸二钠,$C_{10}H_{14}N_2O_8Na_2 \cdot 2H_2O$)置于烧杯中,加入约200 mL水,加热溶解,过滤,加水稀释至1 L,摇匀。

5.20.2 EDTA标准滴定溶液浓度的标定

吸取25.00 mL碳酸钙标准溶液(5.19)放入400 mL烧杯中,加水稀释至约200 mL,加入适量的CMP混合指示剂(5.22),在搅拌下加入氢氧化钾溶液(5.12)至出现绿色荧光后再过量2 mL~3 mL,用EDTA标准滴定溶液滴定至绿色荧光消失并呈现红色。

EDTA标准滴定溶液的浓度按式(1)计算:

$$c(\mathrm{EDTA}) = \frac{m_1 \times 25 \times 1\,000}{250 \times V_1 \times 100.09} = \frac{m_1}{V_1 \times 1.000\,9} \quad \cdots\cdots(1)$$

式中:

$c(\mathrm{EDTA})$——EDTA标准滴定溶液的浓度,单位为摩尔每升(mol/L);

V_1——滴定时消耗EDTA标准滴定溶液的体积,单位为毫升(mL);

m_1——按5.19配制碳酸钙标准溶液的碳酸钙的质量,单位为克(g);

100.09——$CaCO_3$的摩尔质量,单位为克每摩尔(g/mol)。

5.20.3 EDTA标准滴定溶液对各氧化物的滴定度的计算

EDTA标准滴定溶液对三氧化二铁、三氧化二铝、氧化钙、氧化镁的滴定度分别按式(2)、式(3)、式(4)、式(5)计算：

$$T_{Fe_2O_3} = c(\text{EDTA}) \times 79.84 \quad \cdots\cdots(2)$$

$$T_{Al_2O_3} = c(\text{EDTA}) \times 50.98 \quad \cdots\cdots(3)$$

$$T_{CaO} = c(\text{EDTA}) \times 56.08 \quad \cdots\cdots(4)$$

$$T_{MgO} = c(\text{EDTA}) \times 40.31 \quad \cdots\cdots(5)$$

式中：

$T_{Fe_2O_3}$——EDTA标准滴定溶液对三氧化二铁的滴定度，单位为毫克每毫升(mg/mL)；

$T_{Al_2O_3}$——EDTA标准滴定溶液对三氧化二铝的滴定度，单位为毫克每毫升(mg/mL)；

T_{CaO}——EDTA标准滴定溶液对氧化钙的滴定度，单位为毫克每毫升(mg/mL)；

T_{MgO}——EDTA标准滴定溶液对氧化镁的滴定度，单位为毫克每毫升(mg/mL)；

c(EDTA)——EDTA标准滴定溶液的浓度，单位为摩尔每升(mol/L)；

79.84——(1/2 Fe_2O_3)的摩尔质量，单位为克每摩尔(g/mol)；

50.98——(1/2 Al_2O_3)的摩尔质量，单位为克每摩尔(g/mol)；

56.08——CaO的摩尔质量，单位为克每摩尔(g/mol)；

40.31——MgO的摩尔质量，单位为克每摩尔(g/mol)。

5.21 碳酸钙标准滴定溶液〔$c(CaCO_3)$＝0.015 mol/L〕

5.21.1 标准滴定溶液的配制

称取1.50 g已于105 ℃～110 ℃烘过2 h的碳酸钙($CaCO_3$)，置于400 mL烧杯中，加入约200 mL水，盖上表面皿，沿杯口慢慢加入5 mL～10 mL盐酸(1＋1)，搅拌至碳酸钙全部溶解，加热煮沸数分钟。将溶液冷却至室温，移入1 000 mL容量瓶中，用水稀释至标线，摇匀。

5.21.2 EDTA标准滴定溶液与碳酸钙标准滴定溶液体积比的标定

从滴定管中缓慢放出10 mL～15 mL EDTA标准滴定溶液(5.20)于400 mL烧杯中，加入约200 mL水，加入适量的CMP混合指示剂(5.22)，在搅拌下加入氢氧化钾溶液(5.12)至出现稳定的红色后再过量2 mL～3 mL，以碳酸钙标准滴定溶液(5.21.1)滴定至绿色荧光出现。

EDTA标准滴定溶液与碳酸钙标准滴定溶液体积比按式(6)计算：

$$K_1 = \frac{V_2}{V_3} \quad \cdots\cdots(6)$$

式中：

K_1——EDTA标准滴定溶液与碳酸钙标准滴定溶液的体积比；

V_2——加入EDTA标准滴定溶液的体积，单位为毫升(mL)；

V_3——滴定时消耗碳酸钙标准滴定溶液的体积，单位为毫升(mL)。

5.22 钙黄绿素-甲基百里香酚蓝-酚酞混合指示剂(简称CMP混合指示剂)

称取1.000 g钙黄绿素、1.000 g甲基百里香酚蓝、0.200 g酚酞与50 g已在105 ℃～110 ℃烘干过的硝酸钾(KNO_3)混合研细，保存在磨口瓶中。

5.23 酸性铬蓝K-萘酚绿B混合指示剂(简称KB混合指示剂)

称取1.000 g酸性铬蓝K、2.500 g萘酚绿B与50 g已在105 ℃～110 ℃烘干过的硝酸钾(KNO_3)混合研细，保存在磨口瓶中。

5.24 对硝基酚指示剂溶液(2 g/L)

将0.2 g对硝基酚溶于100 mL水中。

6 仪器与设备

6.1 天平

不应低于四级，精确至 0.000 1 g。

6.2 铂、银、瓷坩埚

带盖，容量 15 mL～30 mL。

6.3 干燥器

内装变色硅胶。

6.4 高温炉

隔焰加热炉，在炉膛外围进行电阻加热。应使用温度控制器准确控制炉温，可控制温度(950±25)℃。

6.5 玻璃容量器皿

滴定管、容量瓶、移液管。

6.6 分光光度计

可在 400 nm～800 nm 范围内测定溶液的吸光度，带有 10 mm 比色皿。

7 试样的制备

按 GB/T 2007.1 方法取样，送往实验室的样品应是具有代表性的均匀性样品。采用四分法或缩分器将试样缩分至约 100 g，经 80 μm 方孔筛筛析，用磁铁吸去筛余物中金属铁，将筛余物经过研磨后使其全部通过孔径为 80 μm 方孔筛，充分混匀，装入试样瓶中，密封保存，供测定用。

8 烧失量的测定——灼烧差减法

8.1 方法提要

试样在(950±25) ℃的高温炉中灼烧，驱除二氧化碳和水分，同时将存在的易氧化的元素氧化。

8.2 分析步骤

称取约 1 g 试样(m_2)，精确至 0.000 1 g，放入已灼烧恒量的瓷坩埚中，将盖斜置于坩埚上，放在高温炉(6.4)内，从低温开始逐渐升高温度，在(950±25) ℃下灼烧 15 min～20 min，取出坩埚置于干燥器(6.3)中，冷却至室温，称量。反复灼烧，直至恒量。

8.3 结果的计算与表示

烧失量的质量分数 w_{LOI} 按式(7)计算：

$$w_{LOI}=\frac{m_2-m_3}{m_2}\times 100 \qquad (7)$$

式中：

w_{LOI}——烧失量的质量分数，%；

m_2——试料的质量，单位为克(g)；

m_3——灼烧后试料的质量，单位为克(g)。

9 二氧化硅的测定——氟硅酸钾容量法

按 GB/T 176—2008 中第 23 章进行。

10 三氧化二铁的测定——EDTA 直接滴定法

按 GB/T 176—2008 中第 12 章进行。

11 三氧化二铝的测定——EDTA 直接滴定法

按 GB/T 176—2008 中第 13 章进行。

12 氧化钙的测定——碳酸钙返滴定法

12.1 方法提要

在 pH13 以上强碱性溶液中，以三乙醇胺为掩蔽剂，用 CMP 混合指示剂，加入对钙过量的 EDTA 标准滴定溶液，用碳酸钙标准滴定溶液回滴过量的 EDTA。

12.2 分析步骤

称取约 0.5 g 试样（m_4），精确至 0.000 1 g，置于银坩埚中，加入 6 g～7 g 氢氧化钠(5.8)，盖上坩埚盖（留有缝隙），放入高温炉(6.4)中，从低温升起，在 650 ℃～700 ℃的高温下熔融 20 min，其间取出摇动 1 次。取出冷却，将坩埚放入已盛有约 100 mL 沸水的 300 mL 烧杯中，盖上表面皿，在电炉上适当加热，待熔块完全浸出后，取出坩埚，用水冲洗坩埚和盖。在搅拌下一次加入 25 mL～30 mL 盐酸，再加入 1 mL 硝酸，用热盐酸(1+5)洗净坩埚和盖。将溶液加热煮沸，冷却至室温后，移入 250 mL 容量瓶中，用水稀释至标线，摇匀。此溶液 A 供测定氧化钙(12.2)、氧化镁(17.2)用。

从溶液 A 中吸取 25.00 mL 溶液于 400 mL 烧杯中，加入 7 mL～10 mL 氟化钾(5.17)溶液，加水稀释至约 200 mL，加 5 mL 三乙醇胺(1+2)及适量的 CMP 混合指示剂(5.22)，在搅拌下加入氢氧化钾溶液(5.12)至出现绿色荧光后再过量 5 mL～8 mL，以 EDTA 标准滴定溶液[c(EDTA)＝0.015 mol/L](5.20)滴定至绿色荧光消失并呈现稳定的红色，过量 3 mL～5 mL，放置 1 min，然后用碳酸钙标准滴定溶液(5.21)滴定至绿色荧光出现。

12.3 结果的计算与表示

氧化钙的质量百分数 w_{CaO} 按式(8)计算：

$$w_{CaO}=\frac{T_{CaO}\times(V_4-K_1\times V_5)\times 10}{m_4\times 1\ 000}\times 100=\frac{T_{CaO}\times(V_4-K_1\times V_5)}{m_4} \quad \cdots\cdots(8)$$

式中：

w_{CaO}——氧化钙的质量分数，%；

T_{CaO}——EDTA 标准滴定溶液对氧化钙的滴定度，单位为毫克每毫升(mg/mL)；

V_4——加入 EDTA 标准滴定溶液的体积，单位为毫升(mL)；

V_5——滴定时消耗碳酸钙标准滴定溶液的体积，单位为毫升(mL)；

K_1——EDTA 标准滴定溶液与碳酸钙标准滴定溶液的体积比；

m_4——12.2 中试料的质量，单位为克(g)。

13 氧化镁的测定——原子吸收光谱法（基准法）

按 GB/T 176—2008 中第 15 章进行。

14 三氧化硫的测定——硫酸钡重量法

按 GB/T 176—2008 中第 10 章进行。

15 氧化钾和氧化钠的测定——火焰光度法

按 GB/T 176—2008 中第 17 章进行。

16 五氧化二磷的测定——磷钼酸铵比色法

16.1 方法提要

在一定的酸性介质中，磷与钼酸铵和抗坏血酸生成蓝色配合物，于波长 730 nm 处测定溶液的吸光度。

16.2 分析步骤

称取约0.25 g试样(m_5),精确至0.000 1 g,置于铂坩埚中,加入少量水润湿,缓慢加入3 mL盐酸、5滴硫酸(1+1)和5 mL氢氟酸,放入通风橱内电热板上缓慢加热,近于时摇动坩埚,以防溅失,蒸发至干,再加入3 mL氢氟酸,继续放入通风橱内电热板上蒸发至干。

取下冷却,向经氢氟酸处理后得到的残渣中加入3 g碳酸钠一硼砂混合熔剂(5.10),混匀,在950 ℃~1 000 ℃下熔融10 min,用坩埚钳夹持坩埚旋转,使熔融物均匀地附于坩埚内壁,冷却后,将坩埚放入已加热至微沸的盛有10 mL硫酸(1+1)及100 mL水的300 mL,烧杯中,并继续保持微沸状态,直至熔融物完全溶解,用水洗净坩埚及盖,冷却后,转移到250 mL容量瓶中,用水稀释至标线,摇匀。

吸取10.00 mL上述试样溶液放入200 mL烧杯中(试样溶液的分取量视五氧化二磷的含量而定),加水至50 mL,加入1滴对硝基酚指示剂溶液(5.24),滴加氢氧化钠溶液(5.11)至黄色,再滴加盐酸(1+1)至无色,加入10 mL钼酸铵溶液(5.13)和2 mL抗坏血酸(5.14),加热微沸(1.5±0.5)min,冷却后,移入100 mL容量瓶中,用盐酸(1+10)洗涤烧杯并用盐酸(1+10)稀释至标线,摇匀。用分光光度计,10 mm比色皿,以水作参比,于波长730 nm处测定溶液的吸光度。在工作曲线(5.18.2)上查出五氧化二磷的含量(m_6)。

16.3 结果的计算与表示

五氧化二磷的质量百分数$w_{P_2O_5}$按式(9)计算:

$$w_{P_2O_5}=\frac{m_6\times 5}{m_5\times 1\,000}\times 100=\frac{m_6\times 0.5}{m_5} \quad \cdots\cdots(9)$$

式中:

$w_{P_2O_5}$——五氧化二磷的质量分数,%;

m_6——100 mL溶液中五氧化二磷的含量,单位为毫克(mg);

m_5——16.2(m_5)中试料的质量,单位为克(g)。

17 氧化镁的测定——EDTA滴定差减法(代用法)

17.1 方法提要

在pH10的溶液中,以三乙醇胺、酒石酸钾钠为掩蔽剂,用酸性铬蓝K-萘酚绿B混合指示剂,以EDTA标准滴定溶液滴定。

17.2 分析步骤

从溶液A中吸取25.00 mL溶液于400 mL烧杯中,加水稀释至约200 mL,依次加入1 mL酒石酸钾钠(5.16)和5 mL三乙醇胺(5.7),搅拌。然后加入25 mL pH10缓冲溶液(5.15)及适量的酸性铬蓝K-萘酚绿B混合指示剂(5.23),以EDTA标准滴定溶液[c(EDTA)=0.015 mol/L](5.20)滴定,近终点时应缓慢滴定至纯蓝色。

17.3 结果表示

氧化镁的质量分数w_{MgO}按式(10)计算:

$$w_{MgO}=\frac{T_{MgO}\times V_6\times 10}{m_4\times 1\,000}\times 100-0.718\,8\,w_{CaO}=\frac{T_{MgO}\times V_6}{m_4}-0.718\,8\,w_{CaO} \quad \cdots\cdots(10)$$

式中:

w_{MgO}——氧化镁的质量分数,%;

T_{MgO}——EDTA标准滴定溶液对氧化镁的滴定度,单位为毫克每毫升(mg/mL);

V_6——滴定钙、镁总量时消耗EDTA标准滴定溶液的体积,单位为毫升(mL);

m_4——12.2中试料的质量,单位为克(g)。

w_{CaO}——按12.2测定的氧化钙的质量分数,%;

0.718 8——氧化钙对氧化镁的换算系数。

18 氟离子的测定——离子选择电极法

按 GB/T 176—2008 中第 37 章进行。

19 氯离子的测定——磷酸蒸馏-汞盐滴定法

按 GB/T 176—2008 中第 35 章进行。

20 测定结果的重复性限和再现性限

本标准所列重复性限和再现性限为绝对偏差，以质量分数(%)表示。

在重复性条件下(3.1)，采用本标准所列方法分析同一试样时，两次分析结果之差应在所列的重复性限(表 1)内。如超出重复性限，应在短时间内进行第三次测定，测定结果与前两次或任一次分析结果之差值符合重复性限的规定时，则取其平均值，否则，应查找原因，重新按上述规定进行分析。

在再现性条件下(3.2)，采用本标准所列方法对同一试样各自进行分析时，所得分析结果的平均值之差应在所列的再现性限(表 1)内。

化学分析方法测定结果的重复性限和再现性限见表 1。

表 1 测定结果的重复性极限和再现性极限

成　分	测定方法	重复性极限(%)	再现性极限(%)
烧失量	灼烧差减法	0.15	0.25
二氧化硅	氟硅酸钾容量法	0.20	0.30
三氧化二铁	EDTA 直接滴定法	0.15	0.20
三氧化二铝	EDTA 直接滴定法	0.20	0.30
氧化钙	EDTA 返滴定法	0.25	0.40
氧化镁(基准法)	原子吸收光谱法	0.15	0.25
三氧化硫	硫酸钡重量法	0.15	0.20
氧化钾	火焰光度法	0.10	0.15
氧化钠	火焰光度法	0.05	0.10
五氧化二磷	磷钼酸铵比色法	0.15	0.20
氧化镁(代用法)	EDTA 滴定差减法	0.20	0.30
氟离子	离子选择电极法	0.05	0.10
氯离子	磷酸蒸馏-汞盐滴定法	0.003	0.005